U0642331

矿山地质选集

第八卷 铅锌矿山找矿新成就

主编　汪贻水
　　　彭　觥
　　　肖垂斌

中南大学出版社
www.csupress.com.cn

内容简介

《矿山地质选集》是值中国地质学会矿山地质专业委员会成立 35 周年之际，根据"国务院关于加强矿山地质工作的决定"，将我国各矿山地质工作者及中国地质学会矿山地质专业委员会 35 年来在做好矿山地质工作方面所取得的成绩、进展和突破，以其阶段性总结、著作、论文形式集结出版，以达到承前启后，促进提升的作用。选集共分十卷，内容包括矿山地质实用手册，实用矿山地质学理论与工作，六十四种有色金属及中国铂业，矿山地质与地球物理新进展，工艺矿物学研究与矿山深部找矿，3DMine 在矿山地质领域的研究和应用，尾矿库设计、施工、管理及尾矿资源开发利用技术手册，铅锌矿山找矿新成就，铜金矿山找矿新突破，矿山地质理论与实践创新。

本卷为《矿山地质选集第八卷：铅锌矿山找矿新成就》，是由《矿山地质选集》丛书主编汪贻水、彭觥、肖垂斌选编自《戈壁明珠——锡铁山铅锌矿成矿与找矿前景》（主编汪海涛，副主编：汪贻水、彭觥、李义邦，冶金工业出版社 2011 年出版）和《推进凡口找矿》（主编：汪贻水，副主编：张木毅、彭觥等，冶金工业出版社 2009 年出版）以及《矿山地质理论与实践创新——全国生产矿山提高资源保障与利用效益及深部找矿成果交流会论文集》（主编：王峰、韩润生、汪贻水，中南大学出版社 2013 年出版）。本卷主要介绍青海锡铁山、广东凡口、云南会泽几个大型铅锌矿山的找矿新进展，内容十分丰富，经验非常宝贵。

本书主要供矿山地质工程师使用，对从事矿山地质领域的科研、设计、教学、矿山管理人员也是一部极为重要的参考书。

《矿山地质选集》编委会

前　言

今年是中国地质学会矿山地质专业委员会成立35周年。35年来，全国矿山地质找矿、勘探和开发取得了巨大成就，矿山地质学的理论研究和矿山地质找矿的新技术、新方法也有了长足的进展，发表的地质论著数以千计。此次就中国地质学会矿山地质专业委员会成立35周年之际，我们选择了部分论文著作编辑出版这套《矿山地质选集》，共分为十卷。第一卷为矿山地质实用手册，第二卷为实用矿山地质学理论与工作，第三卷为六十四种有色金属及中国铂业，第四卷为矿山地质与地球物理新进展，第五卷为工艺矿物学研究与矿山深部找矿，第六卷为3DMine在矿山地质领域的研究和应用，第七卷为尾矿库设计、施工、管理及尾矿资源开发利用技术手册，第八卷为铅锌矿山找矿新成就，第九卷为铜金矿山找矿新突破，第十卷为矿山地质理论与实践创新。

自中华人民共和国成立特别是改革开放30多年以来，广大地质工作者在全国范围内开展了大规模的矿产勘查工作，作出了巨大贡献，有力地为我国工农业生产及国民经济增长提供了矿产资源保障。矿业的发展，也给矿山地质工作带来了极为繁重的任务，但意义也极为重大。2006年1月20日国发[2006]4号文《国务院关于加强地质工作的决定》指出："矿山地质工作对合理开发利用资源、延长现有矿山服务年限意义重大。按照理论指导、技术优先、探边摸底、外围拓展的方针，搞好矿山地质工作。加强矿山生产过程的补充勘探，指导科学开采。加快危机矿山、现有油气田和资源枯竭城市接替资源勘查，大力推进深部和外围找矿工作。开展共伴生矿产和尾矿的综合评价、勘查和利用。做好矿山关闭和复垦的地质工作。"

为贯彻上述宗旨，中国地质学会矿山地质专业委员会及其有关矿山35年来，竭尽全力，将扩大矿山接替资源、延长矿山服务年限作为首要任务，为发展矿山地质工作作出了重要贡献，为许多大、中型矿山提供了大量的补充资源，例如中国铂业——金川大型铜镍（铂）硫化物矿床；中国古铜都——铜陵及周边地区找矿理论及实践；紫金矿业及山东玲珑金矿的找矿进展；戈壁明珠——锡铁山铅锌矿和西南麒麟——会泽铅锌矿以及广东凡口铅锌矿的深边部找矿突破，均使这些大矿山获得了新的生命，全国矿山地质工作也取得了宝贵的经验。

为适应建设资源节约型、环境友好型社会的总体要求，必须以科技进步为手段，以管理创新为基础，以矿产资源节约与综合利用为重要着力点，全面提高矿产资源开发利用效率和水平。多年实践证明，工艺矿物学研究在矿产资源评价和矿产综合利用过程中起到了极其重要的作用，尤其在低品位、共伴生、复杂难选等矿产资源及尾矿资源的开发利用过程中取得了明显的效果。许多矿山在这一方面取得了重要进展和可观的效益。

加强矿山管理和环境地质工作，合理规划地质资源的开采，防止乱挖滥采，提高采、选回收率，减少贫化损失和浪费，也是矿山地质的一项重要工作，要大力开发利用排弃物质，变废为宝，增加矿山收益。

矿产资源是矿业发展的基础，人才资源是矿业发展的保障。中国地质学会矿山地质专业委员会成立35年来，一直得到我国老一辈地质学家的关心和支持。一方面是他们对学会和对矿山地质发展的关心和支持，另一方面，在他们的培养和帮助下，大批年轻的矿山地质工作者不断成长、崛起。在大家共同努力下，开创出今天的矿山地质事业的大好局面。《矿山地质选集》所收录的部分论文著作，反映了我国老一辈和新一代地质工作者在矿山地质理论研究、矿山地质地球物理找矿新方法新技术、计算机技术和3DMine软件在矿山地质中的应用、矿山深边部找矿等方面的新进展、新突破。只是鉴于选集篇幅所限，无法将35年来矿山地质工作者的论文全部选入，敬请谅解！

展望未来，虽形势大好，但任务仍然艰巨。唯有以此为新的起点，努力攀登新的高峰！

让我们共同努力吧！

《矿山地质选集》编委会
2015年3月

目 录

一、戈壁明珠——锡铁山铅锌矿

二、凡口铅锌矿

三、会泽铅锌矿

一、戈壁明珠——锡铁山铅锌矿

锡铁山铅锌矿成矿与找矿前景

汪海涛　孙永贵

（西部矿业股份有限公司，西宁，810001）

摘　要：概述了我国西部最大的铅锌矿山——锡铁山铅锌矿的基本情况、发展历程、经营理念、生产情况、成矿及找矿前景。

关键词：西部矿业；基本情况；成矿与找矿前景；锡铁山；青海西宁

1　西部矿业集团有限公司简介

1.1　基本情况

西部矿业集团有限公司是一家国有控股企业，注册资本16亿元，总部设在青海省西宁市。

公司前身是由青海省人民政府与原国家有色金属工业管理总局在原锡铁山铅锌矿基础上于1982年8月共同出资建设的锡铁山矿务局。锡铁山矿务局是我国"六五"期间的重点建设项目，曾先后隶属于国家有色金属工业管理总局、中国有色金属工业总公司、国家有色金属工业局、中国铜铅锌集团公司。

2000年5月，锡铁山矿务局整体改制为西部矿业有限责任公司，当时注册资本为15802万元。同年8月，西部矿业有限责任公司正式移交青海省人民政府管理。2005年12月，西部矿业有限责任公司进行了定向增资，注册资本增至16亿元。2006年7月18日公司名称变更为"西部矿业集团有限公司"。目前，公司由青海省政府国有资产监督管理委员会（以下简称"青海省国资委"）绝对控股。

近年来，公司业务取得了长足发展，截至2009年12月31日，两矿集团总资产达到260.14亿元，净资产达到129.80亿元，资产负债率为50.1%；2009年度，销售收入173.14亿元，利润总额7.04亿元。公司规模扩大、行业地位日益上升。

目前，西矿集团已发展成为一家集地质勘查、采矿、选矿、冶炼、加工、进出口贸易于一体的大型矿业企业，业务范围涵盖有色基本金属、稀贵金属、非金属、黑色金属、盐湖化工、能源、国际资源等领域；矿产资源品种涵盖了固体矿产、液体矿产、金属矿产、非金属矿产，初步奠定了综合型跨国经营的大型矿业公司的基础。公司下属的资源开发企业中，青海锡铁山矿是中国年采选矿量最大的单体铅锌矿，内蒙古霍各乞矿是中国储量第六大的铜矿，四川呷村矿是四川省储量最大的银多金属矿，西藏玉龙铜矿有潜力成为中国储量最大的铜矿，天津大通铜业是华北地区最大的再生铜冶炼生产企业之一，青海盐业公司是西北地区最大的食用及工业用盐生产企业，青海锂业与西部镁业公司是具有国际水平的盐湖锂镁开发企业。

公司目前在北京、上海、香港等地设有管理分部，在全国14个省、市、自治区和部分海外地区拥有48家直接或间接控股子公司，其中，西部矿业股份有限公司（以下简称"西矿股份"）于2007年7月在上海证券交易所成功发行股票并上市。

2009年西矿集团在青海省50强企业排名中连续

本文引用时增加了摘要和关键词。——编者注

三年位列第一名，并且再度入围中国企业500强，位列第372位，是到目前为止青海省唯一一家进入中国500强的企业。

从2005年底实施增资扩股以来，西矿集团始终坚持走资源开发的道路不动摇、坚持走国际化发展的道路不动摇，公司进入了快速发展、全面规范的良好时期，各项业务取得长足发展。

1.2 整合资源、拓展领域、延伸产业链

近年来，公司及子公司通过勘探、兼并收购和重组，加强资源整合力度、积极拓展产业领域、延伸产业链，保证了公司的长远发展。公司及子公司投资收购了中国有色金属再生资源公司100%股权、天津大通铜业有限公司91.73%股权、香花岭锡业有限责任公司66.57%股权、内蒙古双利矿业有限公司50%股权和湖北宜昌诚信工贸有限公司60%股权等，投资澳大利亚上市铁矿公司Ferraus Ltd.、巴彦淖尔紫金有色金属有限公司、青海西豫有色金属有限公司、青海湘和有色金属公司、兰州有色冶金设计院有限公司、青海银行股份有限公司、西宁特殊钢集团有限公司、上海大陆期货有限公司、中科英华高技术股份有限公司、贵州西矿信成资源开发公司和青海西部国际矿业资源有限公司等，已完成或在建的项目（注：括号内为总投资额）包括四川呷村银多金属矿采选冶基建项目（5.85亿元）、四川夏塞银多金属矿基建项目（5.81亿元）、青海锡铁山矿矿山深部工程及过渡衔接工程（6.62亿元）、内蒙古霍各乞铜矿采选扩建工程（6.55亿元）、玉龙铜矿采选冶一期工程（17.87亿元）、宜昌绿陵化工20万吨/年磷酸一铵基建项目（4.87亿元）、10万吨/年电锌氧压浸出新技术工程（4.97亿元）、霍各乞铜矿200万吨/年选矿扩建工程（2.75亿元）和青海锂业有限公司扩建（12.42亿元）。

近三年来，西矿集团（含重要子公司）实施的重大投资、基建及重组整合的项目近百项，累计金额逾百亿元。

1.3 加大资本运作力度、积极开拓融资渠道

通过资本运作、定向增发、公开上市、发行债券等多种融资渠道，获得大量资金，促进公司快速跨越发展。公司（含西矿股份）先后发行了5亿元长期公司债券、1年期累计16.3亿元短期融资债券，先后获得银行商业性和政策性贷款逾140亿元，IPO融资62亿元等。

1.4 完善公司治理、加强规范管理、优化资产结构

通过总结历史经验、优化组织机构、完善治理结构、规范管理工作、优化资产结构等工作，保证了公司依法科学有序经营。根据公司发展情况，及时调整组织架构，强化了主要业务部门的工作职能，使部门设置更加精干高效；完善了相关管理制度和工作流程，以流程和制度保证部门之间高效协作、项目规范运作、企业经营科学有序；通过制定和贯彻《子公司管理办法》，明确了公司与子公司之间的职责划分，保障公司及所属子公司能够协调、高效地发展；通过优化资产结构，使公司主营业务更加突出，为集团公司未来发展创造良好的条件；通过产业布局调整，贯彻了"区域化"发展模式。

1.5 搭建科研平台、创新用人机制、构建和谐企业

通过搭建科研平台、创新用人机制，解决了公司快速发展带来的技术缺陷、人才不足问题，保证了公司生产、科研、人才系统科学和谐发展。公司先后设立了博士后科研工作站、国家级企业技术中心、国家级企业研究开发中心、企业专利工作交流站、高原矿物加工工程与综合利用重点实验室、青海省高原稀贵金属重点实验室、青海省高层次人才暨留学回国人员科技创业园、西矿集团科学技术协会等科技平台，累计承担国家级和省级科研项目67项，2008年公司累计有4位享受国务院特殊津贴专家，5位入选青海省自然科学与工程技术学科带头人，3位青海省优秀专家，2位入选为"国家百千万人才工程"等，自2006年以来公司累计获得政府科研及项目经费8314万元。

为建设和谐企业，公司创造性提出"六个协调发展"的指导思想，即坚持企业物质文明、精神文明和政治文明的协调发展，坚持企业和员工自身的协调发展，坚持企业效益和社会效益的协调发展，坚持企业进步和民族团结的协调发展，坚持企业收入和员工收入的协调发展，坚持企业内部大多数优势群体与少数弱势群体的协调发展。

1.6 经营业绩

经过近年来的奋斗和拼搏，公司业务取得了长足发展，1999年底，西矿集团总资产只有8.03亿元，净资产只有1.92亿元，负债率达76%；到2009年底，西矿集团总资产达到260.14亿元，是1999年的32倍，净资产达到129.80亿元，是1999年的67倍，实现销售收入173.14亿元，是1999年的35倍，资产负债率降低至50.1%。

2 锡铁山铅锌矿的基本情况

锡铁山铅锌矿位于青海省海西蒙古族藏族自治州锡铁山镇，锡铁山分公司是在原锡铁山矿务局下属单位大选厂的基础上整合而组建成的。锡铁山铅锌矿现

探明的主要矿产物是闪锌矿、方铅矿;伴生矿物有金、银、硫、铜、锗、镓、镉等10余种。该公司各项采选指标位居国内前列,矿山已达到145万吨/年的选矿能力,是我国采选规模最大的独立铅锌矿山。

2.1 资源储量

1956—1958年锡铁山地质队对锡铁山铅锌矿床进行了详细勘探。提交了铅锌工业储量($B + C_1$)2104.32万吨,铅锌金属量191.44万吨。

截至2009年底,矿山累计探明111b + 122b + 333级矿石量5620.24万吨,铅锌金属量514.22万吨。

2.2 生产情况

锡铁山选矿厂是1987年投产的,原设计能力为100万吨/年,经2003年改扩建为4个生产系列,2004年4月投产,目前设计能力为132万吨/年。近几年来,处理量年年攀升,选矿指标一年更比一年好。至2001年突破100万吨大关以来,2007年达到149万吨,选矿主要指标:铅回收率95%以上,精矿品位74%以上;锌回收率90%以上,精矿品位48%以上。主要产品为:铅精矿、锌精矿、硫精矿;副产品:金、银等。

选矿部分的生产流程由破碎、磨矿、浮选、脱水、尾矿等作业组成。破碎为粗碎、中碎、细碎和筛分组成"三段一闭路"流程。磨矿为球磨、分级机组成一段一闭路流程。浮选作业Ⅰ、Ⅱ、Ⅲ系列为优先铅,然后锌、硫混合浮选后再分离的"优先—混合"浮选流程,Ⅳ系列为全优先浮选流程,由4台球磨机组成4个独立的磨浮系列。脱水作业为一次浓密、过滤流程。

2.3 利润情况

锡铁山作为公司的主力矿山,2007—2009年的营业收入及净利润对公司贡献巨大,具体情况如表1所示。

表1 2007—2009年营业收入及净利润

年份	营业收入/亿元	净利润/亿元
2007	25.62	18.41
2008	13.88	8.79
2009	10.12	6.97

西矿集团始终坚持走资源开发道路不动摇,坚持走国际化发展道路不动摇。公司紧紧抓住我国改革开放和现代化建设带来的良好机遇,经过全体员工多年的艰苦奋斗和顽强拼搏,公司业务取得了长足发展,行业地位日益增强,总资产已达282亿元,成为一家集地勘、采矿、选矿、冶炼、科研、进出口贸易和投融资于一体的大型综合资源开发企业。在此,我谨代表西矿集团向所有合作伙伴,向给我们提供帮助和支持的各界人士表示衷心的感谢!

参考文献(略)

锡铁山铅锌矿深、边部找矿成就
及未来 5～10 年找矿规划

李义邦　　李厚友　　钟正春　　谭建湘

（西部矿业股份有限公司，西宁，810001）

摘　要：介绍了青海省最大的有色金属矿山——锡铁山铅锌矿的地质背景及成矿条件，矿区深、边部找矿的新成就，对成矿规律的新认识，以及未来 5～10 年的找矿规则。

关键词：锡铁山铅锌矿；找矿新成就，新认识；未来找矿规划；青海西宁

1　概况

锡铁山铅锌矿是青海省最大的有色金属矿山，也是全国大型有色金属采选联合企业之一，目前是西部矿业股份有限公司的骨干企业。1978 年被国家列为"七五"重点建设项目，1982 年开始基建，1988 年 7 月通过国家验收后正式投产。矿山设计利用硫化矿石量为 2074.50 万吨，设计采选硫化矿石规模为 100 万吨/年，服务年限 21 年。经矿山基建探矿和生产探矿证实，在 3222 m 水平以上发现目前尚不能为工业所利用的菱锌铁矿及工业矿体规模变小，矿石储量减少 30% 左右，迫使将矿山设计生产能力由 100 万吨/年核减到 75 万吨/年。因此，矿山于 1992 年起开始进行深、边部找矿工作，一方面在生产矿区空白区进行探边摸底工作；另一方面积极开展矿区深部勘探工作。经过 1992—1996 年近 5 年的探边摸底和深部勘探工作，矿山新增铅锌金属储量 49.73 万吨，由于深

部出现"无矿带"，矿山深部地段的找矿潜力不乐观，原计划于 2004 年将矿山生产能力降为 45 万吨/年。但是，1996 年以后通过矿山地质资料二次开发和多项专题研究，找矿认识取得了突破，2001—2002 年矿区深、边部找矿不断取得重大进展，两年共计新增铅锌金属储量 171.88 万吨。2004 年矿山依据深、边部找矿突破取得的成果，将矿山生产能力技改扩产至 145 万吨/年，2008 年矿山实际生产能力达到 145 万吨。截至 2009 年底矿山累计新增铅锌矿石量 2879.09 万吨、铅锌金属量 290.60 万吨，将一个大型矿山变为特大型铅锌矿山。

目前矿区共设置 4 个矿权：分别为锡铁山铅锌矿区 2522 m 标高以上采矿权，面积 9.29 km²；锡铁山铅锌矿区 2522 m 标高以下勘探探矿权，面积 9.29 km²；锡铁山矿区北西铅锌矿普查探矿权，面积 10.25 km²；中间沟至断层沟铅锌矿详查探矿权（见图 1），面积 13.82 km²。

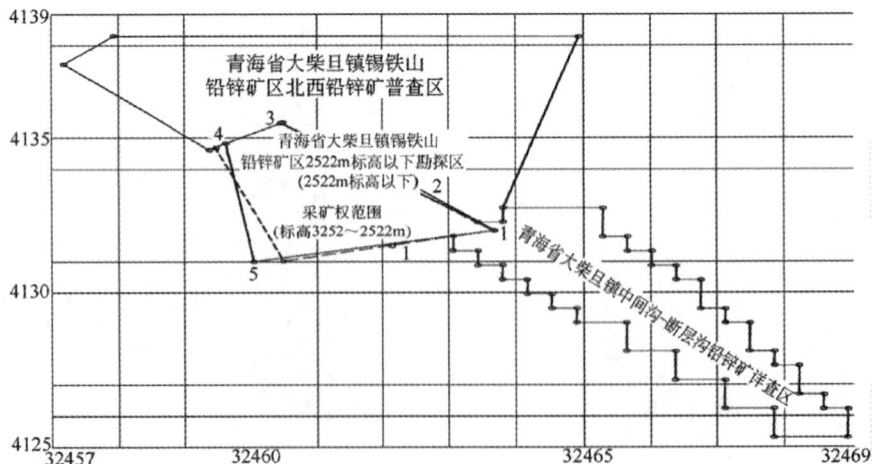

图 1　锡铁山铅锌矿区矿权位置示意图

本文引用时增加了摘要和关键词。——编者注

2　区域地质背景

锡铁山铅锌矿区位于柴达木准地台北缘残山断裂带。北东以大柴旦至乌兰深断裂为界，与欧龙布鲁克山及宗务隆山褶皱带相邻；南西以残山山前壳层断裂带为界，与柴达木盆地新生代拗陷相接（见图2）。前人曾划为南祁连冒地槽柴北缘地向斜或柴北缘残山陆间裂谷带。

区域内经历了多期构造运动。从元古宙开始，祁连海槽向昆仑方向大范围南侵，构造迁移特征明显。至早古生代中晚期，由于加里东运动的影响，中朝地块至塔里木地台大幅度隆起，欧龙布鲁克一带古生代沉积盆地和地块相邻地段产生深部剪切断裂，地壳拉张、地幔物质上涌、沉陷海进，裂谷带雏形形成，并伴随火山喷气、喷发和喷溢作用。此时，裂谷作用完成使本区由大陆裂谷型向陆间裂谷型的转化。裂谷发育早期，以拉张性质为主，晚期以挤压性质为主，边界断裂向裂谷带外倾，地层发生旋扭甚至倒转，揉皱作用加剧。

3　矿区地质概况

3.1　地层

区内出露地层由老至新为：下元古界达肯大坂群（Pt_1dk），主要分布于北部，岩性为白云石英片岩、二云片岩、斜长片麻岩及混合岩化斜长角闪岩等深变质岩系。上奥陶统滩间山群（O_3tn），是本区分布最广、发育较好的区域变质岩系，主要为一套浅海相中基性－酸性火山喷发熔岩，火山碎屑岩夹沉积岩及少量碳酸盐岩的绿片岩系，锡铁山铅锌矿床的赋矿层位为其

下部的正常沉积岩系；上泥盆统阿木尼克组（D_3a），沿锡铁山沟至断层沟一带断续分布，岩性为紫红色复成分砂岩、细砾岩夹砂岩透镜体；下石炭统城墙沟组（C_1c），为红色、黄色粉砂岩、细砂岩夹泥质灰岩；本区南侧为柴达木盆地北缘，断续分布有第三系（N）紫红色、黄褐色砂岩、含砾砂岩及砾岩，其次为大片第四系覆盖层（见图3、表1）。

锡铁山铅锌矿床的赋矿层位为上奥陶统滩间山群绿岩带，其中主要含矿层位为O_3tn^{a-2}组，次要含矿层位为O_3tn^b组。O_3tn^{a-2}属正常沉积岩段，岩性为灰绿色绿泥石英片岩、碳质石英片岩、条带状硅质岩、薄－厚层状白色块状大理岩、青灰色条带状大理岩。其中大理岩、条带状硅质岩、碳质绿泥石英片岩与成矿关系密切，是主要的赋矿层位。O_3tn^b属中基性火山碎屑岩组，由深灰色、灰绿色含钙质条带斜长绿泥片岩夹含钙质条带绿泥斜长片岩、石英绢云片岩、绢云片岩、绢云石英片岩、含碳绢云绿泥石英片岩等组成。底部有小的层状、似层状铅锌矿体及细脉浸染状铅锌矿体产出，矿区黄铁矿主要含在该层，是次要的含矿层位。含矿层沿走向及倾向岩性变化较大，其特点如下：

（1）含矿地层之下普遍为绿泥石英斜长片岩，由底部向上绢云母化增强。

（2）含矿地层与下伏地层呈渐变过渡关系，下部火山物质居多，中、上部正常碎屑增加，属正常沉积岩，含有碳质。岩性相变显著，由中部沿走向两侧，含碳质岩石，大理岩减少，厚度在中部大，向两侧变薄。

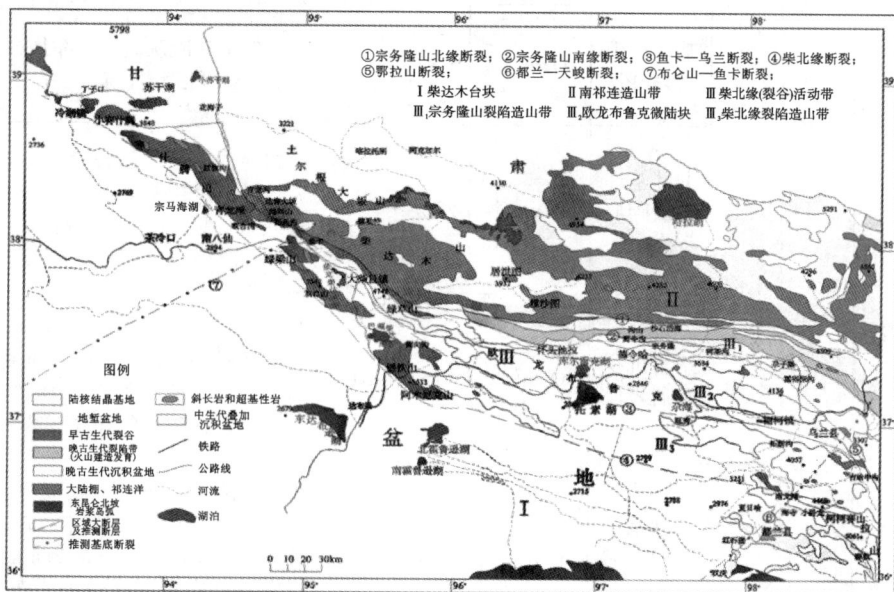

图2　柴北缘及其邻区构造单元分布图

（3）次要含矿层位的基性火山碎屑岩岩性稳定，东段底部见顺层侵入的滑石菱镁蛇纹岩。

（4）主含矿地层与下伏地层间为一套酸性火山碎屑岩，主要为变凝灰岩、变流纹岩。

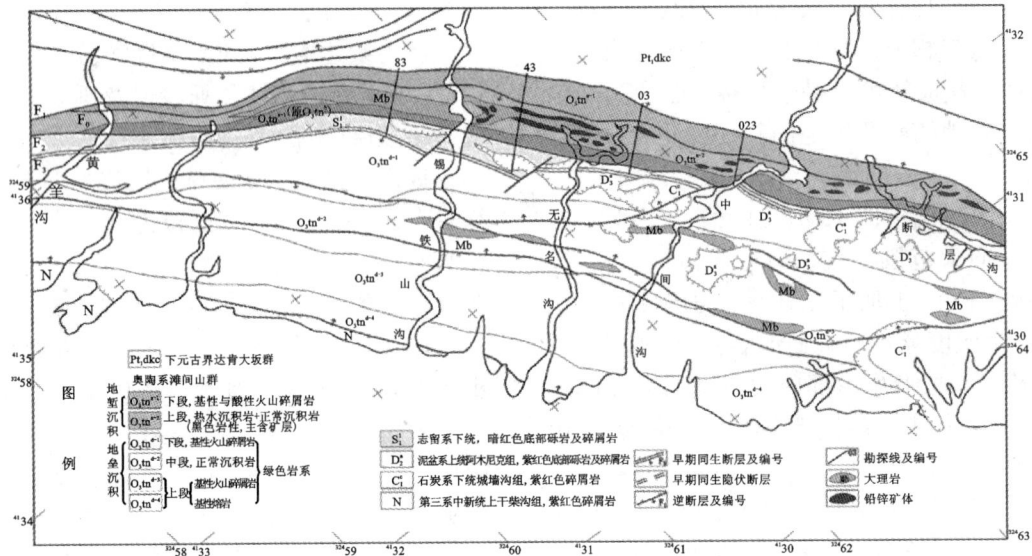

图3　锡铁山铅锌矿区地质略图

表1　锡铁山矿区综合地层

界	系	统	地方性地层名称			符号	厚度/m	岩性描述
	石炭系	下统	城墙沟组			C_1C	>13~609	上部黄褐色、杂色粉细砂岩夹砂鲕状灰岩、生物碎屑灰岩，产有 CystopLuentis, sp. Syrinhopra ramulosa Goidfuss, stereophrentissp. Lophophyllum sp. 等化石。下部紫红色、黄色长石石英砂岩、细砂岩、粉砂岩夹含砾砂岩、砾岩。底部有一层黄褐色底砾岩
	泥盆系	上统	阿木尼克组			D_3a	>7~98	暗紫红色复成分砾岩（以绿色片岩和大理岩砾石为主）、紫红色复成分细砾岩（主要为石英砾石）、含砾砂岩夹砂岩透镜体
古生界	奥陶系	上统	滩间山群	上部基性火山岩组	基性火山熔岩段	O_3tn^{d-4}	>82~407	灰色-深灰绿色变玄武岩夹斜长角闪片岩、绿泥片岩、少量变凝灰岩、变晶屑凝灰岩、变火山角砾岩、变安山玄武岩、斜长片岩，上部有变辉长闪长岩
					上部基性火山碎屑岩段	O_3tn^{d-3}	220~641	灰绿-深灰绿色斜长角闪片岩、绿泥片岩、阳起片岩、斜长片岩夹变凝灰岩、变晶屑凝灰岩、少量变玄武岩、变安山岩、变辉长闪长岩、绿泥石英片岩、白色薄层大理岩。底部夹变沉凝灰岩
					正常沉积碎屑岩段	O_3tn^{d-2}	>151~431	灰绿-深灰绿色绢云石英片岩、白色薄-厚层状大理岩夹钙质片岩、绢云石英斜长片岩、斜长角闪片岩、少量绢云片岩、变中细粒石英砂岩、阳起片岩，底部夹有紫红色含铁石英岩、硅质岩
					下部基性火山碎屑岩段	O_3tn^{d-1}	>106~147	中、上部为深灰绿色绿泥片岩、斜长角闪片岩、变凝灰岩夹少量阳起片岩、绿泥石英斜长片岩、绢云片岩、钙质片岩。下部为灰绿-深灰绿钙质条带斜长绿泥片岩和斜长绿泥石英片岩夹少量变玄武岩、变安山岩、薄层大理岩

续表 1

界	系	统	地方性地层名称			符号	厚度/m	岩性描述
古生界	奥陶系	上统	滩间山群	紫红色岩组		O_3tn^c	>34~263	灰紫色、紫红色变-细砂岩夹灰绿色变粉-细砂岩和紫红色变含砾砂岩。底部见有细脉浸染状铅锌矿化
				中基性火山碎屑岩组		O_3tn^b	>33~91	深灰-灰绿色含钙质条带斜长绿泥片岩夹含钙质条带绿泥斜长片岩、石英绢云片岩、绢云石英片岩、含碳绿泥绢云石英片岩与少量变英安岩、白色薄层大理岩。底部产有层状似层状铅锌矿体、含铜石英脉和细脉浸染状矿化组成的铅锌矿体
				下部火山沉积岩组	正常沉积岩段	O_3tn^{a-2}	67~298	上部灰绿色钙质绿泥片岩、碳质片岩夹灰白色条带状大理岩：中部灰白色细晶大理岩和铅锌矿体：中下部为变质热水（喷流）沉积岩［硅质岩、纹层状石膏菱（锌）铁矿岩、纹层硅质大理岩］及绿泥钙质片岩、含碳绿泥片岩、白色大理岩。大理岩中产 *Ambalodus cf. triangular is Brans an and Mehl*
					基性与酸性火山碎屑岩互层段	O_3tn^{a-1}	21~272	上部灰绿-灰色碳质石英片岩、变基性火山岩与薄层变余细砂岩互层：中部灰绿色杂浅肉红色变英安流纹岩：中下部变基性凝灰岩（灰绿色绿泥片岩）与深灰色变余细砂岩互层，夹薄层铁锰质大理岩2~3层：底部灰黄色白云石英片岩及灰色黑云母石英片岩，含少量绿泥石
下元古界			达肯大坂群			Pt_1dk		浅黄色白云石英片岩、二云片岩、斜长片麻岩、混合岩化深灰绿色斜长角闪岩

3.2 构造

锡铁山铅锌矿床位于柴达木盆地北缘锡铁山—绿梁山—赛什腾山晚奥陶系绿岩带中。绿岩带呈 NWW—SEE 狭长带状分布，出露宽度 2~12 km。矿带处于北西纵向逆冲断层之间（图3），挤压紧密，含矿层呈南北两带，同斜平行分布。已知铅锌多金属矿赋存于北带，南带浅部局部见锰铁帽、重晶石矿体等。

3.2.1 褶皱构造

通过滩间山群地层的重新研究和大量深部找矿工程岩心详细观察对比，证实矿区地层存在对称重复的两个复式倒转向斜（图4）。

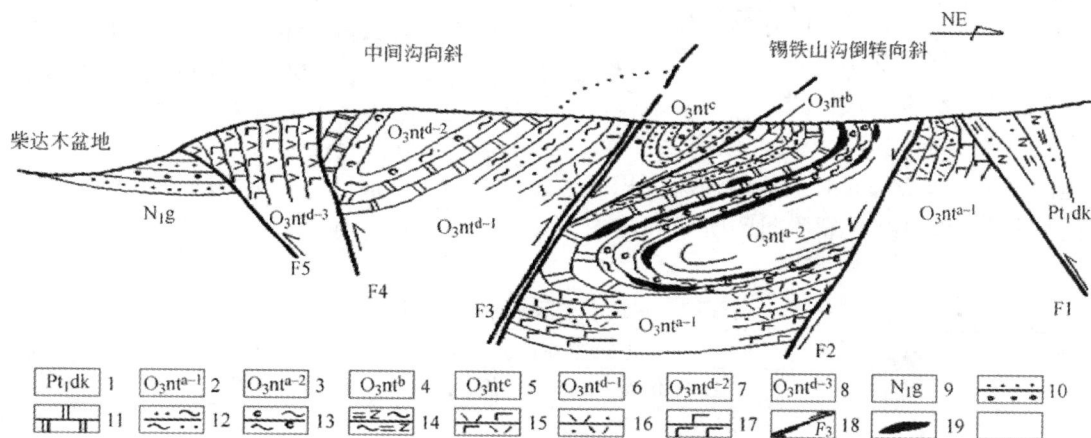

图4 锡铁山矿区中间沟地质构造剖面示意图

1—元古界达肯大坂群；2—滩间山群上部火山岩组第3岩性段；3—滩间山群上部火山岩组第2岩性段；4—滩间山群上部火山岩组第1岩性段；
5—滩间山群紫红色砂砾岩组；6—滩间山群下火山岩组；7—滩间山群火山-沉积岩组正常沉积岩性段；
8—滩间山群火山-沉积岩组火山碎屑岩性段；9—第三系；10—紫红色砂砾岩；11—大理岩；12—绿泥石英片岩；13—含碳绿泥片岩；
14—二云斜长石英片岩；15—变安山玄武岩；16—变流纹质晶屑凝灰岩；17—变玄武岩；18—断层及编号；19—铅锌矿体

3.2.1.1　锡铁山倒转向斜

该向斜位于矿区北部，西起红柳沟，东至断层沟，长约 7 km，轴向 310°～320°，两翼地层为 O_3tn^b，在锡铁山沟北翼倾向北东，倾角 60°～75°，南翼倾向由北东逐渐变为南西，但总体为轴面倾向南西的紧闭同斜褶皱。核部地层为含矿沉积岩组（O_3tn^{a-2}）。在中间沟一带地表及 2800 m 以上两翼地层及褶皱轴面倾向北东，倾角 65°～75°。

从综合剖面看，锡铁山倒转向斜具典型的叠加褶皱特征。加里东—海西期形成褶皱为轴面总体倾向南西的倒转褶皱，中—新生代陆内造山期欧龙布鲁克微陆块向南西逆冲推覆，原褶皱中上部轴面发生向北东偏转，形成控矿向斜深、浅部轴面产状不一致的总体轮廓。

3.2.1.2　中间沟倒转向斜

该向斜位于矿区南部，西起红柳沟，东至中间沟 050 线左右，长约 5 km，轴向 310°～320°，与锡铁山沟向斜走向平行，在中间沟 0～043 线以大理岩作为褶皱两翼的标志层，两翼地层倾向 220°～240°，倾角 50°～75°。核部由大理岩、砂屑大理岩、变余杂砂岩、钙质片岩及绿泥石英片岩等组成。在锡铁山沟和中间沟一带夹赤铁石英岩、赤铁重晶石层、磁铁矿层，碳质层不发育。北翼由 O_3tn^{d-1} 地层组成，以绿泥石英片岩、绿泥片岩夹变流纹质晶屑凝灰岩组成。南翼不全，O_3tn^{d-2} 与 O_3tn^{d-3} 呈断层接触。

总体看，中间沟向斜为轴面倾向南西的紧闭同斜型褶皱，向东北被阿木尼克组—城墙沟组地层（$D_3a - C_1C$）不整合覆盖，并没入戈壁滩。

3.2.2　断裂构造

矿区断裂主要有四组，其特征如表2所示。

（1）北西向断裂是矿区最重要的控制性构造。不同区段走向略有变化，略呈弧形延伸，与地层走向总体有 20°左右的交角。断裂规模巨大，具区域性深大断裂特征。在早期裂谷演化阶段，具同生断裂性质，控制裂谷盆地的形成与演化，并对盆地的喷流沉积成矿等有重要的控制作用。晚期（裂谷封闭阶段和陆内造山阶段）强烈挤压推覆，产生韧性剪切、滑移，浅表发生脆性破坏。断裂倾角总体较陡，但据深部钻孔揭露资料，向深部产状有变缓的趋势。

（2）北东向断裂呈锯齿状追踪延伸，倾向以 SE 为主，倾角陡直，多为张性，规模一般较小，且大致呈等间距分布，与主构造线垂直，为横向断裂，常使矿体产生一定的错动。该组断裂也为成矿时的同生断裂，将矿带分为数段，但成矿后仍对矿体与矿化带产生破坏作用，可能是裂谷发育过程中的转换断层。

（3）近东西向断裂呈近东西向延伸，倾向变化不定，倾角一般也较陡，规模也较大，一般几十米到几百米，断裂性质以张扭性为主，常右行错断矿体，尽管错距均不大，但对矿带和矿体的延伸有一定影响，导致向南东段含矿层逐渐隐伏于元古界达肯大坂群之下。

（4）近南北向断裂规模较小，为张扭性，产状较陡，破碎带发育，常错断矿体。在矿区的近南北向断层具有韧性剪切带中断层特征，对岩层和矿体有破坏作用，在断层破碎带内具连续滑移性质，即岩层和矿体有位移，但断裂特征不明显（属走滑断裂）。

3.3　岩浆活动

3.3.1　侵入岩

区内岩浆活动微弱，无大规模的岩浆侵入活动，仅局部有少量侵入岩。侵入岩主要包括闪长岩及二长花岗岩。前者主要沿北鞍峰南坡至锡铁山沟和瀑布沟口分布，呈岩墙状侵入滩间山群上部火山岩组（O_3tn^{d-3}）中，岩石主要由斜长石和角闪石组成，细晶—斑状结构。二长花岗岩体主要见于锡铁山沟北侧，产于达肯大坂群白云母石英片岩、云母斜长片麻岩中，主要由斜长石、石英、碱性长石组成，含少量角闪石和黑云母，SiO_2 含量 69.61%～69.64%，全碱含量 7.29%～7.46%，$Na_2O/K_2O = 0.96～0.98$。据吴才来、孟繁聪等人研究，锡铁山花岗岩类形成于早泥盆世，具有同碰撞花岗岩的特征，说明早古生代裂谷封闭阶段伴有一定规模的酸性岩浆侵入。

表2　锡铁山矿区主要断裂特征

断裂组	断裂主要特征				控矿特征
	走向	倾向、倾角	规模/km	性质	
北西向组	300°～350°	倾向 SW/NE 陡倾 50°～80°	>8～20 巨大	逆冲	控盆控矿（纵向同生）断裂
北东向组	40°～60°	倾向 SE 为主，陡倾	>2（隐伏）大	张性	成矿期同生断裂（裂谷转换断层）
近东西向组	70°～100°	倾向变化不陡，倾角陡	<2 较大	张扭性	错断矿体
近南北向组	0°～30°	产状陡	<0.5 小	张扭性	错断矿体

3.3.2 火山岩

区内火山活动强烈，滩间山群早期火山喷发物为中基性火山岩——基性凝灰岩、玄武岩夹安山岩，晚期火山喷发物为中酸性火山岩——流纹岩及英安岩。火山喷发间歇期有碳酸盐岩沉积及纹层状石膏、菱铁矿层、纹层状硅质岩等热水沉积岩类。火山喷发沉积物的夹层中，常出现硬砂岩、凝灰质硬砂岩、杂砂岩和少量隐爆角砾岩、砂砾岩及以火山物质胶结的砾岩。

3.4 变质作用及围岩蚀变

3.4.1 变质作用

矿区地处柴达木北缘裂谷带中，区域变质作用强烈，主要为片麻岩化等一系列深变质作用。矿区内变质作用明显，表现为片理化、火山物质及少量泥质在区域变质作用下形成绿泥石、绢云母、碳质、钙质、石英等；碳酸盐岩中方解石重结晶，矿物定向排列明显。矿区变质程度达绿片岩相。

3.4.2 围岩蚀变

矿区围岩蚀变主要有硅化、黄铁矿化、碳酸盐化、钠长石化、重晶石化等。

4 矿床地质特征

4.1 矿带划分

矿区含矿层地表由北东至南西划分为Ⅰ、Ⅱ、Ⅲ、Ⅳ四个矿带。3222 m 中段以下Ⅰ、Ⅱ矿带合并为一个矿带，空间位置相当于Ⅱ矿带的位置，即两个矿带完全可归并为同一矿带，矿带之间的分离甚至平行排列是由于后期构造错动所致，通过构造恢复可连为一个矿带。Ⅲ矿带矿体在 3222 m 以下只有零星的矿体分布。2700 m 以下在 1 勘探线以东新发现的以片岩为赋矿围岩的矿体群，因其产出形态、矿化特征等特点不同于其他矿带，故将其划分为Ⅳ矿带。

4.2 矿体的空间分布特点

锡铁山铅锌矿床主要矿体赋存在绿片岩、大理岩及大理岩与绿片岩接触部位中，明显受地层层位和岩性控制，矿体产出与围岩产状基本一致。矿体的空间分布特点如下：

（1）在狭长的含矿层位中，矿体沿走向呈群分布，沿倾向呈单斜叠瓦状排列，局部出现波状扭曲。四个矿带之间无明显的地质界线。矿体厚大部位位于矿区 27～55 线间的厚层状大理岩及条带状大理岩最发育地段，主要受控于碳酸盐岩。由于碳酸盐岩自 NW 向 SE 插入深部绿色片岩中，并逐渐被绿片岩所代替，因而受控于碳酸盐岩的矿体，随之插入绿色片岩中，并逐渐合并为一个带。

（2）矿区不同地段的矿体厚度、矿化范围、矿石品位等呈规律性变化。在矿区 NW 段以块状矿石为主，品位较高，矿化层厚度约 90 m，工业矿体累计厚度占矿化层总厚度的 15%～25%；往矿区 SE 段浸染状、条带状矿石逐渐增多，品位逐渐降低，矿化层厚度约 87 m，工业矿体累计厚度占矿化层总厚度的 15%～40%。

（3）矿区西部以大理岩型矿体为主，矿体与大理岩密切相关，大理岩往深部变薄，矿体随之尖灭；若大理岩向深部延伸变厚，矿体规模亦大；矿区东部以片岩型矿体为主，主要矿体见矿标高基本在 2700 m 以下，明显低于大理岩型矿体。

（4）矿体与围岩的产状基本一致并与地层同步褶皱变形，具典型的同生矿床特征。矿体形态沿走向和倾向有明显的膨胀狭缩、分支复合、尖灭再现现象。矿体局部斜切层理，局部地段有晚期充填形成的黄铁矿、方铅矿和闪锌矿矿脉横穿或斜切围岩。矿体自北西往南东侧伏，总体侧伏角为 30°～45°，少数为 60°。

（5）多期构造对矿体的影响明显，特别是成矿期后的叠加改造作用明显，表现为含矿带沿倾向产生弯曲或挠曲，致使大理岩中出现无矿天窗和富矿地段。成矿后的层间滑动和斜向断层对矿体的初始形态有一定的破坏作用。NEE—SWW 向断层较为发育，将矿体分割成若干段，甚至有的矿段被断层错失，从而增加了矿体形态、产状的复杂性。

4.3 矿石特征

4.3.1 矿石矿物组成

矿石中主要金属矿物为闪锌矿、方铅矿、黄铁矿、磁黄铁矿，少量白铁矿、毒砂、黄铜矿、黄锡矿、磁黄铁矿、磁铁矿、铬铁矿、银金矿、金银矿、自然金、硫金银矿、黝锑银矿、银砷铜银矿、银锌砷铜矿、银黝铜矿、硫镉矿、锡石、铜蓝、辉铜矿、金红石等。主要非金属矿物为石英、方解石、钠长石、绿泥石、碳泥质，其次有绢云母、菱锰矿、石膏等，偶见萤石。

4.3.2 矿石结构构造

矿石结构有半自形 - 他形粒状结构、环带结构、交代结构、充填交代结构、压碎粒状结构及交织结构等。矿石构造有致密块状矿石、条带构造、星散浸染状构造、斑状构造、角砾状构造及纹层状构造等。

4.3.3 矿石化学成分

矿石中平均含铅 2.98%、锌 5.388%、硫 18.60%、金 0.62 g/t、银 43.88 g/t，据组合分析结果，矿石中平均含砷 0.033%、铜 0.031%、铟 0.005%、铊 0.001%、锗 0.009%、镓 0.001%、镉 0.001%。

4.3.4　矿石类型

根据矿石矿物组成与结构构造划分为以下四种矿石类型：分别为条带—块状黄铁矿（胶黄铁矿）—闪锌矿—方铅矿矿石、条带—浸染状黄铁矿（胶黄铁矿）—闪锌矿—方铅矿矿石、星散状、细脉浸染状黄铁矿—闪锌矿—方铅矿矿石及其他矿石类型，包括结构构造独特的伟晶状矿石、花斑状矿石和角砾状矿石，金属矿物成分单一的方铅矿矿石、闪锌矿矿石、黄铁矿矿石和胶黄铁矿矿石，具特殊成因的石膏—菱锌铁矿矿石（层纹状构造为主）。

5　矿区深、边部找矿成就

锡铁山铅锌矿在清朝及民国期间即有小规模民采及土法冶炼，主要在地表及近地表进行。大规模及有组织的勘查工作是在中华人民共和国成立后才开始的，特别是 2001 年至今，矿山充分应用了地质、物探、化探、综合研究等方法，深、边部地质找矿取得重大突破，锡铁山铅锌矿床达到特大型规模。

5.1　以往地质勘查概况

（1）1956—1958 年锡铁山地质队对锡铁山铅锌矿床进行了详细勘探。1958 年提交了《柴达木锡铁山铅锌矿床最终地质勘查报告》，探获铅锌工业储量（B + C）2554.59 万吨；铅锌金属量 229.19 万吨。1963 年锡铁山地质队提交了《柴达木锡铁山铅锌矿床最终地质勘探补充报告》，国家储委以（63）储字第（261）号决议批准铅锌工业储量（B + C₁）2104.32 万吨，铅锌金属量 191.44 万吨；远景储量（C₂）832.02 万吨。本次勘探工作对矿床成因认识是中低温热液矿床。

（2）1984 年青海省第五地质队在锡铁山北西开展银矿初步普查，提交了 D 级银金属量 14.65 t，确定了锰矿无工业价值。

（3）1984—1988 年青海省第五地质队在锡铁山铅锌矿区中间沟矿段进行详查、外围（断层沟）进行普查。中间沟矿段提交新增 C + D 级铅锌矿石量 691.57 万吨，铅锌金属量 31.76 万吨。断层沟矿段提交 D 级铅锌矿石量 229.81 万吨，金属量 7.44 万吨。本次勘探对矿床成因认识是火山岩型块状硫化物矿床。

5.2　矿区深、边部找矿成就

5.2.1　矿床地质特征及成矿规律新认识
5.2.1.1　对含矿层位划分的认识

通过对矿区沉积建造的深入研究，将矿区含矿的地层（包括 a、b 层）划分为 4 个级别（表3）。地层划分的级别从大到小分别是，第一级是地层系统，第二级是地层组，第三级是层，指地层旋回，第四级是分

层，是地层旋回中的岩性层。a－1 和 a－2 地层系统在岩性上的特点是从下部的以黄褐色为主的片岩到上部的以灰绿色为主的片岩，由此划分为两套地层（a－1 和 a－2）。锡铁山矿带中的两套地层对应两个盆地，即上盆地和下盆地。两个盆地发育相似的地层大旋回变化，即上盆地中 a－2－3 为下部基性岩层，a－2－2 为中部酸性岩层，a－2－1 为上部基性岩层；下盆地中 a－1－3 为下部基性岩和酸性岩的互层，a－1－2 为中部酸性岩层，a－1－3 为上部基性岩层。

表3　锡铁山矿区含矿地层分级表

三级盆地	地层系统	地层级分布区间	地层旋回（层）	分层
上盆地	a－2	a－2－1	多个旋回	每个旋回中分层
		a－2－2	多个旋回	每个旋回中分层
		a－2－3	多个旋回	每个旋回中分层
下盆地	a－1	a－1－1	多个旋回	每个旋回中分层
		a－1－2	多个旋回	每个旋回中分层
		a－1－3	多个旋回	每个旋回中分层

两个盆地的两套地层不是上、下层序关系，而是并列的两个盆地中的具有同时性的沉积关系，是同时形成的特征相似的地层旋回。上盆地是锡铁山沟矿床产出的范围，是一个独立的三级盆地构造带。两个盆地之间，存在 100 ~ 400 m 的无矿地段。无矿地段在空间上由北西向南东深度不断增大，存在侧伏现象。

火山岩层的直线顶界表现的同生断层，就是双盆地之间的界线断层，即矿带中上、下盆地的分界线，这个界线的位置与地表填图的 a－1 和 a－2 分界断层的位置是一致的。

双盆地构造模型说明矿带中具有两个成矿系统，矿床是分布在两个盆地中并列的两个喷流沉积矿床。双盆地构造模型提供了更多的成矿部位，比原来只在一套盆地中找矿的位置扩大了一倍。

5.2.1.2　对含矿层位特征的认识

锡铁山铅锌矿床含矿地层主要为下部火山—沉积岩组中正常沉积岩段（O_3tn^{a-2}）和中部中基性火山碎屑岩组（O_3tn^b）的底部。含矿层的岩石类型有：（1）大理岩类：大理岩广泛分布于主含矿层内，主要由中晶—细晶、极细晶大理岩、纹层状大理岩、条带状大理岩、砂屑大理岩等组成。（2）片岩类：此类岩石十分繁杂，大体上可分为钙质片岩、绿泥片岩、石英片岩和绿泥角闪片岩。（3）变余砂岩类：主要由变余细粒—中粒（含）长石石英砂岩组成，层位上多分布于主

矿层中上部，空间上主要出现在矿区中南部中间沟向斜核部、断层沟东段和红柳沟—黄羊沟一带。（4）热水（喷流）沉积岩：锡铁山矿区主含矿层中热水沉积岩较发育，尤其是矿化较强的锡铁山沟、无名沟、中间沟、断层沟等地段，按矿物组成可分为纹层状石膏—菱（锌）铁矿岩、菱锰矿岩、纹层硅质（或石膏）大理岩和硅质岩。（5）隐爆角砾岩：矿区的隐爆角砾岩主要出现在锡铁山沟—中间沟一带，坑下和深部钻孔均有揭露，由大小不等的尖棱角状和撕裂状岩屑角砾、矿石角砾等组成。

锡铁山铅锌矿区含矿建造中的热水（喷流）沉积岩，按层位由下至上大致有以下分布序列：隐爆角砾岩→硅质岩→纹层状碳酸盐岩（菱锌铁矿）与硫酸盐岩（纹层状和块状石膏）→黄铁矿条带硅质岩以及菱锰矿岩→层纹状、条带状硫化矿。从组合上看，缺少钾长石岩、电气石岩等典型的高温热水（喷流）沉积岩组合。虽然在有的矿下蚀变—网脉状矿化带中偶见萤石、电气石等交代蚀变矿物，但不属于热水沉积型岩石类型。因此，本区热水沉积岩总体属中低温热水（喷流）沉积岩组合。

5.2.1.3　对矿体类型的认识

根据矿体近矿围岩特征和矿体形态、产状特征，生产上将矿床中的矿体划为两类：一是大理岩型矿体，主要是Ⅱ矿带，包括部分Ⅰ矿带矿体，主要分布在矿区23线以西的大理岩发育地段，矿体形态复杂多变，产状变化大，以块状、稠密浸染状矿石为主，脉石矿物以粗粒方解石为主，矿体与围岩界线清晰，单个矿体规模中等偏小，Pb + Zn 品位一般大于10%，矿体中方铅矿、闪锌矿结晶颗粒粗大；二是片岩型矿体，主要是Ⅳ、Ⅲ矿带，包括部分Ⅰ矿带矿体，主要分布在矿区23线以东大理岩变薄至尖灭而片岩发育地段，矿体形态比较规整，走向与倾向上延伸稳定，以浸染状、条带状、细脉浸染状矿石为主，脉石矿物中方解石较少，而含大量的黄铁矿，矿体与围岩界线不清，Pb + Zn 品位一般小于8%，矿体中方铅矿、闪锌矿结晶颗粒较小。

5.2.1.4　对成矿规律的认识

（1）大理岩与绿片岩之间的接触部位是成矿的有利地段，特别是大理岩与上盘的绿片岩接触部位。

（2）在同生断裂附近对成矿有利，同生断裂附近的岩层如同生角砾状大理岩带、大理岩层在走向上厚度突变地段对成矿有利。

（3）大理岩层内若存在条带状大理岩、薄层大理岩及条带状硅质岩或夹绿片岩地段，在其附近对成矿有利。

（4）受原始成矿盆地地形及后期构造的影响，含矿带内存在无矿空间。在大理岩上部矿体尖灭时，由于矿体在剖面上呈叠瓦状，应注意在大理岩中部及下部寻找盲矿体。

（5）地层发生大的扭曲，片岩揉皱发育部位是片岩型矿体成矿的有利部位。

（6）片岩硅化较强，出现纹层状硅质岩时应注意片岩型矿体出现。

（7）矿体下部出现变流纹岩、变流纹质凝灰岩、变凝灰岩等火山岩时，说明已揭穿主含矿层（$O_3 tn^{a-2}$）。

（8）矿区1线以东出现以片岩为赋矿围岩的厚大的矿体群（Ⅳ矿带），此类型为 SEDEX 型矿床的主要矿化类型，表明矿区东部具有巨大的找矿远景。

（9）现已发现的工业矿体，均位于泥盆系阿木尼克组暗紫红色复成分砾岩、细砾岩，或者滩间山群紫红色岩组的下方数十米至数百米范围内。

5.2.1.5　对矿床双层结构的认识

综上所述，锡铁山矿区大理岩型与片岩型矿体虽有明显差别，并经历后期变形变质改造，但热水喷流沉积成矿结构完整，两套矿下蚀变—网脉—隐爆角砾岩矿化带和层状矿带均得到证实。根据大理岩型矿体与片岩型矿体间的层位关系和分布特点，锡铁山铅锌矿床的两期热水喷流沉积成矿的结构剖面清楚，具明显的"双层"结构（见图5）。在时间上，早期旋回的热水喷流作用形成下部大理岩型厚富矿体，晚期旋回热水喷流作用形成上部（碳质）片岩型厚大矿体。在空间上，成矿中心有从锡铁山沟向南东迁移的趋势，中间沟凹陷和断层沟凹陷是多旋回喷流沉积成矿的重要聚集区。锡铁山矿区裂陷盆地中多旋回喷流成矿作用，为超大型矿床的形成奠定了基础。

5.2.1.6　对矿床成因类型的认识

锡铁山铅锌矿床属于以沉积岩为主要围岩的海底热水喷流沉积型矿床，按围岩类型可分为大理岩型和（碳质）片岩型两类矿体，按结构构造可分为喷流管道相的蚀变—网脉状矿体和盆地相的层块状硫化物矿体，层次结构和喷流沉积剖面结构典型。是裂谷盆地多旋回喷流成矿作用的产物。矿床的形成过程可归纳为两个重要时期。

A　热水（喷流）沉积成矿期

早—中奥陶世，由于柴北缘的区域地壳拉张作用，柴北缘陆缘裂谷形成，出现强烈的以幔源基性岩浆喷发及壳源酸性岩浆喷发为主的岩浆活动，并以陆源碎屑沉积为主，形成双峰式火山—沉积建造。这期火山活动携带出大量的金属物质构成矿源层。

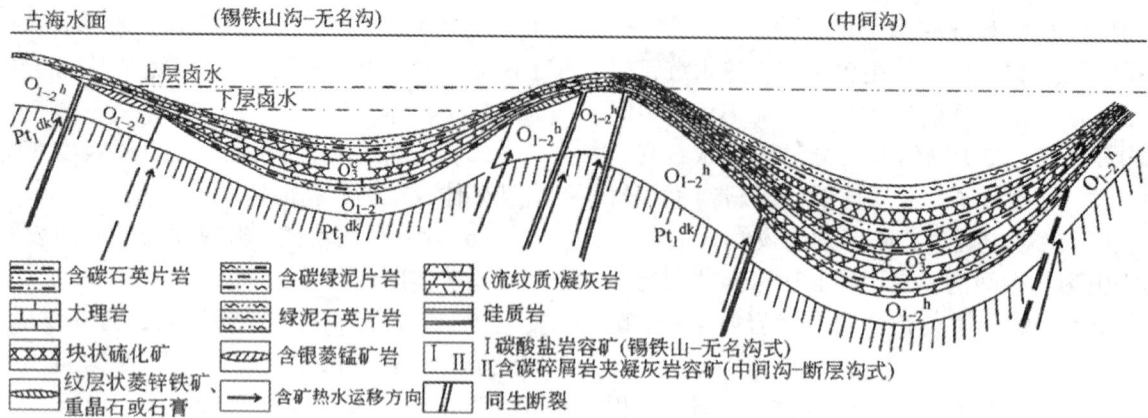

图5 锡铁山式铅锌矿床的双层结构图

晚奥陶世早期，柴北缘裂谷进入稳定发展期，海盆拉张下陷，在中性、弱还原环境的陆缘斜坡上接受碳酸盐、泥质沉积，受扩张背景下的同生断裂活动影响，沉积柱裂隙发育，渗透性强，海水不断下渗与深部火山期后热液混合，组成混合成矿溶液。成矿溶液在底层中酸性火山岩和基底中萃取 Pb、Zn 等金属物质和部分硫，形成富含成矿物质的热液，热液沿通道（同生断裂）上升，迅速喷出海底，在热水喷流成矿主要中心锡铁山沟至无名沟一带，形成各种热水沉积岩和下部大理岩型矿体。

晚奥陶世中期，裂谷海盆的内部差异升降加剧，次级洼地和水下隆起分异明显，锡铁山沟、中间沟、断层沟一带形成几个相对沉陷的封闭洼地，形成弱酸性和还原环境，堆积含碳—碳泥质建造、粉砂质建造等。热水喷流作用继续向北西—南东向同生断裂进行，在中间沟—断层沟一带形成强烈喷流带，出现以纹层状硅质岩为主的热水沉积岩和上部（碳质）片岩型铅锌矿体。

两大旋回的热水喷流阶段均形成典型的管道相蚀变—网脉状矿带和层状硫化物矿体。深部岩浆房提供的热源和同生断裂活动，是成矿流体发生对流深循环的重要热动力机制。

B　变形变质改造期

晚奥陶世后期，由于区域地壳收缩作用，柴北缘裂陷海槽逐渐关闭，发生陆壳俯冲。由于裂谷强烈挤压封闭，裂谷期火山—沉积岩系发生区域变质，达绿片岩相。同时矿体遭受变形改造，部分成矿物质发生迁移和再富集。

综上所述，锡铁山矿床的成矿模式应考虑以下主要因素：

①裂谷背景及其中的次级洼地；②火山期后的同生断裂活动，为热水喷流提供良好通道；③成矿物质来源具多源性：成矿热液由下渗对流深循环海水与深部热液混合而成；Pb、Zn 物质以萃取盆地底层火山岩中的为主，有部分深源物质加入；硫源为海水硫酸盐与火山硫的混合；④成矿热液喷流与正常沉积交替频繁，沉积—成岩期陆源和内源碳、泥质补给较丰富，碳、泥质的表面强吸附力及热水体系中矿物质以各种水溶胶形式的沉淀，促使 Pb、Zn 等成矿物质被碳泥质吸附共沉淀或交替沉淀，形成细粒条纹（带）—纹层状矿石。

综合各种因素，本区铅锌矿床成矿模式如图6所示。

5.2.1.7　对矿床勘探类型的认识

原地质勘探时期将锡铁山铅锌矿床勘探类型确定为Ⅱ类（原勘探规范）。实际上通过矿山基建及生产探矿的实践证明，矿床勘探类型确定为Ⅱ—Ⅲ类（原勘探规范）更符合矿床实际。

5.2.2　矿区深、边部找矿工作及其成果

矿山于1992年启动了矿区深、边部找矿工作，其主要几个阶段的找矿工作及其成果如下：

（1）1992—1996年原锡铁山矿务局委托青海有色地质八队开展锡铁山铅锌矿床 1～55 线 3062 m 中段以下深部勘探。提交 C + D 级矿石量 391.01 万吨，铅锌金属量 45.20 万吨。新增 C + D 级铅锌矿石量 219.61 万吨，铅锌金属量 25.39 万吨。通过本次勘探发现，深部出现"无矿带"，矿区深、边部的找矿潜力极不乐观。同时，矿山开展了生产区内的探边摸底工作，一方面积极寻找因地质勘探时期勘探网度过稀而漏掉的工业矿体；另一方面依据对成矿规律的新认识积极寻找各类隐伏矿体，截至1999年底共新增 B 级铅锌矿石量 117.79 万吨，铅锌金属量 24.24 万吨。本次勘探对矿床成因认识是火山岩型块状硫化物

矿床。

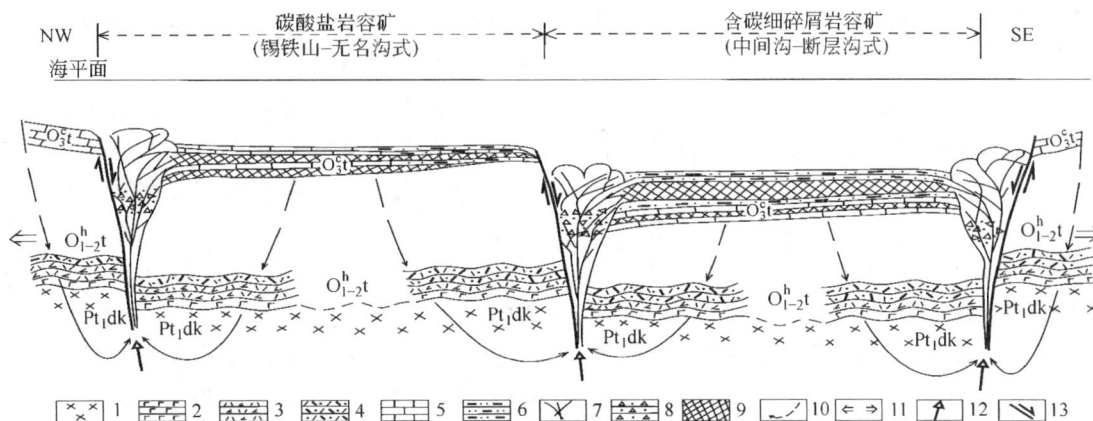

图 6　锡铁山铅锌矿床成矿模式

1—陆壳基底；2—玄武岩；3—英安流纹岩；4—流纹质晶屑凝灰岩；5—灰岩；6—含碳细碎屑岩；
7—交切网脉（矿化）蚀变带；8—隐爆角砾岩带；9—层状硫化物矿体；10—海水下渗对流深循环；
11—盆缘扩张方向；12—深源流体及运动方向；13—同生断裂

（2）通过综合地质研究和对矿区深边、部成矿条件的系统分析，于1996年矿山编制了《锡铁山铅锌矿近期及中长期地质找矿总体规划》。2007年邀请全国20多名地质专家召开了锡铁山铅锌矿地质找矿研讨会。与会专家首次提出海底热水喷流沉积成矿的新认识，为矿山后续的深、边部找矿提供了有力的理论依据。同时，为了满足和加快矿山深、边部找矿工作，1999年矿山组建并注册成立了锡铁山地质勘查有限公司（后来改名为西部矿业地质勘查有限公司），是青海省首家由矿山企业注册成立的地质勘查公司，标志着矿山的地质找矿工作拉开了新的序幕。

（3）2001—2005年西部矿业地质勘查有限公司依据对矿床地质特征和成矿规律的新认识，主持开展了锡铁山铅锌矿床3062 m中段以下深、边部找矿勘探工作，并不断取得地质找矿的突破。其中，2001年在05～75线3062～2822 m标高之间提交B＋C＋D级铅锌矿石量891.07万吨，铅锌金属量117.63万吨，新增铅锌矿石量500.06万吨、铅锌金属量72.45万吨；2002年在3062 m中段以下05～75线之间共提交B＋C＋D级矿石量1672.83万吨，铅锌金属量217.07万吨，新增矿石量781.76万吨，铅锌金属量99.43万吨；2003—2005年在矿区2942 m中段以下09～65线之间提交111b＋122b矿石量1339.73万吨，铅锌金属量121.35万吨，新增矿石量461.38万吨，铅锌金属量20.19万吨。

（4）2006—2009年矿山委托湖南省有色地质勘查局二一七队继续开展矿区2522 m中段以下015～27线的深部勘查工作，该项深部勘查工作又取得新的突破。提交122b＋333矿石量992.31万吨，铅锌金属量74.31万吨，新增矿石量798.49万吨、铅锌金属量48.80万吨。

（5）以上各阶段的找矿勘探期间，多家科研院所在矿区开展多项专题科研和物化探找矿工作，为矿区深、边部找矿提供了新的理论依据，进一步明确了找矿方向。

综上可见，1998—2009年通过矿山地质资料的二次开发、多项专题科研、物化探找矿及深、边部勘查工作，对找矿认识有了新的突破，矿区深、边部找矿不断取得重大进展。截至2009年底，矿山累计探明111b＋122b＋333矿石量5620.24万吨，铅锌金属量514.22万吨；共计新增铅锌矿石量2879.09万吨、铅锌金属量290.60万吨，使矿床规模达到特大型。目前，矿区深、边部及外围的找矿工作还在有序推进，矿床规模有望继续扩大。

5.2.3　矿区深、边部找矿取得突破的主要认识过程

（1）2007年锡铁山铅锌矿地质找矿研讨会上与会专家首次提出以沉积岩为主要围岩的海底热水喷流沉积成矿的新认识。由于该类型矿床在世界范围内规模最小者为铅锌金属700万吨，而锡铁山铅锌矿那时仅探明了270多万吨金属量。因此，从矿床规模上锡铁山铅锌矿仍有巨大的找矿前景，坚定了矿山深、边部地质找矿的信心和决心。

（2）2001年在矿区27、31线深部发现厚大的大理岩型铅锌矿体，在原是"无矿带"的深部发现了新的大理岩型铅锌矿体，证明所谓的"无矿带"只代表原始沉积盆地中的局部高地，而且这种"无矿带"在空间上也是有规律地分布的。

（3）2003年在矿区1线深部发现厚大的片岩型铅锌矿体，矿体向东南深部侧伏的规律得到证实，深部勘探的重点逐渐向东南侧深部移动。

（4）2005年在矿区03线深部红层下的含碳片岩中首次发现厚大的层状富铅锌片岩型矿体，证实锡铁山矿区深部虽出现少量火山岩，含矿层并没终止。2005年以来沿走向又先后在07、011、031线揭露到该矿体，其中03~011线间连续控制长度达225m。新的片岩型矿体的发现是锡铁山SEDEX型铅锌矿床理论和实践上的历史性突破，改变了以往认为"锡铁山铅锌矿只赋存于大理岩中及其接触带附近"的找矿思路，为在中间沟—断层沟一带（1~067线）寻找含片岩型矿体树立了坚定信心。国内外大型以上的SEDEX型铅锌矿床中，含碳细碎屑岩是最有利的赋矿围岩之一。厚大片岩型矿体的发现，证实锡铁山式铅锌矿床包括大理岩型和片岩型两类矿体，扩大了矿区找矿的时空范围。

5.2.4 矿区深、边部找矿成果总结

锡铁山铅锌矿床深、边部找矿主要取得三方面的成果：

一是锡铁山铅锌矿成矿理论认识的突破为矿区形成超大型矿床乃至巨型矿床的成矿背景奠定了理论基础。

二是矿山增加了大量的资源储量，使一个大型矿山变成了一个超大型铅锌矿山，为我国新增了一个大型铅锌原料基地，西部矿业公司也得以快速发展矿业产业。

三是探索出由矿山企业主导，企业和科研院所联合攻关，开展低成本找矿的经验与高效的找矿管理模式，也为我国资源危机矿山的新生树立了新的希望。同时也证明西部矿业公司在地质找矿上完全有能力组织大型科技攻关，其产生的研究与勘探成果能更快地转化为经济效益，这是一般的科技攻关所不能实现的，因为这是矿业企业组织的应用研究。

5.3 矿区深、边部找矿成功的经验

（1）保证充足的经费投入是矿区深、边部找矿取得成功的关键。矿区深、边部找矿，企业必须有充足的经费投入，才能确保此项工作的顺利开展。原锡铁山矿务局和西部矿业公司领导一直十分重视矿山深、边部找矿工作。因为找矿是手段，开采是目的，对矿业企业而言，不抓资源就是搞"无米之炊"；矿山建矿时地勘部门提交的资源量是有限的，矿山找矿工作必须及早开展，以防止等"硐老山空"时"无米下锅"，因为待"硐老山空"时想开展找矿工作，已无足够的经济

实力支持。为了矿山企业的长远发展，要及早敢于和善于投入必要的地质找矿资金，要充分调动和发挥地质技术人员的聪明才智，才能提高地质找矿效果，不断增加矿山储量。

（2）加强成矿规律研究是矿区深、边部找矿的基础。因为按照矿床自身的特征和成矿规律指导就矿找矿工作，既可提高找矿的效率和准确性，又可避免找矿的盲目性。在开展就矿找矿工作时，只要遵循由已知到未知、由近到远、由浅部到深部、由点到面的原则，矿山地质找矿的风险也就随之降低。

（3）矿区深、边部找矿在成矿理论上必须创新。随着矿山生产的不断发展和地质找矿的不断深入，矿山深、边部的找矿难度将越来越大，采用常规的找矿手段、方法和成矿理论很难奏效。因此，要大胆更新观念，积极引用新技术、新方法和新的成矿理论，在成矿理论上必须创新。随着成矿理论上的创新，要建立矿床成矿模式，重新认识矿区深、边部及外围的成矿地质条件，勇于突破找矿的"禁区"，这样矿山深、边部的找矿才能不断取得新突破。

（4）矿区深、边部找矿必须有好的组织管理团队与相应的技术人才。任何矿山，尤其是一些大型矿山，均积累了非常丰富的第一手原始资料和各种专题研究资料。如何将大量第一手原始资料和各种专题研究资料进行有效地开发，如何将科研工作者引入正确的思维体系等，项目组织者必须有能力解决这些问题。同时，矿山要与科研院所积极联合，以解决项目所需的相应的技术人才。

（5）要制定科学合理的地质找矿规划。为了根本上解决矿山的后续资源保障问题，必须统筹规划、合理布置，制订长远的、系统的、科学的地质找矿规划，并将矿山找矿工作作为长期的战略任务来抓，这样随着地质找矿规划的不断实施，可以不断扩大矿山储量，不断延长矿山服务年限。

（6）矿山要有一支自己的勘探队伍。在计划经济条件下，专业地质队找到的矿无偿供矿山企业开发利用；而在市场经济条件下，专业地质队找到的矿要有偿使用。因此，矿山企业必须建立一支自己的勘探队伍，这支队伍集矿山生产管理和地质找矿于一体，为矿山生产管理和地质找矿服务。

6 矿区深、边部及外围地质找矿规划

6.1.1 国内外地质找矿实践经验

实践证明，国内外绝大多数矿床的发现和储量的扩大都是在已知矿床或矿化点深部及外围实现的，因为许多矿床并不是孤立存在的，在一个不大的空间范围内可以找到两个或多个同一矿种或不同矿种，同一

类型或不同类型的矿床。另外，国内外二次找矿的经验证明，通过重新研究一个区域已有的各种地质资料，并与同类的其他地区对比，过去认为找矿希望不大的地区仍有良好的地质找矿前景。目前，国内外海底喷流沉积矿床的成矿理论和勘查技术日趋成熟，理论找矿、模式找矿等成功的例子屡见不鲜。矿山深、边部就矿找矿是国内外成功的经验。因此，锡铁山铅锌矿床深、边部及外围是寻找各类隐伏矿体的最佳区域。

6.1.2　矿区深、边部及外围的找矿潜力分析

（1）从矿床成因来看，锡铁山铅锌矿床成因类型为以沉积岩为主要围岩的海底热水喷流沉积型矿床，该类型矿床在世界范围内规模最小者为铅锌金属量700万吨，而锡铁山铅锌矿在1999年以前仅探明了500万吨金属量。因此，从矿床规模上锡铁山铅锌矿仍有巨大的找矿前景。

（2）从矿床勘探深度来看，目前锡铁山铅锌矿区的勘探深度还不到1000 m，而矿业发达国家的许多矿山的勘探及开采深度大于1000 m，因此深部还有很好的第二找矿空间。例如ZK44011-13孔在标高2192 m的变凝灰岩中也发现有薄层闪锌矿脉，品位1.42%，厚度1.4 m，说明变凝灰岩下部仍存在矿体的可能，只是受深度限制。

（3）从矿床勘探范围来看，目前锡铁山铅锌矿区的勘探范围基本上局限在锡铁山矿段，而中间沟矿段、断层沟矿段及其外围尚未开展系统的勘查工作。以前在这些矿段虽然做过一定的勘查工作，由于受到勘查理论、勘查方法及经济条件等方面的局限，仍然存在勘查空白区，有的还是较有潜力的远景区。

（4）从勘查矿种来看，锡铁山铅锌矿区一直是单一的铅锌矿就矿找矿，对新的矿种重视不够。近十几年来国内外在铅锌矿床深部及外围找到许多大型金、银等矿床，充分证明了铅锌矿床深、边部及外围寻找新矿种的找矿前景。例如ZK4409-17孔24号样的炭质片岩中Au品位达99g/t，ZK44003-18孔炭质片岩中（399.88~472.38 m）金平均品位达5.84 g/t，从北西往南东金具有增高趋势，中间沟地表（039~047线）局部已出露氧化型金矿。

综上所述，无论从国内外地质找矿实践还是锡铁山矿区深、边部及外围的找矿潜力分析来看，锡铁山矿区深、边部及外围成矿远景极佳。

6.2　矿区深、边部及外围地质找矿规划

6.2.1　制订地质找矿规划的指导思想和原则

本次制订锡铁山铅锌矿区深、边部及外围地质找矿规划，要以对矿床地质特征、成矿规律、矿床成因类型及成矿模式的新认识为理论基础，结合多年来地质找矿的科研成果，在注意扎实的基础地质工作前提下，不断进行综合研究并不断修正各种认识。同时，要不断应用新的成矿理论和先进的勘查技术手段，要强调对成矿有利地段进行整体的和三维空间的综合研究。因为在新的地区用老的认识可以找到矿，在老的地区用新的认识也可以找到矿，唯独在老的地区用老的认识很难找到矿。可见，观念的转变和认识的更新是规划的基本指导思想。

在矿区深、边部及外围地质找矿确定找矿靶区和找矿方向要遵循下列原则：（1）由已知到未知；（2）由浅部到深部；（3）由近到远；（4）由点到面。

矿区深、边部及外围找矿勘查工作的部署原则为：要运用地、物、化及钻探综合找矿手段，做到找矿勘探和地质科研相结合、成矿理论预测与工程验证相结合，从而科学合理地开展各项地质找矿工作。

6.2.2　矿区深、边部及外围找矿靶区

依据以上指导思想和原则，结合对矿区深、边部及外围成矿远景的综合分析和研究，确定6个找矿靶区。其中，一级找矿靶区3个，分别为锡铁山矿床深部（15~55线）、锡铁山矿床东部（15~037线）和中间沟—断层沟矿段近地表400 m以上区段（037~0119线）；二级找矿靶区1个，即中间沟—断层沟矿段深部400 m以下区段（037~0119线）；三级找矿靶区2个，分别为锡铁山沟以西北鞍峰矿段和红石岗—绿石岗区段。

6.2.2.1　一级找矿靶区

A　锡铁山矿床深部（15~55线）找矿靶区

（1）该矿段是锡铁山矿带中成矿最集中、矿化最发育的矿段，勘探程度最高，研究工作也很详细。该矿段的矿床应划分为两个部分，即属于上盆地的矿床和属于下盆地的隐伏矿床。在勘探剖面上上盆地的矿床处于上部，在地表有大范围的出露，是首先发现勘探和开采的矿床，目前揭露已经十分完全，应该说矿床的找矿已经完成；下盆地的隐伏矿床处于勘探剖面的下部，这个矿床是在向深部勘探时发现的，虽然勘探的时间不长，但近几年来勘探的强度大，对矿床的揭露取得了很大的进展。从勘探工程揭露的情况看，矿床的特征不同于上部上盆地的矿床，矿床的成矿较为分散，矿床的变化大。目前认为这个矿床可能是裂隙式喷流成矿，实际上是密集排列的喷口的成矿作用，成矿的中心分散，矿化就分散，而不同于上部矿床是集中成矿的特点。因此，下盆地的矿床勘探还有潜力可挖，深部找矿可以取得新进展。对下盆地矿床的勘探应该有不同于上盆地矿床的认识和方法，下盆

地矿床是完全隐伏的矿床，又具有自身新的特征，要以新的认识即双盆地控矿的模型来指导找矿。

（2）该段范围内原先施工了部分深部钻探工程，且没有见到有规模的工业矿体，加之矿区主含矿层位和主矿体向南东侧伏的趋势明显，因而原来的深部勘探工作放弃了对该区段深部含矿性的探索。但是，通过进一步的综合分析研究认为，矿区工业矿体向深部的延伸具有明显的尖灭再现的规律，含矿大理岩层向深部继续延伸，局部地段深部见薄层小矿体，矿化显示明显，往深部矿体可能变大、变富，该区段深部仍然具备基本的成矿条件。因此，该区段深部仍具有一定找矿潜力，积极寻找该区段下三角的隐伏矿体即可增加矿山资源储量（图7，横坐标为勘探线号）。

（3）由于地质找矿认识的不断提高，2005年以前的地质认识是主要工业矿体赋存于大理岩中，因此施工的钻孔只揭穿大理岩后终孔。通过近几年的勘查，

矿区不仅存在大理岩型矿体，也存在片岩型矿体。因此，在大理岩下部片岩区仍有较大的找矿远景。目前已在2942～2882等中段的27～43线等多条勘探线，用坑下水平钻或扇形钻已不同程度地揭露了片岩型黄铁矿层，厚度1～3 m，说明片岩岩性段中存在块状型硫化物，尤其在矿区21～33线发现的Ⅱ317矿体在产出层位、矿化特征等方面均与Ⅳ矿带矿体相似（见图8，横坐标为勘探线号）。因此，在矿区21～33线一带深部次火山岩下盘仍具有良好的找矿前景。按典型的沉积岩中喷流沉积矿床的硫化物的水平分带，黄铁矿带应属外带，深部很可能存在闪锌矿–方铅矿带。鉴于此，15线以西大理岩型矿体北侧的深部片岩区，尤其是2882 m中段以下，值得开展相应的深部勘查工作。为扩大深部找矿成果，老矿段的深部找矿要改变过去只注重在大理岩层及其接触带中找矿的思路，注意对大理岩型矿体与片岩型矿体的同步勘查。

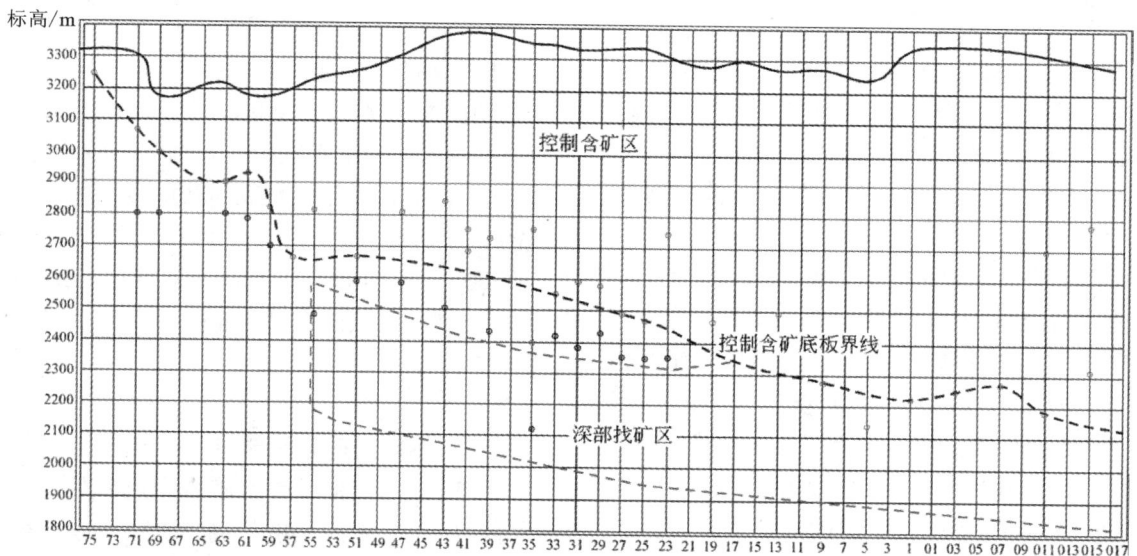

图7　锡铁山铅锌矿含矿区垂直纵投影示意图

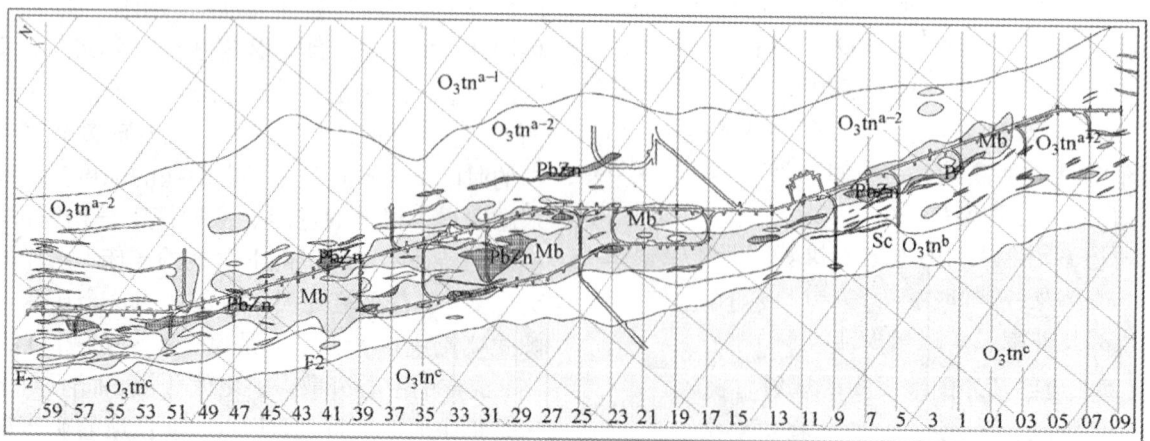

图8　锡铁山铅锌矿区2822 m中段平面示意图

该区段的找矿工作部署本着尽可能节约探矿投资,并能加快探矿进度的原则,初步计划从2582 m中段选择合适地段先按200 m×(100~200)m探矿网度施工深部普查找矿钻孔,同时进行孔内物探充电、化探原生晕测量工作,为下步详查工作提供地质、物化

探依据。普查工作时间为2011—2012年。

待发现隐伏矿体后按100 m×100 m探矿网度施工深部详查钻孔控制深部矿体。详查工作时间为2013—2015年(见图9至图11)。预计新增铅锌金属量30万吨。

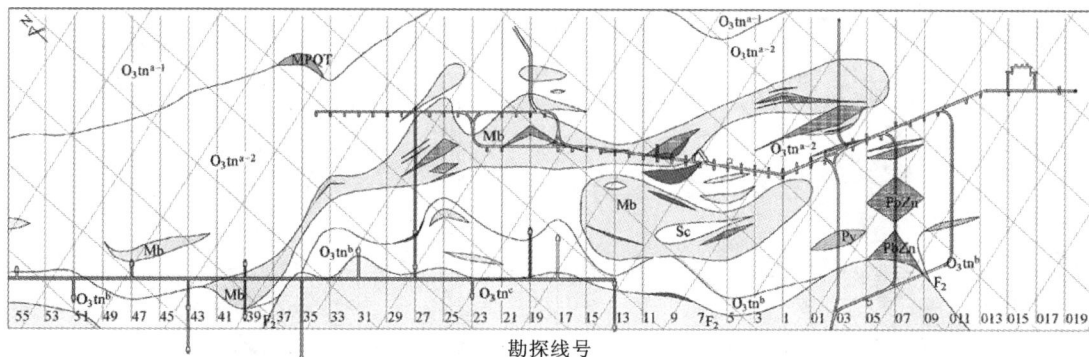

图9　锡铁山铅锌矿区2582 m探矿坑道设计平面图

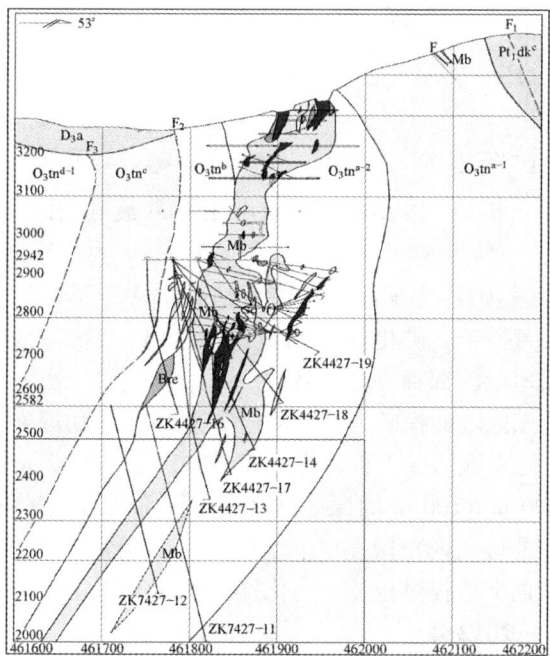

图10　锡铁山铅锌矿区27线地质剖面图

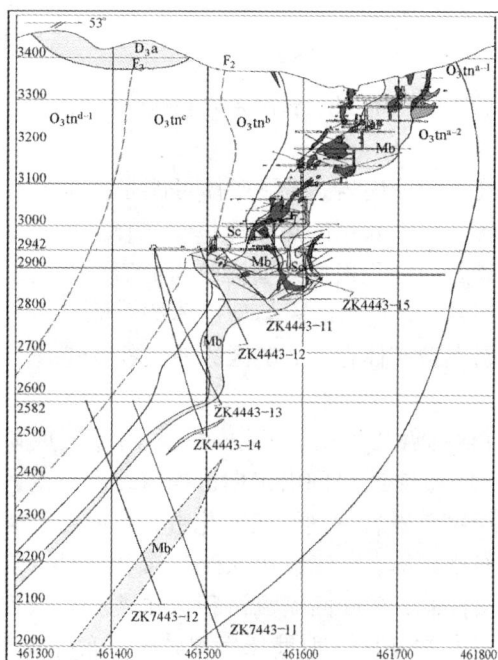

图11　锡铁山铅锌矿区43线地质剖面图

B　锡铁山矿床东部(15~037线)找矿靶区

(1)各种地质资料和矿化信息显示,锡铁山主矿区喷流沉积型的片岩型矿体延伸进入该区域,该区段为锡铁山主矿区东延部分,与锡铁山主矿区具有相同的成矿地质条件,显示该区域寻找喷流沉积型的片岩型矿体仍有很好的地质找矿潜力。同时,该区段03~011线近几年深部勘探时已在主含矿带上盘揭露到新类型的片岩型矿体(见图12),2005年经激发极化法等物探方法证实此异常带可延至067线带,经井中充

电在035线一带发现了较为明显的充电电位异常,表明矿区东部具有巨大的找矿远景。5~011线间的紫色岩组在2600 m以下逐步尖灭,其深部存在片岩型矿体的主含矿层,说明该区段深部找矿空间进一步加大。另外,矿体深部一定范围内有变流纹岩存在,且个别工程揭露变流纹岩内部也有低品位矿体存在。经2762中段生产探矿工程证实,新类型的片岩型矿体局部呈弧形分布,且矿体特征有别于目前采矿区段内的喷流沉积型片岩型矿体特征。据此认为,变流纹岩有

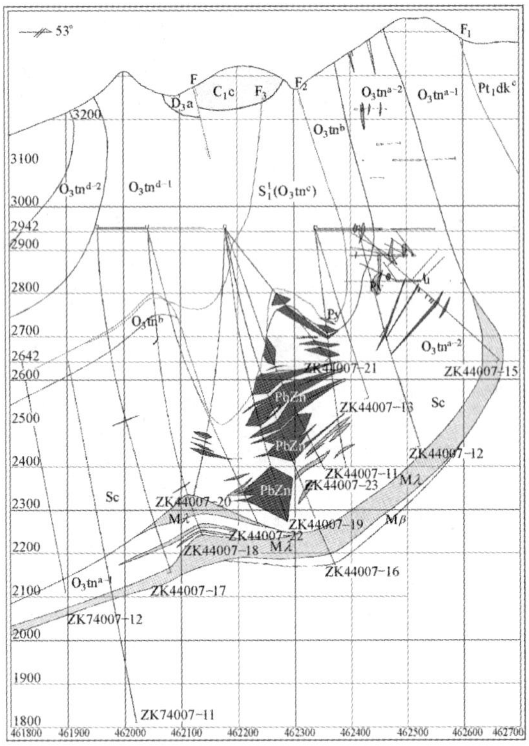

图12　锡铁山铅锌矿区07线地质剖面图

可能是侵入的花岗岩，弧形矿体可能是受构造控制且与花岗岩有成因联系的热液充填型矿体。因此，今后该区段范围内应积极探索变流纹岩的岩石类型及其与成矿的关系，寻找新成因类型矿体的可能性极大。如果新成因类型矿体存在，矿区的地质找矿工作会有新的突破。

（2）根据近几年找矿工程资料和对喷流成矿条件的分析，1～031线之间沿走向已揭露北西—南东向的蚀变—隐爆角砾岩—网脉状矿化带、大理岩型矿体和厚大片岩型矿体，喷流成矿系统呈带状延伸，明显受同生断层控制，多旋回喷流沉积成矿典型，是重要的"双层结构"矿化区。但据片岩型矿体分布标高看，矿体有由南东（031线）向北西（1线）埋深加大和侧伏的趋势，与锡铁山沟至无名沟之间矿体向南东侧伏的趋势相反。这说明中间沟一带应为相对独立的另一个多旋回喷流沉积成矿洼地。

（3）通过近几年深部勘探在03线、07线等地段发现的新类型的片岩型矿体呈等轴状、大透镜状分布，走向延伸长大于倾向延伸。这可能是片岩型矿体形成于极不对称的狭长型箕状洼地中，热卤水池宽度较小，在垂直同生断层的方向难以发生大规模热水运移，导致层状矿体沿倾向上延伸不大，厚度不稳定。但热卤水池沿同生断层分布，长度大，有长距离热水喷流和运移，厚大层状矿体沿走向延伸较长。因此，

加密原勘探网度（如03线、015线、023线等），找矿就能取得成效。

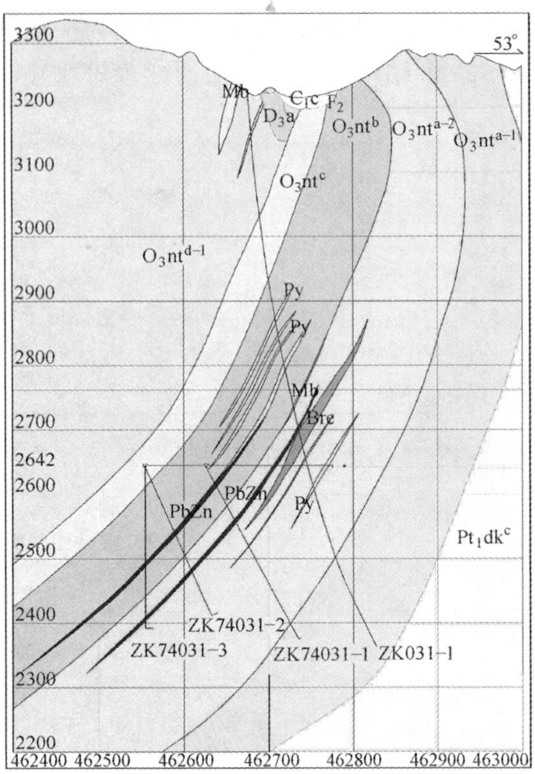

图13　锡铁山铅锌矿区中间沟031线剖面图

（4）031线地表施工一个钻孔，见一层铅锌矿及数层黄铁矿，矿化显示明显（见图13）。物探成果表明该地段深部存在低阻体。

该区段的找矿工作部署应分别从地表和深部2642 m中段实施钻探工程，其中15～015线从2642 m中段按200 m×100 m的探矿网度施工深部普查找矿钻孔，同时进行孔内物探充电、化探原生晕测量工作，为下步详查工作提供地质、物化探依据。普查工作时间为2011—2012年。

待发现隐伏矿体后按100 m×100 m探矿网度施工深部详查钻孔控制深部矿体。详查工作时间为2013—2015年。预计新增铅锌金属量50万吨。

另外，对含矿建造类型及延伸、深部构造变化、喷流沉积系统的构成与分布特征、盆地轮廓等基础地质问题安排专题研究，为地质找矿提供新的理论依据。专题研究时间为2011—2012年。

C　中间沟至断层沟矿段近地表400 m以上区段（037～0119线）找矿靶区

（1）该区段找矿目的层矿化显示较好，水平延伸稳定，部分坑道和钻孔已揭露到原生矿体（图14～图15），具备层控型喷流成矿的良好条件。矿段内纵向

逆冲断层虽然密集发育，但在走向上与地层走向交角很小（5°～10°）或近于平行，因此含矿层沿走向有较大的延伸区间，说明在该区具较好的找矿远景。

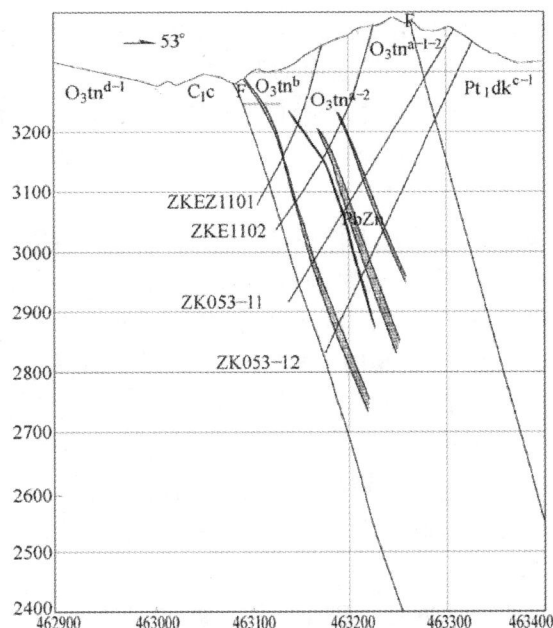

图14　中间沟至断层沟铅锌矿区053线地质剖面图

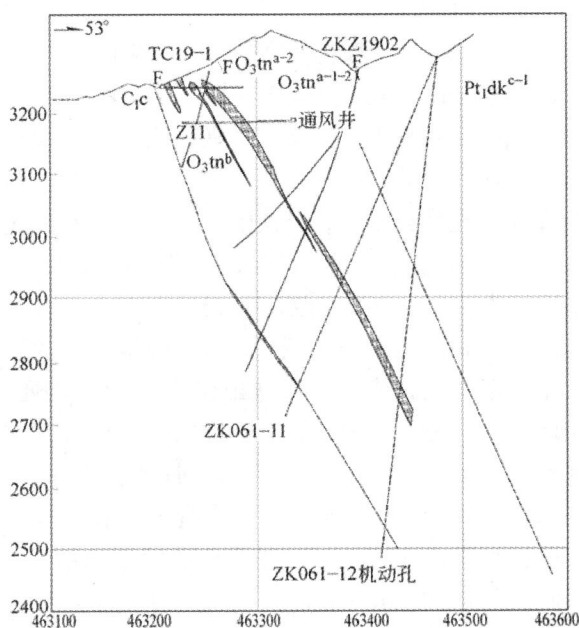

图15　中间沟至断层沟铅锌矿区061线地质剖面图

（2）从滩间山群的沉积建造组成和分布情况看，断层沟一带含矿层（O₃tᶜ）是中间沟含矿层的延伸部分，沿达肯大坂群接触带稳定分布，倾向北东，倾角60°～80°。虽出露宽度小，但明显被达肯大坂群逆冲掩盖。找矿目的层不在地表出露，但掩盖部分方向明确，含矿层矿化特征和找矿标志明显。

（3）该区段以往地质勘查工作已经发现2个含矿带。其中，Ⅰ含矿带长约1100 m，宽4～20 m，走向南东、倾向北东，共圈定了6个片岩型小矿体，矿体厚度2.00～13.7 m，铅＋锌品位1.31%～5.96%。Ⅱ含矿带长约500 m，宽6～10 m，走向南东、倾向北东，共圈定了3个片岩型小矿体，矿体厚度0.67～6.79 m，铅＋锌品位1.29%～5.38%。从已发现片岩型的矿化类型和矿体特征来看，该范围内的含矿层位不是锡铁山矿区的主含矿层位，矿体类型相当于锡铁山矿区原地质勘探时圈定的Ⅲ矿带类型的片岩型矿体。由于Ⅲ矿带类型的片岩型矿体规模有限、地质品位偏低，该范围内通过进一步的地质勘查也只能增加一部分片岩型矿体资源储量，地质找矿工作难以取得重大突破。

该区段的详查工作2010年已经开始。为了节省地质找矿投资，加速详查工作的顺利进行，在详查区内选择053、061、089、0101线作为主剖面，按一定网度解剖主剖面的含矿性，为今后系统的详查工作提供可靠的地质依据。同时进行孔内物探充电、化探原生晕测量工作，为下步详查工作提供地质、物化探依据。随后按100 m×100 m网度进行详查控制。详查工作时间为2010—2012年，预计新增铅锌金属量20万吨。

综上可见，以上3个一级靶区通过5年左右的系统找矿勘查工作，预计新增铅锌金属量100万吨。

6.2.2.2　二级找矿靶区

中间沟—断层沟矿段深部400 m以下区段（037～0119线）为二级找矿靶区：

（1）在中间沟—断层沟矿段地表所出露的铅锌矿体为"倒转向斜"北翼的矿体，受断裂构造的影响矿体向深部延伸不连续。因此，在中间沟—断层沟一带深部可能存在两种铅锌矿体：一是地表出露的铅锌矿体受断裂构造影响断续向下延伸，倾向北东，位于达肯大坂群之下。二是位于泥盆系、石炭系地层之下，倾向南西，为"倒转向斜"核部及南翼的矿体。因此，矿区中间沟—断层沟矿段深部400 m以下区段仍具有较大的找矿潜力。为了使该区段的地质找矿工作取得重大突破，今后该区段应优先解决两个关键的地质问题，即矿体产状问题和主含矿带的位置问题。为此，在该区段范围内选择了041线及073线作为主干剖面各施工一个千米深孔（图16～图17），对深部矿（岩）层产状及可能出现的主含矿带位置进行探索。如果主含矿层位产状和近地表含矿层位一致，则主含矿层位隐伏在断裂（F）以下，可选择073线作为主干剖面探索该主含矿层位及其含矿性；如果主含矿层位产状和近地表含矿层位相反，则主含矿层位隐伏在断裂（F）以南深部，选择041线作为主干剖面探索该主含矿层位及其含矿性，因为041线2700 m标高有物探异常。通过以上两个探索深孔以寻求该区段的地质找矿工作取得重大突破的可能性。

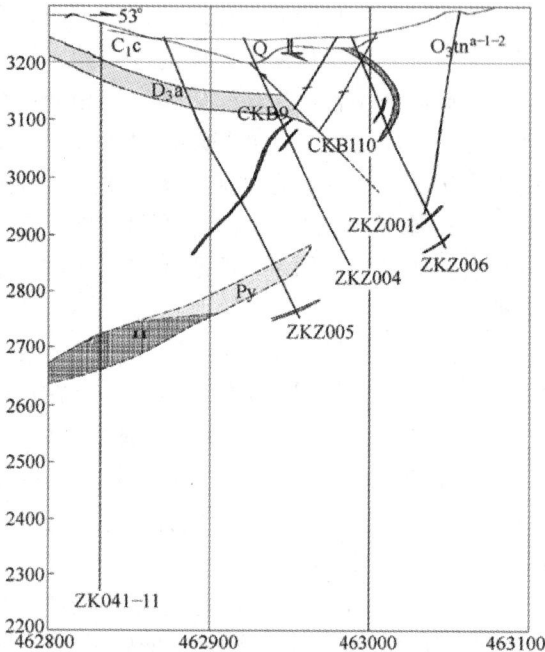

图16　中间沟至断层沟铅锌矿区041线地质剖面图

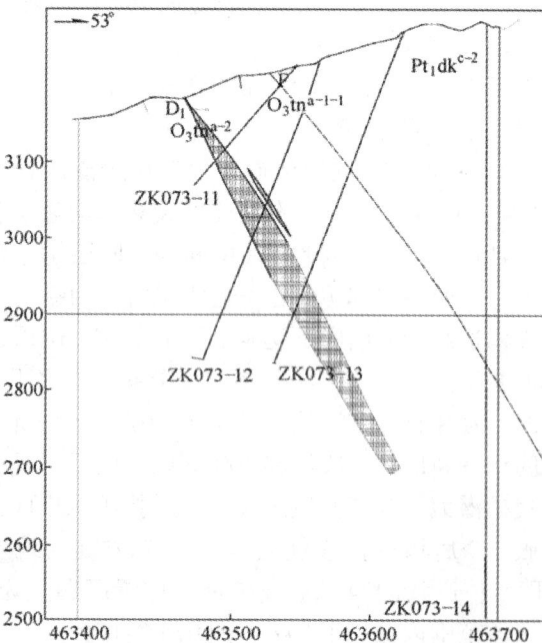

图17　中间沟至断层沟铅锌矿区073线地质设计剖面图

（2）锡铁山主矿区存在大量紫红色砂岩层（O_3tn^c），03~010线紫红色砂岩底部发现较大规模的铅锌矿体，呈"帽状"顺层产出。中间沟—断层沟矿区

是锡铁山主矿区的东延部分，区内也存在紫红色砂岩层。目前2900 m标高以上详查区离紫红色砂岩层有200 m距离，有必要对紫红色砂岩层底部进行勘查，探索其含矿性，为下步勘查提供依据。

（3）该区段主要找矿目的区应是达肯大坂群和滩间山群之间断裂（F）以南的深部隐伏矿体，无论从已知矿化、含矿层发育及延伸情况以及构造特征等条件看，进一步寻找大理岩型铅锌矿体和片岩型铅锌矿体的可能性极大。

该区段的勘查工作首先在041线、073线各施工1个千米探索孔，同时进行孔内物探充电、化探原生晕测量工作，为下步勘查工作提供地质、物化探依据。工作时间为2010—2011年。另外，选择有利地段深部的含矿层位进行探索，施工1~2个钻孔。工作时间为2011年。

该区段还安排有关地层层序、控矿构造、沉积盆地及喷流成矿特征等方面的专题研究，工作时间为2011年。

完成上述勘查及研究工作后提交可供普查的区段1处。2012—2020年完成该区段的普查、详查及首采地段的勘探工作，力争提交一个大型铅锌矿床。

6.2.2.3　三级找矿靶区

A　锡铁山沟以西北鞍峰矿段找矿靶区

（1）锡铁山沟—红柳沟之间的局限海盆洼地与锡铁山沟成矿条件相似，应存在锡铁山沟喷流成矿中心的延伸矿体。在北鞍峰矿段已经进行了一定程度的地质调查和工程勘查工作，锡铁山沟矿层向西有一定的延伸，到75线仍然发现有矿层，但矿层的规模在迅速减小，矿体变小，矿体分散，75线以西矿化消失。同时容矿大理岩层也在同步减少，虽然在地表看大理岩层出露宽度较大，甚至比锡铁山沟出露的宽度还大，但在地表观察也可以发现，北鞍峰山上的大理岩层的厚度不大，而是发生一系列褶皱，加厚了大理岩层，使其出露宽度增大，是假厚度。大理岩层在北鞍峰向西发展时消失，而且大理岩层不是隐伏于深部，而是相反向浅部抬升，这样容矿地层也不存在了。在北鞍峰矿段保持延伸的地层，还有属于下盆地的a-1-3，这是在锡铁山沟矿段勘探时发现的深部的隐伏地层，就是以前作为酸性火山岩层的地层，这是a-1-3地层组的特征性岩性层。通过钻孔勘探线剖面图发现，a-1-3组"酸性火山岩层"从锡铁山沟矿段连续地延伸到北鞍峰矿段，但在北鞍峰矿段"酸性火山岩层"仍然是隐伏地层，保持在锡铁山沟矿段以及东部的地层关系和特征，所以也是在近年来才发现的地层。因为在锡铁山沟矿段、无名沟矿段和中间沟矿段都发现

a-1-3组是成矿层,有成型的矿床分布,所以在北鞍峰矿段有可能把a-1-3组也作为找矿的地层层位看待。在北鞍峰矿段a-1-3组地层的标高明显的抬升,这是锡铁山矿带的总体变化趋势。因此也将其上部的a-2-1组地层抬高,使其受到更多的剥蚀,从这个情况也可以看到a-2-1组在北鞍峰矿段的保存减少,容矿的空间也减小,对在这个层位中找矿是不利的,但对于在隐伏的a-1-3组层位找矿是有利的。

(2)该区段矿区地表已出露有锰银矿体,圈定4个高精度磁测异常带、4个大功率瞬变电磁异常,在91线和99线推测了多个矿体(图18~图19)。因此,矿区西部北鞍峰一带具有较好的找矿前景。

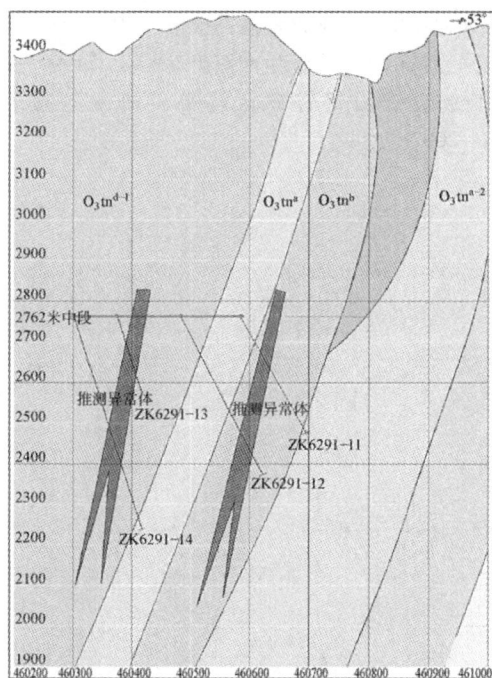

图18 锡铁山北鞍峰91线地质剖面图

(3)矿区西部75线一带紫红色砂岩中沿垂直地层层理发育的裂隙中见有大量孔雀石。矿区"灰色层"(中基性火山岩)及"红色层"(紫红色砂岩)同时发育。因此,在该区段一带存在有利于形成铜矿的地质条件。

该区段的地质勘查工作部署为:(1)在3002 m中段95线南、北川硐室各施工一个水平深孔,以探索有利的含矿层位及其含矿性;(2)在2762 m中段57~99线施工沿脉坑道,91线、99线施工穿脉坑道及钻孔,验证物探异常推断的隐伏矿体及探索深部有利的含矿层位及其含矿性。同时进行孔内物探充电、化探原生晕测量工作,为下步勘查工作提供地质、物化探

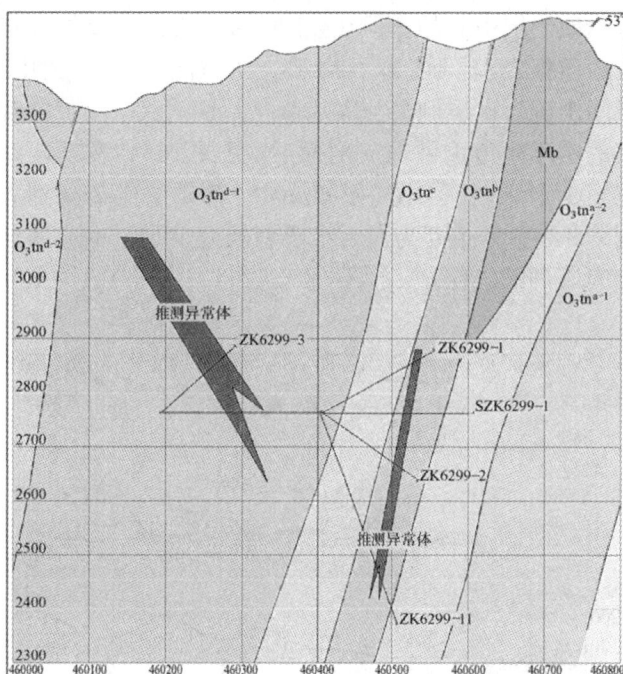

图19 锡铁山铅锌矿区北鞍峰99线地质剖面图

依据,工作时间为2011—2013年,力争提交进一步工作的普查区一处。

该区段还安排有关含矿地层、控矿构造、沉积盆地等方面的专题研究,工作时间为2011—2012年。

B 绿石岗—红石岗区段找矿靶区

(1)绿石岗—红石岗一带达肯大坂群直接推覆于矿区主要含矿层之上。含矿层变形强烈,倾向北东,倾角80°左右。岩性组合以大理岩—含碳绿泥绢云片岩为主,沿达肯大坂群与滩间山群之间断裂破碎带分布,有明显石膏化、黄钾铁矾化、褐铁矿化,与锡铁山沟氧化带很相似,走向长150~200 m,宽2~8 m。该矿带下的火山岩组($O_{1-2}t^h$)为酸性-中基性熔岩及其凝灰岩组合,具双峰式火山喷发—沉积特征。1988年5—7月,青海地质五大队在该带的JP_2激电异常实施钻孔验证,先后施工钻孔两个,但未揭露到矿体。其中 ZKL14201 孔深 400.77 m,钻孔倾角90°。ZKL16202孔深 300.37 m,钻孔倾角84°,钻孔方位230°。两个钻孔的终孔处岩心分别为混合岩化片麻岩或条带状混合岩,均属达肯大坂群的典型岩性,两钻孔均未打穿达肯大坂群,未能对近直立的含矿层深部矿化情况实施有效验证。

(2)1979—1980年青海冶金八队也在绿石岗JP_{2-3}异常南侧做过钻探验证,探索深部矿体,施工钻孔两个(CKA-1、CKA-2),结果在300~350 m以上未见矿体。由此作出结论:在一定深度内无富集成矿

的可能性，JP_2激电异常是由含石墨片麻岩及断层附近碳质岩层引起的。但在《中间沟矿段详查及外围普查地质报告》提到，绿石岗 JP_{2-1} 剖面地物综合图中，滩间山群含矿层倾角与实际情况差别很大，按野外观察的实际倾角重做地质剖面后（见图20），发现两钻孔至少未深入原 O_3t^c（原 O_3tn^{a-2}）含矿层或揭露到大理岩，终孔处主要为白云石英斜长片麻岩，也应属达肯大坂群的岩性。

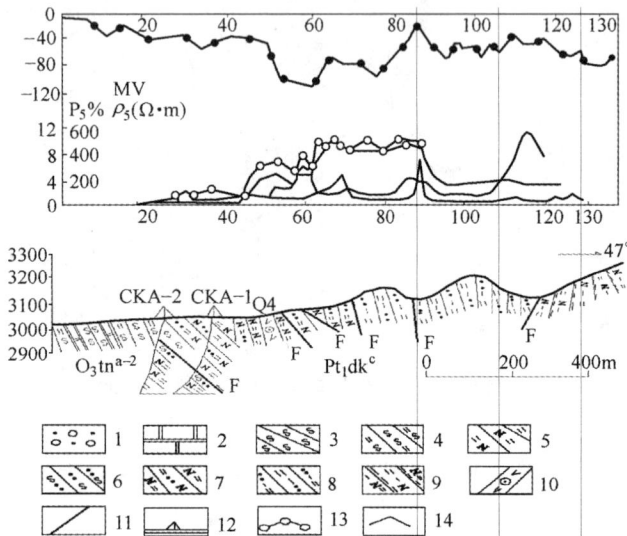

图20　绿石岗 JP_{2-3} 剖面地物综合图

1—第四系；2—大理岩；3—绿泥片岩；4—绢云绿泥片岩；
5—绢云斜长片岩；6—绿泥石英片岩；7—白云石英斜长片麻岩；
8—二云石英片岩；9—二云斜长片麻岩；10—榴闪岩；
11—性质不明断层；12—钻孔及编号；13—耦合改正值；
14—电参数[Ps(22、2.2)]

该区段的地质勘查工作部署为：

在大比例尺地质测绘和构造变形特征研究的基础上选取有利地段，重新布置有效的深部验证工程，更客观地认识该区段的地质找矿前景问题，工作时间为2015—2016年。

6.2.3　总体进度安排

6.2.3.1　2010—2015年勘查工作

完成锡铁山矿床深部（15～55线）、锡铁山矿床东部（15～043线）和中间沟—断层沟矿段近地表400 m以上区段（037～0119线）3个一级找矿靶区的普查、详查工作，新增铅锌金属量100万吨；完成中间沟—断层沟矿段深部400 m以下区段（037～0119线）和锡铁山沟西北鞍峰矿段普查工作，力争提交详查地段1～2处。

6.2.3.2　2015—2020年勘查工作

完成中间沟—断层沟矿段深部400 m以下区段（037～0119线）的详查和首采地段的勘探工作，力争提交大型铅锌矿床一处；完成红石岗—绿石岗区段预查工作，评价该区段的地质找矿前景。

7　结束语

锡铁山铅锌矿深、边部找矿已经取得了巨大成就，这是锡铁山人长期艰苦奋斗的成果，也是各位领导长期关心支持的结果，更是各科研院所密切配合的结果，借此机会对参与锡铁山铅锌矿深、边部找矿工作的各位领导、专家和工程技术人员表示衷心感谢！今天，各位院士、专家在百忙中挤出时间，为锡铁山铅锌矿深、边部找矿工出谋划策，我们再次表示衷心感谢！

参考文献

[1] 历年来锡铁山铅锌矿区地质勘探报告[R].1956—2009.

[2] 历年来锡铁山铅锌矿区生产探矿资料[R].1990—2009.

[3] 历年来锡铁山铅锌矿区各类科研专题报告[R].1998—2007.

西部矿业公司所属其他矿山找矿规划

钟正春　王海臣　李义邦

(西部矿业股份有限公司, 西宁, 810001)

摘　要: 介绍了西部矿业公司所属除锡铁山铅锌矿外其他一些矿山(霍各乞、赛什塘、呷村)的成矿地质背景, 主要成矿特征, 找矿远景分析及找矿工作规划, 对这些矿区的深、边部及外围的进一步找矿具有指导意义。

关键词: 西部矿业; 霍各乞、赛什塘、呷村; 成矿特性; 找矿远景; 找矿规划

1 霍各乞铜多金属矿田

1.1 概况

霍各乞矿田内有两个采选矿山企业, 一个是巴彦淖尔西部铜业有限公司(霍各乞铜矿), 是西部矿业股份有限公司的全资子公司, 目前正在开采 1 号矿床; 另一个是内蒙古乌拉特后旗双利铁矿有限责任公司(双利铁矿), 公司股东为巴彦淖尔西部铜业有限公司和江苏省江阴实业有限公司, 各占 50% 股份, 目前正在开采 2 号和 3 号矿床。

霍各乞铜矿是我国著名的铜矿之一, 目前是西部矿业股份公司铜生产能力最大的矿山。矿山设计铜矿采选生产能力 300 万吨/年, 铅锌矿采选生产能力 200 万吨/年。目前铜矿采选生产能力已达到 170 万吨/年, 铅锌矿正处于基建阶段; 双利铁矿是内蒙古巴彦淖尔市最大的铁矿山, 由两个露天矿山组成, 目前实际采选能力已达 300 万吨/年。

霍各乞矿田内有 4 个矿床, 分别为 1 号铜多金属矿床、2 号铁多金属矿床、3 号铁矿床和 4 号铁矿床。其中, 1 号矿床是矿田内最大的矿床, 累计探明(331 + 332 + 333)铜资源量超过 100 万吨, 铅锌资源量超过 200 万吨, 铁矿石量在 1000 万吨以上; 2 号矿床累计探明(331 + 332 + 333)铁矿石约 1 亿吨, 铜资源量约 10 万吨, 铅锌资源量约 40 万吨, 3 号矿床探明(331 + 332 + 333)铁矿石资源量 2000 万吨; 4 号矿床是近年发现的一个小矿床, 原称为 4 号磁异常区, 现少量钻孔发现了铁矿和低品位铅锌矿, 矿体厚度较小, 目前正在进一步勘查。

霍各乞矿田范围内共设置了 5 个矿权, 即 2 个探矿权和 3 个采矿权, 分别为: (1)内蒙古乌拉特后旗霍各乞铜矿 1 号矿床外围勘探探矿权, 探矿权人为巴彦淖尔西部铜业有限公司, 矿权面积 12.17 km², (2)

内蒙古乌拉特后旗霍各乞铜矿 3 号矿床外围勘探探矿权, 探矿权人为广州迪矿矿业科技有限公司, 矿权面积 16.20 km², 该矿权拟转让给双利铁矿产业有限责任公司; (3)巴彦淖尔西部铜业有限公司霍各乞铜多金属矿采矿权, 采矿权人为巴彦淖尔西部铜业有限公司, 矿权面积 0.54 km²。(4)内蒙古乌拉特后旗双利铁矿产业有限责任公司霍各乞 2 号铁矿采矿权, 采矿权人为内蒙古乌拉特后旗双利铁矿产业有限责任公司, 矿权面积 1.2011 km²。(5)内蒙古乌拉特后旗双利铁矿产业有限责任公司霍各乞 3 号铁矿采矿权, 采矿权人为内蒙古乌拉特后旗双利铁矿产业有限责任公司, 矿权面积 0.8647 km²。

1.2 成矿地质背景

霍各乞矿田位于华北地台北缘著名的狼山成矿带(图 1)。该成矿带内主要为代表陆缘裂谷环境下形成的矿床, 主要矿床类型为喷流沉积型铜铅锌矿床, 其代表性矿床有霍各乞、东升庙、炭窑口、甲生盘、白云鄂博等大型超大型矿床。

1.2.1 地层

区内出露地层主要为狼山群, 其地层组成狼山复背斜南、北两翼, 为一套砂泥质、碳硅泥质、钙质组成的类复理石建造, 岩性以碳质千枚岩、云母石英片岩、石英岩为主, 夹炭质板岩、泥质大理岩化灰岩和条带状石英岩(变碳硅质岩)。下部及底部岩段内普遍含基性、中酸性火山岩, 总厚度约 3000 m。变质程度达绿片岩相。第二岩组云母石英片岩 Rb - Sr 同位素年龄为 1198 百万年 ± 59.9 百万年, 其所夹的变基性火山岩 Sm - Nd 年龄为 1492 百万年, 其时代相当于中元古代。

狼山群与乌拉山群为断层接触。沿狼山主峰南、北两侧呈 NE 向狭长条带状分布, 按岩性组合划分为 3 个岩组。

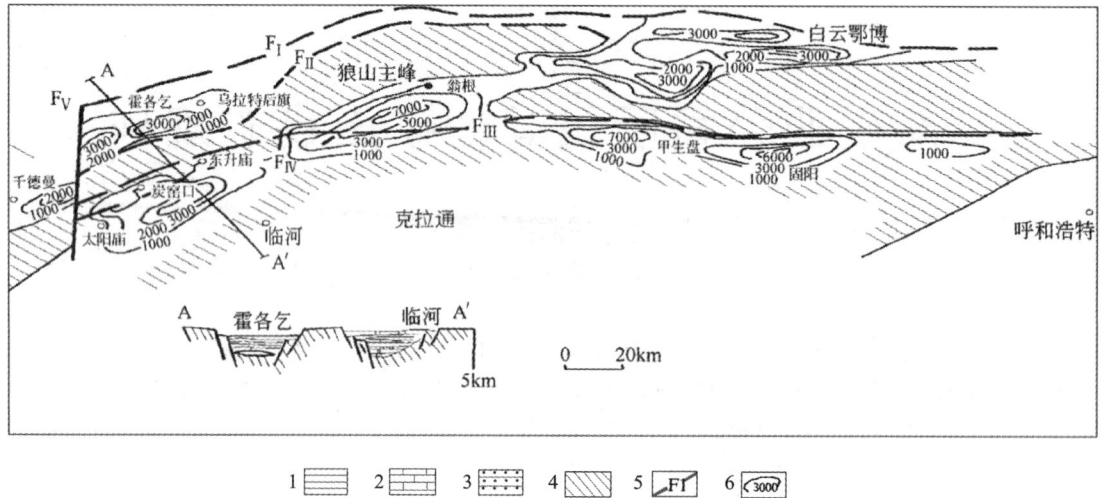

图 1　内蒙古中部地区中—新元古代沉积构造图

1—泥质岩类；2—碳酸盐岩类；3—砂砾岩类；4—古陆；5—深断裂及编号；6—地层等厚线

第一岩组（Pt_2l^1）主要分布在狼山南侧东升庙、炭窑口一带，靠近古陆顶部及北侧边缘有部分出露。北侧霍各乞未出露。主要岩性：下部含砾长石石英岩、二云母石英片岩，近底部含中基性火山岩，岩石中常见长英质注入条带。上部为含砾黑云石英片岩、绿泥黑云石英片岩。出露厚度 470 ～ 1000 m。

第二岩组（Pt_2l^2）狼山南北两侧均有出露，相当于渣尔泰山群增隆昌组和阿古鲁沟组。原岩为一套碎屑岩、含碳质的黏土岩为主，夹含碳硅质岩和碳酸盐岩（图 2），总厚度约 1500 m。属深海—半深海滞留还原环境产物。由于南北两带沉积环境之差异，其岩性有明显不同。

第三岩组（Pt_2l^3）南、北两带均有出露，且岩性基本相同。相当于渣尔泰山群刘鸿湾组。变质组合为灰白色中细粒石英砂岩夹二云母石英片岩，少量长石石英砂岩，局部含砾石英岩。厚度约 500 m。

1.2.2　构造

1.2.2.1　褶皱构造

狼山地区主体构造为狼山复背斜，走向 NE—NEE，核部为太古界乌拉山群结晶基底，两翼为狼山群。主体构造在古构造（增生的古陆块）格局基础上，随壳层向两侧强化和扩展，从而产生次级和更次级背斜和向斜构造。它们多呈紧闭线型褶皱，甚至倒转。狼山北翼较大的次级褶皱有霍各乞倒转复式向斜、那仁宝力格倒转向斜、莫若谷倒转背斜、查干诨迪向斜等。南翼则有东升庙、炭窑口次级背、向斜。北翼次级褶皱轴面南倾，南翼轴面北倾，显示造山带水平挤压形成的扇面状褶皱的对称性。更次级褶皱在各矿田均很发育，霍各乞矿田铜、铅锌矿层与更次级褶皱同步变形。

层位	柱状图	变质岩	原岩	矿产
Pt_2l^1		千枚岩，黑云母石英片岩，二云母石英片岩，红柱石云母片岩。厚200m以上，未见底	含碳泥质，玄武岩等	
Pt_2l^2		炭质板岩，硅化板岩，厚10～100m以上	含碳泥质岩	PbZn
		上条带石英岩，厚5～20m	粉砂岩，硅质岩	CuⅡ
		透辉透闪石岩，厚5～60m大理岩化灰岩	灰岩，泥灰岩	Fe/(PbZn)
		下条带石英岩，厚10～100m	石英砂岩，硅质岩	CuⅠ
Pt_2l^3		二云母石英片岩，黑云母石英片岩夹绿泥石片岩，见断层产出的斜长角闪岩，厚度>500m	拉斑玄武岩，凝灰岩	

图 2　狼山群第二组柱状图

1.2.2.2 断裂构造

区域性断裂规模宏大,次级同生断裂发育。前者控制各时代地层岩相分布和岩浆岩体产出,后者则控制三级盆地和矿床定局。可细分为:NE—NEE 向深断裂带、SN 向深断裂带、NE 向深断裂之次级、更次级断裂。

1.2.2.3 岩浆岩

晚太古代—中元古代,本区主要为基性侵入岩及基性火山喷发岩(图 3)。晚元古代震旦纪侵入岩:霍各乞矿田东西两侧侵入的乌尔图、阿仑珠斯朗闪长岩体 K - Ar 同位素年龄 772 百万年。岩体围岩同化混染明显,但对矿体起吞蚀破坏作用。海西—印支期岩浆活动达到高峰,两个旋回形成的侵入体占本地区侵入岩的 90% 以上。燕山期岩浆岩主要分布在狼山西段,沿哈拉根那向深断裂及边侧部呈小岩株产出,主要岩石为酸性及偏中性次火山斑岩。与其相关的矿产为次火山斑岩铜金矿。

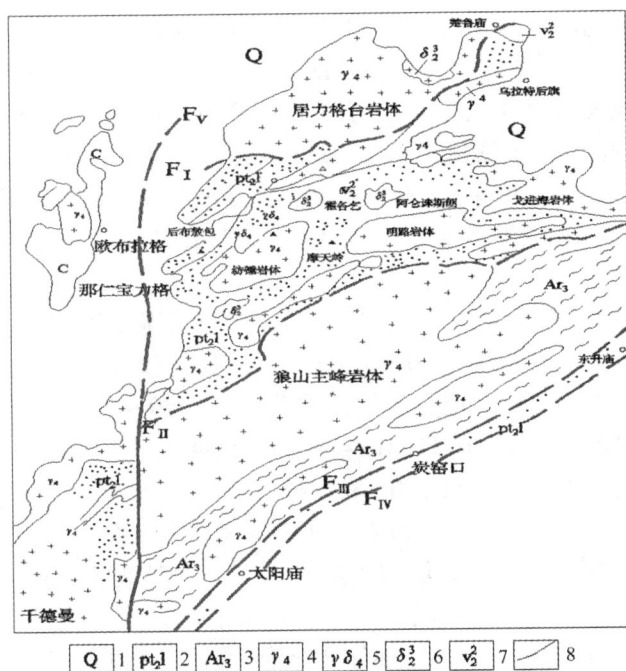

图 3 狼山地区岩浆岩分布简图

1—第四系;2—中元古界;3—晚太古乌拉山群;4—海西期花岗岩;
5—海西期花岗闪长岩;6—晚元古代闪长岩;
7—中元古代基性岩;8—深断裂

1.2.2.4 区域主要矿产

狼山成矿带矿种以铜、铅、锌有色金属和稀土为主,次有铍、铌、钽、金(银)、铁、镍(钴)等。其中大型矿床 5 处(霍各乞、东升庙、炭窑口、甲生盘、白云鄂博)、中小型 10 处以上,矿化点 100 余处。

狼山成矿带的成矿特点:

(1)狼山南、北两带铜铅锌多金属矿床,产于岛弧带裂陷槽中,是与海相基性火山喷发岩有关的块状硫化物矿床。矿床形成和定位受同生断裂控制,变质改造叠加富集。

(2)矿化类型和矿种明显受狼山群第二岩组岩相和岩性控制,多金属矿产于特定的含矿建造——黑色岩系(碳泥质—碳硅质—碳酸盐)中。铜矿主要赋存于条带状石英岩中;铅锌矿赋存于碳质板岩和白云岩中,主要赋存于二者过渡岩段;铁、铅(锌)赋存于透辉透闪石岩中;硫铁矿赋存于白云岩中。北部为火山—复理石建造容矿型,南侧为火山—碳酸盐建造容矿型。

(3)铜、铅、锌矿层(体)与地层产状一致,与围岩地层同步褶皱,受滑断层控制顺层延展,呈层状、似层状和透镜状产出。

(4)矿床规模受三级断陷盆地大小所制约,矿体厚度和品位随含矿建造岩相变化而变化,盆地中心含矿建造厚度大,矿体厚度亦大、品位高,盆地边缘含矿建造变薄以至尖灭,矿层亦然。

(5)矿物组合简单,主要是黄铁矿、磁黄铁矿、黄铜矿、方铅矿和闪锌矿。矿石构造多样:条带状、纹层状、揉皱—绳状、角砾状等。

(6)蚀变类型:喷流成矿期主要是绿泥石化、重晶石化、碳酸盐化和硅化。变质侵入改造期,主要是绿泥石化、硅化、黄铁绢英岩化和碳酸盐化。

1.3 主要成矿特征

1.3.1 矿体规模、形态及产状

1 号矿床的主要矿体有铜矿体(Cu Ⅰ 和 Cu Ⅱ)、铅锌矿体(Pb - 1、Pb - 3、Pb - 1 东)和铁矿体(Fe - 1)。本矿田内的铅锌矿体有两大类,第一类是产于透辉透闪石岩中的铅锌矿体,第二类是产于硅化碳质板岩中的纹层状铅锌矿体,个别矿体东部属第二类,西部属第一类。

(1)Cu Ⅰ 矿体:该矿体为矿区主要铜矿体,层状产出。东西全长 1400 m,向下延深 1100 m 以上。赋存在条带状碳质石英岩中,上下盘有局部跨层现象。矿体厚度变化较大,一般 20～30 m,最大厚度在 9 线 CK26 号孔,厚达 65.5 m。倾向南,矿体平均倾角为 67°,总体变化在 60°～75° 之间波动。矿体内普遍存在分支复合现象,偶有尖灭再现现象。

(2)Cu Ⅱ 矿体:呈层状—似层状产出,比较完整,东西延长达 1200 m,向下延深约 1000 m。平均厚度约 16 m,最大厚度为 11 线 CK62 孔厚 33.34 m。其形态、产状与 Cu Ⅰ 矿体相吻合。

(3)Pb - 1 矿体:在矿床东部 7 线以东为最大的

铅锌矿体。赋存于 Cu Ⅱ 底部的碳质板岩中，3 ~ 16 线范围内矿体长 850 m 以上，向下延深 1000 m 以上。形态比较简单，平均厚度为 12.55 m，11 线 CK37 孔最大厚度 75.50 m。倾向南，矿体平均倾角为 72°，总体在 70° ~ 77° 之间变化，基本稳定。

（4）Pb - 3 矿体：分布于 -9 线到 15 线以东，延长 1400 m 以上，向下延深达 1000 m 以上，赋存在透辉石透闪石化灰岩中，或赋存于 Cu Ⅰ 的底板硅化板岩中。矿体呈似层状，平均厚度约 10 m，最大视厚度 11/ZK844 孔为 31.27 m。形态、产状与 Cu Ⅰ 矿体相吻合。

（5）Pb - 1 东矿体：位于矿区东部 5 ~ 13 线的 Pb - 1 矿体以上，局部与 Pb - 1 矿体相连。延长 500 m 以上，向下延伸 400 m 以上。矿体产状较平缓，厚度较稳定，最大厚度（ZK801）34.20 m，Pb0.89%，Zn 1.79%。

（6）Fe - 1 矿体：15 线延至 -1 线，达 1000 m，向下延伸 200 m 以上（5 线），厚度小，平均约 5 m，mFe 含量约 20%。矿体出现尖灭再现的现象。最大厚度（1 线 ZK824）达 18.65 m，mFe 21.40%。

2 号矿床内主要铜矿体有 2 个：Cu - 1、Cu - 2，低品位铅锌矿体 54 个，规模较大的铅锌矿体有 3 个 Pb - 1、Pb - 2、Pb - 3，另有 Fe - 1、Fe - 2、Fe - 3 三个较大规模的铁矿体。

（1）Cu - 1 矿体：分布于 5 ~ 13 线，已控制走向长 1200 m，延深在 5、9 线已控制至 1600 m 标局，矿体厚 2 ~ 15 m，铜品位 0.5% ~ 0.66%。矿体厚度大，延伸稳定。

（2）Cu - 2 矿体：分布于 2 - F_2 逆冲断层南部的二岩组一岩段石英岩中。该矿体品位较高厚度较大，主要在 19 线有两个钻孔控制，CK205 孔见矿厚 8m，铜品位 1.57%；CK230 孔见矿厚 9.5 m，铜品位 1.03%。

（3）Pb - 1 矿体：分布于 2 - F_3 逆冲断层以南，有 5 线、9 线两个钻孔控制。见矿厚 6.00 m，见矿品位铅 0.59% ~ 1.00%、锌 1.22% ~ 2.15%。

（4）Pb - 2 矿体：分布于 2 - F_3 逆冲断层以南、2 - F_2 逆冲断层以北，13 ~ 19 线地段，有 4 个钻孔控制：见矿厚 2.70 ~ 6.50 m，见矿品位铅 0.98% ~ 2.55%。

（5）Pb - 3 矿体：分布于 2 - F_3 逆冲断层以南 2 - F_2 逆冲断层以北，笔架山倒转向斜东部转折端部位，在 15 ~ 19 线有 4 个钻孔控制，见矿厚 5.5 ~ 24 m，铅品位 0.86% ~ 2.64%，锌品位 0.06% ~ 0.23%。矿体最大延深至 1600 m 标高。

（6）Fe - 1 矿体：分布于笔架山倒转向斜 25 线以西的南北两翼，由于该向斜南翼倒转，形成同斜褶皱，致使分布其两翼的矿体，在剖面空间位置上呈现上、下两个部分。赋矿层位为二岩组二岩段（Pt_2l^{2-2}）以透闪石为主的地层中。矿体走向延长 1050 m，倾向南，呈单斜产出，呈层状、似层状，矿体平均厚度 43.79 m；平均品位 34.78%。

（7）Fe - 2 矿体：矿体赋存于 2 - F_2 逆冲断层上盘，二岩组一岩段（Pt_2l^{2-1}）千枚岩为主的地层中，控矿岩性为透闪石或透闪石化千枚岩，分布于 19 ~ 31 线之间，控制走向长度大于 500 m，沿走向南东、南西均有延伸的条件。矿体平均厚度 30.66 m；矿体品位较高，平均品位 37.84%。矿体深部延深规模没有控制。

（8）Fe - 3 矿体：位于 2 - F_3 逆冲断层的下盘，蝴蝶山倒转向斜的两翼，矿体呈近东西向展布于 15 线以西地段，矿体呈单斜产出，呈层状—似层状，产状与地层一致，矿体 9 线以西仍有分布。矿体无分支复合现象，也无脉岩穿插。矿体平均厚度为 49.48 m，平均品位为 31.85%。矿体沿走向及深部均未控制。

3 号矿床主要是一个铁矿体，矿体延向北东 50°，地表出露 0 线至 10 线，长约 500 m，延深约 300 m。倾向南东，倾角约 70°。地表矿体厚度较大，达 30 ~ 50 m，向下缩小，甚至尖灭。控制该矿体的钻探工程少，勘探程度不足，延深及侧伏情况还有待深入研究。

4 号矿床铁矿体：ZK002 孔控制两层矿，第一层铁矿见矿孔深 355.40 ~ 363.65 m，视厚度 8.25 m，TFe 24.62%；第二层见硫铁矿体孔深 371.60 ~ 373.00 m，视厚度 1.40 m，TFe21.44%，S 12.44%。ZK004 孔控制铁矿一层，孔深 401.80 ~ 404.30 m，视厚度 2.50 m，TFe 25.00%。ZK004 与 ZK002 两孔所控制的铁矿层，从空间上分析属同一矿体。4 号矿床已发现铅锌矿体达 6 个以上。一般为单孔或两孔控制，真厚度小于 10 m，延向由北向南逐渐变化为：北东→南北→南西。产状较陡，品位较低，（Pb + Zn）品位为 1% ~ 4%。

1.3.2 矿石成分

（1）铜矿石：1 号矿床 Cu Ⅰ 矿体及 Cu Ⅱ 号矿床铜矿石，矿石有两种：一种为黄铜矿—黄铁矿—磁黄铁矿组合，另一种为黄铜矿—磁黄铁矿组合，以后者居多，约占 70%。Cu Ⅱ 矿体基本为单一的黄铜矿—磁黄铁矿组合。矿石金属矿物组成简单，其中金属矿物以黄铜矿为主，磁黄铁矿、黄铁矿次之，局部含微量方铅矿，有用矿物黄铜矿含量约 1% ~ 5%，最高达 30%。脉石矿物以石英为主，一般达 50% ~ 70%，最高达 95%。其次局部有透辉石、透闪石、绿泥石、绢云母、极少量的绿帘石、方解石等。金属矿物呈浸染状嵌布于石英中，可分为细脉浸染状构造，局部出现网脉状构造。CuⅠ矿体1400 m高程以上平均含Cu约1.30%，1400 m高程以下含Cu 0.99%；CuⅡ矿体含Cu品位1%~2%；2号矿床铜矿石含Cu 1.35%。

（2）铅锌矿石：①透辉石、透闪石岩中的铅锌矿石，成分较复杂，矿石矿物以方铅矿、闪锌矿为主，少量黄铁矿和磁黄铁矿，呈细脉状或细脉浸染状构造，矿物粒度细至中等。脉石矿物主要有石英、方解石、透辉石、透闪石、绿泥石等，粒度较粗。铅锌品位变化较大，$w(Pb+Zn)$为3%~10%。②板岩中的铅锌矿石，成分较简单，有黄铁矿、磁黄铁矿、闪锌矿及少量方铅矿，组成宽1~50 mm纹层，不均匀地分布于碳质板岩中，且板岩一般具弱硅化。$w(Zn)$为1%~10%，$w(Pb)$为0%~3%。

（3）铁矿石全部都是由磁铁矿透辉透闪岩组成。矿石矿物为磁铁矿，呈浸染状、块状、细脉状。脉石矿物有石英、方解石、透辉石、透闪石、绿泥石等。TFe含量一般为20%~45%，平均30%~35%。mFe一般为10%~40%，平均约20%。

1.3.3　主要成矿特征

矿区容矿层为狼山群第二岩组第二岩性段（Pt_2l^{2-2}），由（条带状）石英岩、硅化石英岩、透辉透闪石岩、碳质板岩（硅化板岩）组成的互层带。1号、2号和3号矿床空间上自下而上大致如下：

（1）底板围岩：千枚岩及黑云母石英片岩，总体上以千枚岩为主，局部重结晶为片岩，片理面上绢云母、黑云母明显。主要矿物为石英和黑云母，少量泥质，局部见较多红柱石等。

（2）碳质板岩：常不同程度地硅化，成为硅化板岩，呈层状或似层状。岩石中局部含较多粗粒红柱石。岩石局部存在碳酸盐化、绿泥石化、透闪石化，是铅锌矿体的主要赋矿层位，厚10~100 m以上。

（3）下条带石英岩：此层岩石仅分布于3~11线。是CuⅡ矿层的主要赋矿层。石英岩条带与透闪石条带相间排列，厚度5~20 m。

（4）透辉透闪石岩：呈似层状或透镜状，岩石中大部分矿物为透辉石和透闪石，少量石榴石、方解石、磁黄铁矿、磁铁矿等。此层是磁铁矿层的产出部位，个别小铅锌矿体也产于此层中，厚度5~60 m。

（5）上条带含碳石英岩：岩性主要为硅化石英岩，局部受透闪石化成条带石英岩，是CuⅠ矿体的赋矿层，厚度20~100 m。

（6）顶板围岩：岩性为黑云母石英片岩或二云母石英片岩，由石英、黑云母、绢云母等组成，部分地

段受绿泥石化成为绿泥石黑云母石英片岩、二云母绿泥石石英片岩。此层岩石中仅局部出现铜矿化，厚度可达300 m。

1.3.4　矿床成因类型分析

（1）含矿岩系为一套中元古界火山—沉积岩，含矿岩系中富含亚碱性玄武岩及丰富的化学沉积岩——硅质岩、铁锰质碳酸盐岩、铜铅锌矿源层，体现海底喷流沉积产物的特征。岩系中碳含量较高，出现含碳硅质岩、碳质板岩、含碳云母石英片岩等。

（2）含矿岩系及主矿层（1号矿床CuⅠ和2号矿床铁矿体）沿走向方向延伸不大，小于2公里，岩层常呈透镜状产出，属裂陷槽（次级海盆）沉积的产物。

（3）矿体呈层状、似层状，严格受层位和岩相控制，矿种受一定岩性控制，局部有跨层分布。矿体规模与含矿层（围岩）厚度及展布规模成正比，有的与围岩厚度基本一致。矿石具明显的沉积结构构造特征，如各种浸染条带状结构、块状构造，包括由矿石矿物相对集中而成条带状或者和脉石集合体相间排列而成条带状，和原生碳质条带或条纹平行，也与原岩层面平行，表明为同生沉积特征，但由于后期变质作用，矿石的变质结构构造也比较明显。

（4）矿层和围岩同时遭受了区域变质作用，主体变质程度为绿片岩相，变质对矿床的影响表现在对矿石结构构造的改造（如有网脉、交代熔蚀、固熔分离等结构的出现）及铜铅锌等进一步富集。

（5）矿体与围岩同时遭受了后期构造变形作用及闪长岩和花岗岩岩体侵位的影响，局部出现同化混染现象。

（6）地球化学特征表明：Co/Ni比值<1（平均0.8），S/Se比值>200，造岩氧化物含量不随造矿元素品位变化而相应变化。

依据上述矿床特征，说明矿床具有沉积特征，矿床成因属以沉积岩为容矿岩石的喷流沉积（SEDEX）矿床，后经变质及岩浆作用改造。

1.3.5　各矿床的关系

（1）1号、2号、3号矿床内都存在铜矿体、铁矿体和铅锌矿体。关于三个矿床的关系，一直存在较多的争论，前人普遍认为它们是同一组矿层，经多次褶皱和断层破坏而形成的。

（2）2008年确立了4号矿床，其地层层序与1号、2号和3号矿床的层序相反。4号矿床受控于一个被断层破坏的穹隆褶皱，其地层层序是正常的。由此，1号、2号、3号矿床是倒转层序。

（3）近年勘查工作的深入，1号和2号矿床的控制深度都达1200 m以上。各矿层向下延深变化小，

产状较为稳定，没有出现"靠拢"或"散开"现象。两个矿床相距仅 800～2000 m，从产状上分析，是两个层序相同的平行矿床。

（4）2007 年在 1 号矿床与 3 号矿床之间的 29 线，施工了 ZK2902 孔，发现了上下两层铁矿体，在深部还发现了铅锌矿体。该剖面上近地表也存在两个铁矿（化）层。从空间关系分析，上层铁矿是 1 号矿床铁矿体的东延部分，下层铁矿体是 3 号铁矿床铁矿体侧伏再现。

综合上述资料认为：1 号、2 号、3 号和 4 号矿床是两组矿层，1 号矿床是先形成的一组矿层，2 号、3 号和 4 号矿床是后沉积的另一组矿层；2 号矿床与 4 号矿床构成一个倒转向斜，4 号是正常翼，2 号是倒转翼；3 号矿床是 2 号矿床的东延部分，受后期褶皱变形和断层切割下降（图 4）。

1.4 找矿远景区分析

在霍各乞矿田范围内，已施工了大量钻探工程控制矿床的延伸及延深，大部分钻探工程都取得了良好的找矿效果。由于矿权隶属于不同的法人，以及对矿田成矿特征的认识不同，还有一些构造部位成矿条件好，具有大规模增加资源量的潜力。

1.4.1　1 号、2 号、3 号矿床深部

1 号、2 号、3 号矿床已有许多钻探工程控制其主矿体延深情况，1 号和 2 号矿床最大勘探深度达 1200 m，3 号矿床小于 400 m。

在 1 号矿床延长达 2000 m 的范围内，大部分控制深度仅为 600～800 m，若整体控制深度达到 1500 m，则可大量增加铜、铁、铅锌资源量。

从空间位置分析，2 号矿床的 3 个铁矿体，是同一矿体被两条断层错断形成的。总长度达 1200 m，中部控制深度达 1200 m，两端控制深度小于 1000 m。若全矿体的控制深度都达到 1200 m，还可增加上千万吨的铁矿石。

3 号矿床控制深度浅，矿体向深部有缩小或者被断层错断的现象，可布置少量钻孔控制其深部，找出尖灭再现部分或断层下盘的矿体。从 1 号矿床中间的 29 线资料分析，深部还存在极好的找矿前景。

在深部倒转向斜的核部，两组矿层可能变厚变富，也是未来找矿的重点。

1.4.2　1 号、2 号、3 号矿床的结合地带

2 号矿床的东端，现有多个钻孔控制。从这些钻孔资料分析，2 号矿床向东南侧伏，与 1 号矿床的间距不断缩小，从 2 号矿床西端约 2000 m，到 3 号矿床西侧小于 800 m。

在 1 号、2 号、3 号矿床的中间部位，有一条或两条断层切割，导致矿层错位。该部位仅有少量钻孔控制其浅部，发现了多个低品位铅锌矿体和铁矿体。施工深部钻探工程控制该部位，找出错位的各种矿体，可大量增加资源量（见图 5）。

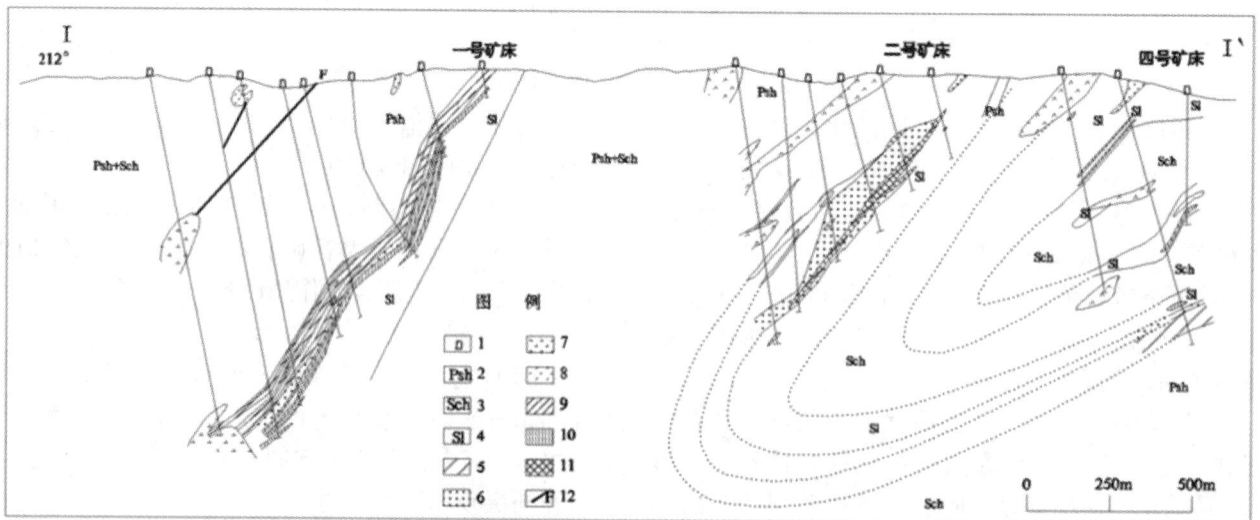

图 4　霍各乞矿田 I - I ′剖面图

1—钻孔；2—黑云母石英片岩；3—二云母（绿泥石）石英片岩；4—板岩；5—条带石英岩；6—透辉透闪石岩；7—闪长岩；
8—角闪石岩；9—铜矿体；10—铅锌矿体；11—磁铁矿矿体；12—断层

1.4.3　1号和2号矿床的西延部分

1号和2号矿床的西部,以铜为主,现已分别初步控制至-11线和0线。

2号矿床西部,受多条东西延向断层(2-F_2和2-F_3)破坏,矿体多处错断。其西延的具体情况,还有多种看法。一种认为向西北延伸,另一种认为分成多个分支并向西南延伸。在0线仅有一浅孔控制,发现了铁矿体及铅锌矿体。该钻孔以西,无工程控制各种矿层的延伸情况。

1号矿床西端,铜矿体的厚度缩小,但未尖灭。还需要增加部分钻探工程控制其西延情况。

1.4.4　矿田东南部金异常区

在太阳庙以西约50 km处,近年发现了一个大型的金矿床——朱拉扎嘎金矿床。该矿床产于狼山群第一岩组上部层位,大致顺层分布,属蚀变岩型矿床。

从区域地层分析,矿田东南部的岩层属狼山群第一岩组上部,岩性以绢云母石英片岩等为主,与朱拉扎嘎金矿床相似。

2007年在该部位进行了少量岩石剖面测量工作,发现存在一条北东向的金异常。该异常长约400 m,宽约30~50 m。异常强度较大,一般Au含量为100×10^{-9},个别单样Au含量达3000×10^{-9}。

布尔班断裂是一条区域性深断裂,金异常区位于该深断裂南东盘。该部位蚀变较强,可能显示存在深断裂的次级断裂。金主要来源于上地幔,大部分的金矿床分布于深断裂的旁侧。

1.5　找矿工作规划

1.5.1　勘查计划

霍各乞矿田的地质找矿工作范围广,工作量大,需要分步实施。

(1)第一步:2010—2011年,工作重点是1号矿床深部和矿田东南部金异常区。

1号矿床的深部、西延部分以及与3号矿床相连地段,遵循"循序渐进""由浅到深""由已知到未知"的基本原则,按相应矿种勘查规范,初步控制矿体,先求(333)资源量,再局部加密工程,求(332)资源量。按原勘探线布置工程,勘探线距100 m,铜矿和铅锌矿倾斜方向用200 m的间距控制矿体,铁矿按150~200 m间距控制矿体。

1号矿床深、边部探矿工作,预计需60~80个钻孔,总进尺约60000 m,2010—2011年施工20000~30000 m,初步控制矿体的下延情况。其余部分以后陆续施工。

矿田东南部金异常区,2010年度用槽探验证,总

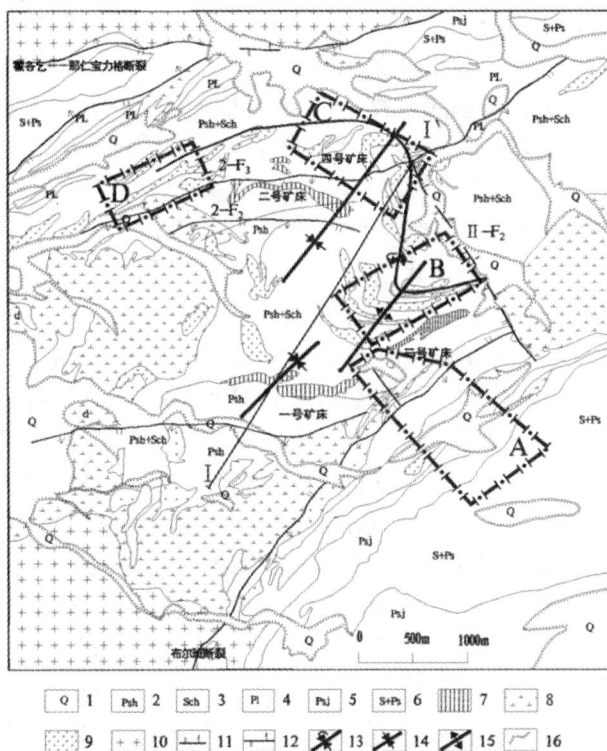

图5　霍各乞矿田地质图

1—第四系;2—黑云母石英片岩;3—二云母石英片岩;4—绿泥石片岩;5—绢云母石英片岩;6—石英岩夹石英片岩;7—透辉透闪石岩;8—闪长岩;9—角闪石岩;10—花岗岩;11—正断层;12—逆断层;13—倒转向斜;14—向形;15—背形;16—第四系界线

工程量约3000~4000 m^3。若矿化信息理想,2011年施工3~5孔控制金矿(化)体的下延,总进尺约2000 m。

2010—2011年,完成钻探总进尺约30000 m,槽探4000 m^3,总费用3000万元。

(2)第二步:2012—2013年,完成霍各乞3号矿床外围勘探探矿权的收购工作,同时完成2号矿床采矿证扩界工作,在2号、3号矿床的相邻部位,施工少量钻探工程,稀疏控制矿体。计划施工3~5孔,总进尺3000 m。

2号矿床西延部分施工5~6孔,控制矿体的西延情况。若见矿效果好,向西增加钻探工程,计划增加3~5孔。总进尺约5000 m。

1号矿床深、边部施工钻探20000 m。

3号矿床深部施工3~5孔,控制3号矿床铁矿体的下延及被断层错开后的矿体,总进尺3000 m。

上述合计进尺达31000 m,总费用3000万元。

(3)第三步:2014—2015年,完成1号矿床深、边部勘查工作,使其达到详查程度;完成2号矿床及3号矿床的详查工作;提交详查报告。

1号矿床深、边部施工钻探20000 m。

2 号矿床西延部分及与 3 号矿床相邻部分施工 10～12 孔,钻探总进尺 10000 m。

4 号矿床施工钻探 3～5 孔,总进尺 3000 m。

上述合计钻探进尺 33000 m,总费用 3200 万元。

总计:2010—2015 年,共需施工钻探 94000 m,槽探 4000 m,总费用 9200 万元。

1.5.2　预获地质成果

完成上述勘查工作,预计可增加资源量:

(1)1 号矿床:1)若以铜矿体平均厚度 15 m、平均控制延深 500 m、铜矿体平均延长 1000 m、矿石体重 3 t/m³、平均品位 Cu 1% 计算,则增加铜资源量 22.5 万吨;2)若以铅锌矿体平均厚度 15 m、平均控制延深 500 m、矿体平均延长 1000 m、矿石体重 3.2 t/m³、平均品位(Pb + Zn)4% 计算,则增加铅锌资源量 96 万吨;3)若以铁矿体平均厚度 20 m、平均控制延深 500 m、矿体平均延长 600 m、矿石体重 4 t/m³,则增加铁矿石 2400 万吨。

(2)2 号矿床:1)铜矿,仅分布于矿区西部,若以铜矿体厚 10 m、延深 600 m、延长 200 m、体重 3 t/m³、平均品位 Cu 1% 计算,则增加铜资源量 3.6 万吨;2)若以铁矿体厚 15 m、延深 200 m、延长 400 m、矿石体重 4 t/m³,则增加铁矿石 480 万吨。另外还能增加少量铅锌资源量。

(3)3 号矿床:若以铁矿体厚 25 m、延深 300 m、延长 400 m、矿石体重 4 t/m³ 计算,则增加铁矿石 1200 万吨。

(4)4 号矿床:目前工程揭露的铅锌矿体和铁矿体规模较小,通过施工一定数量的探矿工程,除可增加铅锌和铁矿资源量外,还可为今后的地勘工作提供依据。

2　赛什塘铜多金属矿床

2.1　概况

青海赛什塘铜业有限责任公司是西部矿业股份有限公司的控股子公司,于 2000 年 6 月 6 日在海南藏族自治州挂牌成立,2003 年 8 月 26 日主体工程建成并投入生产。矿山年设计采选规模为 70 万吨,目前已达设计采选能力。

青海省地矿局第三大队于 1969—1980 年完成赛什塘铜矿的普查、详查及初探工作。提交 C + D 矿石量 3542.64 万吨,铜金属量 40.14 万吨,铜平均品位 1.13%。

1992—1993 年第三地质队在初勘的基础上对矿床的 15～28 线(首采地段)进行勘探,投入 90 孔 15062 m 钻探,提交铜资源量(331 + 332 + 333)23087 t,平均品位 Cu 1.23%。

赛什塘铜多金属矿区共设置三个矿权,分别为赛什塘铜矿采矿权,面积 3.4371 km²;赛什塘铜矿区深部勘探探矿权,面积 3.36 km²;赛什塘铜矿外围普查探矿权,面积 10.82 km²。另外还有日龙沟探矿权和铜峪沟探矿权,另作勘查规划。

2.2　成矿地质背景

2.2.1　区域地质背景

赛什塘矿区位于柴达木准地台南缘褶皱带的东南端,东与西秦岭印支褶皱带相毗邻,西与昆仑褶皱系相连,处于两构造带的接合部。按地质力学观点属东西向与北北西向构造带交接复合部。成矿区划为鄂拉山多金属矿带(Ⅱ级)的赛什塘—日龙沟亚矿带(Ⅳ级),赛什塘矿区位于该亚矿带南东段。由于矿区处于不同构造带交接部,并且自海西运动之后又经历了印支运动及喜山运动等构造变动、改造及影响,所以构造格局较为复杂。

2.2.2　地层

区域内出露地层主要为下二叠统,中、下三叠统,次为下古生界,第三系和第四系。下古生界地层为一套中—深变质岩,主要岩性有片麻岩、混合岩、片岩。总体呈北东—南西向展布,出露厚度大于 2485 m。下二叠统地层为一套浅海陆棚相的碎屑岩、泥质岩夹碳酸盐岩及火山碎屑岩建造。岩石普遍遭受区域变质,局部受动力变质,构造破坏强烈,地层分布较乱。平面上呈楔状、长条状、不规则状产出,视厚度大于 6694m。中、下三叠统地层为一套滨海—浅海相碎屑、泥质岩,下三叠统为隆务河群,中三叠统为古浪堤组。下三叠统又分为 a 岩组及 b 岩组。区内未见顶、底,视厚度大于 5024 m。第三系大部出露于赛什塘一带,属断陷盆地的陆相碎屑岩建造。岩性主要为砖红色、紫红色砂砾岩。厚度大于 250 m。第四系主要分布在沟岩、山坡及河床阶地地带,为冲积、洪积、残坡积、冰水堆积、风积的砾石、亚砂土、冰水堆积物、黄土等。厚度在 30 m 以内。赛什塘、铜峪沟、日龙沟三区的主要赋矿层位均为下二叠统(见图6)。

下二叠统地层为一套浅海陆棚相碎屑岩夹碳酸盐岩沉积建造。按沉积旋回及岩性特征,进一步划分 a、b 两个岩组,按新老关系自下而上为:

下二叠统 a 岩组(P_1a):矿区 a 岩组仅零星出露其中的五、六、七三个岩性段,各段又可分为几个岩性层,各岩性段、层之间均为整合接触关系。五岩性段(P_1a^5)根据沉积旋回及岩性特征可划分为两个岩性层:第一岩性层(P_1a^{5-1})为灰色中厚层状变质细粒长石石英砂岩夹灰黑色条带状绢云母千枚岩,偶夹少量透镜状大理岩。厚 405 m。第二岩性层(P_a^{5-2})为灰

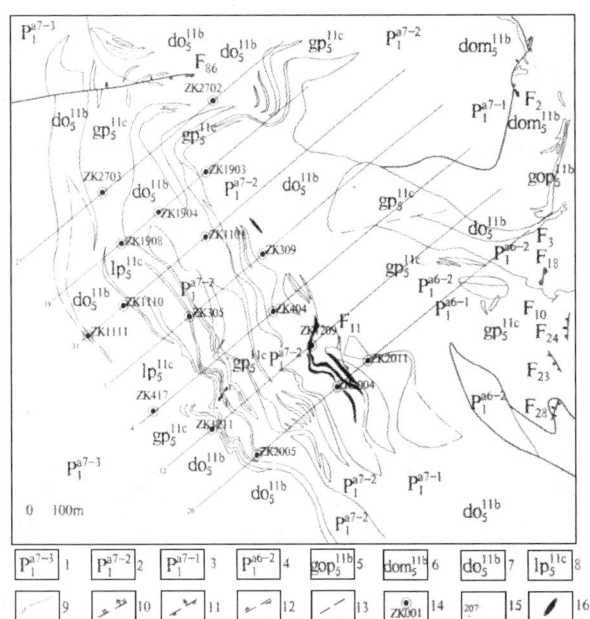

图6　赛什塘矿区地质图

1—下二叠统 a 岩性组 7 岩性段第三岩性亚段；2—下二叠统 a 岩性组 7 岩性段第二岩性亚段；3—下二叠统 a 岩性组 7 岩性段第一岩性亚段；4—下二叠统 a 岩性组 6 岩性段第二岩性亚段；5—斜长花岗斑岩；6—石英闪长玢岩；7—石英闪长岩；8—花岗斑岩；9—实测、推测地质界线；10—实测、推测正断层；11—实测、推测逆断层；12—实测、推测平推断层；13—实测、推测性质不明断层；14—竣工钻孔；15—勘探线及编号；16—铜矿体

色条带状绢云母千枚岩及黑云母千枚岩，局部夹灰色变质细粒长石石英砂岩及变质粉砂岩，顶部见透镜状大理岩。厚83 m。六岩性段(P_1a^6)分为两个岩性层：第一岩性层(P_1a^{6-1})灰—灰白色变质细粒长石石英砂岩和变质细粒石英砂岩夹变质粉砂岩、绢云母千枚岩或黑云母千枚岩，厚56～80 m。本层下部赋存有小铜矿体。第二岩性层(P_1a^{6-2})为灰黑色绢云母千枚岩或黑云母千枚岩夹变质粉砂岩和透镜状大理岩，厚350 m。本层上部赋存有小铜矿体。七岩性段(P_1a^7)分为三个岩性层：第一岩性层(P_1a^{7-1})为灰色条带状变质粉砂岩和黑云母千枚岩夹变质细粒长石石英砂岩，厚178 m。本层上部见较多小铜矿体。第二岩性层(P_1a^{7-2})下部为一层较稳定的灰白色大理岩，底部局部见灰质白云岩，偶夹变质细砂岩，厚220～260 m。本层为矿区主要赋矿部位。第三岩层(P_1a^{7-3})为灰白色条带状大理岩、灰白色条带状绢云母千枚岩及黑云母千枚岩，厚度大于380 m。本层底部偶见小铜矿体。

2.2.3　地质构造

根据构造形迹、生成序次、排列方向及构造性质，区域构造可划分为两个构造体系，一个推覆构造：

（1）东西向构造体系：是区内发生最早、延续时间最长的构造形迹，成为本区最基本的构造格架，控制着本区地层的展布。主要表现为东西向展布的线型褶皱和东西向压性断裂。主要有孤峰向斜、尕科合背斜等，主要断裂 F_{10} 及配套的南北向的铜峪沟—泥琴断裂等。

（2）北北西向构造体系：主要分布在曲什安河以北的赛什塘至水塔拉脑一带。区内的雪青沟复式背斜、铜峪沟短轴背斜、赛什塘背斜、哦任向斜、日龙沟背斜等，均属于本体系的成分。断裂构造主要表现为一系列北北西向的扭性断裂带。

（3）推覆构造：区内发育有一些巨大的推覆体，呈孤立的"飞来峰"形式产出，推覆体由下古生界片麻岩组成，上覆于下二叠统不同的层位之上。主要有德勒钦推覆体、夏郎山推覆体。

本矿区位于东西向构造与北北西向构造交接部位。主要为雪青沟复式背斜南西翼或孤峰向斜之北东翼上的赛什塘背斜。受后期岩浆活动影响，矿区构造较为复杂。主要以褶皱构造为主，断裂构造次之。

2.2.3.1　矿区褶皱构造

（1）雪青沟复式背斜：位于矿区东南部，北西向延伸，轴向315°，长约10 km。核部为下二叠统 a 岩组三岩性段(P_1a^3)，两翼为四岩性段(P_1a^4)至七岩性段(P_1a^7)构成。北东翼倾角25°～65°，南西翼36°～80°，轴面倾向南西，倾角80°左右。两翼次级背斜褶皱发育，属复式背斜，其西南翼有次级的赛什塘背斜。

（2）赛什塘背斜：为雪青沟复式背斜南西翼次级背斜。该背斜基本控制着矿区地层、岩体及矿体的空间分布，是区内矿体赋存的主要区段。背斜总体轴向北西—南东，延长约1 km，于43 号勘探线附近以35°倾角向北西方向倾伏。背斜北段轴向335°，轴面倾向南西，倾角80°左右。沿轴部有石英闪长岩体侵入。核部由 P_1a^5 组成，两翼为 P_1a^6、P_1a^7 地层。北东翼陡，倾角50°～60°，南西翼缓，倾角25°～55°。两翼及转折端为铜矿体赋存部位，其中缓倾斜的南西翼为主矿体赋存部位。矿体随背斜沿走向呈波状起伏。该背斜在北西段被 F_{84} 断层切割，背斜南东段被岩体侵入和吞食。

此外，在赛什塘背斜两翼上尚存在多个小背、向斜，其轴向与主背斜相近，属赛什塘背斜次一级褶皱。

2.2.3.2　矿区断裂构造

断裂构造发育，按延向分北西向、北北东向、东西向和南北向四组数十条。总体规模不大，性质多为张性断裂，次有扭性，压性断裂不发育。值得提及的为北西向层间滑动及层间剥离构造，此种构造在矿区地层中十分发育，产生层间剥离，滑动构造原因可能与褶皱作用有关，为褶皱构造发生时地层层间滑动、剥离而产生。特别是不同岩性转换部位，成为岩浆贯入形成岩枝、岩脉的有利空间。层间滑动还受到了石英闪长岩上侵作用的叠加。

北西向层间滑动及层间剥离构造，是矿区的主要控矿构造。

2.2.4 岩浆岩

区域内以侵入岩为主，火山岩不发育。侵入岩以中酸性为主，酸性和基性岩次之。多呈岩株、岩枝、岩脉产出。根据同位素年龄值、侵入地层、矿体（石）特征和阶地的地质环境，认为侵入活动发生在印支早期和晚期，有两个侵入期次。赛什塘矿区及外围的主要岩体有：印支早期的浪穷—切米沟石英闪长岩体（239 百万年，K－Ar 法）和尕科合—拉届亥石英闪长岩体（222 百万年，K－Ar 法）；印支晚期的日龙沟水塔拉脑石英闪长岩体（182.3 百万年，K－Ar 法）和森琴科龙洼花岗岩体（196 百万年，K－Ar 法）。脉岩中，基性、中性、酸性均有，都受断裂控制。区内火山岩较少分布，在日龙沟、铜峪沟一带的下二叠统 b 岩组地层中，有少量火山碎屑岩及变质中基性火山岩透镜体夹层。

矿区印支期侵入岩较发育，以中—中酸性石英闪长岩体为主，次为中—酸性岩脉。主要岩石种类有：石英闪长岩，其次为闪长玢岩、辉石闪长玢岩、石英闪长岩、石英闪长玢岩、斜长花岗斑岩、细粒花岗岩、石英二长岩、花岗斑岩、石英斑岩等。按相互穿插关系及区内岩浆活动规律，可将本区岩浆活动归为四个时期。其中第二次活动规模最大，形成了赛什塘复合岩体的主体——石英闪长岩及脉岩。其他三次规模较小。四次侵入岩均系同一母源——深成母岩浆分异的脉动产物。

本区岩浆活动特点有同源、异相、多期的特征。其活动演化规律是：先为中性脉岩沿北西和东西向断裂入侵，随后为大规模中深成中粒石英闪长岩及中浅成细粒石英闪长岩，成为本区主岩体，岩浆侵入达到高潮。随后有中酸性岩脉沿北西向构造裂隙入侵，最后形成浅成—超浅成酸性岩脉沿多种方向入侵，区内岩浆入侵顺序为：中性脉岩—中细粒石英闪长岩主体—中酸性岩脉—酸性岩脉。

岩浆侵入时间：7 个同位素年龄测定值为 218 百万年 ~ 248 百万年，平均为 231.87 百万年，相当于印支早期—晚期，与区域褶皱造山运动属同一时期的产物。

岩浆热液活动的蚀变具有一定分带性特征，体现在以石英闪长岩体及围岩接触带为中心向两侧扩展，

后期蚀变又叠加于前期蚀变之后。围绕岩体内侧向围岩方向大致分出四个蚀变带：（1）硅化—钾长石化—黑云母化—绢云母化带；（2）强矽卡岩化—绢云化—绿泥石化带；（3）弱矽卡岩化—绿泥石化—绢云母化带；（4）角岩化—大理岩化带。

2.2.5 变质作用

矿区变质作用类型为区域变质作用，形成变质砂岩、变质粉（细）砂岩、千枚岩类、大理岩类等。随着区域构造运动演化以及区域变质作用的发展，岩浆侵入作用又在区域变质作用的基础上叠加了热液变质作用，在变质粉砂岩、千枚岩与大理岩界面上，形成了本区特殊的变质岩石类型——类矽卡岩和传统的矽卡岩、角岩及角岩化岩石。此外还有晚期热液蚀变如硅化、阳起石—透闪石化、绿帘石化、碳酸盐化、绢云母化等。这些蚀变与矿化有密切关系。

矿区内的类矽卡岩和矽卡岩受地层层位及岩性控制，发育于条带状大理岩与条带状变质粉砂岩或黑云母千枚岩换层部位及其附近。蚀变范围沿走向 200 ~ 2000 m，沿倾向延深 300 ~ 500 m，厚度十几至几十米不等。多为层状、似层状、透镜状顺层产出。此类变质作用及变质形成的类矽卡岩和矽卡岩与矿体密切伴生。类矽卡岩和矽卡岩主要矿物成分为单斜辉石、石榴石、斜长石、钾长石，次有石英、方解石、镁橄榄石、尖晶石、方镁石、硅灰石、绿泥石、蛇纹石及少量方柱石、符山石等。

2.2.6 区域矿产

本区属鄂拉山铜—多金属成矿带，区域内已发现的矿产以铜为主，其次为铅、锌、锡，及与它们共（伴）生的金、银等矿产。目前已知有中—大型矿产地两处（铜峪沟铜矿、尕科合银砷矿），中型矿产地两处（赛什塘铜矿、日龙沟锡—多金属矿）以及拉届亥铜砷矿点等。

2.3 主要成矿特征

2.3.1 矿体概况

赛什塘铜矿床是以铜为主，伴生有铅、锌、硫、铁、金、银、硒、镓、镉等有益组分的中型矿床。初勘及外围普查中探明的矿体数很多，基本查明和大致查明的矿体达 176 个。其中编号 M_1—M_{111}、M_{163}—M_{167}（计 116 个）为铜矿体或铜硫矿体；M_{112}—M_{137}（26 个）为硫矿体；M_{138}—M_{160}、M_{168}—M_{176}（32 个）为铅锌矿体；M_{161}—M_{162}（2 个）为铁矿体。

15 ~ 28 线区段内是矿体密集分布区（见图 7），矿体均产于赛什塘背斜的南西翼上，受地层和层间构造控制。矿体大多为似层状、透镜状。空间分布上展现为以 M_2 矿体为主体的矿体群。

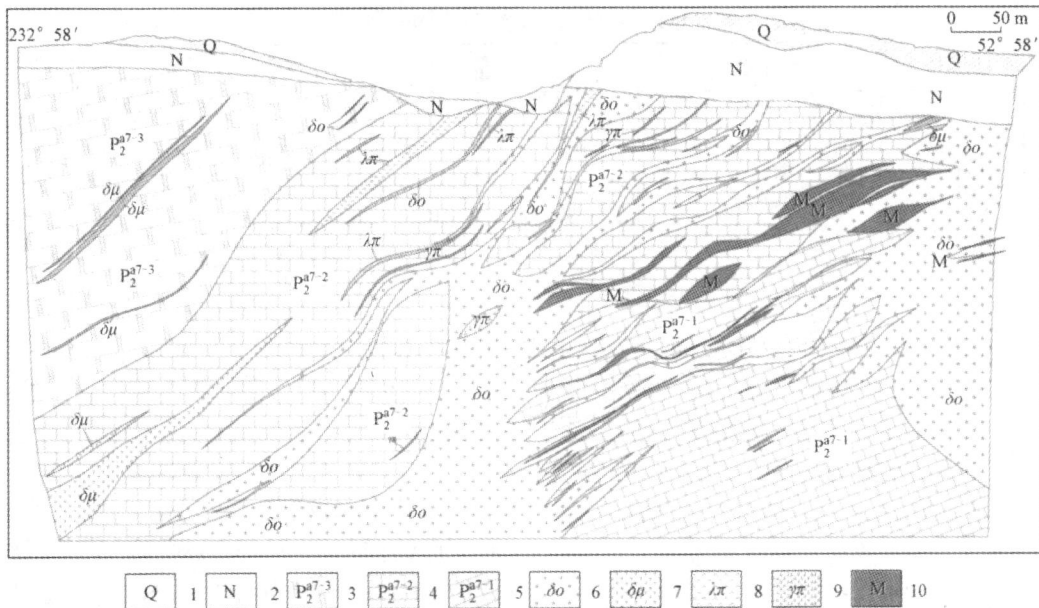

图7　赛什塘铜矿 0 勘探线剖面图（据最新矿山资料修编）

1—第四系沉积物；2—新近系砂砾岩；3—上二叠统 a 岩组第一岩性段第三层；4—上二叠统 a 岩组第三岩性段第二层；
5—上二叠统 a 岩组第三岩性段第一层；6—石英闪长岩；7—闪长玢岩；8—石英斑岩；9—花岗斑岩；10—矽卡岩矿体

2.3.2　矿体规模、形态和产状

矿体一般呈似层状、透镜状，局部呈筒状。在走向与倾向上与地层同步起伏，有膨缩、分支、复合现象。在 ZK003、ZK305、ZK707 孔一线及附近，沿倾向上矿体分为上、下两段，于 2 号勘探线和 11 号勘探线又合为一体，在 ZK2607、ZK2008 孔，矿体在倾向上断开，使 M_2 在倾向上断续展现。

总体走向南东—北西。受赛什塘背斜控制，在 23 ~ 51 线之间，走向随背斜向北西倾伏而变化。矿体产状与地层保持一致：23 线南东，倾向南西；23 线北西，随背斜倾伏，倾向变为北西及北北西和北东。51 线北西矿体产状又向南西倾斜。在走向上，在南东方向及北西方向上均延伸出第一期勘探范围。矿带自 32 线南东 50 m 起，向北西至 67 线止，断续长 2650 m。在勘探区段走向断续延长 1100 m，沿倾向延伸 196 ~ 600 m 不等，最大延伸达 998 m。厚度变化较大。一般厚 5 ~ 20 m，最大厚 47.55 m，而薄处仅 1.2 m，最薄为 0.37 m，平均厚 9.60 m，厚度变化系数达 91.93%。

在倾向上，矿体头部厚度大，其中在 24、20、10、6、4、3、7、11 勘探线处，于 3450 m 高程附近，均有厚度大于 20 m 的透镜体出现，向下尾部厚度变小，一般在 5 ~ 10 m 之间。从倾向上有北东厚，南西相对较薄的特点。

矿体中铜品位变化范围一般在 0.36% ~ 3.63% 之间，铜平均品位 1.23%。总体上铜品位有上低下高，北高南低特点。3450 m 标高以上铜平均品位为

0.98%；3450 m 标高以下铜平均品位为 1.46%；28 ~ 16 线区段铜平均品位为 1.18%，16 ~ 15 线区段铜平均品位为 1.35%。

矿体主要赋存于二叠系下统 a 岩组七岩段下部（P_1a^{7-2}）大理岩与变质粉砂岩的换层部位，局部赋存于变质粉砂岩或黑云母千枚岩中，严格受地层岩性及层间剥离构造的控制。石榴石单斜辉石矽卡岩或矽卡岩化大理岩为 M_2 矿体直接顶板。24 勘探线南东多以变质粉砂岩和石英闪长玢岩为直接顶板；而直接底板多为条带状黑云母千枚岩。从空间上看 M_2 产于 P_1a^{7-1} 与 P_1a^{7-2} 两岩性段的分层部位，沿走向和倾向上 M_2 矿体与大理岩及其矽卡岩化关系非常密切，P_1a^{7-2} 的大理岩或矽卡岩为 M_2 的顶板标志。

矿体产状与地层产状一致，倾向 230° ~ 250°；由于地层在走向及倾向上均发育有次一级褶皱，赋存于其间的矿体亦随之呈舒缓波状。矿体沿倾向方向有由浅→深变缓的趋势。3400 m 标高以上，矿体倾角略陡，25° ~ 50°间，向下渐变为 10° ~ 15°，局部 25°左右。沿走向倾角的变化总体规律是南缓、北陡。28 ~ 4 线间较平缓，一般 10° ~ 15°；4 ~ 15 线间变为 15° ~ 20°。

矿体在 15 ~ 28 线间埋藏较浅，一般不超过 450 m，最深 585 m。埋藏标高 3540 ~ 2997 m。在丁科沟中，12、14、16 线附近，于 3521 ~ 3540 m 标高处，M_2 矿体出露地表。

2.3.3　矿石质量特征

2.3.3.1　矿物成分

赛什塘铜矿石矿物组成见表 1。

表1　赛什塘铜矿矿石矿物组成

矿物组成	主要	次要		少量	偶见
金属矿物	磁黄铁矿 黄铜矿 黄铁矿	磁铁矿 闪锌矿 白铁矿		毒砂、方铅矿、白钨矿、锡石、孔雀石、斑铜矿、辉铜矿、辉钼矿、赤铜矿、褐铁矿、黄锡矿	方黄铜矿、黑铜矿、银黝铜矿、硫铋铜矿、硫铋镍矿、自然铋、硫镍钴矿、碲铋矿、自然银、辉银矿、含金辉银矿、车轮矿、锌银矿、深红银矿、铜蓝、脆硫锑银矿、硫银锑铅矿、辉铋矿、菱铁矿、淡红银矿、钛铁矿、针铁矿、自然金
非金属矿物	石英 长石 方解石	透辉石 绿泥石 黑云母	石榴石 绢云母 阳起石	金云母、蒙脱石族黏土、磷灰石、帘石、透闪石、白云石	金红石、锆石、重晶石、榍石

2.3.3.2　矿石结构构造

矿石结构构造见表2。

表2　矿石结构构造

结构	胶状结构、他形粒状结构、他形—半自形粒状结构、镶嵌结构、填隙结构、侵蚀结构、他形—自形粒状结构、乳滴状结构、交代熔蚀结构、交代残余结构、包含结构
构造	胶状构造、霉菌构造、层纹状构造、浸染状构造、条带（纹）状构造、斑杂状构造、揉皱构造、角砾状构造、块状构造、稠密浸染状构造、网脉状构造、细脉状构造

2.3.3.3　化学成分

赛什塘矿区铜矿石化学成分较复杂，矿石中除铜、硫、铁、锌、铅外，还有金、银、锑、锰、硒、镉、镓、钨、锡、铋、钼、砷、钛、氟、镁等20多种有益、有害组分。

2.3.3.4　矿石类型

硫化矿石类型是本矿床主要矿石类型，较常见的有20种，按金属矿物的产出归纳起来有磁铁黄铜矿石、磁黄铁黄铜矿石、黄铁黄铜矿石、含各种围岩黄铜矿石四大类型。

2.3.4　矿床成因及找矿标志

2.3.4.1　前人对矿床成因的认识

矿床自1983年初勘以来，有多家科研单位来矿区进行矿床成因、成矿条件及控矿因素等多项专项研究，对本矿床成因的观点较多：

（1）高中温、中深成矽卡岩类铜矿床；

（2）沉积变质—岩浆弱改造层控矿床；

（3）热水沉积—变质，岩浆叠加改造型铜矿床；

（4）热水沉积—岩浆弱改造型铜矿床；

（5）沉积变质改造层控矿床等。

一期勘探报告从热水活动与成矿关系、地层岩性对成矿的控制作用、构造对成矿的控制作用、岩浆与成矿的关系、变质作用与成矿关系等五个方面进行了分析和研究，认为本矿床在沉积成岩期形成矿源层，在沉积阶段热卤水活动为矿物质富集提供了主要来源。矿源层形成之后，由于华力西构造运动的影响，伴随区域变质作用，区内发生了广泛的变质热液成矿作用。在变质作用成矿期，由于区域所处的陆缘海槽沉积环境，深部热源及深部热卤水的加入为成矿作了贡献，形成了层状主矿体。印支早期，由于石英闪长岩岩体的侵入，前期形成的铜矿体受到了热改造，最终形成了赛什塘铜矿床。所以赛什塘铜矿床是主要在变质作用过程中形成。结合矿床地质和地球化学特征，一期勘探报告认为：赛什塘铜矿床的成因类型应属于热水沉积—变质、岩浆叠加改造型铜矿床。

2.3.4.2　找矿标志

本矿床的找矿标志有：

（1）地层标志：重要的含矿层位，以二叠系下统a岩组的第五、六、七岩性段为主。矿体严格受地层层位控制，尤以a岩组第七段成矿最好。该地层出露地段和地区为重要的找矿标志。

（2）岩性标志：由于矿体一般产于黑云母千枚岩或变质粉砂岩与大理岩的换层部位，矿体受岩性控制明显，因此此类岩性过渡部位是有利的部分。相应的，此部位又是类矽卡岩形成的有利部位。矿体与类矽卡岩关系密切。所以类矽卡岩是在本区寻找铜矿体的直接标志。

（3）构造标志：本区由褶皱产生的层间滑动（剥离）构造控制着矿体的形成，此种低压带是矿体生成的有利空间，亦是形成矿体的有利部位。

（4）矿物标志：矿区地表见孔雀石、蓝铜矿、褐铁矿、自然铜等次生矿物及铁帽地段，是寻找原生矿的地表标志。

（5）围岩蚀变：矿区内晚期围岩蚀变十分发育，其中阳起石—透闪石化、绢云母化、碳酸盐化等与矿化关系密切，是找矿的有利地段。

（6）物化探标志：找矿勘探工作证实，实施物探（磁法）工作，在垂直磁力异常区 $\Delta Z > 50\gamma$ 的区段，要加以重视。均应结合地质条件进行检查验证。

2.3.4.3　矿床成因分析

第三地质队1983年提出的"高中温、中深成矽卡岩类铜矿床"的认识比较符合矿床实际，有色金属矿产地质调查中心也有同样的看法，主要依据有：

（1）本区的地质背景属于稳定型的非火山环境，地层为浅海相碎屑岩夹大理岩透镜体。没有火山岩和喷流岩，也看不见地层沉积时存在热液或热水活动的痕迹，因此不具备形成热水沉积或沉积矿床的基本地质环境。

（2）矿区的矿体总体上沿层分布是事实，但这种现象不是由于沉积成矿作用造成的。在整理基建探矿资料时，发现矿体存在分支复合、尖灭再现现象，在相邻工程之间矿体厚度变化较大，多数矿体呈不规则的大透镜体、囊状体；矿体分布与石英闪长岩的规模、形态关系密切。

（3）矿化富集与矿区褶皱构造作用密切相关：矿体赋存在与褶皱构造作用和石英闪长岩上侵作用相关的层间滑动和层间剥离构造中。在剖面上矿体往往在地层变陡处变厚、变富，这也表明矿化富集与褶皱构造作用和岩体上侵产生的上下地层滑动和层间剥离所形成的构造特点密切相关，这也解释了矿体总体上沿层分布和分布在不同岩性接触界面附近的原因。

（4）矿床内金属矿物组分十分复杂，这与一般的热水沉积矿床的矿物组合有很大的区别，即热水沉积成矿作用不可能形成如此复杂的矿物组合。

（5）通过矿区矿芯原生晕的R聚类分析，发现矿床内元素组合有三组，即Cu、W、Mo、Sn组合；Pb、As、Zn、Ni组合；以及Mn晕。这种元素组合特征，表现为岩浆热液成矿的典型模式。

（6）矿体附近的近矿围岩蚀变中，出现了大量的矽卡岩矿物及矽卡岩，而且往往与矿体共（伴）生，它们与矿石之间的结构构造，表现为同生或连生关系，而不是叠加。

（7）支持热水沉积成矿观点的人的主要依据是岩石中局部出现胶状构造、霉菌构造、层纹状构造。许多低温热液成矿作用或次生成矿作用，也可能形成这种构造，因此它们不是热水沉积成矿的唯一标志。

综上所述，矿床类型确定为矽卡岩型铜矿床是比较合适的。

2.4　找矿远景区分析

依据构造、岩体等控矿特征，初步将矿区深部及外围分成两个成矿远景区。

2.4.1　矿床深部

矿山现开拓中段主要为3300 m和3250 m两个中段，3350 m中段是矿山主要工作区。

（1）20线剖面，东侧的ZK2011孔，揭露出两处赋矿部位，均出现了铜矿体，两赋矿部位相间200 m。上赋矿部位已有许多探矿工程控制，下赋矿部位仅局部有个别钻孔揭露。两赋矿部位的成矿条件相近，下赋矿部位可能存在厚大的铜矿体。为此，选择20线为主干剖面，施工ZK20-1和ZK20-2孔揭露下赋矿部位。若见矿效果较为理想，则在两侧其他剖面布置工程系统控制。

（2）在部分剖面，表现出侵入岩体控制着矿体的分布。31线剖面，侵入体向上侵位于褶皱，钻孔控制的矿体也发生褶皱（见图8），同时在其东侧，也同样出现两个赋矿部位。布置两个钻孔从地表控制矿体的向深部的延深情况。

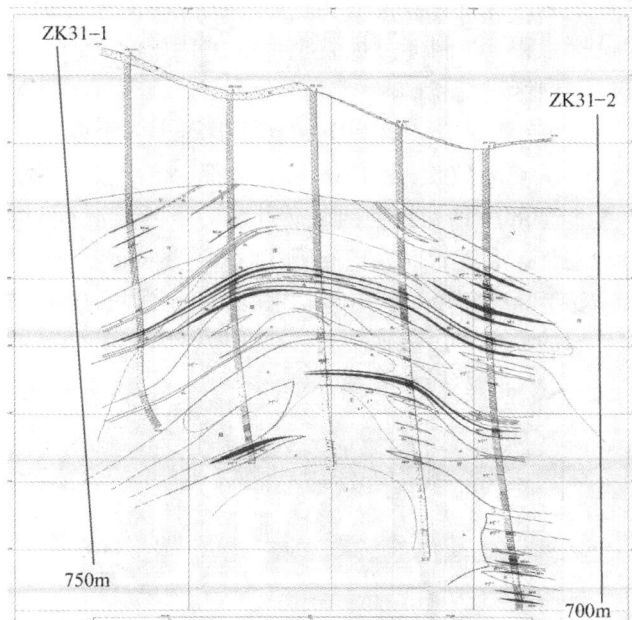

图8　赛什塘矿区31线剖面图

（3）整体上，地质勘探工程没有完全控制矿体向西南下延的边界，下一步勘查中布置钻探工程，向下控制矿体或赋矿部位的下延情况，可以大量增加铜资源量。

（4）地质勘探、生产勘探及开采资料，都揭示矿体沿走向和沿倾向，均出现膨大缩小、分支复合的现象。膨大的部位是矿体产状由缓变陡的部位，两个膨大部位相距200～300 m，且膨大部位范围较小。地质探矿施工的钻探工程，不易控制膨大部位，但可以揭露矿体的一部分。生产勘探中可施工大量坑内钻，控制矿体形态、产状和规模。

（5）现有勘探工程，还没有控制矿体向走向两端的延伸情况，两端矿体还没有尖灭。布置少量钻孔控制矿体的延伸情况，也一定还可增加铜资源量。在矿体的水平投影图中，表现出矿体深部及边部没有完全控制的特点。矿体向东南延伸情况，还需要较多的工程控制。

矿床深部找矿一部分钻探工程在井下施工，另一部分在地表施工。预计工程量为，坑道和钻探硐室1500 m，钻探10000 m，总费用约1500万元。

2.4.2　矿床外围

（1）在赛什塘矿床西北方向，岩层、断裂构造及岩体侵位情况与赛什塘矿床相同或相近，赋矿部位延深达数公里。

（2）在1980年勘查工作中有少量钻孔对矿床外围进行控制，揭露出少量矿体。这些矿体较为零散，单个矿体延伸范围较小。整体上控制程度较低，尤其是对矿床的深部钻探工程很少。本次找矿工作布置少量钻探工程，控制部分规模稍大的矿体延深情况，以及对空白区进行稀疏控制。

（3）在208线ZK20801钻孔处揭露出两个赋矿部位。两赋矿部位相距约100 m，且都存在工业矿体。布置ZK20802钻孔控制两赋矿部位的下延情况（见图9）。另外，沿其延向也应布置工程系统控制。

（4）2009年度，矿山与北京有色地质调查中心共同承担的危机矿山找矿项目，在此地段施工了少量钻探工程，取得了较好的找矿效果。

矿床外围是矿山未来的开发范围之一，与铜峪沟、日龙沟一样，具有较好的资源前景。规划投入钻探12～15孔，总进尺8000 m，费用900万元。

3　呷村铜多金属矿床

3.1　概况

1998年5月组建四川鑫源矿业有限责任公司。矿山建设于2003年破土动工，设计年采选能力为50万吨。于2006年8月进入试生产调试阶段。2007年进入正式生产阶段，2008年各项生产指标达到设计能力，年加工处理矿石量达55万吨。分两个独立的采矿和选矿系统：即银铜铅锌系统和独立铅锌系统，年采选能力分别为50万吨和5万吨。

403队于1993年12月提交了矿区银勘探地质报告，提交银储量1870 t、铅51.75万吨、锌86.78万吨、铜8.5万吨，伴生金9000 kg、硫103.42万吨、镓284 t、镉3581 t、锑23763 t、共生重晶石37.65万吨。

呷村银多金属矿区设置一个采矿权和一个探矿权（图10），分别为呷村银多金属矿区采矿权，面积0.3 km^2；四川省白玉县有热银矿详查探矿权，面积3.12 km^2。

3.2　成矿地质背景

矿区位于中国西部特提斯—喜马拉雅构造域东缘，松潘—甘孜印支地槽褶皱系西部的玉树—义敦优地槽褶皱带的中段。

3.2.1　地层

区域及矿区地层由下到上依次为：

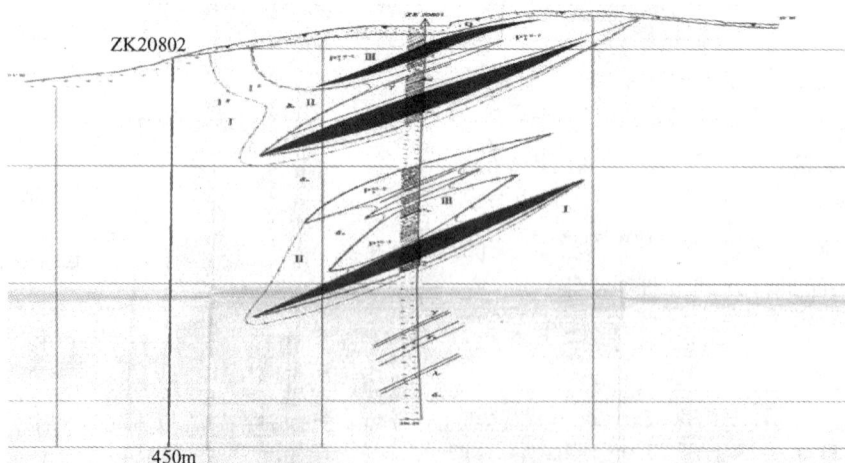

图9　赛什塘外围208线剖面图

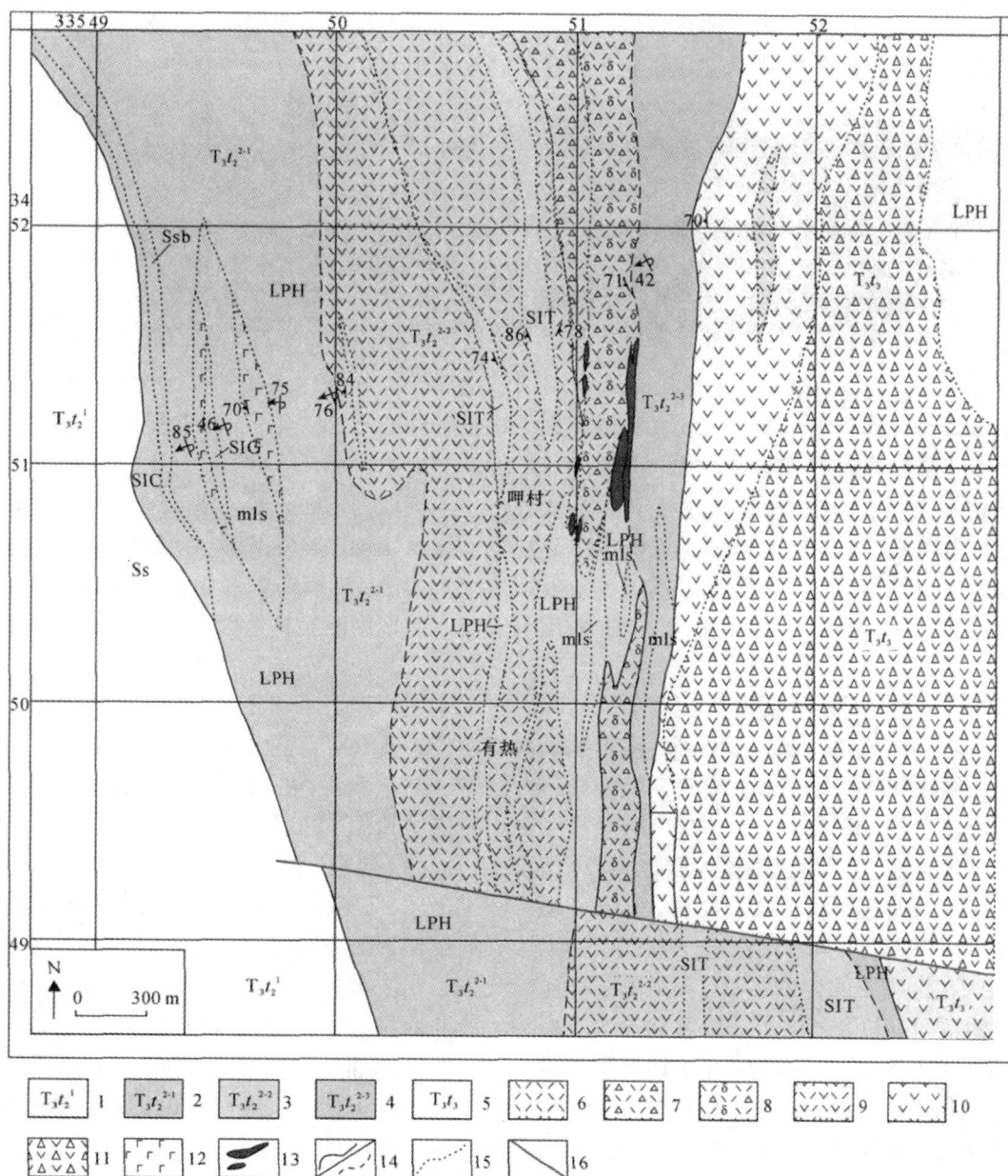

图 10　呷村 - 有热矿区地质简图

1—上三叠统图姆沟组第二段下亚段变砾砂岩 - 变砂岩；2—上三叠统图姆沟组第二段上亚段第一层灰黑色碳质板岩加玄武岩、灰岩；3—上三叠统图姆沟组第二段上亚段第二层中酸性 - 酸性火山熔岩 - 火山碎屑岩；4—上三叠统图姆沟组第二段上亚段第三层灰黑色钙质碳质板岩 - 碳质板岩；5—上三叠统图姆沟组第三段安山岩 - 角砾安山岩；6—流纹岩；7—流纹质碎屑岩；8—条纹条带状流纹质碎屑岩；9—英安岩；10—安山岩；11—安山质角砾岩；12—玄武岩；13—银铅锌矿体；14—（亚）段/层界线；15—岩性界线；16—断层；LPH—钙质碳质板岩；SIC—碳质板岩；SIG—钙质绢云凝灰千枚岩；SIT—凝灰绢云千枚岩；Ss—砂岩；Ssb—含砾砂岩；mls—灰岩

（1）曲嘎寺组（T₃q）：主要分布于昌台、措阿郎巴及纳楞措一带的背斜构造的核部。地层岩性组合复杂，纵向变化较大，主要岩性为灰、青灰色绢云石英板岩、黑色绢云板岩、绢云碳质板岩、中厚层至厚层变质长石石英砂岩及细粒石英砂岩、间夹大理岩或结晶灰岩透镜体。在本组地层中火山岩分布较多，以基性火山岩为主，次为中酸性火山岩。本组地层未见

底，与上覆地层呈平行不整合接触。出露总厚度为856.35 ~ 4498.72 m。

（2）图姆沟组（T₃t）：该组在区域内分布十分广泛，主要分布于区域内向斜的核部。地层总的特点基本上由砂岩—泥质岩、灰岩、火山岩组成三个大的火山旋回。厚度3318.48 ~ 4498.72 m。呷村矿区及有热探矿权区内地层属三叠系上统图姆沟组，根据其沉

积旋回，岩相建造，岩性组合等特征从下到上进一步划分为图姆沟组第一段（T_3t_1）、第二段（T_3t_2）、第三段（T_3t_3）。各段之间均为整合接触。现由下至上分述如下：

图姆沟组第一段（T_3t_1）：该段出露矿区西部格支玛一带，东至牛厂沟西侧。总体走向近南北，其北于羊角亥转为北北西向。产状普遍较陡，多向东倾斜，局部发生倒转，倾角一般为75°～80°。

本段底部位于图幅西侧外，在图幅内其下部主要岩性为含砾变砂岩、变质砂岩；上部为钙质千枚岩夹结晶灰岩、变安山岩透镜体，厚度大于600 m。

上亚段（$T_3t_2^2$）：出露于羊角亥、然坪、呷村矿区一带，呷村银多金属矿体赋存于本亚段中、上部的流纹质火山碎屑岩及结晶灰岩中。主要岩性为流纹质火山碎屑岩、绢云母凝灰千枚岩、钙质碳质千枚岩、碳质千枚岩，次为流纹质角砾岩、英安岩、英安流纹质角砾岩及结晶灰岩、含海百合泥晶灰岩，厚度2725 m，其中火山岩厚1341 m。根据该亚段的岩性特征，又可细分为上、中、下三个部分。

（1）下部（$T_3t_2^{2-1}$）：分布于矿区的西部，主要岩性为钙质千枚岩、结晶灰岩、英安岩夹英安流纹质角砾熔岩透镜体，厚度大于180 m。

（2）中部（$T_3t_2^{2-2}$）：主要岩性为流纹质碎屑岩、绢云母凝灰千枚岩、间夹透镜状流纹质集块岩、流纹质角砾岩，厚度760～930 m。

本套地层为矿区主要的含矿层位。根据其岩性组合特征、产出的空间部位及含矿性，又可划分为三个岩性段。由西至东由老至新分别为：流纹质碎屑岩带（粗碎相）、条纹条带状流纹质碎屑岩带（细碎相）、绢云母凝灰千枚岩带（凝灰质），其厚度分别为450～628 m、150～190 m、45～60 m。其上为结晶灰岩，表现为由粗至细、由火山碎屑、火出凝灰到沉积岩的沉积韵律。呷村银铅锌铜矿体及铅锌矿体均赋存于此三带内。

（3）上部（$T_3t_2^{2-3}$）：主要为碳质千枚岩、局部夹结晶灰岩、变砂岩透镜体，往南结晶灰岩增多，厚度176～314 m。

图姆沟组第三段（T_3t_3）：出露于矿区的东侧，其顶部层位已出测区。在测区范围内可划分为两个亚段：

1）下亚段（$T_3t_3^1$）：主要分布在呷村河以北，其岩性为变质砂岩夹薄层碳质板岩。厚度变化较大，南厚北薄；在呷村河以南，经矿区东侧至神山被安山岩所占据。在神山铅锌异常区内为流纹质碎屑岩及结晶灰岩透镜体，厚度80～800 m。

2）上亚段（$T_3t_3^2$）：分布在矿区外最东侧。其岩性为碳质千枚岩夹薄层砂岩，南部被安山岩所占据，厚度大于500 m。

（4）拉纳山组（T_3l）：该组地层主要岩性为：下部为灰黑、黄灰色粉砂质板岩夹长石石英岩屑砂岩，靠底部为灰黑色板岩夹灰岩透镜体；中上部为蓝灰、深灰色异粒长石岩屑砂岩、灰黑色板岩，少许含碳质板岩不等厚互层，斜层理较为发育，厚度为2190～3160 m。

（5）上第三系昌台群（N）：分布于昌台断陷盆地之中，为一套山间盆地碎屑岩—含煤的湖沼泽沉积物，与下伏三叠系上统呈角度不整合接触。

3.2.2 构造

区域内褶皱十分发育。背斜、向斜紧密分布，多作线状延伸、规模不等。褶皱轴线总体与区域构造线一致，多呈近南南东—北北西向展布。

区域内断裂构造以德格—乡城和甘孜—理塘两条断裂及其与之平行发育的较大断裂为主。呷村矿区的构造先后经历了印支期古特提斯洋关闭后的褶皱造山运动，燕山期和喜山期的陆内碰撞—挤压等阶段的改造，使近于水平的岩层变成近于直立。后期变质作用生成的片理、劈理与早期构造和层理发生置换作用。

（1）褶皱。随着地质工作的深入和勘探工程的施工证实，仅就矿区而言，其主体构造应为一向东陡倾局部倒转的单斜构造。该单斜构造自西至东地层由老到新，总体走向呈南北向，其北部在羊角亥一带转为北北西向。产状多为向东陡倾，倾角一般为65°～85°，仅局部倒转，向西陡倾，倾角一般为75°～80°。

区内未见到大规模褶曲，仅局部地段如牛场沟层纹状变砂岩中见到小挠曲，变质粉砂岩中见有膝状构造。

（2）断裂。在原地质勘查报告中，认为工作区的断裂构造不发育，通过呷村矿山开拓工程和采场的揭露，发现断裂构造较发育，其与劈理、片理发生了一定的构造置换。

呷村矿区断裂构造主要特征为：矿区内劈理、片理发育，其产状与地层产状基本一致，呈南北走向，仅局部地段与地层斜交，如4200中段3线穿脉中含碳钙质板岩与结晶灰岩的层面与劈理面斜交（层理走向发生变化）。劈理倾角大于层理倾角，多向东陡倾，倾角75°～85°。在牛场沟一带劈理走向转为北北西向。

根据流纹质火山碎屑岩中的劈理特征，微劈石的形状为透镜状，厚度小于1 cm，成分为流纹质火山碎屑岩；劈理域为网状，厚度小于3 mm，主要成分为绢云母。认为矿区劈理是在非共轴剪切作用下形成的，并发生了顺层的构造置换，其形成时期和地层直立为同一时期。

矿区断裂构造较发育。构造岩有构造角砾岩、碎裂岩和千糜岩，在岩心中见有压力影构造，说明呷村矿区曾经处于相对较深的构造层次并受到了较强的剪应力作用。根据目前采场地质资料分析，矿区内至少经历了三期断裂构造活动。

第一期为成矿期的断裂构造活动，以剪切运动为主，后期局部伴随张裂活动。断裂带宽度 30 ~ 100 cm，局部达 150 cm。断裂带产状与同地段的劈理、片理产状相一致，产状一般为：倾向 90° ~ 110°，倾角 70° ~ 85°。当劈理、片理产状向西倾时，断裂带也向西倾。断裂构造面一般呈波状舒缓弯曲，具压扭性质。断层岩为构造角砾岩和构造碎裂岩，具强烈绿泥石化和绢云母化。角砾形状为次圆颗粒状或透镜状，局部地段具强片理化，并见有褶劈理。由透镜状构造角砾的排列方向和褶劈理的产状分析，认为构造带的东盘向北运动。构造带中局部见有斜列式排列的黄铁矿、棕黄色闪锌矿细脉，由此认为此期构造为棕黄色闪锌矿形成期的构造。

在采场中还见有许多同期的构造镜面，镜面产状与同地段的劈理产状一致，镜面上见有大量的擦痕和近水平的阶步，由此推断镜面的东盘为上升盘。

后期局部伴随的张裂活动，形成了灰白色石英硅化带，带宽 50 ~ 200 cm 不等，与围岩呈渐变过渡关系。硅化带总体走向呈南北向，倾角近直立，单体呈长透镜状，长度 20 ~ 40 m。由矿脉切错关系判断，其形成时间晚于棕黄色闪锌矿的形成时间。其中见有星点状、斑点状黝铜矿，应为银矿化期的构造活动。

第二期构造为发育在矿体边缘的软弱带。在局部地段由于围岩含有较高的凝灰质或绢云母，从而使矿体与围岩间产生胶结较差的构造角砾岩软弱带，水平宽度 20 ~ 150 cm 不等，产状与矿体产状一致，故对矿体破坏性不大，但对矿体开采时贫化率的影响较大。

第三期构造是产状较平缓的断裂构造，一般构造面较平整光滑，但断裂带的厚度较小，一般小于 50 cm。产状为：倾向 130° ~ 160°，倾角 30° ~ 35°。该期构造带对矿体的破坏性较大，构造带的运动性质不清楚，在同一水平面上把矿体向西错移，位移量在 2 ~ 3 m。

3.2.3 岩浆岩

区域内岩浆岩分布广泛，主要受甘孜—理塘深断裂的严格控制，分布于区域东部边缘甘孜—理塘深大断裂与德格—乡城深断裂之间。它们由大小不等的岩体组成，岩体呈带状分布。根据同位素年龄测定资料，岩体的年龄为 109.73 百万年 ~ 197 百万年，基本上属燕山期产物。

区域内火山活动频繁，火山岩发育，尤以中酸性火山岩分布广泛；火山岩相复杂，除喷（爆）发相、喷溢相外，尚有次火山岩存在。

呷村矿区内岩浆岩以火山岩为主，局部见次火山岩，具有多期次、多旋回的特点。其岩石类型以酸性火山岩为主，次为中性、中酸性火山岩及少量基性火山岩。

图姆沟组火山岩岩性组合总的演化趋势是地层由老到新，火山岩由基性→中酸性→酸性→中酸性的喷发（喷溢）过程，构成一个非标准的火山旋回。这些火山岩总体分布与地层走向基本一致，呈南北向展布，在走向和倾向上相变较大，且无规律。

该区火山岩既有喷溢相之熔岩，又有爆发相之火山碎屑岩及次火山岩相之英安斑岩。本区尤以爆发相之酸性火山岩最为发育，是呷村银多金属矿床的矿源层和矿体的赋存层位。

本区酸性火山岩曾发生过三次较为明显的火山活动（矿区两次、神山一次）。即为爆发→短暂平静→爆发→平静→再爆发的发展过程，以第二次酸性爆发最为强烈，规模也大，形成一套含矿之流纹质火山碎屑岩、凝灰岩。在两次酸性火山爆发作用间歇期，形成了一套正常成分的碳泥质（碳质千枚岩）的沉积岩，厚度可达 100 余米。

在区域上，火山岩呈断续的带状分布。而在各点上（矿区及神山等地），又成不规则的透镜状分布，反映出火山口呈串珠状分布的裂隙式喷发特征。

（1）基性玄武岩。仅出露于牛场沟东侧。岩石中杏仁、气孔发育，呈南北向与地层产状一致，并具穿层现象，呈脉状产出，长 150 m、宽 80 m。

（2）中性安山岩类。主要分布于呷村矿区东部，南至神山一带的图姆沟组第二段（T_3t_2）、第三段（T_3t_3）中，在第一段（T_3t_1）中也有分布。据其岩性特征、矿物组合、结构构造等可分为安山岩、英安岩、英安质碎屑岩及次英安岩，该类岩石与成矿无关。

（3）酸性火山岩。根据火山岩相可分为英安流纹质熔岩、流纹质角砾岩和流纹质碎屑岩、凝灰岩，而以流纹质碎屑岩、凝灰岩为主。

英安流纹质熔岩：分布于呷村矿区西侧，北至然坪。南北长 5300 m，东西宽 130 ~ 800 m。岩石以块状构造为主，局部可见流动构造。气孔、杏仁、柱状节理发育。

流纹质角砾岩：仅在呷村河北岸流纹质碎屑岩顶

部（东部）见到，应为火山管道之产物。角砾岩长 500 m，宽 15～20 m。角砾成分与胶结物相同，均为流纹质碎屑岩，角砾大小不等，砾径一般为 2～10 cm，最大者可达 50 cm，具棱角、次棱角状。

流纹质碎屑岩、凝灰岩：分布于羊角亥、然坪至呷村矿区中部，及外围神山铅锌异常区。主要赋存于图姆沟组第二段之上亚段（T_3t_{22}）的千枚岩、碳质千枚岩中，最大厚度达 1341 m，其次赋存于图姆沟组第三段之下部（神山）。

流纹质碎屑岩、凝灰岩在矿区由上、下两套岩石组成。下部以流纹质碎屑岩为主，多为含角砾的粗碎屑岩，且含矿性甚差，未见工业银多金属矿体，厚960 m。上部由上而下为含角砾流纹质碎屑岩、条纹条带状流纹质碎屑岩、凝灰岩（已变质成绢云母凝灰千枚岩）、结晶灰岩（含凝灰质），显示了由粗至细、由流纹质碎屑至凝灰质的沉积韵律。呷村银多金属矿即赋存于此层中上部及顶部。

3.3 主要成矿特征

全矿区共圈出各类矿体 30 个，其中银铅锌铜矿体 7 个，铅锌矿体 16 个，重晶石矿体 7 个。银矿体以⑦2PA 银铅锌铜矿体规模为最大，其长度大于 960 m，延深大于 553 m，厚度较为稳定。其次为⑧PA、⑥PA、⑦1PA 银铅锌铜矿体，其余银铅锌铜矿体规模均较小。在圈出的银铅锌铜矿体中，单个银铅锌铜矿体最大厚度为 25.82 m（0 线勘探线 SZK001 孔⑥PA 矿体），平均厚度大于 5 m 的有 5 个矿体。

矿体呈似层状、透镜状以近于直立的重叠—叠瓦形式产出，分支、复合、膨缩及尖灭再现现象明显。矿体在流纹质火山碎屑岩的中、上部，及其与白云质结晶灰岩接触带附近，厚度较为稳定，连续性较好且比较完整，如⑦2PA 银铅锌铜矿体、⑦Pz 铅锌矿；反之在流纹质火山碎屑岩的中下部、下部的矿体，厚度相对变化较大，连续性也相应较差，如 1、2 号矿体。银铅锌铜矿体与铅锌矿共生，二者间无明显分界，呈递变过渡关系，主要依据银分析含量确定。重晶石矿分布在流纹质火山碎屑或铅锌矿（银铅锌铜矿体）体与结晶灰岩的接触部位。

3.3.1 含矿带（层）特征

含矿带已控长度 1939 m（即南 31 勘探线、北 32 勘探线），宽 250～600 m。主要为一套流纹质火山岩碎屑岩，根据岩石的结构、构造特征，由粗到细的空间分布规律，由下而上划分为下、中、上三个含矿带：

（1）下含矿带（粗碎屑岩带）：岩石结构为变余碎屑结构、变余砂状结构，构造以块状构造为主，次为角砾状构造。碎屑粒度一般在 2～0.1 mm，角砾砾径

一般为 2～10 mm，个别砾径最大可达 30 mm。该带厚度大于 450 m。1、2 号铅锌矿体、银铅锌铜矿体呈透镜状赋存于该带顶部，其中 1、2 号铅锌矿体沿走向具尖灭再现现象。

（2）中含矿带（粗到细碎屑岩过渡带）：岩石结构以变余砂状结构、变隐晶质结构为主，构造以条纹条带状构造为主。碎屑粒度一般为 0.05～0.1 mm。局部见角砾。该带厚度约 150～190 m。3、4、5、6 号矿体呈透镜状、似层状赋存于该含矿带中，靠近下含矿带的矿体为透镜状，靠近上含矿带的矿体为似层状。

（3）上含矿带（火山凝灰岩带）：岩石结构以变砂质结构、变凝灰结构、鳞片变晶结构为主，构造以千枚状构造为主，局部为角砾状构造。碎屑粒度一般小于 0.05 mm。该带厚度 45～60 m。7 号矿体（铅锌矿、银铅锌铜矿）呈似层状赋存于该带中，是矿区主要工业矿体。该含矿带顶部为白云质结晶灰岩，岩石以微晶、隐晶结构为主，构造以块状构造为主。8 号银铅锌铜矿体呈似层状赋存于该岩石中。矿体在整个含矿带（层）中的形态，由下而上具有较明显的由透镜状到似层状的变化规律。在矿体富集中心的 3～4 勘探线间局部地段，8、7 号矿体在 SZK401、SZK201、SZK001 之间富集，两矿体在 CMO－E 中的自然分界厚度虽小于夹石剔除厚度，但因围岩岩石成分相同，连接对比自然。

矿体在三个带中，由上而下由透镜状变为层状，矿体延续性好。

3.3.2 矿体规模、形态及产状

3.3.2.1 ⑧PA 银铅铜矿体

矿体由 3～12 勘探线控制，沿走向控制长 480 m，沿倾向控制延深最大为 207 m，最小为 42 m。含矿岩石为结晶灰岩，在结晶灰岩中普遍含火山凝灰、金属硫化物，局部地段有碳质钙质千枚岩透镜，紧靠银铅锌铜矿体的结晶灰岩中，局部银、铅、锌、铜可达工业品位。矿体顶、底板岩石均为结晶灰岩。

矿体产状与地层一致，沿走向在 0～4 勘探线间呈向东凸起的弧形，矿体最高标高 4246 m，最低标高 4027 m，现工程控制最大埋深 134 m，最小埋深 3.0 m。形态较简单，呈似层状产出，具膨缩现象。沿走向在 2 勘探线缩小，沿倾向在 4 勘探线深部膨胀，然后迅速尖灭。厚度总体变化不大，且较稳定。在见矿工程中，以 4 勘探线 ZK414 钻孔中为最厚，达9.14 m，最小见矿厚度为 ZK012 钻孔，矿体厚仅0.23 m。矿体平均厚度为 2.56 m。

工程中矿体银最高品位为 1610 g/t，最低品位54.20 g/t，矿体平均银品位 376.67 g/t。

3.3.2.2　⑦2PA 银铅锌铜矿体

矿体赋存于上含矿带流纹质火山碎屑岩（火山凝灰岩）顶部，其上为结晶灰岩。沿走向控制长度大于960 m，沿倾向控制延深最大大于553 m，最小109 m。含矿岩石为绢云凝灰千枚岩、绢云角砾凝灰千枚岩。⑦Pz 铅锌矿与之紧密共生，矿体顶板围岩为结晶灰岩，底板为⑦Pz 铅锌矿体，二者的区分主要依据分析银含量而定。

矿体产状与地层一致，总体走向近南北，在 4～5 勘探线间沿走向形成波状弯曲，由 5 勘探线往南至 11 勘探线，走向转为北北东向；矿体在北段的 4、8、12、16 勘探线上陡倾，倾角 85°～88°，近于直立，在南段的 0、3、7 勘探线，上部向东倾，沿延深向深部倒转为向西陡倾，剖面上显示为向东凸起的弧形，倾角 72°～85°。矿体最高标高为 4302 m，最低标高小于 3713 m，最大埋深 173 m，最小埋深为 0 m。空间形态较简单，为似层状产出。沿走向、倾向具分支、复合现象。由地表资料显示，矿体沿走向在 1、0 勘探线上由两条矿体组成，而往南在 3 线，往北在 2、4、8、12、16 勘探线均为 1 条矿体。由 3 线往南，矿体侧伏于沉积岩之下。沿倾向在 0、1 勘探线由上部的两条矿延深至深部复合成 1 条矿体。在 4、3 勘探线上，由上部的一条矿体延伸到中部分支成两条矿体，再顺延深到深部又复合成 1 条矿体。厚度以 7 勘探线中部、0 勘探线上部为最厚，沿走向、倾向均具有逐渐变薄的趋势。在 11～16 勘探线范围内，矿体最大厚度为 14.44 m，最小厚度为 1.39 m，矿体平均厚度 5.56 m。

工程中银最高品位达 870.52 g/t，最低品位达 42.50 g/t。矿体平均品位银 275.15 g/t、铅 6.19%、锌 10.29%、铜 1.32%。

3.3.2.3　⑦Pz 铅锌矿体

矿体赋存于上含矿带（火山凝灰带）中，由 11～16 勘探线控制，长度大于 960 m，沿倾向控制延深大于 553 m，最小延深 122 m。矿体含矿岩石为绢云凝灰千枚岩、绢云角砾凝灰千枚岩。矿体顶板为⑦2PA 银铅锌铜矿体或结晶灰岩，底板为绢云凝灰千枚岩，下部分支矿体的顶底围岩为绢云凝灰千枚岩。矿体产状与地层产状一致，总体走向为南北向。在 3～4 勘探线间呈波状弯曲，由 3 勘探线往南，走向转为北北东向。矿体倾向在南段 0、3、7 勘探线由上部向东陡倾，延深往下逐渐倒转向西，在剖面上呈向东凸起的弧形，倾角 72°～88°，北段的 4、8、12、16 勘探线陡倾，倾角 86°～89°。矿体最高标高 4274 m，最低标高小于 3712 m，最大埋深 209 m，最小埋深 0 m。空间形态较简单，呈似层状产出。矿体在含矿带上部为似层状，在中心部位的 2 勘探线上部，沿走向、倾向分支、复合、膨缩现象明显，在 2 勘探线以北的 4、8、12、16 勘探线，沿倾向具尖灭再现现象。以 2 勘探线上部厚度为最大，沿走向、倾斜有逐渐变薄的趋势，在 2 勘探线以北地段及含矿带中、下部位的分支矿条，变薄的趋势更为明显，甚至尖灭。矿体厚度最大为 36.22 m，最小厚度为 2.93 m，矿体平均厚度为 5.99 m。

矿体铅、锌品位变化无明显规律性，由南至北总体具有变贫的趋势。工程中铅品位最高 3.18%，最低 0.25%，锌品位最高 6.99%，最低 0.39%；矿体平均品位铅 2.07%、锌 4.16%。

3.3.3　矿石成分

（1）矿石的矿物成分复杂，主要金属矿物有：

1）银矿物及含银矿物：银金矿、辉银矿、硫铜银矿、辉铜银矿及黝铜矿等；

2）共生金属矿物：主要有闪锌矿、方铅矿、黄铁矿、黄铜矿、斑铜矿、铜蓝等；

3）国内首次在矿区内发现了曼纳德石、钒砷铅矿、硫汞银铜矿。主要脉石矿物：石英、绢云母、钡长石、重晶石等。

（2）矿区矿石结构：以结晶结构和交代结构为主，次为生物化学作用形成的草莓状结构以及表生作用形成的土状结构、次文象结构等；矿石构造以喷流沉积作用形成的条纹条带状、层纹状、块状构造为主，局部有金属硫化矿物、硫盐矿物在火山角砾之间填隙而成的角砾状构造及区域变质阶段形成的揉皱构造，此外尚有与火山热液充填交代而成的浸染状构造、斑点状构造和脉状、网脉状构造等。

（3）化学成分：矿石中平均含 Ag 238.93 g/t，Pb 5.13%，Zn 8.34%，Cu 1.04%。

3.3.4　主要成矿特征

3.3.4.1　矿床成因分析

关于呷村银多金属矿床的成因，有不同的认识。有"火山作用晚期热液成因"观点；海相火山喷气—热液沉积成因观点，即喷流沉积形成的块状硫化物矿床（VMS 型矿床）。后者是主要观点，其主要成矿特征为：

（1）呷村矿床的区域构造环境属于义敦古岛弧系德格乡城主弧带内的昌台火山—沉积盆地中的次级火山盆地。

（2）成矿物质来源为火山活动的产物，金属来源于火山活动后期喷流上升的富含金属热液流体，硫来源于地下深部。

（3）成矿作用与火山活动紧密相关。其成矿过程与富钾酸性岩浆喷溢基本一致，成矿作用伴随火山活动而产生，为火山期后含矿热液沿裂隙充填并上涌至海底沉淀成矿。

（4）矿床产于海相富钾酸性火山岩及其顶部与沉积岩系（灰岩）的接触部位，矿体严格受地层层位和岩性控制。

（5）成矿具有分带现象，表现为下部为含矿流体沿火山机构交代、充填而形成的脉状、网脉状矿，上部为含矿金属流体沿火山机构上涌至海底堆积沉淀形成的似层状矿。

（6）围岩蚀变与矿化密切相关，表现为后期改造特点。主要围岩蚀变有硅化、绢云母化、钡长石化及碳酸盐化等。

（7）矿体特征：流纹质火山岩内的矿体多呈脉状、网脉状，局部呈透镜状，主矿体呈似层状，与酸性火山凝灰岩及重晶石、灰岩呈整合产出，局部与沉积岩呈指状穿插接触。

（8）成矿温度条件：呷村矿床成矿温度平均为 $191.74\,℃$，属中低温范畴。成矿温度由下至上为一个连续、逐渐降温的过程，由下部的 $213.86\,℃$ 往上逐渐降至 $138.36\,℃$。

（9）成矿氧逸度及酸碱度、氧化还原电位：成矿氧逸度由下至上逐渐增大，由 $10-39.9 \sim 10-46.5$ 增大为 $10-34.8 \sim 10-36.2$，表明下部为强还原环境，往上逐渐过渡为弱还原—弱氧化环境。成矿热液的 pH 变化于 $4.89 \sim 8.00$（海水）之间，由下而上，pH 递增，反映出成矿流体从早到晚，由弱酸性向弱碱性方向演化。根据计算结果，成矿的氧化还原电位由下至上增大，由 $-0.534\,V$ 增至 $0.189\,V$，反映了下部还原条件，往上逐渐变为弱还原—弱氧化环境。

（10）同位素特征：矿石中硫化物的 $\delta^{34}S\text{‰}$ 变化于 $-4.6 \sim +3.1$ 间，均值 -1.165，极差 7.6，离散度 2.86，均较小；矿床中 $S^{32}/S^{34}=22.59$，接近于幔源硫 S^{32}/S^{34} 比值（22.2），且含矿火山岩 $\delta^{34}S$（$-4.6‰$）与矿石 $\delta^{34}S$ 相近，说明硫主要为火山活动产物。

矿石中 Pb^{206}/Pb^{204} 为 $18.40 \sim 18.46$，Pb^{207}/Pb^{204} 为 $15.60 \sim 15.65$，Pb^{208}/Pb^{204} 为 $38.46 \sim 38.74$；流纹岩中 Pb^{206}/Pb^{204} 为 $18.4419 \sim 18.445$，Pb^{207}/Pb^{204} 为 $15.6582 \sim 15.671$，Pb^{208}/Pb^{204} 为 $38.436 \sim 38.457$，其比值基本一致，表明矿石铅与火山岩的铅同属岩浆来源，为岛弧火山活动产物。

3.3.4.2 成矿控制因素及矿化富集规律

（1）义敦古岛弧系德格乡城主弧带内的昌台火山—沉积盆地，是呷村矿区及有热矿区成矿的区域构造背景，成矿受古岛弧系内围限海盆的控制。

（2）呷村矿床主要成矿期为晚三叠世，具时控特征。

（3）成矿与火山作用密切相关，受火山活动的限制。

（4）矿产分布严格受地层和岩性的控制，矿床产于晚三叠世图姆沟组中段，酸性火山岩系内及其顶部与重晶石、灰岩的接触带内。

（5）矿体形态受岩相的控制，下部流纹质火山碎屑岩中为含矿流体沿火山机构交代、充填形成的脉状、网脉状矿体；上部为流纹质凝灰岩及与重晶石、灰岩的接触部位沉淀形成的层状、似层状矿体。

3.3.4.3 找矿标志

（1）在火山—沉积盆地基础上演化形成的火山堆积围限盆地是矿化富集的最佳环境。

（2）义敦古岛弧带内的矿点、矿化点和物化探异常是找矿的重要标志。土壤测量异常是找 Cu、Zn 的直接标志；自电异常是找块状金属硫化物的间接标志。

（3）义敦主弧带上与银多金属矿直接有关的中酸性火山岩具有明显的演化特征，早期以中酸性火山岩为主（Fe、Zn 组合），中期以酸性火山岩为主（Pb、Zn 组合），晚期以喷流沉积为主（Cu、Pb、Zn、Ag、Au 多元素组合），在找矿中应注意"演化"标志。

（4）呷村矿床赋存于图姆沟组（T_3t^2）中酸性火山岩与沉积岩接触带及其附近层位上。

3.4 找矿远景区分析

矿体陡倾斜，分布受层位控制，后期断层没有产生大错断的基本特征，确定在探矿权及采矿权范围内的找矿远景区有二：一是呷村矿床深部，另一个为呷村矿床的南延——有热矿区。

3.4.1 有热远景区

（1）MT 测量和激电测深结果显示，工作区南部 47 线、63 线、79 线，均存在与主要高阻层相似、但阻值相对较低一些的次高阻层，在两高阻地层之间视电阻率在几百至一千余欧姆·米之间的中等强度视电阻率带，根据 7 勘探线与异常的对应情况，推断在这几个带找到金属矿（化）的可能性较大。

（2）电测深测量显示，在 39 线、63 线、79 线存在多个高极化体异常，这与本次瞬变电磁推测的矿致异常（LRT43-1、LRT51-1、LRT67-3、LRT87-1）位置大致吻合，结合现阶段地质工作进展，认为该区域可能存在一定规模的工业矿体。

（3）2005 年勘查工作中，在 79 线施工了 TC79-1 探槽及小圆井工程，探槽中见 6.42 m 厚的铅矿化层，Pb 品位 $0.18\% \sim 0.26\%$；小圆井工程显示矿化较弱，

Pb 品位 0.14%。从矿化的范围看，浅表矿化已有一定规模，深部极有可能存在隐伏矿体。

（4）前期勘查成果表明，有热银多金属矿区，已知 1、2、3 号矿体控制长度最大达 240.00 m，矿体厚度为 1.38～19.60 m，矿体平均厚度为 10.38m，倾向延伸已控制 0～100 m，属似层状、脉状矿体。

具体勘查规划：

1）控制已知矿体，探求（332）资源储量：在以往工作成果基础上，划分首采段（详查区）对矿体进行加密控制，提高资源量类别、探求（332）资源储量。工作范围暂定为 3IB—39A 勘探线间。

2）追索矿体，控制矿体规模，探求（333）资源量：将（332）类别资源储量外围部分作为（333）类别资源储量控制区，继续沿走向、倾向对已知矿体进行追索，控制矿体沿走向、倾向的延伸、变化情况，探求（333）资源量。工作范围暂定为 31—63 勘探线之间。

3）重点解剖、验证异常，扩大远景：有热—神山相距数公里，其间各类异常星罗棋布，选择对成矿有利且异常较好地段，采用探矿工程进行重点解剖、验证异常，扩大远景。

4）呷村与有热含矿地层对比研究：采用物探大地电磁测深（EH－4）方法追索呷村地层、矿（化）层向南延伸、演变情况及其与有热矿体的相互关系。

5）勘查网度。（333）级资源量区：勘探网度沿走向 160 m，沿倾向 200 m；（332）级资源量区：勘探网度沿走向 80 m；沿倾向 100 m。

预计工程量：20～25 个钻孔，钻探总进尺 20000 m，总费用达 2200 万元。

3.4.2　呷村深部远景区

呷村矿床控制的矿带长大于 1km，东西宽 300～400 m，近直立下延。现大部分钻探工程控制深度 300～400 m，即标高约 3900 m，一些矿体控制标高约 4000 m。

从各剖面图分析，矿体群延向深部，随着深度的增加，存在各矿体的平均水平厚度之和逐渐减小的趋势，但没出现矿体群尖灭的现象。布置工程控制呷村矿体群的深延部分，定能增加矿床的资源储量。

矿区内发现的最大矿体是⑦2PA 银铅锌铜矿体，沿走向长度大于 960 m，沿倾向顺延深控制大于 553 m，属大型矿体。勘探线东西向布置，线距 120 m。

呷村银多金属矿床属于典型的第Ⅱ勘探类型，勘查工作布置：

（1）按（45～60）m（走向）×（40～50）m（倾向）网度，对矿体进行控制，探求（331）级储量。

（2）以⑦2PA 银铅锌铜矿体为主体，在 11～16 勘探线间 3900 m 标高以上，按（60～80）m（走向）×（40～50）m（倾向）网度，对矿体深部进行控制，探求（332）级储量。

（3）在矿区内按（120～160）m（走向）×（80～160）m（倾向）网度，对银铅锌铜矿、铅锌矿体的边界和深部进行控制，探求远景储量。如果矿体连续，（120～160）m（走向）×（160～200）m（倾向）网度控制的矿块，也定为（333）级资源量。

具体勘查规划：

1）控制深度：总体控制深度约 700 m，即达到高程约 3500 m。

2）资源量类型：以探求（333）资源量为主，少量（332）资源量。

3）施工顺序：先施工主干剖面 0 线，再由此剖面向南和向北顺延。

4）施工方法：初步以 3900 m 中段为勘查平台，在此平台施工坑道、钻探硐室以及钻孔。

预计工程量：坑道及钻探硐室折合坑探进尺 2500 m，钻探个 40 孔总进尺 20000 m，总费用约 2600 万元。

3.5　找矿工作规划

呷村及外围的找矿工作分步进行，初步确定：

第一步：2010—2012 年，完成有热探矿权的普查工作和详查工作，预计施工 20～24 孔，总进尺 20000 m。同时申请呷村采矿证准采深度 3700 m 以下的探矿权，预计总费用 2200 万元。

第二步：2012—2013 年，完成 3900 m 中段开拓工程，施工 0 线及相邻勘探线的坑探工程和钻探硐室，坑道及硐室折合进尺 1300 m，施工 3～5 孔，钻探进尺约 3000 m，总费用 600 万元。

第三步：2014—2015 年，完成呷村深部勘查工作，坑探 1200 m，钻探约 1700 m，总费用约 2000 万元。

4　结束语

由于对上述三个矿床的地质特征、成矿规律及找矿潜力等方面认识尚不深入，故上述找矿远景分析和找矿规划难免有许多不妥之处，我们衷心地希望与会院士、专家提出宝贵的修改意见，待我们进一步充实完善后即可进入实施阶段。

参考文献（略）

关于锡铁山铅锌矿找矿前景的想法

冯小伟　纳海艳　金　鹏

（西部矿业股份有限公司锡铁山分公司，青海锡铁山，816203）

摘　要：通过对锡铁山铅锌矿的区域地质、成矿地质背景的分析，以及对矿区找矿勘探实际过程中对矿床的形态、产状、规模、产出位置及变化规律等的把握，进一步证实了矿床的海底喷流（气）沉积成因类型，结合矿床所处地质环境特点，指出今后锡铁山铅锌矿在深、边部及周边找矿的找矿方向为：寻找和勘探以海底喷流（气）沉积成因类型的矿床为主，同时兼顾其他成因矿床的寻找，在此过程中注意褶皱和断裂构造对矿体的影响。

关键词：锡铁山铅锌矿；海底喷流（气）沉积；找矿方向

锡铁山铅锌矿位于柴达木盆地北缘中段，地理坐标：东经 $95°32'40'' \sim 95°35'25''$，北纬 $37°18'33'' \sim 37°20'59''$。矿区海拔 $3000 \sim 3400$ m，矿区干旱、少雨、蒸发强烈、日照充足、昼夜温差大、植被稀疏，具有典型的高原大陆气候特点。1953—2003 年有多个包括地质、物化探人员在内的勘探队、勘探公司，对矿区进行过相应的地质工作，并提交了相应的图件和报告。作为目前青海省最大的有色金属矿山和全国大型有色金属采选冶联合企业之一，为了更好地为地方经济做贡献，同时服务于国民经济建设，所以有必要对矿区深、边部及周边的找矿前景进行分析研究，以增加矿床的保有储量。

1　区域地质

锡铁山铅锌矿区位于柴达木准地台柴北缘残山断裂带。北东以大柴旦—乌兰深断裂为界，与欧龙布鲁克山及宗务隆山褶皱带相邻；南西以残山山前壳层断裂带为界，与柴达木盆地新生代凹陷相接（见图1）。

1.1　地层

锡铁山铅锌矿床位于柴达木盆地北缘。该地区主要出露地层见表1。矿床的赋矿层位主要为上奥陶统滩涧山群绿岩带，该带自下而上分为 a、b、c、d 四段，其中 a 段的正常沉积岩组和 b 段的中基性火山碎屑岩组是铅锌矿的主要含矿层。

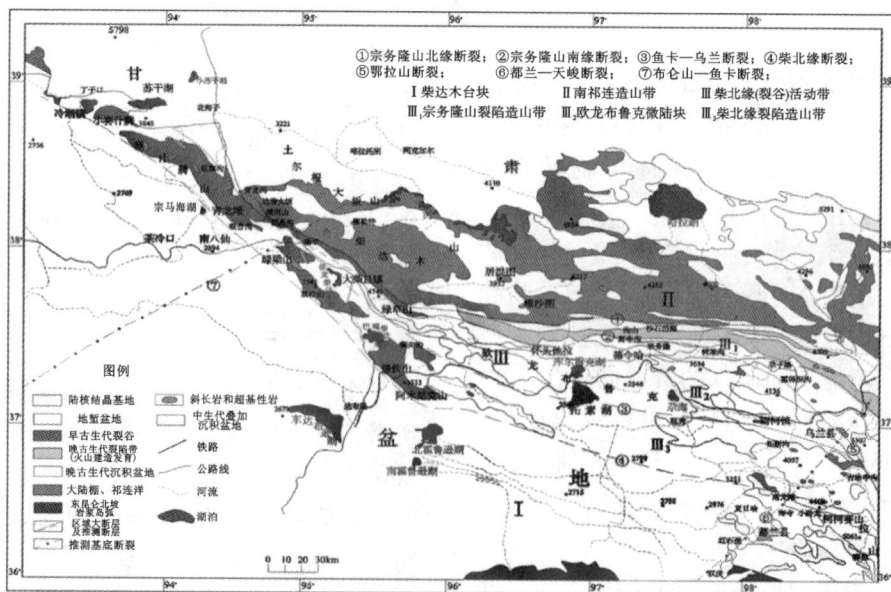

图1　锡铁山铅锌矿区域构造图

表1　锡铁山矿区主要出露地层

赋矿层位	符号	主要岩性特征	赋矿情况	分布情况
第四系	Q	山前坡积及洪积物	—	锡铁山山脉南北两侧的山前和盆地边缘
第三系	N	砖红色、黄褐色砂岩、含砾砂岩及砾岩	—	矿区四周零星出露
下石炭统城墙沟组	C_1c	红色、黄色粉砂岩、细砂岩夹泥质灰岩	—	断层沟地段
上泥盆统阿木尼克组	D_3a	紫红色复成分砂岩、细砾岩夹砂岩透镜体	—	沿锡铁山沟至断层沟一带断续分布
上奥陶统滩间山群	O_3tn	主要为一套浅海相中基性—酸性火山喷发熔岩,火山碎屑岩夹沉积岩及少量碳酸盐岩的绿片岩系	主要赋矿层位	矿区内大部
下元古界达肯大坂群	Pt_1dk	白云石英片岩、二云片岩、斜长片麻岩及混合岩化斜长角闪岩等深变质岩系	—	矿区北部

1.2　构造

锡铁山铅锌矿床位于柴达木盆地北缘锡铁山—绿梁山—赛什腾山裂陷—造山带中,该带呈NWW—SEE向狭长带状分布,出露宽度2～12 km。柴北缘造山带由于受多次造山活动的叠加,在绿片岩中小型褶皱十分发育,分布范围较广,类型多,规模不等。从绿片岩带中各类褶皱产状(枢纽倾伏方向320°～

340°,倾伏角30°～50°)很强的规律性显示,绿片岩中存在有大型褶皱。此外,矿区中多数赋矿部位,片岩与条带状或层状大理岩(透镜体)是基本平行的,但在钩状、肠状大理岩的赋矿部位,它们之间是斜交的,即大理岩与矿体不完全是受片理控制,有穿层现象,这也为绿片岩中存在有大型褶皱提供了有利证据(见图2)。

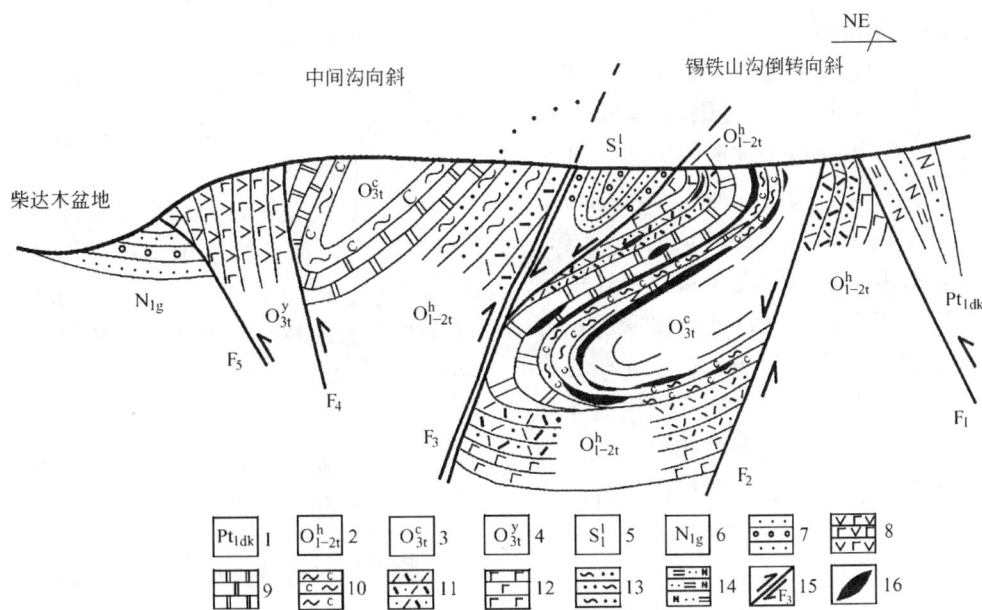

图2　锡铁山铅锌矿褶皱构造图

1—元古界达肯大坂群;2—滩间山群下部火山碎屑岩组;3—滩间山群沉积岩组;4—滩间山群上部熔岩次火山岩组;5—上志留统;
6—第三系;7—紫色砂砾岩;8—变安山玄武岩;9—大理岩;10—含碳绿泥片岩;11—变流纹质晶屑凝灰岩;
12—变玄武岩;13—绿泥石英片岩;14—二云斜长石英片岩;15—断层及编号;16—铅锌矿体

矿区发育有北西向组、北东向组、近东西向组和近南北向组四组断裂，其中北西向断裂是矿区规模最大的断裂，具区域性深大断裂特征，对矿床的形成有重要的控制作用；北东向组断裂为成矿时的同生断裂，将矿带分为数段，成矿后仍对矿体与矿化带产生破坏作用；近东西向组断裂常右行错断矿体，对矿带和矿体的延伸有一定影响，导致向南东段含矿层逐渐隐伏于元古界达肯大坂群之下；近南北向组断裂破碎带发育，常错断矿体。

1.3 岩浆岩

矿区内岩浆侵入活动微弱，只局部见小规模闪长岩扁豆体。矿区火山活动强烈，滩间山群早期火山喷发物为中基性火山岩—基性凝灰岩、玄武岩夹安山岩，晚期火山喷发物为中酸性火山岩—流纹岩及英安岩。

2 成矿地质背景

2.1 构造环境分析

锡铁山铅锌矿区位于柴达木准地台柴北缘残山断裂带，其北东以大柴旦—乌兰深断裂为界与欧龙布鲁克山及宗务隆山褶皱带相邻，南西以残山山前壳层断裂带为界与柴达木盆地新生代拗陷相接。该断裂带呈NW—SE 向展布，主体为早古生代形成的裂谷带，断裂带以北达肯大坂群为元古宙基底变质岩系，裂谷北侧分布着一条超基性岩带，与柴北缘裂谷带有密切的成因联系。在裂谷带中沉积了上奥陶统滩间山群（O_3tn），为一套火山—沉积建造，该地层原岩岩性下部为基性—中酸性火山熔岩、火山碎屑岩及沉积岩组合，上部为安山质—安山玄武质火山碎屑岩、熔岩夹沉积岩组合，下部岩石组合总体体现大陆裂谷环境特征，上部岩石组合显示类岛弧环境特征。锡铁山铅锌矿床赋存于柴北缘裂谷活动带的二级构造单元柴北缘裂陷造山带中，整个滩间山群的火山—沉积建造序列大体反映了裂谷扩张、下陷沉积→海盆相对稳定、含矿热液沿同生断裂上升喷流沉积成矿→挤压闭合的盆地演化过程。

2.2 地层岩性与成矿

锡铁山矿区主要赋矿地层为晚奥陶世，其中主要矿体赋存在上奥陶统的大理岩与绿片岩接触部位及大理岩中，矿体呈层状、似层状、透镜状及囊状等分布，层状矿体产状与地层产状基本一致，受地层层位控制明显，其中，大理岩型矿体产于滩间山群中部沉积岩组的中下部，片岩型矿体产于滩间山群中部沉积岩组的中上部。含矿层的岩石建造组合为大理岩—热水喷流沉积岩—片岩类—变余砂岩类，为一套典型的海底喷流沉积矿床的岩石组合。

2.3 火山作用与成矿

矿区火山活动强烈，是区内海底喷流沉积矿床形成的重要前提和必要条件。火山作用对成矿的表现主要有两方面。其一，火山作用对成矿热液系统形成的影响。热液在上升过程中，形成滩间山群下部双峰式火山建造。火山喷溢的间歇期，在形成海相沉积岩系的同时，由于残余岩浆热液系统，其中包括部分来自深部的火山期后热液或幔源热液加入，热液系统中成矿物质能持续大量富集，发生巨量堆积。因此，裂谷早期的火山作用和火山热源，对喷流热液的发生，成矿物质来源有着至关重要的影响。其二，下部火山穹丘对次级盆地的控制。火山穹丘对矿区成矿期的次级洼地起了分割性控制作用，其两侧洼地，是 O_3tc 时期的热水沉积型硫化物矿体的有利成矿部位。且总体来看，沿含矿层走向，具次级洼地特征的地带，成矿条件较好。

2.4 构造与成矿

矿区北西向断裂构造为柴北缘加里东期裂陷造山带的同生断裂，由于长期持续活动，在次级断陷盆地和洼地边缘形成高渗透带，深部热液能不断沿断裂带上升喷流，并对盆地的喷流沉积成矿等有重要的控制作用，锡铁山大理岩型矿体和片岩型矿体多产于其中，且矿体形态多呈层状、似层状。后期在柴北缘裂陷造山带叠加海西、燕山和喜山期的构造运动，对矿体起到了破坏或富集作用。

首先，在裂谷封闭期由于区域性构造挤压，地层倒转，矿体受限于锡铁山沟控矿倒转向斜，而且主要矿体分布于该向斜的南西翼。由于后期变形的结果，在宏观上造成热水喷流矿化结构倒转，形成倒转型喷流成矿的"双层结构"。

其次，后期的断裂活动在一定程度上对矿体有着破坏作用，造成矿体不连续，如北西和北东向组断裂等使矿体错断或错失，还出现局部加厚富集等现象。

3 锡铁山铅锌矿找矿勘探现状

目前，锡铁山铅锌矿的找矿勘探工作主要分为采区 2822 m 水平以下的深、边部和地表中间沟—断层沟一带。其中，采区 2822 m 水平以上已通过钻探及采准工程对矿体进行了严格的控制，矿体的形态、产状及赋矿围岩等已基本全部探明。就已探明的矿体而言，矿体在空间分布上具有如下特征：

（1）大理岩型矿体空间分布特征：

1）矿体的空间位置与大理岩密切相关，大理岩往深部变薄，矿体随之尖灭；若大理岩向深部延伸变厚，矿体规模也变大。

2）矿体沿走向向南东有明显的侧伏，例如Ⅱ10-3矿体在3282水平中段的范围为21～29线，之后越往下矿体逐渐向南东侧伏，到2822水平中段时矿体的范围变成12～15线。

3）由于成矿期后多期构造对矿体的叠加改造作用较明显，致使矿体沿倾向呈单斜叠瓦状排列，局部出现波状扭曲以及大理岩中出现无矿天窗和富矿地段。

4）矿区不同地段的矿石品位、构造、矿体厚度等呈规律性变化。在矿区北西段以块状矿石为主，品位较高，矿化层厚度大，局部可达百余米，尤其是矿区25～33线间的厚层状大理岩及条带状硅质岩最发育地段矿体最厚大；往矿区南东段，矿石逐渐呈浸染状、条带状，品位也逐渐降低，矿化层厚度较北西段也明显变小。

5）矿体与围岩产状基本一致。矿体形态沿走向和倾向有明显的胀缩、分支复合、尖灭再现现象。矿体局部斜切层理，有晚期充填形成的黄铁矿、方铅矿和闪锌矿矿脉横穿或斜切围岩。

（2）片岩型矿体空间分布特征：

1）含矿围岩主要岩石类型有：碳质绿泥片岩、含碳绿泥片岩、绿泥石英片岩、绢云石英片岩等。矿体与各种片岩互层产出，二者产状一致，具有典型的同生矿床特征。其中，碳质层较发育地段成矿相对较好。

2）矿体沿走向延伸较稳定，如Ⅱ317号矿体沿走向（NW—SE向）稳定延伸，在2822水平中段从22～33线连续控制长为250多米。

3）矿体厚度变化较大，从几米至上百米均有。但总体来说，沿走向向南东逐渐变薄。品位变化也较大，倾向上由中心向两翼品位降低。

4）矿体成群产出，在走向和倾向上具分支复合现象。

4　找矿方向

锡铁山铅锌矿区位于柴达木准地台柴北缘残山断裂带，由于受地壳演化及所处地质环境制约，该区域富含有色金属，其复杂的区域动力学环境，使该地区火山作用表现强烈，加之多期次的构造活动作用，造

成矿床现今的局面。矿区的金属成矿时间集中于奥陶纪，金属成矿区域主要分布于柴北缘断裂带。结合区域地质及成矿地质背景等分析可知，锡铁山铅锌矿的矿床类型主要为与浅海相中基性—酸性火山喷发熔岩、火山碎屑岩夹沉积岩及少量碳酸盐岩的绿片岩系有关的海底火山喷流（气）沉积型，除此之外，由于该区处在活动的地台边缘，构造、火山活动强烈，含矿热液通过各组断裂上升、运移，充填成矿，形成热液脉型矿床。

综合以上分析以及已有的成矿现实来看，在矿床的深、边部和外围以寻找和勘探海底喷流（气）沉积型铅锌矿为主，同时兼顾热液脉型矿床和其他成因矿床的找寻。

5　结论

通过以上区域地质、构造、地层等资料的分析，指出锡铁山铅锌矿深、边部及周边找矿的找矿方向。

（1）无论在矿床的深、边部还是矿区周边地区，继续按照已有的海底喷流（气）沉积矿床成因的找矿思路，在上奥陶统滩间山群地层中，特别是正常沉积岩组和中基性火山碎屑岩组寻找方铅闪锌黄铁矿型铅锌矿体。

（2）海底喷流（气）沉积型矿床，具有典型的层控特征，矿体往往呈层状、似层状产于地层中，矿体一般随地层褶皱而褶皱，而且矿体表现为在褶皱的两翼厚，顶部薄。然而在矿区局部地段发现在褶皱两翼和顶部厚度一致的矿体，而且矿体与流纹岩有密切的成因关系，与海底喷流（气）沉积型成矿类型不同，所以在找矿勘探过程中注意寻找新成矿类型的铅锌矿体。

（3）由于矿区地层中存在着大型的褶皱和断裂构造，使得地层发生产状倒转、错失和重复出现，所以在找矿勘探时要综合分析，清楚地认识到这些可能在实践过程中遇到的矿体产状变化、矿体的突然消失以及并排出现等状况。

参考文献

[1] 谭建湘，李厚友，莫平衡，等.锡铁山铅锌矿资源储量核实报告[R].衡阳：湖南省有色地质勘查局二一七队，2009.

[2] 颜自给，李学彪.青海都阿拉湖—红水川地区地质特征与找矿前景[J].黄金科学技术，2010，18（2）：50-56.

锡铁山铅锌矿矿床地质特征及找矿方向

刘文举

（西部矿业股份有限公司锡铁山分公司，青海锡铁山，816203）

摘　要：通过对锡铁山铅锌矿矿床的地质特征及地球化学元素异常特征、地球物理异常特征分析，指出下一步找矿方向。锡铁山铅锌矿矿床主要矿体类型应为片岩型，在深部及边部绿片岩区为重点找矿对象。

关键词：矿床地质特征；找矿方向；锡铁山

1　区域地质成矿背景

锡铁山铅锌矿区位于柴达木准地台柴北缘残山断裂带，北东以大柴旦—乌兰深断裂为界，与欧龙布鲁克山及宗务隆山褶皱带相邻；南西以残山山前壳层断裂带为界，与柴达木盆地新生代拗陷相接。柴达木北缘构造带包括赛什腾山、绿草山、锡铁山等地，呈NW—SE向展布，其主体是早古生代形成的裂谷带，在裂谷带中沉积了上奥陶统滩间山群。构造带之北达肯大坂群为元古宙基底变质岩系。裂谷北侧分布着一条超基性岩带，与柴北缘裂谷带有密切的成因联系。

锡铁山铅锌矿床形成于锡铁山—赛什腾山裂谷带三级盆地内，在盆地下部发育着一系列同生断裂，含矿热液沿同生断裂上升，是形成超大型铅锌矿床的基本条件。

2　矿区地质特征

2.1　地层

下元古界达肯大坂群（Pt_1dk）：主要分布于北部，岩性为白云石英片岩、二云片岩、斜长片麻岩及混合岩化斜长角闪岩等深变质岩系；上奥陶统滩间山群（O_3tn）：绿片岩系是本区分布最广，发育较好的区域变质岩系，主要为一套浅海相基性酸性火山喷发熔岩及火山碎屑岩夹沉积少量碳酸盐的绿片岩，锡铁山铅锌矿床的赋矿层位为其下部的正常沉积岩系。上泥盆统阿木尼克组（D_3a）：沿锡铁山沟至断层沟一带断续分布，岩性为紫红色复成分砂岩、细砾岩夹砂岩透镜体；下石炭统城墙沟组（C_1c）：岩性为红色、黄褐色粉砂岩、细砂岩夹砂质灰岩、生物碎屑岩、含砾砂岩及砾岩。本区南侧断续分布有第三系（N），岩性为砖红色、黄褐色砂岩、含砾砂岩及砾岩；其次为大片第四系（Q）覆盖层。

2.2　构造

锡铁山铅锌矿床位于柴达木盆地北缘（锡铁山—绿梁山—赛什腾山）裂陷—造山带中，呈NWW—SEE向狭长带状分布，出露宽度2～12 km（见图1）。

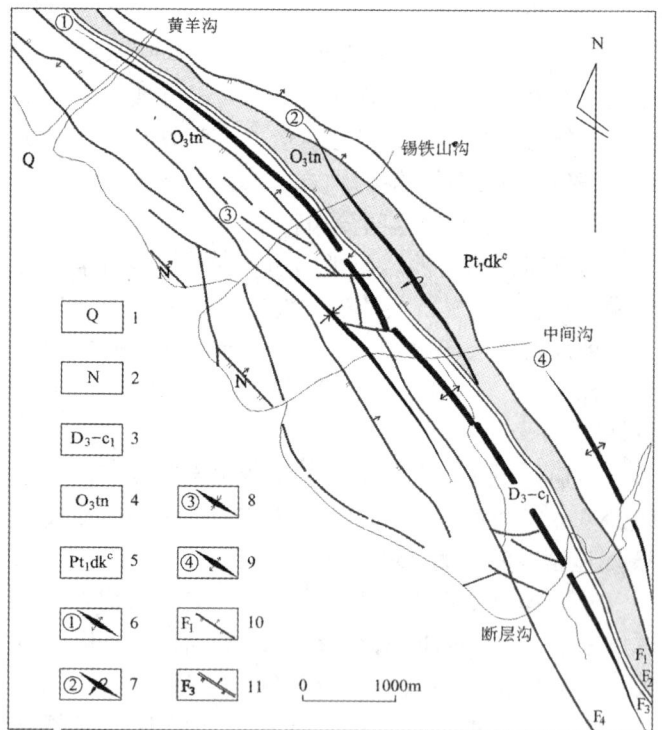

图1　锡铁山铅锌矿构造纲要图

1—第四系；2—第三系；3—下泥盆-上石炭系；4—奥陶系滩间山群；
5—达肯大坂群；6—锡铁山中央背斜；7—锡铁山沟倒转向斜；
8—中间沟向斜；9—断层沟隐伏背斜；
10—逆冲旋扭断层；11—早期同生断层晚期逆冲断层

2.2.1　褶皱构造

柴北缘造山带由于多次造山活动的叠加，褶皱构造十分复杂。矿床产于一个复式向斜构造。该构造可进一步分为锡铁山中央次级向斜、断层沟隐伏次级背斜、锡铁山次级向斜和山前次级背斜。目前已知的工业矿体主要赋存于锡铁山次级向斜南西翼中。矿区中的片岩与条带状或层状大理岩(透镜体)是基本平行的,但在钩状、肠状大理岩的赋矿部位,它们之间是斜交的,即大理岩与矿体不完全是受片理控制,有穿层现象。由于小褶皱的发育造成大理岩局部变薄或突然变厚,即大理岩变厚或变薄的地段均是小褶皱发育的地段。

2.2.2 断裂构造

矿区断裂构造比较发育,主要有四组(见表1)。

(1)北西向断裂。北西向断裂是矿区最重要的控制性构造。不同区段走向略有变化,南东段走向340°~350°,往北西延伸逐渐转为320°~300°,倾向不定,有向SW倾斜或向NE倾斜的,倾角一般较大(50°~80°),断裂倾角总体较陡,但据深部钻孔揭露资料,向深部产状有变缓的趋势。断裂规模巨大,具区域性深大断裂特征。断裂带走向与绿片岩带一致,为高逆剪切断裂,有长期活动现象,具韧脆性特征,表现为挤压片理带或角砾破碎带。表明该断裂早期为同生断裂,是矿区最重要的导矿、控矿构造,对沉积盆地形成、矿床定位及后期改造富集起着重要作用。

(2)北东向组。北东向组走向40°~60°,呈锯齿状追踪延伸,倾向以SE为主,倾角陡直,多为张性,规模一般较小,且大致呈等间距分布,与主构造线垂直,为横向断裂。该断裂早期亦为成矿时的同生断裂,晚期表现为破坏矿体的断裂,常使矿体产生位移。

(3)近东西向组。近东西向组走向70°~100°,倾向不定,倾角较陡,规模也较大,一般几十米到几百米,为张扭性断裂,常左行错断矿体,对矿带和矿体的延伸有一定影响,导致向南东段含矿层逐渐隐伏于元古界达肯大坂群之下。

(4)近南北向组。近南北向组走向0°~30°,规模较小,产状陡,为张扭性,断层破碎带发育,在断层破碎带内具连续滑移性质,也对矿体起破坏作用。

2.3 岩浆活动

区内岩浆活动微弱,除东段的蛇纹岩及侵入到白云母石英片岩中的闪长岩扁豆体外,无大范围的岩浆侵入活动。火山活动强烈,滩间山群早期火山喷发物为中基性火山岩—基性凝灰岩—玄武岩夹安山岩,晚期火山喷发物为中酸性火山岩—流纹岩及英安岩。

3 矿床地质特征

3.1 赋矿层地质特征

锡铁山铅锌矿床西起红柳沟附近,东至断层沟,构成长5500 m,宽50~350 m的NW向矿带,与区域构造线方向一致。含矿地层主要为下部火山—沉积岩组中正常沉积岩段 O_3tn^{a-2} 和中部中基性火山碎屑岩组 O_3tn^b 的底部。含矿层的岩石建造组合为大理岩—热水(喷流)沉积岩—片岩类—变余砂岩类。其中主要的含矿层位 O_3tn^{a-2} 组及 O_3tn^b 组情况如下:

O_3tn^{a-2} 组:属正常沉积岩段,岩性为灰绿色绿泥石英片岩、碳质石英片岩、条带状硅质岩、薄—厚层状白色块状大理岩、青灰色条带状大理岩。其中白色块状大理岩及条带状硅质岩与成矿关系密切,是主要的赋矿层位。而大理岩相变为片岩的部位、含碳绿泥石英片岩与条带状硅质岩的互层带是更为有利的成矿地段。

O_3tn^b 组:属中基性火山碎屑岩组,由深灰色、灰绿色含钙质条带斜长绿泥片岩夹含钙质条带绿泥斜长片岩、石英绢云片岩、绢云片岩、绢云石英片岩、含碳绢云绿泥石英片岩等组成。底部有小的层状、似层状铅锌矿体及细脉浸染状铅锌矿体产出,是本矿床的次要含矿层位。

表1 锡铁山矿区主要断裂特征

断裂组	断裂主要特征				控矿特征
	走向	倾向、倾角	规模/km	性质	
北西向组	300°~350°	倾向 SW/NE,陡倾 50°~80°	>8~20巨大	逆冲	控盆控矿(纵向同生)断裂
北东向组	40°~60°	倾向SE为主,陡倾	>2(隐伏)大	张性	成矿期同生断裂(裂谷转换断层)
近东西向组	70°~100°	倾向变化不陡,倾角陡	<2较大	张扭性	错断矿体
近南北向组	0°~30°	产状陡	<0.5小	张扭性	错断矿体

含矿层沿走向及倾向岩性变化较大、其特点如下：

（1）含矿地层之下普遍为绿泥石英斜长片岩，由底部向上绢云母化趋于增强。

（2）含矿地层与下伏地层呈渐变过渡关系，下部火山物质居多，中、上部正常碎屑增加，属正常沉积岩，含有碳质。岩性相变显著，由中部沿走向两侧，含碳质岩石和大理岩减少，其厚度中部大，向两侧变薄。

（3）次要含矿层位的基性火山碎屑岩，岩性稳定，东段底部见顺层侵入的滑石菱镁蛇纹岩。

（4）主含矿地层与下伏地层间为一套酸性火山碎屑岩，主要为变凝灰岩、变流纹岩。

3.2 矿体地质特征

矿区内块状硫化物多金属矿带产于绿片岩系夹大理岩层位，含矿层地表由北东至南西划分为Ⅰ、Ⅱ、Ⅲ、Ⅳ四个矿带两大类型。矿体两大类型为：

（1）大理岩型矿体，主要是Ⅱ矿带，包括部分Ⅰ矿带，位于原始沉积成矿盆地中心部位（或经过后期改造所形成），矿体形态沿走向和倾向有明显的胀缩、分支复合、尖灭再现，矿体以透镜状为主，似层状次之，规模较小。铅锌品位一般大于10%，Au品位在0.39～1.56 g/t之间，个别达2.1～3.05 g/t，Ag品位在28～229 g/t之间，是矿区的主要矿化类型。

（2）片岩型矿体，主要是Ⅳ、Ⅲ矿带，包括部分Ⅰ矿带，矿体形态比较规整，呈似层状—透镜状，沿走向和倾向形态及品位变化较小，矿化均匀，以透镜状、浸染状、条带状、细脉浸染状矿石为主，与围岩界线不太清，铅锌品位一般小于10%，伴生银，含量偏低。

4 矿石质量特征

4.1 矿石矿物组成

矿石中主要金属矿物为闪锌矿、方铅矿、黄铁矿、磁黄铁矿，少量白铁矿、毒砂、黄铜矿、黄锡矿、磁黄铁矿、磁铁矿、铬铁矿、银金矿、金银矿、自然金、硫金银矿、黝锑银矿、银砷铜银矿、银锌砷铜银矿、银黝铜矿、硫镉矿、锡石、铜蓝、辉铜矿、金红石等。矿石中主要脉石矿物为石英、方解石、钠长石、绿泥石、碳泥质，其次有绢云母、菱锰矿、石膏等，偶见萤石。

4.2 矿石结构构造

矿石结构主要有半自形—他形粒状结构、交代—充填结构、交织结构。矿石构造以致密块状、条带状为主，零散浸染状构造和斑状构造次之。

4.3 矿石中元素的变化特征

据基本分析结果，矿石中平均含铅2.98%、锌5.388%、硫18.60%、金0.62 g/t、银43.88 g/t，据组合分析结果，矿石中平均含砷0.033%、铜0.031%、铟0.005%、铊0.001%、锗0.009%、镓0.001%、镉0.001%；据元素分析、化学全分析结果：主矿体平均含二氧化硅为52.43%、三氧化二铁为7.38%、氧化亚铁为10.54%、三氧化二铝为7.08%、氧化镁为3.03%。

铅、锌、硫品位与矿体厚度多为正相关，即矿体厚度大，品位高。也有一些矿体品位与厚度关系不明显。

方铅矿、闪锌矿、黄铁矿紧密共生，故铅、锌、硫的品位为正相关，尤其是铅与锌关系密切，该矿床铅略低于锌，大理岩型矿体中2942 m中段以上保有资源储量的铅、锌比值为1:1.15，片岩中的铅、锌比值为1:7.99。

经查定，金银在西北部矿石中比南东部矿石中平均含量高。矿石中金的含量一般小于1 g/t，品位变化在0.00～18.80 g/t；银则一般小于100 g/t，品位变化在1.07～909 g/t。矿石中银大部分赋存于方铅矿中，其次是胶黄铁矿、闪锌矿、黄铁矿中；金主要赋存于黄铁矿、磁黄铁矿中，其次是方铅矿、闪锌矿、胶黄铁矿中。金在铅锌矿体中与锌品位正相关。银在铅锌矿体中与铅品位正相关。矿区自上而下，以南东往北西，金、银含量有增高趋势。

5 矿床地球化学特征

奥陶系滩间山群所沉积的一套火山碎屑—沉积岩类（低变质绿片岩系及黑片岩系）皆属裂谷沉积产物，从广义上来说，O_3tn^a ～ O_3tn^d 都是本区重要的含矿岩系，总体以富集 Au、As、Ag、Sb、Cu、Pb、Zn、Bi、Mn。这些微量元素的出现，不仅反映了裂谷与古陆间的元素继承关系，同时也反映了裂谷本身的演化特征。尤其是在 O_3tn^{a-2} 层岩性段，以高碳质石英片岩、碳质片岩和含碳质绿泥片岩及碳酸盐岩为主的热水沉积岩＋正常沉积岩类岩石，经初步地球化学环境分析，应形成于相对封闭的热卤水沉积环境，以富集 As、Ag、Pb、Zn、Au、Sb、Sn、Bi、Mn 等多种金属元素为特征（表2）。O_3tn^b 层以富集 Sr、As、Zn、Ag、Au、Sb、Bi、Mn 为特征。

表2　锡铁山铅锌矿区奥陶系滩间山群 O_3tn^{a-2} 层不同岩性微量元素含量一览表

地层时代	岩石名称	样品数/个	微量元素平均值（Ag: 1×10^{-9}；其他: 1×10^{-6}）										
			Cu	Pb	Zn	Ag	Sn	W	Mo	Co	Ni	As	Sb
奥陶系滩间山群 O_3tn^{a-2} 岩性段	绿泥石英片岩	18	47.2	51.7	77.5	0.124	2.55	2.08	0.80	26.0	56.05		
	碳质片岩	19	41.68	58.32	131.4	0.26	2.98	1.96	1.95	35.68	156.06		
	碳质石英片岩	10	112.58	61.45	478.16	0.24	3.16	3.35	0.86	24.60	124.53		
	大理岩	25	9.98	51.88	35.35	0.18	1.38	1.02	0.71	42.13	215.6	30.5	0.25
	硅质岩	6	13.5	55.92	100.25	0.29	1.85	1.92	0.91	21.27	272.5		
	绢云石英岩	9	42.35	43.70	92.5	0.09	16.4	2.05	0.64	15.6	25.4		
	钙质片岩	5	7.5	17.9	43.4	0.06						30.8	0.55
	石英碳质片岩	4	17.3	119.1	233	0.093	1.7	2.4	0.52	13.3	17.3		
	绿帘、绿泥阳起片岩	15	134.6	30.0	111.5	0.08	20.4	0.4					

通过 1979 年 1/10000 岩石地化测量，Pb、Zn 出现两条异常带，即：北部与含矿带相吻合的强 Pb、Zn 异常带，向东西两侧异常变弱。南部异常带以弱的 Zn 异常为主和 Pb 的点异常出现，但 Cu 异常呈低缓异常，并有两个相对浓集中心，即：红柳沟以东及锡铁山沟以东至无名沟。上述两个异常处于南绿片岩带与盆地北缘新地层以北地段。

2001—2002 年，在黄羊沟—锡铁山沟以西及59~13线的中间沟—断层沟和红石岗—火车站一带，开展了 1/10000 和 1/2000 地表地化原生晕剖面及坑道、钻孔原生晕测量，所获得矿区矿床地球化学总体特征如下：

（1）在水平上，北西段黄羊沟—瀑布沟一带出现 Ba、Sr(Cu、Hg、Sb) 元素异常。在本区 Ba、Sr 为远程元素。

（2）在近锡铁山沟及矿区中部 31 勘探线一带，出现 Ag、Pb、Zn、Au、Sr、Ba、Mn、Hg、Sb、B、As、Bi 多元素异常，呈带状，沿已知矿层分布。因已靠近矿体，故主成矿元素及前缘晕元素强度高。

（3）无名沟—中间沟一带以 Pb、Cu、Ag、Ba 异常为主体，并伴随 Hg、Mn、Sr、Bi 多元素组合。

（4）中间沟—断层沟以 Pb、Zn、Cu、Ag、Mn、Hg、Au、As、Sb 元素为主，伴随 Sn、Bi、Sr、B、Ba、Mo 多种元素组合，沿矿体或矿化层分布。与以上不同的是出现 Sn、Mo、Bi 类高温元素。

从水平方向看以上主元素与微量元素组合分布态势，似乎出现由南东往北西微量元素由高温→低温；由矿体主元素及多微量元素组合的前缘晕逐步向单一的远程元素运移。当南东 Sn、Mo、Bi 等高温微量元素组合出现，是否可看成为离成矿中心越来越近？

在垂直方向上，发现 O_3tn^{a-2} 赋存于碳质片岩中的层状矿体中 Pb、Zn、Ag、Cu、As 主成矿元素与水平方向一样呈带状沿矿体展布，其中 2、3 级浓度分带紧裹矿体呈透镜状上、下对称，Sn、Bi、Au、Sb、Mn 元素分布于矿体中部呈透镜状，Hg、B 元素则呈线状或窄带状分布在矿体前缘部位（仅 60~100 m 距离），Ba 元素则分布于矿体两侧（离矿体 20~30 m）围岩中，上宽下窄呈倒三角形状。Ni、Cr、CO 元素呈线状分布在矿体两侧，Sr 元素呈线状出现于矿体下盘围岩中。故矿体在垂直方向上从上至下存在一定分带性，分带元素可分为：

前缘元素：Ba、B、Hg、Sr(Cr、Ni)

矿体上部元素：Cu、Zn、Au、Mo、Bi、As

矿体中部元素：Pb、Ag、Mn、Sn、Co、Hg、Sb

下部元素尚未出露。

本区的铅锌矿石除主成矿元素 Pb、Zn 含量高外，还含有相当高的 Cu、Ag、Au、Sb、As、Hg 及少量的 Mn、Sn、Bi、Mo、B、Cr、Ni、CO 元素，贫 Sr、Ba、V、Ti。氧化类矿石如铁锰帽、锰银矿富含 Cu、Pb、Zn、Ag、Au、As、Sb、Hg、Mn、Sr、Ba，黄钾铁矾类以富集 Pb、Zn、Ag、As、Au、Sb 为特征。与矿床有关的喷流岩如硅质岩、菱铁矿、重晶石以富集 Ba、Sr、V 为特征。

由此看来，本矿区的矿床地球化学特征所表现出的主元素异常强度及与主元素相关的有关岩石、矿物所对应出现的伴生元素强度和其他相关元素互相组成的多元素综合异常与已知的黄铁铅锌矿体及其相关元素十分吻合，而且这种多元素组合异常是紧靠已知矿体展布，即使是有关 Ba、Sr、Hg 之类的前缘晕远程元素距已知矿体也不过百米之内。也就是说在本矿区内不论片岩型或大理岩型矿体，当主要成矿元素 Pb、Zn、Cu、Ag 及伴生元素 As、Sb、Sn 等达到 2 ~ 3 级浓度带，Pb $> 500 \times 10^{-6} \sim 1000 \times 10^{-6}$、Zn $> 1100 \times 10^{-6}$、Cu $> 500 \times 10^{-6}$、Ag $> 1200 \times 10^{-6} \sim 6600 \times 10^{-6}$、Sn $> 20 \times 10^{-6}$、Au $> 165 \times 10^{-9}$ 时，而且在上述元素含量同时出现时，即意味着我们所要找的矿体已在眼前或仅只有一步之遥。

6 地球物理异常特征

2005 年度在锡铁山矿区的中间沟矿段和北鞍峰矿段开展了大功率深部充电法工作。发现有找矿意义的异常一处，经过初步分析认为异常应由金属矿体引起(见图 2)。

从图 3 中可知，充电电位以 10(mV/A) 等值线为外圈，其形状呈半椭圆形分布，长轴方向为 SE，与已知矿体的走向一致。尤其指出的是异常中心极大值出现在 035 剖面线上，与充电点所在剖面(039 剖面)水平距离相差达 50 m，这一特征表明充电点旁侧应赋存良导低阻体，低阻体中心位于 031 ~ 035 线的 90 ~ 100 号测点之间，推测低阻体长约 150 m，宽约 100 m，埋藏深度 410 m，在 2700 m 标高附近。

发现有找矿意义的异常一处，经过初步分析认为异常应由金属矿体引起，其中心位于 035 ~ 031 线的 100 ~ 90 号测点之间。

2006 年桂林工学院对矿区 035 ~ 49 线范围内开展 TEM 法异常测量工作，共圈出三个异常带、七个异常区。

Ⅰ 异常带分为三个异常区：

Ⅰ - ① 号靶区。位置在 5 ~ 035 线的 TEM - 1 异常带上，走向南东转南，长约 1000 m，两端稍窄，03 ~ 027 线较宽。该靶区的 TEM - 1 异常带，异常以不对称双峰叠加特征为主，伴有宽双峰或箱形。响应电位值为 0.14 ~ 0.7 μV/A，以高响应电位为主，除 03 线稍低以外，其他线的响应电位都较高。深部推测低阻体形态，为多层近水平厚板构成的陡产状厚板状低阻体，是向南东追索 03 线深部隐伏矿带的重点地段。

Ⅰ - ② 号靶区。位置在 TEM - 2 异常带的 03 ~ 027 线，长约 600 m。异常特征以宽双峰为主。响应电位值为 0.2 ~ 0.7 μV/A，推测低阻体形态以陡产状板状体为主，局部深处有缓产状板状体，电阻率多数小于 10 Ω·m。

主异常带在个别测线上北东侧，有局部中低响应电位叠加异常，可能是非矿低阻体显示。

Ⅰ - ③ 号靶区。位置在 TEM - 3 异常带的 1 ~ 019 线，长约 500 m。异常特征以宽双峰或箱形为主。响应电位值 0.2 ~ 1.2 μV/A，反演电阻率中间小于 10 Ω·m，两端为 11 Ω·m。

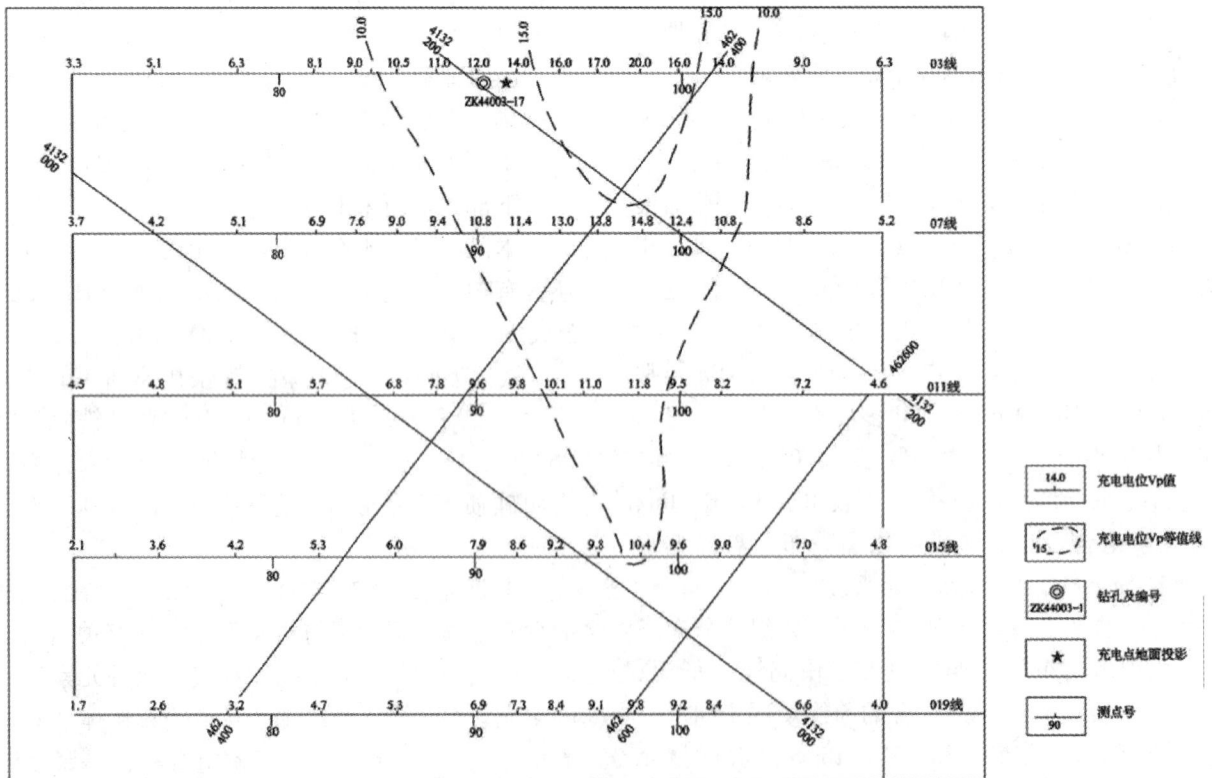

图 2　03 线 ZK44003 - 17 孔充电、03 ~ 019 线充电电位 V_p 等值线图

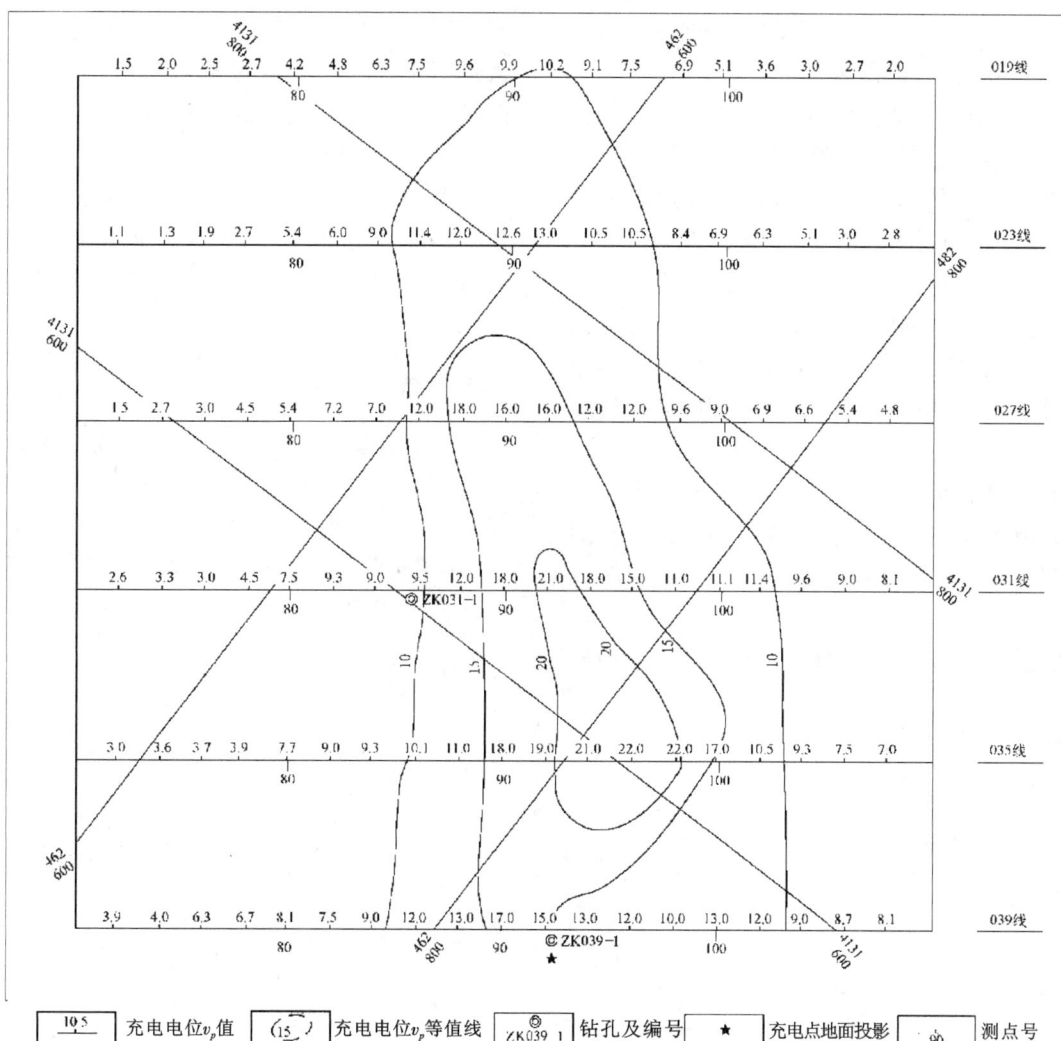

图 3　039 线 ZK44039 – 1 孔充电、039 ~ 019 线充电电位 V_p 等值线图

推测低阻体产状近水平。非矿低阻体可能在推测低阻体的上部或下部，叠加异常不明显。

Ⅰ类三个靶区核心部分的基本特征是，晚时道高响应电位异常与反演电阻率小于 12 Ω·m 的推测低阻体对应。

Ⅱ异常带分为两个异常区：

Ⅱ-①号靶区。位置在 TEM - 3 带上的 5 ~ 33 线，响应电位异常为 0.16 ~ 0.9 μV/A，异常特征以不对称双峰和宽双峰为主，比较复杂。反演电阻率为 8 ~ 43 Ω·m，5 线和 17 线分别为 8 Ω·m 和 43 Ω·m。

Ⅱ-②号靶区。位置在 TEM - 3 带上的 5 ~ 21 线。响应电位异常为 0.16 ~ 0.7 μV/A，异常特征以双峰和宽双峰为主。反演电阻率为 6 ~ 32 Ω·m。

这两组异常，多数属高响应电位范畴，但电阻率多数稍偏高。目前尚无充分理由将其全部划为非矿低阻体。

Ⅲ异常带分为两个异常区：

Ⅲ-①号靶区。位置在 TEM - 2 带上的 41 线和 49 线。响应电位 0.09 ~ 0.18 μV/A，具双峰特征，属低响应电位异常。反演电阻率 34 ~ 36 Ω·m。

Ⅲ-②号靶区。即 035 线的 TEM - 0 异常。响应电位为 0.05 μV/A，反演电阻率为 12 Ω·m，宽双峰特征明显。这样的低响应电位异常，也须进一步研究。

7　找矿方向

（1）深部勘探发现的以片岩为赋矿围岩的厚大的矿体群（Ⅳ矿带），此类型为 SEDEX 型矿床的主要矿化类型，2005 年经激发极化法物探方法证实此异常带可延至 067 线带，经井中充电在 035 线一带发现了较为明显的充电电位异常，表明矿区东部具有巨大的找矿远景。

（2）矿山通过近几年的生产探矿，在大理岩下盘 21 ~ 33 线发现的Ⅱ317 矿体无论是在产出层位、矿化特征均与Ⅳ矿带矿体相似，因此，在矿区29线以西深部次火山岩下盘仍具有良好的找矿前景（据最新探矿资料，在33线2702 m标高又发现该矿体）。

（3）矿区西部深部大钻目前仅施工到39线，部分钻孔仅揭穿大理岩层，而主要含矿层（O_3tn^{a-2}）未被揭穿，在35线施工的ZK4435－19孔揭露到片岩型含矿层，且在561.68m见到矿化现象，Zn品位为1.18%，说明矿区西部也存在较好的找矿远景。

（4）现在锡铁山沟倒转向斜中所发现和开采的Ⅰ、Ⅱ、Ⅲ矿带中的矿体及在1～07线2500 m标高以下O_3tn^{a-2}层上岩段碳质石英片岩、碳质绿泥石英片岩、碳质绢云片岩等黑色系中发现的厚层铅锌矿体，均产于锡铁山沟倒转向斜西翼O_3tn^{a-2}含矿带中。该含矿带随着倒转褶皱的产状由东向西倒转，其倒转向斜轴部和倒转向斜东翼应是寻找该类矿体的良好空间。

（5）锡铁山铅锌矿床成因类型为海底喷流沉积矿床（SEDEX型），SEDEX型矿床的主要矿化类型为片岩型矿体，而锡铁山现在开采的工业矿体主要赋存于大理岩中，占总矿体的3/4。因此，在大理岩下部及两端片岩区仍有较大的找矿远景。

（6）矿区断层沟矿段的矿床地质特征和成矿条件与锡铁山沟相似，部分坑道和钻孔已揭露到原生矿体，具备层控型喷流成矿的良好条件，含矿层沿走向有较大的延伸区间。说明在该区具有很好的找矿远景。

参考文献

[1] 李如满.锡铁山铅锌矿地质特征、矿床成因及找矿标志.[J].矿产与地质，2003，17（3）：218－221.

[2] 邓达文，孔华，奚小双.青海锡铁山热水沉积型铅锌矿床的地球化学特征[J].矿物岩石地球化学通报，2003，22（4）：310－313.

锡铁山铅锌矿矿床类型及构造对找矿的指导作用

高若琛

（西部矿业股份有限公司锡铁山分公司，青海锡铁山，816203）

摘　要：通过对前人关于锡铁山矿区的矿床成因及矿区地质构造的研究，试分析构造对矿区深部找矿的指导作用。

关键词：矿床类型；SEDEX；构造；锡铁山

1　区域背景

锡铁山铅锌矿床位于柴达木盆地北缘，青海省海西蒙古族藏族自治州大柴旦镇东南 70 km 处，南距格尔木 120 km，锡铁山铅锌矿现在的年生产能力已经发展到 132 万吨，是中国规模最大的铅锌矿床之一及重要的铅锌生产基地。锡铁山矿田位于柴达木盆地中间地块中，其北面为欧龙布鲁克隆断带，中间为柴达木加里东期裂陷槽，南为柴达木中部隆断带。柴达木北缘构造带包括赛什腾山、绿草山、锡铁山等地，呈 NW—SE 向展布，其主体是早古生代形成的裂谷带，在裂谷带中沉积了晚奥陶统滩间山群。构造带之北达肯大坂群为元古代基底变质岩系。裂谷北侧分布着一条超基性岩带，与柴达木北缘裂谷带有密切的成因联系。对于锡铁山铅锌矿床成因，前人主要有热液交代、火山型块状硫化物矿床和 SEDEX 型矿床等观点。

2　矿区地质特征

2.1　地层

矿区内出露地层由老至新为：古元古界达肯大坂群（Pt_1dk）：主要分布于北部，岩性为白云石英片岩、二云片岩、斜长片麻岩及混合岩化斜长角闪岩等深变质岩系。上奥陶统滩间山群（O_3tn）：是本区分布最广，发育较好的区域变质岩系，主要为一套浅海相中基性—酸性火山喷发熔岩、火山碎屑岩夹沉积岩及少量碳酸盐岩的绿片岩系。锡铁山铅锌矿床的赋矿层位为其下部的正常沉积岩系即绿片岩与大理岩岩系。上泥盆统阿木尼克组（D_3a）：沿锡铁山沟至断层沟一带断续分布，岩性为紫红色复成分砂岩、细砾岩夹砂岩透镜体。下石炭统城墙沟组（C_1c）：岩性为红色、黄色粉砂岩、细砂岩夹泥质灰岩、生物碎屑岩、含砾砂岩及砾岩。本区南侧为柴达木盆地北缘，断续分布有第三系（N）砖红色、黄褐色砂岩、含砾砂岩及砾岩，其次为大片第四系覆盖层。

锡铁山铅锌矿床的赋矿层位为上奥陶统滩间山群绿岩带，其中主要的含矿层位为 O_3tn^{a-2} 组，其次为 O_3tn^b 组。

O_3tn^{a-2} 组：属正常沉积岩段，岩性为灰绿色绿泥石英片岩、碳质石英片岩、条带状硅质岩、薄—厚层状白色块状大理岩、青灰色条带状大理岩。其中白色块状大理岩及条带状硅质岩与成矿关系密切，是主要的赋矿层位。而大理岩相变为片岩的部位，含碳绿泥石英片岩与条带状硅质岩的互层带是更为有利的成矿地段。

O_3tn^b 组：属中基性火山碎屑岩组，由深灰色、灰绿色含钙质条带斜长绿泥片岩夹含钙质条带绿泥斜长片岩、石英绢云片岩、绢云片岩、绢云石英片岩、含碳绢云绿泥石英片岩等组成。底部有小的层状、似层状铅锌矿体及细脉浸染状铅锌矿体产出，是本矿床的次要含矿层位。

含矿层沿走向及倾向岩性变化较大、其特点如下：

（1）含矿地层之下普遍为绿泥石英斜长片岩，由底部向上绢云母化趋于增强。

（2）含矿地层与下伏地层呈渐变过渡关系，下部火山物质居多，中、上部正常碎屑增加，属正常沉积岩，含有碳质。岩性相变显著，由中部沿走向两侧含碳质岩石和大理岩减少，其厚度中部大，向两侧变薄。

（3）次要含矿层位的基性火山碎屑岩，岩性稳定，东段底部见顺层侵入的滑石菱镁蛇纹岩。

（4）主含矿地层与下伏地层间为一套酸性火山碎屑岩，主要为变凝灰岩、变流纹岩。

2.2　构造

锡铁山铅锌矿床位于柴达木盆地北缘锡铁山—绿梁山—赛什腾山晚奥陶系绿岩带中。绿岩带呈 NWW—SEE 狭长带状分布，出露宽度 2～12 km。绿岩带在北西西方向与祁连加里东地槽褶皱带接合；在南东方向断续至沙河一带并与昆仑褶皱带并拢。本区为一连通祁连、昆仑的晚奥陶世海槽。矿带处于北西纵向逆冲断层之间，挤压紧密，含矿层呈南北两带，同斜平行分布。已知铅锌多金属矿赋存于北带，南带浅部局部见锰铁帽、重晶石矿体等。

矿区岩层、片理及主要断层均呈 NW—SE 走向。其中，岩层主要向 SW 陡倾，部分倾向 NE。但钻孔揭露，中间沟一带，地表及浅部倾向 NE，深部则有转向 SW 倾斜趋势。地层受强烈构造作用影响，逆冲挤压、韧性剪切、层间滑脱、褶皱和挠曲十分发育。

2.2.1 褶皱构造

昆明理工大学李峰教授通过对滩间山群重新研究和划分，建立矿区地层岩性对比标志，查明岩性空间变化特点，同时对大量深部找矿工程岩心详细观察对比，证实矿区地层存在对称重复，由两个复式倒转向斜构成，含矿沉积岩组（O_3t^c）构成向斜核部（见图1）。

2.2.1.1 锡铁山倒转向斜

位于矿区北部，西起红柳沟，东至断层沟，长约 7 km，轴向 310°～320°，两翼地层为 O_1tn^d，在锡铁山沟，北翼倾向北东，倾角 60°～75°，南翼倾向由北东逐渐变为南西，但总体为轴面倾向北东的紧闭同斜褶皱。核部地层为含矿沉积岩组（O_3tn^{a-2}）。在中间沟一带地表及 2800 m 以上，两翼地层及褶皱轴面倾向北东，倾角 65°～75°。

从综合剖面看，锡铁山倒转向斜具典型的叠加褶皱特征。加里东—海西期形成褶皱轴面总体倾向南西的倒转褶皱，中—新生代陆内造山期，欧龙布鲁克微陆块向南西逆冲推覆，原褶皱中上部轴面发生向北东偏转，形成控矿向斜深、浅部轴面产状不一致的总体轮廓（见图1）。

2.2.1.2 中间沟倒转向斜

位于矿区南部，西起红柳沟，东至中间沟050线左右，长约 5 km，轴向 310°～320°，与锡铁山沟向斜走向平行，在中间沟 0～043 线区间，以大理岩作为皱褶两翼的标志层清楚，两翼地层倾向 220°～240°，倾角 50°～75°。核部由大理岩、砂屑大理岩、变余杂砂岩、钙质片岩及绿泥石英片岩等组成。在锡铁山沟和中间沟一带夹赤铁石英岩、赤铁重晶石层、磁铁矿层，碳质层不发育。北翼由 O_3tn^{d-1} 地层组成，以绿泥石英片岩、绿泥片岩夹变流纹质晶屑凝灰岩组成。南翼不全，O_3tn^{d-2} 与 O_3tn^{d-3} 呈断层接触。

总体看，中间沟向斜为轴面倾向南西的紧闭同斜型褶皱，向东北被阿木尼克组—城墙沟组（$D_3a - C_1c$）不整合覆盖，并没入戈壁滩。

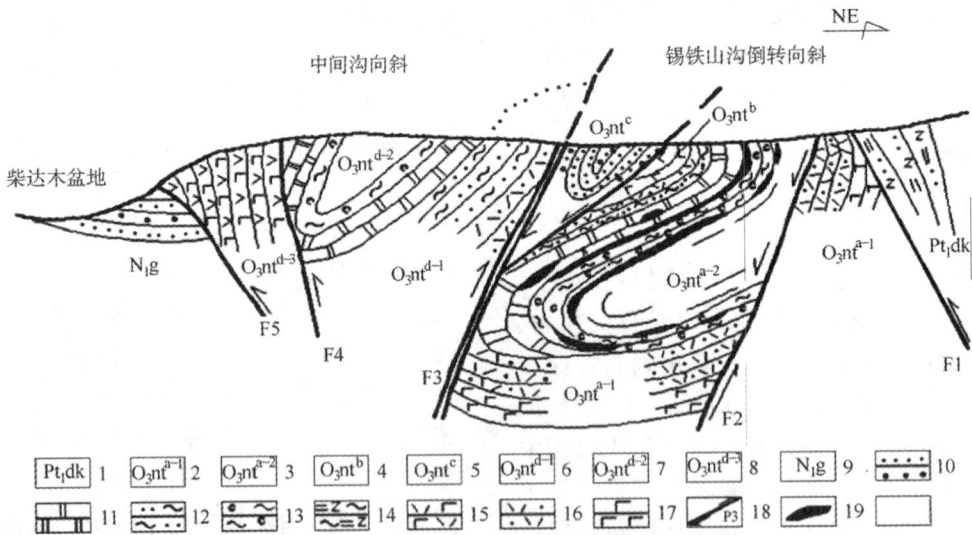

图1　锡铁山矿区中间沟地质构造剖面示意图

1—元古界达肯大坂界；2—滩间山群上部火山岩组第3岩性段；3—滩间山群上部火山岩组第2岩性段；
4—滩间山群上部火山岩组第1岩性段；5—滩间山群紫红砂砾岩组；6—滩间山群下火山岩组；
7—滩间山群火山—沉积岩组正常沉积岩性段；8—滩间山群火山—沉积岩组火山碎屑岩性段；
9—第三系；10—紫红色砂砾岩；11—大理岩；12—绿泥石英片岩；13—含碳绿泥片岩；
14—二云斜长石英片岩；15—变安山玄武岩；16—变流纹质晶屑凝灰岩；
17—变玄武岩；18—断层及编号；19—铅锌矿体

2.2.2 断裂构造

矿区断裂主要有四组（见图2）：

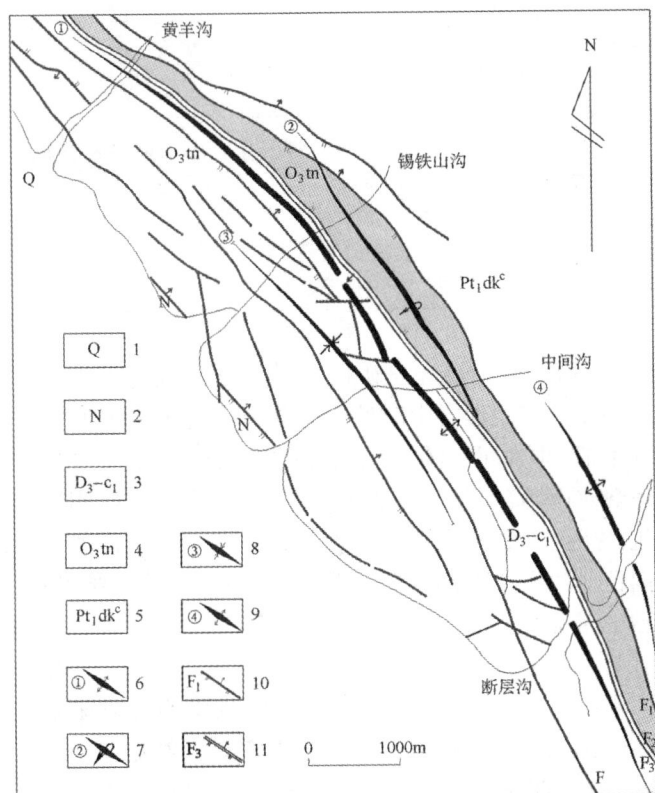

图2 锡铁山铅锌矿区构造纲要略图

1—第四系；2—第三系；3—下泥盆—上石炭系；
4—奥陶系滩间山群；5—达肯大坂群；6—锡铁山中央背斜；
7—锡铁山沟倒转向斜；8—中间沟向斜；9—断层沟隐伏背斜；
10—逆冲旋扭断层；11—早期同生断层晚期逆冲断层

（1）北西向断裂，是矿区最重要的控制性构造。不同区段走向略有变化，南东段走向340°～350°，往北西延伸逐渐转为320°～300°，略呈弧形延伸，与地层走向总体有20°左右的交角。断裂规模巨大，具区域性深大断裂特征。在早期裂谷演化阶段，具同生断裂性质，控制裂谷盆地的形成与演化，并对盆地的喷流沉积成矿等有重要的控制作用。晚期（裂谷封闭阶段和陆内造山阶段）强烈挤压推覆，产生韧性剪切、滑移，浅表发生脆性破坏。断裂倾角总体较陡，但据深部钻孔揭露资料，向深部产状有变缓的趋势。

在北西向断裂中，F_1规模最大，大致以锡铁山沟北东端黑石梁为界，南东段走向340°～350°，北西段走向转为320°～300°，无论平面上或倾向上均呈舒缓波状，从北西端（黄羊沟西）一直延伸到南东端（红石岗），纵贯整个矿带，断裂带宽5～20 m不等。在15线以西断裂倾向SW，15线以东则倾向NE，均陡倾。断层的北东盘（上盘）地层为达肯大坂群（Pt_1dk）深变质岩系，断层南西盘（下盘）为滩间山群 O_3tn^{a-1} 岩性组，断层略斜切滩间山群。沿走向追索，可发现达肯大坂群（Pt_1dk）与滩间山群 O_3tn^{a-1} 不同岩性层呈断层接触，造成愈往北西或愈往南东被推覆掩盖的层位越多，甚至达肯大坂群（Pt_1dk）直接与 O_3tn^{a-2} 呈断层接触。无名沟北西，由主断裂及其间的片理—劈理化密集带、硅化褪色带组成。无名沟南东，由主断裂及其破碎带、揉皱带、片理—劈理化密集带、硅化褪色带组成。

F_2 逆断层：北西起黄羊沟，南东至断层沟潜入第四系，长15 km，呈325°方向延展；沿走向及倾向均具波状扭曲，倾角45°～80°。该断层地貌特征明显，呈现一系列负地形、山垭口。地表并见有10～25 m挤压破碎带、构造透镜体、牵引褶曲、擦痕及断层泥，下部破碎带变窄，深部与 F_3 断层相交。构造线基本上沿滩间山群下火山岩组（O_3tn^b）与紫红色砂砾岩组（O_3tn^c）间通过。南盘逆冲于泥盆系上统（D_3）及石炭系下统城墙沟组（C_1c）之上，于断裂带附近具铅锌矿化。该断层发生于加里东旋回末期，华力西期及后期均有继承和发展。

F_3 断层：北西起黄羊沟，南东至断层沟，北西段走向320°～330°，南东段转为300°，断层倾向南西，局部倾向北东，沿倾向具波状扭曲，倾角60°～80°，深部转平缓。构造线基本上沿滩间山群紫红色砂砾岩组（O_3tn^c）与上火山岩组第四岩性段（O_3tn^{d-4}）间通过，在43线以东被上泥盆统（D_3）及石炭系下统城墙沟组（C_1c）覆盖，形成于加里东期。

（2）北东向组走向40°～60°，呈锯齿状追踪延伸，倾向以SE为主，倾角陡直，多为张性，规模一般较小，且大致呈等间距分布，与主构造线垂直，为横向断裂，常使矿体产生一定的错动。该组断裂亦为成矿时的同生断裂，将矿带分为数段，但成矿后仍对矿体与矿化带产生破坏作用，可能系裂谷发育过程中的转换断层。

（3）近东西向组走向70°～100°，呈近东西向延伸，倾向变化不定，倾角一般也较陡，规模也较大，一般几十米到几百米，断裂性质以张扭性为主，常右行错断矿体，尽管错距均不大，但对矿带和矿体的延伸有一定影响，导致南东段含矿层逐渐隐伏于元古界达肯大坂群之下。

（4）近南北向组走向0°～30°，规模较小，为张扭性，产状较陡，破碎带发育，常错断矿体。

在矿区断层具有韧性剪切带中断层特征，对岩层和矿体有破坏作用，断层规模有大有小，断层破碎带发育，在断层破碎带内具连续滑移性质，即岩层和矿体有位移，但断裂特征不明显（即走滑断裂）。

表 1 锡铁山矿区主要断裂特征

断裂组	断裂主要特征				控矿特征
	走向	倾向、倾角	规模/km	性质	
北西向组	300°~350°	倾向 SW/NE 陡倾 50°~80°	>8~20 巨大	逆冲	控盆控矿（纵向同生）断裂
北东向组	40°~60°	倾向 SE 为主，陡倾	>2 （隐伏）大	张性	成矿期同生断裂（裂谷转换断层）
近东西向组	70°~100°	倾向变化不陡，倾角陡	<2 较大	张扭性	错断矿体
近南北向组	0°~30°	产状陡	<0.5 小	张扭性	错断矿体

2.3 岩浆活动

2.3.1 侵入岩

区内岩浆活动微弱，无大规模的岩浆侵入活动。仅局部有少量侵入岩。

侵入岩主要包括闪长岩及二长花岗岩。前者主要沿北鞍峰南坡至锡铁山沟和瀑布沟口分布，呈岩墙状侵入滩间山群上部火山岩组（O_3tn^{d-3}）中，岩石主要由斜长石和角闪石组成，细晶—斑状结构。二长花岗岩体主要见于锡铁山沟北侧，产于达肯大坂群白云母石英片岩、云母斜长片麻岩中，主要由斜长石、石英、碱性长石组成，含少量角闪石和黑云母。据吴才来、孟繁聪等人研究，锡铁山花岗岩类形成于早泥盆世，具有同碰撞花岗岩的特征，说明早古生代裂谷封闭阶段，伴有一定规模的酸性岩浆侵入。

2.3.2 火山岩

区内火山活动强烈，滩间山群早期火山喷发物为中基性火山岩—基性凝灰岩、玄武岩夹安山岩，晚期火山喷发物为中酸性火山岩—流纹岩及英安岩。火山喷发间歇期有碳酸盐岩沉积及纹层状石膏、菱铁矿层、纹层状硅质岩等热水沉积岩类。火山喷发沉积物的夹层中，常出现硬砂岩、凝灰质硬砂岩、杂砂岩和少量隐爆角砾岩、砂砾岩及以火山物质胶结的砾岩。

2.4 变质作用及围岩蚀变

2.4.1 变质作用

矿区地处柴北缘裂谷带中，区域变质作用强烈，主要变质作用为片麻岩化等一系列深变质作用。矿区内变质作用明显，表现为片理化、火山物质及少量泥质在区域变质作用下形成绿泥石、绢云母、碳质、钙质、石英等；碳酸盐岩中方解石重结晶；矿物定向排列明显。矿区变质程度达绿片岩相。

2.4.2 围岩蚀变

矿区主要有硅化、黄铁矿化、碳酸盐化、钠长石化、重晶石化等。

（1）硅化。硅化是矿区最常见和最发育的蚀变之一，发生在大理岩中时使大理岩褪色呈致密块状，层理不清，质脆而坚硬。发生在绿片岩中时，主要出现在热水喷流的管道系统中，围岩普遍发生不同程度硅化，甚至形成次生石英岩。尤其是网脉状矿体的围岩褪色明显，硅化带厚度可大于 100 m，石英细脉发育，脉中常含方解石、菱锰矿、黄铁矿、方铅矿、闪锌矿等。

（2）黄铁矿化。黄铁矿化是锡铁山铅锌矿床常见的矿化之一，它与矿化关系非常密切，主要有三种表现形式：呈细网脉—浸染状出现在绿泥石英片岩或含碳绿泥片岩中，形成各类黄铁矿化片岩；呈细网脉—浸染状产于硅化蚀变带中，构成广泛分布的硅化—黄铁矿化带；以黄铁矿碳酸盐细脉或黄铁矿石英细脉充填于围岩或铅锌矿中，形成黄铁矿化围岩。在大理岩中局部见有零散浸染状黄铁矿化。

（3）碳酸盐化：包括方解石化和菱锰矿化等，常沿围岩裂隙交代充填，形成各种形态的碳酸盐细网脉，局部地段富集成重晶菱锰矿。热液作用强烈部位的大理岩和方解石脉中会出现溶蚀孔穴和晶洞构造。

（4）钠长石化：呈非层状产于层状矿体之下的蚀变网脉状矿带中，多表现为钠长石交代矿下流纹质火山岩中的斜长石，并与硅化等蚀变紧密共生，在31、5、03 和07 线等隐爆角砾岩较发育的钻孔岩心中较广泛，局部还见脉幅 1~5 mm 的细脉状石英钠长岩。受硅化和钠长石化影响，部分围岩（主要是矿下流纹质火山岩）形成交代成因的石英钠长岩。

钠化带中的钠长石可存在多世代，早世代的钠长石多为交代其他斜长石而成，自身有绢云母化和黏土化。晚世代产于石英钠长石岩细脉中，蚀变弱。

3 矿体特征

锡铁山铅锌矿床中矿体按产状可分为层状矿体、不规则囊状矿体和脉状矿体，以下分别述之。

3.1 层状矿体

在锡铁山矿区已发现了产在不同层位的层块状硫化物矿体。

O_3tn^b 组片岩中普遍产有不同厚度的层状矿体，其产状与 O_3tn^b 组片岩总体一致。据钻孔揭露，层状矿体的厚度变化在几十厘米到二十余米之间。这类矿体的矿石成分以黄铁矿为主，胶黄铁矿和磁黄铁矿次之，局部见方铅矿和闪锌矿呈浸染状或条带状分布，铅锌品位总体较低。黄铁矿粒度多为 $1 \sim 2\ mm$，较粗者可达 $5\ mm$。脉石矿物主要为石英和少量碳酸盐。在 2942 中段 1 线穿脉主巷往南 $50\ m$ 的碳质片岩中，发育有近 $5\ m$ 厚的胶黄铁矿层，其中胶黄铁矿呈烟灰状，并与碳质片岩相间而呈条带状。在 O_3tn^b 组片岩与大理岩过渡带产有锡铁山铅锌矿中最重要的块状硫化物层。矿体总体与 O_3tn^b 组片岩和大理岩呈整合接触。据地表露头、巷道和钻孔揭露，该层硫化物矿体主要分布于 31 线以东。矿体呈块状，连续性好，厚度几米到数十米不等，平均厚度约 $10\ m$，矿石的铅＋锌品位为 9% 左右，但储量较大，是锡铁山矿床早期开采的主要矿体。部分地段在块状矿体与片岩间的过渡带出现黄铁矿（磁黄铁矿）微层与铅锌微层或片岩相间而形成的条带状矿石。在锡铁山沟采石场大理岩中夹有块状胶黄铁矿层，其中还发育大量层纹—条带状构造的矿石。这些层状矿体普遍受到了明显的片理化作用，以至其中的黄铁矿颗粒被明显拉长。有些产于该层位片岩中的黄铁矿颗粒也呈拉长状，并沿片理定向排列。块状矿石成分以黄铁矿为主，部分地段以胶黄铁矿为主，其次为磁黄铁矿，并含少量方铅矿和闪锌矿。黄铁矿粒度变化大，自形—半自形—它形。胶黄铁矿呈黑色烟灰状，重结晶后形成结合松散、易崩解的粒状黄铁矿集合体。在地表，胶黄铁矿常被强烈氧化而形成黄钾铁矾和硫磺，并常见到硫酸盐类在胶黄铁矿表面形成盐霜，局部可见较粗的无色透明石膏晶粒。方铅矿和闪锌矿主要呈浸染状或团斑状分布于块状矿石中，但也可单独成夹层出现，或与黄铁矿、磁黄铁矿、胶黄铁矿、硅质岩、大理岩或片岩等相间呈互层状产出。在以胶黄铁矿为主的矿石中，方铅矿和闪锌矿多呈自形—半自形，粒度可超过 $5\ mm$，形成变斑状结构。矿石中的脉石矿物以石英和碳酸盐为主，并有少量钙镁铁硅酸盐矿物。在 O_3tn^b 组片岩与大理过渡带中常发育富铁（锌、锰）碳酸岩层和石膏夹层，产状与大理岩一致。在锡铁山地表，富铁（锌、锰）碳酸岩层厚度达 $1\ m$，与大理岩同步褶皱，有些地段因受剪切变形而呈透镜状。富铁（锌、锰）碳酸岩有

时与石膏互层而形成层纹—条带状构造。张莓等人测得锡铁山膏盐层中石膏的 $\delta^{34}S$ 值为 $3.95‰ \sim 5.90‰$（$n=8$），菱锌（铁）矿的 $\delta^{18}O$ 值为 $26.76‰ \sim 30.11‰$（$n=7$），$\delta^{13}C$ 值为 $-5.09‰ \sim +2.46‰$（$n=7$），认为它们是与海底火山活动有关的热卤水沉积作用的产物。但也有人认为，锡铁山矿床石膏、富锌菱铁矿主要形成于矿床氧化带，是现代大气降水作用的结果，仅有少量菱铁矿的形成与原始喷流作用有关。由于厚度较小，大理岩中的富铁碳酸盐和石膏均不具工业价值。

最近的勘探结果显示，在 O_3tn^{a-2} 组片岩（大理岩北东侧片岩）中也发育与片岩呈整合接触的层状矿体，局部见金属硫化物与片岩相间而呈条带状产出。2942 中段 03 线钻孔岩心对比结果表明，O_3tn^{a-2} 组片岩中可能存在 $4 \sim 5$ 层厚度不等的块状硫化物矿层。矿层累计视厚度 $10 \sim 60\ m$。矿石成分主要为磁黄铁矿，局部可以过渡为以黄铁矿为主，如 2942 中段 1 线水平钻孔 ZK4401-15 末端厚约 $1\ m$ 的黄铁矿层，其黄铁矿粒度小而均匀，结构松散，应为沉积胶黄铁矿重结晶的产物。磁黄铁矿大多已重结晶，形成了两面角为 $120°$ 的三晶嵌接结构。矿石中还出现立方体晶形的黄铁矿变斑晶，有的巨大变斑晶可由多个黄铁矿晶体聚合而成，表明矿体形成后受到过后期变质或热液叠加作用。方铅矿和闪锌矿呈浸染或团斑状散布于块状磁黄铁矿矿石中，应是原生块状矿石中原有铅锌组分在后期变质过程中发生重结晶的结果。无论是块状矿石还是条带状矿石，常受到后期铅锌硫化物脉穿插和交代，致使其铅锌品位显著提高。铅锌硫化物交代作用强烈时可将原块状磁黄铁矿切割成孤岛状，局部还见黄铁矿变斑晶沿块状磁黄铁矿矿石裂隙面生长，并被后期铅锌硫化物热液叠加。

3.2 脉状矿体

锡铁山矿区 O_3tn^b 组片岩、O_3tn^b 组片岩与大理岩的过渡带以及 O_3tn^{a-2} 组片岩中 3 个发育层状矿体的层位均发育有脉状矿体。

O_3tn^b 组片岩中的脉状矿体主要见于 O_3tn^b 组片岩中的层状矿体及其南侧，以细脉状为主，局部细脉相互交切而成网脉状，通常与浸染状矿化相伴出现。脉体中的矿石矿物以黄铁矿占绝对优势，铅锌硫化物甚少，而脉石矿物以石英为主。脉壁围岩蚀变主要为绢云母化、硅化、碳酸岩和绿泥石化。脉体普遍受后期构造变形，常见含矿石英脉因受后期构造作用而形成沿片岩片理方向分布拉长的透镜体或石香肠。

O_3tn^b 组片岩与大理岩过渡带中的脉状矿体以细

脉状为主(脉宽 1~5 mm)，局部脉体宽度可达 2 cm 以上。脉体的矿石矿物以黄铁矿为主，但局部也可见到以铅锌硫化物为主的脉体穿插交代块状硫化物矿石。脉石矿物主要为石英。脉壁围岩蚀变与 $O_3 tn^b$ 组片岩中脉状矿体一致。

最近的钻探工作发现，大理岩北侧 $O_3 tn^{a-2}$ 组片岩中发育大量脉状铅锌矿化。脉体多近直立产出，宽度变化为 5~80 mm。脉体多切穿片岩层理，也可沿片岩层理顺层交代片岩。脉体切穿片岩层理时，矿脉对片岩的交代较弱，接触面平直，脉壁围岩蚀变不明显，而当脉体顺层突入片岩层理时，矿脉对片岩的交代较强，并可将片岩交代成港湾状，脉壁围岩蚀变主要为硅化，其次为绿泥石化和绢云母化，偶见碳酸盐化。脉体中的矿石矿物以铅锌硫化物为主，而磁黄铁矿、黄铁矿和脉石矿物含量较低，局部还可见纯方铅矿脉穿插层状金属硫化物矿体。脉体中矿石几乎未受后期变形变质影响。脉体切穿 $O_3 tn^{a-2}$ 组片岩中的同生沉积块状硫化物矿层时，铅锌硫化物对早期沉积并发生过重结晶的磁黄铁矿和黄铁矿发生了强烈交代。由于脉体和交代体中的硫化物均以铅锌硫化物为主，铁的硫化物和脉石矿物很少，因而受到叠加后硫化物矿石的铅锌品位有明显升高。

3.3 不规则囊状矿体

不规则囊状矿体主要呈不规则透镜状、囊状、瘤状和团块状产于大理岩中。在 2942 中段和 2882 中段主要分布于 31 线以西的大理岩中。这类矿体长轴规模变化在几十厘米至几十米之间，其内可见大量不规则状大理岩团块，其总体形态类似于局部坍塌溶洞，部分角砾(团块)可相互拼贴。矿体中的大理岩团块大小从几毫米到数十厘米不等，其中大部分方解石已强烈重结晶，个别粒径达 20 cm 以上。

矿石以块状构造为特征，不存在条纹—条带构造或其残留。金属矿物主要为黄铁矿、方铅矿和闪锌矿，磁黄铁矿甚少。局部地段铅锌硫化物占绝对优势，形成块状方铅矿和闪锌矿矿石。矿石矿物粒度大，晶形好，未受后期变形作用影响。脉石矿物少于5%，以重结晶碳酸盐为主，也未受后期变形作用影响。这类矿石铅锌品位总体较高，部分 Pb + Zn 品位可达 55%，是锡铁山矿床目前的主要开采对象。

不规则囊状矿体与围岩大理岩的界线清晰。硫化物的强烈交代常使大理岩的边界呈港湾状，有时形成残留孤岛。有些地段，硫化物沿大理岩裂隙或层理析出，形成数十厘米至数米的脉状矿体。上述脉状矿体中的硫化物也显示了对大理岩的强烈交代作用。硫化物矿体内部也富含棱角状大理岩的交代残块，其边界

多为内凹的港湾状。有的残块边界外侧呈现金属矿物的分带现象，紧邻残块为一圈富集方铅矿的镶边，向外为一圈闪锌矿，最外侧为黄铁矿。这样的分带可能与碳酸盐的存在使成矿流体 pH 值的变化有关。虽然在酸性条件下，黄铁矿一般比闪锌矿和方铅矿较早沉淀。但是，当流体的酸性因碳酸盐的溶解而被中和时，铅锌将先于铁硫化物沉淀。

此外，据祝新友等人未发表的资料，产于大理岩中的不规则囊状矿体中方解石的流体包裹体均一温度峰值为 150~200℃，明显低于层状矿体(100~300℃)和网脉状蚀变带(250~400℃)。

4 矿床成因

4.1 层状矿体成因

$O_3 tn^b$ 组片岩、$O_3 tn^b$ 组片岩与大理岩的过渡带以及 $O_3 tn^{a-2}$ 组片岩 3 个层位均发育层状硫化物矿体。这些层状矿体均与围岩片岩整合接触，发育层纹状构造，伴生有原生沉积胶黄铁矿层和喷流沉积成因的富铁(锌、锰)碳酸岩层和石膏夹层，均受到后期变形和变质作用，因而是海底喷流沉积作用的产物。鉴于含矿地层($O_3 tn^b$ 和 $O_3 tn^{a-2}$ 组片岩)中火山岩与正常沉积岩的比例约为 1:4(据邬介人等人实测剖面估算)，锡铁山矿床的上述 3 个层位的层状矿体均可归属为 SEDEX 型。然而，这 3 个层位矿体的特征又有显著差异。$O_3 tn^b$ 组片岩中的层状矿体连续性差，厚度小，并伴有浸染、细脉和网脉状矿化，应为与主矿层形成之前的喷流沉积产物，其中浸染、细脉和网脉状矿化的发育表明该矿层是近源(proximal)沉积的产物。$O_3 tn^b$ 组片岩与大理岩过渡带中的层状矿连续性好，总体厚度大，伴生有铁(锌、锰)碳酸岩层和石膏夹层，是喷流沉积主要的产物。该矿层下盘伴有脉状—浸染状矿化，说明也属近源沉积(proximal)。$O_3 tn^{a-2}$ 组片岩中的块状硫化物矿呈多层分布，成分以铁硫化物为主，仅含少量铅锌，并缺乏伴生的以铁硫化物为特征的代表补给带的脉状、网脉状和浸染状矿化，表明该矿层是远源(distal)沉积的产物。

4.2 脉状矿体成因

产于 $O_3 tn^b$ 组片岩中的脉状矿体和 $O_3 tn^b$ 组片岩与大理岩过渡带中的脉状矿体总体位于层状矿体以下的层位，以网脉—细脉状为主，受后期变质和片理化作用影响显著。矿石成分以黄铁矿占绝对优势，铅锌硫化物甚少。脉石矿物以石英为主。脉壁围岩蚀变主要为绢云母化、硅化、碳酸岩和绿泥石化。脉中方解石的流体包裹体均一温度较高。以上特征也与世界各

地块状硫化物主矿层的下盘矿化特征相一致。因此，笔者赞同邓吉牛等人和祝新友等人将其视为喷流沉积下盘矿化，且含矿地层发生了倒转的认识。O_3tn^{a-2}组片岩中的脉状矿体近于垂向分布，明显穿插交代经历了变质和变形的围岩和层状矿体，而本身未受到任何后期变形。脉中矿石矿物以铅锌硫化物占绝对优势，而黄铁矿和磁黄铁矿等甚少，局部可见纯铅锌硫化物矿脉；未变形的铅锌硫化物脉和斑块强烈交代早期受变质的、发育退火平衡结构的层状矿石。以上特征表明，O_3tn^{a-2}组片岩中的铅锌矿脉应是地层和层状硫化物矿体变形变质后受叠加流体作用的产物。此外，这部分脉状矿体总体位于大理岩的下方，因而可能是大理岩中不规则囊状矿体的下部的导矿通道。

4.3　不规则囊状矿体成因

产于大理岩中的不规则囊状矿体构造变形的缺乏、对围岩大理岩的强烈交代、强烈的重结晶、较高的铅锌硫化物含量和较低的流体包裹体均一温度等特征表明，这类矿体形成于绿片岩相变质和裂谷闭合造山作用之后，可能是造山后伸展阶段深部所释放流体强烈交代先存大理岩和层状矿体的产物。综上所述，锡铁山铅锌矿床O_3tn^b组片岩及其与大理岩过渡带中的层状矿体及伴生的脉状矿体是近源（proximal）喷流沉积的产物，而位于O_3tn^{a-2}组片岩中的多层块状硫化物矿体则是远源（distal）喷流沉积的产物。但是，锡铁山矿床中另外两类非常重要的矿体：产于大理岩中的不规则囊状矿体和近于垂向分布的大脉状矿体。它们均形成于片理化和造山变形之后；矿体中铅锌硫化物的含量明显高于早期喷流沉积成因的层状矿体和网脉—细脉状矿体；铅锌硫化物对先存片岩、大理岩和矿石有强烈的交代作用；流体包裹体均一温度较低（$50 \sim 250℃$，峰值为$150 \sim 200℃$）。这些特征显示出与造山型金矿（orogenic-typegolddeposit）类似的成矿特征。但是，造山型金矿的概念、地壳连续模型以及矿床地质特征等主要来源于对澳大利亚 Yilgam、加拿大 Abitibi 和美国阿拉斯加 Juneau 金矿带的研究和资料归纳。这些地区基本只有脉状金矿，缺乏其他类型矿床。陈衍景根据中国秦岭地区的成矿特征，将造山型金矿的概念拓展到造山型矿床，建立了更全面的矿床尺度的地壳连续模式，并报道了有关造山型银矿和铜矿的实例。锡铁山铅锌矿床中产于大理岩中的不规则囊状矿体和近于垂向分布的大脉状矿体是造山型铅锌矿的典型实例，是造山型矿床家族成员的重要补充。

5　结论及找矿标志

通过对不同类型矿体特征和成因的研究，得出了有关锡铁山矿床的以下几点认识：①共有 3 个层位（O_3tn^b组片岩、O_3tn^b组片岩与大理岩的过渡带以及O_3tn^{a-2}组片岩）发育喷流沉积矿体，属 SEDEX 型。前两个层位属近源（proximal）沉积，而后一层位属远源（distal）沉积。②大理岩中的不规则囊状矿体是造山后深部流体活化围岩中铅锌或再活化早期层状铅锌矿体，然后强烈交代大理岩的产物。③发育两类脉状矿体，其中产于O_3tn^b组片岩和O_3tn^b组片岩与大理岩过渡带中的脉状矿体为上述两个层位喷流沉积矿体补给带的脉状矿体，而O_3tn^{a-2}组片岩中的脉状矿体则为造山后流体叠加的产物，总体位于大理岩的下方，可能是大理岩中不规则囊状矿体的下部的导矿通道。④锡铁山铅锌矿床应属 SEDEX 型块状硫化物矿床和造山型铅锌矿床及后期热液叠加改造富集的复合成因硫化物多金属矿床。但是，对于叠加矿体的成矿时代、成矿流体来源和铅锌等成矿金属来源等问题尚待进一步深入研究。⑤矿区构造以断裂构造为主，大多对矿体有错动作用，在探矿及矿体圈定中应引起足够重视。

同时应注意以下找矿标志：①大理岩与绿片岩之间的层间带有形成大矿的可能性，特别是大理岩上盘的层间部位。②若有同生断裂存在时，其附近对成矿有利。例如同生角砾状大理岩带或大理岩层在走向上厚度的突变地段应十分注意。③大理岩内，若存在条带状大理岩或薄层大理岩或夹绿片岩地段，有硅质岩、重晶石脉发育地段，是成矿有利地段。④在大理岩层内，上部矿体尖灭时，由于矿体在剖面上呈叠瓦状，应注意在大理岩中部及下部寻找盲矿体。⑤片岩中若石英含量较高或石英脉发育，并伴有黄铁矿化，可局部富集成矿。⑥大理岩中局部的重晶石现象及黄铁矿化、硅化、绢云母化等蚀变现象是重要的找矿标志。

参考文献

[1] 邬介人，任秉琛，张莓，等.青海锡铁山块状硫化物矿床的类型及地质特征[J].中国地质科学院西安地质矿产研究所，1987(20)：1-88.

[2] 祝新友，邓吉牛，王京彬，等.锡铁山矿床两类喷流沉积成因的铅锌矿体研究[J].矿床地质，2006，25(3)：252-262.

[3] 吴昌志，顾连兴，等.青海锡铁山铅锌矿床的矿体成因类型讨论[J].中国地质，2008，35(6)：1185-1196.

[4] 芮校龄.锡铁山铅锌矿床地质构造基本特征[J].采矿技术，2005.5(4)：68-69.

[5] 李如满，汪树栋.锡铁山铅锌矿地质特征、矿床成因及找矿标志[J].矿产与地质，2003，17(96)：218-221.

［6］张莓.青海锡铁山层状菱锌铁矿—石膏矿成因初探［J］.中国地质科学院地质矿产研究所，1990，（28）：37－46.

［7］祝新友，樊俊昌，邓吉牛.锡铁山矿床中石膏菱铁矿成因研究与意义［J］.矿产地质，2006，20（3）：205－210.

［8］Gu L X, Zheng Y C, Tang X Q, et al. Advances in research of sulphide ore textures and their implications for ore genesis [J]. Progress in Natural Sciences, 2006, 16（10）: 1007 －1021.

锡铁山铅锌矿体大功率 TEM 法
应用深部找矿前景分析

苏天津　纳海艳　马　伟

（西部矿业股份有限公司锡铁山分公司，青海锡铁山，816203）

摘　要： 为了在锡铁山铅锌矿的外围深部找矿勘查中提供深部地球物理信息，将大功率瞬变电磁法应用于接地条件十分恶劣、地形复杂的锡铁山地区。采用 TEM 法勘探设备，对供电电极和常规供电方式进行了改进，使供电电流达到 10 A 以上，保证了大功率激电 TEM 法得以在该地区的实施。由于 TEM 方法的异常可验证，再结合矿山外围地质研究工作，推断异常为深部铅锌矿体所引起。这一新发现为矿山外围找矿提供了深部地球物理依据及圈定隐伏铅锌矿体的信息。

关键词： 锡铁山铅锌矿；大功率瞬变电磁法；深部找矿

锡铁山铅锌矿位于柴达木盆地北缘，海拔 3100～3400 m，地质构造复杂，地形切割强烈，无任何植被，电测工作条件十分艰难。在锡铁山矿区以前实施的矿山外围找矿工作中，地质专家发现了一些新线索，并提出锡铁山地区的区域构造应为复式背斜的新观点，并推论，在锡铁山矿区东翼，新发现的局部向斜核部的深处可能有形成铅锌矿的构造条件。为验证这种推论，提供深部地球物理证据，很多地质工作者在矿区东翼的中间沟地段采用大功率激电中梯、大功率瞬变电磁、高精度磁测等方法进行了深部探测的研究工作，为我们后来者对锡铁山铅锌矿体深部找矿提供了很多详细的科学数据。

1　锡铁山地区地质及地球物理特征

1.1　地质特征

锡铁山铅锌矿产于柴达木盆地北缘的锡铁山—绿梁山—赛什腾山晚奥陶世绿岩带中。在以往的地质工作中曾认为，柴达木盆地北缘晚奥陶世绿岩带火山岩与锡铁山块状硫化物矿床的形成，受大陆古裂谷作用的控制，是中朝—塔里木古板块进一步解体的结果。绿岩带火山岩及晚奥陶世的火山作用对锡铁山铅锌矿床的生成有着亲缘关系。本区断裂构造非常发育，主要为北西向断裂和北东向断裂，其中北西向断裂是在裂谷演化的块状断裂发育阶段形成的，是本区的主要控矿断裂，它对于铅锌矿床的形成和后裂谷阶段挤压作用、产生矿体错断、揉皱等起了至关重要的作用。北东向断裂为横向断裂，该组断裂也为成矿时的同生断裂，它将矿带分为数段，成矿后仍对矿体与矿化带产生破坏作用。

1.2　地球物理特征

锡铁山曾于 20 世纪 50 年代、70 年代末期及 80 年代中期做过电阻率法和小功率激电工作。对工作区岩、矿石的电性特征也有较充分的研究和总结，具体如下：

（1）块状方铅矿、似条带状黄铁矿方铅矿矿石的电阻率一般为 0.2～52.7 $\Omega \cdot m$，最不超过 100 $\Omega \cdot m$。而激化率则高达 66.4%。但作为矿体的围岩，大理岩和绿色泥岩系的电阻率大于 1000 $\Omega \cdot m$，而激化率小于 3%。这说明在锡铁山地区进行激电工作具备充分的地球物理前提。

（2）据前人测定结果，石墨化二云母片岩的激化率效应也达到 56.8%，含少量黄铁矿化的碳质绿泥片岩的激化率为 39.6%。二者的激发极化效应非常强。在此岩石段上往往会引起很强的非矿异常，是锡铁山地区电法工作中较强干扰因素之一。

（3）片麻岩的极化率高于本区其他岩石极化率，且很不均匀，不同地段相差甚大，在锡铁山达 3.6% 或更高一些。因此，当面积大时会形成较高的背景场。

2　锡铁山 TEM 勘探方法应用分析

2.1　大功率 TEM 法

2.1.1　TEM 法原理及工作使用方法（见图 1）

TEM 法，即瞬变电磁法，属于时间域电磁感应法。它是利用接地导线（电偶源）或不接地回线（磁偶源）向地下发送一次脉冲电磁场，在此脉冲电磁场的激励下，地下良导电性地质体将被感应出非稳二次场，它的强度及延续时间与良导电性地质体的几何参数和电性参数有关。在一次场关断后，利用接收线圈观测感应二次场随时间的衰减关系，通过观测到的二次场特征，可以判断被探测良导电性地质体的规模及其导电性，并可推断其赋存位置、深度及产状特征。该方法是探测良导电性地质体的有效手段。

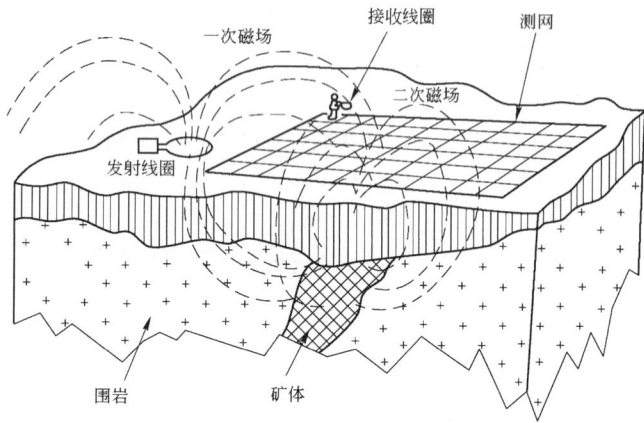

图1　TEM法原理及使用方法

大功率TEM法，能够发送大电流，激励强场源，增强二次场强度，提高信噪比，增大勘探深度。

2.1.2　TEM法在矿区的应用成果

以往TEM法的勘探工作成果如下：

（1）圈定了3个TEM深部低阻异常带，重新编号为TEM-1、TEM-2、TEM-3；

（2）圈定深部找矿靶区3类共7个，Ⅰ-①号靶区是已知隐伏矿带向南东延伸的深部找矿地段；

（3）在狭长的已知矿带南西侧新发现的两个大功率TEM异常带，以及6个深部找矿靶区，预示了深部隐伏矿的找矿前景是可观的。

（4）磁测结果显示出弱磁异常的横向分带性，及纵向上向南东缓慢增强的趋势。可能反映火山岩的基性程度向断层沟逐渐增强的规律。

2.1.3　TEM异常特征

几种规则形态低阻体重叠回线装置TEM异常特征如图2所示。

2.2　深部找矿预测

2.2.1　关于区分两种低阻体的思考

将矿体和含碳绢云母石英片岩归为含矿低阻体，而与矿无关的碳质层归为非矿低阻体。据已知矿带资料，非矿低阻体多出现在含矿层的下伏岩系中。宏观上，含矿层呈纺锤形，厚度大时，含矿低阻体与非矿低阻体距离可能大些，反之则小些。在含矿层的走向上，也可能有非矿低阻体间断出现。构造变形后，非矿低阻体应在含矿低阻体的一侧（陡产状）或上、下（缓产状）。TEM异常上应有叠加表现。片岩型含矿层的非矿低阻体分布规律尚不了解。

资料表明，表1中有星号的岩石和矿石均为低电阻率，均值数据为0.2~53。其中含碳质片岩类多属近矿围岩。含碳二云片岩和含碳绿泥片岩与矿无关，电阻率稍高于矿石，构成TEM异常的干扰。围岩电阻率的均值为1500。因此，对于TEM异常来说，识别与矿无关的含碳片岩非矿异常，是解释的关键问题。岩矿石电阻率ρ_s（$\Omega \cdot m$）见表1。

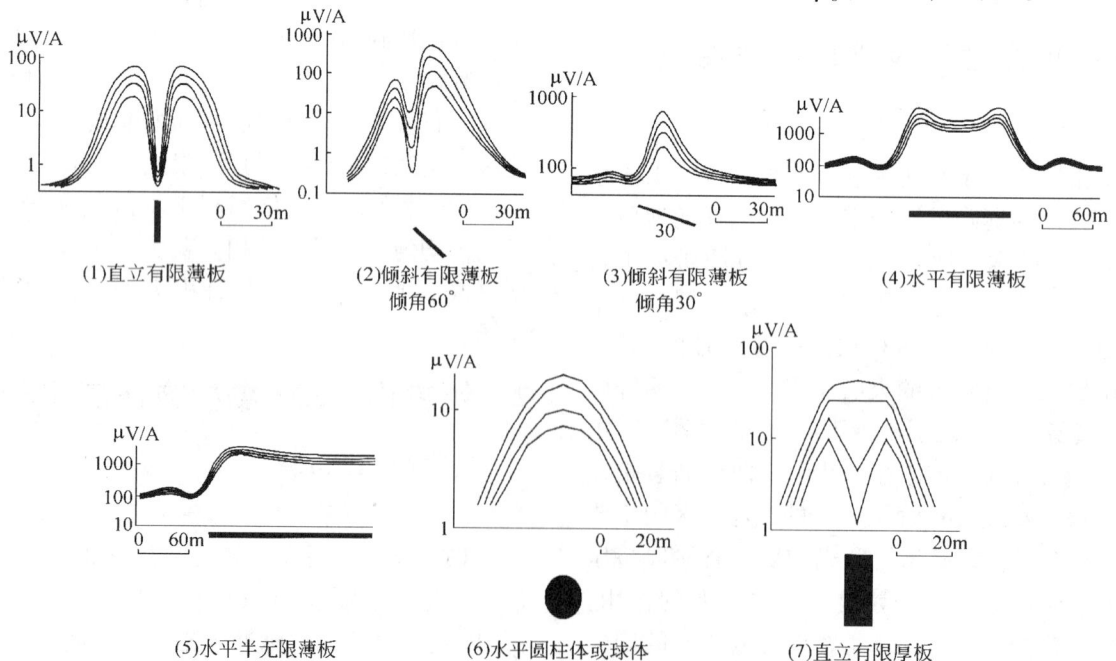

(1)直立有限薄板　　(2)倾斜有限薄板 倾角60°　　(3)倾斜有限薄板 倾角30°　　(4)水平有限薄板

(5)水平半无限薄板　　(6)水平圆柱体或球体　　(7)直立有限厚板

图2　TEM异常特征

表1　岩矿石电阻率 ρ_s

岩矿石名称	标本块数	变化范围/($\Omega \cdot m$)	均值/($\Omega \cdot m$)
块状铅锌矿石*	34	0.1~11	0.2
似条带状矿石*	30	0.1~41.6	2
含碳绿绢云片岩*	9	9~12	10
硬锰矿石	16	4~38	12
石墨质片岩	18	10~200	38
含碳绢云片岩*	20	22~280	50
稠密浸染矿石*	40	13~220	53
含碳二云片岩	27	14~400	55
氧化带	32	2~720	92
含碳绿泥片岩	6	90~810	170
矿化水			4
围岩	406	140~8100	1500

2.2.2 低阻体与非矿低阻体的分布规律

含矿低阻体与非矿低阻体的分布应该是有规律的。摸清这种规律，是解决区分问题的关键。

研究区内做了两套反演结果。在勘探数据中选用了部分数据，两套数据对比，至少可以看出4个基本规律：

（1）顶深数据比较符合实际，沿走向有起伏变化；

（2）电阻率相对值的分布有分段性，即相对低的地段的两端有相对高的地段；

（3）局部高响应电位异常较宽的地段，反演电阻率偏高（极大值达60 $\Omega \cdot m$ 左右），疑是含矿低阻体附近有非矿低阻体；

（4）围岩反演电阻率比较接近实际。这对研究区的异常解释是有价值的。

2.3 靶区圈定

2.3.1 三类靶区的划分

I类深部找矿靶区，符合三条标准者。

II类深部找矿靶区，反演视电阻率在12~40 $\Omega \cdot m$ 的高响应电位异常地段。

III类深部找矿靶区，响应电位低于0.2 $\mu V/A$，反演视电阻率在12~50 $\Omega \cdot m$ 的地段。

2.3.2 I类靶区

I-①号靶区位于5~035线的TEM-1异常带上，走向南东转南，长约1000 m，两端稍窄，03~027线较宽，是研究区最大的靶区。该靶区的异常以不对称双峰叠加特征为主，伴有宽双峰或箱形。响应电位值为0.14~0.7 $\mu V/A$，以高响应电位为主，除03线稍低以外，其他线的响应电位都较高。深部推测低阻体形态，为多层近水平厚板构成的陡产状厚板状低阻体，如03线已知矿。反演视电阻率为4~9 $\Omega \cdot m$，属极低电阻率。是向南东追索03线深部隐伏矿带的重点地段。

I-②号靶区位于TEM-2异常带的03~027线，长约600 m。异常特征以宽双峰为主。响应电位值为0.2~0.7 $\mu V/A$，推测低阻体形态以陡产状板状体为主，局部深处有缓产状板状体，视电阻率多数小于10 $\Omega \cdot m$。

I-③号靶区位于TEM-3异常带的1~019线，长约500 m。异常特征以宽双峰或箱形为主。响应电位值0.2~1.2 $\mu V/A$，视电阻率中间小于10 $\Omega \cdot m$，两端为11 $\Omega \cdot m$。

2.3.3 II、III类靶区

II-①号靶区位置在TEM-3带上的5~33线，响应电位异常为0.16~0.9 $\mu V/A$，异常特征以不对称双峰和宽双峰为主，比较复杂。反演视电阻率为8~43 $\Omega \cdot m$，5线和17线分别为8 $\Omega \cdot m$ 和43 $\Omega \cdot m$。

II-②号靶区位置在TEM-3带上的5~21线。响应电位异常为0.16~0.7 $\mu V/A$，异常特征以双峰和宽双峰为主。反演视电阻率为6~32 $\Omega \cdot m$。

III-①号靶区位置在TEM-2带上的41线和49线。响应电位0.09~0.18 $\mu V/A$，具双峰特征，属低响应电位异常。反演视电阻率34~36 $\Omega \cdot m$。从异常角度比较，显然不够列为靶区的条件，但是，如果深度大、相对规模小，稠密浸染程度差，也可能使响应电位降低，异常范围变小，反演视电阻率稍有增高。因此，划为III类靶区进行研究。

III-②号靶区即035线的TEM-0异常。响应电位为0.05 $\mu V/A$，反演视电阻率为12 $\Omega \cdot m$，宽双峰特征明显。这样的低响应电位异常，也须进一步研究。

3 结论与认识

作者在前人工作的基础上，通过学习有关锡铁山铅锌矿的勘查方法分析，初步认识到了作为一名地质工作者的应有责任和义务，并对锡铁山铅锌矿的有关勘查研究分析有了一定研究认识：

（1）从前人资料可明显得知，锡铁山铅锌矿区的矿产主要以铅锌金属矿床层位控制为特征，经过各种勘查方法勘探得出了诸多有关矿区异常，而在异常分析中以电法及磁法勘探分析异常最为明显。

（2）锡铁山沟至中间沟2.6 km² 面积上，所获得的三个大功率 TEM 异常带，TEM - 1 带是已知矿带及向南东隐伏延伸部分的显示，TEM - 1 带在 03 线已被深部钻探证实，确与深部矿体有关。在狭长已知矿带南西侧 1 km 范围内，新发现了 TEM - 2 带和 TEM - 3 带。由于锡铁山地下的地质情况十分复杂，进行验证工作之前，应组织专题研讨，以弥补报告解释推测的不足。

（3）以 TEM 异常为主要依据预测的三类七个深部找矿靶区，物探依据充分，为研究区下一步深部找矿工作部署提供了科学的依据。

（4）晚时道高响应电位不对称双峰特征的 TEM 异常模式，是锡铁山矿区深部找矿的主要依据。晚时道高响应电位箱形或似箱形特征的 TEM 异常模式，虽然多与深部大型和超大型矿体有关，在锡铁山矿区，尚待证实。

（5）研究中，对 TEM 异常的解释很粗浅。在今后的应用中，某个靶区需要验证时，应该得到进一步的科学技术研讨。

参考文献

[1] 牛之琏，等. 脉冲瞬变电磁法及应用[M]. 长沙：中南工业大学出版社，1987.

[2] 罗润林. 重叠回线瞬变电磁法勘探正反演研究与应用[D]. 广西：桂林工学院，2004.

[3] 王志豪. 瞬变电磁法薄板状体物理模拟及正反演研究[D]. 广西：桂林工学院，2006.

[4] 何继善. 可控源音频大地电磁法[M]. 长沙：中南工业大学出版社，1998.

[5] 柳建新，胡厚继，刘春明，等. 综合物探方法在深部接替资源勘探中的应用[J]. 地质与勘探，2006，42(4)：71 - 74.

[6] 张兴昶，罗延钟，高勤云. CSAMT 技术在深埋隧道岩溶探测中的应用效果[J]. 工程地球物理学报，2004，1(4)：370 - 375.

[7] 石昆法. 可控源音频大地电磁法理论与应用[M]. 北京：科学出版社，1999：11 - 35.

[8] 王赟，杨德义，石昆法，等. CSAMT 法基本理论及在工程中的应用[J]. 煤炭学报，2002，27(4)：383 - 386.

[9] 于昌明. CSAMT 方法在寻找隐伏金矿中的应用[J]. 地球物理学报，1998，41(1)：133 - 138.

[10] 黄兆辉，底青云，侯胜利. CSAMT 的静态效应校正及应用[J]. 地球物理学进展，2006，21(4)：1290 - 1295.

[11] deGroot-Hedlin C, Constable S. Occam'slnversionto generate smooth, two-dimensional models frommagne-totelluric data [J]. Geophyslcs, 1990, 55(12): 1613 - 1624.

[12] 王若，王妙月. 可控源音频大地电磁数据的反演方法[J]. 地球物理学进展，2003，18(2)：197 - 202.

[13] 雷达，孟小红，王书民，等. 复杂地形条件下的可控源音频大地电磁测深数据二维反演技术及应用效果[J]. 物探与化探，2004，28(4)：323 - 326.

[14] 李舟波等. 资源综合地球物理勘查[M]. 北京：地质出版社，2004.

[15] 徐赵容，董瑞春，刘国兴，等. 地质调查中的电法勘探供电系统[J]. 长春地质学院学报，1993，23(3)：330 - 333.

[16] 张小路，王钟. 瞬变电磁测深在海南福山凹陷的实验研究[J]. 石油地球物理勘探，1997，32(6)：878 - 883.

[17] 殷长春. 瞬变电磁测深法的研究深度[J]. 长春地质学院学报，1992，22(1)：103 - 107.

[18] 王庆乙. TEMS 3S 瞬变电磁测深系统的研制[J]. 有色金属矿产与勘查，1996，5(3)：169 - 175.

对锡铁山铅锌矿床（带）成矿认识与找矿建议

梅友松

（北京矿产地质研究院，北京，100012）

中国地质学会矿山地质专业委员会召开的锡铁山铅锌矿成矿与找矿论坛会议要我写篇有关文章，我对这次会议的召开是积极支持的，但自 2006 年以来，我就没有接触过锡铁山矿区的找矿勘查工作，因而我在 2004 年、2005 年对锡铁山矿区成矿与找矿的有关问题提出的认识与建议是否恰当也就无法判断，再写这方面的文章我实在难于承担。为此，我多次向矿山地质专业委员会的领导和有关负责人说明了这些情况，但仍建议将过去写的材料送交会议。据此我将曾送交的两份材料编辑重印后提交会议，并根据这两份材料的主要内容，拟写了一个《对锡铁山铅锌矿体（带）分布的有关认识与找矿建议》的标题。1997 年 8 月写的论文，锡铁山矿务局当时就编入了专集，在此就不再多述了。

我认为锡铁山矿区及近外围仍有较大的找矿前景，主要找矿方向是：

①已知矿带（复向斜北东翼），包括无名沟至中间沟一带的深部找矿；②中间沟—断层沟地段；③复向斜南西翼深部和平行矿带的深部找矿探索；④锡铁山沟北西部地段；⑤其他相关部位的找矿等。前述 5 类地段的找矿探索，在本文所编辑的两份材料的相关部分均有阐述，并提出了应做的地质、物探、化探等工作，设计了验证孔位。这是 6 年以前提出的认识与建议，不当之处敬请批评指正。现将 2006 年 1 月和 2004 年 7 月所写的两篇材料，做少量修改补充重印如下，供参考。

1　关于锡铁山铅锌矿床及近外围储量、矿体预测简况及有关认识

2005 年 12 月西部矿业公司邓吉牛任执行董事、首席发展官、总地质师，派人送来一张 03 线最近打钻的勘探地质剖面图，我看后感到十分高兴，这是该区找矿有突破意义的一项成果，对今后找矿很有启示。同时也在相当程度上验证了我在 2004 年 7 月对 1 线的预测成果。为有利于本区找矿，现将我以前所做的储量预测、矿体产出部位的预测及有关认识，简要回

述如下（有关设计报告 2004 年 7 月朱谷昌总工已交西部矿业公司），仅供参考。

1.1　1997 年 8 月提出的预测要点和矿山勘查成果

20 世纪 90 年代后期，该矿山铅锌保有储量骤减，严重影响了矿山的稳定生产和持续发展。我根据自己的认识与方法，进行了预测。

1.1.1　预测要点

（1）矿山本区（生产区）。在深部 3062 ~ 2500 m 之间，可能有 150 万吨铅锌储量的找矿前景，估计本区铅锌累计探明储量可达 500 万吨，具有超大型矿床的规模。

（2）外围（近外围）可能找到 1 ~ 2 个中型铅锌矿床。

1.1.2　勘查成果

西部矿业公司（原锡铁山矿务局），自 2001 年启动了找矿勘探工作，在 75 ~ 1 勘查线，Ⅱ矿带已新增铅锌金属储量 230 多万吨（超出了上述预测数量），Pb + Zn 平均品位 11%；矿区 1 线以东和 75 线以西地段，新发现了数十条矿体，还在进行勘查工作。

1.1.3　要注意的有关问题

在本区已探明矿体的下盘（即Ⅱ号矿带下盘），特别是其深部，要注意找片岩型铅锌矿体（即Ⅰ矿带中的矿体）。

1.2　2004 年 7 月提出的预测要点和勘查成果

1997 ~ 2004 年已有 8 年了。在 2004 年朱谷昌总工组织了该区深部找矿的综合研究工作。有关情况要点如下。

1.2.1　预测要点

（1）提出在已知矿带深部找缓倾斜部位的矿体。2004 年前已探明的矿体基本上是陡倾斜部位的矿体，但根据资料分析，预测"大概在 2500 m 标高上下百米的范围内，其下主要是缓倾斜部位的矿体"。此部位矿体具有多层性与断续产出的特点，在此部位不仅矿体累计厚度大，而且其中有厚大矿体。同时，在此部位含矿岩系厚度也大，其中，上部矿体与碳酸盐关系

密切，下部为片岩中的矿体。

（2）在碳质片岩中，深部在陡倾斜部位和其下的缓倾斜部位，可能有规模大的矿体。在该矿体深部陡倾斜部位可能有规模大小不同的矿体，在缓倾斜部位含矿岩系较厚，矿体规模大、多层，断续产出。可能不出现碳酸盐岩或碳酸盐岩规模小。

（3）在已知矿体（带）的南西侧 b 组（O_3tn^{d-1}）地层和 a^{-2}（O_3tn^{d-2}）推测有矿体产出（前者可能主要产出铜矿，后者主要为铅锌矿）。

（4）沿已知矿带走向的南东和北西两侧追索有找矿前景。沿已知矿体（带）的南东方向，推测深部矿体产出部位见图1（锡铁山铅锌矿田断层沟 D0 线推测新矿体产出部位示意图）。该图主要标示了深部陡倾斜的矿体（含陡倾斜至缓倾斜的过渡部位），如果此部位验证见矿，在缓倾部位就可能有比它规模更大的矿体。如果验证未见矿体，深部缓倾斜部位的找矿就值得研究。由于2004年尚未打到缓倾斜部位规模大的矿体，而且此地段距本区较远，故2004年所编制的该剖面图中未推断缓倾斜部位的矿体。

沿已知矿体（带）的北西方向的深部，根据物探资料推测南西侧可能有矿体存在等，见图2。

1.2.2　勘查成果

西部矿业公司2005年在锡铁山铅锌矿区03勘探线 ZK44003-17、ZK44003-18 孔在 2500 m 标高附近及其以下打到了多层缓倾铅锌矿体，累计见矿厚一百多米，其中有的矿体见矿厚在 50 m 以上。Pb+Zn 平均品位约 13.2%. 主要产于片岩中。此勘探线在前述1线的东侧100 m 处，因03线见矿，而在1线推测的相关部位也可能见矿。其他预测矿体产出情况还有待查证。

1.2.3　要注意的有关问题

（1）沿倾斜方向找矿，除继续向南西方向追索缓倾斜部位的矿体外，也要注意在 II 矿带下盘在 I 矿带中追索缓倾斜部位和缓倾斜与陡倾斜过渡部位的矿体。

（2）03勘探线最深的 ZK4408-18 孔，孔深743.38 m，还未打穿含矿层（或称含矿岩系），其理由是：1）在终孔处附近为条带状大理岩和绿泥片岩，这是含矿层的特征岩性，表明钻孔停在含矿层中。2）从1线推测的缓倾斜部位的矿体来看，再向深部可能还有矿体存在。

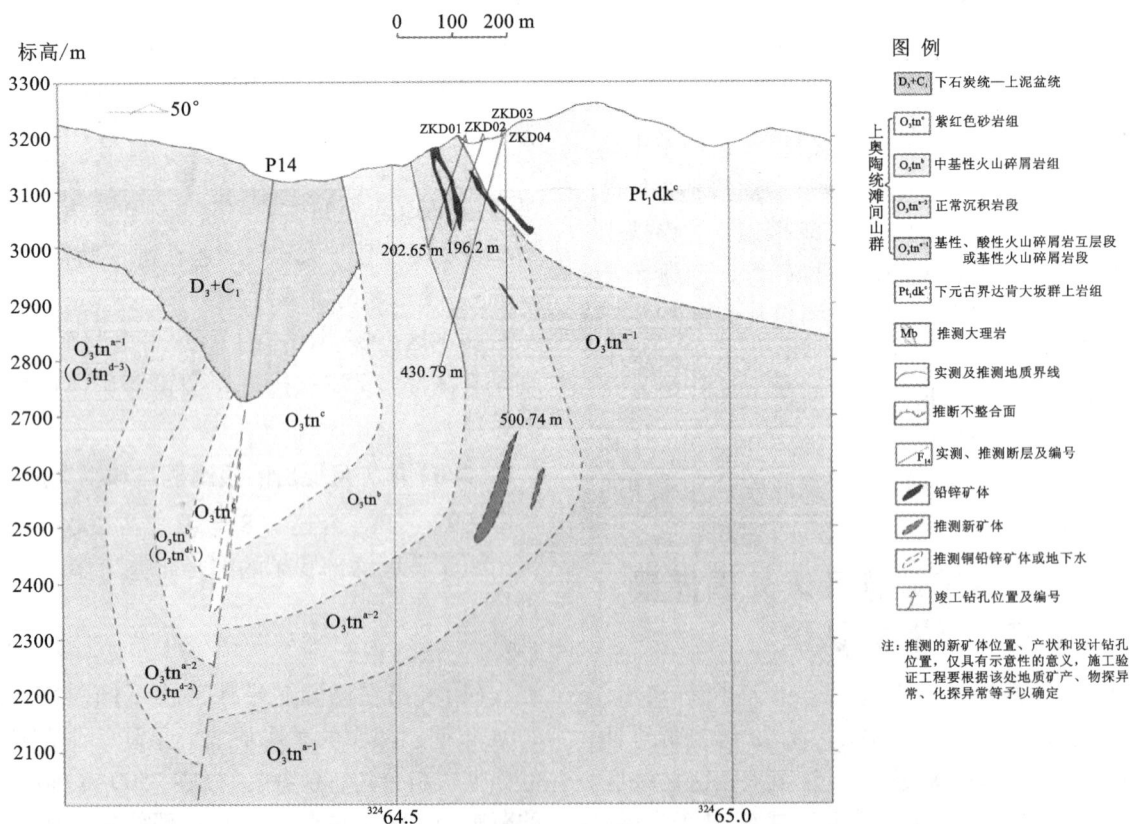

图1　锡铁山铅锌矿田断层沟 D0 线地质剖面示意图

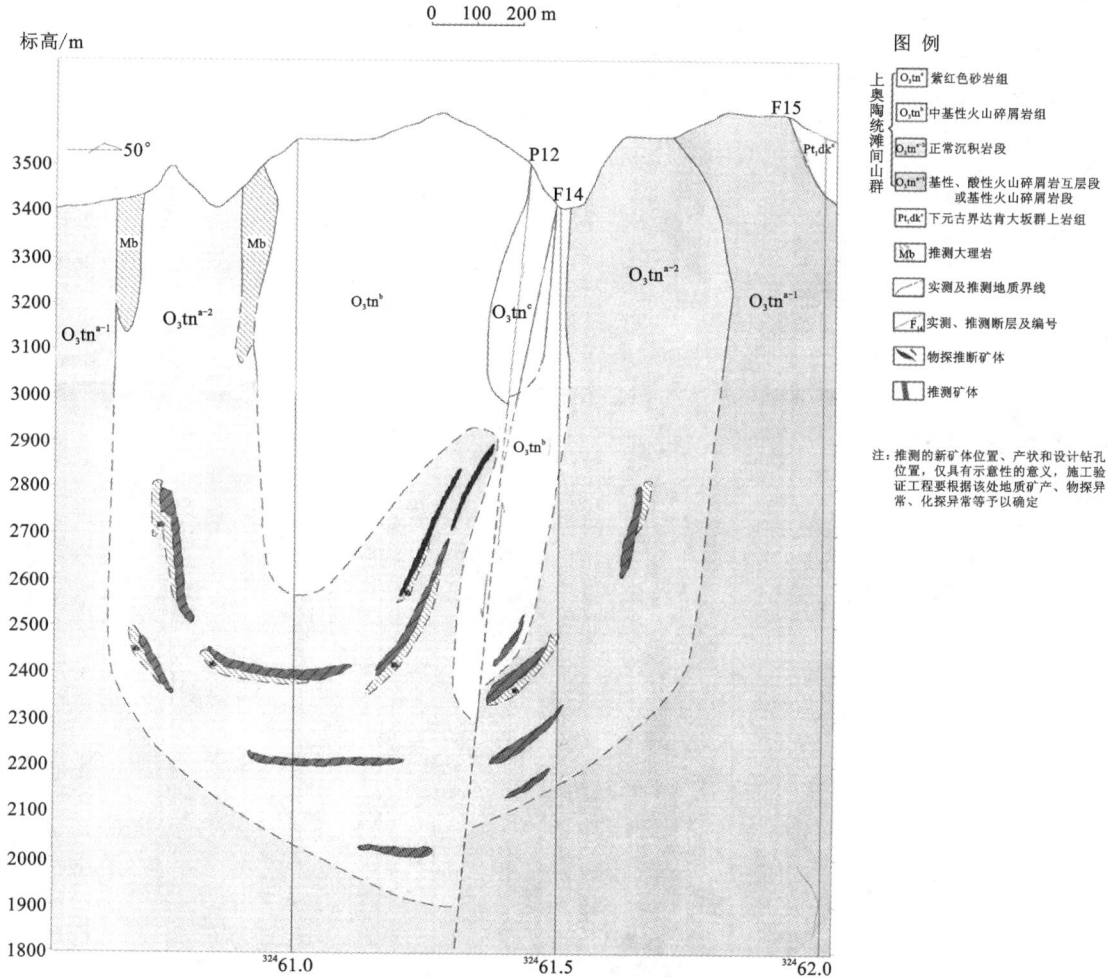

图2 锡铁山铅锌矿床87线地质剖面示意图

1.3 几点认识及建议

（1）本区铅锌矿品位高找矿潜力大。仅从黄羊沟至锡铁山矿区到中间沟—断层沟，这段长约 6 ~ 7 km 的范围的情况来看，成矿地质条件和成矿特点基本相似。在此范围内沿走向矿化、异常断续分布，沿倾向，由上至下断续有陡倾斜部位的矿体（已探明储量基本在此部位）、陡倾与缓倾过渡部位的矿体和缓倾部位的矿体产出，后者在03勘探线于此部位已发现和揭露的矿体厚度大、品位高，表明此部位是本区矿体最主要赋存部位之一，而且多产于片岩中，主要属片岩型矿体。同时在Ⅱ矿带下盘Ⅰ矿带的矿体也值得重视。还有南西侧，即矿区复向斜南西翼及其相关的平行褶皱带，是否存在与矿区相似的产于复向斜面北东翼的平行矿带及其中的矿体，值得探索，如有重要发现，将是本区找矿的重大突破（见图2、图3、图4）。这些部位，这种类型的矿体工作程度低，沿走向和倾向探索的空间范围还较大。表明找矿潜力是大的。

（2）做好矿区及近外围综合性基础地质工作、有针对性的找矿工作和综合研究工作。为此要做好 1/10000 地质图修测和相应比例尺的地质、物探（磁法、电法）、遥感和地球化学综合编图工作。有针对性地做好地面、地下物探工作（包括井中物探、坑道物探）和化探工作。充分利用坑探、钻探资料，编制不同比例尺的系列地质矿体剖面图或立体地质矿体空间分布图。研究含矿岩系，热水沉积岩、蚀变岩（或次火山岩）岩性、岩石组合特点、规模、形态与成矿的关系。预测矿体产出空间部位，指导勘查工程的部署。

（3）在深部找矿工程的部署上，要分两类进行安排，一类是战略性的深部找矿安排，在矿山已知区（如无名沟至中间沟等地段的有利部位）最少要打一个深孔，揭穿含矿地层，如有可能要打到基底岩层。另外，在倒转复向斜的南西翼和相关平行褶皱带，要有设想、有依据地安排深部探矿工程，以期找到与倒转复向斜北东翼相似的矿带、矿体。通过战略性的深部找矿工程的实施，期望打开本区找矿的新局面；二是在已知矿带的有利部位，沿走向和倾向有依据、有认识地追索不同部位的矿体，增加矿山近期可利用的资源储量。

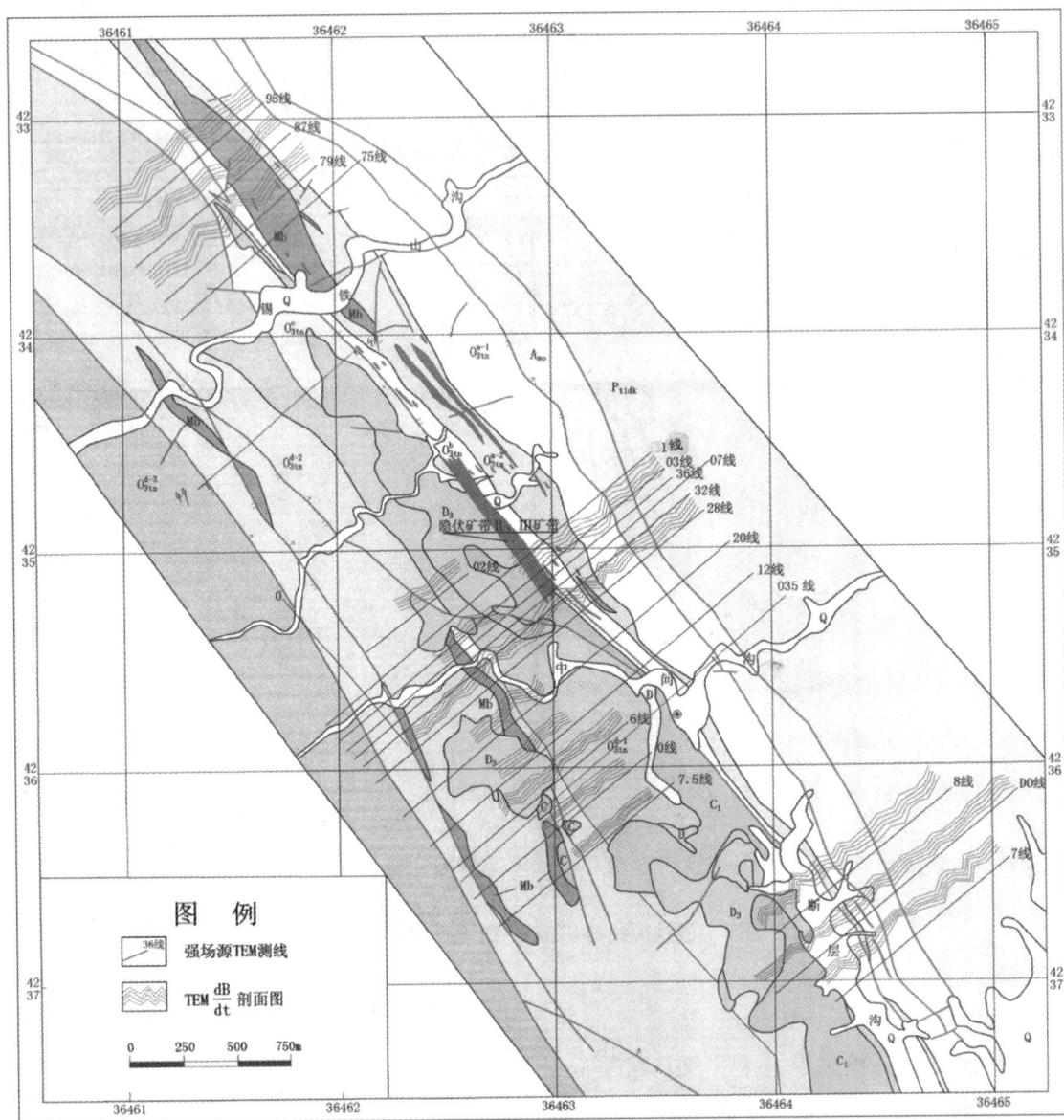

注：桂林工学院王钟教授提供此图。

图3　锡铁山矿区北鞍峰—中间沟—断层沟地质—TEM综合平面图

（4）勇于探索，及时修正，争取突破。以上所提出的预测意见与认识有的已得到证实或基本证实，但多数还有待找矿实践的检验，通过实践，有的可能又被证实，有的可能就是错误的而被否定，这是很正常的情况。由于是找矿，不是现存的矿在那里等着我们去拿，就不要怕失败，不要怕出错，否则我们就无法前进，问题的关键是要在实践中及时修正自己的认识，运用正确的认识指导找矿。因此我们就不要怕"打了瞎孔，就怕瞎打孔"，一些找矿重大突破的实例，也是在打了瞎孔后面出现的，我们要正确运用这些经验，勇于实践、勇于探索、勇于修正，努力提高验证工程的见矿率，争取新的重大突破。

2　中间沟（S5线～Z0线）及有关地段找矿目标地的圈定

在锡铁山地区无名沟、中间沟深部探矿，研究该地段深部矿体可能产出的矿化类型和产出部位，对找矿目标地的圈定是至关重要的。为此，要研究本区地层建造特点、控矿构造、矿化富集特征和综合预测找矿有望地区等方面的问题，才能达到此目的。关于这方面的认识，在1997年锡铁山铅锌矿高层次地质找矿研讨会上已有论述。此后7年中矿山进行了大量的找矿勘查工作，取得了重大的找矿成果。据现有的矿山勘查资料再进行分析，为找矿目标地圈定补充以下认识与建议。

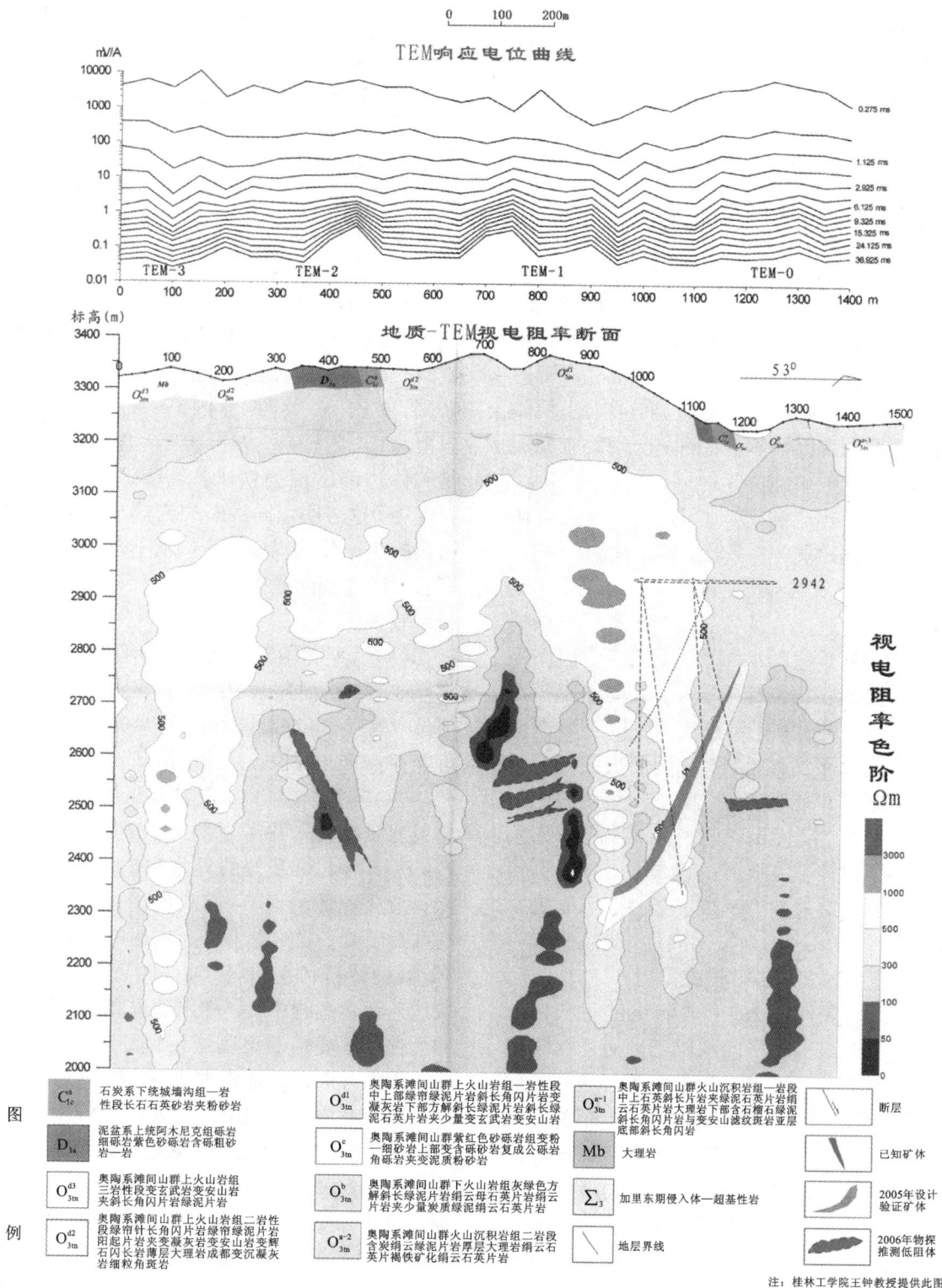

图 4　035 线地质—TEM 异常曲线—视电阻率断面综合剖面

2.1　圈定原则

2.1.1　矿床成因类型

属喷流沉积、热水充填交代改造型矿床,成矿物质来源与海相火山岩有关。与国外对比主要属 SEDEX 型(沉积岩容矿的海底喷流沉积型)矿床,但有较强的后期 MVT 型(密西西比河谷型)矿床叠加改造,但这两者同位产出,在矿山所称的"大理岩型矿体"中发育显著。因此找铅锌矿沿主要含矿层——滩间山群正常沉积岩段,及次级含矿层——滩间山群中基性火山碎屑岩组的有利部位圈定找矿目标地至关重要。

2.1.2　控矿构造的形态

该区控矿构造从整体来说是"原生复式倒转向斜构造"，见前述材料。在此要补充的是，具体控制已知矿体（带）和可能出现的新矿体（带）的构造样式及其控矿特点主体是"陡倾倒转箱状复向斜构造"。在这个箱状复向斜的上部，构造形态复杂，有倾角不同的向斜、背斜以至平卧褶皱，因而矿体产状、形态也深受其影响，该复向斜北东翼，向下大约在 3200～3000 m 标高以下，矿体形态较为简单，向南西陡倾，再向下大约在标高 2500 m 上下，矿体产状缓，倾向南西，在这个"陡倾倒转箱状复向斜"的南西翼如深部有矿体出现，也会有北东翼矿体产出的类似特征，但倾向会有不同。因此向深部找矿，要圈定陡倾斜有利成矿部位和缓倾斜有利成矿部位等。

考虑到本区控矿构造形成与演化特点，区内含矿岩系奥陶系上统滩间山群为"原坐倒转复向斜"构造。其中主要控制矿体产出的部分，就是上面所称的"陡倾倒转箱状向斜"构造，在其北东侧，背斜的北东翼推测产于原始盆地靠近边部水深较浅的部位，因而除在有的地段有部分硫化物铅锌矿体外，可能主要是发育边缘相的菱锌矿、菱铁矿、菱锰矿等，以至可产生宽度较大的大理岩而不发育铅锌矿，因而次级背斜的北东翼控制铅锌矿体可能是有限的。而次级背斜的南西翼，也就是所称的"陡倾倒转箱状复向斜"的北东翼，则是目前本区铅锌矿主要产出地带，而且该箱状向斜的南西翼，具有类似的有利成矿条件，可能是本区今后找矿取得重大突破的地段。故称"陡倾倒转箱状复向斜"构造是本区主要控矿样式。

本区"原生倒转复向斜"的形成演化过程和特点是：在原始中心凹地，也就是向斜轴部附近，在同生断裂的导岩、导矿作用下，在必需的水深环境中，形成了喷流沉积矿和热水沉积岩，同时形成了相关的沉积岩，共同组成了海相沉积岩容矿建造，加里东运动，主要是在水平应力的作用下，使滩间山群回返形成复向斜构造，华力西运动继续加强，使其褶皱紧密陡倾倒转，中新生代由北东向南西的推覆构造活动，使本区复向斜上部构造复杂化，因而易将这些浅部构造特征误认为深部构造的样式，这样就影响了对控矿构造的总体样式和不同深度控矿特征的认识，对此应特别注意。

在此还要强调的是，从同生断裂及其继承性的活动，存在北东盘上升，南西盘下降的断裂构造活动特点，因而控矿的箱状向斜北东翼不断上升风化剥蚀，致使地表出现相关矿体。而此"陡倾倒转箱状复向斜"的南西翼，由于下降，风化剥蚀浅，虽然含矿层出露广，也只发现上部大理岩未见相关矿体，但深部找矿前景仍要十分重视。

2.1.3　推测的同生断裂（导岩导矿断裂）与成矿的关系

推测对锡铁山矿田具全局影响的同生断裂，位于该区陆缘裂谷内次级盆地（如三级盆地）的低凹中心部位，这也是本区原生（或继承性）向斜轴部地段。推测同生断裂可能产出在此地段的证据是：

（1）"陡倾倒转箱状复向斜"北东翼和南西相关岩层的厚度可能相差较大。

（2）在"陡倾倒转箱状复向斜"的北东翼，靠近所推测的同生断裂附近地段，也就是现在的深部，磁黄铁矿、黄铁矿、黄铜矿、闪锌矿的增加，向外，也就是向上部，为闪锌矿、方铅矿等；再向上（向外），也就是矿体边部出现菱铁矿、菱锰矿、菱锌矿、硅质岩、石膏等，这表明以同生断裂为热活动中心，向外出现明显的矿化分带现象。我们从上部向下部找矿，也就是从成矿边部向成矿中心部位找矿，所以收到了好的找矿效果。

（3）后期的构造岩浆岩活动使滩间山群回返后上部风化剥蚀，泥盆系上统与石炭系下统盆地沉积中心部位也在此部位或其附近，这些现象表明，同生断裂可能存在于此部位，并长期活动。

（4）同生断裂（F14 及其附近平行断裂组）。根据相关地质特征，并考虑物探大功率，瞬变电磁法在 F14 深部六七百米处的异常（如断层沟 8、0、7 线物探—地质解释剖面），推断该同生断裂向南西陡倾，南西盘下降，北东盘上升。同时要强调的是，在这个"陡倾倒转箱状复向斜"轴部附近的同生断裂在该区域构造演化过程中，其产出部位和产出形态不会有大的变化，它既是上奥陶统滩间山群中喷流沉积的导岩、导矿通道，又是密西西比河谷型成矿的导矿通道。因此就出现明显的同位成矿现象。

这个"原生向斜轴部"附近的同生断裂，可能是北西—南东向一组倾角陡向南西倾斜的断裂带（如 F14 等），有的剖面考虑同生断裂位于上覆红层居中部位，这就与 F14 断裂有一定距离，但仍为与 F14 同性质平行产出的断裂组。还要说明的是，除上述影响全区的同生断裂组外，在次级盆地（如三级盆地）中，可能发育次级的北西向同生断裂，在与北东向、南北向断裂交汇处就形成次级喷流中心，围绕此中心就产生局部的分带现象。李如珊（1997）报告中称，在 S1～Z36 附近可能存在一个成矿热活动中心，由此中心向北西方向出现由磁黄铁矿、黄铁矿（黄铜矿、闪锌矿）→闪锌矿、方铅矿、黄铁矿、胶黄铁矿等的分带。硫铁矿也由磁黄铁矿→黄铁矿→白铁矿→胶黄铁矿等依次出现，相关的矿化与遥感影像也有显示。此外在其他部位也可能存在这类次级的喷流热活动中心。如奚小双（2003）、吴志亮（2004）等人认为在锡铁山沟到无名沟和中间沟到断层沟两个局限海盆洼地，形成了块状硫化物喷流沉积中心。总之矿田内在 F14 组同生断裂的影响下，这种次级的具有同生断裂性质的北西向与北东向断裂交汇处的喷流热活动中心，对形成本区沉积岩容矿的海底喷流沉积型矿床至关重要，对指导找矿尤为值得注意。

上述影响矿田全局的 F14 组主同生断裂，和次级的同生断裂，由于在原生向斜中产出的部位不同，在后期的构造变形中，这些同生断裂产出的形态与特点就有很大的差别，主同生断裂由于产出在原生向斜轴部附近位置，在形成"陡倾倒转箱状复向斜"后，其产出的形态特点与部位，同变形前的原始状况基本一致，可继续保持在喷流沉积成矿后，仍为后来成岩、成矿的通道。但产出在原生向斜翼部的次级同生断裂，由于向斜翼部陡倾、倒转，其次级的北西向等同生断裂，可形成倾角小或近水平的断裂，原始状态与其交汇的断裂可形成倒转陡倾或近直立的断裂，这些断裂与褶皱变形时形成的层间构造，可成为后期同位成矿的容矿构造，如果有继承性活动，还可错断矿体。

2.1.4　矿体产出特点

本区自北西 71 线到南东 1 线（即老线号的 S19～S1 线），在长 1.76 km 的范围内，总的说，北西侧矿体出露标高要高一些，南东侧矿体出露标高要低一些，两者相差一般约为几十米，仅局部相差较大，如 1 线见工业矿体标高为 3142 m，25 线矿体标高为 3350 m，两者相差 208 m。这些差别不能说明北西侧矿体的深度就比南东侧矿体浅，这点在部署找矿工作中是要注意的。

概括说本区矿体产出从纵向（由北西至南东）、横向（由北东至南西）上看，是受本区次级盆地中几条凸起凹陷带的控制，因而出现不同矿群矿带（以下简称矿带）和无矿地带（含弱矿化），致使强度不同矿带周而复现。如上中部矿带虽分布在 71～1 线整个地段，但不同部位产出的宽度差别是很大的，总的是产于 3350～2850 m 标高范围内，平均宽度约 280 m。其下为无矿地带（含弱矿化），不同部位宽度差别也很大，一般是分布在 3100～2600 m 标高范围内，平均宽约 260 m，向下已知在 1～33 线长达 800 m 的范围内，产出中下部矿带，分布标高范围约为 2800～2550 m。该矿带在多条勘探线剖面上见到厚大矿体，如 31 线，

ZK4431－11 孔见矿厚 59.92 m，铅＋锌品位 15.72%，29 线 ZK4429－12 孔，见矿厚 39.9 m，铅＋锌品位 21.32%、ZK4429－11 孔，见矿厚 40.71 m，铅＋锌品位 10.24%；27 线，ZKZK4427－14 孔，见矿厚 99.39 m，铅＋锌品位 6.12%；S9 线，ZK4409－14 孔，见矿厚 74.19m，铅＋锌品位 8.6%。这表明中下部矿带中陡倾斜矿体矿化可达相当高的强度。再向下如在 9 线所出现的情况，在 2700～2600 m 处为无矿地带，其下在 2600～2470 m 标高范围见陡倾和缓倾矿体共 5 层，累计厚约为 30～40 m，由此可见研究矿带和无矿带（含弱矿化）产出特点、强度和分布规律对指导深部找矿是十分重要的，否则，在没有做好不同标高岩、矿心对比分析和没有做好井中物化探工作的情况下，就可能漏掉深部的重要矿体。因而矿体产出特征是圈定找矿目标地的一项重要原则。

本区 33 线北西有较多的勘探线，在寻找大理岩中及其下部陡倾斜矿体的控制程度较高，控制深度较大，但在这些勘探线中，对大理岩的下盘或次火山岩南西侧控制程度就不够，是否有平行的中下部矿带中的陡倾斜矿体产出还有待研究，如 13 线、5 线等在次火山岩的南西侧已见到较好的矿体，对此要予以重视。还要强调的是，前述 25 条勘探线中（见 1、5、9、13、17、19、23、25、29、31、33、35、39、41、43、47、51、55、57、59、61、63、67、71 线剖面对比图），绝大多数均未控制到下部矿带中的缓倾斜矿体，仅就这一段而言深部找矿空间回旋余地还是比较大的。为此要做好有针对性的找矿工作，加强验证，力争取得新的重要找矿成果。

还要说到的是，上述矿带和无矿带出现的情况是一种空间概念模式，在具体部位是否出现相关矿带的矿体，还是要从实际所获得的找矿信息作出判断，以便合理地部署相关的找矿工作。

2.1.5　综合找矿评价

从本区及柴北缘的地质、矿产特点来看，在矿区及外围进行金、铜等矿产的综合找矿综合评价是重要的。为此要注意寻找铜、金等的共生与独立矿体和矿床，并进一步做好铅锌矿床中金、银、铟、镉等共伴生组分的查定，以利于大幅度地提高矿山的经济效益。

铜矿找矿，根据李如珊的资料（1997 年），在 S1～Z36 线地段，从几个钻孔及坑道揭示的情况看，在该地段 300～500 m 范围内，发现 7 条铜矿体，厚 1.5～5.58 m，铜含量 0.7%～2.42%，有的铜矿化可达 12 m 以上。属含铜黄铁矿型矿石，呈脉状或团块状产出。铜矿化（体）多靠近"片岩型"铅锌矿体上盘

深部，该地段在 3062 m 及其以下部位出现较多的黄铁矿体。同时在中间沟等地段有铜异常，还推测在深部可能有铜锌（黄铁）矿体存在，因而为本地段找铜矿提供了有利的找矿线索。从外围柴北缘的情况来看，在滩间山群中找铜矿、铜锌矿也是值得注意的，例如在都兰太子沟，在该区滩间山群中发现有沉积岩容矿的铜锌矿床，有 4 层铜锌矿体，控制长 600～1700 m，平均厚 4.48 m，铜平均品位 0.89%，锌平均品位 2.1%；在大柴旦绿梁山、青龙滩等处在滩间山群中发现中基性海相火山岩容矿的矿床和矿点，其中绿梁山铜矿床，控制铜矿体长达 1500 m，宽 1～2 m，铜品位 0.8%，这些均为本区找铜矿提供了相应的启示。还要强调的是要重视找斑岩型铜、金矿。现已在冷湖小赛什腾山华力西晚期的闪长斑岩、闪长岩小岩体中发现了几条铜矿体，其中有的矿体最宽处达百余米，铜平均品位为 0.42%，同时该岩体及附近围岩中金异常发育，金异常最大值大于 1 g/t，因此在滩间山群和相关的元古宙、上古生代地层中，小侵入体、岩脉发育，特别是有矽卡岩型铜矿、铜铁矿点，或有铜、金异常时就要注意找斑岩型铜金矿床。

金矿找矿，锡铁山铅锌矿田已探明的伴共生金矿达中型规模。1958 年锡铁山地质队提交伴生金矿储量为 14.4 t，金品位 0.47 g/t；2002 年锡铁山矿计算生产矿区（75～05 线）3062 m 以下 C+D 级伴共生金矿储量 11.7 t，金平均品位 0.7 g/t；其中在 2942 m 中段 5 线施工的 ZK4405 钻孔，在 240.7～242.2 m 处见含金黄铁矿厚 1.5 m，金品位高达 38 g/t，银品位 386 g/t，这是矿区已知最高的金品位。而且在生产矿区计算储量范围内，金品位大于 10 g/t 的有 16 个样，大于 5 g/t 的有 35 个样，由此可见在生产矿区内金矿化分布广，局部强度还很高，在生产矿区之外，于本区北部、西部和东部等地段均发现有金异常，找金矿的信息是比较多的，从柴北缘的情况来看，特别是其中的西段，已发现产于元古宙万洞山群中的特大型滩间山金矿床，再向北西有产于滩间山群下火山岩组中的红柳沟金矿，规模大，矿石金品位达 7～12 g/t；结绿素金矿产于同一层，规模较大，金品位高，因此对本区找金矿力度应予以加强。

2.2 找矿目标部位的圈定

根据前述原则，提出深部找矿的几类有利找矿部位。再结合各具体有利部位的实际控制情况、相关找矿信息和施工条件，提出找矿验证孔位。

2.2.1 沿主要矿体产出部位及其附近找矿

一是要追索主矿体可能出现而未控制部分，或是控制程度不够的部分；二是要重视沿走向、倾向寻找与主矿体平行产出或斜列平行产出的矿体。主矿体产出部位成矿条件最佳，沿此部位就矿找矿易收到好的找矿效果。

本区除原提交的主要产于前述中上部矿带中的 6 个主要矿体（I_{1-2}、I_{1-33} 和 II_9、II_{10}、II_{10-3}、II_{10-4}）外，近些年在前述中下部矿带和下部矿带中又探获了重要的矿体。研究这些主要矿体产出部位的工程控制程度和相关的找矿信息，以确定具体找矿验证部位。

2.2.2 寻找同生断裂北东侧（陡倾倒转箱状复向斜北东翼）陡倾斜部位的矿体

在具体研究矿带发育宽度及相关找矿信息和工程控制程度后，分析找矿前景，提出找矿部位。一般工程控制浅，在 2500 m 标高以上较远部位，又有相关的成矿地质条件（如互层大理岩、含碳质片岩等），或通过附近勘探线揭示矿体进行对比有利时，要提出在相应部位进行找矿验证。在此要提出的是，除要重视陡倾斜矿体、大理岩、次火山岩等的北东侧（即下盘）的找矿控制外，还要重视其南西侧（上盘）的找矿控制，现已在 75 线、79 线和 87 线深部（2900～2600 m 标高及以下）发现有物探电法异常，其部位偏南西侧，该区上部采矿也在向南西偏移。对这些情况要做好综合研究，以便选好找矿部位进行验证。

2.2.3 找同生断裂北东侧（陡倾倒转箱状复向斜北东翼）缓倾斜部位的矿体

这个部位包括陡倾斜与缓倾斜过渡部位的矿体，此处矿体在不同位置有缓倾与陡倾两种，这个部位大概在 2500 m 标高上下百余米的范围内（03 号勘探线 2005 年施工钻孔，已见此部位大矿体），其下主要是缓倾斜矿体，前述这些矿体产出部位就是前面所称的下部矿带。现在缓倾斜部位的找矿刚刚开始，绝大多数的勘探线均未控制到此部位的矿体，因而是本区复向斜北东翼深部找隐伏矿体的主要部位。在此部位由于靠近同生断裂，可能出现铜锌（黄铁）矿体、含金（铜锌）黄铁矿体等，并易出现多层矿体，施工中有可能漏掉下部矿体，为此要做好井中物探工作，确保有效揭示这个部位的矿体。还要提到的是，由于前述过渡部位矿体产状不同，在设计验证钻孔时要予以注意。总之找缓倾斜部位的矿体还有待积累经验。

2.2.4 同生断裂南西侧（陡倾倒转复向斜南西翼）的找矿

南西翼位于同生断裂下降盘一侧，成矿条件有利，矿体产生应主要在向斜深部缓倾斜部位和陡倾斜部位，由于埋深大，首先要做好大深度的地表物探工作，同时要选择适当部位的钻孔和坑道做好地下物探工作(如 S1 线 2942 中段，中间沟 3055 m 运输巷道，03 线深孔等)，在取得异常后找矿工作由北东向南西逐步推进，可选择一条有利勘探线(如 S1 线或其他勘探线)，在 2942 m 标高施工坑道用坑内钻进行找矿，验证深部异常。

2.2.5 其他有望地段的找矿

除上述有利找矿部位外，铜、金等矿种的独立矿床所产出的地段不一定与这些部位一致，还有被老地层覆盖区的找矿，也未在上述有利找矿部位内提出。因此在本区有望找矿线索出现的地段都要注意研究，区别情况进行找矿验证。

2.3 初步建议找矿验证的孔位

根据对本区控矿条件的认识，和对矿带与无矿带的分析，以及与附近见矿剖面的对比，建议在 S1 线(即 1 线)在 2942 m 标高坑内打一个坑内钻，钻孔深约 780 m，寻找深部向斜缓倾部位的矿体。还建议在 232 线施工一个地表钻孔，孔深约 800 m，寻找含碳云母片岩中，向斜陡倾部位中下矿带的矿体(如此处可施工坑道应以坑内钻孔代替)，但此剖面未见到大理岩，物探工作可能也未做，进行深部找矿风险是大的，但在西侧 100 m 处 236 线也未见大理岩，在 3225 m 标高附近，见矿厚达 15.4 m，铅锌合计品位 4.58%，银 43.1 g/t，这样看还是可以进行深部找矿探索的，争取打开在含碳质片岩中的找矿新局面。施工上述钻孔时，均须做好井中物探工作，以便指导深部找矿工作。

上文引用了锡铁山矿务局许多矿产地质勘查资料，也引用了桂林工学院王钟教授等较多的物探资料，谨此深致谢意！

(原设计作于 2004 年 7 月)

参考文献(略)

锡铁山铅锌矿床断层沟地区成矿潜力评价

祝新友[1]　王京彬[1]　王莉绢[1]　邓吉牛[2]　樊俊昌[2]

（1. 北京矿产地质研究所，北京，100012；2. 西部矿业有限责任公司，西宁，810000）

摘　要：锡铁山铅锌矿床发育 SEDEX 成矿系统，赋矿的滩间山群 a－b 岩组在锡铁山地区北起黄羊沟、南至红石岗，分布稳定，断层沟一带含矿层特点与锡铁山矿区一致。该层位受 F1 断裂的影响，在断层沟一带强烈片理化，原始层理全部消失，地层倾向可能为 SW。断层沟一带的大理岩显示为喷流沉积系统远端特征，亦属喷流卤水与海水相互作用的产物。成矿系统的研究说明，中间沟—断层沟一带，仍属喷流沉积成矿系统的中远端，具备形成大规模条纹条带状铅锌矿体的条件，但 F1、成矿后的喷口活动均会对矿体起破坏作用。

关键词：铅锌矿床；喷流沉积型；地层地球化学；成矿预测

青海锡铁山大型铅锌矿床类型为喷流沉积型（SEDEX）（邓吉牛，1999；张德全等，2006；祝新友等，2006，2007，2008），发育完整的喷流沉积成矿系统，包括供给系统、沉积系统以及后期叠加改造系统。根据对锡铁山矿田含矿地层滩间山群 a－b 岩组大量的地层地球化学剖面研究揭示，该层位在锡铁山地区稳定分布，后期破坏不大，虽然遭受 F_1 断裂的影响，但并未从根本上破坏成矿系统。与喷流沉积作用有关的碳酸盐岩研究也揭示出喷流作用已影响至中间沟—断层沟地区。成矿系统的研究推断，中间沟—断层沟地区属锡铁山 SEDEX 成矿系统的中部—边部，具备形成大规模条纹状铅锌矿的条件。

1 锡铁山地区滩间山群

晚奥陶世滩间山群（O_3tn）为一套以绿片岩为主的早古生代祁连—柴达木间分裂的洋盆—岛弧火山沉积岩系（张德全等，2005），并经其后的俯冲与碰撞作用形成的浅变质岩系，在柴北缘地区断续分布千余公里，自 NE 向 SW，可分为 O_3tn^{a-b}、O_3tn^c 和 O_3tn^d 3 套地层，以断裂相分隔，区域分布稳定。滩间山群 a 岩组（O_3tn^a）包括下部中基性火山碎屑岩互层段（O_3tn^{a-1}）和上部细碎屑岩正常沉积岩段（O_3tn^{a-2}）。滩间山群 b 岩组（O_3tn^b）为中基性火山碎屑岩夹熔岩。滩间山群 c 岩组（O_3tn^c）为紫红色砂岩。滩间山群 d 岩组（O_3tn^d）以中基性火山碎屑岩为主夹部分熔岩、少量沉积岩。滩间山群向 NE 逆冲至中新元古界达肯大坂群变质岩之下，沿俯冲断层（F_1）形成柴北缘超高压变质带（吴才来，2004；宋述光等，2004；杨经绥等，2003）。受该断裂的影响，O_3tn^{a-b} 出露不完整。

锡铁山矿床铅锌矿体赋存于滩间山群 a－2 层（O_3tn^{a-2}）沉积岩段中，围岩为大理岩和绢云石英片岩，随地层倾向南西，总体产状大致为 240°∠70°，整体倒转。滩间山群代表了柴北缘地区大陆边缘裂陷、大陆扩张以及闭合、俯冲的过程。O_3tn^{a-b} 与 O_3tn^d 的对比研究显示，二者可能形成于不同的大地构造环境，O_3tn^{a-b} 更多地显现出大陆边缘俯冲形成的岛弧火山沉积环境，O_3tn^d 更多呈现出裂谷或大洋环境。

2 O_3tn^{a-b} 岩组的连续性研究

2.1 滩间山群及其 O_3tn^{a-b} 岩组出露连续

锡铁山喷流沉积成矿系统向东南方向侧伏，侧伏角度约 20°（张德全，2006）。滩间山群（O_3tn^{a-b}）片岩中的小柔皱枢纽倾向一般在 SE130° 左右，倾伏角一般在 15°～30°，与含矿系统侧伏产状大体一致，与滩间山群 d 岩组（O_3tn^d）片岩中的侧伏方向不一致。

侧伏是后期构造作用的结果，显示的是同生断层的走向与以 F_1 为代表的逆冲断裂走向不一致，柴北缘裂解—闭合—逆冲，经历了长期的历史。侧伏是大规模的，它是整个滩间山群 a－b 岩组向东南方向侧伏的组成部分，泥盆系阿木尼克组磨拉石红层堆积也表现为此侧伏规律。整个锡铁山地区的含矿系统总体是完整和连续的，含矿的滩间山群也是连续的。向东南方向侧伏，黄羊沟—北鞍峰地区翘起，显示出根部的特点，而断层沟地区的地层构造系统属于锡铁山—中间沟地区向东南方向的侧伏。

2.2 地质地球化学剖面显示出的地层的可对比性

在地表锡铁山沟西的剖面（图1）XTP0、XTP1，O_3tn^{a-b}主要是绿泥绢云片岩、少量绿泥石英片岩，两侧大断裂形成的破碎带很宽大，沿F2的破碎带过去都被划入O_3tn^a岩组，真正出露的绿泥石英片岩宽度小于50 m。XTP2穿过北鞍峰的剖面（见图1），包括沿断层沟西侧的追索，在大理岩与紫色砂砾岩（O_3tn^c）间，出现的全部是蚀变石英钠长岩，以断层与紫色砂岩相邻。中间沟西侧的XTP3剖面（见图1）和东侧的XTP4剖面（见图1），绢云片岩直接与紫色砂岩接触，其中含层状石英钠长岩和矿体，剖面东北段出现灰绿色、浅灰绿色、绿灰色的绿泥石英片岩，其中含较大量的火山物质，应属O_3tn^{a-1}，缺失O_3tn^b；断层沟完成的剖面（见图1）包括XTP5、XTP6、XTP7，主要岩性为强烈片理化的泥质碎屑岩，如石英绢云片岩、钙质绢云片岩等，少量绿泥石英片岩，夹大理岩，基本上属于O_3tn^{a-2}。XTP8、XTP9剖面（见图1）位于断层沟东—红石岗，剖面也揭示出类似的特点，F1破碎带更宽，滩间山群主要是泥质片岩类，其中夹大理岩薄层，受到强烈的韧性剪切，也应属于O_3tn^{a-2}。

总之，在地表完成的各地质剖面均显示，锡铁山地区含矿地层（O_3tn^{a-b}）以泥质、钙质沉积物为主，主要为石英绢云片岩、绢云石英片岩、大理岩等，含一些绿泥石英片岩，中基性火山物质很少。

2.3 大理岩的地球化学特征

大理岩是锡铁山矿床重要的容矿围岩，是喷流卤水与海水相互作用的产物（祝新友，2007），所有非层状矿赋存在大理岩中，部分层状矿体分布于大理岩的边部（多为上盘，SW盘）。本项目针对大理岩开展了多条剖面测量，地表锡铁山沟（XTP-2）、坑道包括2942中段17线（XTP-9）、2882中段51线（XTP-14）以及2822中段9线（XTP-15）。XTP-2、XTP-14代表喷口附近的厚层大理岩，其中含有非层状矿体；XTP-15代表远离喷口的大理岩，大理岩层位、厚度稳定，其SW盘赋存有层状铅锌矿体。

喷口附近大理岩地球化学特征。大理岩厚度大，地表出露宽度达100 m，其中含有非层状铅锌矿体或氧化形成的锰银矿体。大理岩SW盘为网脉状石英钠长岩，NE盘为绢云石英片岩和绿泥石英片岩。以地表北鞍峰剖面（XTP-2）说明之，该剖面大理岩出露宽度190 m，SW盘为网脉状石英钠长岩，与紫色砂岩

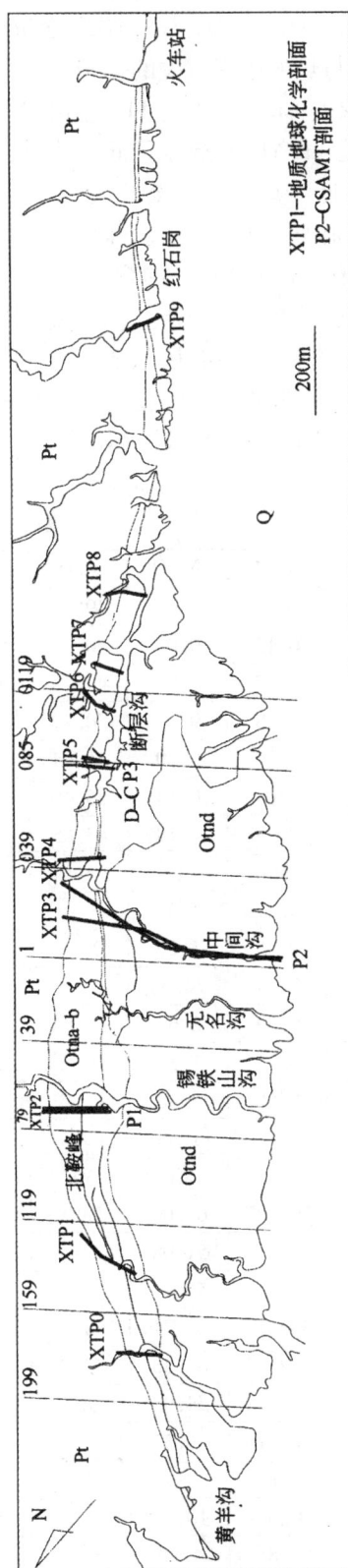

图1 锡铁山矿区地表物化探剖面布置图（化探剖面：XTP0～XTP9；物探剖面：P1～P3）

（滩间山群c岩组）以断裂相邻。大理岩大体可分两部分，各占一半，下半部分（SW）为块状，矿化少，白色；上半部分（NE）为厚层状，条带状，条带以泥质为主，往上条带增多，含不规则状铅锌矿化、锰银矿化等，属非层状铅锌矿。与下半段相比，上半段（NE）

大理岩含有更多的泥质，CaO 含量降低，黏土矿物含量增加，表现在 Fe_2O_3、K_2O、Ti 等物质含量的增加，同时，Pb、Zn 及与热液作用有关的一些元素含量也有所增加，如 Pb、Zn、Cu、W、Sn、Tl、$\sum REE$ 等，而另一些指标，如 Sr、La/Yb 等指标降低。并且，这些变化特点在不同的近喷口相大理岩中变化不同，如在 2008 中段 51 线剖面（XTP14），自下而上，Co、In、Tl 的含量降低而 δEu 与 La/Yb 等的含量升高。这些近喷口大理岩中微量元素的无规律变化显然不同于相对远离喷口的层状大理岩（伴有层状矿体）中的规律性变化，厚层大理岩可能是快速沉淀形成的，只是受到喷口变化的影响。同时，非层状铅锌矿体两侧出现的

Pb、Zn、Cu、W、Sn 等元素含量的增高可能是这些后生的非层状矿体围岩地球化学异常的表现。

由于大理岩与成矿作用的密切关系，在测制地球化学剖面时，加强了大理岩的取样。各层位大理岩中元素含量的统计值见表 1。其中剔除了部分剖面样品中异常高含量的 Pb、Zn 值。除 XT3 - d 外，全部取自滩间山群的 a - b 层。按照不同剖面位置与喷口距离的关系，XT2、XTK1、XT14、XT15、断层沟、红石岗等剖面逐渐远离喷口。XT2、XTK1、XT14 三条剖面位置均位于喷口附近的厚层大理岩，其中发育有非层状铅锌矿体。

表 1　锡铁山矿区大理岩元素含量

位置	n	K_2O	Na_2O	CaO	MgO	Al_2O_3	Fe_2O_3	Cu	Pb	Zn	W	Sn
XT2	21	0.04	0.06	49.37	0.29	0.93	1.06	15.78		0.59	0.70
XTK1	22	0.13	0.04	50.00	0.37	1.23	0.75	22.85	43.19	129.22	0.85	1.10
XT14	13	0.07	0.08	49.73	0.24	0.91	0.37	5.32	35.31	48.12	2.25	0.61
XT15	18	0.08	0.16	50.72	0.74	1.19	1.39	24.27	84.51	64.47	0.62	3.11
断层沟	3	0.06	0.30	46.44	1.10	1.68	1.04	14.28	13.80	25.60	0.25	1.92
红石岗	5	0.09	0.15	46.46	1.25	1.24	0.64	21.43	16.94	15.78	0.26	0.90
XT3 - d	5	0.25	0.18	45.65	1.31	1.74	0.78	14.06	13.43	27.95	0.46	1.39

位置	Bi	Mo	Au	Cd	Ga	Ge	Co	Ni	Rb	Sr	Ba	In
XT2	0.07	0.71	1.52		4.30	0.57	14.03	51.07	3.99	326	27.90	0.04
XTK1	0.09	0.45	5.26	2.33	2.95	0.35	11.12	31.80	7.37	290	33.40	0.08
XT14	1.06	0.44	74.00	0.02	1.49	0.28	10.72	14.87	4.27	310	23.04	0.04
XT15	0.80	0.59	2.62	0.06	3.00	1.01	10.51	39.06	4.66	297	38.96	0.07
断层沟	0.06	0.61	1.37	0.05	2.44	0.44	7.54	11.05	3.14	458	36.84	0.04
红石岗	0.08	0.66	2.48	0.04	1.96	0.41	7.52	34.41	4.90	607	88.31	0.04
XT3 - d	0.09	1.18	1.38	0.04	2.37	0.69	14.51	14.02	10.85	342	492.5	0.03

位置	Tl	P	Cr	Mn	Ti	V	Zr	Li	Be	Nb	Ta	Hf
XT2	0.08	106.97	60.00	2881	139	10.40	31.71	1.67	0.15	0.76	0.04	0.19
XTK1	0.13	59.84	51.08	2730	211	14.09	17.70	1.79	0.13	0.79	0.06	0.24
XT14	0.12	61.41	57.71	1272	125	7.94	12.59	0.73	0.09	0.56	0.04	0.19
XT15	0.59	486.19	45.71	2117	169	15.02	16.10	1.44	0.30	1.09	0.14	0.28
断层沟	0.05	112.98	82.36	1258	328	17.66	24.83	4.41	0.14	0.79	0.07	0.34
红石岗	0.09	240.00	54.98	961	190	26.55	43.04	3.49	0.20	0.53	0.05	0.22
XT3 - d	0.18	385.10	54.31	738	333	27.12	49.99	2.55	0.20	1.07	0.07	0.28

位置	U	Th	Sc	La	Ce	Pr	Nd	Sm	Eu	Gd	Tb	Dy
XT2	0.74	0.61	10.63	4.02	5.30	1.03	2.99	0.50	0.22	0.54	0.08	0.42
XTK1	0.62	0.86	4.80	3.12	4.95	0.79	3.18	0.63	0.29	0.71	0.11	0.79
XT14	0.57	0.68	4.61	2.90	4.56	0.73	3.03	0.60	0.23	0.73	0.13	0.98
XT15	0.34	0.85	5.55	3.29	5.85	0.80	2.67	0.62	0.29	0.53	0.11	0.76
断层沟	0.43	0.86	8.15	4.86	9.46	1.01	5.26	1.16	0.47	1.21	0.29	1.63
红石岗	0.43	0.70	5.02	4.42	7.20	1.01	3.77	0.75	0.31	0.73	0.13	0.76
XT3 - d	1.12	0.83	9.77	6.20	9.13	1.46	4.49	1.09	1.00	0.90	0.20	1.06

续表1

位置	Ho	Er	Tm	Yb	Lu	REE	La/Yb*	Ce/Ce*	Eu/Eu*	MC	Zn/Pb	Pb/Cu
XT2	0.09	0.26	0.04	0.22	0.04	15.75	12.27	0.61	1.28	0.006		
XTK1	0.16	0.48	0.07	0.48	0.07	15.84	4.42	0.74	1.30	0.007	2.99	1.89
XT14	0.22	0.78	0.13	0.94	0.16	16.13	2.08	0.74	1.08	0.005	1.36	6.63
XT15	0.18	0.49	0.10	0.58	0.12	16.38	3.81	0.85	1.50	0.014	0.76	3.48
断层沟	0.33	1.04	0.15	1.05	0.16	28.35	3.12	0.89	1.19	0.023	1.86	0.97
红石岗	0.15	0.44	0.06	0.35	0.05	20.14	8.47	0.79	1.25	0.026	0.93	0.79
XT3－d	0.21	0.64	0.08	0.58	0.09	27.12	7.23	0.71	3.00	0.028	2.08	0.95

位置	Co/Ni	Rb/Sr	Sr/Ba	In/Tl	Ga/Ge	Li/Be	Zn/Cd	Au/Pb	Mn/Ti	Th/U	Nb/Ta	Zr/Hf
XT2	0.27	0.01	11.69	0.48	7.55	11.23			20.67	0.82	18.83	170.95
XTK1	0.35	0.03	8.69	0.58	8.36	13.46	55	0.12	12.96	1.38	14.02	73.98
XT14	0.72	0.01	13.45	0.30	5.40	7.97	2268	2.10	10.19	1.19	14.03	64.58
XT15	0.27	0.02	7.63	0.11	2.97	4.84	998	0.03	12.51	2.51	7.76	57.85
断层沟	0.68	0.01	12.42	0.77	5.60	31.97	546	0.10	3.84	1.98	12.02	73.30
红石岗	0.22	0.01	6.87	0.37	4.84	17.01	425	0.15	5.06	1.62	11.37	197.75
XT3－d	1.04	0.03	0.69	0.16	3.41	12.95	713	0.10	2.21	0.74	14.51	175.60

注：MC = MgO/(MgO + CaO)。XT2—北鞍峰剖面 a－b 层；XTK1—2942 中段 51 线剖面；XT14—2882 中段 51 线剖面；XT15—2822 中段 9 线剖面；断层沟—XT5、XT6、XT7 剖面 a－b 层；红石岗—XT8、XT9 剖面 a－b 层；XT3－d—中间沟剖面 d 层。n—统计样品数；单位：氧化物—%，微量元素—×10^{-6}，Au—×10^{-9}。

随着远离喷口系统，大理岩厚度减小，其中 Na_2O、MgO、REE 含量增高，含量下降的元素包括 Pb、Zn、Co、Ni、In、Tl、Mn、U 等，这些元素大部分与喷流作用有密切联系，其中 Mn 是碳酸盐岩中与喷流作用非常密切的元素。La/Yb、Zn/Pb、Zn/Cu、Pb/Cu、Sr/Ba、Zn/Cd、Mn/Ti 等比值多具有逐渐降低的趋势，而 MgO/(MgO + CaO) 增加，Ce/Ce* 略有增高，这些特点说明，a－b 层中的大理岩的成岩机理是相同或相似的，其成岩物质来源受喷口系统的影响，其物质组成与距离喷口系统的远近有密切关系。这也从一个侧面上说明，断层沟地区的含矿层与锡铁山矿床本区是可对比的，只是地表出露的岩石相比锡铁山本区而言，距离喷口系统更远。

有 5 件大理岩样品取自滩间山群 d 岩组（XT3－d），其中 CaO 含量偏低，代表黏土矿物含量的 K_2O、Al_2O_3 等含量较高，另外，有异常高含量的 Ba，以及极低含量的 Mn，Pb、Zn 含量也较低。Eu/Eu*、MgO/(MgO + CaO)、Co/Ni、Sr/Ba、Rb/Sr、Mn/Ti 等指标也完全不同于 a－b 层中的大理岩，更多地表现为正常海相沉积的产物。

Sr/Ba 比值可大体反映沉积水体的盐度，一般海水沉积的碳酸盐岩 Sr/Ba = 1 左右，随盐度增加，Sr^{2+} 溶度积下降，Sr/Ba 比值增加。a－b 层中的大理岩 Sr/Ba≫1，远大于正常海相沉积碳酸盐岩，显示出卤水沉积的特性，属于高盐度卤水沉积的产物。

大理岩 Pb、Zn 含量变化很大，由于远离喷口系统，断层沟—红石岗地区的大理岩中 Pb、Zn 含量均很低，但最低的是滩间山群 d 岩组，靠近喷口相的大理岩 XT14、XTK1 等 Pb、Zn 含量较高，且 Zn > Pb，相对远离喷口，与层状矿相伴出现的条带状大理岩 Pb > Zn（见图 2）。

断层沟—红石岗一带的大理岩具有较高含量的 Sr，而滩间山群 d 岩组大理岩的 Ba 含量高，靠近喷口的大理岩 Sr、Ba 含量均较低（见图 2）。

大理岩的 REE 元素地球化学配分图如图 3 所示，取自滩间山群 d 岩组的样品（XT3－d）具有高的正 Eu 异常和弱负 Ce 异常，具有海水沉积碳酸盐岩的特点。代表近喷口相的厚层大理岩（XT－14）的 REE 分布呈 "U" 形，Eu 异常不明显，与物质主要受喷流卤水影响有关。与层状矿相伴的大理岩（XT15）也有 "U" 形分布特点，但重稀土含量较低，Eu 的正异常也较明显，断层沟及红石岗地区（XT5、XT6、XT7、XT8、XT9）均表现为轻稀土富集型的特点，远离喷口系统，红石岗的样品重稀土含量更低。

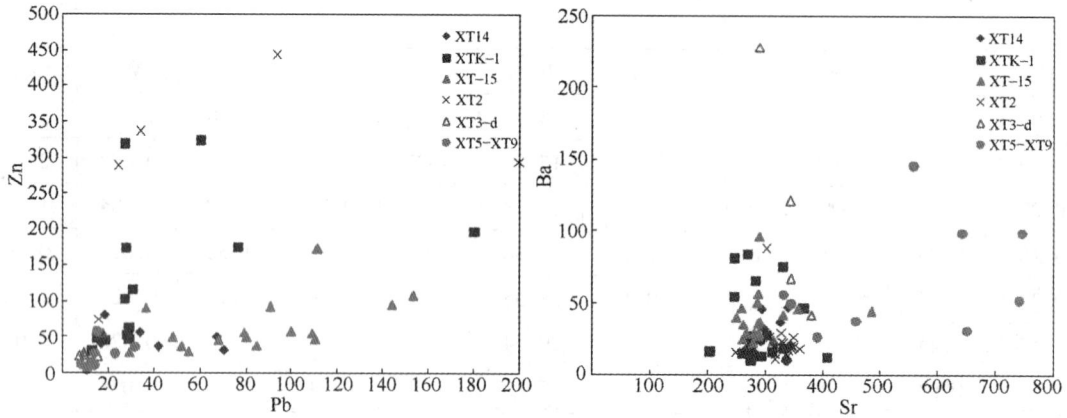

图 2　大理岩 Pb – Zn、Sr – Ba 关系

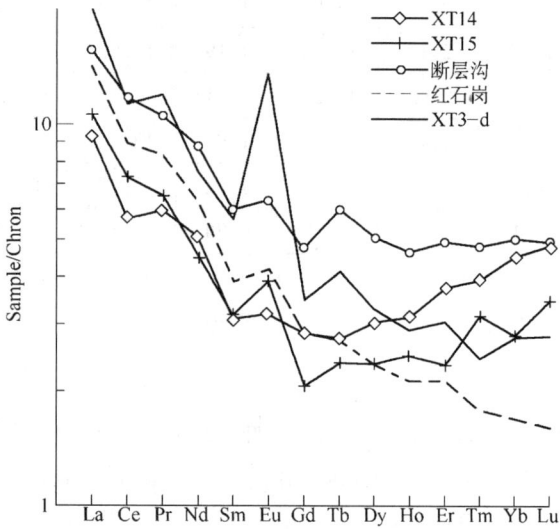

图 3　锡铁山矿区大理岩稀土元素配分图

3　F₁断裂对滩间山群及含矿层的影响

作为前寒武世变质岩与滩间山群分界的区域性大断裂 F_1，NW—SE 向穿越矿区，沿断裂发育大规模的韧性剪切带。F_1 地表形态总体呈现一个向 NE 突出的弧形，在黄羊沟—北鞍峰一带，总体走向为 NW300°，在锡铁山沟—中间沟一带走向为 NW310°左右，而在断层沟—红石岗一带，走向为 NW320°。导致锡铁山地区的 NW 部和 SE 部奥陶系的出露宽度减小，断裂的表现也不相同。

在锡铁山沟，F_1 断裂距离含矿的滩间山群 a－2 岩组最远，a－1 岩组大于 500 m，断裂表现为宽 20 m 左右的韧性剪切带，强烈的剪切作用，使达肯大坂群变质岩与滩间山群绿片岩间呈过渡状态，看不出明显的界线。剪切面倾向 NE，倾角约 60°，靠近剪切带的滩间山群产状也受之影响，倾向 NE，但随着远离 F_1，滩间山群绿片岩总体仍呈 NE 倾向。

黄羊沟—北鞍峰一带，F_1 断裂表现在大规模的破

碎带，地形上表现为沟谷，在北鞍峰西侧，破碎带的宽度大于 50 m，南侧的滩间山群出露宽度明显减小，主要为绿泥绢云片岩，少量绿泥石英片岩，主体属于 a－2，a－2 的大部分被断层破坏。

中间沟—断层沟地区，随着含矿层靠近断裂，含矿层及铅锌矿体在中间沟以东逆转，倾向由 SW 变为 NE。靠近断裂的局部地带，地层强烈褶皱［见图 4（a）］，局部见到原始的层理，即中间沟—断层沟一带受 F_1 的强烈影响沉积层理几乎全部为后期片理所取代［见图 4（b）］，这一点对断层沟地区的成矿预测有重要意义。在断层沟一带，含矿地层紧邻断层分布，属于韧性剪切带的一部分。根据在断层沟地区 CM280105 穿巷地质地球化学剖面及系统的岩矿鉴定，整个含矿岩系，全部受韧性剪切的影响，可见到大量的韧性剪切现象，包括拉长的石英［见图 4（c）］、石英在应力条件下的重结晶［见图 4（d）］等。

因此，断层沟地区的地层面理主要为 F_1 断层作用形成的片理，实际地层产状（S_0）可能倾向 SW，地层仍呈倒转状，与锡铁山矿床本区一致。

4　断层沟地区的矿化

断层沟地区目前发现的铅锌矿化全部受控于片理，均为后期改造过程中定位形成。

断层沟的铅锌矿化大多数沿含矿层（O_3tn^{a-2}）断续分布，少量分布于 F_1 断裂破碎带甚至达肯大坂群片麻岩中，明显受断裂构造的控制。分布于（O_3tn^{a-2}）中的铅锌矿化分两个矿带，Ⅰ号矿带长约 1100 m，宽 4～20 m；Ⅱ号矿带长约 500 m，宽 6～10 m，矿带产状与地层及片理一致；含矿层位为滩间山群 O_3tn^{b-1} 绢云片岩；矿体形态多呈透镜状、不规则脉状、似层状。产状多与片理产状一致，在地表多倾向 NE，倾角 60°～70°。

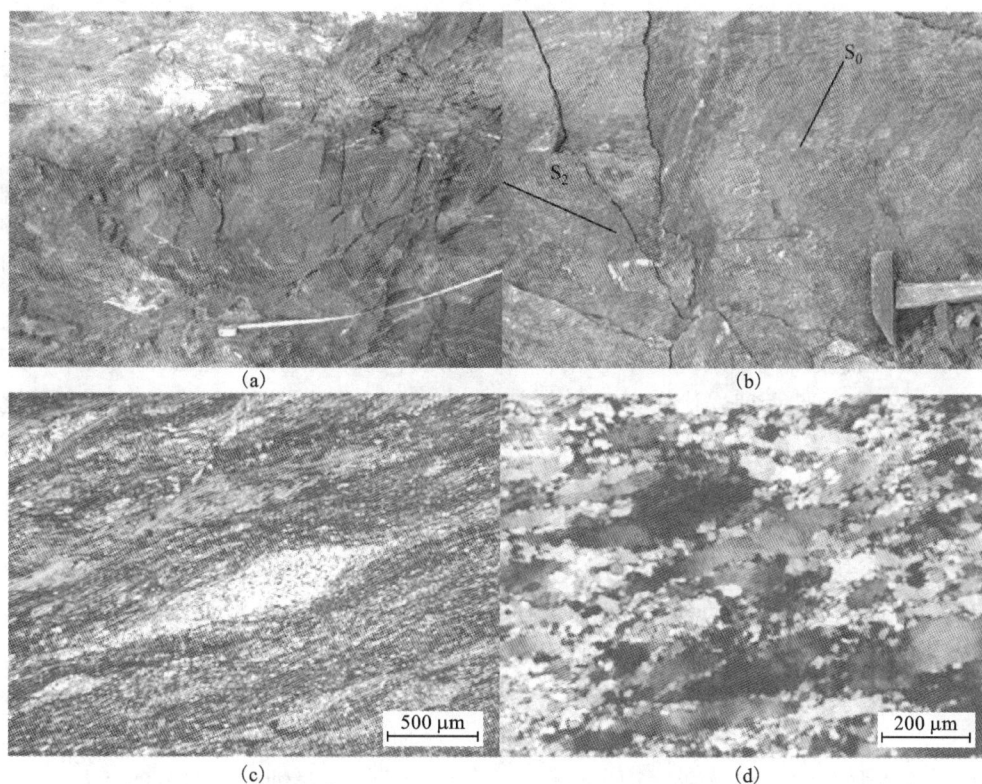

图4 中间沟—断层沟地区的 F_1 断裂影响

(a)岩层强烈褶皱(中间沟);(b)绢云石英片岩的原始沉积层理全部被片理取代(中间沟);
(c)绢云石英片岩中石英的拉长(断层沟);(d)石英片岩中石英在受力状况下的重结晶(断层沟)

矿石构造以浸染状为主,次为块状。主要矿物闪锌矿、方铅矿、黄铁矿,少量黄铜矿、磁黄铁矿。闪锌矿颜色呈棕—灰黑色。

断层沟地区铅锌矿的形成经历了较复杂的过程,滩间山群形成过程中经历了喷流沉积历史,与锡铁山矿床相同,在滩间山群 b-1 岩组中沉淀了初始的铅锌金属富集,甚至形成了较大规模的层状铅锌矿体。奥陶纪晚期柴北缘裂陷闭合时本区经历了强烈的逆冲作用,伴随 F_1 断裂活动,含矿层中的原始初步富集的成矿物质重新活化迁移,沿剪切带重新富集形成脉状、不规则状铅锌矿体。其成矿物质的最初来源与锡铁山矿床完全一致,属于喷流沉积—后期改造类型。

5 断层沟地区找矿潜力评价

5.1 断层沟地区存在巨大的找矿潜力,其片岩中的层状铅锌矿体是未来的重点找矿方向

断层沟地区地表及深部工程发现了较大量的铅锌矿化,断续分布一直到 0117 线,几乎纵贯整个断层沟。这些矿化分布于含矿层(O_3tn^{b-1}),但矿化并不是喷流沉积形成的,既非层状矿,也非锡铁山矿床特定的非层状矿,而是形成于后期改造作用中的受构造控制的矿化。虽然如此,这些矿化的出现与含矿层位尤其是与喷流沉积岩密切相关,其硫、铅同位素与锡铁山矿床相同或相似,成矿物质的最初来源相同,或者说,矿体的形成是喷流沉积时初步富集在含矿层中的成矿物质在后期改造过程中的再次富集。虽然这类矿化很广泛,但它并非本项目研究的主要目标,我们的最初目的是研究和判断断层沟地区形成大规模喷流沉积矿体的可能性。经过前述系统的地质地球化学研究,以及地球物理探测的结果,我们认为,断层沟地区深部仍然具有形成大规模铅锌矿化的条件。

(1)含矿地层在断层沟地区仍稳定分布

断层沟地区多条地质地球化学剖面揭示含矿层在断层沟一带是基本稳定的。(O_3tn^{a-2})层受 F_1 断裂的影响仅在断层沟西部毗邻中间沟一带出现,往东被断层破坏。断层沟大部分含矿层 O_3tn^{b-1} 直接以 F_1 断裂与达肯大坂群片麻岩相邻。越往东南方向,含矿层越靠近 F_1,受 F_1 韧性剪切带的影响越大。

断层沟的矿化与喷流沉积岩的分布有密切的空间关系,因此,虽然由于 F_1 断裂影响,原岩岩性及层位常难以准确判断,但矿化及喷流岩的稳定分布也表明,含矿层东至 0115 线附近仍是稳定延伸的。

（2）矿化分带与矿化边界的讨论

这在前面相关章节中已做过系统的讨论，在此不做重复。总之，至中间沟一带，锡铁山的喷流沉积系统向东南方向侧伏，但未封闭。03～011线揭露的矿体及喷流沉积岩表明，锡铁山矿床（本区）主体仍属于喷流沉积成矿系统的中心相和近喷口相，外侧还存在大规模的条纹条带状的层状铅锌矿体尚待发现。

整个锡铁山矿床的喷流沉积系统是保存完整的，后期的构造活动和改造作用并未产生大的横向错动或位移。北鞍峰—锡铁山代表喷流沉积系统的中心相和近喷口相，无名沟—中间沟一带大理岩代表近喷口相或中部沉积相，断层沟的喷流沉积岩则代表系统的远端。

断层沟地区出露的石英钠长岩和硅质岩代表着该系统的边缘沉积相，其地表出露的最远位置在0110线附近，如果以此作为喷流沉积系统的远端边界，按照喷流系统向东南方向侧伏的规律，则断层沟地区的大部分均位于该喷流沉积系统之间（指含矿层及对应的喷流时代）。

（3）喷口及喷流活动中心的迁移及断层沟地区的矿体发育与保存

喷流沉积作用在同生长断层两侧的发育是不对称的，同样，在纵向，沿同生长断裂发育的喷流作用也是不对称的。随着喷流活动中心自NW向SE方向的迁移，在锡铁山沟—无名沟大规模的大理岩代表的近喷口相和中间沟—断层沟一带的远喷口沉积相发育的规模可能更大，由于后期构造运动隐伏于地下得以保存。喷口的迁移也可能在中间沟—断层沟地区形成较正常分带，预测的更大规模的喷流沉积存在，其中可能伴随着更大规模的矿量堆积。

（4）断层沟地区已发现大量铅锌矿化

大量后生改造型矿化在含矿层中的出现，也说明含矿层中富集铅锌成矿物质，甚至存在层状铅锌矿体。

5.2 影响断层沟地区成矿潜力的其他一些因素

5.2.1 F_1 断裂对矿床成矿后的影响

由于含矿层（O_3tn^{b-1}）与 F_1 断裂走向不一致，二者向东南方向逐渐靠拢，F_1 断裂在中间沟—断层沟地区对含矿层产生越来越强烈的影响。一方面是广泛的韧性剪切作用，片理广泛取代层理；另一方面是靠近 F_1 的地层可能再一次发生倒置。即：中间沟以西地区，含矿层倾向SW，但在中间沟以东，含矿层及矿体产状均倾向NE，倾角60°～70°。CSAMT测量剖面显示，以含矿层（O_3tn^{b-1}）为代表的低阻体除在近地表

倾向NE，深部仍倾向SW。由于 F_1 的影响，强烈的韧性剪切作用导致 S_2 对 S_1 或 S_0 的取代，原始层理难以辨认。目前断层沟地区全部的钻孔岩心均显示出深部含矿地层的产状未发现明显的变化，这也可能正是片理化作用的结果，或者说这些所谓的产状很可能是片理而不是层理。由此导致难以对深部含矿层产状的准确判断。因此，我们认为，含矿层 O_3tn^{b-1} 在中间沟—断层沟地区的总体倾向仍是SW向，地表的倾向NE向产状主要是由于 F_1 断层作用片理化的结果，或者说是片理的表现而不是层理。

中间沟—断层沟地区，F_2 断裂以北的含矿层全部呈NE倾向，包括 O_3tn^{b-1}、O_3tn^{a-2} 在内的滩间山群出露总宽度约200 m，因此，F_1 附近岩石片理化的宽度至少为200 m。目前085线的两个钻孔最深处距离 F_1 的距离不足100 m，因此，原始层理均被片理取代。原始层理的变化情况难以直接观察到。

5.2.2 晚期的蚀变交代作用对矿体尤其是对层状矿体的影响

加拿大Sullivan铅锌矿床晚期发育广泛的钠长石化、硅化，这类蚀变作用蚕食了大量的层状矿体。在锡铁山矿床中也可能存在这种情形。在钻孔ZK44007-16以及ZK440011-5的岩心中，晚期的蚀变作用表现为大规模的硅化，形成次生石英岩，其中含少量钠长石。次生石英岩穿透了层状矿体，不仅在其上、下部均出现条带状硫化物矿体，而且次生石英岩中也含有大量的层状条带状矿体的残留。

07线以及东南地区这类蚀变作用的规模还无从知晓，但07～011线的大规模次生石英岩的出现可能对东南部地区形成的层状矿体产生重大的影响。

5.2.3 沿同生长断裂发育的海底洼地的特点导致的矿化不均匀分布

沿同生长断裂NE盘下落形成的楔形长条状原始喷流沉积盆地是盆地卤水活动、喷流物质沉积成岩成矿的重要前提。由于近于横向的次级同生断裂或其他原因的影响，盆地发育的不均一性，将导致层状矿体发育的局部性，即东南侧伏方向上可能存在无矿段。

大理岩的研究揭示在25线附近存在一个次级的同生长断裂，已探明的非层状矿体的分布也很不均匀，这些都说明，沉积盆地的底部表面（海底表面）并不平坦。

5.2.4 横向断裂可能产生的影响

地表及坑道、钻孔剖面均揭示出锡铁山矿床存在多个横向断裂，主要表现为一系列的左行断裂，断裂形成时间相对晚，错断了含矿地层系统，但断距一般不超过50 m。如锡铁山沟、43线等，断层沟70线附

近似乎也发育这类断裂，断裂 NW 盘左行，有两层矿和两层石英钠长岩，而 SE 盘仅一层矿体、一层石英钠长岩。

6　结论

赋矿的滩间山群 a－b 岩组在锡铁山地区北起黄羊沟，南至红石岗分布稳定。该层位受 F_1 断裂的影响，在断层沟一带强烈片理化，原始层理全部消失，地层倾向可能为 SW。

断层沟一带的大理岩显示为喷流沉积系统远端特征，亦属喷流卤水与海水相互作用的产物。成矿系统的研究说明，中间沟—断层沟一带，仍属喷流沉积成矿系统的中远端，具备形成大规模条纹条带状铅锌矿体的条件，但 F_1 成矿后的喷口活动均会对矿体起破坏作用。

参考文献（略）

锡铁山铅锌矿床的角砾岩筒演化及喷口的迁移

祝新友[1]　王京彬[1]　王莉绢[1]　邓吉牛[2]　樊俊昌[2]

（1. 北京矿产地质研究所，北京，100012；2. 西部矿业有限责任公司，西宁，810000）

摘　要：锡铁山铅锌矿床发育大规模的管道相角砾岩筒，岩性包括石英钠长岩、钠长岩和次生石英岩，其中广泛发育多世代热水角砾和石英、钠长石网脉。这些岩石呈连续过渡，矿物组合相同，均为钠长岩＋石英，代表管道角砾岩筒不同阶段演化的产物。早期为钠长岩，中期为石英钠长岩，晚期为次生石英岩，含钠长石。空间分布也不同，钠长岩脉分布于锡铁山矿区 NW 部，石英钠长岩在中部，二者都位于厚层大理岩的下盘；次生石英岩除少量位于石英钠长岩中外，大规模的次生石英岩分布于矿区东南部，0 线以东地区，包括中间沟—断层沟地区，位于含矿层附近，部分刺穿了含矿层，层状铅锌矿体在其中呈残留状。这种时空分布特点显示喷流作用的时间远长于成矿作用的时间，喷流活动的中心或喷口自 NW 向 SE 迁移。成矿前的角砾岩筒可能为脉状钠长岩，发育于北鞍峰及以西地区，成矿期表现为网脉状石英钠长岩，分布于北鞍峰 -0 线一带；成矿后，喷流活动仍在继续，石英钠长岩→次生石英岩代表转折点，大规模的次生石英岩蚕食了先期形成的层状矿体，也影响了矿体向东南方向的延伸，成为中间沟—断层沟地区成矿预测须考虑的重要因素。

关键词：铅锌矿床；钠长岩；石英钠长岩；喷流沉积型；喷口迁移

青海锡铁山大型铅锌矿床类型为喷流沉积型（SEDEX）（邓吉牛，1999；张德全等，2006；祝新友等，2006，2007，2008），发育较为完整的喷流沉积系统，包括管道相、近喷口相和相对远端的喷流沉积相（祝新友，2006，2007），为矿山在东南方向侧伏部位实现大规模层状铅锌矿的找矿突破提供了重要的理论支撑（祝新友，2007）。管道相角砾岩筒的岩石为网脉状石英钠长岩，研究表明其具交代成因，热水角砾发育，多世代等特点（祝新友等，2006），与绿泥石英片岩呈交代过渡状态。

虽然在国内外一些 SEDEX 矿床中发现不同规模的管道相角砾岩筒（Lydon，2000），但锡铁山矿床角砾岩筒巨大的规模，以及石英钠长岩所反映出的长期演化特点以及显示的喷口迁移特点、与成矿作用的关系等，却是其他 SEDEX 矿床所不具备的。本文重点讨论锡铁山矿床喷流活动的迁移。研究发现，喷流活动中心（或喷口）是不稳定的，其位置存在规律性的变化。

1　矿床地质特征简介及管道相石英钠长岩特点

含矿的滩间山群（O_3tn）呈 NW330°方向分布于柴达木盆地北缘，自 NE→SW 分为 a - b 岩组、c 岩组和 d 岩组，可能为三套形成于不同构造背景的岩块拼合而成，期间为断裂接触。O_3tn^{a-1} 以绿泥石英片岩为主夹绢云石英片岩，O_3tn^{a-2} 为碳质绢云石英片岩、碳质片岩夹大理岩，为赋矿层，其中大理岩仅分布于锡铁山矿区及附近；O_3tn^b 为中基性火山碎屑岩夹火山熔岩。

大量的矿床学从不同角度的研究已经证实，锡铁山矿床含矿的滩间山群 a - b 岩组整体倒转，目前产状为走向 NW330°，倾向 NE，倾角约 60°，即原始产状自下而上分别为 O_3tn^b、O_3tn^{a-2}、O_3tn^{a-1}。本文中所述的上、下关系以及上、下盘等均以恢复后的层序表示。

锡铁山矿床 SEDEX 系统的管道相以网脉状石英钠长岩为代表，由于部分强蚀变岩石为肉红色，且其中发育的片理与流纹理相似，因此前人的研究以及矿山地质工作均将其定为流纹岩，进而将之作为滩间山群中火山岩的酸性端元，提出双峰式火山岩模式，以及裂谷构造环境的结论（邓吉牛）。

1.1　角砾岩筒岩石的分布

以钠长岩、石英钠长岩为代表的管道相岩石主要见于矿床深部的坑道、钻孔中，地表仅见于锡铁山沟以西，在锡铁山沟西北侧厚度达 20 m，往西北方向厚度减小，至黄羊沟东沟仅出现呈脉状发育的钠长石脉。全部分布于滩间山群 b 岩组和 a - 2 岩组下部，大部分分布于大理岩或层状铅锌矿体之下盘与滩间山群 c 岩组紫色砂岩（O_3tn^c）之间，O_3tn^c 无蚀变，在 0 线以东，部分分布于层状铅锌矿床的上盘。

由于含矿地层陡倾，纵投影图可大体反映原始平面特点。在纵投影图中（见图 1），管道相表现为长

2.5 km,宽大于0.3 km的角砾岩筒,深部(下界)未控制住,总体呈线性分布,尤其是在0线以西地区,随矿体及大理岩向东南方向侧伏,显示出沿同生长断裂发育的特点。

石英钠长岩与片岩间呈渐变过渡关系,界线的界定具有很大的人为性;与大理岩呈交代接触关系。蚀变发生时,其间的绢云石英片岩(O_3tn^{a-2})、绿泥石英片岩以及火山岩(O_3tn^b)全部遭受蚀变交代,但紫色砂岩(O_3tn^c)未受影响。表现在横剖面图上,石英钠长岩产状与大理岩及地层完全不一致,二者产状相顶。

1.2 角砾岩筒岩石学特征

岩石中发育广泛的热水角砾(隐爆角砾)及网脉状构造。在蚀变相对弱时,呈灰白—灰绿色,热水角砾岩化普遍,角砾主要是绿片岩,或早先形成的石英长石蚀变岩角砾。蚀变相对强时呈肉红色,角砾被进一步分解,广泛出现网脉状构造,网脉成分为石英和钠长石,脉宽一般小于1~5 mm,部分石英脉宽度大

于10 cm,无定向性,有多世代性,相互穿插,早期的钠长石多被交代产生绢云母化和黏土化,晚期的钠长石相对新鲜。石英细脉与钠长石细脉无明显的先后关系,但总体上看,早期细脉中钠长岩明显较多,后期细脉多以石英为主,晚期几乎全部由石英构成,常在局部形成次生石英岩,石英含量大于90%,长石全部分解。热水角砾也具有多世代性,角砾内部有次级角砾。早期的角砾更多为蚀变的片岩和钠长石,晚期角砾中石英含量明显增加。

管道相岩石成分变化差异性很大,包括钠长岩、含石英的钠长岩、石英钠长岩、钠长石石英岩、石英岩等,几乎以钠长岩、石英岩两个端元构成一个连续过渡的、总体上称之为网脉状的石英钠长岩。

钠长岩,呈脉状穿插于滩间山群b岩组和a-2岩组下部,脉宽小于2 m,分布于锡铁山沟以西,最西部见于黄羊沟一带。全部由钠长石构成,钠长石含量大于95%,弱绢云母化和黏土化,几乎不含石英。

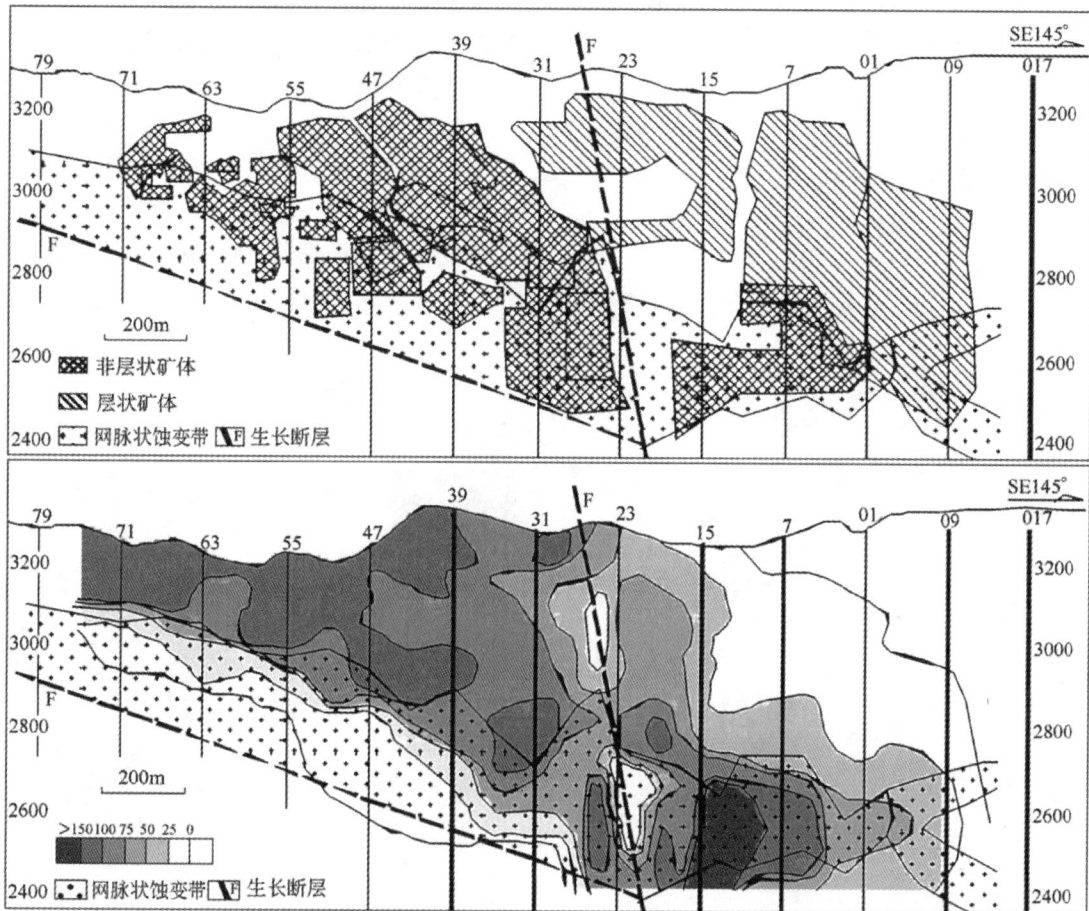

图1 青海锡铁山矿床纵投影图
(上图为铅锌矿体和石英钠长岩纵投影图;下图为大理岩等厚度纵投影图)

石英钠长岩过渡类型，也是主要类型。蚀变不均匀、角砾发育不均匀、成分也很不均匀。是83～0线间角砾岩筒的主要岩石。总体而言，硅化形成的次生石英岩往东南方向增多。主要矿物为钠长石、石英，含3%白云母，少量细粒浸染状的黄铁矿、黄铜矿、方铅矿。粒度一般为0.1～0.3 mm。电子探针分析显示，长石成分主要为钠长石，An < 4（祝新友等，2007）。

次生石英岩在石英钠长岩中常局部出现，在05～015线，相当于中间沟地区，表现为厚层的白色次生石英岩，赋存于滩间山群a-2岩组，穿过含矿层。该地段大理岩厚度很小或尖灭，层状铅锌矿体主要赋存于片岩中，条纹条带状矿石中的石英呈自形长柱状。在0线ZK44007、ZK44005等钻孔中，不均匀发育的次生石英岩钻穿厚度达300 m，不仅矿体上盘的绢云母石英片岩遭受强烈蚀变，层状矿体也受到蚀变破坏，呈残留不规则状。次生石英岩中主要矿物石英含量大于95%，伴有绢云母与黏土，少量钠长石。其中石英呈不规则他形，粒度0.1～0.5 mm，常具波状消光，其特点和分布与83～03线的网脉状石英钠长岩中的石英相似。

2　讨论

2.1　喷口或喷流活动中心的迁移

角砾岩筒岩性复杂，但岩石性质存在有规律的时间演化以及空间变化。

钠长岩—石英钠长岩—次生石英岩具有相同的矿物组合，均为钠长石—石英，除绢云母化和黏土化外，含少量硫化物，钠长岩性质相同。不同岩石中钠长石与石英含量比例不同，即便在07～015线大规模的白色次生石英岩中，也能含有少量细粒钠长石。因此，这些岩石均属角砾岩筒多世代演化发展的产物，是喷流卤水交代下部岩石的结果。由于早期蚀变细脉富含钠长石，早期形成的钠长岩被强烈交代，长石外围，全部蚀变为绢云母、黏土，晚期蚀变细脉以石英为主，最终出现不规则状的次生石英脉或大规模次生石英岩。从这一时间演化序列分析看，角砾岩筒岩性的演化早期为钠长岩，之后为石英钠长岩，其后岩石中石英含量逐渐增加，钠长石逐渐减少，最后形成的是含钠长石石英岩或石英岩。

角砾岩筒岩石随空间有规律地分布（见图2）。83线以西—黄羊沟地区，表现为钠长石脉，穿插于绿泥石英片岩或绢云石英片岩中。83～0线，石英钠长岩，宽度大于100 m，钠长石多于石英，见多世代的网脉与热水角砾。0～5线，钠长石英岩，不规则状，石英含量多于钠长石。05～015线，次生石英岩，偶见钠长石，这种次生石英岩分布范围广泛，向东南方向一直延伸至断层沟地区，在断层沟085线，钻探发现穿厚大于200 m的次生石英岩。

流体包裹体测量发现，钠长岩、石英钠长岩及次生石英岩成岩也存在着系统的变化规律，钠长岩脉形成温度最高，均一温度一般大于400℃，石英钠长岩温度变化大，一般在300～400℃，次生石英岩温度相对低，一般低于300℃。

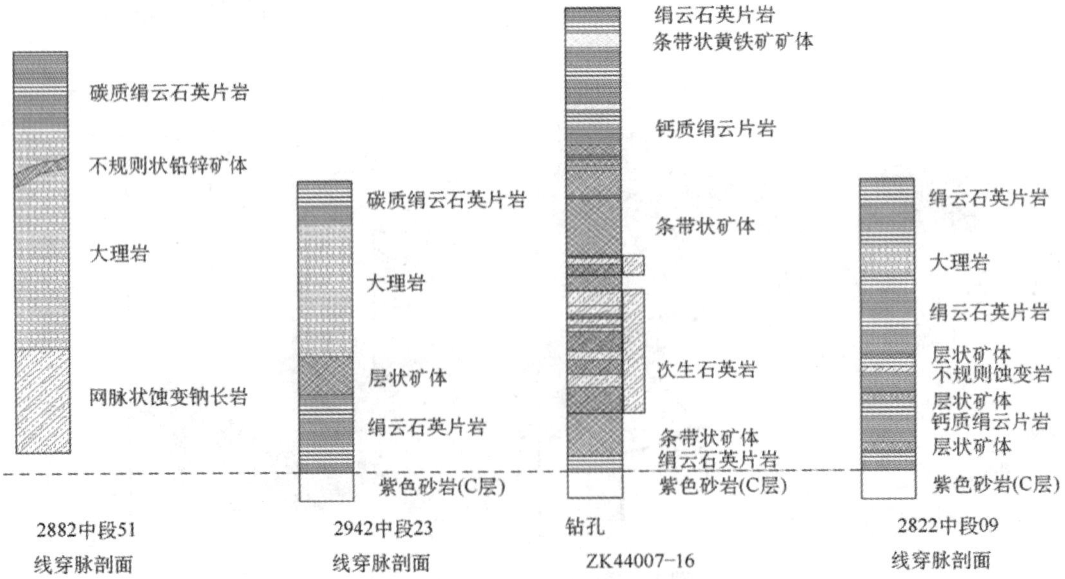

图2　钻孔柱状剖面图

角砾岩筒岩性的空间与时间变化的对应关系显示出区域喷流中心的变化规律，即喷流作用总体上以长度大于 2.5 km 的角砾岩筒作为管道活动，但在某个时间点，喷流热活动中心是局部的，早期的活动主要分布于北西段，形成的岩石为钠长石脉。之后，喷流中心向东南方向迁移，喷流卤水成分也逐渐变化，岩性成分中钠长石/石英（Al/Q）比值逐渐降低。后期，喷流中心移至 03 线以东时，角砾岩筒为含钠长石的次生石英岩。即锡铁山地区晚奥陶纪的喷流活动中心，开始于北西端，之后逐渐向南东方向迁移，最后终止于东南端。

2.2　次生石英岩的穿层特性

分布于 0 线以西的钠长岩脉或网脉状石英钠长岩严格分布于厚层大理岩与紫色砂岩之间，即分布于厚层大理岩的下盘。大规模的次生石英岩主要分布于 0 线以东，直到断层沟一带。这种次生石英岩在宏观上向赋矿层位明显上侵，在 03～015 线，一些石英钠长岩穿过了含矿层和层状矿体，进入含矿层的上部。

在 07 线、011 线、015 线均分布有规模巨大的次生石英岩，钻穿厚度大于 200 m，在 07 线，多个钻孔的次生石英岩中包含大量的硫化物矿体，包括铅锌矿，也包括硫铁矿，这些矿体虽然遭受强烈的交代、蚀变等破坏，但其中残留的条纹条带仍很普遍。这些条带状矿体中含有大量的石英，呈自形针柱状，长度一般小于 0.1 mm，与层状条纹条带状矿体中的石英特点完全一致。而次生石英岩或石英钠长岩中的石英，呈中粗颗粒、他形、不规则状，粒径 0.5～1 mm。两种石英差异明显，易于区分。同时，在不包含矿体时，次生石英岩中硫化物含量往往很低，呈细粒浸染状，常含少量黄铜矿。这些特点显示，03～015 线钻孔中大规模次生石英岩中所含条带状硫化矿体应属层状矿体的残留。即 03 线以东的次生石英岩大部分形成于层状矿体之后，次生石英岩穿透了含矿层，蚕食了先期形成的层状铅锌矿体。

从空间分布及空间形态上看（见图 2），03 线以东，次生石英岩分布范围大于条带状矿体，次生石英岩外侧，层状矿体稳定，但在次生石英岩中，矿体呈残留状，不仅形态发生变化，而且品位一般有所下降。断层沟地区也见有这种次生石英岩，钻孔穿厚大于 100 m，研究发现，断层沟地区的铅锌矿化均为脉状，属后期改造产物，沿片理分布。真正属于远端沉积形成的条纹条带状矿体应该位于深部。次生石英岩穿透了含矿层，进入了上部层位。

Sullivan 矿床成矿晚期也发育强烈钠长石化，这种钠长石化很多进入了含矿层上部，一般认为这种钠长石化较成矿作用晚很多。喷流成矿作用是在中元古代，而这种钠长石化的时间在新元古代（Lydon，2000）。

2.3　成矿作用的时间远短于喷流沉积过程

锡铁山的喷流沉积作用延续了较为漫长的过程，成矿作用只是其中短暂的一段时间。虽然在 25～5 线间有一部分层状铅锌矿体赋存于大理岩的下盘，成矿前，喷流作用可能已经开始，形成角砾岩筒上方厚大的块状大理岩，其中赋含有非层状铅锌矿体。表现在管道相岩石成分上，早期形成钠长岩脉。

成矿过程中，形成大规模的层状铅锌矿与非层状铅锌矿、黄铁矿等。这些层状铅锌矿体部分分布于大理岩的上下盘，因此这一时期可能有碳酸盐岩的形成。但大理岩中不包括层状矿体，因此，成矿卤水与形成层状碳酸盐岩的卤水并不完全同时，或者是相互间歇喷出的。层状矿体有多层，包括铅锌矿体、硫铁矿体，尤其是东南部分布于片岩中的矿体，显示成矿的多期次活动，但大理岩基本上只有一层，因此以碳酸盐岩为主要沉积物的喷流作用相对集中。这一时期对应的角砾岩筒岩性为石英钠长岩。

成矿后，喷流作用仍在继续，一方面，角砾岩筒仍在继续活动，但热液蚀变特点以强烈的硅化为主，形成大规模次生石英岩。蚀变作用不仅范围大，而且强烈的上侵蚕食先期形成的层状矿体，大量的矿体及含矿层被次生石英岩所破坏，部分残留于次生石英岩中。另一方面，在矿层上盘形成较大规模的层状（条带状）石英钠长岩，分布于中间沟—断层沟地区，显示晚期在锡铁山东南方向（中间沟—断层沟）的管道相不仅仍在活动、上侵，而且还有强烈的卤水喷发或喷溢。

角砾岩筒成分由以钠长石为主向以石英为主转换，可以作为铅锌矿床的喷流沉积成矿期与成矿后的活动的一个转折点。

2.4　喷口迁移对层状矿赋存的影响

锡铁山矿床矿体有两种（祝新友，1996），一种是赋存于厚层大理岩中的非层状矿，属未喷出海底的热液型矿体；另一种是远离喷口的层状矿体，发育条纹条带状结构，主体产于绢云母石英片岩中，大理岩已经尖灭（祝新友，1997）。按照成矿分带与成矿预测研究的成果，锡铁山矿床主要成矿潜力在东南方向的侧伏端，以 0 线以东地区，主要矿化类型为赋存于片岩中的层状硫化物矿体，远景规模可能大于现已发现的以非层状矿为主的矿产资源量（祝新友，2006），这一点已经得到近年来矿山深部勘探的证实。

次生石英岩主要分布于 0 线以东，与层状铅锌矿体的预测分布区相似。次生石英岩形成主体晚于成矿作用，刺穿、蚕食先期形成的层状矿体，部分次生石英岩进入含矿层的上部。由于强烈的破坏作用，可能形成一些无矿段。最新勘探数据表明，015 线次生石英岩规模更大，完全交代蚕食了含矿层及矿体，工业矿体薄且呈零散残留状分布，这正是次生石英岩上侵的结果。这种上侵作用在中间沟—断层沟地区深部勘探时须予以足够的重视。大功率充电测量显示在中间沟与断层沟之间存在一个高阻区。在中间沟—断层沟地区的层状矿预测区与锡铁山矿区之间，可能存在着由于次生石英岩活动形成的无矿段。由于这种上侵并未破坏喷流沉积系统的整体架构，无明显的后期大规模断裂错动，找矿预测的大方向并未改变。

另一方面，喷口向东南部的迁移也意味着成矿中心的迁移，有利于在锡铁山东南部侧伏方向上出现大规模的喷流沉积形成的铅锌矿床。

3   结论

锡铁山喷流沉积系统的管道角砾岩筒，岩性早期为钠长岩，中期为石英钠长岩，晚期为次生石英岩，总体趋势为钠长石减少，石英增加，成分连续演化。空间上，钠长岩分布于系统的 NW 端，石英钠长岩分布于中部，次生石英岩在东南部。喷流活动的中心或喷口总体上沿同生长断裂分布，自 NW 向 SE 方向迁移。

喷流活动延续的时间远长于成矿作用的时间。成矿前的喷流活动形成大规模的大理岩与钠长岩，成矿作用过程中以石英钠长岩为代表，成矿后的喷流则以次生石英岩的穿刺上侵为特征，蚕食先期形成的层状矿体。

找矿方向仍为锡铁山矿床东南侧伏端，次生石英岩的上侵大规模地蚕食先期形成的层状矿体，可能形成一个或多个无矿带，但并未整体上破坏锡铁山的喷流沉积系统，矿床东南部的深部仍是主要的找矿方向。喷口向东南方向的迁移以及成矿作用的持续，可能促进东南部地区（深部）形成大规模的层状矿床。

参考文献（略）

SEDEX 与 MVT 铅锌矿床成矿地质特征

祝新友

（北京矿产地质研究院，有色地质调查中心，北京，100012）

摘 要： 以锡铁山、厂坝—李家沟、乌拉根等矿床为典型，全面论述与比较 SEDEX 与 MVT 铅锌矿床成矿地质特征。前者形成于深水环境下的喷流沉积作用，属沉积矿床，形成一系列的沉积标志特征；后者形成于盆地卤水作用，属低温热液矿床，具有一套重要的含矿岩石组合。

SEDEX 与 MVT 是最重要的两类铅锌矿床，世界上大型铅锌矿床多属此两类，常形成巨大的规模。两类矿床具有明显的层控特点，但矿床成因与成矿地质背景有着很大的差异，形成于不同的成矿地质环境，因此也具有不同的找矿标志与评价方法。准确判断铅锌矿床的类型，区分 SEDEX 与 MVT 型，对铅锌矿的找矿有重要的意义。本文试图以西北地区几个重要的铅锌矿床为例，比较两种类型铅锌矿床的地质特征与成矿规律。

1 SEDEX 铅锌矿床地质特征

SEDEX 铅锌矿床指形成于海底喷流沉积（exhalative sedimentary）作用的一类矿床的总称，其主要成矿组合为铅锌，部分矿床为铜铅锌。世界主要 SEDEX 铅锌矿床分布于澳大利亚、加拿大、美国阿拉斯加、中国、欧洲等地，国外著名的 SEDEX 矿床如：Broken HiII、MountIsa、Sullivan、Red Dog，我国较大型 SEDEX 矿床有厂坝—李家沟、锡铁山、东升庙、霍各乞、科克塔勒、银硐子等。全球 SEDEX 铅锌矿床成矿时代（容矿地层时代）主要集中于中元古界与古生界，其他时代的矿床规模相对较小。

1.1 一般特征

SEDEX 铅锌矿床一般形成于陆缘裂谷或裂陷槽（冒地槽）中，也有很多矿床产于岛弧火山环境；深水环境是层状铅锌矿体出现的重要前提，一般海水深度大于 1000 m。含矿岩系为一套深水沉积的厚层细碎屑岩—浊积岩堆积，分选差，少化石或无化石。大部分的喷流沉积矿床的容矿岩石中缺乏明显的火山活动，不含火山岩或火山碎屑岩；但也有一部分矿床，如 Sullivan、锡铁山等，含矿岩系中含有较多的火山物质，主要是火山碎屑岩，但容矿的直接围岩为较厚层的含碳泥质岩石，代表着成矿期构造环境的稳定状态。当含矿岩系中火山岩增多，其成矿特点也向火山

岩容矿的块状硫化物矿床（VHMS）过渡。

SEDEX 矿床的沉积性质，使其具有强烈的层控特点。在一个矿田或矿带范围内，同期铅锌矿床往往限定在一个狭小的地层层序内。如秦岭矿带西成、凤太矿田，大量的铅锌矿床全部产于下中泥盆统古道岭组与中上泥盆统星红辅组之间（或中泥盆统西汉水组中），内蒙古狼山矿带的霍各乞、东升庙、炭窑口等矿床均产于中元古界狼山群第二岩组碳质片岩、白云质大理岩中。

虽然典型的 SEDEX 矿床喷流沉积系统包括管道相、喷口相、近喷口沉积相、远喷口沉积相等，但超过 84% 的 SEDEX 矿床只发育有沉积相，而见不到供给系统。Sangster 对此的解释是这类矿床含矿卤水在喷出后经历了一段较长距离的迁移，矿床中只发育沉积相矿体，矿体与围岩呈整合接触关系，呈层状、透镜状，延长、延深均很大，常在数百米以上，甚至数公里，厚度达几米至几小米。矿石呈条带状、条纹状、块状等，往往含有大量的黄铁矿，甚至形成一些黄铁矿矿床，如内蒙古炭窑口、河北高板河等。

1.1.1 喷口系统—同生长断层—蚀变角砾岩筒

大型矿床的蚀变角砾岩筒长数公里，沿同生长断层发育大规模的蚀变作用。主要蚀变为钠长石化与硅化，出现广泛的热水角砾岩化与网脉状硅化、钠长石化细脉。其中常见的硫化物为黄铜矿、黄铁矿等，多呈浸染状，有时可形成矿床，如古巴西部地区的一些铜矿 SantaLucia、La Esperanza、Castellanos、Matahambre 等。有些矿床的角砾岩筒中出现大量的电气石，如加拿大 Sullivan，形成规模巨大的硼矿。这种角砾岩筒与围岩呈过渡关系，向外侧蚀变减弱。角砾岩筒的热水作用延续时间应远大于铅锌矿床沉积的时间，晚期强烈的硅化可能破坏同生断层上方的铅锌矿层。

同生长断层是 SEDEX 矿床重要构成部分，断层两侧的沉积相可能有所不同，矿床可能只存在于同生

长断层的一侧。因为同生长断层对成矿作用的制约与重要的找矿意义一直受到广泛的重视。但由于卤水的迁移，很多矿床中并不能发现明显的成矿期同生长断层。一般而言，同一断层规模不大，多数同生长断层在后期地质演化历史中已经闭合，不再活动，因此也看不到断裂面。多数情况下，主同生长断层走向应与成矿时区域地质走向大体一致，同时可能存在其他方向的次级同生长断层。

1.1.2　近喷口相与黑烟窗

虽然绝大多数 SEDEX 矿床铅锌矿体呈层状整合分布于碎屑岩中，但发育完整的 SEDEX 矿床常存在部分非层状分布的铅锌铜矿体，并在喷流系统管道相中出现网脉状铜矿化。

近喷口相的铅锌矿化包括喷出和未喷出的部分，未喷出的矿体常呈不规则状、脉状、囊状穿插于围岩或喷流沉积岩中，或通过交代海底的岩石（钙质淤泥）形成广泛的浸染状矿化；喷出的矿化则堆积于喷口附近，呈厚层块状矿体。近喷口相喷出海底表面最重要的矿化是黑烟窗。目前海底正在活动的黑烟窗有 100 多处，外围微生物发育；古代矿床中残留的黑烟窗现象很少保留下来。国内较被认可的是河北高板河铅锌矿中的黑烟窗，产于长城系碎屑沉积岩中，黑烟窗呈柱状、圆锥状、圆丘状等，主要由黄铁矿、闪锌矿及白云质碳酸盐等组成，内部有良好的条带。

甘肃洛坝铅锌矿床中也发现有这类近喷口相堆积，疑似的喷口系统主要由环状和条带状分布的白云石、放射状分布的粗晶闪锌矿及胶状黄铁矿组成，外侧分布有大量的由微生物化石堆积形成的礁灰岩。只是由于洛坝矿床形成的沉积环境属浅海台地相，未能形成大规模的层状铅锌矿化，但大规模的浸染状铅锌矿化与大规模的喷口系统对应，并在中泥盆统西汉水组灰岩顶部形成广泛的金属富集，为后期铅锌改造富集成矿奠定了物质基础。

1.1.3　远喷口相与层状铅锌矿化

远喷口相的矿化以层状铅锌矿体为代表，整合状产出于含矿岩系中，是绝大多数 SEDEX 矿床的主要矿化类型。这类矿体往往远离同生断层，并随远离程度其结构构造发生一系列的变化，如条带变细，结晶粒度变细。其中粗条带矿石中的脉石矿物为方解石，而在细条纹状矿石中脉石矿物自形晶石英增多，逐渐向外围硅质岩与钙质含碳细碎屑岩过渡。

1.1.4　喷流沉积岩及围岩蚀变

喷流沉积岩是指与喷流沉积活动有关、在喷流过程中形成的一类岩石的总称，是 SEDEX 矿床的一个重要特征。贱金属矿化仅是海底喷流活动长期历史中的一个短暂部分，喷流沉积活动的历史远大于矿化富集矿段的历史，卤水活动过程中形成的喷流沉积岩其规模与广度也远远超过矿化。主要的喷流沉积岩包括钠长岩、石英钠长岩、硅质岩、重晶石等。

钠长岩大体有两类，一类见于管道相或喷流系统的根部，呈脉状或网脉状，蚀变交代围岩，多期、多世代，呈角砾状；另一类钠长岩分布于喷流沉积系统的远端，呈层状分布于铅锌含矿层或偏上部位，有时与层状铅锌矿体呈互层状。

碳酸盐岩常见于 SEDEX 矿床中，如锡铁山矿床长达 3 km 的大理岩、厂坝—李家沟的白云岩长 1.5 km，大多数 SEDEX 矿床中均不同程度地发育有大理岩或白云质大理岩。近喷口相块状或不规则状铅锌矿体中主要的脉石矿石也往往为方解石。

硅质岩常见于 SEDEX 系统的外侧，层状铅锌矿体中往往含有大量的细粒石英，石英含量向外侧逐渐增多，最后变为硅质岩。硅质岩、层状钠长岩分布范围很广，远大于矿化的范围，因此也是重要的区域找矿评价标志。

重晶石岩规模较小，常见于 SEDEX 系统的远端，在很多矿床中，由于后期改造作用，常呈脉状出现。

SEDEX 矿床的围岩蚀变作用以往常常被忽略，20 世纪 70 年代，首先在 VHMS 矿床矿体下盘发现无长石化带，SEDEX 矿床的研究也发现类似的特点。SEDEX 系统的蚀变作用主要发生于矿体下盘，一方面，在喷口附近，发育强烈的钠长石化与硅化，形成与角砾岩筒有关的广泛蚀变；另一方面，含矿卤水流动过程中与下伏岩石（淤泥）亦发生交代。喷口卤水的活动历史远长于铅锌成矿的时间，这种最初源自喷口的流体继续向上活动，不仅在喷口附近，也对外侧早期形成的矿体包括层状矿化发生蚀变交代作用，因此在有些矿床中，蚀变交代作用不仅仅限于矿下。

在秦岭地区西成、凤太铅锌矿田，南矿带的铅锌矿床中广泛发育有"微石英岩"或硅化灰岩，其中有浸染状的铅锌矿化，即是喷口附近的流体交代（生物）灰岩的结果。

1.1.5　矿石特征与矿化分带

不同类型的矿石具有不同的矿化特点，产于管道相中的铜矿化往往具有网脉状结构与热液脉特点；近喷口相矿化更为复杂，其中产于黑烟窗中的矿化为富厚的高品位矿石，喷口附近往往形成大规模的浸染状铅锌矿化，如甘肃洛坝、毕家山等矿床；或穿插于先期形成的喷流沉积岩中，呈脉状、不规则状的富矿石，如青海锡铁山矿床。层状铅锌矿化呈条带状、条纹状，粗条带状矿位于近端，远端的沉积物中条纹非常细，在高倍显微镜下仍能清晰可辨。

SEDEX 矿床主要成矿物质为铅锌，在管道角砾岩筒中常见有黄铜矿，黑烟窗及近喷口相矿化主要是黄铁矿、闪锌矿及部分方铅矿，块状矿石中常见厚大的黄铁矿、磁黄铁矿矿体。黄铁矿常是主要的硫化物矿物，脉石矿物只有碳酸盐（白云岩为主）和少量黏土，一般不形成石英；其他矿物包括白铁矿、毒砂等，黄铜矿一般含量少，仅在部分矿床大量出现形成矿床（内蒙古霍各乞）。层状铅锌矿体中硫化物以黄铁矿为主，其次是闪锌矿与方铅矿，常含有自形晶的石英。

SEDEX 矿床自同生长断裂或喷口向外，形成良好的矿化与沉积分带。由近而远分带为：

管道相网脉状蚀变：网脉状铜矿化，蚀变发育，钠长石化、硅化；

近喷口相：不规则状、浸染状矿化，结晶粗大，喷流沉积岩以含镁碳酸盐岩为主；

远喷口相：层状矿，条带状、条纹状，结晶向远端逐渐变细，外侧出现的喷流沉积岩为（石英）钠长岩和重晶石岩。

加拿大 Sullivan 铅锌矿床发育有较完整的喷流沉积系统，其供给系统的管道角砾岩筒长 1100 m、宽 900 m，其剖面图可大体代表 SEDEX 矿床的成矿模型。

1.2 锡铁山及秦岭型铅锌矿床特征

锡铁山与厂坝是我国最大的铅锌矿床之一，代表了 SEDEX 矿床的两个类型。其构造背景、矿物组合及成矿元素组合等，甚至成矿物理化学条件都有所差别。

1.2.1 锡铁山铅锌矿

锡铁山铅锌矿产于青海柴达木地块北缘奥陶纪裂陷中，含矿岩系滩间山群为一套海相岛弧型火山—沉积岩组合，铅锌矿床产于其中沉积岩组中。主要容矿围岩为碳质绢云片岩、绢云石英片岩、大理岩等。以往发现的铅锌矿体绝大多数呈不规则状、囊状分布于大理岩中。主要矿物为黄铁矿、闪锌矿、方铅矿、磁黄铁矿、方解石等，粗晶状。以往，这类矿体被认为是沉积改造成因的代表。

近年来的研究发现，容矿的大理岩属喷流沉积岩，长大于 2500 m，分布宽大于 1000 m，最厚 150 m，为喷流卤水与海水相互作用的产物。下部（地层倒转，SW 翼）以卤水作用为主，上部成岩物质主要来源于海水，并由此引起一系列的变化。

铅锌矿体可划分为非层状矿与层状矿。至 2006 年底，锡铁山矿床大部分的铅锌矿体皆属非层状矿，不规则状产于大理岩中，发育热水角砾岩，属喷流作用过程中未喷出海底地面的部分。层状铅锌矿体呈层状分布于大理岩的边部，与围岩整合接触；矿石中广

泛发育条纹条带状结构构造，条带宽度与结晶粒度随着矿体向东南方向的侧伏逐渐变细。2006—2008 年，在锡铁山矿床东南部的深部侧伏部位，钻探发现了大规模的层状铅锌矿体，彻底改变了锡铁山矿区铅锌探矿思路与找矿局面。

网脉状硅化带—石英钠长岩：以往长期被认为的"流纹岩"经研究属于石英钠长岩，分布于非层状铅锌矿体及厚层大理岩的下盘（SW 盘），与围岩石英片岩呈过渡接触关系，其中发育有大量的热水角砾、网脉状硅化、钠长石化，伴有少量黄铜矿化，代表着喷口角砾岩筒。长大于 2000 m，宽大于 400 m，其规模与加拿大 Sullivan 矿床相当。

角砾岩筒、喷流沉积岩、非层状矿等发育的规模，均显现极其巨大的与铅锌矿化有关的喷流沉积系统，其主要的矿化类型应为层状铅锌矿化，正在逐步被揭示出来，找矿方向应是东南部侧伏方向上的层状铅锌矿体，这与近年来找矿成果完全一致。

1.2.2 秦岭型铅锌矿

厂坝铅锌矿床产于南秦岭北带前陆拉伸盆地中，含矿泥盆系为一套厚层碎屑岩—碳酸盐岩沉积。在西成矿田，这套沉积岩沉积环境变化较大，北部厂坝地区表现为深海—半深海浊流沉积形成的细碎屑岩，南部为碳酸盐岩台地相，矿床产于下部碳酸盐岩（生物礁灰岩）与上部细碎屑岩中。

厂坝—李家沟矿床探明铅锌金属量已超过 1000 万吨，厚大的层状矿体分布于黑云石英片岩、二云石英片岩、绢云石英片岩、钙质石英片岩中。矿体上盘（现为下盘，倒转）分布有大规模的白云岩，空间分布范围与厚层铅锌矿体相同，容矿围岩为大理岩或钙质石英片岩。下盘及外围地区见有大量的钠长岩和部分重晶石岩。

矿石呈条纹条带状，细粒、"胶状"，显示迅速结晶的特点。

洛坝矿床位于南矿带，下盘为生物礁灰岩，上盘为泥质千枚岩。主要矿化为浸染状，次为块状。前者为含铅锌的硅化灰岩，或"微石英岩"，为含矿卤水交代灰岩或"海底淤泥"的结果；后者为喷口黑烟窗。南矿带后期（印支期）遭受强烈的改造作用，在背景转折端及倒置翼形成大量块状粗晶铅锌矿体，属热液改造作用产物。

2 MVT 铅锌矿床地质特征

MVT（Mississippi valley - type deposit）铅锌矿床指形成于碳酸盐岩—碎屑岩中受层位控制的一类低温热液矿床的总称，由于北美 Mississippi 河谷地区大量发

育并首先得到深入研究而闻名。这类矿床主要成矿金属为铅锌，是北美地区主要的铅锌矿床类型，近年来在我国也得到了重新的认识并获得了一批重要的找矿进展。世界主要 MVT 铅锌矿床分布于美国 Missouri 地区、Appalachia 地区、加拿大、澳大利亚 Canning Basin、爱尔兰、伊朗、中国等地，著名矿床包括 Old Lead Belt、Viburnum Trend、Pint Point、Navan、Mehdiabad 等。

我国 MVT 铅锌矿床分布也很广泛，虽然在以往相当长的一段时间内，由于对层控矿床的理解不同，将 MVT 矿床定义为沉积改造型矿床，制约了 MVT 矿床的找矿进展。随着认识的不断深入，不仅国内很多铅锌矿床类型得到了重新解译与定义，而且此类铅锌矿床的找矿也获得了重大的突破。主要 MVT 铅锌矿床分布区包括川滇黔、滇西金顶、塔里木西缘、湘西花桓、辽北等地，近年来在三江北带以及甘肃南部也有此类矿床的重大发现。

2.1 一般特征

以往认为 MVT 矿床主要产于稳定沉积的台地相中，但近年来，随着找矿勘查的进展与研究工作的深入，在很多裂陷盆地中也相继发现很多 MVT 铅锌床或矿化，如澳大利亚 Canning 地区的铅锌矿化。严格地讲，MVT 矿床属于热液矿床，但与岩浆活动无明显的关联，除一些地区出现辉绿岩脉外，矿田或矿带范围内一般无岩浆侵入活动。

2.1.1 层控特点与容矿地层组合

MVT 铅锌矿床具有明显的层控性质，在一个成矿带中，铅锌矿化往往出现于众多的层位中，虽然主要的铅锌矿化层只有一个或几个。如川滇黔矿带，铅锌矿化层位包括震旦纪、寒武纪、泥盆纪、石炭纪、二叠纪等，但最主要的成矿层位是石炭纪、震旦纪，其中石炭系摆佐组（C_1b）中有麒麟厂、矿山厂等，黄龙组（C_2h）中有杉树林，上震旦统灯影组（Z_3d）中有天宝山、大梁子、五星厂、乌斯河等。美国 Missouri 地区，主要的赋矿层位为上寒武统底部 Lamotte 砂岩与 Bonneterre 碳酸盐岩间以及下奥陶统 Roubidoux 群的砂岩与碳酸盐岩间，前者控制了巨大规模的 Old Lead Belt、Viburnum Trend 矿带，后者控制了 Central Missouri、lndian Tredk 矿带。

与此相对应，围岩岩性组合对铅锌矿化的控制更为严格，这种岩性组合表现为：下部为透水性良好的砂岩、含砾砂岩等；上部为碳酸盐岩，尤其是白云石化灰岩或白云岩。存在这种岩性组合的地层层序中均存在不同程度的铅锌矿化，一般而言组合的规模越大，也越有利于成矿。

似乎铅锌矿化对层位的选择性更多地是由于上述岩性组合的存在，无论是北美 Missoun 地区、Appalachia 地区，或是国内重要的 MVT 矿床分布地区，皆是如此。

2.1.2 围岩蚀变与角砾岩化

MVT 铅锌矿床中蚀变总体微弱，以白云石化为代表。白云石化分两类，一类是区域白云石化，广泛分布于含矿层序中，含矿层上部的巨大规模的白云岩正是这类蚀变的结果，如南方的摆佐组（C_1b）、塔西南的卡拉塔格组（C_1k）等。这种白云岩化与区域卤水的长期运移有关，是卤水运移的证据。另一类白云石化仅见于矿体中，在硫化物边部形成透明显状白云石，即亮晶白云石（sparry dolomite）。

角砾岩是 MVT 矿床重要的标志，主要的铅锌矿石多为角砾岩。MVT 矿床中角砾岩的成因与溶解坍塌有密切关系，形成于成矿作用不同阶段，胶结物也有所不同，包括泥质碎屑或硫化物。主要的铅锌矿石即以方铅矿、闪锌矿胶结的角砾岩，矿石常为矿化角砾岩的一部分，矿石边界由化验圈定。

2.1.3 铅锌矿化特征

MVT 矿床的铅锌矿体有多种类型，包括粗晶脉状、充填状、角砾状等，与围岩接触关系各有不同。一般而言，粗晶状铅锌矿多呈脉状、充填状，与围岩接触关系截然不同，角砾状矿体与围岩呈过渡状。矿体形态复杂，总体上呈层状或沿层间断裂分布为主，但变化极大，尤其当边界品位提高时，矿体形态变得更加复杂。在一个 MVT 矿田，可同时出现粗晶铅锌矿、角砾状铅锌矿、浸染状铜矿、块状黄铁矿及赤铁矿等，是不同成矿期不同环境的产物。

细粒铅锌矿石多呈角砾状，硫化物粒度可小于 10 mm 或更细。显示硫化物的快速结晶，并导致矿物间广泛的不平衡现象，甚至出现黄铁矿交代磁铁矿、磁铁矿交代赤铁矿的现象。除粗晶矿石外，矿石中大量出现胶状、草莓状、各种类似微生物的结构。

MVT 矿床主要成矿元素为铅锌，部分矿床出现铜，甚至出现独立铜矿床。有关铅锌矿与铜矿间的关系，甚至这些铜矿的确切类型，目前还不十分清楚，如塔木—卡兰古矿带出现阿帕列克小型铜矿，乌拉根—江结尔矿带出现萨热克中型铜矿。根据 Sverjensky 的观点，当直接围岩为碳酸盐岩时，成矿元素以锌为主，多为以锌为主的铅锌矿，在 Appalachia 矿带，甚至出现一些不含铅的锌矿床；当围岩为灰白色砂岩或砂砾岩时，成矿元素以铅为主，而当围岩为紫色砂砾岩时，成矿元素以铜为主。在乌拉根—江结尔矿带，由于上盘碳酸盐岩厚度很薄，大规模的铅锌矿化赋存于下部的砂砾岩中。

矿物组合以闪锌矿、方铅矿为主，少量黄铜矿、黄铁矿、白铁矿等，有时出现一些钴镍矿物。脉石矿物为方解石或白云石，一般不出现石英。成矿元素组合简单，往往不含金，银含量一般也不高，但常含少量的钴、镍，甚至达到伴生可回收的水平。

MVT 矿床成矿温度一般小于 220℃，硫化物的硫同位素组成具有很宽的范围，在塔木—卡兰古矿带，硫化物 $\delta(^{34}S) = -30‰ \sim +15‰$。以北美为代表的 MVT 矿床的铅同位素组成不仅富含放射性成因铅，且在 $\delta(^{207}Pb)/\delta(^{204}Pb) \sim \delta(^{206}Pb)/\delta(^{204}Pb)$ 的图解中构成一条平缓的直线。但其他地区包括国内的众多铅锌矿床并不具备这一特点，这也是导致很多人不认可国内这些矿床属于 MVT 矿床的一个重要原因。

2.1.4 区域盆地卤水的活动对成矿的制约

MVT 矿床的成矿与区域盆地卤水活动有关，在 MVT 成矿区，区域上沿含矿层（古含水层）运移的卤水对砂砾岩的冲洗，以及对上盘碳酸盐岩的作用，一方面在上盘碳酸盐岩中形成大规模、广泛的白云岩，厚度可达数百米。由于白云石交代方解石过程中体积缩小，出现孔隙并发生广泛的角砾岩化，也有利于含矿卤水及油气的运移与贮存。这种区域性含矿卤水的运移，影响范围可能达数万平方公里，一方面使 MVT 矿带或矿田具有很大的范围，另一方面，成矿物质来源更加复杂，可能经历了长距离的迁移，并可能淋滤了深部的成矿物质。

MVT 矿带往往紧邻油气田，甚至与油气田共生。流体包裹体中不仅富含有机质，矿石中也常含有有机质甚至沥青质（乌拉根、金顶）。MVT 矿床的含矿层往往也是有利的油气生油层、运移层与储层。

含矿卤水的性质可能较为复杂，不仅存在长期的活动，而且存在多种性质卤水的混合特性。由于铅锌成矿卤水与油气卤水间的密切关系，卤水可能具有还原性的特点，在流经的地层中导致地层的褪色蚀变。硫可能更多地来自矿区附近，在利多 MVT 铅锌矿带，上部岩石中常含有膏盐层，并且存在溶解坍塌现象。在有利的成矿部位，通过膏盐溶解、还原的硫与通过卤水运移至此的金属物质结合，沉淀富集，形成矿床。这一过程中存在广泛的生物活动参与成矿。

2.2 塔西南地区铅锌矿床

塔西南地区的铅锌矿床主要包括西昆仑地区的塔木—卡兰古矿带以及乌恰地区的乌拉根—江结尔矿带，二者地质地球化学特征有较大的差异，但总体上属于 MVT，某种意义上讲属于 MVT 矿床的两个端元。

2.2.1 塔木—卡兰古矿带

铅锌（铜）矿化赋存于泥盆纪—石炭纪碎屑岩—碳酸盐岩中，属塔里木地块西南缘的台地相沉积。虽然铅锌（铜）矿化见于多个层位中，但最重要的铅锌矿化分布于上泥盆统奇自拉夫组（D_3q）紫色砂岩与下石炭统卡拉塔格组（C_1k）碳酸盐岩间。其间发生广泛的白云石化，区调部门将其单独划出建组卡拉巴西塔克组（C_1kl）。其中塔木铅锌矿床产于白云质灰岩中，矿体不规则产于角砾岩内，铅锌矿为角砾岩的一部分，富矿体受局部构造的控制。卡兰古铅矿床产于灰岩与砂砾岩界面处的层间角砾岩中；阿帕列克铜铅矿与碎屑岩中的白云质灰岩透镜体有关，伴生有块状黄铁矿、赤铁矿等。

主要矿石类型为角砾状、块状，也见有块状黄铁矿、赤铁矿等。主要矿物为闪锌矿、方铅矿、黄铁矿、黄铜矿、白铁矿等，含少量磁黄铁矿、磁铁矿、赤铁矿、硫砷铅矿、钴镍硫化物等，脉石矿物为白云石或方解石。闪锌矿颜色为淡—浅棕色。硫化物多呈微细粒状，胶状、草莓状等。

成矿温度为 100 ~ 200℃，其中粗晶矿石温度较高，细晶矿石温度低，二者具有完全不同的硫同位素组成，前者富 ^{34}S，后者富 ^{32}S。自形晶黄铁矿 $\delta(^{34}S)$ 最高为 +14.5‰，草莓状黄铁矿 $\delta(^{34}S)$ 最低为 -30‰。铅同位素组成均一，变化不明显。

2.2.2 乌拉根—江结尔矿带

乌拉根矿床是近年来铅锌矿找矿的重大进展之一，铅锌金属远景资源量可达 1000 万吨。含矿地层组合下部为下白垩统克孜勒苏群（K1kz）紫色砂砾岩，上部地层为古近系阿尔塔什组（Ela）石膏层夹灰岩、白云岩薄层，底部发育白云岩，其间为小角度不整合。矿化产于 K1kz 顶部的砂砾岩中，矿化部位为灰白色含砾砂岩，为区域性的褪色蚀变的结果。褪色带最大宽度可达 200 m，长数十公里；矿体是褪色带的一部分，最大厚度大于 100 m，边界由品位圈定，单个矿体长大于 2000 m。乌拉根向斜的南、北两翼均有广泛的矿化和大规模的铅锌矿体，深部向斜转折端也见有铅锌矿层。矿化自下而上逐渐增加，不整合面附近品位最高。

矿区及近外围地区，矿层上部 E1a 的石膏被溶解，形成大规模的坍塌角砾岩，地层厚度大幅度缩小，角砾成分主要是白云岩。

原生矿化的主要的矿石类型为浸染状铅锌矿化砂砾岩，硫化物主要分布于砂、砾间的胶结物中，透水性好的岩石，如砾岩、含砂砾岩品位较高。$w(Zn) > w(Pb)$，结晶粒度很细，部分硫化物粒度小于 1 mm。

闪锌矿呈浅棕黄色—淡黄色。主要硫化物为闪锌矿、方铅矿、黄铁矿，少量黄铜矿，脉石矿物为方解石。少量的矿石为粗晶方铅矿脉，全部由粗晶方铅矿组成，仅见于北矿带局部。

除少量块状方铅矿脉外，硫化物主要呈浸染状、细粒。广泛发育有黄铁矿的草莓状结构、胶状结构等。闪锌矿、方铅矿多为细结晶状，也有部分呈胶状和草莓状。

3　SEDEX 与 MVT 铅锌矿床的比较

SEDEX 与 MVT 铅锌矿床的异同点表现在多个方面，虽然主成矿组分相同，并均具有层控特征，以往常存在两类矿床界定不清的情况，甚至认为存在过渡类型，或将 MVT 定义为沉积—改造类型。两类矿床形成于不同的构造环境，成矿方式也根本不同，SEDEX 矿床为沉积型，MVT 为低温热液型，二者的差异性是明显的（见表1）。

4　青藏高原周边地区新生代 MVT 铅锌矿床展望

随着对 SEDEX 与 MVT 矿床认识的不断深入，越来越多的 MVT 矿床被界定出来，如川滇黔地区、金顶、三江北带、乌拉根等地区的矿床，均经历了相似

的认识过程，最早期的热液型，之后为沉积—改造型或 SEDEX 型，目前被认为是 MVT。MVT 铅锌矿床的分布范围也迅速扩大，尤其是沿青藏高原周边地区（也可能包括青藏高原内部），发现和重新认识了一批大型、特大型的 MVT 铅锌矿床，显示出青藏高原周边地区 MVT 矿床找矿的巨大潜力，也提示出随青藏高原隆升，一系列盆地的形成及盆地卤水作用对铅锌成矿的重要意义。这些 MVT 铅锌矿化集中区如塔里木盆地、柴达木盆地、三江北带、川滇黔地区、兰坪金顶地区等。近年来发现的 MVT 矿床如新疆乌恰乌拉根、东目扎抓、甘肃宕昌代家庄等。容矿地层时代各不相同，但成矿特点相似。以乌拉根为例，矿床产于下自垩统砂砾岩中，但成矿作用与古近纪末青藏高原的迅速隆升有密切关系。渐新世末，受早期喜马拉雅运动的影响，西昆仑山与南天山急剧隆升，基本上切断了塔里木盆地西部地区与古地中海的连通，致使广大地区结束了海侵历史，塔里木盆地相对沉降，进入了陆相盆地发育阶段（郝怡纯，2002）。这为盆地卤水的大规模运动创造了前提条件，下自垩统透水性良好的砂砾岩为重要的运移通道，并成为铅锌、铀、油气等重要的含矿层和储层。

参考文献（略）

表1　SEDEX 与 MVT 两类铅锌矿床地质特征对照表

地质特征	SEDEX	MVT
地质构造背景	陆缘裂谷或裂陷槽（冒地槽）	浅海台地相
主要容矿地层时代	Pt_1、O、D	S、D、C、K、E
地层层位（同一矿田）	层位单一，成矿时代集中	多个层位赋矿，一般存在主赋矿层位
围岩条件	细碎屑岩（或浊积岩），少量碳酸盐岩	下部为中—粗碎屑岩，上部为碳酸盐岩
生物发育程度	少化石或无化石	化石丰富
与围岩接触关系	整合接触	穿插关系
围岩蚀变	蚀变弱。近管道相钠长石化、硅化	区域白云石化，亮晶白云石化
矿体形态	层状	不规则状
矿物组合	黄铁矿、磁黄铁矿、闪锌矿、方铅矿。少量：毒砂、黄铜矿、白铁矿、硫砷铅锌矿类等。脉石矿物石英、方解石	闪锌矿、方铅矿。少量：黄铁矿、黄铜矿、白铁矿、钴镍矿物。脉石矿物方解石、白云石
结构构造	条带状、条纹状。块状、中粗粒—细粒—胶状	块状、浸染状、角砾状。粗晶状、极细粒状、草莓状、胶状
伴生金、银	多伴生或共生有金、银	不含金，银含量也往往较低
闪锌矿颜色	深棕色—棕黑色	浅黄褐色—淡棕黄色
成矿温度	250~350℃	100~220℃
矿化分带	明显。非层状矿—层状条带状矿—条纹状矿	分带不明显
成矿过程	沉积型	热液型
典型矿床	锡铁山、厂坝	塔木、卡兰古、乌拉根

气体烃类组分在金属矿勘查中的应用及原理探讨
——以锡铁山铅锌多金属矿为例

徐庆鸿　刘耀辉　秦来勇　张雪亮　覃　鹏　迟占东　张志庚　赵延鹏

(桂林矿产地质研究院，广西桂林，541004)

摘　要：很多研究证据已表明烃类组分在自然界赋存空间和范围非常广泛，如地表和近地表的各类岩石和土壤，现代海底烟囱、海槽现代活动热水区和火山喷发气体，深源的基性—超基性岩和玄武岩，甚至在碳质球粒陨石中都有烃类组分的存在，因此烃类组分研究不应局限于石油、天然气和煤炭等能源矿床，还应该推广至各类金属矿床及其流体的研究。烃类作为一种气体组分，具有明显运移距离远、影响范围大的特点，与其他气态组分如 CO_2、H_2、N_2、H_2S 等相比，烃类具有组分多元化和性质稳定的特点，同时烃类各组分间的相关特征和配分规律是其他地质流体演化过程(氧化—还原条件、温度、压力等环境因素)中的重要参数。为直观表现烃类组分综合特征和不同类型流体混合、叠加演化过程中烃类组分细微变化，笔者在该项研究工作中提出建立烃类组分标准化背景的研究思路，探索性地将具有幔源流体特征的峨眉山玄武岩作为烃类组分的标准化背景，其意义等同于球粒陨石作为标准化稀土元素背景的建立。

这项研究转变了烃类有机成因的传统概念并突破研究和应用领域的局限性，从能源矿床拓展到金属矿床的研究和勘查；建立气体烃类组分的标准化背景，将烃类组分的宏观特征与微观规律紧密结合，并成为研究和判断矿质来源、流体演化、矿床类型及成矿模式的方法和工具。

通过对青海锡铁山铅锌矿床气体烃类组分特征总结，认为该矿床为典型喷流沉积型矿床，成矿作用主要与早期中—基性流体有关并形成矿化主体，67线北西矿体及细脉矿体是成矿流体演化后期叠加改造而成的；利用烃类组分在锡铁山矿区寻找隐伏矿体是有效的，但要根据实际情况采用不同的判断指标，做到宏观特征与微观规律的有机结合。气体烃类组分应用于金属矿产的研究和勘查属于交叉学科范畴，理论研究和实际应用有待今后进一步提高和扩展。气体烃类标准化概念的引入及峨眉山玄武岩标准化背景的建立，对此项研究起到重要促进作用，实现了从宏观到微观，从过去简单的表征现象，发展成为一种判断成矿物质来源、成矿流体演化及成矿规律的工具和手段，相信随着今后该领域研究水平不断提高，必将在金属矿产成矿理论研究和实际勘查方面发挥重要作用。

关键词：气体烃类组分；地球化学勘查；铅锌矿；峨眉山玄武岩；锡铁山

1　引言

目前对气体烃类组分的认识和研究存在片面性：烃类气体主要与有机质有关，其成因和来源主要来自有机界；认识的片面性导致烃类组分的研究局限于石油、天然气、煤炭等能源矿床。而更多的研究证据表明烃类组分的成因具有多源性(有机和无机成因)，在赋存空间上具有普遍性：三大岩类(沉积岩、火山岩、变质岩)、现代海底烟囱(卢焕章等，2003)、海槽现代活动热水区和火山喷发气体(侯增谦等，1998)，而且上到外来天体(某些碳质球粒陨石中存在氨基酸、烷烃、芳香烃等多种烃类化合物)，下到来源很深的基性—超基性岩体以及玄武岩包裹体中(苏犁等，1999；杨志明等，2005；徐九华等，2003)都有气体烃类组分的存在(如表1所示)。气体烃类组分在许多金属矿床及其流体中也普遍存在：如 Dozy(1970)以密西西比河谷型铅—锌矿床为例系统论述了热卤水发展演化与膏盐、石油、铜、铅、锌等(沉积岩容矿)成矿系列的关系，具有一定的普遍意义；Saxby(1976)曾指出由于有机质的热稳定性低，其在金属沉淀、成岩、成矿过程中的作用可能比通常认识要大得多；杉村行等(1981)在研究现代海洋太平洋西部海水时指出，Fe、Cd、Cu 等元素 80% 以有机形式存在，Pb 在地表水几乎全部以有机形式存在，Zn 和 Ag 在任何海区大约有 30% 以有机形式存在；Simoneit(1985)根据深海钻探结果研究后发现在某些现代活动的海洋扩张盆地如加利福尼亚湾的瓜伊马斯盆地正在同时发生着石油和多金属硫化物的聚集；而利用现代大陆、大洋深钻手段也已证实在地壳 $8 \sim 12$ km 深度仍存在大量含烃类的高盐度流体。一些学者(傅家漠等，1983；阮天健等，1985；涂光炽等，1988；卢焕章等，1990；刘英俊，1987；李生郁等，1990)在 20 世纪 80 年代中至 90 年代初研究了有机质在各类矿床成矿中的作用并利用烃类气体组分进行初步试验找矿。20 世纪 90 年代至今，随着科学技术的发展，一些研究者通过激光拉曼、气相质谱仪、傅里叶变换红外光谱仪等先进的分析测试仪器和手段对有机质参与金属成矿有了更加广泛的了解和全位的认识，找到了更多有机质、烃类组分参与金属成矿的证据。

疆的喇嘛苏铜矿及西藏的哈海岗钼钨铜锌多金属矿等不同地区多种类型的金属矿床中，其矿体、蚀变带、围岩和岩体中都有明显烃类组分的存在。如广西大厂锡矿中有大量碳沥青质存在（陈毓川等，1985，1993；曾允孚等，1982；张启钻，1999；廖宗廷，1995，1997；杨斌等，1999；王登红等，2004），其中的锡、银、锌、铅等金属元素的富集程度（较黎氏丰度值）可达 5 ~ 80 倍；产于大洋还原环境中的黑色页岩建造明显富含钒、铂、镍、铜、铀等金属元素。很多现象和研究结果都表明气体烃类组分与金属成矿有密切联系。

2　气体烃类组分应用于金属矿勘查领域原理探讨

气体烃类组分与许多金属矿床关系密切：青海锡铁山、辽宁瓦家堡、广西泗顶、滇黔桂铅锌矿、新疆阿尔恰勒和库尔孜生等铅锌矿的矿体；广西大厂、云南个旧锡多金属矿；福建的双旗山、邱村金矿，陕西的铧厂沟、马鞍桥，新疆的阿希、小于赞等金矿；新

表1　各类地质体中烃类组分含量特征

样品类型	采样地点	烃类组分			单位	数据来源
		甲烷	乙烷	丙烷		
石陨石	厄斯塔卡多	3.39	—	—	%	简明地球化学手册（1977）
	普乌土斯克	3.61	—	—		
	韦斯顿	1.64	—	—		
铁陨石	克兰别尔恩	4.55	—	—		
	托卢卡	2.35	—	—		
西藏冈底斯斑岩铜矿带	厅宫铜矿床各期石英脉及石英斑晶	0.282	0.91	—	XB/%	据杨志明，2005
		0.315	0.381	—		
		0.095	0.314	—		
		0.22	0.02	—		
		2.21	1.13	—		
现代海底烟囱流体包裹体	北纬21°N 太平洋洋脊中 Cu(Zn)型硫化物烟囱	5.29	0.11	—	mol/%	据卢焕章，2003
		7.28	0.11	—		
		3.13	0.24	—		
		2.71	0.2	—		
		3.08	0.86	—		
地幔残斑橄榄岩	北祁连山玉石沟	69.8	7.7	—	%	据苏犁，1999
		81.7	—	—		
	阳信 – 辉石(7)	7.68	—	—		
	阳信 – 橄榄岩(1)	10.8	—	—		
胜利油田火山岩	高青 – 辉石(3)	14.8	—	—	%	据赫英，1996
	高青 – 橄榄岩(2)	14.0	—	—		
	临盘 – 辉石(3)	6.23	—	—		
广西大厂锡矿花岗岩脉	大厂 50 中段	675.36	88.917	31.773	mL/kg	据陈远荣，徐庆鸿，2003
	大厂 110 中段	564.41	78.239	33.284		
	大厂 250 中段	1289.48	147.409	57.238		
	大厂 250 中段	1052.31	139.064	47.714		

气体烃类组分可以在成岩、成矿过程中被包裹体保存记录下来：如李晓峰对扬子地台西缘成矿流体地球化学研究发现很多金矿都有有机流体包裹体的存在，在广西大厂锡多金属矿围岩和矿体中（张清等，2002），新疆阿合奇县布隆金矿石英、方解石和重晶石包裹体（杨富全等，2004），河南祁雨沟金矿的石英包裹体（邵世才等，1995），广东河台韧性剪切带金矿的含矿石英脉及糜棱岩中（李兆麟等，2000）都含有烃类组分；另外烃类组分还可能以游离态形式通过各类构造断裂、裂隙以及微渗漏系统（徐庆鸿，2001、2005）向上运移至地表，其中的部分烃类组分会吸附于地表土壤中而形成烃类异常。可见从矿质的初始富集到活化转移、富集成矿，直至矿体形成后的变质改造整个成矿过程，气体烃类成为一种重要的伴生气体组分。

3 气体烃类组分的测试方法和研究思路

研究烃类组分与金属成矿关系以及在勘查找矿应用时，主要选择数量上占绝对优势的甲烷、乙烷、丙烷、异丁烷、正丁烷等低分子量链烷烃和烯烃（乙烯、丙烯）。

3.1 气体烃类组分测试方法

研究对象主要包括游离态烃类气体、岩石各类单矿物包裹体烃类组分、岩石或土壤中吸附相态和包裹相烃类组分，目前主要采用的是酸解烃测试法。

许多金属矿成矿过程中流体气液分离并伴随大量挥发分的散溢，其中主要挥发分是 H_2O、CO_2，其次是烃类组分、N_2、H_2、H_2S、CO 等气体。一部分挥发组分在温度、压力和浓度差异作用下通过渗漏和扩散作用进入各类构造空间或围岩裂隙，流体中的 CO_2 往往与其中的 Ca^{2+}、Mg^{2+} 等离子形成次生碳酸岩矿物并将上述空间封闭或将伴生的烃类组分和其他气体组分包裹于次生碳酸岩矿物中形成隙间烃、吸附相或包裹相烃（陈远荣，2003）。根据上述烃类气体的赋存特点，使用酸解烃方法是较好的选择。该测试方法包括脱气与测定两部分。脱气手段主要有减压、恒温加热、酸处理和碱液吸收等：减压的目的是将其中呈弱吸附态、附着态和吸留态的烃气解吸出来；恒温加热是为了加快脱气进程、提高解吸率并消除温差对脱气量的影响；加酸则是为了将包裹于次生碳酸盐矿物中的大量烃类气体释放出来，碱液是为了吸收掉系统中的 CO_2 气体。用玻璃注射器抽取气样以排水集气法将气体转入饱和盐水（NaCl 溶液）瓶内，送气相色谱室检测分析。

3.2 气体烃类组分研究思路

地球演化史中各种物质和元素都经历了反复多次的迁移、分布过程，这个过程至今仍在继续。各个阶段元素或组分迁移的总和，就构成了元素的地球化学演化。成矿作用实际上就是不同化学元素或组分"场"之间的叠加和演化。这种叠加演化不仅表现于宏观上肉眼可见到的矿化和蚀变，同时还有要借助分析仪器才能发现的微观流体组分间叠加混合。

（1）不同类型地质流体叠加、混合对其中烃类组分的影响。烃类是具有分布广泛、性质相似和指标多元化特征的气体组合并作为一个整体参与各类地质、地球化学作用。烃类与其他气体组分一样，具有低沸点、高临界压力的特点，表明其挥发性强，极易于形成气体方式运移并在成矿作用和构造体系中迁移距离和影响范围大，同时其组分间的配比关系和相关规律也能够反映出环境温、压条件的变化特征。不同来源和成因的地质体系的化学组成、温度、压力、氧逸度等环境参数对其内部烃类组分的含量高低、组分间的相关性及配分系数都有重要影响。

研究烃类组分不但包括其异常形态、强度和空间展布位置等特征在内的宏观现象，同时还要探讨各不同组分间的相关性、配分曲线等微观上的规律性，从而更好地掌握烃类组分在不同类型地质体中的特征，并探讨成矿流体的演化规律和成矿过程。

（2）烃类组分标准化地质体选择和数据标准化处理方法。烃类各组分间含量数值差异较大（甚至相差几个数量级），而成矿过程中因来源和性质不同的流体间叠加所引起各烃类组分间变化相对比较细微，在各组分含量曲线图上很难全面而直观地体现这些细微变化。如何将各类地质体的烃类组分的综合特征以及流体演化过程中烃类组分的细微变化用直观的方法和手段表现出来呢？如果能建立烃类组分标准化背景并对各类烃类组分进行标准化处理（其意义类似于地球化学中球粒陨石作为稀土元素标准化背景的建立），则有助于研究和归纳烃类组分在成岩、成矿过程中的演化规律。选择作为烃类组分标准化背景的地质体，原则上应具有原始地球内部流体或类似于原始地球内部流体的特征。笔者尝试利用玄武岩作为烃类组分标准化基础：虽然玄武岩是原始岩浆经历了复杂的分异过程的产物，但其流体基本能代表地球内部深源流体组分特征。研究工作中选取云南鲁甸地区峨眉山玄武岩第四岩性段中新鲜的块状玄武岩，原则是其各微量元素含量基本代表该区背景值水平，而且各烃类指标间的相关特征基本一致，表明这些样品基本未受到后期矿化热液影响。

3.3 不同类型地质体气体烃类组分特征比较

烃类组分的特征研究不仅针对同一矿区不同类型地质体，同时还要将不同矿区同类型地质体之间的特征和规律进行横向对比，探讨其内在的区别和联系。笔者针对不同矿区多种类型金属矿床，探索性地进行了容矿围岩及各类岩浆岩（浅源、中深源）烃类组分特征的研究并归纳总结如下：

（1）花岗岩类。主要总结归纳了广西大厂（东、西岩墙）、云南个旧、西藏哈海岗等地的花岗岩。从烃类组分标准化曲线特征看，这几类花岗岩体的曲线形态基本相同，曲线峰值拐点位置都在 C2 和 nC4；特征值中明显较高的 σC2 及明显较低的 σiC4 和 iC4/nC4。

（2）中—基性岩脉。主要选择山东夏甸、福建何宝山中—基性岩脉为研究对象，其特点是从 C1 - nC4 与花岗岩基本相似，但从乙烯—丙烯，其值明显高于花岗岩和超基性岩，烯烃所占比例最大。

（3）超基性岩。主要选择湖南某地新鲜未蚀变的超基性岩体，其特点是曲线形态较平缓，C3 - nC4 所占比例较大。

（4）沉积岩。主要选择广西大厂高峰的礁灰岩、广西泗顶铅锌矿的灰岩，其烃类标准化曲线形态和特征基本相近，甲烷所占比例最大，其次是乙烷，而烯烃所占比例较小，尤其是丙烯，σiC4 和 iC4/nC4 明显高于上述各类岩体。可见同类型地质体具有形态类似的烃类配分和比值特征曲线。自然界各类地质体中烃类组分的来源、成因、演化机制和决定烃类组分配分和比值特征的主导因素尚不清楚或存在较大争议，这将是今后亟待深入研究的课题。

4 烃类组分在金属矿床研究中的应用——以青海锡铁山铅锌多金属矿床为例

4.1 矿区地质

锡铁山铅锌多金属矿床位于柴达木盆地的北部，从早古生代至今，受到陆内断裂、火山喷发、沉积、变质、构造等多种地质作用叠加改造，地形形态比较复杂。矿区内火山活动比较强烈，火山作用主要特点表现为不均衡式喷发或溢流。早期火山喷发物为中基性火山岩——基性凝灰岩、玄武岩夹安山岩和中酸性火山岩——流纹岩及英安岩，两者呈交替互层状产出。中晚期火山喷发厚度较大，为中基性火山熔岩及其相应的火山碎屑岩。

4.2 矿体特征

本区矿体形态和空间展布特征：分三个矿带，自北向南平行分布，与主构造线方向一致，即 NW—SE 向，主要工业矿体为：Ⅰ、Ⅱ、Ⅲ，其中三个矿体占整个矿床已知储量的绝大部分，其他工业矿体和矿化体分布较广、且规模较小，矿体形态以层状、似层状、断续透镜状为主，其次是脉状、囊状及不规则状。矿体走向与区域构造线方向和近矿围岩层理的产状基本一致，走向为 NW—SE 向，地表及浅部倾向南西，朝深部变为陡立或向北东陡倾。主矿体下盘围岩为含碳质千枚岩，上盘为大理岩；次要矿体位于主矿化层南侧，分布于绿泥斜长片岩中。

4.3 气体烃类组分特征总结

在锡铁山矿区分别在断层沟、中间沟和锡铁山沟（0～81 线间）的地表和3062 m、3002 m、2942 m 三个有代表性中段采样（原生晕）进行测试分析，通过总结各类地质体气体烃类组分的宏观特征及微观规律，来探讨该铅锌多金属矿床矿质来源、成矿特点及找矿模式，从而达到指导该区深、边部找矿的最终目的。锡铁山矿体及围岩与各类岩体烃类组分标准化曲线特征比较如下：

（1）围岩烃类组分标准化曲线特征可分为三种：第一种为（似）岩浆热液型曲线，占围岩中的大多数，说明大部分大理岩及部分片岩在成岩过程中或之后，受到与岩浆热液有关流体的影响；第二种为生物沉积型，受热液影响小，仍保持了沉积岩的特征（又可分为高乙烯型和高丙烯型）；第三种为过渡型，是沉积岩与岩浆型流体之间叠加混合的结果。

（2）各类（包括细脉和宽带）矿体的烃类组分标准化曲线特征基本表现为（似）岩浆热液型，说明成矿流体的来源与热液有关，但又存在明显差异：67 线南东范围内矿体的烯烃组分比例明显高于 67 线北西矿体（以围岩为标准）；细脉带矿体（顺层和切层）的特征与 67 线北西矿体相一致（总烃含量高并且烯烃比例低）。

（3）将各类矿体及围岩与不同类型的岩体（超基性、中—基性、酸性岩体）烃类标准化曲线相比较，可以看出 67 线南东范围内宽带矿体更接近于中—基性岩体特征，而 67 线北西宽带及细脉矿体更与酸性花岗岩相似。以上现象说明气体烃类组分变化与岩浆、流体的演化保持同步，即成矿早期→晚期，空间上从近→远的变化规律。早期与中—基性岩热液有关的流体是本区成矿作用的主体，成矿流体喷流来源位置为矿区东南，而 67 线北西厚层矿体及细脉矿体是热液（由中—基性向酸性）演化后叠加成矿的结果。

5 结论

针对目前烃类组分特征与金属成矿关系以及应用于成矿理论研究尚处于探索阶段的现状，并通过青海锡铁山铅锌多金属矿床气体烃类组分实测与分析，取得了如下认识和结论：

（1）利用峨眉山玄武岩建立烃类组分标准化背景并将烃类组分数据玄武岩标准化处理能将烃类组分间叠加改造、配分模式以及相关变异的微观规律得到直观表达和体现。并发现部分同类地质体（如超基性岩、中—基性岩、花岗岩、沉积岩等）的烃类组分具有形态相似的曲线特征及相关配分模式。

（2）锡铁山矿床为典型喷流沉积型矿床，成矿作用主要与早期中—基性流体有关并形成矿化主体，其特点是烯烃所占比例明显较高；67 线北西矿体及细脉矿体则是流体演化后期叠加改造而成，其特点是烃类含量明显高而烯烃所占比例明显低。

（3）根据烃类组分运移距离远、影响范围大、异常明显的特点，该方法在锡铁山矿区寻找埋藏深度大的隐伏矿体是有效的，但要根据实际情况采用不同的判断指标，做到宏观特征与微观规律的有机结合。

（4）气体烃类组分应用于金属矿产的研究和勘查属边缘交叉学科，其基础理论研究和勘查应用方面还有待进一步完善和深入，相信随着今后该领域研究和认识水平的提高，必将在金属矿产勘查方面发挥重要作用。

参考文献

[1] 吴烈善, 韦龙明.有机烃新方法在金矿床快速定位预测中的应用[J].地球化学, 2001, 30(6): 579 - 584.

[2] 邓吉牛, 李义邦, 王春龙.青海锡铁山铅锌矿床及外围成矿规律与找矿潜力分析[R].西部矿业公司, 1998.

[3] 邬介人, 赵统, 等.青海锡铁山块状硫化物矿床的类型及地质特征[J].中国地质科学院西安地质矿产研究所所刊, 1987: 20.

[4] 邓吉牛.青海锡铁山矿区褶皱构造及其找矿预测[J].有色金属矿产与勘查, 1999, 10(5): 283 - 288.

[5] 李义邦.青海锡铁山铅锌矿就矿找矿的实践与经验[J].有色金属矿产与勘查, 1999, 12(6): 442 - 447.

[6] 陈毓川, 黄民智, 徐珏, 等.大厂锡石硫化物多金属矿带地质特征及成矿系列[J].地质学报, 1985, (3): 228 - 240.

[7] 陈毓川, 黄民智, 徐珏, 等.大厂锡矿地质[M].北京:地质出版社, 1993.

[8] 陈远荣, 贾国相, 徐庆鸿.气体集成快速定位预测隐伏矿的新技术研究[M].北京:地质出版社.2003.

[9] 陈远荣, 邵世才, 徐庆鸿, 等.马鞍桥金矿的有机烃气结合原生晕测量找矿预测[J].物探与化探, 2003, 27(6): 465 - 467.

[10] 程敦模.有机质在层控汞矿床成因中的作用[J].沉积学报, 1984, 2(2): 81 - 89.

[11] 邓军, 杨立强, 刘伟, 等.胶东招掖矿集区巨量金质来源和流体成矿效应[J].地质科学, 2001, 36(4): 257 - 268.

[12] 杜乐天.幔汁 H - A - C - O - N - S 流体[J].大地构造与成矿学.1988, 12(1): 91 - 99.

[13] 范德廉, 刘铁兵, 叶杰.黑色岩系成岩成矿过程中的生物地球化学作用[J].岩石学报, 1991(2): 65 - 72.

[14] 范德廉, 叶杰, 杨瑞英, 等.扬子地台前寒武—寒武纪界线附近的地质事件与成矿作用[J].沉积学报, 1987, 5(3): 81 - 96.

[15] 傅家谟, 刘德汉.有机质演化与沉积矿床成因(II).煤成烃类与层控矿床[J].沉积学报, 1983(4): 5 - 28.

[16] 高岗, 郝石生, 朱雷, 等.湖相生物碎屑灰岩热模拟气特征[J].现代地质, 1998, 12(1): 103 - 107.

[17] 高建国, 谈树成, 晏建国, 等.云南个旧南部地区元素的地球化学特征[J].矿物学报, 2001, 21(4): 585 - 590.

[18] 何立贤.汞矿带中金矿成矿条件及赋存规律[J].贵州地质, 1990, 7(3): 187 - 194.

[19] 赫英, 王定一, 冯有良.胜利油田火山岩中的流体包裹体成分及其意义[J].地球化学, 1996, 25(5): 468 - 474.

[20] 侯增谦, 张绮玲.冲绳海槽现代活动热水区 CO_2 烃类流体:流体包裹体证据[J], 中国科学, 1998, 28(2): 142 - 148.

[21] 贾国相, 陈远荣, 姚锦琪.我国特殊景观区油气综合化探技术[M].北京:石油出版社, 2003: 61 - 64.

[22] 李厚民, 毛景文, 张长青, 等.滇黔交界地区玄武岩铜矿同位素地球化学特征[J].矿床地质, 2004, 23(2): 232 - 239.

[23] 李生郁, 徐丰孚.轻烃及硫化物气体测量寻找多金属隐伏矿方法试验[J].物探与化探, 1997, 212: 128 - 138.

[24] 李生郁, 郑康乐, 徐丰孚.微量轻烃气体快速分析方法及其在金属矿化探中的应用[J].物探与化探, 1990, 14(4): 303 - 311.

[25] 李树基, 张志信, 等.个旧锡矿地质[M].北京:冶金工业出版社, 1984.

[26] 李晓峰, 毛景文, 工登红.四川大渡河金矿田成矿流体来源的氮氩硫氢氧同位素示踪[J].地质学报, 2004, 78(2): 401 - 410.

[27] 李晓峰, 毛景文, 刘娅铭, 等.青藏高原东缘缅萨洼金矿成矿流体地质地球化学特征[J].岩石学报, 2005, 21(1): 189 - 210.

[28] 李兆麟, 翟伟, 李文, 等.河台韧性剪切带金矿床成矿物理化学条件研究及熔融包裹体的发现[J].岩石学报, 2000, 16(4): 514 - 520.

锡铁山铅锌矿床中金的分布规律探索

王静纯　余大良

（北京矿产地质研究院，北京，100012）

摘　要： 研究了锡铁山铅锌矿床伴生金在矿床、矿石、矿物中的分布，指出金距热爆中心越近含量越高，与断层构造关系密切，矿床顶底板含量较高，与铅锌等主金属及硫、铁显著相关。

关键词： 金；分布规律；锡铁山铅锌矿

青海锡铁山铅锌矿区位于柴达木盆地北缘，累计探明铅149万吨，锌181万吨(据2009年9月24日的"中南选矿网"铅锌典型矿床——青海锡铁山铅锌矿床)，还伴生金、银及稀散金属等。矿床产于上奥陶统滩间山群(O_3tn)。主要赋矿岩性为黑色—深灰色含碳绿泥石英绢云片岩、绢云石英片岩、白色薄层—中厚层块状大理岩等。

本区早期勘查的上部硫化矿体含 Pb 3.7%，Zn 5.39%，Au 0.39～1.12 g/t，Ag 19.6～46.6 g/t。20世纪末以来探获的深部矿产资源的铅、锌、金品位均有所升高。

1　金在矿床中的分布

金在矿床中的分布极不均匀，主要受热动力条件，成矿物质条件和构造作用条件的影响。专家研究认为该矿床属于 SEDEX 型成因，成矿作用为双基底式，经历了强烈的变质变形运动。主要喷流中心位于矿区西部，矿体向南东侧伏。

通过对矿区矿床中金的分布研究获悉，锡铁山矿床各矿体的含金性与其在矿床中所处的空间位置有关。近喷口的矿体，金矿化较强，远离喷口的矿体，金矿化相对较弱。矿床水平方向上，自西向东，从63线到5线，矿体含金变化是：2.03 g/t($Ⅱ_{149～146}$)→1.24 g/t($Ⅱ_{10}$)→1.15 g/t($Ⅱ_{30}$)→0.84 g/t($Ⅱ_{10-3}$)→0.49 g/t($Ⅰ_{33}$)。矿床垂向方向上，据统计[2]，从3062 m→3002 m→2942 m 标高，伴生 Au 品位由0.86 g/t→1.00 g/t→1.29 g/t，即随深度增大，伴生 Au 品位逐渐升高。

2　金在矿石中的分布

2.1　不同成因类型矿石中的金

本区矿石按照成矿类型及矿石构造特点，可分为大理岩型矿石和片岩型矿石。也可根据矿石中主要矿物含量划分为铅锌矿石、铅矿石、锌矿石、硫铁矿石以及矿化大理岩和矿化片岩等。不同类型矿石的金含量差别明显。通常片岩型矿石的金含量大约是大理岩型矿石的1.5倍左右。如片岩型黄铁矿矿石含金平均为3.2 g/t(9件样品)，大理岩型黄铁矿矿石平均含金1.3 g/t(4件样品)。又如片岩型闪锌矿方铅矿矿石含金平均为2.1 g/t，而大理岩型方铅闪锌矿矿石含金平均为1.48 g/t。

2.2　不同产状矿石中的金

对筛选出的不同产状矿石的金矿化强度进行研究，发现矿石中金的分布有以下规律。

2.2.1　构造活动部位金矿化强烈

在构造活动强烈部位，靠近断层或破碎带的矿石，金矿化最强。以闪锌矿方铅矿矿石为例，靠近断层部位的闪锌矿方铅矿矿石含金最高，而产在矿体顶底板或矿体中心部位的闪锌矿方铅矿矿石含金较低。靠近断层的矿石中金含量是后两种产状的矿石金含量的1.8倍和4.3倍。虽然矿体中心部位的铅锌矿化最强烈，但距离导矿聚矿构造较远，对金的矿化而言，是强度最弱部位，对金矿化不利。

2.2.2　矿石含金性与矿石矿物组成有关

以大理岩型矿石进行比较，当矿石中主要组分为黄铁矿，矿石的金矿化强，含金0.05～4.8 g/t；当矿石中的主要组分为闪锌矿，矿石的金矿化为中等，含金在0.07～4.2 g/t；而矿石中的主要组分为方铅矿，金的矿化弱，含金在0～0.11 g/t。

2.2.3　近矿体的围岩中也有金的富集

研究发现，在近矿体的围岩中也有金的富集，最高含金0.94 g/t，本区可能存在独立的金矿体，值得关切和探讨。

上述的金成矿与富集规律可作为本区深部矿段共生与独立金矿体找矿的可靠依据。

3 金在矿物中的分布

本区矿石中金主要以独立矿物产出，少量金以类质同象置换进入矿物晶格中呈含金矿物产出。

本区金矿物有两种，即自然金、银金矿；含金矿物有两种，即金银矿、硫金银矿。

本区的金矿物以银金矿为主，相对含量为50.0%，其次是金银矿，相对含量为29%，即自然金和金银互化物占金矿物总量的92%，金的硫化物仅占8%。

金矿物成色变化很大，从808～185，平均值为515。金矿物的金成色高低是成矿地质环境和成矿作用的反映。本区金成色属于中等，银金矿和金银矿含量接近，说明银的矿化作用较强，处于金和银聚集力相当的地质地球化学场中。本区金矿物成色与胶东地区金矿床比较，它不同于热液成矿期较早阶段成矿温度较高的黄铁石英阶段成色较高的金矿物，它相似于产在热液成矿期的较晚阶段，即含金多金属硫化物石英阶段的金矿物，金成色中等，金银矿和自然银占一定比例。

4 金在载体矿物中的分布

矿石中的金是与铅锌矿体共伴生产出的。矿石中金矿物的载体矿物种类较多，主要金属硫化物——方铅矿、闪锌矿、黄铁矿、白铁矿和脉石等都是金矿物的重要载体矿物。磁铁矿、赤铁矿、菱铁矿、菱镁矿以及石英、长石也与金的产出有较为密切的关系。

研究表明，本区矿石中的金矿物主要赋存在脉石中，这些载金脉石又多被黄铁矿、白铁矿或其他硫化物包裹。在所统计的金矿物中，产在脉石中的金矿物占统计总数的73.54%；以方铅矿与闪锌矿为载体的金矿物各占统计总数的12.7%和11.9%。

上述证据充分说明，金的矿化晚于铅锌，是成矿晚期中低温热液阶段，与黄铁矿化、白铁矿化、碳酸盐化、硅化作用密切相关的产物。

仅以黄铁矿为例，探讨金在载体矿物中的分布。黄铁矿单矿物含金较高，但波动很大，在0.23～2.54 g/t之间，平均0.616 g/t(7件样品)。其特点可概括如下。

4.1 黄铁矿含金与矿石的结构构造有关

粗粒黄铁矿，含金较高。平均含金1.69 g/t(2件样品)。粗粒块状构造的黄铁矿经历了后期热液喷流成矿的叠加。显然金的富集与之有密切关系。

细粒浸染状黄铁矿，含金较低，平均含金0.169 g/t(3件样品)。细粒浸染状黄铁矿含金仅是粗粒黄铁矿的1/10。两者虽然都产在矿体底板或底板的黄铁矿化围岩中，但细粒黄铁矿以沉积成矿作用为主，金矿化较弱。

4.2 黄铁矿含金与产状有关

产在矿体中心的黄铁矿含金较低，仅0.057 g/t，而距矿体底板绿泥斜长片岩仅1 m的矿石中黄铁矿含金0.23 g/t，后者金含量是前者的4倍。表明在矿体中金矿化相对富集于铅锌矿化较弱的部位。

5 金与主金属的关系

考察矿石中金(银)与主金属的关系，对三个中段和深部钻孔矿石中Au、Ag、Pb、Zn、Fe、S等6种元素分析结果均进行了相关关系计算，显示Au与S、Fe相关，金与黄铁矿、白铁矿关系最密切。Ag与Pb相关，银与方铅矿最密切。显示出金、银虽为同期矿化，但在沉淀就位的选择上却有明显差异。

6 结束语

通过矿床中金的分布规律研究发现，矿体中乃至矿石中以及载体矿物的金含量与其距热源中心远近、构造断裂发育程度、矿物共生组合特点以及热液蚀变类型均有密切关系。

通过不同产状单矿物的金分布研究，发现金的富集主要与构造断层关系最密切，其次是在矿体顶底板部位对金矿化更为有利。

在近矿体顶底板的围岩中，局部金矿化较高，有独立金矿体存在的可能。

金作为矿床中的伴共生金属，与铅、锌等主金属相关性明显。相关分析结果表明，Au－S，Au－Fe，Ag－Pb相关显著。

上述金的富集规律的发现，为本区金成矿机制研究以及寻找伴生金矿体或独立金矿体提供了依据。

参考文献

[1] 邓吉牛.锡铁山地区铅锌矿床地质找矿研究进展[R].西部矿业股份有限公司，2002.

[2] 中国矿床发现史·青海卷编委会.中国矿床发现史·青海卷[M].北京：地质出版社，1996.

锡铁山铅锌矿床深部地球化学找矿预测及效果

陈云华

（湖南有色地勘局二四七队，长沙，410129）

摘　要：在查明元素在地层岩性矿石矿物中分布分配基础上，着重研究了矿床原生晕变化规律及元素分带规律，建立了矿床地球化学异常模式——紧裹型镜像对称帽式结构模式，指出前缘晕元素 Hg、B 及主成矿元素 Cu、Pb、Zn、Ag 组合及主成矿元素达 2~3 级浓度带是最佳找矿标志。充分利用矿山品位资料，经趋势分析发现东西两条矿化富集带；运用矿床异常模式及找矿评价指标预测深部钻孔，发现了新矿体。

关键词：铅锌矿床深部找矿；地球化学；预测；效果；青海锡铁山

锡铁山铅锌矿是一个大型铅锌生产矿山，已探明铅锌储量 360 万吨，但经过 10 年的开采，储量急骤减少，且地表一定深度之下的储量已近于开采完毕，急须向深部寻找新的资源。尽管锡铁山矿体具有一定层位性，但受后期构造影响，矿体形态、产状变化很大，且深部矿体变化规律不清。为减少盲目性，须开展深部找矿预测，指出矿化富集地段及单个矿体赋存部位，指导深部钻孔布设。由于锡铁山矿床属海底喷流沉积加后期热液叠加改造型矿床，既不同于典型的沉积矿床，也不同于典型的热液矿床，采用常规的热液元素地球化学指标预测深部矿体已不可能。据此，在充分分析区内成矿作用特点，查明元素在地层岩性、矿石矿物分布分配规律基础上，着重开展了矿床（体）地球化学异常模式及找矿评价指标的研究，筛选出适合本区特点的元素指标，并结合矿山现有的品位资料，预测深部矿体，取得了较好的效果，发现了两条矿化富集带；对未见矿的钻孔，通过钻孔原生晕并运用评价指标预测，又发现了新矿体。

1　矿区地质简况

锡铁山铅锌多金属矿床处于柴达木盆地北缘，赛什腾山—绿梁山—锡铁山—阿木尼克山 NW 向成矿构造带上。

1.1　地层

本区出露地层主要为下元古界达肯大坂群（Phdk）、上奥陶统滩间山群（O_3tn），其次为上泥盆统阿木尼克组（D_3a）、下石炭统城墙沟组（C_1c）等。

下元古界达肯大坂群（Phdk）：主要分布于北部，岩性为白云母石英片岩、二云片岩、斜长片麻岩及混合岩化斜长角闪岩系，变质程度中等（靠南侧），锆石 U·Pb 年龄为 2205 百万年。

上奥陶统滩间山群（O_3tn）：是本区分布最广，发育较好的浅变质绿岩系。呈 NW—SE 向（315°~135°）的狭长带状展布，北西端位于黄羊沟之西，南东端位于泉吉河口之东，出露长约 20 km，宽约 1~1.7 km，在锡铁山至中间沟一带出露最宽，可达 2.4 km，黄羊沟及绿石岗以东变窄，仅 100~200 m，是本区最重要的含矿岩系。铷锶等时线年龄为 464.6 百万年。岩石组合较复杂，主要是中基性、酸性火山碎屑岩，浅变质，其次为正常沉积的大理岩和碳质片岩。其中 O_3tn^{a-2}、O_3tn^b 岩组是本区的两个含矿层，O_3tn^{a-2} 层岩性为灰黑色黑绿色含绿泥石英绢云片岩、含碳质绢云石英片白色薄—厚层状大理岩、青灰色条带状大理岩，底部为石英斜长片岩夹白色薄层。

大理岩是本区主要赋矿层，厚度 67~298 m。O_3tn^b 岩组由深灰绿色灰绿色含钙质条带斜长绿泥片岩夹钙质条带绿泥斜长片岩、石英绢云片岩、绢云石英片岩、含碳质绿泥石英片岩及少量变英安岩、白色薄层大理岩石组成。底部有小的层状、似层状铅锌矿体、含铜石英脉和细脉浸染状铅锌矿体产出，是本区次要的含矿层位，厚度大于 33~94 m。上泥盆统阿木尼克组（D_3a）：沿锡铁山沟至断层沟一带连续分布，不整合覆盖于上奥陶统之上，岩性为紫红色复成分砾岩、细砾岩夹砂岩透镜体。底部偶见铜铅锌矿化。

下石炭统城墙沟组（C_1c）：分布与上泥盆统一致，岩性为红色黄色粉砂岩、细砂岩夹砂质鲕状灰岩、生物碎屑灰岩、含砾砂岩及砾岩。

1.2　矿床

锡铁山块状硫化物多金属矿带产于晚奥陶世海相火山岩系中，呈 NW—SE 向展布，西起黄羊沟，东至红石岗，延长 20 km，包括锡铁山铅锌多金属矿床断层沟铅锌矿床、绿石岗和红石岗铅锌矿点，以及众多锰重晶石矿点或小型矿床,其中锡铁山铅锌多金属矿床西起黄羊沟,东至中间沟,为工业开采区。按矿体形态和空间展布特征,分出Ⅰ、Ⅱ、Ⅲ三个矿带,自北向南平行分布,其中Ⅰ、Ⅱ矿带为主要开采对象,呈层状似层状产于 O_3tn^{a-2} 层中,在3222 m中段两矿带彼此分开,在3222m中段以下则合并为一个矿带;在23线以西,矿体产于大理岩中,矿石类型属大理岩型;23线以东,矿体产于大理岩与片岩之间,属片岩型。Ⅲ矿带产于 O_3tn^b 层中,矿体呈透镜状、不规则状,规模小,工业开采价值不大。

矿石类型主要有:条带—块状黄铁矿(胶黄铁矿)—闪锌矿—方铅矿矿石;条带—浸染状黄铁矿(胶黄铁矿)—闪锌矿—方铅矿矿石;星散状—细脉浸染状黄铁矿—闪锌矿—方铅矿矿石。此外尚有单一的方铅矿、闪锌矿、黄铁矿矿石,还有特殊成因的石膏—菱锌铁矿矿石。

矿物组分:金属矿物主要有黄铁矿(胶黄铁矿)、方铅矿、闪锌矿,其次是少量白铁矿、毒砂、黄铜矿、黄锡矿、磁黄铁矿、磁铁矿、铬铁矿、银金矿、铜蓝辉铜矿、金红石等;脉石矿物主要有石英方解石、菱铁矿,其次有绿泥石、绢云母、铁锰碳酸盐和少量电气石。

2 成矿地球化学背景

经过对矿区详细的地层地球化学工作(黄羊沟—车站系统的地层岩石地球化学剖面)揭示:

(1)全区地层总体富集 Cu、Pb、Zn、Ag、Au、As、Sn、Bi 等多种金属元素(与上地壳相比较),反映该区是一个 Cu、Pb、Zn、Ag、Au 高背景区,预示本区的成矿以上述元素为主。

(2)不同的地层由于其形成的环境不同和岩性上的差异,其元素本底含量各不相同。Pt_1dk 众层为中等变质的片麻岩类岩石,属基底地层,反映古大陆环境,以富集 Sn、Bi、As、Pb、Au 为特征。O_3tn 层为一套火山碎屑—沉积岩类低变质绿片岩系,属裂谷环境产物,是本区重要含矿岩系,总体富集 Au、As、Ag、Sb、Cu、Zn、Bi、Mn,反映与古陆的继承关系又有其自身演化的特征。D-C 层为紫色砂砾岩—砂岩类,属以 O_3tn 层为基底的上置盆地陆源—滨海相碎屑沉积,以富集 As、Sb、Au、Pb 为特征,反映了对基底地层的继承关系。

(3)O_3tn 层是本区重要含矿岩系,其中 O_3tn^{a-2}、O_3tn^b 层是本区的含矿层,尤其是 O_3tn^{a-2},该层属火山喷发间隙期正常沉积产物,以大理岩、碳质绿泥片岩为主,经初步地球化学环境分析,其形成于一个相

对封闭的热卤水沉积环境,富集 As、Zn、Au、Sb、Sn、Bi、Mn 多种金属元素。O_3tn^b 层以富集 Sr、As、Zn、Ag、Au、Sb、Bi、Mn 为特征。

3 矿床地球化学特征

(1)本区的铅锌硫化物矿石除主成矿元素 Pb、Zn 含量高外,还含有含量相当高的 Cu、Ag、Au、Sb、As、Hg 元素及一定量的 Mn、Sn、Bi、Mo、B、Cr、Ni、CO 元素,贫 Sr、Ba、V、Ti。氧化类矿石如铁锰帽、锰银矿富含 Cu、Pb、Zn、Ag、Au、As、Sb、Hg、Mn、Sr、Ba,黄钾铁矾类以富集 Pb、Zn、Ag、As、Au、Sb 为特征。与矿床有关的喷流岩如硅质岩、菱铁矿重晶石以富集 Ba、Sr、V 为特征。

(2)主要元素在矿石矿物中的分配:S、Fe、Pb、Zn 为对应矿物的主要元素;Cd、Ga、Cu 主要在闪锌矿中最高,Cd 可达 $4000×10^{-6}$;Bi、Ag、Sb、Sn 于方铅矿中最高,Ag 可达 $1119×10^{-6}$,Sn 为 $327×10^{-6}$;As、Co、Au 在黄铁矿中最高,As 为 $2365×10^{-6}$,Au 为 $2.39×10^{-6}$。

4 矿床地球化学异常特征及异常模式

4.1 水平方向上的变化特征

西部黄羊沟—瀑布沟一带出现 Ba、Sr(Cu、Hg、Sb)异常;105～65线出现 Ag、Pb、Zn、Au、Sr、Ba、Mn、Hg、Sb、As、Bi 多元素异常,总体呈带状沿含矿层展布,主成矿元素及前缘晕元素强度高;中部,从31线地表剖面来看,出现有 Pb、Zn、Ag、Ba、Sr、B、Mn、Sn、As、Sb、Hg、Cu、Au、Bi 多种元素异常。其中 Pb、Zn 呈带状分布在含矿层中,强度高,其他元素多分布在北侧矿体上方,强度也较高;无名沟—中间沟以 Pb、Zn、Cu、As、Ba 为主,伴有 Hg、Mn、Sr、Bi 多元素异常(当时未分析 Au);东部中间沟—断层沟一带以高强度的 Pb、Zn、Cu、Ag、Mn、Hg、Au、As、Sb 为主,伴有 Sn、Bi、Sr、B、Ba、Mo 多种金属元素异常,呈带状或线状沿含矿层或矿体分布,继续往东到红石岗—车站一带,异常元素骤然减少,强度降低,仅出现弱的 Cu、Hg、Sr 异常。

由此看出,异常在水平方向上的变化表现为:矿体上(105～0线、中间沟—断层沟)元素组合复杂,主要成矿元素及伴生元素强度高,往东往西则异常元素骤然减少,仅出现前缘晕元素,强度低,主要成矿元素一般无异常显示。

4.2 垂向上的变化特征

对于产于大理岩与片岩间矿体即片岩型矿体,据

1 线、5 线、13 线、23 线坑道钻孔剖面原生晕资料显示，主要成矿元素 Pb、Zn、Ag、Cu、As 等呈带状沿矿体展布，其中 3 级浓度带紧裹矿体，呈透镜状，上下对称；Sn、Bi、Au、Sb、Mn 主要分布在矿体中部，呈透镜状；Hg、B 则呈线状或窄带状分布在矿体头部及前缘部位，Ba 主要分布在矿体两侧围岩中，上宽下窄（从前缘—矿体头部—矿体中下部）呈倒三角形状（帽式）；Ni、Cr、Co 呈线状分布在矿体两侧，以矿体为中心近于左右对称；Sr 呈线状分布在矿体下盘围岩中。

对于大理岩型矿体，异常特征与片岩型类似，所不同的是大理岩型矿体前、尾晕可出现较高强度的 Pb、Zn、As、Cu 异常，尾晕还出现较高强度的 Co 异常。另侧晕、渗滤晕不发育，侧向上往往离开矿体 10～20 m 即消失；垂向上，离开矿体 60～100 m 即消失。

4.3　元素分带特征

纵向上，根据异常在水平方向的变化特征：盆地边缘只出现前缘晕元素，强度一般较低；近边缘，元素组合复杂，前缘晕元素仍占主导地位，如 Sr、Ba、Hg、Cu；盆地中心元素组合复杂，以成矿元素为主。即以盆地中心为中心，异常呈近似对称状态。

矿体在垂向上（或轴向上）存在一定分带性，经分带指数计算，由上到下由矿体前缘（无矿地段）→矿体头部→矿体中部→矿体下部元素出现：B→Ba→Hg→（Sr→Cr）→Ni→Cu～Zn→Au→Mo→Bi→As→Pb→Mn→Sn→Co→Ag→Sb→（Ni）的分带。前缘晕元素为 Ba、B、Hg、Sr（Cr、Ni），矿体中上部元素为 Cu、Zn、Au、Mo、Bi、As，矿体中下部元素为 Pb、Ag、Mn、Sn、

Co、Ag、Sb。

横向上，由于异常扩散晕不发育，导致横向分带不明显，但对片岩型矿体而言，上盘晕略大于下盘晕，另外，Ba、Co、Ni、Cr 只出现在近矿体上下盘围岩中，Sr 只出现在下盘围岩中，而 Pb、Zn、Cu、As、Au、Sn、Bi、Mn、Mo、Sb 等成矿元素及伴生元素主要分布在矿体上，因而出现横向分带：由上盘围岩→矿体→下盘围岩，出现 Ba、Ni、Co→Pb、Zn、Cu、Ag、Au、As、Sn、Bi、Mn、Mo、Sb、Hg，B→Ba、Ni、Cr、Co、Sr。

4.4　矿床地球化学异常模式

根据异常在三维空间变化特征，初步总结出矿床地球化学异常模式为紧裹型镜像对称帽式结构。紧裹型即：成矿元素 Cu、Pb、Zn、Ag 中内带及伴生元素 Au、Mn、As、Sn、Bi、Sb、Mo 紧紧裹住矿体；镜像对称：即 Cr、Ni、Co 分布在矿体两侧，以矿体为中心呈镜像对称（不论横向上还是纵向上）；帽式：即前缘晕元素 Ba（Hg）呈较宽的晕如帽式分布在矿体前缘部位（见图 1）。

4.5　找矿评价标志

根据矿床地球化学异常模式，提出如下找矿评价标志。

4.5.1　元素组合标志

（1）出现复杂元素组合，其中以主要成矿元素如 Pb、Zn、Ag 为主，伴有 Cu、Au、Sn、Mn、As、Sb、Hg、B、Ba 多种元素。

（2）出现前缘晕元素 Hg、B、Ba、Sr，尤其是 Hg、B，以及显示主成矿元素为 Cu、Pb、Zn、Ag。

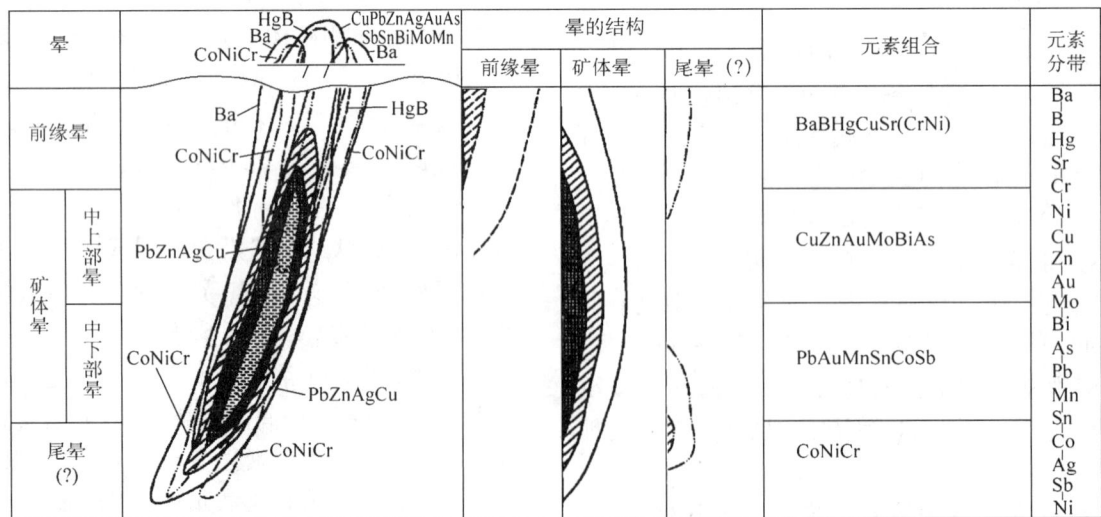

图 1　锡铁山铅锌矿床地球化学异常模式

4.5.2　强度标志

根据矿床地球化学异常模式，主成矿元素 Pb、Zn、Cu、Ag 及伴生元素 As、Sb、Sn 的 2～3 级浓度带往往紧裹矿体，即当出现 $w(Pb) > 500 \times 10^{-6} \sim 1000 \times 10^{-6}$，$w(Zn) > 1100 \times 10^{-6}$，$w(Cu) > 500 \times 10^{-6}$，$w(Ag) > 1200 \times 10^{-9} \sim 6600 \times 10^{-9}$，$w(Sn) > 20 \times 10^{-6}$，$w(Au) > 165 \times 10^{-6}$ 含量时，特别是同时出现上述元素或同时出现主成矿元素上述含量时，意味着离矿不远了，且矿就在上述元素 3 级浓度带所包裹或对应区域。

5　深部地球化学找矿预测及效果

5.1　矿体富集趋势分析

矿体品位厚度六次趋势分析结果与线金属量分析结果类似。

根据矿体趋势分析结果认为，区内存在东西两个 Pb、Zn 富集带，西部富集带矿化规模强度高，并从 3002 中段 49～30 线有强烈的向东向下延伸趋势。东部富集带从矿化规模强度来看略次于西部，并且从 3002 中段 2 线向东向下有延伸趋势。

目前矿山深部钻孔主要布设在这两个富集带上，且见矿效果较好。

5.2　矿体定位的地球化学预测

根据所建立的矿床地球化学异常模式及找矿评价指标，对深部某些钻孔进行初步预测。ZK4417 - 11 孔开孔位置在 2942 中段 17 线，孔深 133 m。0～53.75 m 为含碳绢云石英片岩，局部(35.6 m 处)见含 Pb、Zn 石英细脉，57.75～118.4 m 主要为青灰色、白色大理岩，其间夹有含碳绢云石英片岩，118.4～133 m 为含碳绢云石英片岩。钻孔原生晕显示，出现两处异常，其一在 y3 点处，出现高强度的 Pb、Zn、Ag 异常及弱的 Cu、Sb、Sn、Mo 异常，其中异常峰值 Pb 为 15545×10^{-6}、$Zn > 1100 \times 10^{-6}$、Ag 为 3365×10^{-9}，无 Sr、B、Ba、Hg 等前缘晕元素，从异常元素组合及强度来看，异常属尾晕，联系上部矿体的分布，该异常可能反映上部矿体的尾部特征，不会再向下延伸。

其二是在 y8 点处(岩性为大理岩)，出现清晰的 Pb、Zn、Cu、Ag、Au、As、Sb、Ba 异常，其中 Ag、Au、As 达二级浓度带，结合地质特征分析，异常可能由下部隐伏矿体引起。目前该孔正在验证中。

ZK3857 - 11 孔开孔位置在 3062 中段 57 线，孔深 260.15 m，0～57.25 m 为紫色砂岩，57.25～225.15 m 为钙质绿泥片岩、石英绿泥片岩与白色大理岩互层，其中在 188.6～201.1 m 见 12.5 m 厚块状花斑状铅锌矿体，225.126 m 为石英绿泥片岩、条带状钙质绿泥片岩。钻孔原生晕显示出 3 个清晰异常，第一个异常(y9 点处)元素组合为 Ag、Pb、Zn、Au、As、Sn、Mn，强度中等偏低，Ag、Pb、Sn、Mn 出现二级浓度带，其余仅一级浓度带，未出现 Ba、B、Hg 异常，根据元素组合及强度判断异常属尾晕，反映上部已知矿体的尾晕特征，往下不可能出现矿体。第二个异常(y16～y17 点处)分布在矿体上，异常元素组合较复杂，为 Pb、Zn、Ag、Cu、As、Sb、Au、Mn、Sn、Bi、Mo、B，强度高，Pb、Zn、Ag 均出现超异常下限含量($Pb > 2000 \times 10^{-6}$、$Zn > 1100 \times 10^{-6}$，$Ag > 5000 \times 10^{-9}$)，Au 峰值 $> 5000 \times 10^{-9}$，$As > 2500 \times 10^{-6}$，Sn、Bi 也出现三级浓度带，从元素组合及强度看，异常反映矿体中部或中下部特征，往下尚有一定延伸，往上则有较大延伸，随后所打的 ZK3857 - 12 孔已在 294(y12 左右)见到矿体，该矿体与 3002 中段右侧异常完全吻合，证实坑道原生晕效果是好的。第三个异常(y20 点处)出现的元素组合与第二个完全一致，强度也非常高，所不同的有些元素峰值不同，Pb、Zn、Ag 峰值一样，Au、As、Mn、Bi 峰值略低，而 Cu、Sn、Sb 则高于第二个异常，尤其是 Sn，峰值 $> 200 \times 10^{-6}$，从元素组合及强度来看，异常反映矿体上部特征，目前钻孔未见矿体，可能矿体就在钻孔下接近钻孔部位。另外 Sn 出现如此高含量，可能还存在岩浆热液的叠加。

ZK4423 - 12 孔开孔在 2942 中段 23 线位置，孔深 265 m。钻孔原生晕在 y4 点上出现较清晰的 As、Sb、Au、Sn、Bi、Ba 异常，除 As 强度较高外(97.4×10^{-6})，其他元素异常较弱，仅一级浓度带，反映尾晕特征，下部有矿的可能性较小。后期钻孔证实预测正确性。

6　结论

在查明地层岩性、矿石矿物元素分布分配基础上，着重研究矿床(体)原生晕特征及分带规律，建立地球化学异常模式及找矿评价指标，进而预测深部矿体，这种方法在锡铁山矿区是可行的，预测效果是好的。反过来，也证明了所建立的模式及找矿指标是正确的，且说明采用地球化学方法为老矿山寻找深部矿体不失为一种经济快速有效的方法。

参考文献

[1] 李惠,张文华,常凤池,等.大型、特大型金矿育矿预测的原生晕叠加晕模式[M].北京:冶金工业出版社,1998.

[2] 袁奎荣,肖垂斌,陈儒庆,等.青海锡铁山隐伏铅锌矿床

预测[M].长沙：中南工业大学出版社,1996.

[3] 邵跃.矿床元素原生分带的研究及其在地球化学找矿中的应用[J].地质与勘探,1984(2)：47－55.

[4] 欧阳宗圻,李惠,刘汉忠.典型有色金属矿床地球化学异常模式[M].北京：科学出版社,1990.

[5] 张本仁,等.秦巴区域地球化学文集[M].武汉：中国地质大学出版社,1990.

青海锡铁山铅锌矿床伴生组分分布规律与评价研究

王静纯　　余大良

（北京矿产地质研究院，北京，100012）

摘　要：研究了锡铁山铅锌矿床伴生组分在空间上及在矿物中的分布，特征和富集规律，对伴生组分综合利用的潜在经济价值进行了评价。

关键词：伴生组分分布规律；潜在价值评价；青海锡铁山铅锌矿

锡铁山铅锌矿是目前青海省最大的有色金属矿山，是全国大型采选冶联合企业之一，年采选能力150万吨矿石，已成为全国最大的铅锌生产基地，铅精矿、锌精矿产量已占全国总产量的10%以上。

锡铁山铅锌矿除了铅、锌主要金属外，还伴生 Au 0.62 g/t，Ag 43.88 g/t，As 0.033%，Cu 0.031%，In 0.005%，Tl 0.001%，Ge 0.009%，Ga 0.001%，Cd 0.001%（李义邦，2010）[①]。

笔者对锡铁山矿区垂深 3062～2500 m 标高，水平方向西自 69 线，东至 03 线，开展了矿床伴生组分分布研究。

1　矿区地质概况

锡铁山铅锌矿区位于我国西北青海省腹地的海西蒙古族藏族自治州锡铁山镇，东距西宁 700 km。锡铁山矿床包括锡铁山本区和中间沟、断层沟矿段及锡铁山沟北西银矿点。锡铁山矿区，是西部矿业公司的主要生产矿区。

本区褶皱、断裂发育，含矿岩系是在板内拉张裂谷的环境中形成的，构造十分复杂。专家研究认为，矿床为 SEDEX 型成因，成矿作用为双基底式，矿层经受了极为强烈的变质变形构造运动，导致含矿层及矿体发生倒转，深部发现的酸性火山岩位于矿床顶板。发现了矿层（体）侧伏、变形、错断规律，并推导出矿床可能受"口袋状向斜"控制（邓吉牛，1998），发现了多个矿化中心，这些新的认识和新的发现，为找矿勘查开辟了更广阔的空间，碳质片岩层正在成为寻找层状矿体的重要层位。

锡铁山矿床赋矿地层为上奥陶统滩间山群（O_3tn），自下而上可划分为以下岩性段：

（1）下部基性—酸性火山碎屑岩沉积岩组（O_3tn^a），包括基性—酸性火山岩互层段（O_3tn^{a-1}）、正常沉积岩段（O_3tn^{a-2}）。

（2）中基性火山碎屑岩组（O_3tn^b），为含钙质条带斜长绿泥片岩、石英绢云片岩、绢云石英片岩等。

（3）紫红色砂岩组（O_3tn^c），为灰紫色，紫红色粉砂岩—细砂岩，夹灰绿色粉砂岩—细砂岩，局部夹少量沉积砾岩。

（4）上部火山岩组（O_3tn^d），包括基性火山碎屑岩段（O_3tn^{d-1}）、正常沉积碎屑岩段（O_3tn^{d-2}）、上部基性火山碎屑岩段（O_3tn^{d-3}）、基性熔岩段（O_3tn^{d-4}）。

锡铁山矿床铅锌矿体主要沿层产出，往往随着含矿层的增厚而增大。矿体形态以透镜状、似层状为主，矿体与顶、底板岩层接触界线清晰平直。矿体沿走向成群分布，沿倾向呈斜列叠瓦状排列，垂向上显示规律性再现特点。

2　矿床的伴生组分在水平与垂深方向分布

2.1　矿床的伴生组分在水平方向的分布

我们研究了锡铁山矿区 3062 中段和 2942 中段从 63 线～1 线各勘探线矿石中稀散元素与伴生金属的分布，以便透彻地了解矿床水平方向上金属含量的变化趋势。

---

①除 Au、Ag 外，其余为组合分析结果。

本文引自：王静纯、余大良.青海锡铁山铅锌矿床伴生组分分布规律[C].李广武主编：二十一世纪矿山地质学新进展[A].北京：冶金工业出版社，2012.引用时增加了摘要和关键词。——编者注将63线~49线作为西部，45线~25线作为中部，19线~1线作为东部，分别计算作图（见图1至图3）。

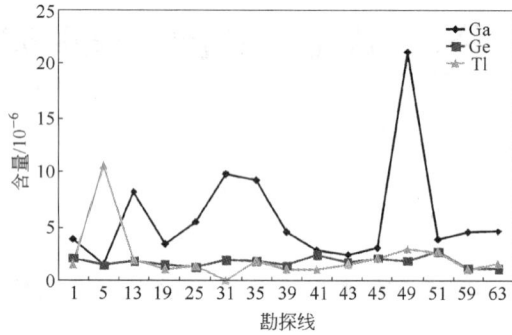

图1 锡铁山矿床3062~2942中段 Ga、Ge、Tl 的水平分布

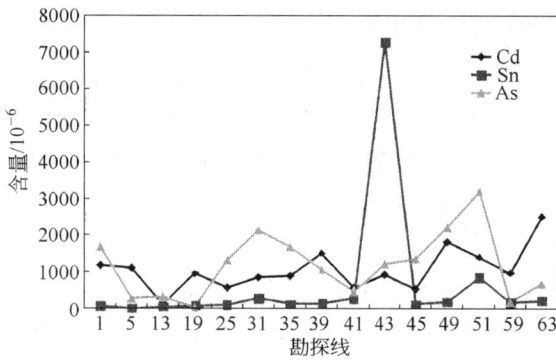

图2 锡铁山矿床3062~2942中段 Cd、Sn、As 的水平分布

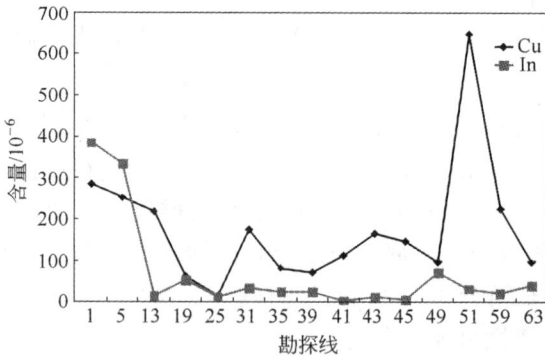

图3 锡铁山矿床3062~2942中段 Cu、In 的水平分布

从图1~图3可看出，3602~2942中段沿水平方向，由西段63线~49线→中部的45线~25线→东段的19线~1线各元素含量的变化是：Cd、Ga、As由高逐渐降低；In、Tl 在西段含量中等，中部最低，东段最高；Ge 的含量低，沿水平方向变化不大；Cu 西段最高，至中部降低，东段较高；Sn 在西段含量中等，中部最高，东段最低。Cd、In、Tl、Cu 的含量有一定相关性。

2.2 矿床的伴生组分在垂深方向的分布

研究了矿体垂深方向稀散元素与伴生组分含量变

化特点，以矿区域Ⅱ₉矿体为例，测定了不同标高组合样的元素含量（见图4）。

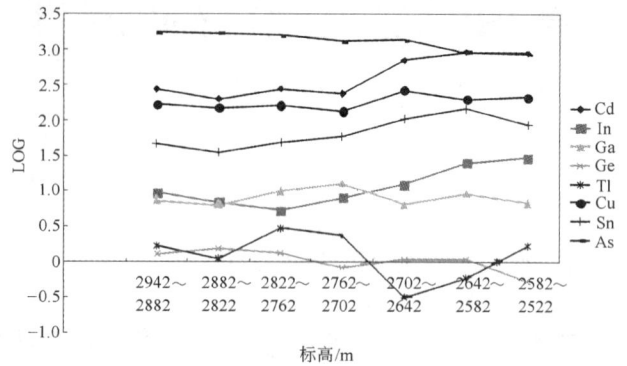

图4 锡铁山矿床Ⅱ₉矿体垂深方向组合样稀散与伴生金属分布 LOG 图

从图4获悉，Ⅱ₉矿体的 Cd、In 含量，由浅→深增高，2582~2522中段的含量是2942~2882中段的3.2倍；Ga、Tl 含量特点是中部2822~2702中段较高，浅部和深部较低；Ge 在深部2582~2522中段最低；Sn、Cu 中深部2702~2522中段含量较高；As 的含量，由浅至深降低。通过专项研究，锡铁山矿区由于构造作用导致整个矿床发生了倒转，成矿温度显示浅部较高，深部较低。Cd、In 往往在较低温成矿条件下易产生富集。

3 伴生组分在矿物中的分布

3.1 稀散元素在单矿物中的分布

为了更精确获得不同矿石类型中主要载体矿物的镉、镓、锗、铟、铊含量，选择有代表性的矿石进行方铅矿、闪锌矿、黄铁矿、磁黄铁矿、毒砂等43件单矿物提纯与稀散元素含量的分析测试，结果见表1。

3.1.1 五种单矿物稀散元素分布特点

总体上以闪锌矿为最高，特别是镉、镓、铟含量，高于其他矿物1~3个数量级，锗、铊含量与其他矿物相近；黄铁矿的锗、铊含量最高，其他元素含量偏低；方铅矿的镉、镓、铟含量居中，铊、锗较低；磁黄铁矿锗含量较高，镉、镓、铊最低；毒砂的铟、铊含量较高，其他均较低。

3.1.2 稀散元素在锡铁山矿床上、下矿段单矿物中的分布

矿区3062~2942中段与2942~2500 m 矿段矿石中各种单矿物稀散元素含量有所不同，平均值见表2。

表 1 单矿物稀散元素含量统计结果(10^{-6})

矿物名称	Cd	Ga	Ge	In	Tl	个数
	范围/平均值	范围/平均值	范围/平均值	范围/平均值	范围/平均值	
方铅矿	29.9~96.53 /52.55	0.2~11.2 /3.83	0.1~2.7 /1.23	0.82~21.5 /3.37	0.9~1.76 /1.16	13
闪锌矿	2684.5~4239.9 /3574.5	1.26~51.43 /14.08	0.63~2.65 /1.77	5.8~858.3 /270.19	0.2~3.67 /1.57	16
黄铁矿	1.46~127.4 /43.00	0.57~3.54 /2.20	1.0~10.93 /3.26	<1.0~5.39 /2.43	0.28~68.5 /9.23	10
磁黄铁矿	5.7~14.4 /11.03	<1.0~1.38 /1.14	1.69~2.63 /2.03	<1.0~6.58 /3.26	<1.0	3
毒砂	54.1	6.46	1.95	2.06	<1.0	1

表 2 3062~2942 中段与 2942~2500 m 矿段单矿物稀散元素含量(10^{-6})

矿物名称	产出位置/m	Cd	Ga	Ge	In	Tl	样品个数
方铅矿	+2942	57.00	3.40	1.12	3.72	1.15	9
	-2942	42.53	4.78	1.50	2.60	1.18	4
闪锌矿	+2942	3525.8	10.50	1.78	342.80	1.81	9
	-2942	3637.16	18.67	1.75	176.78	1.25	7
黄铁矿	+2942	28.11	2.31	1.74	2.28	11.31	9
	-2942	83.47	1.87	7.30	2.83	5.68	3

注："+"为某标高以上，"-"为某标高以下。

从表 2 显示的总趋势是，与 3062~2942 中段对比，2942~2500 m 矿段单矿物闪锌矿中的镉、镓含量有明显增加，锗、铟、铊有所降低；方铅矿中镓、锗、铊有所增高，铟、镉有所降低；黄铁矿的镉、锗、铟含量，深部矿段有明显增高，而镓、铊有所下降。

3.1.3 稀散元素在各勘探线单矿物中的分布

根据各勘探线单矿物的稀散元素含量，探讨稀散元素在水平空间上的分布，结果见图 5 至图 7。

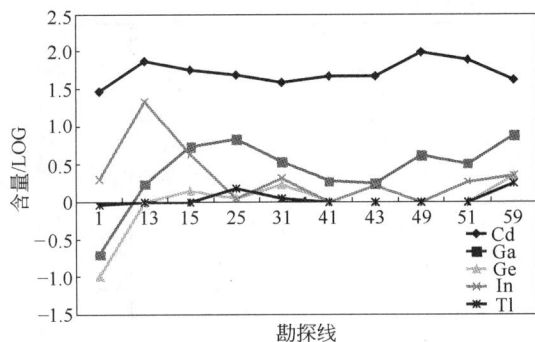

图 6 锡铁山矿床各勘探线的闪锌矿稀散元素含量 LOG 图

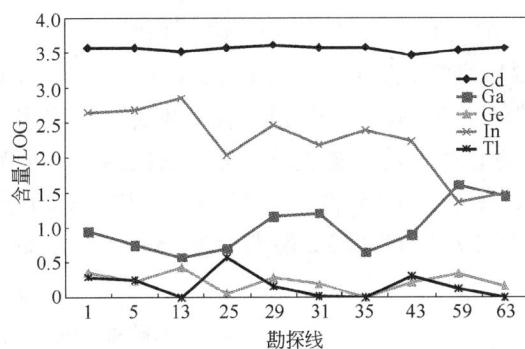

图 5 锡铁山矿床各勘探线的方铅矿稀散元素含量 LOG 图

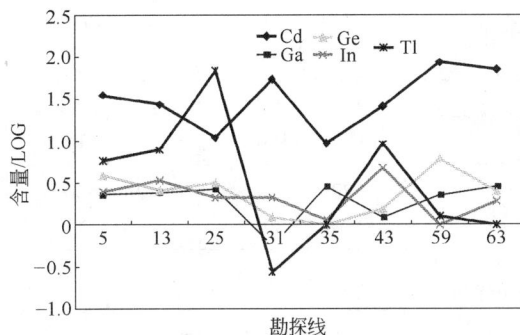

图 7 锡铁山矿床各勘探线的黄铁矿稀散元素含量 LOG 图

据图 5~图 7 分析，稀散元素在锡铁山矿床各勘探线单矿物中的含量特点是：

Cd：方铅矿中，东、西两段较高，中部较低；闪锌矿中，中段最高，西段较高，东段较低；黄铁矿中，西段最高，中段较高，东段较低；

In：方铅矿中，东段最高，西段较高，中段较低；闪锌矿中，东段最高，中段较高，西段较低；黄铁矿中，中段最高，东段较高，西段较低；

Ga：方铅矿中，西段最高，中段较高，东段较低；闪锌矿中，西段最高，中段较高，东段较低；黄铁矿中，西段最高，中段较高，东段较低；

Ge：方铅矿中，西段最高，中段较高，东段较低；闪锌矿中，东、西侧较高，中段较低；黄铁矿中，西段最高，中段较高，东段较低；

Tl：方铅矿中，西段最高，中段较高，东段较低；闪锌矿中，东段最高，中段较高，西段最低；黄铁矿中，中段最高，东段较高，西段最低。

3.2　其他伴生金属在单矿物中的分布

3.2.1　铜、锡、砷、银、金在单矿物中的含量

这里的重点是分析单矿物中的铜、锡、砷、金、银各元素含量(见表3)。

从表3可作如下分析：

(1)单矿物的铜含量，最高的是闪锌矿，平均含 Cu1311.6 × 10^{-6}(16件平均，下同)，其次是黄铁矿，Cu 为 359.28 × 10^{-6}(11件)，方铅矿含 Cu 较低，为 95.42 × 10^{-6}(13件)，毒砂和磁黄铁矿含 Cu 最低，仅 41.7 × 10^{-6}(1件)和 27.33 × 10^{-6}(3件)。

(2)单矿物的锡含量，最高的是毒砂，Sn 达 1700 × 10^{-6}(1件)，仅一个样品，代表性差，供参考。闪锌矿、方铅矿、黄铁矿的 Sn 含量渐次减少，分别为 757.10 × 10^{-6}(16件)、746.72 × 10^{-6}(13件)、613.51 × 10^{-6}(11件)，磁黄铁矿 Sn 含量最低，仅

2.8 × 10^{-6}(1件)。

(3)单矿物的砷含量，除毒砂外，最高的是黄铁矿，As 达 3123.63 × 10^{-6}(11件)，其次是方铅矿，含 As 1077.5 × 10^{-6}(13件)，为机械混入物所致。闪锌矿含 As 中等，在 336.55 × 10^{-6}(16件)，磁黄铁矿最低，为 46.77 × 10^{-6}(3件)。

(4)单矿物的银含量，方铅矿最高，含 Ag 为 42.1 ~ 3429.3 g/t，平均 1023.82 g/t(13件)，最高含量者主要是分布在矿体中心部位的方铅矿，平均 1688.9 g/t(5件)；黄铁矿含 Ag 626.02 g/t(11件)，其中特高含量者是产在变流纹岩中的黄铁矿，Ag 达 6637.5 g/t，镜下观察是由一些辉银矿显微包体引起；毒砂中含 Ag 较高，为 1327.2 g/t，但仅测试一件样品，估计其银含量总体上可能与黄铁矿相当。闪锌矿含 Ag 较低，为 69.26 g/t(16件)；磁黄铁矿含 Ag 最低，21.73 g/t(3件)。

(5)单矿物的金含量，单样 Au 含量最高的为黄铁矿，为 38.29 g/t，其次是闪锌矿，为 Au 29.03 g/t，再次是毒砂，为 Au 28.71 g/t。除毒砂外，平均含 Au 由高至低为：黄铁矿 4.34 g/t(11件)→闪锌矿 3.82 g/t(13件)→方铅矿 1.363 g/t(13件)→磁黄铁矿 0.052 g/t(3件)。特别值得注意的是，研究中采自 zk3859-12 钻孔的无论是单矿物还是矿石分析结果，都显示出该孔所控制的 II-132 和 II-130 矿体矿石存在金银特高品位，矿体综合样的金含量接近独立矿体的含量，本区可能存在独立金矿体。

3.2.2　铜、锡、砷、银、金在单矿物中的垂深分布

将 3062 ~ 2942 中段与 2942 ~ 2500 m 以下矿段各种单矿物的伴生金属含量平均值列在表4中。

表3　单矿物的铜、锡、砷、银、金元素含量统计结果(10^{-6})

矿物名称	Cu		Sn		As		Ag		Au		个数
	范围/平均值		范围/平均值		范围/平均值		范围/平均值		范围/平均值		
方铅矿	2.4 ~ 623.5 /95.42		31.3 ~ 7400 /746.72		3.03 ~ 12200 /1077.50		42.1 ~ 3429.3 /1023.82		0.01 ~ 14.66 /1.363		13
闪锌矿	134.4 ~ 13200 /1311.6		5.0 ~ 6300 /757.10		8.24 ~ 18.73 /336.55		14.2 ~ 285.2 /69.26		0.01 ~ 29.03 /3.82(13)		16
黄铁矿	22.4 ~ 1200 /359.28		1.4 ~ 5800 /613.51		21 ~ 13900 /3123.63		5.4 ~ 6637.5 /626.02		0.06 ~ 38.29 /4.34		11
磁黄铁矿	21.8 ~ 35.9 /27.33		2.0 ~ 3.9 /2.8		19.0 ~ 81.3 /46.77		6.77 ~ 40.62 /21.73		0.016 ~ 0.12 /0.052		3
毒砂	41.7		1700		46.01①		1327.2		28.71		1

①理论值，%。

表4　3062～2942 中段与 2942～2500 m 矿段单矿物铜、锡、砷、银、金平均值（10⁻⁶）

矿物名称	产出位置/m	Cu	Sn	As	Ag	Au	样品个数
方铅矿	+2942	64.67	196.92	177.84	843.37	0.151(8)	9
	−2942	164.60	1983.75	2349.74	1213.38	3.79	4
闪锌矿	+2942	513.28	133.51	246.72	78.46	0.19(7)	9
	−2942	2338.01	1558.85	383.13	57.45	6.72(6)	7
黄铁矿	+2942	236.26	114.28	2081.87	31.87	0.57	8
	−2942	687.33	1944.77	5901.67	2236.69	12.99	3

注："+"为某标高以上，"−"为某标高以下。

从表4可看出，3062～2942 中段与 2942～2500 m 矿段比较，下部矿段的 Cu、Sn、As 与 Ag、Au 含量有所增高，特别是深部 −2942～2500 m 矿段方铅矿、闪锌矿、黄铁矿中 Au 以及黄铁矿中的 Sn、Ag 较 3062～2942 中段的上部矿段增幅明显。

3.2.3　伴生金属在各勘探线单矿物中的分布

考察了矿床的水平方向—各勘探线单矿物的铜、锡、砷、银、金元素分布（见图8至图10）。

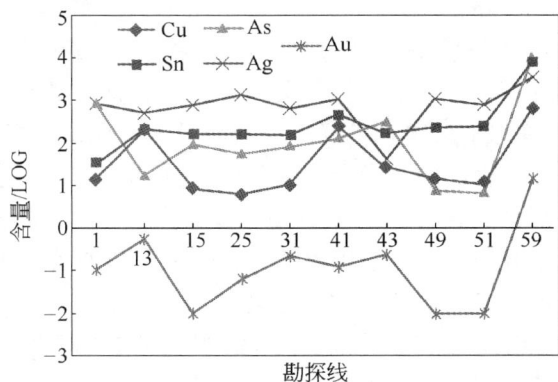

图8　各勘探线的方铅矿中 Cu、Sn、As、Ag、Au 含量

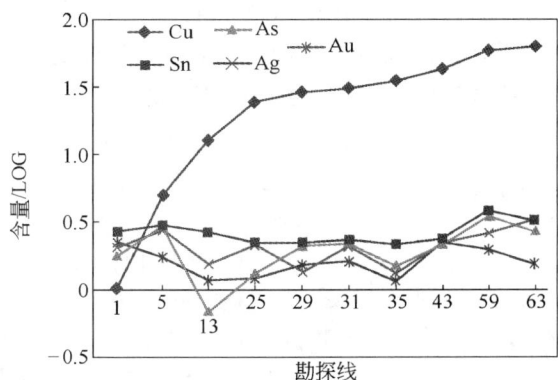

图9　各勘探线的闪锌矿中 Cu、Sn、As、Ag、Au 含量

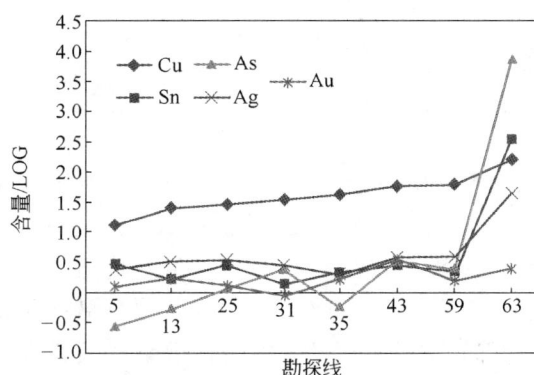

图10　各勘探线的黄铁矿中 Cu、Sn、As、Ag、Au 含量

据图8～10，将各勘探线单矿物中的 Cu、Sn、As、Ag、Au 分布特点简述如下：

Cu：方铅矿中，西段最高，中段较高；闪锌矿中，西段最高，东段较高；黄铁矿中，东段最高，中段较高；

Sn：方铅矿中，西段特高，中段较高；闪锌矿中，西段最高，东段较高；黄铁矿中，西段最高，中段较高；

As：方铅矿中，西段特高，东段较高；闪锌矿中，西段最高，东段较高；黄铁矿中，西段最高，东段较高；

Ag：方铅矿中，西段特高，东段较高；闪锌矿中，东段最高，中段较高；黄铁矿中，西段特高，中段较高；

Au：方铅矿中，西段特高，东段较高；闪锌矿中，西段特高，东段较高；黄铁矿中，西段最高，中段较高。

上述探讨了稀散元素与伴生金属在矿床的水平和垂深方向单矿物中的分布规律。

4　伴生组分综合利用潜力分析

　　根据锡铁山铅锌矿床深部勘探获得的矿石量和各种金属储量，计算了本区 2942 m 以下深部矿段矿石中铅锌与伴生金属资源的比例。

　　计算结果是：1 t Pb、Zn 金属量，就伴生有 Au 0.0077 kg；Ag 0.6861 kg；Cd 3.7 kg；In 0.3 kg；Ga 0.1 kg；Ge 0.015 kg；Tl 0.017 kg；Cu 3.5 kg；Sn 0.535 kg；As 22.38 kg。

　　依据 2011 年 5 月 30 日金属市场价格，根据预测储量计算了锡铁山 2942 m 以下深部矿段伴生金属的潜在经济价值比（见表5）。

表5　锡铁山矿区 2942 m 以下深部矿段金属资源价值比概算

项　目	Pb	Zn	Au	Ag	In	Cd
潜在价值比/%			8.90	20.65	5.68	0.39
	Pb + Zn = 59.95		Au + Ag = 29.55			
项　目	Ga	Ge	Tl	Cu	Sn	
潜在价值比/%	2.22	0.57	0.38	0.88	0.40	
	In + Cd + Ga + Ge + Tl = 9.24			Cu + Sn = 1.28		

　　从表5可以看出，在锡铁山 2942 m 以下深部矿段矿石中，铅锌的潜在经济价值最大，占金属资源总潜在价值的 59.95%；伴生组分的潜在价值占金属资源总潜在价值的 40.05%，其中银金属总潜在价值所占比率最高，为 20.65%，伴生稀散金属潜在经济价值占金属总潜在价值的 9.24%。

5　结束语

　　(1)稀散及伴生金属空间分布规律研究，揭示了上、下两个矿段稀散及伴生金属分布特点：

　　1)上部矿段中部和东部 Cd、In、Ga、Tl、Sn、As、Ag 含量高；Au 在东部含量高；Ge 在中部和西部含量高；Cu 在西部和东部含量高。下部矿段中部和西部 Cd、Sn、As 含量高，东部 In 含量高，东部和西部 Ga、Cu 含量高，西部 Ge、Tl 含量较高。

　　2)在垂深方向，由于各矿体赋存标高不同，元素分布特点有差异。以 II₉ 矿体为代表，显示 Cd、In 含量，由浅至深增高，2852～2522 中段的含量是 2942～2882 中段的 3.2 倍；Ga、Tl 含量中部 2822～2702 m 矿段较高，浅部 2942～2822 m 和深部 2702～2522 m 矿段较低；Sn、Cu 中深部 2702～2522 m 矿段含量较高；As 的含量，由浅至深呈现降低趋势。

　　(2)稀散元素及伴生金属在单矿物中的分布研究，查清了不同矿物种类、不同产状单矿物中稀散及伴生金属的分布规律是：

　　1)闪锌矿是 Cd、In、Ga 的最重要载体，含量是其他矿物的 2～3 个数量级，其次是方铅矿。黄铁矿是 Ge、Tl 的重要载体。含 Cd、In、Ge、Tl 较高的闪锌矿主要分布在矿段的中部和东部，含 Ga 较高的闪锌矿分布在西部，中部其次。含 Cd、Ga、Ge、Tl 较高的方铅矿产在矿段西部，含 In 较高的方铅矿产在矿段东部。含 Cd、In、Ga、Ge、Tl 较高的黄铁矿产在矿段的西部和中部。

　　2)闪锌矿是 Cu 的重要载体，次为黄铁矿；闪锌矿也是 Sn 的重要载体，次为方铅矿；黄铁矿是 As、Au 最重要的载体，矿石中的毒砂也是 Au 的重要载体，但因为矿物含量少，在生产回收中的重要性远不及黄铁矿；方铅矿是 Ag 的最重要载体。含 Cu 高的闪锌矿、方铅矿分布于矿段西部，矿段东部的黄铁矿含 Cu 最高。含 Sn、As、Au 最高的闪锌矿、方铅矿、黄铁矿均分布在矿段西部。含 Ag 最高的方铅矿、黄铁矿产在矿段西部，矿段中部的闪锌矿含 Ag 最高。

　　(3)锡铁山铅锌矿床伴生资源的经济潜力巨大，可达到矿区资源总潜在价值的 40.05%，他们的充分回收将为矿山企业创造巨大经济效益。

　　上述的锡铁山铅锌矿床伴生金属的分布特征与富集规律研究及资源潜力评价，为本区伴生金属成矿机制研究及合理回收利用提供了地质依据，期望对推动铅锌矿床伴生金属综合利用有一定积极作用。

参考文献

[1]　北京矿产地质研究院，西部矿业股份有限公司.锡铁山铅锌矿床镉铟镓查定及赋存特征研究报告[R].2005.

[2]　邓吉牛.锡铁山第三轮隐伏矿找矿设想—2004 年度锡铁山深部找矿总结与新的认识[R].西宁：西部矿业股份有限公司，2005.

对锡铁山今后物探深部找矿的建议

王　钟　张小路　罗先熔

（桂林理工大学隐伏矿床预测研究所，广西桂林，541004）

摘　要：锡铁山大功率 TEM 法深部找矿有效性试验工作始于 2000 年，中间沟 Z36 线、Z28 线发现较好的异常。

2001 年起，从无名沟 27 线向南东追索 2942 m 标高下部的矿体，深部地质找矿科研与勘探同步进行，2005 年底发现了 03 线深部大型矿体。03 线与 Z36 线夹角 40，经勘探剖面与异常剖面核对，深部矿体与 TEM 异常是对应的。事隔 5 年，异常终于在无意中得到验证。研究表明，引起 TEM 异常的低阻物理模型与矿体地质模型基本一致，只是规模大些。验证结果，证明了大功率 TEM 法在锡铁山深部找矿的有效性。2000—2008 年，大功率 TEM 法在锡铁山深部找矿的概查详查工作，从北鞍峰至断层沟，获得较丰富的面积性异常资料。大量的异常落在滩间山群 O_3tn^a 至 O_3tn^d 岩性段上，分带清楚，无名沟至中间沟 TEM-2 和 TEM-3 两个带呈"弧形"展布，无名沟至锡铁山沟的 TEM-4 呈向北西开口的"V"字形展布等，预示着异常分布规律反映的地电特征，可能与地质构造特征有某种内在联系，只是深度有限，难以识别。为此提出今后物探深部找矿的两种建议。

关键词：大功率 TEM 法；物理模型；地质模型；验证考核；深部找矿意义；深部地质背景

1 引言

2000 年锡铁山铅锌矿区，矿山危机局面已经出现。西部矿业公司成立后，在总结前人研究成果的基础上，开始对矿区深、边部进行新一轮找矿研究工作。

科研工作由科研院所和高等院校的技术力量，组建了地质、遥感、物探、化探等专题组，按公司要求，开展研究工作。矿区地质找矿的主攻研究方向，是锡铁山沟已知矿带 3062 m 标高以下的深部找矿与勘探。从无名沟向南东方向追索。

2001—2006 年，已知矿带的深部地质找矿，地质科研与勘探是同步进行的。经历的重大地质事件有 4 次。27 线 2942 m 标高以下"无矿带"的突破；1 线深部发现斜厚近 70 m 的矿体，证实了深部矿体向南东侧伏延伸；9 线发现了深处局部褶皱构造和矿体变形特征，推测的"口袋状向斜"地质模型初现；03 线 2600 m 标高以下滩间山群 O_3tn^{a-2} 岩组中，发现了受局部褶皱构造控制、规模较大的Ⅳ矿带片岩型矿体。

27 线 ~03 线距离 700 m，在 2942 m 标高巷道中，延南东走向方向进行深部勘探追索，历时 5 年，矿山后备资源储量取得重大突破，初步解决了资源危机问题。矿床类型则从大理岩型扩展到片岩型，为扩大找矿空间开拓了新的思路。

物探方法在锡铁山深、边部找矿的研究工作，由桂林理工大学锡铁山专题组承担，大致分成两个阶段。

2000—2002 年为第一阶段，主要是方法有效性试验研究，和已知矿带两翼外围的概查基础研究工作。

完成了中间沟、中间沟南部向斜区、断层沟和北鞍峰测区的 TEM 法概查。

概查结果发现了一些 TEM 异常。这些异常分布在 O_3tn^d 岩性段上、含矿层位 O_3tn^{a-2} 和 O_3tn^b 岩性段上和老地层上。由于没有已知矿方法有效性试验结果，无法确定矿致异常。只作了已知矿带向南东延伸方向出现的异常可能深部有矿的推测。

断层沟发现了三个 TEM 异常带，南东侧 D7 线异常刚出来，响应电位值不太理想，建议向南东追索几条线，明确了异常规律及高响应电位异常位置后，再考虑验证。2003 年，未采纳上述意见，即对断层沟 D7 线进行了验证，未果。从锡铁山已知矿带北西端深部向北鞍峰送坑道，拟在 83 线验证深部含矿性，因难度太大，中途停工。

2006—2008 年为第二阶段。

2005 年底，已知矿带深部向南东追索勘探，到了 03 线，2942 m 标高巷道深部勘探结果，在 2600 m 标高以下打到多层厚层状矿体，位置恰在中间沟含矿层南西侧的 $S_1^1(O_3tn^e)$ 岩性段下面。锡铁山大功率 TEM 异常深部找矿的有效性，终于在 03 线被证实。

2006 年，在 03 线验证见矿的基础上，开展了锡铁山沟至中间沟的详查研究。新老资料对比分析，无名沟以东，明确圈出三个 TEM 异常带。至此，人们对大功率 TEM 法在锡铁山深、边部找矿的有效性，有了初步的感性认识。追索深部新突破的 TEM-I 矿带走向规模，验证工作还在继续进行中。

2008 年，转向锡铁山沟以西的北鞍峰区详查。扩大了 2002 年概查面积，发现了较系统的 TEM 异常展布规律，核实了 6 年前发现深部异常的客观性。

2 方法有效性论证

专题组大功率 TEM 法，从 1995 年开始进入有色金属老矿山，开展深、边部找矿研究工作。在经历了方法有效性考核和验证后，取得了一些探测深度的记录，有了初步经验。

2.1 会泽铅锌矿与石槽铜矿已知矿考核

2.1.1 会泽考核

会泽矿拟在麒麟厂两翼外围进行深部找矿，38 线为麒麟厂已知矿。承接项目单位必须在 38 线测到已知矿异常才能继续工作，否则退场。已有多家做过试验，均因测不到异常而退场。

1998 年，应云南有色物探队邀请，用我们的 TEMS-3S 型仪器进行试验，采用 200 m 重叠回线装置，发射 100 A 电流，探测深度可达 1000 m。38 线已知矿试验结果如图 1 所示，TEM 异常为典型宽双峰稍不对称似箱形特征，推测低阻地质体为近水平产状厚板状体，略向右倾。试验剖面结果现场提交给矿山地调所孙总验收，在孙总了解了异常及解释结果后，立即提供已知矿剖面资料对比，并决定马上开展后续工作。已知高品位铅锌矿体产在石炭系白云质灰岩层位中，是闭坑前发现的。金属储量 80 万吨，均厚 30 m，走向长 200 m，延伸 210 m，顶深 510 m。

试验剖面地形坡角约 43°，为解释方便，成图时，异常剖面横坐标与地形平行（见图 1），深度计算以垂直地形线为准。

该矿外围大水井 94 线，矿山已确定深部有矿，只是具体位置不清楚。TEM 测量完成之后，据异常位置确定了深部矿体位置，规模比 38 线已知矿异常大，有深浅叠加现象。矿山验证工作历时 4 年多，获铅锌金属量 300 万吨。

2.1.2 石槽考核

2000 年初，中国地质调查局组织国产电法仪器找矿有效性考核。地点选在北京石槽铜矿，该矿属接触带型铜多金属矿，矿体产状、形态、顶深、延伸等已勘探清楚，尚未开采。考核现场布置三条测线，长 500 m，点距 25 m，只提供 0 m 至 400 m 的标埋深数据，要求三天测完，包括重新布框检查观测，现场有监理监督。我们采用 100 m 框重叠回线装置，发射电流 100 A，保证 500 m 探测深度。试验结果取中心剖面（见图 2），TEM 响应电位异常曲线簇特征明确，早时道为不对称双峰左低右高特征，低阻体向右陡倾；中晚时道也是不对称双峰左高右低特征，低阻体向左

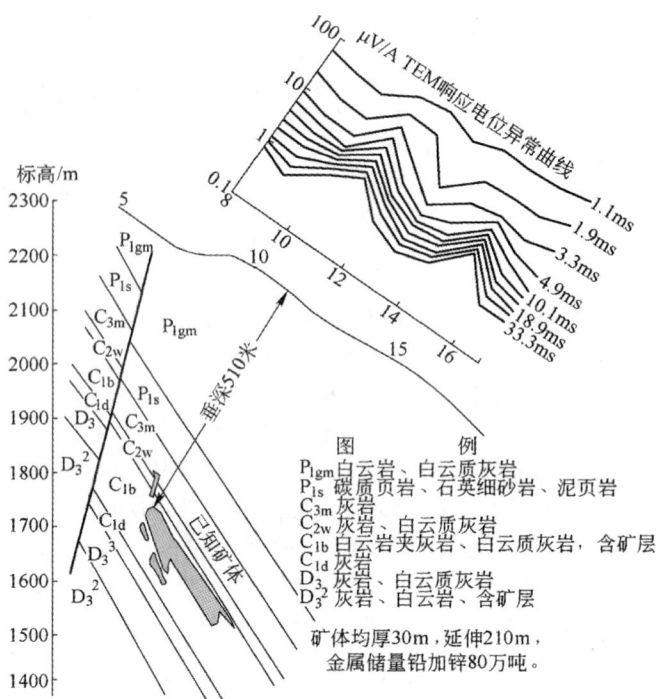

图 1　会泽麒麟厂 38 线已知矿考核成果

倾。试验报告提交后，考核方认为我们的推测比较接近勘探结果，考核通过。

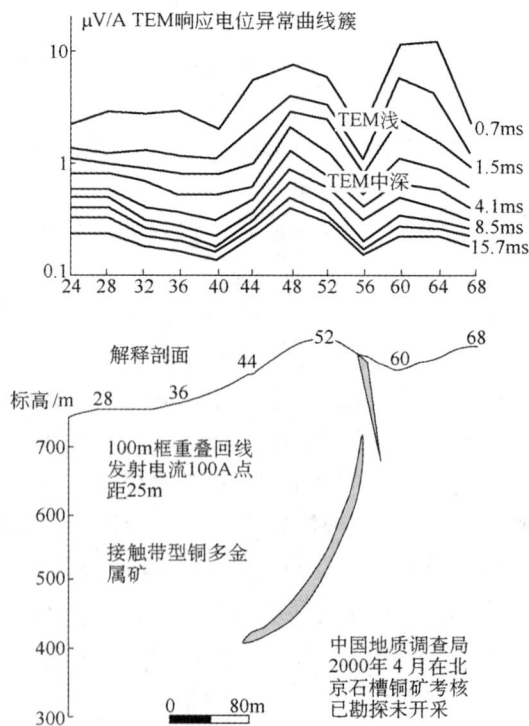

图 2　北京石槽已知矿考核成果

这种考核，为我们积累了经验。

2.2 锡铁山考核

大功率 TEM 法在锡铁山的深部找矿是否有效，在没有见到锡铁山的真凭实据之前，人们的半信半疑是可以理解的。2005 年底，2942 m 标高巷道向南东追索勘探，在 03 线穿脉巷道钻探施工中，终于打到 600 m 以下的厚层状矿体。2006 年初，邓总电告，"深部矿体就在物探异常下面，抓紧研究"。研讨会之后，决定立即进行锡铁山沟至中间沟的详查研究工作，尽可能地补齐漏测地段。在获得详查资料的基础上，物探立即开展资料研究工作。

2.2.1 中间沟 03 线 TEM -1 异常与深部矿体的关系

将 2000 年 236 线异常剖面、2006 年 03 线异常剖面、2006 年 03 线的响应电位异常解释剖面和一阶电阻率拟断面处理结果和勘探断面做在一张图上，见图 3。对图 3 中的内容分别叙述如下：

（1）在两个 TEM 响应电位异常曲线簇剖面上，可以明确地看到 236 线和 03 线的 TEM -1 异常，尽管事隔 5 年，两条测线还有 4°夹角，但异常的重现性非常好。

（2）与勘探深部矿体对应的是 TEM -1 异常。响应电位异常曲线呈双峰盖帽特征，对应的低阻物理模型是近直立有限厚板状体，顶深标高在 2730 m 左右。一阶电阻率拟断面上，则表现为两侧低阻中间高阻的伪视电阻率特征，形态为陡倾脉状。

（3）勘探断面落图，深部层状矿体构成的地质模型恰好落在物理模型上，在一阶电阻率拟断面图上，也恰好落在伪视电阻率两侧低阻脉体异常的中间。

（4）勘探得到的深部层状铅锌矿体群是客观存在的（地质模型），上部 Ⅱ、Ⅲ 矿带与大理岩共生，下部 Ⅳ 矿带无大理岩。TEM -1 异常解释的厚板状低阻体（物理模型）也是客观存在的。地质模型单指铅锌矿体，也是低阻体。物理模型是低阻体，包括铅锌矿体、黄铁矿体和近矿碳质层，规模比地质模型大，对 TEM 法探测有利。

2.2.2 中间沟 011 线 TEM -1 异常与深部矿体的关系

将 2000 年 228 线异常剖面、2006 年 011 线异常剖面、011 线一阶电阻率拟断面处理结果、勘探断面，做在一张图上（见图 4）。对图 4 中的内容分别叙述如下：

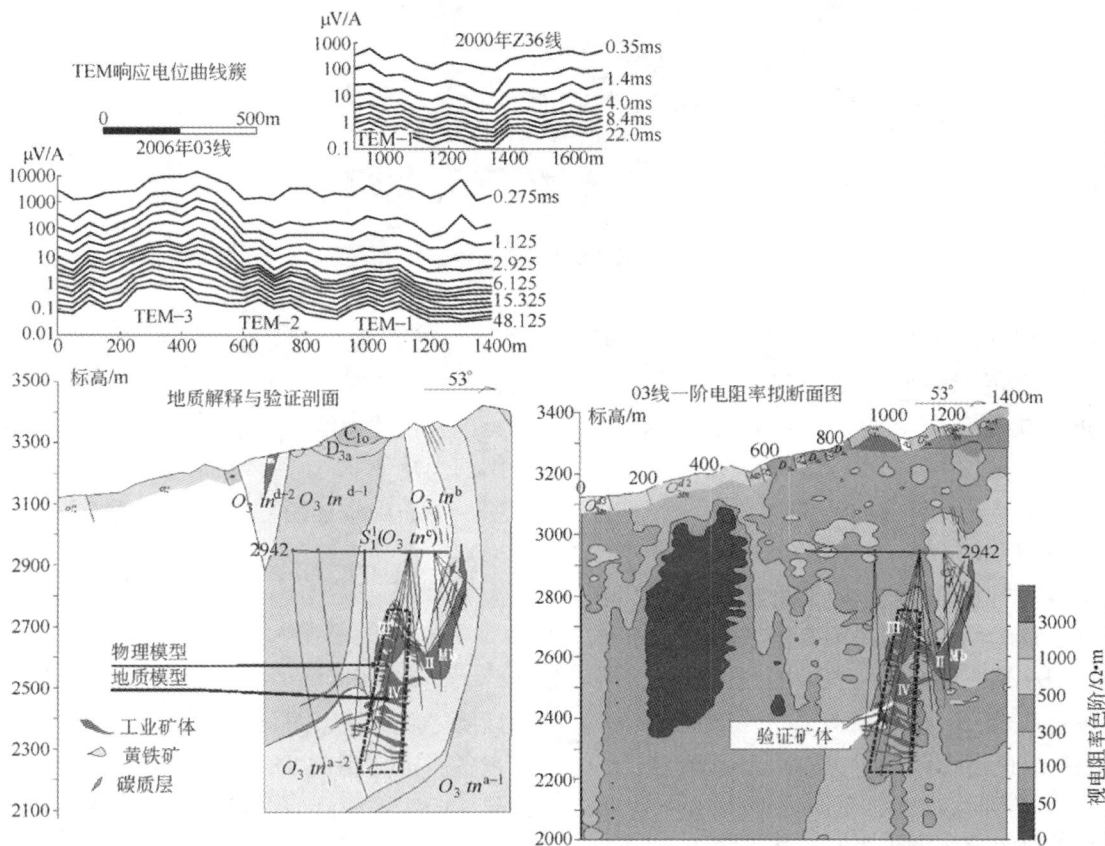

图 3 中间沟 03 线 TEM 异常与深部矿体的关系

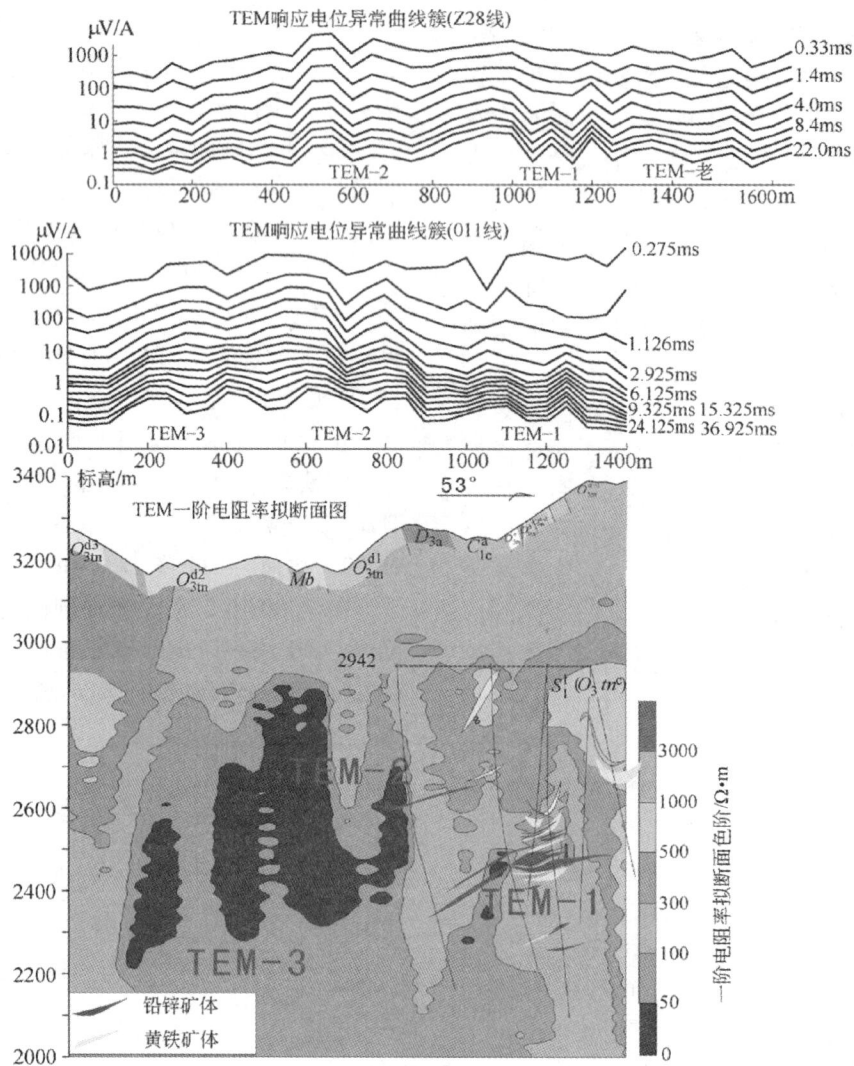

图4　中间沟 011 线 TEM 异常与深部矿体的关系

（1）在两个 TEM 响应电位异常曲线簇剖面上，可以明确地看到，228 线和 011 线的 TEM－1 异常，事隔 5 年，两条测线还有 4° 夹角，但异常的重现性非常好。

（2）与勘探深部矿体对应的是 TEM－1 异常。响应电位异常曲线呈双峰特征，对应的物理模型是近水平厚板状体，顶深标高在 2530 m 上下。一阶电阻率拟断面上，则表现为两侧低阻中间高阻的伪视电阻率特征，伪视电阻率形态为向南西缓倾的"杠铃"形。

（3）勘探断面落图，矿体恰好落在物理模型上。在一阶电阻率拟断面图上，主矿体恰好落在"杠铃"上。

（4）勘探得到的深部层状铅锌矿体群是客观存在的（地质模型）。TEM－1 异常解释的厚板状低阻体（物理模型）也是客观存在的。地质模型单指铅锌矿体，也是低阻体。物理模型是低阻体，包括铅锌矿体和黄铁矿体，未见碳质层和大理岩，规模比地质模型大，但小于大理岩型矿体。

以上论述说明了一个重要事实，从 2006 年起，锡铁山的大功率 TEM 法深部找矿效果已经得到可靠的证明。锡铁山本地的方法有效性考核是成功的。

3　锡铁山大功率 TEM 异常的深部找矿意义

大功率 TEM 法在锡铁山深、边部找矿有效性得到证明之后，我们的目光可以转向图 5。图中，将历年来各测区得到的 TEM 测量结果，以晚时道响应电位异常曲线平面剖面形式落在地质图上，形成基础资料，供进一步找矿研究使用。图中标明了已知矿带和新发现深部矿带投影位置。

在论述找矿意义之前，先讨论深部找矿的地球物理前提和地质前提。

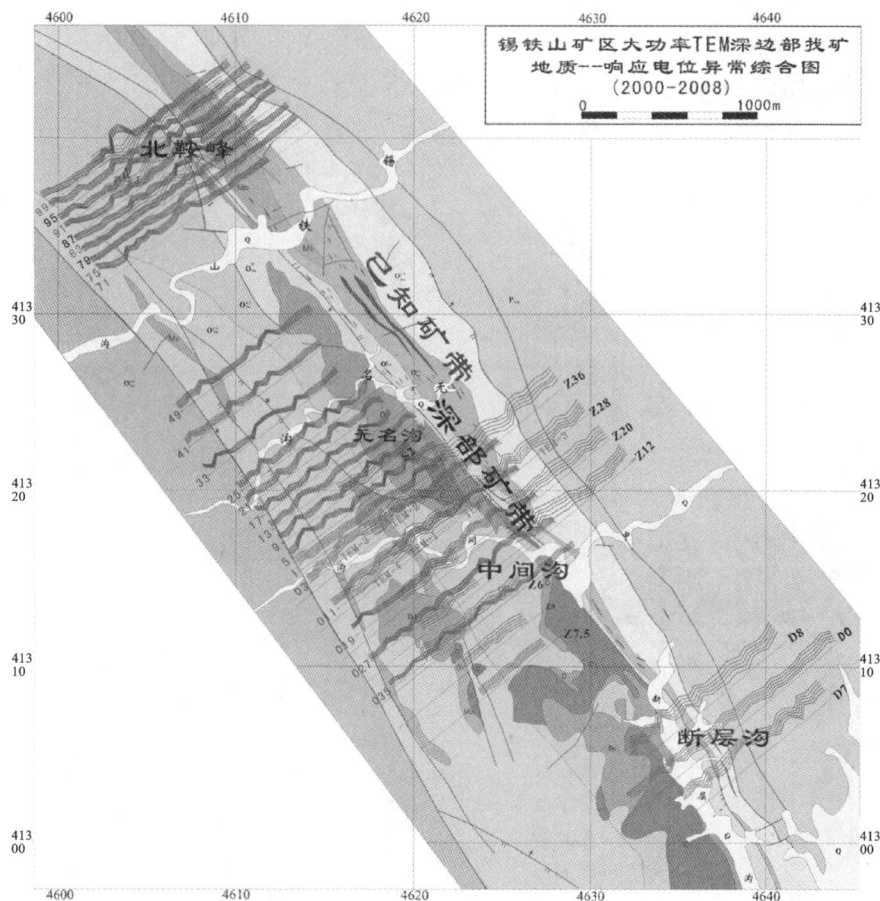

图 5　锡铁山矿区及两翼外围地质—大功率 TEM 异常平剖面综合图

3.1　地球物理前提

TEM 法属于电法勘探，与锡铁山矿区的岩（矿石）电阻率特征有密切关系。近期研究资料表明，矿区岩（矿）石电阻率可划分为三类：

（1）矿体及近矿含碳质片岩、黄铁矿体属极低电阻率，几何均值范围在 0.2～53 Ω·m。其中块状矿石电阻率在 2 Ω·m 以下，是 TEM 法深部探测的主要对象。

（2）与矿体无关的含碳二云片岩，电阻率几何均值在 200 Ω·m 左右，大于矿体，多分布在矿体的北侧或两端，是 TEM 异常解释中可以识别的干扰。

（3）围岩，包括所有的层位，电阻率在 1500 Ω·m 左右，属高电阻率背景，围岩与矿体的电阻率差异大，是 TEM 法找矿的最佳应用前提。

TEM 异常解释时，重点在（1）、（2）类低阻体异常的识别。

3.2　地质地电前提

以 5 线和 011 线为例，显示两种类型的铅锌矿体。

3.2.1　大理岩型矿体

从图 6 中的 5 线勘探控制资料可以直观地看到，

铅锌矿体、黄铁矿体和近矿碳质层，均产在主含矿层（O_3tn^{a-2}）中，黄铁矿体、近矿碳质层和大理岩是直接找矿的地质标志。深部矿体产状发生局部褶皱变形，变形后向南西侧 O_3tn^{d-1} 岩组下部缓倾延伸。这些矿体组成宏观低阻形体的物理模型，规模比铅锌矿体大。矿体地质模型则单指铅锌矿体，铅锌矿体当然也是低阻体，但规模相对较小。图中工程控制范围内，未见与矿无关的碳质层。

3.2.2　片岩型矿体

从图 6 中的 011 线勘探控制资料可以直观地看到，铅锌矿体产在主含矿层（O_3tn^{a-2}）中，附近有黄铁矿体伴生，未见近矿碳质层和大理岩。在 O_3tn^b 岩组中的小型层状铅锌矿体，随构造褶皱变形，下部的含矿层 O_3tn^{a-2} 岩组中，矿体局部厚度变大，向南西侧呈缓倾层状延伸。相应的矿体地质模型略小于矿体的物理模型，形态相似。

3.3　TEM 异常反演参考数据

对 TEM-1 异常带的 9 线～035 线，逐线进行了响应电位异常对比、电阻率反演数据对比和验证结果的统计，见表1。

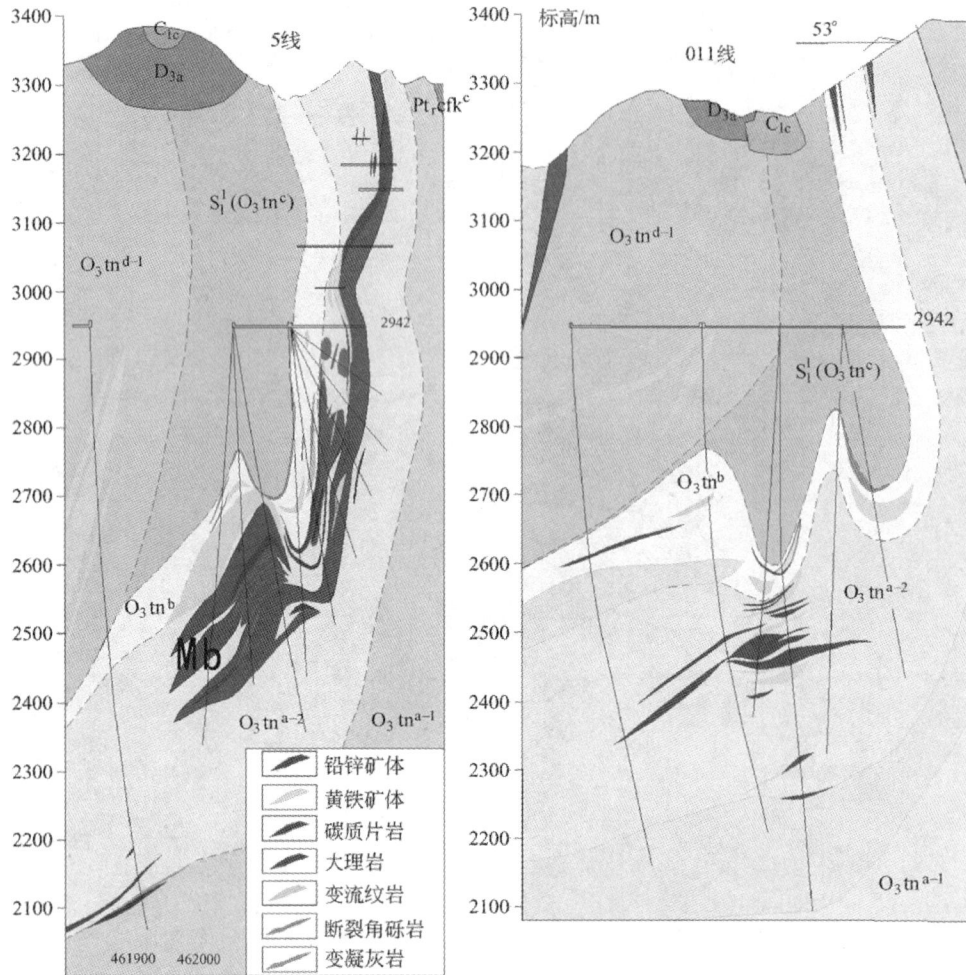

图6　矿体地电特征的两种类型

表1　9～035线TEM-1异常解释的基本数据

线号	响应电位/($\mu V \cdot A^{-1}$)			反演电阻率/($\Omega \cdot m$)	验证结果
	背景	异常	纯异常		
9	0.03	0.40	0.37	17	先打到矿体2006年测到异常
5	0.03	0.34	0.31	8	先打到矿体2006年测到异常
1	0.03	0.38	0.35	6	先打到矿体2006年测到异常
03	0.03	0.30	0.27	1	2000年测到异常2005年打到矿体
011	0.03	0.23	0.20	10	2000年测到异常2006年打到矿体
019	0.03	0.75	0.72	6	无验证资料
027	0.03	1.02	0.99	2	无验证资料
035	0.03	0.45	0.40	49	无验证资料

注：响应电位用36.925 ms时道数据。

从表1中的数据对比可以看出，晚时道响应电位异常强度普遍偏高，反演电阻率普遍偏低。

已见矿03线，响应电位异常为0.27 $\mu V/A$，相应的物理模型为近直立有限厚板状低阻体，顶深600 m左右，反演电阻率为1 $\Omega \cdot m$。验证结果为组合层状矿体，规模较大。

已见矿011线，响应电位异常为0.20 $\mu V/A$，相应的物理模型为近水平有限板状低阻体，顶深700 m左右，反演电阻率为10 $\Omega \cdot m$。验证结果为向南西缓倾组合层状矿体，北东段多层组合，规模稍大；南西段二层缓倾，有一定的延伸。与03线比较，深度大些、组合低阻体少些，相对的响应电位异常强度低些，电阻率高些。

表1中的019线和027线，响应电位异常强度分别为0.72 $\mu V/A$和0.99 $\mu V/A$，均为中晚时道宽双峰箱形特征，反演电阻率分别为6 $\Omega \cdot m$和2 $\Omega \cdot m$。推测的物理模型为近水平产状的有限厚板状低阻体，顶深600 m上下。2000年工作时，这一带地表有库房，外面有多处堆放大口径铸铁管，疑是干扰异常。2006年工作时，上述地表干扰已不存在。仍测到这么好的异常，值得验证。

3.4 找矿意义

以上论述均有客观事实作依据。在取得锡铁山本地大功率 TEM 法深部找矿有效性考核成功后，大功率 TEM 法在锡铁山的深部找矿意义有了比较具体的内涵。

（1）TEM 晚时道响应电位异常，具高强度、低电阻率特征的属矿致异常。TEM 晚时道响应电位异常，具低强度、中电阻率特征的属与矿无关的碳质层的非矿致异常。

（2）地质模型单指铅锌矿体。物理模型是铅锌矿体、黄铁矿体和近矿碳质层组合成的低阻体。TEM 法探测的主要对象是物理模型。

（3）已知矿体形态具"种"特征，深部褶皱变形及向 O_3tn^d 岩组下部延伸趋势明显。

（4）TEM 异常带的展布特征，如中间沟的"弧形"展布、无名沟至锡铁山沟之间的"V"字形展布，可能与某种隐伏地质构造有关，见图7。

（5）高精度磁测 ΔT 异常，在锡铁山沟至中间沟一带，49线~019线为20nT，5线~011线 TEM-1 异常一带微增至40nT，到027线~035线，增至80nT。磁异常似乎在南东端有突变的趋势。这种变化可能表明基性程度向南东有微弱增强的趋势。见图8。

这些事实启发了我们开拓深部找矿的新思路。面对事实，以深部 TEM 异常为依据，开展对 O_3tn^{d-1}、O_3tn^{d-2} 下面含矿层中的含矿性验证，应是今后的努力方向。

4 对锡铁山物探深部找矿的建议

物探方法是有色金属矿山深部找矿不可或缺的手段。油气勘探的物探方法，探测深度已达几公里。金属矿物探深部找矿的探测深度，难度在矿体规模上。规模小了，地表探测没有反映。规模大了，方法功率不够，也测不到异常。有些电法仪器，供电需要接地，如果测区内浅部有低阻覆盖，则探测深度下不去。锡铁山有些进口仪器的测区范围，只能在靠近戈壁滩的山区工作，原因是电源无法上山。我们在会泽考核时，同样的装置，两种仪器（供电电流分别为100 A和7.5 A），同时测量，图1所示是100 A仪器的测量结果，7.5 A仪器没有测到异常。考虑到这些因素，提出以下建议。

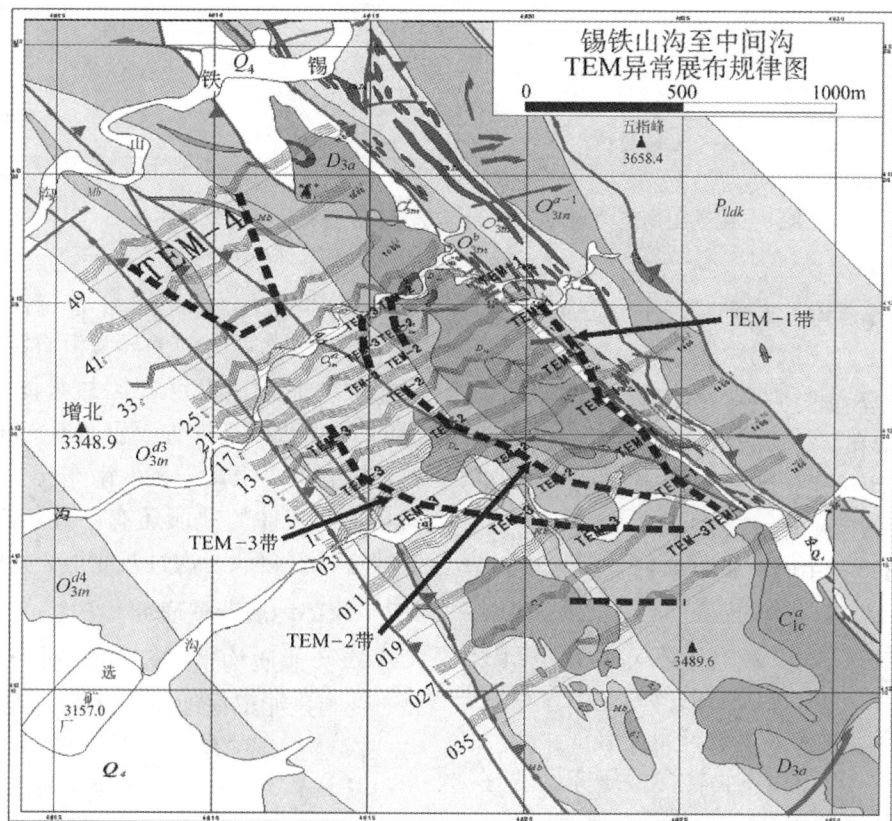

图7 锡铁山沟至中间沟 TEM 异常展布规律

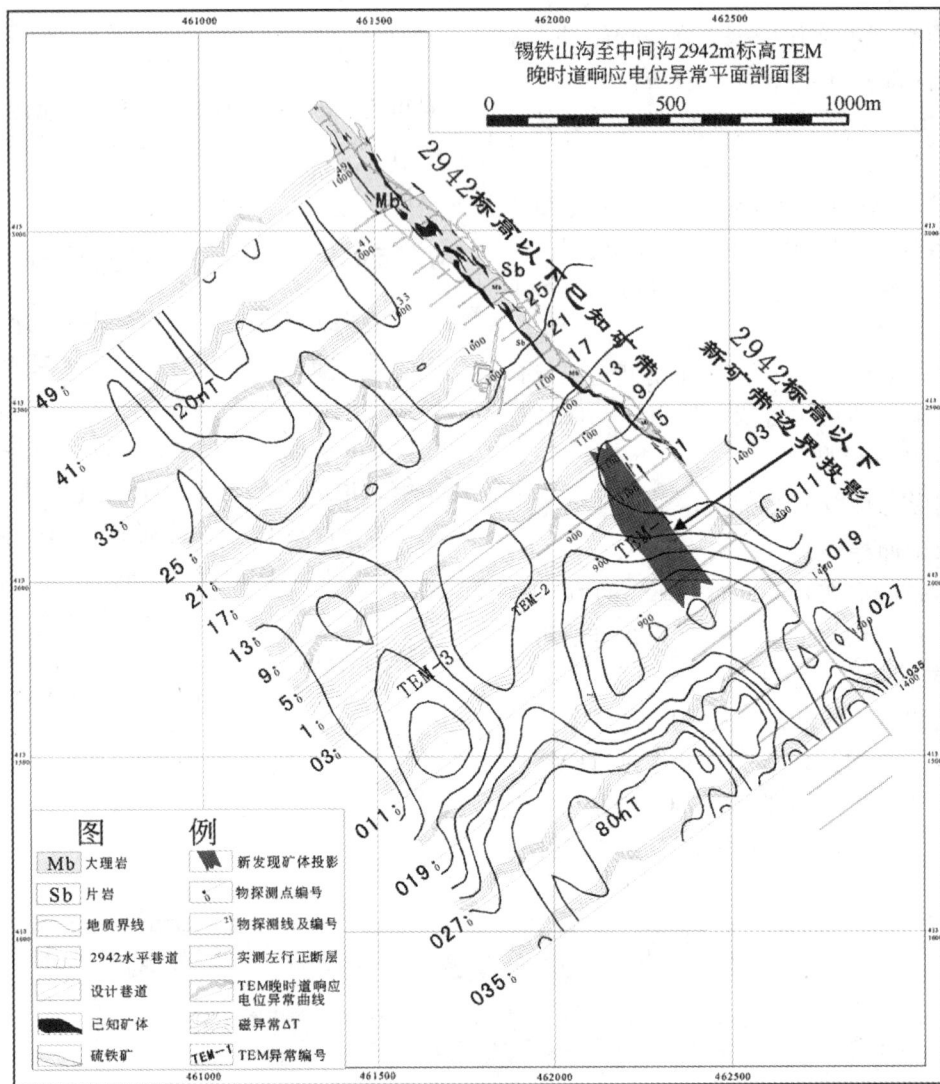

图8 锡铁山沟至中间沟 2942 m 标高 TEM 异常、磁异常展布特征

4.1 继续完成大功率 TEM 法概查及已有 TEM 异常特征研究

（1）对 TEM-1 异常带以外的所有 TEM 异常，认真分析响应电位异常和一阶电阻率拟断面异常，通过与已知矿异常的定性对比，优选出物理模型可靠的异常。

（2）对这些异常进行中晚时道反演计算。根据 03 线和 011 线已知矿电阻率反演结果，优选出 36.925 ms 时道响应电位数据大于 0.20 μV/A，电阻率小于 10 Ω·m，顶深 600 m 左右的异常，作为重点研究对象。对箱形和似箱形异常进行重点验证。

（3）开展深部岩（矿）石标本物性参数研究。现有的物性参数基本上是老资料，标本来源主要是地表。现在进入深部找矿阶段，可以利用岩心标本测试矿石和围岩的物性参数，补充老资料的代表性。

（4）2008 年，北鞍峰详查工作结束后，发现测区北西方向和南西方向的异常没有控制完整，当时计划隔年继续追索。2009 年因故未能进行。锡铁山已完成的 TEM 法概查详查面积已近 5 km²。锡铁山矿区两翼外围，北西至黄羊沟，南东至绿石岗火车站一带，具备找矿条件的地段还有一些。TEM 法概查工作应继续进行。建议一次性规划好，完成这些工作。

4.2 深部地质背景研究

隐伏地质构造特征的识别，直接的方法是打排钻，否则只能根据地质人员的宏观分析和认识，提供一些设想。现在有了 TEM 异常提供的地电地质断面，可以从断面上和走向上识别电性特征的变化规律，研究电性特征的最佳地质解释方案。补充并修正地质人员的宏观认识。但是，深度有限，难以解决深部地质背景问题。

应当指出的是，CSAMT 法在油气勘探时，探深可达 5 km，主要探测反映地质构造特征在地电断面上的背景。MT 法探测深度更大。如果发挥 CSAMT 法的优势，用在研究锡铁山深部地质构造背景特征，了解滩间山群下面深部的地质背景，对深部找矿会有很大的帮助。天津市在解决深部热水开发问题时，用 MT 法查明了 10 km 以内的地质地电特征，不仅解决了深部热源的问题，同时也提供了一些有关地质灾害的资料。这是值得借鉴的。如将这种方法引进锡铁山，则只需在几个关键地段，做几条 3~5 km 长的剖面，探深要求 5 km 即可。

注：本文中的勘探剖面资料均由谭建湘在 2008 年提供。地质底图由樊俊昌在 2005 年提供。

参考文献（略）

二、凡口铅锌矿

对凡口铅锌矿床成矿特征和找矿方向的有关认识

梅友松

（北京矿产地质研究院，有色金属矿产地质调查中心，北京，100012）

摘　要：凡口超大型铅锌矿床，是盆地富氯渗流成矿热卤水所形成的(中)低温热液矿床。成矿受构造控制明显，控矿构造的样式是隔挡体及其侧向逆冲断裂所形成的相关构造。在此控矿构造部位，产出中、上泥盆统等地层，发育不纯碳酸盐岩(碎屑岩向碳酸盐岩过渡)、生物碎屑岩、黑色岩层、黄铁矿层和碎裂白云岩等岩相建造或其组合，并在封闭条件下就可成矿。矿带有向南东侧列分布的特点，在矿带中主要矿体断续产出。找矿方向，在凡口矿区 F_{203} 逆冲断裂上盘，主要是沿金星岭—狮岭矿带，凡口(狮岭)东矿带找矿，其中东矿带中南段尤为重要。铁石岭地段主要是沿 F_{208} 逆冲断裂上盘，靠近该断裂前缘的隔挡体部位找矿。

关键词：富氯渗流热卤水成矿；构造控矿

凡口铅锌矿，是我国最大的铅锌矿山之一，铅锌精矿的产量居全国前列。为保持矿山稳定生产，矿山大力加强矿区及近外围的找矿是十分重要的。为此就凡口铅锌矿床成矿特征和找矿方向谈点个人的认识，供研究此问题参考。

1　凡口矿区成矿地质特征

凡口矿区位于华南准地台的湘桂粤拗陷与赣闽隆起的接壤地区，曲仁海西沉积构造盆地北缘，诸广山东西向构造岩浆带与北北东向北江构造带北段交接复合部位。矿区出露泥盆系、石炭系、二叠系等地层，褶皱、断裂构造复杂，构造控矿明显。

1.1　沉积环境有利

凡口地区泥盆系是在陆表海浅水半局限海湾条件下，继承基底下古生代北西向盆地，而发展起来的上古生代沉积构造盆地，由于基底局部平缓，并受切穿基底盆地和上伏盆地的同生断裂的影响，还形成生物礁为障蔽的局部凹地。这种环境既有利于浅表、浅源卤水的形成与发展，产出白云岩等(其他有关地区还产出石膏岩层等相关建造)，更有利于深源热卤水的渗流聚集，形成含矿热卤水。这种含矿热卤水，是独立于侵入岩热液、火山岩热液之外的另一种成矿热液，在这种成矿热液的作用下，形成了凡口超大型铅锌矿床。

1.2　铅锌矿的产出具有一定层位，又受多个岩相建造控制

凡口铅锌矿产于泥盆系下统桂头组上亚组紫色细碎屑岩之上的中、上泥盆统，下石炭统和中上石炭统中，大型以上矿床均产于中泥盆统东岗岭组和上泥盆统天子岭组中。但下石炭统和中上石炭统中也有较重要的矿体，在这些层位中，铅锌矿产出的岩相建造有以下几种：

(1)碎屑岩向碳酸盐岩过渡部位，不纯碳酸盐建造。在该建造中产出砂泥质层，或鲕状灰岩、白云质灰岩、瘤质灰岩、条带状花斑灰岩等。

(2)富含生物碳酸盐岩建造。岩性以富含藻类或富含生物碎屑、富有机质泥晶灰岩为主，含生物灰岩类的总厚度约占容矿碳酸盐岩类厚度的 $50\% \sim 60\%$ (郑庆年，1996)

(3)含黄铁矿层的岩相建造。本区存在同生沉积形成的黄铁矿，这种黄铁矿石为黄色，其结构有草莓结构、显微球粒结构、生物假象结构、结核状结构等。

在成岩期还可形成相关的黄铁矿（广东有色地质勘查932地质队，1998）。在黄铁矿层中，可能还存在少量的同沉积形成的铅锌矿，金星岭铅锌矿层与黄铁矿层是密切相关的。

（4）含碳质暗色岩层的岩相建造。这类岩石建造一般说与铅锌矿成矿关系密切，本区也显示具有这方面的特点，如上泥盆统帽子峰组上亚组，以灰黑色碳泥质页岩为主夹深灰色泥质灰岩等；下石炭统下部为深灰色厚层隐晶质灰岩夹微粒白云岩，上部也有碳质页岩层等，这些也是本区较为重要的控矿岩相建造。

（5）含角砾白云岩层的岩相建造。本区含矿层最上部中上石炭统壶天群中有此类建造，其中在矿区东南部产出的dn210矿体铅锌金属含量达4.6万吨，平均品位$w(Pb)$为6.00%、$w(Zn)$为16.50%、$w(S)$为14.75%。

上述各类建造中，重要铅锌矿体除产于富含生物碳酸盐岩建造中外，在不纯碳酸盐岩建造、含黄铁矿层的岩相建造中同样是重要产出部位，其他有利成矿的建造也要注意。研究不同岩相建造控矿情况及其变化规律，对扩大找矿思路、探索新的找矿靶位是重要的。

1.3 构造控矿明显

1.3.1 凡口矿区控矿构造样式的初步认识

在凡口南东倾伏的复向斜中，控矿构造样式可能是隔挡式褶皱构造中的"隔挡体及其侧向逆冲断裂构造"，其含义是，在受加里东基底控制形成的原生构造及其褶皱的基础上，又发育一系列的逆冲断裂构造，并由此产生褶曲或增强原有的褶皱，在主要逆冲断裂前缘附近后侧上盘中，形成由背斜逆冲断裂等组成的隔挡体，并在其一侧逆冲断裂仍发育，这样的构造样式就称"隔挡体及其侧向逆冲断裂构造"。本区逆冲断裂十分发育，可能与岩石孔隙中富含流体、孔隙异常液压关系密切。矿区规模最大的逆冲断裂是F_{203}和F_{208}。走向是北北西至北西，倾向北北东至北东，倾角45°~60°，延长在2000m以上，延深可达800m以上，倾斜错距可达500~800m，破碎带最大宽度达10余米。目前这两条逆冲断裂对矿区控矿构造体系的形成至关重要。现以F_{203}断裂为例说明这一点。在F_{203}断裂的上盘，该断裂前缘终端的东侧附近，在金星岭—狮岭—狮岭南背斜，逆冲断裂构造发育，形成了本区隔挡构造的主要隔挡体，矿区绝大部分的铅锌矿产于此部位。该主要隔挡体北东延（园墩岭、虾鲠岭、庙背岭等）隔挡体构造有显示，但不明显，其南东延含矿岩层被覆盖，未出露，有待探索，但从已有的地质资料分析，成矿条件比北东延要好。与一般

隔挡式构造不同的是，本区除主隔挡体断裂、褶皱发育外，在其东侧，向斜翼部，大体是F_4断裂以东，类似隔挡体部分的逆冲断裂发育。该逆冲断裂使层间滑动，产生牵引褶曲等，此次级的构造与逆冲断裂配套，控制着本区凡口（狮岭）东部矿带的产出。这种矿体在F_{203}逆冲断裂上盘东侧发育的特点，可以用后推力模式来解释。从而也说明在F_{203}断裂东侧找矿的空间范围可能较大。

1.3.2 构造控矿特征

现就凡口复向斜西南翼，矿区铅锌矿最主要产出地段的情况阐述这一特点。F_{203}逆冲断裂，因其上盘铅锌矿发育，沿此断裂个别可见到铁帽，局部又有铅锌异常，而且该断层规模大，倾斜断距大（可达800m），故推测延深大，可能为凡口复向斜近轴部处穿通下古生代基底的古生代同生断裂相连，为含矿热液提供了良好的通道，因此，设定F_{203}断裂为导矿断裂。在其上盘一系列的北北东的逆冲断层（如F_3、F_4、F_5、F_6等），因直接与矿体相关连，设定为配矿断裂。北东、北北西向的逆冲断层（如F_{100}、F_{101}、F_{102}、F_{46}等）究其与矿体的关系，它既是配矿断裂又是容矿断裂。在F_{203}上盘一系列的逆冲断裂的活动，所形成的层间构造，牵引褶曲和褶皱等为主要容矿构造，故矿体倾角一般较缓。因此凡口铅锌矿床的矿体产出特征，曾形象地俗称为"旗杆上挂小旗"。

1.4 具有同位多中心成矿，矿带侧列分布，主矿体断续产出的特点

矿区铅锌矿成矿，在一定层位相关岩相建造中多处产出，所形成的矿带具有向南东侧列分布特点。在矿区北侧有凡口岭（含虾鲠岭西）—庙背岭北北东向铅锌矿带，产于F_3断裂的下盘，先期褶皱的向斜翼部，已知铅锌矿规模小。其东南侧有金星岭—狮岭（含狮岭南）北北东至北东向铅锌矿带，该矿带产于F_{203}逆冲断裂的上盘隔挡构造体中，本区超大型矿床的绝大部分铅锌矿就产于其中，并还有进一步的找矿前景。再向东侧及东南侧有凡口（狮岭）东铅锌矿带，该矿带呈近南北向至北北东向产出，成矿受北北东向逆冲断裂（如F_{45}、F_5、F_6等）及其所产生的层间剥离构造、牵引褶曲等构造控制。已探获的铅锌矿体规模大，并还有较大的找矿前景。在后述这两个重要铅锌矿带中，其中主要铅锌矿体是断续产出的，例如金星岭—狮岭矿带中矿石量大于500万吨的矿体有5个，其中金星岭有Jb2矿体，狮岭有Sh6、Sh23、Sh24等矿体，狮岭南有Sh209矿体。凡口（狮岭）东矿带也是这样，北段有Sh213号矿体，中段在F_{45}下盘有Sh263

主矿体，铅锌资源量近29万吨。在南段F₅的下盘也有了dn204号主矿体，该矿体已控制长395 m，倾斜宽40~128 m，矿体平均厚7.39 m，矿体埋深518~726 m，矿体走向14°~18°（局部为320°~330°），倾向南东，倾角5°~23°。该矿体铅锌资源储量（金属量）近20万吨。在此矿带前述两个主矿体间，还有一些小矿体和局部无矿地段，因此要研究主矿体产出规律和相关找矿信息，以利于寻找新的主矿体。

F₂₀₃断裂下盘找矿问题要注意，如在F₂₀₃断裂以下，又有相似的逆冲断裂及其相关的找矿信息，就可进行验证。

1.5　矿床的成因和成矿时代的探讨

1.5.1　矿床成因

凡口铅锌矿床虽然有早期沉积形成的黄铁矿层，其中有的也有少量可能是属沉积形成的铅锌矿，但规模小、品位低。超大型的凡口铅锌矿床是其后盆地热卤水充填交代成矿，相当于密西西比河谷型（MVT）铅锌矿床。其依据是：

（1）成矿地质环境是准地台、陆表海、海湾盆地。

（2）具有典型的热液矿床成矿特征。成矿明显受构造控制，并形成"旗杆挂小旗"的矿体产出特征。金星岭—狮岭矿段，实为"背斜加几刀"的构造控制，其他地段也是逆冲断裂与层间构造控矿。

（3）在有关层位中多个岩相建造成矿。主矿体并不固定在一个层位（或少数层位）中，顺层产出的似层状矿体，宽度一般不大，常限制在陡倾断裂之间。

（4）成矿温度低。据桂林矿产地质研究院测定的44个闪锌矿样，包裹体均一法的温度范围是110~210℃，其中34个样（占77%）为120~150℃，属（中）低温热液矿床；伴生汞含量（质量分数）达0.00989%，汞金属量4887 t（大型）；围岩蚀变较弱，近矿蚀变为黄铁矿化、白云石化、方解石化、硅化、绿泥石化、绢云母化等（视围岩不同有差别），远矿蚀变为菱铁矿化（有色金属932地质队，1998）。

（5）是一种独立的富氯盆地热卤水成矿。根据上述测温单位所测定的凡口矿区20个闪锌矿样中的包裹体分析，$w(Cl^-)$为1.742%、$w(F^-)$为0.034%、$w(Cl)/w(F)$为51.235。测定的3个黄铁矿样品中，$w(Cl^-)$为7.080%、$w(F^-)$为0.017%、$w(Cl)/w(F)$416.47。可见本区热卤水富含氯，这点与密西西比河谷铅锌矿床是相似的。同时矿区及近外围无重要的火成活动。因此本区成矿热液是深部富氯热卤水通过渗流在围岩中获取铅锌等金属，形成含矿热卤水，在物理化学条件有利部位成矿。

1.5.2　成矿时代的推测

成矿时代也涉及到含矿流体运动的动力问题，现就凡口超大型铅锌矿的成矿时代做一推测，南岭地区燕山期成矿温度分带明显，凡口地区主要处于中低温矿床产出部位，同时根据凡口矿区主要成矿地段是东侧逆冲断裂成矿发育，按后推力模式应与中新生代太平洋板块活动有关。因此，推测凡口超大型铅锌矿床为中生代成矿。

2　对凡口矿区及近外围找矿方向的初步认识

2.1　凡口矿区F₂₀₃逆冲断裂上盘的找矿方向

凡口铅锌矿集中产于凡口倾伏向斜西南翼，F₂₀₃断裂前缘东侧附近地段，是找矿主要地段。

2.1.1　金星岭—狮岭（含狮岭南）矿带地段

该处是凡口铅锌矿的生产矿区，相关部位仍有进一步的找矿前景，如金星岭主矿带下部，可能有狮岭主矿带向北延的矿体，在此部位找矿的空间范围还较大，同时在金星岭北部黄铁矿的相关部位找铅锌矿应予以注意；狮岭在不同标高部位有关矿体还有扩大的前景，相关空白部位也有找矿线索，而且在-650 m标高以下，还有黄铁铅锌矿体，推断可能出现几个矿体；由上部至深部控矿特征相似，局部还出现更次一级的褶皱如201~203号勘查线间有近东西的向斜有利于成矿；矿体在平面上呈雁列状，在剖面上呈侧幕状产出（罗文升，2008），沿矿带找矿是有前景的。预计金星岭—狮岭（含狮岭南）矿带，新增中型规模的铅锌矿是可能的。

2.1.2　凡口（狮岭）东矿带地段（以下简称东矿带）

东矿带是凡口矿区主要的找矿地段，位于金星岭—狮岭以东，但向南东又包括金星岭—狮岭矿带的延展部位。为便于阐述凡口东矿带的找矿方向，现将该矿带南部西侧边界定在0号勘查线附近，向北，西侧边界仍为金星岭—狮岭矿带，东侧和南部界限原则上是要根据今后找矿进展情况而定，现暂定东部界限一般在24号勘查线附近，南部界限现暂定在248号勘查线附近（笙塘东），北部边界考虑在园墩岭东223号勘查线附近，估计面积约3 km²。在东矿带这个范围内，有两个找矿方向：一是在224号勘探线以南，靠西部，F₂₀₃断裂上盘，要继续注意寻找金星岭—狮岭（含狮岭南）矿带向南东延展部位的矿体，即前述隔挡体部位F₁₆、F₃等断裂与褶皱控制的矿体；另一是在其东侧，寻找受F₄₅、F₅、F₆等逆冲断裂和层间构造控制的矿体。

在东矿带约 3 km² 范围内，由已知区继续找矿扩大远景、提高对矿体控制程度的区段，但大部分为新区找盲矿的区段。

2.1.2.1 已知区找矿

(1)东矿带南区段，是指 222～236 号勘查线和 4～8 号勘查线之间的区段，该区有 dn204 主矿等。该矿体赋存在东岗岭组上亚组（D_2d^b），预计探获的资源储量规模较大。

(2)东矿带中区段，是指 206～216 号勘查线和 2～8 号勘查线之间的区段，已知有 Sh263a、dn209a 等矿体。矿体赋存在天子岭组下亚组（D_3t^a）、天子岭组上亚组（D_3t^c）等层位，预计探获的资源储量规模较大。

(3)东矿带北区段，是指 209～200 号勘查线和 8～12 号线区段，已知有 Sh213 矿体。该矿体与金星岭矿体可能近平行产出，赋存于 D_2d^b 层位，预计可增长一定规模的资源储量。

2.1.2.2 新区找矿

新区均为覆盖区，找盲矿面积相对较大，不同部分具体的找矿方向与依据是有差别的，现分为不同区段阐述。

(1)南东区段，在前述东矿带南区段的西、东、南侧外围，即 222～248 号勘查线和 0～24 号勘查线之间的相关区段，寻找狮岭矿带和凡口东矿带向南东延展部位的矿体，要注意研究 F_7 逆冲断裂是否延伸至本区段及其控矿情况，预计本区段找矿前景较好。

(2)中部区段，位于凡口复向斜南西翼中部（包括银屑坪、白屋等），即 204～222 号勘查线和 12～28 号勘查线间的区段。该区段北西、北北东、北东逆冲断裂交会，近凡口复向斜核部，通过本区段的 F_6 是一条控矿断裂，预计本区段找矿前景较好。

(3)西部区段，位于前述 3 个已知找矿区段之间及外围，即 215～222 号勘查线和 12 号勘查线以西至金星岭—狮岭矿带。该区段紧靠重要成矿区，预计有一定的或较好的找矿前景。

(4)北东区段，位于金星岭—园墩岭东部，即 204～223 号勘查线和 12～24 号勘查线之间的区段，可进行找矿探索，可能有一定的找矿前景。

2.1.3 其他相关的找矿方向

(1)虾鲠岭—园墩岭、凡口—庙背岭地区。要进一步研究这个地区的地、物、化、遥综合地质资料，分析找矿前景，选择有关部位进行深部找矿。如虾鲠岭东靠向斜轴部、F_{100} 断裂附近，可考虑找铅锌盲矿体。

(2)F_{203} 逆冲断裂下盘找矿问题，要予以注意，如发现相关信息要认真进行研究，必要时进行钻探验证，打开找矿的新局面。

(3)随着找矿、采矿工作的进展，要不断加强综合研究，及时调整找矿思路，筛选好的有望找矿区段，部署好相应的找矿工作。

2.2 凡口矿区东部地区的找矿方向

2.2.1 铁石岭 F_{208} 逆冲断裂上盘找矿

(1)铁石岭矿区，也存在由 F_{208} 逆冲断裂所形成的前缘褶皱。铁石岭背斜，背斜轴向北北西，与北北东向逆冲断裂组成隔挡体控矿，现已揭露的矿体主要分布在 F_9、F_{10}、F_{14} 逆冲断裂切过背斜及靠近背斜的部位。在此部位，发育相关层位的有利成矿岩相建造就可能有矿体产出。由此看出，铁石岭北东侧 201～205 号勘查线与 100～104 号勘查线之间的区段尚控制不够，有待探索。原设计的 206 号线，SK—Ⅱ—206 孔还是可以考虑的。本区要注意研究是否存在北北西向的逆冲断裂控矿。

(2)富屋区段，有类似铁石岭矿区的构造控矿特征，所设计的 66 线 FK_1 孔、70 线线 FK_1 孔是合理的。

(3)沿已知隔挡体走向延长方向追索找矿。如沿铁石岭隔挡体向南东追索，在高宅一带要注意找矿，在此处，铅、锌、汞次生晕异常发育，异常值高，要做相关物探工作，如有找矿前景要及时验证。再如向北东方向追索，在硫磺厂宿舍一带也要注意研究。

还要注意的是，在不同部位，找矿目标物的产状是有变化的，勘查线要尽可能地与其相垂直。

2.2.2 亚婆山—羊角山（龙王岭）—西冲地区

该区位于铁石岭南东约 8 km 处，出露有泥盆系上统帽子峰组（D_3m^b、D_3m^a）和天子组上亚组（D_3t^c）等地层，F_{22}、F_{23}、F_{24} 等北北东向断裂发育。沿此组断裂特别是其东侧，化探次生晕汞、铅等异常呈带发育，断续长约 5 km，铅异常值一般为 $(100～300)×10^{-6}$，最高达 $5000×10^{-6}$，在亚婆山北北东 1 km 处还有铅锌矿点。要进一步综合研究地、物、化、遥等资料，包括羊角山钻探未见矿的资料，分析该带及其中的南部地段是否有找矿前景，是否找矿区段，在此工作基础上再考虑下一步的工作。

2.3 凡口矿区西部地区找矿问题研究

(1)西部近外围地段，有田庄向斜和安岗背斜，可能是凡口向斜形成时期的褶皱，其中也有 F_{202}、F_{201} 等断裂存在，是否有与此相关的次级构造和有关成矿条件配置情况还有待研究。已施工的钻孔较多，见矿均不好，在此基础上要进一步研究该地段的找矿前景，以及其中是否还有可找矿的有望区段。

（2）石塘地段，位于凡口矿区西南直距约 7 km 处。该区已施工 6 个钻孔，总进尺 2893.45 m，平均孔深 482.3 m，均未见有工业意义的矿体，无须再进行工作。

本文是在我国已故卓有成就的矿床学家姜齐节先生所创立的"渗透热卤水成矿"说的指导下进行的。是在学习研究凡口铅锌矿、原中国有色金属工业总公司广东地质勘查局 932 队、原中国有色金属工业总公司广东地质研究所等单位有关文献资料和郑庆年先生所著《广东凡口铅锌矿》一书的基础上完成的，在此向我所使用资料文献的单位和个人致以崇高敬意和衷心感谢。文中不妥和错误之处敬请指正，以促进凡口矿区及外围的找矿工作。

参考文献（略）

广东曲仁盆地古流障系统
兼论凡口铅锌矿近外围找矿方向

吴延之

（中南大学，长沙，410083）

摘　要：流障系统为地下水环流和屏障系统。本文分析了广东凡口超大型铅锌矿的古流障系统，探讨了曲仁盆地北缘古流障系统的几种成矿模式，并提出了凡口地区的深、边部及近外围的找矿方向。

关键词：古流障系统；成矿模式，找矿方向；广东凡口；曲仁盆地

凡口铅锌矿是我国有名的超大型铅锌矿床之一，其年产铅锌金属量15万吨，占全国产量的1/6。建矿50年来为我国有色金属工业的建设和发展做出了巨大贡献。截至2006年底，已探明铅锌金属储量550余万吨，平均品位（质量分数）铅为5.5%，锌达11.57%，有效硫为21.19%。在不到4 km^2范围内，集中如此巨大储量，真不愧有一大二富三集中的盛名。凡口铅锌矿区自1956年开展正规的地质勘查工作以来，先后经广东省地质局706队、广东省有色金属地质勘查局932队多年的勘查工作，取得了巨大成果，对凡口铅锌矿近40年的持续稳产高产起了重要的保证作用。对凡口铅锌矿床形成条件和矿床成因的研究，40多年来先后达数十家。直至目前，对凡口铅锌矿床的成因，仍然莫衷一是，大致有五种不同的观点：①岩浆热液交代成矿；②沉积改造成矿；③喷流沉积成矿；④下渗热卤水环流成矿；⑤多因复成成矿（即既有早期同生沉积，又有后期岩浆热液叠加改造）。这些观点都有一定的事实依据，但也免不了带有研究者个人爱好的偏见。如何看待并正确运用这些学术观点，我们认为首先必须掌握充分的客观事实，然后将这些事实加以联系分析，再进行整体解剖，从而找出本区成矿作用的核心本质及其相关的内在规律，再用以回到实践中指导找矿勘探，并再次受到实践的检验，最后再对原来的认识做出新的补充和修正。如此几经往复，最终必能使我们的认识逐渐靠近并大致符合于客观实际。为此我们准备从以下四个方面来对凡口铅锌矿区的成矿作用特点和今后的找矿方向进行探讨，以期有助于本区新一轮的找矿勘查工作。

1　凡口铅锌矿床的基本特点

凡口铅锌矿床的基本特点有：

（1）矿化高度集中，分布在凡口倾伏向斜西翼。矿化主要产于受后期一组北北东走向逆冲高角度断层的夹持带内，特别是在本区较大的一条NW向断层F_{203}的上盘，矿区的三大矿体群——金星岭矿带、狮岭矿带、狮岭南矿带都集中分布于F_2、F_3、F_4，尤其是F_3、F_4两条断裂带之间及其上下盘附近。显示这三大矿带与F_3、F_4两条断裂带有密不可分的空间和成因联系。

（2）矿化具有沿层交代，并具有多层位控矿特征。凡口矿区赋矿围岩为泥盆系和石炭系，除中下泥盆统桂头群砂页岩、中泥盆统东岗岭组下岩组D_2da砂页岩外，其余碳酸盐岩系地层几乎都有矿化，但其中最主要的则为中泥盆统东岗岭组上岩组D_2db白云质灰岩、鲕粒灰岩、白云岩、层纹状白云质粉砂岩及上泥盆统天子岭组D_3ta、D_3tb生物碎屑灰岩、瘤状灰岩、条带状灰岩含矿最多，这三层即D_2db、D_3ta、D_3tb的含矿率占全区的75%以上，其中D_2db的含矿率达59%。但这三层主要矿体并非全部沿层都是矿，而只限于近F_3、F_4的几十至几百余米的范围之内，说明矿化虽受层位岩性控制，但仍未超出F_3、F_4等断层的影响。

（3）富厚矿体常贴近F_3、F_4断裂带，并受其控制。近断层处往往数层矿体连为一体，而远离断层带则逐渐减薄，最终消失尖灭。矿体沿地层走向分布，自断层向外侧一般为300~400 m，最长未超过500 m，说明矿化并非完全受地层控制。而沿断裂带方向近南北向，则长达2500 m以上。

本文引用时增加了摘要和关键词。——编者注

（4）主要矿物组分比较简单，主要矿石矿物为黄铁矿、闪锌矿、方铅矿，局部见单独的黄铁矿矿体。脉石矿物主要为方解石、白云石及石英，其中偶尔有少量的铜银等硫盐类矿物，如银黝铜矿、深红银矿以及磁黄铁矿、黄铜矿、毒砂等，但它们的分布范围十分有限，而且数量极少，对整个矿化没有重大影响。没有发现延续很远、规模很大的硅质条带岩、电气石、重晶石岩等足以说明为海底喷流沉积韵律性的沉积物。

（5）矿石的结构构造形式多种多样，既有表现为同生作用的结构构造，诸如纹层状构造、条带状构造、条带瘤状构造、块状构造、沉积韵律构造、结核状构造、粒级构造、生物残余结构、生物假象结构、生物掩蔽结构等，又有后生作用的结构构造，如晶簇、环边、胶结构造、角砾构造、同步褶曲构造、脉状穿插构造、网脉状构造、压碎构造、皮壳状构造、交代溶蚀结构、自形晶结构、变晶结构等。但是它们并非沿一个地层广泛出现，而只在 F_3、F_4 断裂带及层间滑动断裂带附近的矿体中出现。顺层追索，这些矿化的结构构造便随矿体的尖灭而消失殆尽。因此，这些只说明矿液交代原来岩石组构，包括生物化石（叠层石、藻类、珊瑚、层孔虫等）所表现出来的继承性结构构造，而不能代表矿石的同生作用特点。

（6）成矿作用具有多阶段性，在不同地段可将矿石中的矿化按先后顺序分为 3～4 个矿化阶段，第一阶段为石英黄铁矿或碳酸盐黄铁矿化阶段；第二阶段为铅锌矿化阶段，大量铅锌硫化物交代早期黄铁矿形成黄铁矿铅锌矿化，为矿区的主要矿化阶段；第三阶段为硫化物碳酸盐阶段，本阶段的黄铁矿、方铅矿、闪锌矿晶体显著变粗，与第二阶段细粒或胶结状硫化物有明显不同；第四阶段为成矿后无矿碳酸盐化阶段，说明矿化随构造活动而带有脉动性，并有由强而弱逐步衰减趋向。

（7）成矿温度以中—低温为主，据我们和广东有色金属地质研究所等单位所进行的矿物体测温，特别是数十件闪锌矿包裹体均一法获得的温度变化范围为 110～210℃，其中绝大多数为 120～150℃，参照数量众多的黄铁矿、方铅矿、闪锌矿用爆裂法的测温结果，温度变化范围为 150～310℃，而通过硫同位素平衡温度计算结果，硫同位素的平衡温度为 87～280℃，由此可见凡口矿区硫化物的成矿温度应为中—低温。

（8）包裹体成分测定。成矿流体为富 CO_2 的 K^+—Ca^{2+}—Cl^- 型。包裹体气态组分中含 N_2 较高，含量为 0.2～0.88 g/kg，最高达 5.4 g/kg，表明成矿流体为富 CO_2 的 K^+—Ca^{2+}—Cl^- 型中低温热卤水，

并具有大气降水混入特点。

（9）硫同位素测定表明凡口铅锌矿矿床中，金属硫化物的 $\delta(^{34}S)$ 总体变化范围较大，由 -8.3‰～+25.8‰，平均 17.8‰，离散度达 34.6‰，绝大多数硫化物的 $\delta(^{34}S)$ 为 +15.3‰～+22.0‰。矿体中的硫明显富集重硫，特别是黄铁矿，其 $\delta(^{34}S)$ 的变化范围变大的更加明显，$\delta(^{34}S)$ 变化为 -8.8‰～+25.4‰。在 D_2db、D_3ta 层中的黄铁矿顺层展布呈点状、薄层状绵延较远，分布范围较广，说明沉积岩中有同生成岩的黄铁矿存在，而岩浆热液无法对此加以解释。

（10）铅同位素测定表明本区的铅同位素主要属正常铅，放射成因铅极少，铅同位素模式年龄基本上可分三组，第一组 381～400 Ma，占样品总数 14.3‰；第二组 255～344 Ma，占样品总数 66.7‰；第三组 145～199 Ma，占样品总数 19‰。第一组大致相当于加里东运动晚期、海西运动早期；第二组与海西运动中晚期相当；第三组与燕山运动早期一致，可见本区成矿作用具多阶段性，主要成矿作用应在海西运动中晚期至燕山运动早期，铅同位素比率比较均匀，显示其来源比较均一。

（11）本区近矿围岩蚀变简单，主要为白云石化、碳酸盐化，矿体附近有时可见较强的黄铁矿化，这些蚀变作用分布面广，但组分变化不大，不具有岩浆中高温的热液蚀变和分带特征。

（12）矿区附近及深部均未发现有岩体侵入，亦未发现有显著分布的热液矽卡岩及其他热液蚀变、热变质现象。仅在矿区北部园墩岭一个钻孔中见到一条成矿后形成的灰绿岩脉，推测为成矿后形成，与凡口区的主要各区段矿体均无关系。

由上可见，凡口铅锌矿床的诸多特点均与典型的 MVT 型铅锌矿床的各种特点十分相似，就总体而言，我们认为凡口铅锌矿床应属 MVT 型的后生层控铅锌黄铁矿矿床。它是海西晚期—燕山早期通过地下热卤水长期渗透，在曲仁盆地北部凡口倾伏向斜内，沿北北东向古流障系统充填交代有利地层形成的。

2 凡口矿区古流障系统的格架

这里首先要对流障系统进行简要的解释。流障系统（underground water current and barnor system），即地下水环流和屏障系统，是一种特殊的地下水环流构造体系。在这种环流地下水体系中，地下水一方面能溶解和迁移矿源层中的成矿元素，使其活化迁移，又能在特有屏障条件下，使成矿元素还原卸载，并富集成矿。这种系统大体上与成油作用的生储盖系统相似。近年来国内外的大量研究表明，许多 MVT 型铅锌矿

床，如美国三州区的维伯纳姆铅锌矿床，其铅锌储量达 3000 万吨，加拿大西北部大努湖南岸的派恩波音特铅锌矿床，其铅锌储量为 340 万吨，均产于古环流和屏障系统中。

展示曲仁盆地凡口矿区的矿化空间展布，控制凡口铅锌矿床的古环流障积（或简称古流障）系统便一目了然。

凡口铅锌矿区的流障系统与曲仁盆地北缘的凡口倾伏向斜构造密切相关。该向斜发生于海西运动的末期，晚古生代陆缘海相碎屑碳酸盐建造经多次进退演化之后，最终以隆起形成北西向的复式宽展型褶皱带而告结束。进入燕山期后，由于断块运动而形成曲仁中生代构造断陷盆地。由于东侧的强大推挤，从而形成一系列北北东向，由南东向北西逆推的叠瓦状小型推覆断裂，特别是受基底构造的影响，在田庄向斜与狮岭背斜之间，发生继承性的 F_{203} 深断裂，这样就形成了一套由 F_{203} 及其上部 F_2、F_3、F_4、F_5、F_6…断裂和泥盆—石炭—二叠系与碎屑碳酸盐建造共同组合的流障系统。

这一环流系统西起 F_{203} 断裂，东至铁石岭背斜，东西宽约 4 km，北起凡口岭，南至新村，长度亦为 4 km 左右。在曲仁盆地整个地下水文环流盆地中形成了一个局部流障系统。由于长期渗流溶解而形成的富矿热卤水在这一流障系统中，因还原化学障而逐渐沉积，于是形成了北起凡口岭南至新村的近南北向铅锌矿富集带。形成这一富集矿带的基本条件可分为三个部分：

（1）富矿热卤水。这种富矿热卤水是长期形成的，它至少形成于海西运动之后，通过残留卤水和地层中含盐沉积层的重溶，与含矿地层长期发生水岩反应，导致卤水中 Pb、Zn 成分逐渐增加，最终形成含矿热卤水。

（2）流通的构造裂隙网络系统。包括隐伏于深部较大的区域性断裂，如海西期的北西向断裂，盖层中的断裂与向斜及背斜近轴部层间滑动裂隙连通组合，以及不同岩组与岩性的层间滑动。这些断裂组合在一起，构成一个相互流通的构造裂隙网络系统，形成一个类似于石油系统的环流网络通道。

（3）还原地质地球化学屏障。如不透水盖层、富有机质藻礁，生物碎屑礁块，菱铁矿、黄铁矿、富含铁硫有机质的泥质胶结物，铁白云石，含铁锰方解石等。

上述三种基本条件的耦合，便为矿化富集提供了最佳环境。我们从本区各个东西向的勘探剖面图中都可以明显看到这种组合成矿的大批实例，由此便可以

找出在凡口矿区深、边部进一步找矿的方向。

3 曲仁盆地北缘古流障系统的几种成矿模式

3.1 曲仁盆地北缘古流障系统

根据盆地矿化与古水文系统的关系，曲仁盆地北缘古流障系统主要可以分为两类：

（1）不整合面—断裂环流系统。这种系统的主环流通道是不整合面，即由北而南，走向近东西向的寒武系与泥盆系之间的不整合面。一方面深部上升热卤水沿基底隐伏断裂向上与不整合面沟通，然后再沿不整合面上升注入盖层北北东向断裂构造中，形成枝状网络；另一方面沿不整合面露头，使天水或地表水大量下渗，构成一套环流系统。

这一环流系统以在凡口倾伏向斜东翼富屋至铁石岭地区表现较为明显。

（2）逆冲推覆断裂—次级叠瓦状断裂环流系统。这种系统的主要环流通道是 F_{203} 及其基底隐伏深断裂，深部上升含矿热卤水沿 F_{203} 上升，并在其上盘一系列小型叠瓦状逆冲断裂中扩散，形成流通网络。再与各层岩性界面的层间滑动面结合，构成一个成矿的古水文环流系统，然后在适宜的地球化学屏障和浓度、温度、压力急剧变化条件下卸载成矿。这种环流系统以 F_{203} 上盘北起凡口岭、庙背岭，南至银屑坪、新村，即金星岭—狮岭—狮岭南以及 $F_5 - F_6$ 的东矿带，均属于这一类型。

3.2 成矿的局部环流方式

影响矿化沉淀的因素很多，这里不予以讨论，但最重要的是地球化学屏障，是分析可能形成矿体场所和矿体连接形式的关键。

MVT 型铅锌矿床的局部环流方式主要有层、礁、断、洞四类：

（1）层状局部环流。主要受断裂（不整合面）与地层岩性组合的复合控制。在稳定台区以地层的箱状褶皱和高角度断裂为主，沿有利层位形成的局部环流模式，在有隔水的页岩遮挡下，可以形成多层局部环流，形成多层矿体。

（2）礁状局部环流。在美国的维伯纳姆、加拿大的派恩波音特，以及广东凡口、广西北山，一些主要矿体与生物礁密切相关。因为礁体碳酸盐孔隙很多，有机质含量高，含矿热卤水易于长期储存相对滞留并充分发生水岩反应，结果便可以形成巨大富厚矿体。同时还继承性地保留了原来礁体的各种生物体的结构构造，甚至珊瑚的外形中轴和鳞板、隔板和小横板，

叠层石的层纹，柱体，顶底指向特征都可全部保留。

（3）断层带局部环流。根据断层组合和产状的不同，主要可分单向环流和双向局部环流。

1）单向环流，主要发生在断层一侧的有利层中。

2）双向局部环流，主要发生在两条平行断层间的有利岩性段或两条反向断层间的有利岩性段内。

这种情况最易形成厚大富矿体。

（4）洞穴或不整合溶蚀洼地矿体。许多碳酸盐地层中常发育有很强烈的喀斯特化洞穴，或在碳酸盐地层剥蚀面上形成不整合面岩溶漏斗或洼地。当上部有新地层覆盖后，这些岩溶洞穴和洼地仍然保留。在含矿热卤水上升并和它们相遇后，便能在这些岩溶洞穴和喀斯特洼地中沉积成矿。特别是有些热卤水对碳酸盐岩石能产生很强的溶解力，这时可形成边溶、边沉的洞穴，形成透镜式或囊袋式矿体。如我国云南会泽一带即常见这类富矿。

4 凡口矿区流障系统初析和矿区边深部找矿方向

根据上述流障系统的特征和成矿机制，以及在凡口地区的实际应用，我们试做出以下分析以供矿区实际勘察工作的参考。

4.1 鉴别流障系统的主要标志

鉴别一个地区的流障系统，根据国内外的许多经验，如美国米苏里东南、加拿大大努湖、我国会泽、凡口等矿区，大致可归纳为以下四个方面：

（1）控制区域流障系统的地质环境背景。包括该区的地质构造、岩性组合、岩浆活动、矿化分布、地球物理、地球化学等特征。但其中最关键的是两条，一是控制环流系统的主要断裂，尤其深部主干隐伏断裂和长期剥蚀间断所形成的区域性不整合面作为主干环流通道。

（2）盆地内有利于环流地层构造组合系统作为古环流系统载体。在汇水的局部古潜水分布区，首先受控于盆地内的地层与构造组合，如含水层的构造形式，向斜、背斜、单斜，以及阶梯状断裂、对冲断陷、雁列断陷、叠瓦状推覆断裂等。特别是含水层与构造的交切关系，以及它们的组合分布格局。

（3）主矿体的形态产状分布、主要围岩蚀变带及其与含水层和构造组合的相互关系作为古环流成矿的示踪。

（4）物化探异常的形态分布及其展布形式，以及它们与含水层和构造组合的相互关系作为古环流成矿网络的标志。

4.2 对凡口古流障系统的初步分析

大比例尺的古流障系统分析应当建立在 1:10000，1:2000 地质图件的详细分析基础之上。这方面我们还未能进行这种工作，目前只能从已有简要图件和过去我们在矿区实际调查的一些认识提出下列初步分析。

曲仁盆地形成于中生代早期，它发生于海西期宽展型褶皱之上，盆地基底为浅变质的寒武系砂页岩，它是一套不透水的基底，但局部含透水断裂，盖层为泥盆、石炭、二叠系的陆表海相碎屑碳酸盐岩系。燕山早期的断块活动发生在曲仁盆地，随后的侧向挤压造成一系列北北东向陡角度的推覆断裂，这些就构成了以凡口倾伏向斜为中心，由基底不整合面切割基底深断裂及盖层系统碎屑碳酸盐岩系与一套推覆断裂组合而成的古流障系统。铅锌黄铁矿矿化及有关白云石化碳酸盐化蚀变沿 F_2、F_3、F_4 等断裂及层间裂隙分布。另外，地表观测及化探资料说明 F_5、F_6、…、F_8、F_{10} 等断裂带附近也有矿化显示和铅锌等矿化异常现象，但其强度远不及 F_3、F_4。这些说明北西向深断裂 F_{203} 及寒武基底与上部盖层泥盆系、石炭系地层间的不整合面为盆地北缘的主导古环流障积系统的环流干道。

4.3 凡口地区的深、边部的找矿方向

根据上述初步分析，我们认为以下四个区可以列为主要找矿地区：

（1）狮岭南，沿 F_4 或 F_3 与 F_4 交会带继续南沿部分，这里可以探寻 F_4 与 D_2d^b 及 D_3d^a 的成矿有利障积条件，可形成一定规模的矿体。

（2）金星岭北，园墩岭至凡口岭沿 F_3 北沿地段，这里可探寻 F_3 与 D_3d^b、D_3d^e 等以及与次级小向斜层间滑动裂隙中的有利障积地段和产于其中的矿体。

（3）介于 F_5、F_6 之间的东矿带，也是一个重要探查地区，这里的流障条件基本和 F_3、F_4 相似，故有较好的探索前景。建议先用大间隔的普查钻探为先导，由北至南按 400 m 间隔布置 3 ~ 4 个孔探查矿化与远景。

（4）太平村至铁石岭 F_8、F_9 之间的区带：由北至南有利障积地区存在，但可能埋深大于 500 m，需要进一步做好地质背景研究，并沿断裂带进行 1/1000 化探工作后，再按异常情况考虑安排普查钻探。

对凡口矿区的大外围，如田庄至田庄南 F_1 及 F_{16} 之间及其东侧地段，安岗背斜西侧北北东断裂与泥盆系地层交切的地段，也是值得考虑有望的目标地段。

结论：凡口铅锌矿床是一个大的 MVT 型矿床，以

后生交代充填作用为主的层控铅锌黄铁矿矿床,沿矿区古流障系统在矿区边深部找矿仍有很大的找矿潜力。

参考文献

[1] 郑庆年.广东凡口铅锌矿床[M].北京:冶金工业出版社,1996.

[2] 汪集旸.中低温对流形热液系统[J].地学前缘.1996,3(3):96-103.

[3] 张术根.广东凡口铅锌(银)矿床成矿流体来源研究[J].矿产与地质.2002,16(4):199-202.

[4] 王濮,等.粤北凡口铅锌矿床的成因、成矿时代、成矿模式与找矿[J].现代地质,1995,9(1):60-69.

[5] 陈学明,等.凡口铅锌矿床的地球化学特征及其成矿作用分析[J],地质地球化学,1999,29(1):6-15.

[6] Barnes H L.热液矿床地球化学[M],陈浩硫等译,北京:地质出版社,1985.

[7] 马东升.地壳中大规模流体运移的成矿现象和地球化学示踪[M].南京:南京大学出版社,1997,33(1):1-10.

[8] 刘建明等.地壳中的成矿地质流体体系[M].南京:南京大学出版社,1997,33(1):134-144.

[9] Garven G and Freeze R A. Theoritical analysis of the role of groundwater flow in the genesis of stratabound are deposits 2 Quantitafive results[J]. American Journal of science. 1984, 284:1125-1174.

[10] Garven G. The role of regional fluid flow in the genesis of the Pine Point deposit[J]. Western Canada Sedimentary Basin. Ecnomic Geology, 1985, 80:307-324.

凡口铅锌矿金星岭南部氧化矿的可利用性评价

王　玲　费湧初　金建文　肖仪武

（北京矿冶研究总院，北京，100044）

摘　要： 凡口铅锌矿含量岭南部氧化矿储量巨大，其工艺矿物学研究初步查明了其矿石工艺特性，对经济合理开发利用该资源意义重大。

关键词： 铅锌氧化矿；可利用性评价；凡口金星岭矿区

1　前言

凡口铅锌矿建矿已有 50 年的历史，经过几代地质工作者不断努力找矿勘探，历年累计探明的表内铅锌矿石资源总量约 5500 多万吨，矿山已累计消耗矿石量 2300 多万吨。凡口铅锌矿目前正在进行日选铅锌矿石 5000 t 的选厂改造，届时将达年产铅锌金属量 18 万吨，消耗保有矿石量达 170 万吨以上。矿产资源是矿山生存和发展的基础，金星岭南部氧化矿是凡口铅锌矿的重要储备资源，本文着重研究了矿石的工艺特性，划分了不同的矿石类型并相应地对其可利用性进行了评价。

2　金星岭南部氧化矿基本特征

金星岭矿体位于水草坪矿床中部，矿区主断裂 F_4 上盘，走向延长与倾斜延深近于相等，都在 300 ~ 350 m，厚度巨大，主要由块状矿石组成。南部矿体主要是 Jb8 号矿体；北部主要是 Jb2 号矿体。南部矿体上部受氧化淋滤影响，矿石大部分呈疏松粉状，孔隙大。矿体中下部以混合矿石为主，矿石大部分呈疏松状夹块状。矿体上部与中下部并无明显界线。矿体底部局部可见致密块状原生矿石。矿石普遍泥质含量很高，黏度大，除原生矿外，肉眼普遍可见矿石有氧化现象。另外在地表（Jn1 号矿体上部）发现前人废弃堆放的残渣，其中似有相当高品位的氧化矿石，且存量较大。以往对南部矿体上部只布置了一些简单的工程控制，地质研究程度较低。

为了了解该类资源的可利用性，北京矿冶研究总院与凡口铅锌矿商量，基本按照从矿体上部到下部氧化程度不同，并本着便于今后采样及制定选矿流程的原则，将该矿石分为氧化矿、原生矿及地表残渣三个矿样分别进行工艺矿物学研究。氧化矿矿样包括矿体上部疏松粉状氧化矿及中下部疏松状夹块状混合矿；原生矿矿样指矿体底部块状岩心样；地表残渣指 Jn1 号矿体上部前人废弃堆放的残渣。金星岭南部氧化矿石不同采样点的化学分析结果如表 1 所示。

3　各矿样的化学成分与化学物相分析

各矿样的化学成分见表 2，其中铅、锌的化学物相分析结果分别见表 3、表 4。

由表 3、表 4 可以看出，氧化矿矿样及残渣矿样中铅、锌的氧化率均小于 30%，所以上述的所谓的氧化矿及残渣其实均为混合矿，为叙述方便，三矿样仍沿用上述名称。

4　各矿样的矿物组成及其中重要矿物的产出特征

4.1　氧化矿

"氧化矿"矿石中铅的硫化矿物绝大部分为方铅矿，铅的氧化矿物主要为白铅矿；锌的硫化矿物绝大部分为闪锌矿，锌的氧化矿物主要为菱锌矿；硫的矿物主要为黄铁矿；其他金属矿物还有黄铜矿、毒砂、褐铁矿等。脉石矿物主要为石英，其次为绢云母、方解石和白云石、黏土矿物等。

"氧化矿"矿石中闪锌矿粒度相对较粗，方铅矿粒度分布极不均匀，尤其是 −0.010 mm 方铅矿的分布率达 7.48%，分布于 +0.074 mm 粒级的方铅矿、闪锌矿、黄铁矿分别为 70.97%、84.17%、64.50%，分布于 −0.010 mm 粒级的闪锌矿、黄铁矿分别为 1.02% 及 3.48%。大部分方铅矿、闪锌矿与黄铁矿间存在复杂的交代、包裹或浸染关系，回收铅锌硫化矿物需要细磨。

表 1　金星岭南部氧化矿石不同采样点的化学分析结果（%）

样品采集地	工程编号	代表孔深/m	矿石类型	基本化学组分（质量分数）/%				
				Pb	Zn	S	PbO	ZnO
金星岭南部（Jn1 号）矿体	0/FK2	29.33 ~ 32.45	氧化矿	1.09	1.28	3.18	0.20	0.13
		32.45 ~ 33.45	松散矿石	6.83	9.11	18.12		
金星岭南部（Jn1 号）矿体	0/FK2	33.45 ~ 37.05	松散矿石	6.83	9.11	18.12		
		39.05 ~ 40.65	粉状矿石	1.60	1.15	9.84	0.51	0.34
		40.65 ~ 43.59	混合矿石	2.26	1.63	10.00	0.25	0.21
		46.60 ~ 46.87	混合矿石	6.83	9.11	18.12		
		51.50 ~ 53.40	块状矿石	26.22	6.45	3.53		
		57.65 ~ 60.95	粉状矿石	0.70	4.41	8.87	0.16	2.84
		60.95 ~ 63.15	粉状矿石	0.48	1.55	4.95	0.23	0.85
		63.15 ~ 70.35	粉状矿石	1.95	4.15	14.95	0.68	0.74
		70.35 ~ 73.45	混合矿石	6.83	9.11	18.12		
	0/FK1	71.50 ~ 76.50	粉状矿石	6.27	8.10	30.30	2.82	0.38
		77.79 ~ 80.54	氧化矿	4.50	7.46	18.40		
		80.79 ~ 81.11	氧化矿	4.50	7.46	18.40		
		83.06 ~ 84.96	原生矿	1	4.50	7.46	18.40	
	地表		氧化矿	2.29	4.75	10.08	0.98	0.71
	合计			4.64		5.61		

表 2　矿石的化学成分

矿样	成分（质量分数）/%									
	Pb	Zn	S	Fe	Au*	Ag*	Cu	As	Cd	Sb
氧化矿	3.71	7.71	22.66	18.55	<0.05	55.26	0.024	0.049	0.023	0.025
硫化矿	4.67	15.45	41.23	29.63	<0.05	94.39	0.028	0.084	0.037	0.027
残渣	4.43	7.99	24.42	17.44	<0.05	95.70	0.034	0.058	0.015	0.033

矿样	成分（质量分数）/%									
	Hg	C	Ga	Ge	SiO_2	Al_2O_3	Cao	Mgo	K_2O	Na_2O
氧化矿	0.006	1.63	0.0042	0.0013	29.46	6.12	2.01	1.60	1.89	0.042
硫化矿	0.011	1.29	0.0052	0.0071	1.60	0.24	4.02	0.28	0.088	0.016
残渣	0.0078	3.12	0.0058	0.0015	15.14	2.64	13.01	1.39	0.88	0.036

* Au、Ag 含量单位为 g/t。

表 3　矿石中铅的化学物相分析结果

铅相别	氧化铅		硫化铅		总　铅	
	w(Pb)/%	Pb 分布率/%	w(Pb)/%	Pb 分布率/%	w(Pb)/%	Pb 分布率/%
氧化矿	0.89	24.18	2.78	75.82	3.67	100
硫化矿	0.20	4.11	4.67	95.89	4.87	100
残渣	0.64	14.42	3.80	85.58	4.44	100

表 4　矿石中锌的化学物相分析结果

锌相别	氧化锌		硫化锌		总　锌	
	w(Zn)/%	Zn 分布率/%	w(Zn)/%	Zn 分布率/%	w(Zn)/%	Zn 分布率/%
氧化矿	1.41	18.45	6.25	81.55	7.66	100.00
硫化矿	0.31	2.00	15.18	98.00	15.49	100.00
残渣	1.30	16.25	6.70	83.75	8.00	100.00

"氧化矿"矿石中白铅矿、菱锌矿粒度分布较方铅矿、闪锌矿、黄铁矿均匀，分布于 +0.074 mm 粒级的白铅矿、菱锌矿分别为 87.82%、84.12%，分布于 −0.010 mm 粒级的白铅矿、菱锌矿分别为 0.07%、0.13%。白铅矿、菱锌矿除有时包裹细粒、微细粒黄铁矿外，与其他矿物共生关系不甚密切，矿石细磨条件下白铅矿、菱锌矿的解离应比较充分。

"氧化矿"矿石中方铅矿、黄铁矿与闪锌矿间嵌布关系十分复杂，且方铅矿嵌布粒度极不均匀，尤其是 −0.010 mm 粒级占有率更大。采用凡口选厂现行选矿工艺（FKNSP）处理该矿，适当调整原矿的磨矿细度并提高中矿再磨细度，调整相应的机制，可以较好回收铅、锌硫化矿物，同时要注意方铅矿过磨及矿石泥化对选矿的影响。若增加铅、锌氧化矿物浮选回收系统，按照白铅矿及菱锌矿的嵌布特征及嵌布粒度，理论上可以取得较好指标，而实际上，目前氧化矿物的回收在工业生产中存在较多技术难点及现场控制难点，所以想取得好的铅锌回收指标仍有相当难度。

4.2 硫化矿

硫化矿矿石的矿物组成较为简单，锌矿物主要为闪锌矿；铅矿物主要为方铅矿，尚有微量硫锑铅矿等；硫矿物主要为黄铁矿；脉石矿物主要为方解石和白云石，其次有石英、绢云母、黏土矿物，其他脉石矿物还有碳质、铁白云石等。

硫化矿矿石中闪锌矿和黄铁矿主要呈粗、中粒嵌布，而方铅矿则呈粗、中、细、微粒极不均匀嵌布。在微细粒级中，方铅矿和黄铁矿的含量要比闪锌矿高得多，在 +0.074 mm 粒级中，闪锌矿、黄铁矿、方铅矿的占有率分别为 87.76%、83.10%、69.44%；而在 −0.010 mm 粒级中，闪锌矿、黄铁矿、方铅矿的占有率分别为 0.85%、3.23%、6.44%。

硫化矿矿石中虽然矿物组成较简单，但方铅矿、闪锌矿与黄铁矿之间的嵌布关系十分密切，尤其是方铅矿嵌布粒度极不均匀，且在 −0.010 mm 粒级占有率大，采用凡口选厂现行选矿工艺（FKNSP）处理该硫化矿石，需要适当调整原矿的磨矿细度并提高中矿再磨细度，同时要加强单体黄铁矿的抑制，可以取得较好的选矿指标。

4.3 残渣

"残渣"中金属矿物主要为方铅矿、闪锌矿、黄铁矿；另外还有少量毒砂、白铁矿、黄铜矿、磁黄铁矿、硫锑铅矿、白铅矿、菱锌矿、铅矾、铅铁矾、水锌矿、锌矾等。脉石矿物主要有石英、方解石、白云石、绢

云母、绿泥石、石膏、碳质等。

"残渣"中方铅矿、闪锌矿与黄铁矿、脉石矿物的嵌布关系较复杂，方铅矿、闪锌矿常沿黄铁矿的颗粒间隙和裂隙充填交代，方铅矿、闪锌矿也常溶蚀交代和包裹黄铁矿。在脉石矿物中常有细粒方铅矿的包裹体，所以本"残渣"矿石为难选矿石。为了使方铅矿、闪锌矿在磨矿过程中都能单体解离，必须细磨，否则硫精矿和锌精矿中含铅较高，影响铅的回收率。

"残渣"中方铅矿属于微细粒不均匀嵌布，其中方铅矿 +0.074 mm 粒级占 35.78%，−0.010 mm 粒级占 16.24%。闪锌矿粒度属于粗中细不均匀嵌布，闪锌矿 +0.074 mm 占 73.69%，−0.010 mm 粒级占 2.13%。黄铁矿的粒度属于中细粒不均匀嵌布，+0.074 mm 粒级占 56.85%，−0.010 mm 粒级占 0.82%。

金星岭南部矿体（Jn1 号矿体）上部堆放的废弃"残渣"，并非冶炼炉渣，而是选厂投产初期未处理的原矿，由于堆放时间较长，部分矿石氧化较严重，铅锌金属有一定的流失。由于在地表又混入一些废石，因此原矿品位也有所降低。工艺矿物学研究证明，这部分废弃残渣仍可处理回收。

5 结语

工艺矿物学研究初步查明了金星岭南部氧化矿局部矿石工艺特性，采用凡口选厂现行选矿工艺（FKNSP）处理该矿，需要适当提高原矿的磨矿细度及中矿再磨细度，调整相应的机制，可以较好回收铅、锌硫化矿物，同时要注意方铅矿过磨及矿石泥化对选矿的影响。

由于对该矿区的认识还较浅，在采样过程中遇到很多困难，所取的样品并不能真正代表金星岭南部氧化矿，对于整个矿区矿石的氧化程度了解还不够全面，氧化矿中伴生有价元素在矿石氧化过程中的变化也并不清楚，所以凡口金星岭南部氧化铅锌矿有待进一步研究。

凡口金星岭南部氧化铅锌矿的储量大，且矿石种类较多，氧化程度变化大，作为后备资源，今后应该加强地质勘查工作，查明资源储量，根据铅、锌氧化率划分矿石类型，并对相应矿石进行工艺矿物学研究，对经济合理开发利用该资源意义重大。

参考文献（略）

凡口铅锌矿矿山地质工作回顾与展望

刘慎波　于新业　原桂强　刘武生

（广东凡口铅锌矿，广东韶关，512325）

摘　要：凡口铅锌矿在地质勘探后期即建立了一支较健全的矿山地质队伍，45年来在矿山基建、生产技术管理、综合研究、地质勘查等方面取得了丰硕成果，收集、整理了大量地质资料，而且必将在保证矿山正常生产、延长矿山服务年限方面，为企业继续做出巨大贡献。

关键词：矿山地质；凡口铅锌矿

矿山地质工作是指在前期矿床勘查的基础上，从矿山基建、生产直至结束过程中，进一步掌握矿床地质条件，查清矿体特征、空间分布和变化规律、矿石储量与质量以及扩大矿山远景等问题，为完成矿山采掘计划、维持矿山正常生产及延伸矿山服务年限等而进行的一系列地质工作。凡口铅锌矿正式的地质工作始于1956年，早于建矿时间，但是矿山地质工作稍晚于建矿时间。矿山于1962年成立地测科，从此矿山地质工作者就开始了服务生产、指导生产、监督生产的基本职能，几乎矿山地质的所有工作内容都有涉及，并且不断强化、细化各项具体工作，取得了巨大成果，是国内矿山地质工作的典范。下面就凡口矿的主要矿山地质工作（本文专指矿山企业完成的地质工作，不包括水文工程地质部分）做简要总结。总结属凡口矿矿山历史的一部分，可为将来矿山地质工作提供参考。

1　历年矿山生产探矿工程投入与升级、增减矿量

凡口铅锌矿的生产探矿工程包括探矿巷道和坑内钻探，坑钻结合。它的主要任务是配合矿山建设和生产的需要，进行生产探矿，将矿块储量升级，进一步摸清矿体、地层、构造的形态产状，提供采矿设计；同时对开拓区内成矿有利地段进行扫盲，增加可采矿量。根据不同矿段或矿床的勘探类型和采矿方法的精度要求，设计相应的勘探网度，广东凡口铅锌矿的生产探矿网度为：（40～50）m（中段高）×（12.5～25）m（穿脉间距）×（15～25）m（钻孔间距）。由于探矿穿脉往往尽量为采准工程利用，被矿山列为开拓工程，因此本文探矿工程仅统计钻探部分。矿山的钻探工作始于1962年，钻探工艺主要采用金刚石钻进（使用KD100钻机最多）。至2007年底，累计完成生产探矿进尺334568.47 m，采样加工60638个，累计提供开拓矿量4418.04万吨，新增矿量403.57万吨（见表1）。以后将继续完成未升级矿量的生产探矿工作，保证三级矿量的平衡。

表1　建矿以来生产探矿工程量及成果统计

年份	钻探工程/m	采样及加工/个	生探升级矿量		生探矿量增减	
			矿量/万吨	金属量/t	矿量/万吨	金属量/t
1962—1985	69105.02	18357	1887.28	3540629	13.51	
1986—1990	45300.05	7925	273.4	455295	125.5	205785
1991—1995	32320.17	8122	528.6	762677	31.2	45659
1996—2000	42028.0	7633	277.4	438533	−25	15549
2001—2005	75762.68	10762	750.5	947430	189.06	223776
2006—2007	70052.55	7839	700.86	977202	69.3	129961
合计	334568.47	60638	4418.04	7121766	403.57	

2 历年凡口矿综合研究与成果

建矿以来，矿山开展了多项地质技术经济、矿床和矿业软件研究，这些成果与生产关系紧密，直接用于指导生产。如早期矿山地质的主要工作就是研究水文地质规律和治理办法，最后经多年实践采用"浅部截流疏干系统"治服了素有"水老虎"之称的凡口矿水患，"几上几下"的投产才得以成功。又如矿区成矿规律和隐伏矿体的研究是矿山地质工作的重要内容，直接用于指导地质勘查，而勘探类型的研究直接决定探矿工程网度。由于研究项目较多，本文仅统计对地质工作影响较大的项目（见表2）。近年矿山加大了对地质基础研究的投入，如正在进行的"矿山深、边部及外围成矿预测与找矿研究"，必将为下一步矿山的勘查工作提供指导；"凡口铅锌矿 Surpac 矿床模型"的建立，将进一步推进矿山地测数字技术的发展。

3 矿山历年地质勘查工作与成果

在20世纪90年代以前，地质勘查工作属于计划经济的一部分，国家投入、统筹安排，由专业地质队伍完成。20世纪70年代末开始，凡口铅锌矿矿山地质队伍开始尝试勘查工作，边学习边实施，在东矿带北段施工8个钻孔共3946.38 m，由于工程质量差，没有计算储量和编写勘探报告。80年代在上部中段施工了部分探边扫盲钻孔，取得了一些成绩（已归于生产探矿工作成果中）。70—80年代，矿山勘查工作基本上都是零星工程，系统性不强，主要目的是锻炼队伍。90年代以后，地质工作已经完全市场化，勘查工作属矿山企业风险投资的一部分，由企业自主安排。90年代开始，凡口矿勘查工作取得了重大突破：

（1）1991—1994 年，在地质队工作的基础上，由凡口矿完成了狮岭深部（204～207 勘探线 -320～-650 m标高）地质勘探。勘探手段主要采用坑内钻，基本网度为100 m×50 m。在狮岭 -320 m 中段施工硐室1663.2 m³，机械岩心钻探8466 m，其他配套项目若干。提交了储量地质报告，经省储委批准：新增黄铁铅锌矿矿石资源量共计1228.21 万吨，铅锌金属量156.7448 万吨，铅＋锌品位12.88%，取得了巨大成果。

（2）1996—1998 年，完成了东矿带北段（-202～203 勘探线）地质勘探，该地段在此之前已由地质队、凡口矿地测科（1970 年末）做过部分地质工作，此次勘探是在前人基础上以（50～68）m×50 m 的网度详查，施工了5个勘探钻孔，进尺1598.65 m，共探明 C＋D 级黄铁铅锌矿石储量853889 t，铅锌金属量118790 t，减去地质队已计算储量，新增探明 C＋D 级黄铁铅锌矿石储量583069 t、铅锌金属储量89574 t。

鉴于矿区隐伏矿体的寻找难度越来越大的现状，2005 年，矿山成立了"凡口铅锌矿资源勘探工程"项目指挥部，大力开展矿区地质综合研究，总结矿区成矿规律，对矿区及周边的地质资料进行二次开发利用。在矿区深、边部，根据不同地段、不同层次的地质信息，划分不同的工作阶段和选用相应的技术手段：

表2 凡口铅锌矿主要地质研究项目统计

序号	项目名称	完成时间	效果评价
1	凡口铅锌矿放水试验	1964 年	为矿床疏干设计提供了依据
2	凡口铅锌矿矿床地质特征及成因研究	1980 年	获冶金工业部二等奖
3	广东凡口铅锌矿矿山地质调查报告	1980 年	获中国有色金属工业总公司二等奖
4	凡口地质矿化模型 CAD 管理系统（MMCAD V1.00）	1996 年	获中国有色金属工业总公司二等奖
5	1997—2004 年生产探矿规划	1997 年	保证了矿山8年三级矿量平衡
6	广东凡口铅锌矿狮岭矿（段）区成矿预测研究	1999 年	获中国高校科技进步一等奖
7	凡口矿东矿带成矿规律与成矿预测研究	2001 年	建立了东矿带成矿预测模型
8	狮岭南抽稀对比研究	2000 年	指导狮岭南矿体群探矿网度
9	凡口矿狮岭深部 -650 m 标高以下成矿预测	2003 年	
10	中金岭南凡口铅锌矿地质勘查设计方案论证与地质找矿研究	2005 年	指导矿山未来几年地质勘查
11	2006—2012 年生产探矿规划	2006 年	保证18万吨生产时三级平衡
12	凡口铅锌矿深、边部及外围成矿预测与找矿研究	2008 年	研究矿山资源的储量总规模

（1）采区近围和深部的工作程度已较深入，部分地段有丰富的矿化信息或工程揭露有矿体，可以开展普查和勘探工作，在矿区深、边部筛选了5个找矿的有利靶区。

（2）矿区外围工作程度很低，地质情况不清，必须进行基础地质研究和成矿预测。现在矿山拥有约45 km²的探矿权、采矿权，获得了国家危机矿山接替资源勘查资金和公司专项资金的支持。两年来共完成了钻探工程量13000多米和部分物探工作，在东矿带北段找到了有开采价值的新矿体。随着找矿工作的不断深入，在矿区深、边部和外围取得找矿突破是完全有可能的。

4 历年采矿生产地质技术管理与效果评价

采矿生产地质技术管理是矿山地质工作最繁重的任务，主要包括：

（1）提供采场单体设计资料。

（2）收集采场拉底层、充填面和空场等地质实测资料，整理成图后提供给采矿部门作分层设计。

（3）每月每季进行储量变动总结和计算，每年填报储量平衡报表。

（4）根据矿制定的采掘生产管理制度对采矿施工进行现场地质监督和指导，控制矿石的贫化和损失。最终保证采矿生产的正常进行，并最大化地回收矿产资源。

（5）修改实测地质剖面图并进行探采对比。在采矿生产过程当中，地测技术人员一直坚持参加单体设计会审及分层回采设计审核，在设计阶段就充分考虑到施工过程中的安全性和工程的合理性，优化了设计。投产40年来，累计消耗数千个矿块、2520.8万吨地质储量(其中含部分非正常消耗和关闭中段时一次核减的矿石量及园墩岭、庙背岭民采的30.14万吨)，每一分层矿石回采过程中，地质人员都要有测图、监督和指导。随着矿山地质工作的完善和规范，每个矿块从地质探矿、生产探矿到矿块开采各个阶段的地质资料比较完整齐全。20世纪80年代中期以来，着手对原矿地质品位、金属量与出窿品位、回收金属量等数据进行对比，从而反映了矿山地质工作效果和资源利用水平，采选综合回收率在国内同类矿山企业中处于领先地位(见表3)。针对现在采场顶底柱、边角矿体越来越多，单个采场生产能力变小，矿与灰岩及黄铁矿与铅锌矿互相穿插，界线复杂等情况，矿山加强了采矿生产的精细化管理，对贫化损失工作采取了一系列措施和激励机制，各项指标上了一个新台阶。

表3 1985—2007年矿产资源回收地质数据

年份	消耗地质储量			铅锌入选品位/%	回收铅锌金属量/t	入选品位/原矿品位	综合回收率/%
	矿石量/万吨	铅锌金属含量/t	原矿铅锌品位/%				
1985	61.05	117628	19.27	16.89	88970	87.65	75.64
1986	68.1	127338	18.7	15.9	95454	85.03	74.96
1987	72.9	134007	18.38	16.17	112016	87.98	83.59
1988	81.2	144611	17.81	15.28	124931	85.79	86.39
1989	92.6	166624	17.99	14.33	129057	79.66	77.45
1990	80.9	144111	17.81	15.61	117447	87.65	81.50
1991	93.3	163216	17.51	14.76	136067	84.29	83.37
1992	94.8	166362	17.55	14.21	126726	80.97	76.17
1993	76.5	132924	17.37	14.95	98541	86.07	74.13
1994	93.8	156727	16.71	14.77	122142	88.39	77.93
1995	91.24	148238	16.26	14.12	118459	86.84	79.91
1996	85.9	143683	16.73	14.21	114168	84.94	79.46
1997	84.9	144131	16.98	14.17	111155	83.45	77.12
1998	84.6	138016	16.31	14.17	111588	86.88	80.85
1999	87.02	139024	15.98	13.8	114285	86.36	82.21
2000	89.72	137130	15.27	13.64	131014	89.33	95.54
2001	93.3	157007	16.83	14.34	146457	85.20	93.28
2002	101.46	164034	16.16	13.39	153677	82.86	93.69
2003	102.18	168767	16.52	13.36	154350	80.87	91.46

续表3

年份	消耗地质储量			铅锌入选品位/%	回收铅锌金属量/t	入选品位/原矿品位	综合回收率/%
	矿石量/万吨	铅锌金属含量/t	原矿铅锌品位/%				
2004	105.66	168103	15.91	13.15	152814	82.65	90.90
2005	113.3	172292	15.2	11.95	151373	78.62	87.86
2006	112.08	163117	14.55	12.54	154156	86.19	94.51
2007	112.35	167303	14.89	12.86	157721	86.37	94.27
1985—2007	2078.76	3464393	16.67	14.29	2922568	85.72	84.36

5 闭坑地质工作

金星岭北部 +50 m 和 0 m 中段作为矿山一期基建开拓中段，在 1966 年进行采矿试验，并于 1968 年正式投产，至 1993 年底，两中段共探明矿石量125.61万吨，除近地表尚有 12.8 万吨矿石待将来与南部矿体合并露采外，探明矿石已开采完毕，共采矿石量101.44 万吨（含掘进副产 5.97 万吨）；总回采率为89.92%，损失率 10.08%（其中采场损失率为9.06%），采下废石 17.14 万吨，总贫化率为15.2%；两中段空白区已进行了探边扫盲，证实已无工业矿体，可以进行中段关闭。从 1992—1997 年，地质部门着手编写了《金星岭北部 +50 m 和 0 m 中段关闭报告》，经过探采对比，无论是矿量还是矿体形态，误差都较大。主要是由于生产初期经验不足，生产技术管理水平低，采矿工艺不成熟，两中段位于矿体顶部分叉、尖灭部位，矿体形态变化较大，生产探矿控制不足，造成了资源回收效果较差，矿量的变化较大；但从资源回收效果看，前期较差，后期较好。虽然两中段的生产探矿、资源开采效果不够理想，但积累了不少经验，值得生产探矿和采矿生产借鉴，如：生探工程设计一定要保证达到对矿体的控制网度，采场设计要防止跨度过大，及时进行小矿体探矿和探边扫盲，及时安排顶底柱和边角小矿体回收，缩短中段回采周期等。

6 三级矿量平衡与管理

三级矿量是指地下开采矿山的生产矿量（它等于生产地段工业矿量减去设计损失量），根据采矿准备程度来划分和计算，分开拓矿量、采准矿量和备采矿量三种。开拓矿量是工业矿量的一部分，采准矿量是开拓矿量的一部分，备采矿量是采准矿量的一部分。三级矿量平衡与管理，目的在于掌握矿山矿石的质和量的变化情况，以便确定生产勘探、矿床开采、采准和切割工作量，保证矿山开采设计所需的工业储量和开采所需的生产矿量有适当的储备，指导中和配矿工作和贫化损失管理工作；三级矿量的保有量应以满足矿山开采为准则，不能太多，也不能太少，太多了增加成本投入，太少了又不能满足生产；三级矿量的保有量还与矿体矿量的空间分布、开采能力和管理水平等因素有关，由于凡口矿矿体较为集中，同时进行规模开采，矿山的三级矿量的保有量较大（见表4），开拓矿量保有年限达 10 年以上，采准矿量、备采矿量保有年限也在 2 年左右。针对矿石质量管理、贫化损失管理，凡口铅锌矿制定了一系列的管理措施和激励机制，使矿山在贫化损失管理、资源利用等方面达到较高水平。

表 4 历年保有三级矿量

年份	开拓矿量/万吨	采准矿量/万吨	备采矿量/万吨
1993	1295.01	156.36	116.68
1994	1225.70	173.25	162.26
1995	1353.28	167.60	142.32
1996	1233.49	197.95	132.09
1997	1209.18	181.03	127.26
1998	1158.06	229.25	211.91
1999	1093.59	221.15	207.81
2000	1122.85	247.31	207.24
2001	1290.47	277.07	202.67
2002	1227.46	269.72	218.45
2003	1476.29	298.71	241.11
2004	1483.59	335.55	266.29
2005	1419.01	355.04	232.19
2006	1468.33	367.54	287.70
2007	1928.43	336.94	262.2

目前，凡口矿已创建了一套成熟、有效的矿山地质管理工作体系，造就了一支技术能力强、能团结拼搏、承担各种矿山地质工作的团队；随着18 万吨扩产和外围找矿项目的启动，相信矿山地质工作者在矿产资源开发方面能为凡口铅锌矿及公司的发展做出更大的贡献。

参考文献（略）

凡口铅锌矿近五年地质找矿成果初步总结

刘慎波[1]　李明高[2]　张术根[3]

（1.凡口铅锌矿，广东凡口，512325；2.广东有色地质勘查研究院，广州，510010；3.中南大学，长沙，410083）

摘　要： 近五年凡口铅锌矿在加强地质科研、深、边部找矿、生产勘探（新增铅锌金属量达120万吨以上）、缓解矿山的资源危机、延长矿山服务年限和扩大找矿潜力方面做出了贡献，取得了很好的效果。本文对主要地质工作做简要总结和展望。

关键词： 地质规划；勘查；探边扫盲；靶区

2005年4月，凡口铅锌矿考虑到矿山年消耗的保有储量很大，又面临扩产的压力，成立了"凡口铅锌矿资源勘探工程"项目指挥部，变革过去依赖地质队找矿的模式，从此矿山地质工作揭开了新篇章。这五年中，矿山通过自身的努力及合作单位的支持，在地质科研、地质勘查、生产探矿等方面开展了卓有成效的工作，总计新增铅锌金属量达120万吨。本文既对矿山五年的地质工作成果进行了初步总结，也谈了下一轮找矿的设想。

1　系统完整地规划是地质工作成功的关键

（1）2005年7月，矿山地质部门完成了《中金岭南凡口铅锌矿地质勘查设计方案与地质找矿研究》，该报告充分收集、整理、分析了矿山当时掌握的地质资料和研究现状，大力开展了矿区地质调查、综合研究，总结了矿区成矿规律，对矿区及周边的地质资料进行二次开发利用，并进行了初步成矿预测。据矿山深、边部不同地段、不同层次的地质信息，划分了不同的工作阶段和选用相应的技术手段：1）采区近围和深部的工作程度已较深入，部分地段有丰富的矿化信息或工程揭露有矿体，可以直接开展普查和勘探工作，在矿区深、边部筛选了四个找矿的有利靶区（主要包括铁石岭、Sh – 650 m 标高以下、狮岭南东矿带南段深部 –400 m 标高以下、狮岭东矿带—狮岭南东矿带北段等）；2）矿区外围工作程度很低，地质情况不清，必须先进行基础地质研究和成矿预测，圈定新的靶区，为下一步开展地质勘查提供可靠的依据。2005年9月，矿山为了确保方案经济、高效、符合地

质规律，邀请多名对凡口矿有研究的地质专家（包括研究院、大学、地质队、矿山退休老专家）进行方案论证，取得了与会专家的一致认可。该报告实际上是矿山的找矿规划（2005—2010年），对每一靶区有较详细的地质研究说明，工程设计和项目预算，虽然在后来实施过程中，矿山申报了接替资源勘查项目，方案得到不断调整、完善，但原方案总体上理清了思路，起到了指导性的作用。至今一些子项目尚未完成，但实际效果已超过了预期目标。

（2）2005年4月，由于开拓矿量相对不足，为了保证采选18万吨技改项目的顺利达产，矿山编制了《凡口铅锌矿2005—2012年生产探矿规划设计》。该规划的主要目的是：满足规划期内新中段（区段）生产矿块采准设计对地质资料的需要，保证三级矿量在八年规划期内及期末保持平衡，为矿山今后持续、稳定、均衡发展提供资源保障。同时为摸清资源总量、为矿山的长远规划提供参考。该探矿规划与采矿规划相衔接，得到采矿部门的支持，对各矿块进行了详细的生产勘探设计，编排了各年度提交生产探矿资料的地段，各年度的掘进、钻孔、分析化验等工作量，五年来证明该规划完全满足生产的需要，并有适度超前意识。

2　地质科研要紧紧为勘查目标服务

凡口矿区虽经过50多年的找矿勘探与地质研究工作，但是，其研究深度仍然存在不足，而且要取得找矿突破，首先要在地质认识上有突破。近几年矿山侧重研究成矿规律和控矿因素、深、边部是否仍存在找矿潜力、靶区在哪里、使用哪些方法手段等。

本文引自： 刘慎波、李明高、张术根.凡口铅锌矿近五年地质找矿成果初步总结[C].孟宪来主编：论提高生产矿山资源的保障能力[A].北京：冶金工业出版社，2011：42 – 46.

（1）通过遥感和地质图修测，对矿区的构造有新的认识，新发现了多条具有区域性规模的断裂构造，重建了凡口矿区及其外围的地质构造格局，提出凡口矿区成矿构造是海西晚期—印支期受边界条件控制的递进变形产物。通过矿体定位预测圈定外围找矿靶区，申报了矿区探矿权。

（2）有效的找矿技术方法一直是困扰我矿找矿的问题，由于凡口矿区及周边地区人口密集，经济发达，人文干扰因素种类繁多，加之厚度大、富含水的壶天群白云岩的覆盖，并且要求探测深度大于800 m，所以在历年的勘查工作中，无法择优选择。矿山进行了各种各样的物化探工作（包括原生晕、次生晕、汞气测量、激发极化法、TEM、AMT、CSAMT、遥感等），经对比分析认为，CSAMT和激电地—井方位测井是两种较好的方法，前者抗干扰能力强、探测深度大、分辨率高，后者的测试成果直接。若在工作中采用大功率供电，效果将会更明显。

由于研究过程中能够及时验证，为勘查提供了很好的理论和技术支撑，效果很好。更重要的是：这些研究不仅指导了前期勘查工作，对下一轮找矿的靶区圈定、技术方法选择上将起决定性的作用。

3 勘查工作要有耐心，根据新地质情况不断调整思路

我们的第一个勘查目标是铁石岭，施工了两个普查钻孔揭露证明，原推测的可能含矿部位虽有强烈矿化或小矿体出现，但总体见矿效果没有预期的好，经技术组分析讨论，决定暂停该区域的剩余钻孔的施工，待科研工作有进展后再进场。

铁石岭探矿暂停后，转入狮岭东矿带北段工作。首期在最有利部位设计了5个探索性钻孔，但第一个孔203勘探线FK1仍不见矿，由于连续施工的3个深孔都未见工业矿体，当时地质部门出现了悲观情绪，经慎重考虑，调整到较南部空白区214线FK1孔再尝试，结果不但打到了10多米的矿体，而且还揭露了两条对该区起重要探矿作用的F_5和F_{45}断层，然后在本剖面和相邻剖面追踪矿体，根据新信息不断调整设计，至2010年5月累计完工53个孔，进尺36580.28 m。其中，地表43个，进尺31901.39 m，井下10个，进尺4678.89 m。已新增铅锌金属量85万吨以上，取得了很好的效果。

4 重视探边、扫盲工程，寻找小盲矿体

由于建矿早期的探矿技术和工艺较落后，生产勘探只能满足采矿生产需要：升级矿量，留下大量盲区。现在钻探效率大为提高，价格较便宜，因此，在2005—2012年生产探矿规划中，进行了"地毯式"的探边、扫盲规划，加大了"就矿找矿"的地质研究。扫盲工程紧抓探矿构造和含矿地层这两个主要因素，凡是构造和层位有利的地段，用50 m×50 m的网度扫一遍，见矿后再加密。因此，规划期的前3年，矿山无论探矿巷道还是探矿钻孔都比以前大幅增加，近两年才恢复到正常水平（见表1）。使上部中段的孤立小矿体得到探明，并发现了大量的小盲矿体。在一些空白区找到了一些盲矿体，如Shn－280 m中段东部北5号穿脉以北，地质人员分析资料后申请补充开拓，增加6条探矿穿脉，条条见矿，该处最终新增高品位开拓矿量20多万吨。由于处于开拓工程附近，这些矿体都能很快开发利用，减缓了主矿体的消耗，如Sh－120 m中段的Sh77、Sh65a矿体等。5年来生产探矿钻孔工程量累计达10万多米进尺，新增工业矿量147万吨，新增金属量34.67万吨。

表1　5年来生产勘探工程量及成果统计

年份	钻探工程/m	采样及加工/个	储量增减	
			矿量/万吨	金属量/t
2005	22125.97	3576	26.66	41862
2006	46337.45	5673	13.9	76117
2007	23332.51	2166	55.4	53844
2008	6988.57	698	－5.36	32164
2009	6622.46	826	56.62	142670
合计	105406.96	12939	147.22	346657

5 为继续扩大勘查成果提供了靶区

根据地质科研，结合已有的地质资料及对成矿地质条件和成矿规律的认识，下一轮矿山找矿划分了三类不同工作区性质的4个靶区，分述如下。

5.1 探求资源量的重点区段

（1）Ⅰ区位置主要是指现东矿带（$F_4 \sim F_6$断层）以东，即$F_6 \sim F_8$之间，南端至F_{202}北盘，北至F_{200}南盘这一狭长地带（再下一阶段，还可能继续东扩）。1）该区构造应该是主矿带的控矿构造同一系统，F_7、F_8、F_9、F_{10}等一组北北东—北东向断层与主矿带F_3、F_4、F_5、F_6断层级别相同、近平行排列，具有主矿带相似的导矿、配矿和容矿构造组合。2）该地域与主矿带为相同成矿系统的矿化有机整体，与主矿带空间位置相互毗邻，彼此都受凡口北西向向斜的控制，地层系

统、构造格局、地下水及岩浆活动等成矿地质条件基本相同。赋矿纵向顶界层位和界面层间滑动构造及其控矿特征也基本相同。3)该区段已施工了几个钻孔,南部钻孔见矿,既有浅部的"界面矿(壶天群底部矿体)",也有赋存于 -700 m 标高左右天子岭组、东岗岭组等层位中的黄铁铅锌矿。"界面矿"是寻找深部隐伏矿体(群)重要的、直接的标志;而北部 EH4 物探有较多的低阻异常未封闭。

由于地表以水田为主,无基岩露头,工作重点除考虑沿 F_6 断裂南部已发现矿体追踪外,并往北东方向扩展,以期发现新的构造隆起区,即矿体群集中分布区。手段上要借助物探找构造和矿致异常体,以提高效果。

(2) II 区 F_{200} 断层上、下盘,凡口岭—圆墩岭—庙背岭—富屋区段,该处 F_{200} 与 F_2、F_3、F_4、F_5、F_6 等断裂交汇,前辈们就一直看好该地段,也做了不少工作,但未有大的进展。地表有铁帽,有多个老采坑和民采点、老窿,在浅部上泥盆统帽子峰组和下石炭统孟公坳组等地层中,前期施工的多个钻孔发现沿层间破碎带充填成矿的似层状的小矿体。这些小矿体的矿物组合类型、矿石结构构造与凡口主采区基本一致。该区除中段工程较多,见矿较好外,总体上工作程度较低,是一个值得开展进一步工作的重点区段。尤其是近期施工的 217FK3 孔在深 400 m 附近见厚13.90 m 的块状含铜黄铁矿,铜品位平均值 1.166%,肉眼可见呈团块状、脉状、浸染状产出的黄铜矿。这一富铜矿体在采区是未曾见过的,但在曲仁构造盆地北缘铅锌成矿带西段铜矿化普遍,具有一定的相似性,为下一步寻找新矿种提供了依据。

这一区的矿体可能普遍沿倾向、走向延伸较小,但矿体个数可能较多,因此定位预测的难度较大,但 F_{200} 北盘矿体普遍埋深较浅,且以丘陵、低山为主,露头矿体相对较多,可以对地层、构造较准确地填图,物探工作地面干扰也稍少,找矿条件相对有利。

5.2 有望突破区

III 区位于凡口复式倾伏向斜轴部扬起端(局部包含 II 区),F_{203} 断层上盘,原主矿带的西北部。该处构造特别发育,且多组相交汇,地表的老沉淀池就是一个老采坑。地层与主矿带相同,其东侧是主矿带的延伸部分(F_3、F_4 北部),矿体可能尖灭再现,其西侧的 F_{16} 与 F_3、F_4 是同性质构造,上下盘成矿的可能性也很大。但该区露头矿体少、建筑物多、电网密布,开展找矿的难度很大。

5.3 找矿探索区

IV 区的乌猪嘴区段:据调查,在南北向浙溪河断裂西侧乌猪嘴区段,曾有 3 条民窿开采浅部锌矿。此外,该区段赋矿地层发育完整,并处于浙溪庙环状构造南侧,遥感资料显示该区存在北东向、北西向两组断裂,成矿地质条件优越,下一步可根据高精磁测资料、结合大比例尺填图、CSAMT 物探等进一步缩小靶区,是一个值得开展进一步工作的重点突破区段。

6 矿山找矿地质队伍初步形成

由于历史原因,地质找矿一直是专业地质队伍的工作,与该工作关系最密切的矿山企业往往成了旁观者,与世界发达国家的矿业界不符。矿山地质人员对矿区的矿床地质特征有较深刻的认识,但由于忙于应付生产,时间和精力有限;而且由于工作的局限性,对外围的地质情况接触较少,在找矿的理论和方法方面也有所不足。但是,矿业企业要想持续发展,只有依靠企业自身的技术支撑,近年来矿山成立了专门的找矿机构,招聘了地质、物探、化探人员(全矿地质人员已达 30 多人),办理了勘查资质,圈定了探矿权,搭建了找矿平台。更重要的是通过连续不断的找矿实践,并与多家合作单位共同完成项目(如负责国土资源部接替资源勘查、矿产资源保护项目,科技部国家科技支撑计划课题,及企业自设的课题等),以及组织国内知名专家、教授参与矿山找矿相关问题论证会、项目审查会等(如 2008 年矿山地质专业委员会举办的"凡口铅锌矿找矿前景高层论坛"),有效地提高了专业地质队伍的科学研究与科研管理能力,为矿山培养一支优秀的科研管理与技术人才队伍,这是继续开展找矿工作的根本。

总之,矿山五年找矿已取得很好的效果,锻炼并储备了地质找矿人才,有了下轮找矿的初步规划,相信将来能取得更好成绩。

参考文献(略)

凡口铅锌矿接替资源勘查进展

李明高

（广东有色地质勘查研究院，广州，510010）

摘　要：本文总结了凡口接替资源勘查进展，对万丈和地质条件的新认识，提出了第二轮勘查工作的意义。

关键词：接替资源；勘查进展；总结与建议；凡口铅锌矿

1　项目概况

1.1　任务来源

2006 年 4 月，深圳市中金岭南有色金属股份有限公司凡口铅锌矿、广东省有色金属地质勘查局地质勘查研究院、宜昌地质矿产研究所共同完成了《广东省韶关市凡口铅锌矿资源潜力调查报告》，同年 10 月完成《广东省韶关市凡口铅锌矿接替资源勘查立项申请书》，并获得危矿办审查通过。

该项目被列为 2007 年度第二批勘查项目，危矿办于 2008 年 1 月 22 日下达了总体任务书，2008 年 3 月 2 日北京会议审查通过了 2007 年度设计。从此，项目进入实施阶段。2009 年 1 月 4 日危矿办下达了 2008 年度续作任务书，并于 2009 年 2 月 19 日长沙会议上审查通过了续作设计。

1.2　项目任务

总体目标任务：

在狮岭矿段（−650 m 以下，Ⅰ区）和金星岭深部（−280 m 以下，Ⅱ区），采用坑探和钻探相结合的手段，探查已知矿体的延深及普查找矿工作。

在狮岭东矿带北段（Ⅱ区）和南段（Ⅲ区），采用地表钻探、物探，探查深部隐伏矿体。

在矿区外围铁石岭区段（Ⅳ区），开展地表槽探及物探工作，并实施钻探工程验证物探异常。

开展综合研究工作。全面分析以往地质、物化探勘查和矿山开发的成果资料，深入研究凡口铅锌矿成矿地质条件、控矿地质因素，研究含矿层位的变化规律，注重模式找矿，加强物探资料的处理和解释，提高深部探测效果，注意综合找矿与综合评价，提高地质找矿效果。

共完成主要实物工作量：

槽探 1500 m³，坑探 1300 m，地表钻探 16000 m，坑内钻探 6300 m；可控源音频大地电磁测深 600 个物理点，瞬变电磁 600 个物理点，电阻率测井 5000 m。可提交 333 铅锌资源量（金属量）80 万吨。

工作起止时间：2007 年 12 月—2010 年 3 月。

根据［2007］112 号任务书要求设计控制总预算 2890 万元。［2008］143 号任务书下达后，总预算费用为 2199 万元，其中：中央财政 1100 万元、矿山企业自筹 1099 万元。

1.3　矿业权、地勘单位、外协工作等情况

1.3.1　矿业权

在 2007—2008 年度的Ⅰ区、Ⅱ区、Ⅲ区、Ⅳ区均位于凡口矿持有的有效矿业权范围内，即：①凡口铅锌矿采矿许可证，证号 1000000620131，面积 2.152 km²；②铁石岭铅锌矿普查区探矿许可证，证号 4400000510292，面积 4.66 km²；③凡口铅锌矿外围普查区探矿许可证，证号 0100000710594，面积 37.01 km²。三个矿权证总面积 43.822 km²。

1.3.2　项目完成单位概况

该项目的承担单位为凡口铅锌矿，勘查单位是广东有色地质勘查研究院，主要外协单位有广东有色 932 队、广东省矿产应用研究所。凡口铅锌矿负责总体组织项目的实施，与勘查单位、外协单位分别签定勘查合同，并负责日常施工质量管理、质量检查与工程验收，协助勘查单位修改、调整、完善勘查设计，还承担了坑探、坑内钻施工及工程测量等工作。广东有色地质勘查研究院负责地质技术工作，包括地质工作技术标准、工程质量验收与检查、地质图修测（编）、综合研究等工作。932 队负责地表钻探工程施工，并承担钻探技术指导。广东省矿产应用研究所负责矿石基本分析工作。

本文引用时增加了摘要与关键词。——编者注

1.4 以往地质工作概况

1956 年 3 月，化工部 343 队为寻找硫铁矿后备勘探基地，对庙背岭露采硫铁矿进行调查，发现有伴生的铅锌矿。随着工作深入，后转为铅锌的找矿勘探工作。主要工作成果包括：①1956—1965 年，706 队对水草坪矿床金星岭、狮岭 -500 m 以上进行了地质勘探，提交铅锌资源储量 513.20 万吨；②1976—1988 年，932 队对狮岭南进行了初步勘探，提交铅锌资源储量 127.53 万吨，同时提出了"层、相、位"找矿模式；③1991—1993 年，凡口铅锌矿在 706 队、932 队的勘查工作基础上，对狮岭 -320 m 中段以下进行了勘探，提交铅锌资源储量 156.74 万吨；④1988—1998 年，932 队对狮岭东矿带进行了普查，提交铅锌资源量 43.24 万吨；⑤凡口铅锌矿历年生产探矿、探边摸底过程中新增铅锌金属量 85.01 万吨。全区累计探获的资源储量：铅锌矿 925.62 万吨、黄铁矿 6199 万吨、银 6191 t。

此外，706 队、932 队还对凡口岭、富屋、铁石岭、安岗背斜、石塘等近、外围进行过不同程度的普查找矿工作，但提交的资源量很少。

1.5 矿山保有资源储量

矿山累计消耗矿石量 3394 万吨、铅锌金属量 489.92 万吨。

据矿山年报，截至 2009 年年底，矿山保有基础储量和资源量共计 435.7 万吨（包含上部未关闭中段难于回收、未核销的矿量，以及浅部民采破坏的矿量）。

1.6 矿山生产概况

矿山在 2008 年年末，已形成采矿 160 万吨/年、选矿 18 万吨/年铅锌金属的生产能力。

矿山的开采对象是金星岭、狮岭、狮岭南 3 个矿段。采矿深度 +50 m ~ -650 m，采用竖井提升、平巷开拓、盘区分层充填法开采，采矿回收率 95%。原矿地质品位 15.88%，原矿入选品位 12.50% 左右，开采贫化率 19.26%，矿床开采总损失率 18.4%。

矿山采用先进的高碱电位调控优先快速浮选工艺，选矿回收率指标：铅 ε_{Pb} =83%、ε_{Zn} =91%，伴生银 ε_{Ag} =80.4%，硫 ε_{S} =60%（注：为全硫）。主要产品是锌精矿、铅精矿、铅锌混合精矿、硫精矿。在精矿中综合回收银、镓、锗、铟、镉等伴生元素。

与同行业相比，凡口铅锌矿采、选技术达到世界先进水平，其经济效益在全国同行业中也是一流的。

2 矿区地质特征概况

2.1 区域成矿地质背景

凡口铅锌矿区位于南岭锡多金属成矿带中段南侧、粤北"山"字形构造脊柱东侧、曲仁构造盆地北缘、仁化—乐昌铅锌成矿带东段，属南岭成矿带的核心区域。

曲仁构造盆地为一近于等轴状的复式向斜，周边广泛出露震旦系上统乐昌峡群、寒武纪八村群、奥陶纪下黄坑组—龙头寨群等浅变质碎屑岩。在盆地内，以晚古生代泥盆系和石炭系不纯碳酸盐岩夹碎屑岩地层为主，局部有早侏罗世砂页岩和中侏罗世砂页岩夹火山岩分布，近盆地中心出露晚白垩世—早第三纪丹霞群泥岩、页岩、砂岩。

区域性大断裂在粤北地区相当发育。按构造线方向可分为东西向组、北东—北北东向组、南北向组及北西向组。北东向北江深大断裂（亦称四会—吴川大断裂北段西支，或城口断裂）从矿区的东南部约 10 km 通过。这些区域性大断裂及其次级断裂对矿床的就位起了关键性的作用。

区域岩浆岩主要是燕山二、三、四期的花岗岩，是北部的九峰—诸广山复式花岗岩体和南部大宝山复式花岗岩体、大东山复式花岗岩体。此外，局部有少量花岗闪长岩脉和辉绿岩脉等。

在盆地北缘，除凡口超大型铅锌矿外，已探明的杨柳塘、罗村等中型（黄铁）铅锌矿床，以及西岗寨、五汗、红珠冲、石塘、富屋、铁石岭、白石岭等小型铅锌（铜、铁）多金属矿床或矿点。在盆地的南部，有大宝山铁（钨）钼铜铅锌多金属矿、凉水桥铅锌矿。在盆地的临近区域，钨是另一种区域性的特有矿种，包括石英脉型黑钨矿、矽卡岩型白钨矿、蚀变花岗岩型白钨矿。

2.2 矿区地质

2.2.1 地层

凡口铅锌矿区及近外围出露寒武系、泥盆系、石炭系、二叠系等地层。

中—下泥盆统桂头群（D1-2gt）以紫红色、灰黑色、灰白色中厚层石英砂岩、粉砂岩为主，夹粉砂质页岩及层间砾岩。

中泥盆统东岗岭组：下亚组（D_2d^a）由灰黑色泥质页岩、青灰色粉砂岩—细砂岩、灰黑色白云岩等组成；上亚组（D_2d^b）为深灰色白云岩、条带瘤状灰岩、生物碎屑灰岩、层纹状—波纹状选层石灰岩及轮藻灰岩、白云质灰岩，夹粉砂岩。

上泥盆统天子岭组：下亚组（D_3t^a）为大同心圆状核形石灰岩夹鲕粒灰岩、叠层石灰岩；中亚组（D_3t^b）为核形石灰岩、含生物碎屑条带瘤状灰岩夹粉砂岩、页岩、薄层灰岩；上亚组（D_3t^c）条纹瘤状花斑灰岩夹块状灰岩。

上泥盆统帽子峰组：下亚组（D_3m^a）为灰黑色页岩、泥炭质页岩、粉砂岩、白云质粉砂岩；上亚组（D_3m^b）为薄—中厚层状细砂岩、厚层状中粒虫管砂岩夹页岩。

下石炭统孟公坳组（C_1y^m）为深灰色厚层隐晶质灰岩、泥炭质灰岩、棘皮灰岩夹微粒白云岩，富含海百合茎、珊瑚等化石。

下石炭统大塘阶测水段（C_1d^c）深灰色、灰白色中厚层粗至细粒石英砂岩、灰黑色碳质页岩，夹鸡窝状劣质煤层。

在 F_{200} 断裂以南、浈溪河断裂以东的金星岭、狮岭—狮岭南、狮岭东矿带等区段，C_1y、C_1d 与下伏帽子峰组、天子岭组地层多呈角度不整合接触，且相变过渡为薄层白云母白云质粉砂岩、砂质白云岩等，厚度显著变小（一般厚约 10～20 m），二者间界线难以划分，统称为下石炭统 C_1 层，因强烈片理化而俗称"破烂层"。

中—上石炭统壶天群（$C_{2+3}ht$）为微肉红色隐晶质灰岩、浅灰色块状细粒白云岩为主，局部为微粒白云岩、白云质灰岩，普遍见角砾状构造，底部为 1～8 m 厚深灰色细粒石英砂岩或粉砂岩，间夹浅灰绿色薄层粉砂质、泥质页岩。

中泥盆统东岗岭组上亚组—壶天群底部均为矿区的赋矿层位，其中以东岗岭上亚组—天子岭组不纯碳酸盐岩为最主要的赋矿层位。

2.2.2 构造

2.2.2.1 褶皱构造

勘查区内的褶皱构造主要是呈南东向展布的凡口向斜。从仁化县城至董塘一带来看，凡口向斜位于东西向仁化至董塘向斜的西端扬起端，该向斜延伸至铁石岭南部后，轴线转为北西向，此部分即称为凡口向斜。该向斜为不对称、局部紧闭并倒转的向斜，核部地层为二叠系地层，并在铁石岭南部呈紧闭倒转状，向斜轴线偏转呈北西向后变为宽缓向斜。在矿区内存在一系列次级褶皱构造，如狮岭背斜、曲塘向斜、金星岭背斜、圆墩岭向斜等，其中次级背斜构造是较好的赋矿部位。

2.2.2.2 断裂构造

（1）北北东—近南北向组。这组断裂构造形迹最发育，自西向东有浈溪河断裂（勘查区西侧）、F_1、F_2、F_3、F_5、F_6（水草坪区段）、F_7、F_8（富屋区段）、F_9、F_{10}、F_{14}（铁石岭区段）。这组断裂包含有：F_3、F_5、F_6、F_{14} 等主要控矿断裂；大断距的区段边界断裂，如浈溪河断裂、铁石岭 F_9 断裂，断距可能大于 800 m。这组断裂总体倾向东，倾角 65°～75°，呈叠瓦状逐级逆冲，并具有顺时针扭动特点，同时具有对北东向、北西向两组断裂追踪、归并、改造现象，从而导致该组断裂在平面、剖面上均呈"S"形，且断裂带内含有大量的矿石角砾。

（2）北东向组。对其认识较多的是 F_{100}、F_{101}、F_{102} 及 F_{13}、F_{45}。从金星岭、狮岭区段矿体与构造的关系，矿体就位与这组断裂有关，有的破碎带已完全矿化，而并非真正意义上的南北向断裂控制矿体的就位。东矿带 204～214 线矿体群的集中分布范围，也可佐证北东向断裂 F_{45} 与近南北向 F_5 断裂交汇部位对矿体就位的控制作用。

（3）北西—北西西向组。该组断裂应属较早形成并长期活动的断裂，主要是南部北西向 F_{202} 及其次级 F_{203}、凡口北—铁石岭南的北西西向 F_{200} 断裂及 F_{208} 断裂。已知矿体绝大部分分布于北西向 F_{202} 断裂及其次级 F_{203} 断裂上盘，而下盘仅个别钻孔见黄铁矿体。以 F_{200} 断裂为界，北盘地层有下石炭统测水组—孟公坳组、上泥盆统帽子峰组—东岗岭组等地层，与区域地层结构基本一致，地层间呈假整合接触，南盘缺失下石炭统梓门桥段—孟公坳组、大部分的上泥盆统帽子峰组、部分天子岭组，中—上石炭统壶天群或 C_1 层直接与部分帽子峰组、不同的天子岭组亚组呈角度不整合接触（见图2、图3）。

（4）近东西向组。该组为勘查区内基底断裂构造或沉积盆地边界断裂构造，形成时代最早，但是在工作目的层中，该组构造形迹不甚发育，主要表现形式为褶皱构造，甚至为不对称倒转褶皱，而断裂构造仅表现为后期活动对矿体的切割、错断作用。

2.2.3 岩浆岩

矿区常见的岩浆岩是呈不同形态或受不同断裂或裂隙构造控制的辉绿岩脉，其厚度 1～20 m，长度不等。辉绿岩脉既有切割黄铁铅锌矿体现象，又有辉绿岩脉被黄铁矿体穿插、交代的现象（见图1、图2），其侵入时介于两个主成矿期间。

在狮岭 -650 m 中段 200FKI 孔深 470.90～471.40 m、478.70～480.67 m、486.18～487.16 m 分别见厚度 0.50 m、1.97 m、0.98 m 的三层灰绿色变石英闪长斑岩脉，属中性岩。其岩石化学特征与南岭石英闪长岩、大宝山花岗闪长斑岩相近，其侵入活动对于凡口铅锌矿矿床的形成具有积极意义。

图1　辉绿岩脉被黄铁铅锌矿体穿插现象

图2　辉绿岩脉被黄铁矿体交代现象

在矿区的西北侧存在一条长约 2 km、厚度 20 ～
80 m、呈北东走向的闪长岩脉。

2.3　矿体地质特征

凡口铅锌矿是具有"一富二大三集中"特点的超
大型铅锌矿床，其矿床地质特征概述如下。

2.3.1　矿体形态、规模、产状与产出的空间位置

矿体形态大致可以分为两种类型：一种是依附于
控矿断裂两侧 30 ～ 50 m 就位的矿体，多呈复杂楔形
体、串珠状、囊状，且产于同一构造空间位置的矿体
呈上下、左右连接构成规模巨大的矿体；一种是距主
控断裂稍远的、赋存于地层层间破碎带的矿体，多呈
似层状、透镜状产出，并具有尖灭再现特点。

矿体的埋藏标高介于 + 100 m ～ － 800 m。矿体与
围岩的界线呈突变状。依附 F₃、F₁₀₁ 产出的矿体，诸
如 Sh6、Sh214、Jnl、Jn2 为大型—巨型矿体，其沿走
向延长 300 ～ 500 m，沿倾向延深 50 ～ 300 m，垂直厚
度 10 ～ 200 余米，单矿体铅锌金属量达 100 余万吨。
零星小矿体一般延长 20 ～ 100 m、延深 30 ～ 60 m，厚
度几米至十余米。

矿体产状分为两种形式：一是穿层矿体，矿体倾
向与地层倾向相反，如金星岭矿段；二是矿体产状与
地层产状基本一致。

2.3.2　矿物成分与矿物共生组合

矿石矿物组分简单，主要金属矿物是方铅矿、闪锌

矿、黄铁矿，次要及微量金属矿物有黄铜矿、黝铜矿、
车轮矿、毒砂、辉锑矿、硫锑铅矿、白铁矿、深红银矿、
银黝铜矿等；脉石矿物主要有石英、方解石、绢云母，
次要的有菱铁矿、绿泥石、重晶石、白云石等。

方铅矿、闪锌矿、黄铁矿均为多期次（世代）成矿
作用产物，其中：方铅矿、闪锌矿分别形成于三个世
代；黄铁矿是四个世代形成的（包括成岩期的）。矿物
分带不明显，仅表现在金星岭及狮岭深部出现较多独
立黄铁矿体，浅色闪锌矿主要见于矿体群的上部或 C₁
层及主矿带外围。

在同一个具有一定规模的黄铁铅锌矿体或黄铁矿
体中，总体上表现为致密块状构造，矿体与围岩界线
清晰，呈突变状，但具体细分可见多达 10 余种不同的
构造组合、矿物组合，如交代条带状构造（见图3）、
交代角砾状构造、交代瘤状构造（见图4）等，且这些
不同的构造、矿物组合间相互穿插。

图3　232FK3 交代条带状构造

图4　－400S8 交代瘤状构造

2.3.3　化学成分与矿石品位

矿石主要有用组分为铅、锌、[S]，主要伴生组
分为银，次要伴生组分为镓、锗、铟、镉、金、汞等。
有害组合主要为砷、氟。黄铁铅锌矿体的平均品位 Pb
+ Zn 约15.3%，[S]约37%，Ag 81.4 ～ 108.99 g/t。有
益伴生组分镓、锗、铟、镉可综合回收利用。

2.3.4　围岩蚀变

凡口矿区的蚀变弱、种类简单，均为中低温蚀变。主要蚀变概述如下：

方解石化十分发育，形成了不同期次的方解石脉，其形态、延展规模有较大差异，构成不规则脉状、雁列脉状、团块状等。

菱铁矿化常呈中粒脉状、网脉状、团块状，脉宽 3～50 mm，延长 1～3 m。这种蚀变空间范围与铅锌矿化大致相同，但范围更广，可见于黄铁铅锌矿体和黄铁铅锌矿体顶底板围岩中。但多见于北部的中泥盆统东岗岭组地层中。

硅化主要分布于北部 F_{200} 断裂带两侧和深部东岗岭下亚组砂岩。硅化主要有单质石英脉、石英—方解石复脉、石英—方解石—菱铁矿复脉三种类型。

2.3.5　控矿地质因素分析

综观凡口铅锌矿的矿床地质特征，结合 932 队提出的"层、相、位"找矿模式（见图 5），认为凡口铅锌矿的控矿地质因素主要体现在三个方面。

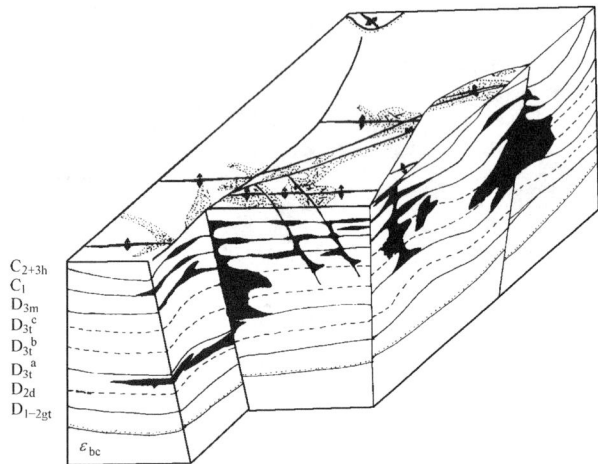

图 5　矿化就位规律示意图

2.3.6　构造对成矿作用的控制作用

近南北向断裂构造控制矿化带的展布空间，北东向断裂构造与次级背斜构造控制了主要矿体群的分布位置，特别是与一定的岩性组合交汇部位，沿控矿断裂一盘或两盘常形成厚大矿体群，如金星岭构造隆起区、东矿体中部 208 线构造隆起区。

2.3.7　地层岩性组合对成矿作用的控制作用

水草坪矿床的赋矿围岩多属相对低能、弱还原礁后凹陷相沉积物，频繁夹有泥炭层。这种特殊的岩性组合在整个成矿作用过程中，具有特殊的作用，具体体现在两个方面：一是在多期次构造活动中，具有厚层状构造的"硬质"岩石发生脆性碎裂变形，形成裂隙密集区，利于矿液运移、聚集、交代成矿，形成形态复杂、厚而短的矿体；而具有薄层状构造的"软质"岩石发生塑性变形，裂隙发育程度显著减弱，是理想的屏蔽层。二是在构造活动中，产生强烈塑性变形，如片理化作用，利于形成层间破碎带，为矿液沉淀富集提供空间，包括交代空间、充填空间，前者如产于狮岭南、东矿带南区段东岗岭组中的似层状矿体。

2.3.8　成矿热液对矿体就位的控制作用

不同来源、不同组分的含矿热液，形成不同类型的矿体，如东矿带的"高银矿石""高铜矿石"及铁石岭区段的"贫硫高铜高银"矿石，并伴生有弱的硅化，显示不同期次成矿作用的分异性。

2.3.9　矿床成因类型与成矿时代

从矿体（群）的分布、产出空间位置、赋矿地层、控矿因素及矿体的形态、产状、不同世代矿物组合等宏观现象和微量元素、同位素、矿石结构等微观现象综合分析，以"辉绿岩脉"侵位事件为时间界定标志，凡口矿区铅锌矿至少经历了两期热液成矿作用，是多期次脉动交代、充填成矿的产物，成矿时间约为 165 百万年。硫主要来自沉积盆地内部的容矿地层，铅锌既有的源自盆地，更主要的是岩浆热液的加入，是具有成矿特色的"凡口式"MVT 矿床。

3　2008—2009 年地质勘查工作

本项目勘查工作自 2008 年 3 月 2 日设计终审通过后，即进入探矿工程实施阶段，截至 2010 年 4 月 30 日，主要实物工作量完成工作如下：

完成钻孔 40 个，总进尺 25612.73 m，完成计划的 105.27%（含物探 TEM、CSAMT 折算的 2030 m 钻探）、完成设计的 100.13%，其中：30 个地表钻进尺 20933.84 m，完成计划的 116.11%、完成设计的 106.59%；10 个坑内钻进尺 4678.89 m，完成计划的 74.27%、完成设计的 100.13%。

完成坑探 1300 m（含 10 个钻窝折算的坑探工程量），完成计划的 100%。

可控源大地音频电磁测深（CSAMT）工作进行了 4 条试验性剖面，长 4400 m，共 175 个物理点；激电地一井方位测井 4500 m。

采样、加工、化验 616 个样品。

总体完成了任务书下达的工程量。

3.2　勘查费完成情况

按已实际完成的各项工程量估算，已完成勘查费用 2400.09 万元，比概算费用增加 201.09 万元，其中：中央财政 1100 万元，占 45.83%；凡口铅锌矿自筹资金 1300.09 万元，占 54.17%。

勘查费已全部到位，并按分项合同约定支付给各勘查实施单位。

3.3 勘查工作质量

广东监审专家伍文宇、陈易玖及凡口铅锌矿质检人员，对项目已完成的实物工作进行了现场监审、验收，包括施工现场、岩矿心、原始资料、编录资料、化验分析结果、基本图件等，工作质量达到有关规范、规程要求。

3.4 主要地质勘查成果

3.4.1 探矿工程见矿情况

狮岭 -650 m 中段以下穿脉坑道见矿情况：在完成的 200 线、202 线、204 线穿脉中，在依附 F₃ 断裂处，均揭露了 Sh209 矿体，水平厚度 1.02 ~ 11.55 m，倾角 60°左右，将该矿体的长度延长了 250 m，矿体水平长度达到 550 m。

坑内钻见矿情况：在完成的 4 个钻孔中，沿倾斜方向延深 150 m 左右未见厚大的 Sh209 主矿体下延部分，仅在 200FK1 中见 Sh209 的分支矿体，垂直厚度 7.61 m（见表1）。

3.4.2 东矿带Ⅱ、Ⅲ区地表钻见矿情况

Ⅱ~Ⅲ区已完工的 30 个地表钻孔的见矿情况见表2。

表1   -650 m 钻孔见矿情况

见矿工程	见矿位置/m	垂直厚度/m	平均品位/%			矿石类型
			Pb	Zn	[S]	
200FK1	46.70 ~ 54.31	7.61	4.50	8.79	29.49	黄铁铅锌矿
	117.24 ~ 119.54	2.30	0.43	0.38	35.22	黄矿铁
-203FK1	1106.83 ~ 107.93	1.10	0.31	0.44	31.37	黄铁矿

表2   东矿带见矿钻孔一览表

见矿工程	矿层位置/m		垂直厚度/m	平均品位/%					矿石类型
	始	止		Zn	Pb	[S]	Ag/(g·t⁻¹)	Cu	
219FK2	369.58	371.35	1.77	1.59	1.64	3.72	29.24		黄铁铅锌矿
219FK1	225.75	226.82	1.07	0.03	0.06	20.63	3.82		黄铁矿
217FK3	200.20	203.50	3.30	11.68	10.69	10.53	256.45		黄铁铅锌银矿
	207.75	210.05	2.30	17.41	6.30	34.56	131.15		黄铁铅锌银矿
	368.10	390.45	22.35	0.05	0.08	29.12	8.17	0.09	黄铁矿
	390.45	404.35	13.90	0.04	0.06	35.01	23.20	1.166	黄铜矿
	483.10	486.10	3.00	0.00	0.02	21.11	3.59		黄铁矿
	521.60	522.60	1.00	0.01	0.02	15.65	3.72		黄铁矿
217FK2	227.20	228.50	1.30	2.30	1.59	5.84	18.90		黄铁铅锌矿
217FK1	290.50	304.40	13.90	0.12	0.09	32.33	18.45		黄铁矿
	317.90	323.00	5.10	10.30	10.85	30.02	271.13		黄铁铅锌银矿
	401.20	402.40	1.20	0.09	0.10	18.83	5.66		黄铁矿
	405.40	406.40	1.00	0.02	0.04	16.38	5.40		黄铁矿
	415.00	416.00	1.00	0.69	0.67	6.30	13.90		黄铁铅锌矿
215FK2	265.60	270.25	4.65	0.01	0.01	18.29	3.13		铅锌矿
	392.50	395.60	3.10	1.69	0.52	3.77	5.35		黄铁铅锌矿
	412.45	419.10	6.65	2.92	9.22	26.29	149.80		黄铁铅锌银矿
	419.10	420.25	1.15	0.19	0.25	36.72	10.00		黄铁矿
213FK1	327.90	329.90	2.00	2.47	2.18	31.35	34.25		黄铁铅锌矿
	364.70	365.70	1.00	5.72	1.77	24.70	44.50		黄铁铅锌矿
	410.55	412.55	2.00	0.01	0.02	17.80	3.01		黄铁铅锌矿
	457.20	458.50	1.30	3.99	1.22	4.96	25.47		黄铁铅锌矿

续表 2

见矿工程	矿层位置/m		垂直厚度/m	平均品位/%					矿石类型
	始	止		Zn	Pb	[S]	Ag /(g·t^{-1})	Cu	
211FK1	481.70	483.30	1.60	5.64	1.96	4.11	25.31		黄铁铅锌矿
207FK1	565.40	571.32	5.92	11.14	5.36	31.32	67.99		黄铁铅锌矿
200FK1	178.05	179.25	1.20	0.01	0.06	19.61	2.40		黄铁矿
	434.20	435.56	1.36	3.72	1.09	—	28.32		铅锌矿
204FK1	207.55	209.80	2.25	4.09	2.08	13.39	40.96		黄铁铅锌矿
208FK2	192.07	229.30	37.23	5.23	3.88	26.43	73.17		黄铁铅锌矿
208FK3	126.60	128.70	2.10	4.02	4.20	6.81	53.75		黄铁铅锌矿
212FK1	142.16	149.33	7.27	14.79	7.79	15.84	41.58		黄铁铅锌矿
	158.21	179.00	20.79	28.34	11.88	23.04	217.65		黄铁铅锌银矿
	491.20	495.00	3.80	9.42	2.94	16.01	33.65		黄铁铅锌矿
	510.35	511.45	1.10	0.01	0.01	14.79	2.60		黄铁矿
212FK2	134.20	154.59	20.39	14.28	6.82	18.43	122.00		黄铁铅锌银矿
	163.65	164.79	1.14	1.02	2.11	16.360	38		黄铁铅锌矿
	431.70	438.20	6.50	11.41	4.44	24.83	74.88		黄铁铅锌矿
212FK3	199.30	208.25	8.95	3.28	9.83	8.83	184.33		黄铁铅锌银矿
214FK1	233.90	238.80	4.90	2.41	3.78	5.19	191.84		黄铁铅锌银矿
	242.50	244.40	1.90	2.73	3.87	9.50	143.84		黄铁铅锌银矿
	432.20	435.60	3.40	2.93	1.13	14.97	17.39		黄铁铅锌矿
216FK2	471.80	473.10	1.30	0.08	0.18	28.71	17.00		黄铁矿
218FK1	418.15	423.65	5.50	0.89	4.11	8.20	75.51		黄铁铅锌矿
226FK1	555.40	558.90	3.50	8.80	3.27	24.12	51.74		黄铁铅锌矿
	562.90	568.10	5.20	9.18	3.70	16.29	34.83		黄铁铅锌矿
	708.28	709.43	1.15	0.43	23.52	10.52	340.00		黄铁铅锌银矿
	753.66	764.20	10.54	7.38	3.92	19.83	54.78		黄铁铅锌矿
232FK1	819.80	821.00	1.20	4.86	4.79	23.41	41.00		黄铁铅锌矿
232FK2	488.45	490.10	1.65	6.81	1.75	20.65	18.12		黄铁铅锌矿
	502.95	511.48	8.53	4.06	2.85	7.00	51.29		黄铁铅锌矿
	780.45	785.10	4.65	5.43	2.27	10.17	29.80		黄铁铅锌矿
232FK3	514.49	516.29	1.80	11.45	4.45	14.71	62.58		黄铁铅锌矿
	531.60	533.80	2.20	1.24	0.35	6.36	9.26		黄铁铅锌矿
	801.13	807.25	6.12	14.14	6.42	24.03	61.66		黄铁铅锌矿
234FK1	498.75	507.55	8.80	2.97	1.77	9.12	32.68		黄铁铅锌矿

在施工的 30 个地表钻孔中，有 24 个孔见到了工业矿体，见矿率为 80%，其中：22 个钻孔见黄铁铅锌（银）矿工业矿体，见矿率为 73.33%，共见矿体 40 层，单孔见黄铁铅锌矿工业矿体 1~4 层，平均 1.82 层。单矿体层垂直厚介于 1.00~37.13 m，平均 5.64 m。矿石品位：Pb 0.11%~23.52%，平均 5.56%；Zn 0.43%~28.34%，平均 9.47%；[S]3.76%~34.56%，平均 18.93%；Ag 9.26~340.00 g/t，平均 96.25 g/t。其中，按银工业指标，可划分出 10 层黄铁铅锌银矿体。

8 个钻孔见黄铁矿工业矿体 13 层，主要分布于北部 F_{200} 断裂附近，见矿率为 26.6%。单矿体层垂直厚介于 1.00~22.35 m，平均 4.22 m。矿石品位：Pb 0.01%~0.18%，平均 0.07%；Zn 0.00%~0.19%，平均 0.06%；[S]14.79%~36.72%，平均 26.95%；Ag 2.40~18.45 g/t，平均 9.64 g/t；Cu 0.012%~0.20%，平均 0.09%。

217FK3 见铜矿体一层，厚 13.90 m。矿石品位：Cu 0.425%~2.52%，平均 1.1665。

在上述矿体中，绝大部分矿体属新发现的矿体，少部分矿体属追踪 932 队钻孔控制的矿体。矿体主要沿 F_5 断裂上下盘分布，少数赋存于 F_6 断裂上盘。矿（化）体南北向长度达 2.664 km。与金星岭—狮岭南矿带相比，矿带长度增加了 1100 m，往北扩展了 300 m 至 219 线（未封闭）、往南扩展了 800 m 至 234 线（未封闭）。

东矿带所见矿体（群）与水草坪矿床（即凡口的主矿体）对比，矿体的厚度明显减小，沿走向的规模较小，连续性稍差，但也有厚大的矿体产出，矿石矿物组合、矿石品位与水草坪矿床基本一致。

3.4.3 其他钻孔见矿情况

金星岭矿段 -280 m 中段施工的 4 个钻孔均未见工业矿体，仅有 1 个钻孔揭露 F_{100} 下盘的赋矿地层。

在狮岭南 -400 m 的 212FK1、-500 m 的 218FK1 均揭露到 F_{203} 断裂下盘，未见矿（化）体，地层中泥炭质含量减少。

在富屋区段 F_{200} 断裂南、北盘各施工 1 个探索性钻孔，未见与铅锌成矿直接有关的矿化体或蚀变。

3.4.4 新增资源量估算
3.4.4.1 工业指标

根据《铜、铅、锌、银、镍、钼矿地质勘查规范》（DZ/T 0214—2002）表 G.3 工业指标要求，结合凡口铅锌矿多年来的实践经验，本次估算资源量采用凡口铅锌矿多年来一贯采用的工业指标，即：最低工业品位为 Pb+Zn≥1.0%；最小可采厚度≥1.0 m；夹石剔出厚度≥2.0 m。

3.4.4.2 资源量估算对象

本期资源量估算对象包括两大部分：一是表 2 所列的东矿带矿体（层）；二是狮岭深部 -650 m 中段穿脉坑道，坑内钻所揭露、控制的 Sh209 矿体。

由于矿体形态复杂，加之钻孔稀疏，对 F_5、F_6 及其他未知断裂的认识不一致，本期仅对部分矿体进行资源量估算，如 208FK1、212FK1、214FK1、213FK1、215FK1、217FK1、232FK1、232FK1、234FK1 等钻孔控制的矿体，即 dn203、dn204、dn207、dn208、dn213、dn215、dn217 等 7 个矿体。其他矿体（层）因其连接存在疑问或认识上的差异，仅作总量概算。

3.4.4.3 矿体圈定、外推与连接原则

矿体的圈定原则：按 3.4 节所列工业指标圈定矿体。在两个相邻见矿钻孔中，一个见厚大矿体，另一个仅见厚度介于 0.5~1.0 m，且二者构造空间、赋矿层位、矿物组合相同，则采用米百分率圈定矿体。

矿体外推原则：因矿体多为楔形体，采用等厚平推法圈定矿体，外推距离分为三种情况：（1）若矿体一侧近主要控矿断裂，如 F_3、F_5、F_6、F_{45} 等，则外推至断裂；（2）处于同一地层与断裂构造空间环境的两个钻孔，一个见矿，一个不见矿，外推距离为 1/2 工程间距；（3）相邻部位之间，一条见矿，另一条不见矿，外推距离为 1/2 剖面距离（即 50 m）；当沿矿体走向一端或两端无钻孔工程控制，其外推距离为 100 m（采用米百分率圈定的矿体，不作外推）。

矿体的连接：赋存于相同地层层位、相同的断裂构造空间环境、矿石矿物组合相同的矿体，并有相邻剖面控制的矿体，视为同一矿体。

3.4.4.4 资源量估算方法

为了与前人资料对比使用，本期资源量估算采用两种方法：（1）对狮岭 -650m 中段以下的 Sh209 矿体，因其倾角大于 45°，采用与前人相同的平行断面法；（2）对东矿带Ⅱ区、Ⅲ区的矿体，因矿体倾角一般小于 30°，采用与前人相同的水平投影法。

3.4.4.5 资源分类

按 3.4 原则圈定的矿体，与《铜、铅、锌、银、镍、钼矿地质勘查规范》（DZ/T0214—2002）表 D.4"铜、铅、锌、银、镍、钼矿床勘查类型工程间距参考表"对比，本期工程控制的矿体的资源类别为推测的内蕴经济资源量（333）。

3.4.4.6 资源量估算结果

通过估算，dn203、dn204、dn207、dn208、dn213、dn215、dn217 等 7 个矿体的资源量为：矿石 453.2 万吨，金属量 Pb+Zn 62.48 万吨、[S]102.66 万吨（见表 3）。

表3　部分矿体(层)资源量估算结果

矿体编号	矿石量/t	矿石品位/%			金属量/t			资源分类
		Zn	Pb	[S]	Zn	Pb	[S]	
dn203	507106	2.36	2.09	7.65	11972	10583	38794	333
dn204	243433	9.30	4.36	27.81	22650	10615	67706	333
dn207	1519710	7.55	7.55	19.75	114738	114738	300143	333
dn208	1175295	3.84	5.17	25.46	45131	60763	299201	333
dn213	63472	2.72	3.16	32.11	1726	1282	20381	333
dn215	251940	8.33	3.16	27.35	20987	7961	68906	333
dn217	771120	15.85	10.30	30.02	122223	79425	231490	333
合计	4532076	7.49	6.30	22.65	339427	285367	1026621	333

加上其他未进行详细资源估算的24个矿体层和狮岭-650 m中段以下的资源量,本期勘查探获的333资源量将大于85万吨。

932队在狮岭东矿带南段探获的43万吨资源量,加上北段前人未估算的资源量部分,整个东矿带的资源量约为150万吨。整个凡口矿区已探明的资源储量将超过1000万吨。

3.4.5　新增资源量经济价值

按矿山现有的年产18万吨铅锌金属生产能力,以及采矿回收率、选矿回收率,新增铅锌资源量可延长矿山服务年限4年。

按目前铅锌市场价格,新增资源量的潜在经济价值约110.49亿元。按凡口铅锌矿目前的采选成本,可实现经济效益79.65亿元。

3.5　物探工作方法总结

凡口矿区地势平坦,覆盖层普遍存在且厚度大,加之分层标志极不明显、厚度介于100~500 m的壶天群白云岩层,导致地表地质或填图工作难于进行,因此物探工作是必不可少的。

由于凡口矿区及周边地区人口密集,经济发达,人文干扰因素种类繁多,加之厚度大、富含水的壶天群白云岩的覆盖,并且要求探测深度大于800 m,在历年的勘查工作中虽然投入了各种各样的物探工作(包括TEM),但均未取得预期效果。

近4年来,在矿区南部至东部区段,先后使用了AMT、CSAMT、激电地-井方位测井等方法。经对比分析认为,CSAMT和激电地-井方位测井是两种较好的方法,前者抗干扰能力强、探测深度大、分辨率高,后者的测试成果直接。若在工作中采用大功率供电,效果将会更明显。因此,CSAMT和激电地-井方位测井是值得今后进一步试验、推广的物探方法。

4　对成矿地质条件的新认识

经过两个年度的项目实施,结合近几年我院与中南大学、凡口铅锌矿合作完成的成矿预测研究成果,对矿区成矿地质条件和规律,取得了以下几个方面的认识。

4.1　对东矿带赋矿空间的认识

东矿带目前已控制的长度为2.664 km,与金星岭—狮岭—狮岭南矿带相比,往南由218线扩展至234线,增加了800 m,往北由213线扩展至219线,增加了300 m。矿石矿物组合类型、控矿因素基本上与凡口铅锌矿主矿体(床)是一致的,往北215~219线间单独的黄铁矿体明显增加,与金星岭矿体群有一定的相似性。

东矿带矿体产出空间位置受北北东向—近南北向F_5、F_6断裂控制,矿体产于两条断裂的上、下盘,其中以F_5为主。

该矿带具有如下特点及其指导找矿线索:

一是中部208~216线间,矿体主要赋存于中泥盆统天子岭组中—上部灰岩,两端赋矿层位过渡到天子岭组下部—中泥盆统东岗岭组上部层位的灰岩中。

二是在中部208~212线出现一个"断裂隆起区"(或称次级背斜构造),控制了中部矿体群的产出,与金星岭、狮岭矿段具有一致性。按等间距分布规律,预测在贵地东侧还可能出现一个新的"断裂构造隆起区"。

三是在南端232线一带出现浅部"顶板矿"(或称"界面矿"),深部-700 m左右存在小矿体,而CSAMT异常显示可能存在厚、大矿体。中部208~214线、南端230~234线出现"顶板矿",与金星岭、狮岭矿段对比,分别代表了矿化集中的出现,由此预测230~234线-700 m左右又是一个重要的矿化富集区。

四是213~219线间沿F₂₀₀断裂两侧频繁出现厚度较小的铅锌矿体和黄铁矿体,其矿化组合类型与金星岭矿段和狮岭深部相似,且在该区段出现较多的硅化,推测F₂₀₀具有导矿断裂性质。

五是钻孔揭露的矿体基本上属"小矿体",但经-500 m中段222线穿脉坑道揭露,这些小矿体并非呈独立体产出,而是呈多层性,矿体形态、产状复杂程度与金星岭、狮岭具有相似性。

4.2 东矿带银矿问题

按银矿工业指标,东矿带24个见矿钻孔中,有8个钻孔共见10层黄铁铅锌银矿层(见表4)。这10层矿体具有以下特点:

(1) 10层黄铁铅锌银矿层银品位平均达182.86 g/t,而其他30层黄铁铅锌矿层的平均品位仅为52.12 g/t,二者相差3.51倍。比水草坪矿床高约1倍。

(2) 10个矿层中,不同世代的矿物组合复杂,以多见晚期亮灰色粗晶方铅矿为特点,铅、银呈正相关关系。

(3) 8个见银钻孔集中分布在北部的215~217线F₂₀₀两侧、中部212~214线断裂隆起区、南部226线

三个区域,前二者已见有强烈的断裂构造活动。

上述特点,显示了不同区段的成矿期次的差异性,而这种差异性受断裂构造控制,推测东矿带局部(如银的主要富集区段)及铁石岭区段存在比整个矿床铅锌主成矿期更晚的银成矿活动,为今后找银提出了一新的思路,如海底火山喷气成矿。

4.3 铜矿化迹象

在水草坪矿床的矿石中,镜下常有微量的黄铜矿、黝铜矿细脉、线脉,或固溶体或包裹体。

在2008—2009年度设计施工钻孔中存在更强的铜矿化:

一是狮岭-650 m中段200FK1孔深233.23~234.48 m构造角砾岩Cu 0.348%。

二是位于F₂₀₀断裂与F₅断裂交汇部位的217FK3孔深396.45~397.45 m块状黄铁矿体见黄铜矿块体,其中390.45~404.35 m、厚13.90 m的块状矿石中,铜品位介于0.425%~2.52%,样长加权平均值为1.166%,为富铜矿石,肉眼可见呈团块状产出的黄铜矿(见图6)。

实际上,在曲仁构造盆地成矿区内,铜矿化是一种较普遍的现象,如大宝山、杨柳塘深部、西岗寨、罗村、白石岭等矿床,都可能与岩浆热液成矿有关,形成了矽卡岩型铜矿、矽卡岩型铜铁矿、含铜黄铁矿等。

表4 东矿带铅锌银矿体层

见矿工程	矿层位置/m	垂直厚度/m	平均品位/%				矿石类型
			Zn	Pb	[S]	Ag/(g·t⁻¹)	
217FK3	200.20~203.50	3.30	11.68	10.69	10.53	256.45	黄铁铅锌银矿
	207.75~210.05	2.30	17.41	6.30	34.56	131.15	黄铁铅锌银矿
217FK1	317.90~323.00	5.10	10.30	10.85	30.02	271.13	黄铁铅锌银矿
215FK2	412.45~419.10	6.65	2.92	9.22	26.29	149.80	黄铁铅锌银矿
212FK1	158.21~179.00	20.79	28.34	11.88	23.04	217.65	黄铁铅锌银矿
212FK2	134.20~154.59	20.39	14.28	6.82	18.43	122.00	黄铁铅锌银矿
212FK3	199.30~208.25	8.95	3.28	9.83	8.83	184.33	黄铁铅锌银矿
214FK1	233.90~238.80	4.90	2.41	3.78	5.19	191.84	黄铁铅锌银矿
	242.50~244.40	1.90	2.73	3.87	9.50	143.84	黄铁铅锌银矿
226FK1	708.28~709.43	1.15	0.43	23.52	10.52	340.00	黄铁铅锌银矿
平均		7.54	14.29	9.19	18.98	182.86	
东矿带其他30层矿体		4.79	6.42	3.58	18.18	52.12	

4.4　硅化

在本期及矿山近几年矿山施工的部分钻孔中，发现一些与岩浆热液成矿有关的蚀变类型——硅化。它主要分布于两个区段：一是狮岭 – 650 m 中段深部200FK1 梳状石英脉；二是沿北西西向 F$_{200}$ 断裂两侧，见石英脉、石英—方解石复脉、石英—方解石—菱铁矿复脉（见图7）。而在主要的铅锌矿化区段，硅化相对较弱或不可见。

图6　217FK3 块状黄铁矿中的黄铜矿

图7　石英细脉

4.5　对矿区构造格局的认识

断裂构造及部分次级背斜构造对矿体（群）的控制是明显的，各家的认识是一致的。但对矿区及周边地区的断裂构造格局、演化的认识存在较大差异，或者说仅对矿山坑道揭露区段的断裂构造有一定的认识，而对其他一些断裂，则认识不足。例如：

（1）F$_{200}$ 断裂。以铁石岭—富屋—圆墩岭—庙背岭为界（呈北西西走向），北部地层出露完整，包括下石炭统的测水组、孟公坳组，泥盆系帽子峰组、天子岭组、东岗岭组，而南部（包括水草坪区段、富屋南部—东矿带南部），C$_1$ 层之下地层可能是 D$_3$m、D$_3$t^c、D$_3$t^b、D$_3$t^a，它们之间多呈角度不整合接触，从沉积相变去解释，是难于理解的。经 0 线、2 线、4 线、62 线、66 线、70 线剖面及 217～219 线 6 个钻孔资料对

比分析，存在一条北西西向"古断裂"F$_{200}$，其走向与粤北地区基底构造线方向是一致的。该断裂在下石炭统的测水组沉积后，经历了一次大的构造运动，即南盘抬升、剥蚀至 D$_3$t^a 上部，而北部下降，从而造成南盘壶天群及 C$_1$ 地层与下伏地层呈角度不整合接触。沿此断裂两侧，频繁出现厚度较小的黄铁铅锌矿（化）体、黄铁矿（化）体、铜矿化、银矿化、硅化，显示其具有导矿断裂性质。若渐溪庙环状构造区显示的是一个隐伏花岗岩体，则构成一个完整的矿液运移—沉淀系统。

（2）F$_4$ 断裂。原认为该断裂属与 F$_3$ 断裂平行的成矿后断裂，改造、归并了成矿期及成矿前的北东向、北西向断裂。从狮岭矿段与金星岭矿段交接部位的剖面图、中段地质图等分析，该断裂在狮岭区段的断距为 100～150 m，向北延展 100 m 左右至金星岭矿段后，构成该矿段的西部边界断裂。但是，金星岭区段 –280 m 中段可见中泥盆统东岗岭组灰岩与中—上石炭统壶天群白云岩呈断层接触，按一般地层厚度推测，该断裂的断距应大于 500 m。由此说明，F$_4$ 断裂在金星岭矿段西界处归并、利用、改造了北东向 F$_{100}$ 断裂，是一条成矿后断裂，而 F$_{100}$ 断裂则是一条规模巨大的北北东—北东向断裂，其往北、往南的延展方式、规模至今不详，也更难了解其发展演化史及其在凡口铅锌矿成矿历史中的作用。

综上所述，除渐溪河断裂、铁石岭 F$_9$ 断裂等近南北向、断距介于 500～1000 m 的大断裂外，在主要矿体产出区段内，还存在北北西向 F$_{203}$ 断裂（狮岭—狮岭南西侧边界断裂）、北东向 F$_{100}$（金星岭西界断裂）、北西西向 F$_{200}$ 断裂等三条大断裂。深刻认识这 5 条大断裂的形成、发展演化史及其在整个成矿作用过程中的地位，对凡口找矿选区是十分重要的。

4.6　赋矿岩性组合在成矿过程的作用

在水草坪的金星岭、狮岭、狮岭南三个矿段不足 1 km^2 的范围内，已探明的铅锌资源储量近 900 万吨，其赋矿地层的一个共同特点是地层中富含薄层状泥碳质灰岩、页岩等"软质"岩石夹层，属典型的"生物礁礁后凹陷"沉积相产物。这种"硬质岩"与"软质岩"互层组合，在断裂构造活动时，制约了断裂构造的发育形式，其中，硬质岩石发生碎裂而形成矿液充填、交代空间，软质岩石发生塑性变形而构成屏蔽层。在"层、相、位"找矿模式中，"位"（即断裂）起决定性作用，而"层"和"相"制约了"位"的发育形式与发育程度。

4.7　对金星岭矿体群地质特征的认识

金星岭矿段矿体形态特征：不同中段的矿体或矿

体群总体走向呈北东—北东东向（60°～70°），沿走向长 200 m 左右，水平宽度 10～80 m，矿体（群）平面分布总体呈"菱形"或向北东东方向凸出的"三角形"，但紧邻 F_4 断裂的西部边界呈突变形态，显示断裂构造作用破坏了矿体的完整性。以 -80 m 中段为界，总体呈上下宽、中间窄的"哑铃"形。从 -1 线、0 线、2 线、4 线剖面看，矿体或矿体群轴面近于立起或倾向北，倾角 70°～80°。赋矿层位从上而下包括有帽子峰组、天子岭上—中—下亚组和东岗岭上亚组，矿体上、下黏连成一个整体，属典型的"穿层"矿体。矿石金属矿物组合具有一定的分异性，表现为自上而下出现大量的单独黄铁矿体。

将金星岭矿体群与狮岭矿段的矿体或矿体群对比，虽然表面上二者存在被 F_4 断裂分割成两个块体的现象，但二者间的差异也是十分突出，主要表现在以下几个方面：平面形态上，前者西段呈断层切割状，后者北东段呈逐渐过渡至尖灭状，二者存在平面形态对应现象；赋矿层位上，前者包括了帽子峰组、天子岭组和东岗岭组，后者以天子岭组为主，少量矿体产于东岗岭组；上下矿体间的关系，前者上下黏连成一体，后者多呈单独的似层状产出，仅靠近 F_{102} 断裂处有上下黏连现象；矿物组合上，前者上、下均有大量的黄铁矿体与黄铁铅锌矿体相间产出，后者仅在矿体群的底部伴有黄铁矿体；与断裂的关系上，前者 -80 m 中段见及一条全矿化的线状矿体，可能代表了容矿断裂的位置与走向，后者则仅依于 F_{102} 断裂的南东盘。

上述现象显示，金星岭区段矿体群与狮岭区段矿体群不是简单的断裂错位、上冲造成的结果，而应是分别受两条不同的北东向断裂控制，并受成矿后断裂 F_4 顺时针方向破坏、错位。由此推测认为金星岭矿段西界断面 F_{100} 下盘存在较大的找矿空间，即可能存在金星岭矿体群的西段。如果上述认识正确，投入少量的探索性钻探工作，即可取得重大突破，所探获的资源量将在 100 万吨以上，并且紧邻矿山的生产系统，这些资源可被矿山近期开发利用，其经济价值十分可观。

4.8 变石英闪长岩脉的发现及其对成矿影响

在狮岭 -650 m 中段 200FK1 孔孔深 470.90～471.40 m、478.70～480.67 m、486.18～487.16 m 见厚度分别为 0.50 m、1.93 m、1.00 m 的灰绿带肉红色变石英闪长斑岩脉，岩脉与灰岩接触面呈犬牙交错状，呈明显的侵入接触关系。造岩矿物大部分蚀变，具有变余斑状结构。对全岩取样分析，全岩 $w(SiO_2)$

57.7%，属中性岩，$w(K_2O + Na_2O) = 3.40\%$，$w(Al_2O_3)/w(K_2O + Na_2O) = 3.81$，属钙碱性岩石，与南岭石英闪长岩及大宝山花岗闪长斑岩的平均值相近。成矿元素含量：Ag 6.72×10^{-6}；Cu 16.3×10^{-6}；Pb 187.5×10^{-6}；Zn 230.0×10^{-6}；As 7.1×10^{-6}。铅锌银的含量高于其丰度值，也高于南岭地区同类岩石平均值。

与大宝山矿相对比，变石英闪长岩脉的侵入对于凡口铅锌矿矿床的形成是具有积极意义的，200FK1 深部矿化明显强于 -203FK1 孔也说明了这一推论，且在 233.23～234.48 m 构造角砾岩中，含 Au 0.20×10^{-6}；含 Ag 18.29×10^{-6}；含 Cu 3478.3×10^{-6}；含 Pb 867.2×10^{-6}；含 Zn 343.4×10^{-6}；含 As 564.3×10^{-6}。显示岩浆热液成矿迹象。

另据广东有色地质研究所资料，在铁石岭东部 CA8 孔中，发现有海底火山喷气作用的痕迹，即出现"高铜高银贫硫"矿体。此外，在矿区的西北侧存在一条长约 2 km、厚度 20～80 m、呈北东走向的闪长岩脉。此现象均显示深部存在与成矿作用有关的花岗岩体。

4.9 对矿床成因的认识

从矿体形态复杂、产状多变、赋矿地层多样性、同一矿体中不同世代矿物与不同构造的矿石混杂产出等特点看，凡口铅锌矿应属中—低温（岩浆）热液脉动充填交代的产物，其成矿年龄约为 165 百万年。

5 对第二轮勘查工作建议

5.1 工作部署原则

凡口铅锌矿区作为第一轮危机矿山接替资源勘查成果显著项目，第二轮勘查工作部署原则是：在第一轮危机矿山接替资源勘查成果基础上，扩大勘查成果；在深入认识成矿地质条件与成矿规律基础上，应用地质—物探—化探综合找矿方法，提高找矿效果，扩大找矿范围，增加资源勘查基地。

5.2 勘查区段选择及其主要依据

根据结合勘查工作部署原则、已有的地质资料、对成矿地质条件和成矿规律的认识，2010—2012 年度勘查区段的选择及其依据，按工作区性质分为 4 类，分述如下。

5.2.1 探求 333 资源量的重点区段

V 区的圆墩岭—庙背岭区段 213～229 线间 F_{200} 与 F_2、F_3、F_4 等断裂交汇部位：地表及浅部上泥盆统帽子峰组和下石炭统孟公坳组等地层中已发现较多沿层间破碎带充填成矿的似层状的小矿体。706 队、932

队及凡口铅锌矿施工的 28 个钻孔（含 9 个未全部揭穿赋矿层位、孔深小于 300 m 的浅孔）中，在天子岭组、东岗岭组等层位有 15 个钻孔见矿：黄铁铅锌矿（化）体 25 层，厚度 0.21～10.99 m，黄铁矿体 4 层，厚度 1.14～1.52 m，见矿率为 53.75%。其中 8 个黄铁铅锌矿体垂直厚度介于 1.45～7.37 m，平均厚度 3.80 m，品位为 Pb 0.38%～2.96%，平均为 1.75%；Zn 0.94%～7.28%，平均为 3.01%。这些小矿体的矿物组合类型、矿石结构构造与凡口主采区的基本一致。总体上，这个区段可视作水草坪矿床的北延部分，工作程度较低，钻孔稀疏，是一个值得进一步开展工作的重点区段。

Ⅲ区的东矿带南端 224～236 线北西向大断裂上盘：在第一轮勘查工作时，该区段已施工了 5 个钻孔（含凡口矿 1 个自费钻孔 236FK1），其中 4 个见矿，既有浅部的"界面矿"，也有赋存于 -700 m 标高左右天子岭组、东岗岭组等层位中的黄铁铅锌矿。与工作程度较高的金星岭、狮岭、东矿带中部 210 线等 3 个区段对比，"界面矿"是寻找深部隐伏矿体（群）重要的、直接的标志。此外，该区段除 F_5、F_6 等主要断裂外，还存在其他北东向断裂构造，从而造成壶天群白云岩或 C_1 层底板起伏剧烈。第二轮勘查的重点除考虑沿 F_5 断裂上下盘补充部分钻探工作外，并往北东方向扩展，以期发现第三个构造隆起区（注：第一个为金星岭构造隆起区，第二个为东矿带中部 208 线构造隆起区），即矿体群集中分布区。

Ⅳ区的大修厂 F_{200} 与北东向 F_6、F_7 等断裂交汇部位：该区段总体工作程度甚低，但属断裂—地层组合有利区。近年工程勘察钻孔已在地表浅部发现有含铅锌黄铁矿体产出。

5.2.2　重点找矿突破区

Ⅱ区的金星岭矿段 F_{100} 断裂下盘：从金星岭矿体群的地质特征分析，它不是由于 F_4 断裂作用将其与狮岭矿段分割成两块，而是一个具有独特地质特征的矿体群，在其成矿后受断裂作用，破坏了该矿体的完整性，本期工作的重点应是寻找该矿体群的"西段"。由于受施工条件的限制，可考虑钻探（包括坑内水平钻）与坑探相结合的方法进行。

Ⅵ区的田庄向斜区段：该区位于 F_{203} 断裂下盘。此区段仅有 706 队于 20 世纪五六十年代在 210 线施工的 3 个钻孔，其中 2 个钻孔见厚 3.90～11.20 m 的黄铁矿体 5 层，而 210 线 CK1 孔北东东侧 55 m 处的 210 线 CK102 孔孔深仅为 407.09 m，深度明显不够，且这 3 个孔均未揭露到中泥盆统东岗岭组这一重要赋矿层位。由此可以看出，前人认为北西向 F_{203} 断裂为一矿化边界断裂，矿化仅见于上盘，认识是错误的。突破这一认识，凡口矿的找矿空间应有重大突破。再从地层组成来看，与水草坪矿床是一致的，显示该区具有很好的找矿潜力。

Ⅶ区的乌猪嘴区段：据调查，在南北向澌溪河断裂西侧乌猪嘴区段，曾有 3 条民窿开采浅部锌矿。此外，该区段赋矿地层发育完整，并处于澌溪庙环状构造南侧，遥感资料显示该区存在北东向、北西向两组断裂，成矿地质条件十分优越，是一个值得进一步开展工作的重点突破区段。

5.2.3　重点找矿探索区

在狮岭深部 -650 m 中段以下，第一轮勘查施工的 200FK1 孔揭露到 3 层厚度介于 0.5～1.93 m 的变石英闪长岩脉，同时发现存在弱的硅化和较强的铜矿化（构造角砾岩含铜品位 0.348%），显示了较好的岩浆热液成矿迹象。从金星岭、狮岭、狮岭南三个主矿段的矿化深度、矿物组合特点分析，狮岭的矿化深度最大，并且两端矿体群向该区段侧伏，具有一定的矿液上升通道迹象。因此，在该区段设计、施工 1000 m 以上、钻入寒武系八村群浅变质碎屑岩 200 m 左右的探索性钻孔是十分有意义的。其主要目的是：在深部岩浆成矿热液上升通道附近，探索基底顶部岩层中是否存在新的矿种（包括铅锌在内的多金属矿），或新的矿化类型（裂隙充填型多金属矿）。

5.2.4　找矿战略区

以岩浆热液成矿模式作指导，按"层、相、位"找矿模式，着眼于整个曲仁构造盆地北缘。

5.3　勘查方法选择

第二轮勘查选定的 6 个勘查区段，除东矿带南端 224～236 线、圆墩岭—庙背岭区段 213～229 线 F_{200} 与 F_2、F_3、F_4 等断裂交汇部位有一定的地质勘查工作外，其他区段基本属勘查空白区或前人已否定的区。因此第二轮勘查的工作方法是地质与物化探相结合的综合勘查，主要采用的工作方法如下。

5.3.1　化探

重点解决的问题是了解是否存在岩浆热液成矿活动迹象，如中—高温成矿元素组合异常，为预测隐伏岩体、优化找矿选区提供依据。化探工作包括两种：一是在凡口矿持有的勘查证范围内或更大的丘陵地带，开展土壤地球化学测量工作；二是选择有代表性钻孔及矿山坑道，开展原生晕测量工作。

5.3.2　物探

地面物探：对重点区段开展 CSAMT 扫面，圈定与成矿有关的异常区，为优选找矿靶区和勘查钻孔设计提供依据。

井中物探：继续采用激电地—井测井法，试验井中 TEM 法。

5.3.3 钻探

在已知矿体可能产出部位、重点地层—构造组合部位、物探异常区，施工钻探工程，为扩大找矿空间、探求 333 资源量提供依据。

5.3.4 坑探

重点是在金星岭 F_4 下盘，无法施工钻探工程（包括地表钻和坑内钻）区段，补充施工坑探工程，开凿标高另行确定。此外，配合 -650 m 中段以下的探索性钻孔施工设计少量穿脉和钻窝。

5.3.5 综合研究工作

从凡口铅锌矿长期以来的勘查实践来看，综合研究工作必须提高到更高层次上去，以利于找矿实践。第二轮勘查的综合研究工作主要包括三个方面的内容：一是矿田构造，特别是导矿断裂的演化史；二是赋矿地层沉积相及其岩性组合变化趋势，它除影响成矿热液的选择性交代成矿作用外，还制约了断裂构造的发育形式、矿体群产出的空间位置与分布；三是开展物探方法有效性研究，找出一两种适用于凡口特定环境因素的物探方法，从而开展面积性物探扫面工作，为优选找矿靶区和勘查钻孔设计提供依据，提高找矿的有效性。

在上述 5 种工作手段中，先行的是土壤地球化学测量和综合研究工作，其次是物探工作，最后是钻探和坑探施工。

5.4 工作周期

项目工作周期为 3 年，即 2010—2012 年。

5.5 预期成果

（1）提交 333 铅锌资源量（金属量）150 万吨。

（2）提交可供进一步开展地质勘查的区段 2 ~ 3 处。

5.6 项目概算

项目勘查费控制总预算 4500 万元，其中：中央财政 2250 万元，矿山企业自筹资金不少于 2250 万元。

参考文献（略）

凡口铅锌矿接替资源勘查思路与初步效果分析

刘慎波　陈尚周　罗永贵　张家书　罗文升

（广东凡口铅锌矿，广东韶关，512325）

摘　要： 凡口铅锌矿经 50 年地质找矿工作，盲矿体的寻找越来越困难。通过总结找矿经验，队伍优化，并根据矿区掌握的地质资料，将矿区有利地段划分为普查阶段和成矿预测阶段，采取相应的技术方法手段，接替资源勘查终于取得了一定的突破。

关键词： 铅锌矿接替资源勘查；成矿预测；广东凡口

翻开凡口铅锌矿的勘查历史，这是一个不断取得成功的历史。自 20 世纪 50 年代至 90 年代末，矿区找矿勘探工作几乎从没有停止过，而且各主要勘查阶段都取得了巨大成果，保证了矿山近 40 年的持续稳产高产。1968 年投产以来，矿山已累计消耗矿石量约 2600 万吨，金属量 400 多万吨。现在，矿山年产铅锌金属量约 15 万吨，至 2009 年将达到年采选 18 万吨铅锌金属量的生产能力，届时年平均消耗保有金属量将达 22 万吨以上，消耗保有矿石量达 170 万吨以上。矿山生产规模不断扩大，资源不断消耗，保有资源量也不断减少。从凡口铅锌矿目前的矿产资源及生产规模来说，矿山已存在一定的资源危机，而地质找矿工作是一项长周期、高风险的投资，不能等到资源短缺时才临渴掘井。根据凡口铅锌矿矿床的勘查、开发经验（如历史上狮岭南、狮岭深部两次重要的接替资源勘查、开发），勘查至采矿的时间要长达 20 年。因此，寻找新的矿产资源、扩大资源储备的任务非常紧迫，而且矿山经过多轮找矿，隐伏矿体的寻找难度越来越大。凡口铅锌矿居安思危，从长远发展考虑，计划在矿山及深部周边约 100 km² 范围内，大力开展矿区地质综合研究，总结矿区成矿规律，对矿区及周边的地质资料进行二次开发利用，开展矿产资源潜力的评价工作和新一轮的找矿勘查工作。

1　前人勘查工作简介

凡口铅锌矿区正规的地质勘查工作，始于 1956 年，其成果经政府部门批准的主要勘查阶段有：

（1）1956—1965 年，广东省地质局 706 队首开凡口矿找矿勘查纪录，并取得了巨大成果，提交了矿区第一份储量地质报告，为以后的勘查打下了良好的基础。

（2）1976—1987 年，广东省有色金属地质勘查局 932 地质队进入矿区开展外围及深部的找矿与勘探工作，提交了狮岭南区段勘探报告。

（3）1990—1993 年，凡口铅锌矿在原 706 队、932 队普查的基础上，完成了狮岭深部（-320 ~ -650 m 中段）勘探工作。

（4）1996—1998 年，广东有色金属地质勘查局 932 队在狮岭东矿带南段沿 NNE 向 F_5、F_6 等主要控矿断裂开展地质普查找矿工作，发现该区域有一定的找矿前景。

（5）另外，地质队和矿山曾多次进行小范围的成矿预测、普查和勘探。

2　前人找矿经验总结

（1）706 队在早期的勘探过程中，充分认识到了北北东向 F_3、F_4 断裂对矿带展布、矿体群的分布的控制作用，发现并初步勘探了水草坪矿床、凡口岭矿床。

（2）932 队开展凡口及周边地区二轮找矿工作，在充分收集、分析、研究地质勘探成果和矿山地质成果的基础上，成功地在狮岭南 F_3 断裂上、下盘的上泥盆统东岗岭组层位中找到了层状、似层状铅锌矿——黄铁铅锌矿。随后，按"层、相、位"控矿模式，在东矿带沿北北东向的 F_5、F_6 及铁石岭区段的北北东向 F_9、F_{10}、F_{14} 等断裂的上、下盘具相同岩性的地层中新发现了一些具有一定规模的矿体。

（3）矿山自投产以来，一直非常重视找矿勘探、生产探矿及资源保护性开采等工作，在深部勘探过程中取得了巨大成功。矿山地质工作者在采矿、探矿过程中发现了北东向 F_{101}、F_{102}、F_{13} 等断裂对部分矿体的控制作用，并总结了该组断裂对矿体就位的控制作用。

全国的地质专家学者由于研究方法和掌握的知识结构不同，对凡口矿床的成因提出了不下 10 种不同的见解：

(1)706 地质队提出断裂控矿观点；

(2)932 地质队提出"层相位"成矿规律；

(3)吴延之等提出层控观点；

(4)陈学明提出海底热泉成矿观点；

(5)中南大学、广东有色金属局及凡口矿联合科研队提出多因复成成矿理论；凡此种种。但是，凡口矿矿床受地层层位、沉积相特征和特定构造部位控制，即具有"层、相、位"控矿规律，这一认识得到较普遍的肯定，也是矿山日常探矿的主要指导思想。首先，矿床受中、上泥盆统及下石炭统地层控制，主要工业矿体受层内富藻类和生物有机质的不纯碳酸盐岩、次碳酸盐岩控制；其次，凡口矿矿床受到东西向、NE—NNE 向断裂及叠加于凡口倾伏向斜之上的次级褶皱的联合控制。NE—NNE 向断裂控制加里东期褶皱基底形态，及其上部海西—印支期沉积盖层中上泥盆统局限凹陷盆地的规模、特征，从而控制了有利于成矿物质相对聚集、富化的相环境，并为后期成矿物质的迁移、改造、富集提供了通道及热水来源。其两侧的平行次一级断裂、层间滑动带、各种褶皱的层间虚脱部位等构成纵横交错、连通性良好的构造网络，为成矿物质的改造、富集、交代提供了良好的条件和优越的容矿空间，从而控制了主矿带的空间展布及矿体形态。但越来越多的资料表明，这种认识也存在着一定的局限性。

3 找矿存在的主要问题和解决办法

上述经验对凡口矿区及周边的找矿具有普遍的指导作用。凡口矿区经 706 地质队、932 地质队、矿地质部门的长期工作，矿区找矿标志相对明显，矿体已被前人找到。即使仍然存在盲矿体，发现的难度也越来越大。因此，如何对这些资料进行整理、分析、归纳，最终筛选出有用信息，圈定工作靶区，以及采用哪些有效的方法、手段是摆在找矿者面前的难题。

3.1 存在的主要问题

3.1.1 技术问题

(1)虽然不同的专家和矿床成因观点都认为矿山外围有一定的找矿潜力，但往往由于找矿思路的不同，得出不同的找矿方向，难以指导工作。

(2)区域地层、岩相古地理和构造(尤其是隐伏成矿构造)的分布、演化等的资料有限、研究不深入，直接影响找矿方向。

(3)在找矿方法上，20 世纪在矿区外围曾做过物、化探找矿工作，但效果不好。传统的基础地质工作方法不可缺少，但大范围找矿必须借助现代技术，

现在物探方法有了很大的进步，找矿方法也逐渐多样化，如何选择合适的方法，仍然是一个值得探讨的问题。

3.1.2 科研队伍问题

(1)矿山自有的地质队伍对矿区的矿床地质特征有较深刻的认识，但由于忙于应付生产，时间和精力有限，而且多年来仅围绕采区上、下和近外围做工作，对外围的地质情况接触较少，在找矿的理论和方法方面也有所不足。

(2)地质队曾在矿山周边找矿勘探 40 年，积累了丰富的经验，掌握了大量矿区近、外围资料。但由于政策原因，近 10 年来的找矿投入也较少，多年来在凡口矿外围做工作，更没有尝试适当的新理论、新技术、新方法。

(3)科研院校和全国各地的地质专家找矿理论、方法较先进，但往往在矿山工作时间很短，仅关注某一地质问题，没有把大量的地质资料、地质事件有机联系起来综合研究。

3.2 初步解决办法

矿山地质部门对上述困扰矿山找矿的两大问题经过认真讨论，认为：

(1)上述 3 个地质队伍各有长处，矿山与中南大学地质研究所、广东有色金属地质勘察院、932 地质队组成联合找矿队伍，取长补短，充分发挥各队伍的优势。

(2)对存在的技术问题，通过 4 个单位的专家充分讨论和研究来解决：根据矿山的实际情况，在矿区深、边部不同地段有不同层次的地质信息，利用这些信息划分不同的工作阶段和选用相应的技术手段。首先将勘查工作分为两个阶段：

1)采区近围和深部的工作程度已较深入，部分地段有丰富的矿化信息或工程揭露有矿体，可以开展普查工作。

2)矿区外围工作程度很低，地质情况不清，必须进行基础研究和成矿预测。

4 勘查实施方案

4.1 采区近围和深部地质普查

(1)凡口矿区东矿带：该区是凡口矿现采区所构成的主矿带的外延部分，位于凡口向斜核部与北东翼的交接部位，金星岭背斜的南翼。北北东向 F_4、F_5、F_6 断层和北东向 F_{45}、F_{211} 断层在该区相交。赋矿围岩的岩相为藻礁鲕滩相。其地层系统、构造格局、岩浆活动等成矿地质条件与主矿带基本相同，其成矿地质

条件优越。932 队在该区段施工钻孔 27 个，有 20 个孔见矿（或矿化），发现 19 个新矿体，与主矿带具有相同赋矿层位的地层中均已发现有矿体存在。因此，可以根据已有的直接矿化依据，追索已有矿体，或在主要赋矿层位天子岭组、东岗岭组和主要控矿断裂相交部位寻找新矿体。

（2）狮岭深部 -650 m 标高以下预测区：20 世纪矿山在勘探时只控制到 -650 m 以上，目前狮岭 -650 m 为凡口铅锌矿开拓最深的一个中段。根据工程揭露，控矿断裂 F_3 往下延伸，主要矿体 Sh209a 厚度变大（中段平面上矿体视厚度仍有 1 ~ 8 m），产状比原推断变陡，控矿地层、构造及主矿带仍有继续下延的趋势。虽然生产探矿表明现有矿体很快尖灭，但工程未揭穿这一区主要的赋矿层位，矿体尖灭再现及在老地层中出现新矿种的可能性仍然存在，做进一步的普查是有必要的。

（3）铁石岭至富屋预测区：该区域位于水草坪矿床东面 2 km 处，面积 4.66 km^2，先后有 932 地质队和 706 地质队进行找矿工作。该区西部的富屋和东部的铁石岭一带，地表有大量的褐铁矿铁帽分布，在深部个别钻孔揭露证实有铅锌黄铁矿体产出。其中东部的铁石岭个别钻孔还见有较强的黄铜矿化和硅化现象，显示了其与凡口本区不同的矿化类型。由于工作程度低，勘查工作仍以进行 1:5000 大比例尺成矿预测为主，引用高精度遥感影像进行地质修测（含矿区外围），再辅以地电地球化学和物探 EH4、瞬变电磁法等进行测量，网度按 200 m×20 m 穿插布设，先疏后密，以较准确划定主要控矿构造及矿化信息，对矿化有利部位进行探索与研究；对已发现矿体和异常区设计少量钻孔进行找矿；对原有工程已发现的矿体，在有利成矿部位增加部分钻孔进行追踪。

4.2 矿区外围成矿预测

由于矿区外围工作程度很低，为了查明矿区外围约 100 km^2 范围内物化特征、含矿层位分布、岩相古地理环境、岩浆岩条件、构造格局及其与成矿的关系，必须开展大比例尺成矿预测。成矿预测的主要技术线路和工作步骤为：

（1）采用地球物理方法确定区域构造和远景区。以近南北向凡口—大宝山成矿带和近东西向凡口—杨柳塘成矿带两个方向为重点，利用遥感地质，通过分析线性构造形迹来查明区域构造地质环境（尤其是断裂构造），通过环形影像来推测隐伏岩体和岩层分布。分析构造控岩控矿规律，找出矿产及矿化相关的影像标志及异常表现，圈定与已知矿产区影像相类似的靶

区，结合其他物探异常信息和成矿地质条件研究，为外围远景评价提供依据。

（2）靶区地质填图和物化探剖面测量。在选定找矿靶区完成大比例尺（1:5000）的地质图草测，研究含矿层位、岩性、岩相、岩石物理化学性质等的空间变化规律，分析区域构造应力场，解决含矿岩系展布、含矿构造型式及其与成矿的关系。开展构造地球化学剖面测量，分析成矿物质来源及成矿流体的运移演化规律、成矿地球化学特征的主要类型与作用；解决各类构造的含矿性及含矿元素的构造地球化学行为；适当应用地面和井中综合物探，寻找隐伏矿体的可能地段，查明矿体赋存的地质条件，为找矿勘探提供地质依据。

（3）分析矿区控矿条件和控矿因素。在前人所总结的采区控矿基本规律指导下，分析矿区控矿条件与矿区矿产形成和分布的内在联系及它们的主次关系和叠加关系，总结矿区成矿规律、矿床形成的控制因素和成矿机制。

（4）研究成矿规律和建立成矿模式。在深入研究矿区及其外围成矿地质条件的基础上，通过一系列典型矿床的控矿因素和成矿机制，找出在时、空和物质来源方面直接控制矿床形成和分布的规律；建立矿床成矿模式、成因模式、找矿模式，对矿区外围成矿远景做出评价；圈出具有远景并可供开展工作的预测地区，经部分的工程验证后，对资源总量做出预测和估算。

5 初步效果

矿山在上述找矿、勘查思路的指导下，开展了一年多的工作，取得较大的突破：

（1）成矿预测方面，由于前人对矿区的构造格局的认识不足，经遥感显示、现场调查，发现几条隐伏构造对矿床有控制作用，为突破原有的找矿空间起到重要作用，结合矿区成矿规律，圈定了 3 个成矿有利的工作靶区；借助 EH4 方法，发现三个工作靶区都有异常，为下一步勘查提供了依据。

（2）地质普查方面：东矿带普查发现 F_{45} 是该区域起重要作用的控矿构造，本次沿 F_{45} 已找到有工业价值的矿体。

两项工作都证实矿山根据实际情况制定的接替资源勘查思路是行之有效的，为矿山发展注入了活力。

参考文献（略）

凡口矿狮岭东矿带至狮岭南东矿带北段地质勘探设想

罗永贵　　陈尚周

（广东凡口铅锌矿，广东韶关，512325）

摘　要：在 706 地质队、932 地质队及矿山近期在东矿带开展的地质普查找矿工作成果的基础上，采用地表钻探手段加密工程控制，对区段内未达到工业储量控制程度的主要矿体进行详细勘探，求取一定的工业储量。

关键词：凡口铅锌矿，东矿带，勘探

1　前言

凡口铅锌矿是目前我国最大的铅锌生产基地之一。经矿内外地质队伍 50 多年的找矿探矿，在方圆几十平方公里的范围内找到凡口岭、庙背岭、铁石岭和水草坪等 4 个矿床（见图 1），其中以水草坪矿床规模最大，其资源总量占已发现资源的 98% 以上。水草坪矿床又分为金星岭矿段、狮岭矿段和狮岭南矿段。历年累计探明的表内铅锌矿石资源总量约 5500 多万吨，金属量约 850 多万吨。凡口矿自 1968 年投产以来，矿山已累计消耗矿石量约 2300 多万吨。现在，凡口铅锌矿年产铅锌金属量约 15 万吨，年消耗保有金属量 18 万吨以上。根据中金岭南公司的要求，至 2009 年将达到采选 18 万吨铅锌金属量的生产能力，届时年消耗保有金属量达 22 万吨以上，平均消耗保有矿石量达 165 万吨以上。

矿产资源是矿山生存和发展的基础。建矿以来，历任矿领导十分重视矿产资源的开发与利用。除依靠科技进步，不断改进采、选工艺和加强管理，使矿产资源利用率不断提高外，还从矿山可持续发展的战略高度，大力开展地质综合研究，特别是不断采用新的技术和手段开展成矿规律与成矿预测的研究。在此基础上，加快矿区深部及其外围找矿靶区的地质勘探工作，于 2005 年 5 月编制了《中金岭南凡口铅锌矿地质找矿与勘探规划设计》。2005 年 12 月开始实施铁石岭和狮岭东矿带至狮岭南东矿带北段的地质普查勘探工作。经一年多的勘探施工，狮岭东矿带至狮岭南东矿带北段的地质普查勘探工作，初步取得了较好的地质效果。

根据我矿"十一五"计划及长期规划和 18 万吨达产后长期持续稳产对地质储量的要求，以及中金岭南公司和矿领导关于加快矿区深部及其外围找矿工作的指示精神，结合近期狮岭东矿带至狮岭南东矿带北段的地质找矿工作的成果，决定对狮岭东矿带至狮岭南东矿带北段，由地质普查找矿工作，开始重点转到详细评价工作上来，对主要矿体进行加密控制，进一步研究其成矿规律及控矿条件。为此，本文在已有地质资料基础上，提出了对该区域地质勘探设想，供大家参考。

2　勘探工作的目的和任务

本期勘探的主要目的是：对区段内未达到工业储量控制程度的主要矿体进行详细勘探，求取一定的工业储量，为矿山延伸开拓设计和年产 18 万吨金属量投产后持续稳定生产提供资源依据和保证。

主要任务是：在 706 地质队、932 地质队及矿山近期在东矿带开展的地质普查找矿工作成果的基础上，采用地表钻探手段加密工程控制，较准确地控制主要矿体的形态、规模、矿石自然类型和工业类型、有用组分及其分布规律。同时对伴生有益元素做出与主元素勘探程度相适用的详细评价。查明地表水、地下水类型及其补给、排泄条件。

3　狮岭东矿带至狮岭南东矿带北段地质概况

3.1　前人地质工作简介及其评价

凡口矿区东矿带通常是 F_4 断层以东、F_6 断层以西组成的北东向地带（见图 1）。矿区地质工作始于 1956 年，先后有 706 地质队、932 地质队以及矿山地质部门在该区进行找矿勘探工作。

（1）706 地质队于 1956 年开始在矿区开展地质工作。对于主矿带的地质情况，706 地质队已提交了较详细的地质报告。但对于东矿带，706 地质队虽有少量工程，却没有对其做地质分析和评价。1975 年起至

1997 年，932 地质队陆续开展了矿区深部及外围地质找矿评价工作。对东矿带南段 206 勘探线至 230 勘探线做了较好的地质普查工作，1997 年提交了《广东省仁化县凡口铅锌矿区东矿带南段普查地质报告》。在东矿带 206 勘探线以北至 207 勘探线区段普查找矿工作中采用稀疏线距（200 m 以上）布设少量工程。对已揭露的少部分新矿体，一般采用 200 m × 100 m 以上网度沿走向、倾向进行稀疏控制。主要见矿钻孔有 205/ZK1、203/ZK1、203/ZK2、206/ZK2、208/ZK1、210/ZK12、210/ZK6、210/ZK18、210/ZK3、212/ZK13、212/ZK1 等。由于普查工作没有完成，932 地质队就没有对该区段做出地质评价，也没有将东矿带 206 号勘探线以北至 207 号勘探线的地质资料整理转交给凡口矿，因此，对于该区段的钻孔施工的工程量及质量没法统计评价。

（2）1996—1998 年，凡口矿地质科对狮岭东矿带 205 号勘探线至 202 号勘探线，西起 0 号勘探线东至 2 号勘探线的范围，在原 706 地质队普查资料基础上，对 F₄ 与 F₅ 断块间的矿段内 −300 m 标高以上进行了地质勘探工作，施工 5 个钻孔，进尺 1598.65 m，提交了《狮岭东矿段地质勘探报告》，探明 C + D 级黄铁铅锌矿石量 853889 t，金属量 118790 t。但此次地质勘探工作主要是针对 F₄ 断裂上盘的矿体进行了较详细的控制，对于该勘探区域的东部 F₅、F₆ 断裂的上、下盘及其深部却没有做工作，因而也存在一定的局限性。

（3）2005 年 12 月至 2007 年 11 月，凡口矿地质科在狮岭东矿带至狮岭南东矿带开展地质找矿评价工作。采用 100 m × 100 m 的勘探网度沿走向、倾向进行控制。特别是对东矿带南段 206 号勘探线至 216 号勘探线做了较好的地质普查工作。至 2007 年 11 月，已完成 11 个普查钻孔，钻孔号分别为 203/ZK1、208/ZK1、/ZK2，212/ZK1、/ZK2，214/ZK1、/ZK2，216/ZK1、/ZK2，204/ZK2、204/ZK1，钻探进尺合计 7426.57 m。大部分钻孔见矿效果较好，尤其是在 F₄₅ 下盘 D₃tᵃ 地层中新找到一条品位高、规模较大、产状较稳定的黄铁铅锌矿体；F₅ 下盘 D₃tᶜ 地层也发现厚度较大的透镜状新矿体。在勘查范围内 D + E 级资源总量为 235 万吨，铅锌金属量 44.11 万吨，铅品位达 5.53%，锌品位 13.96%。取得了良好的找矿效果。

1）查明了赋矿层位及其岩性，对普查区内地层的空间分布和控矿断裂（如 F₄₅、F₅、F₆）的控矿特征和力学性质做了初步了解。

2）普查网度在 206 ～ 216 号线之间，为 100 m × 100 m，构成了较规范的网度；204 ～ 207 号线之间，网度较稀，个别地段还需要做进一步的普查。范围内 206 ～ 216 号线之间的主矿体，基本是多剖面双孔或单孔见矿和单剖面单孔见矿。

3）矿石中的主元素 Pb、Zn、S 的分布、含量及赋存状态已基本查清。Pb、Zn、S、Ag 基本分析结果达到质量要求。伴生元素 Hg、Cd、Ga、Ge 未按要求分析，而稀散元素未做单矿物分析，不符合规范要求。

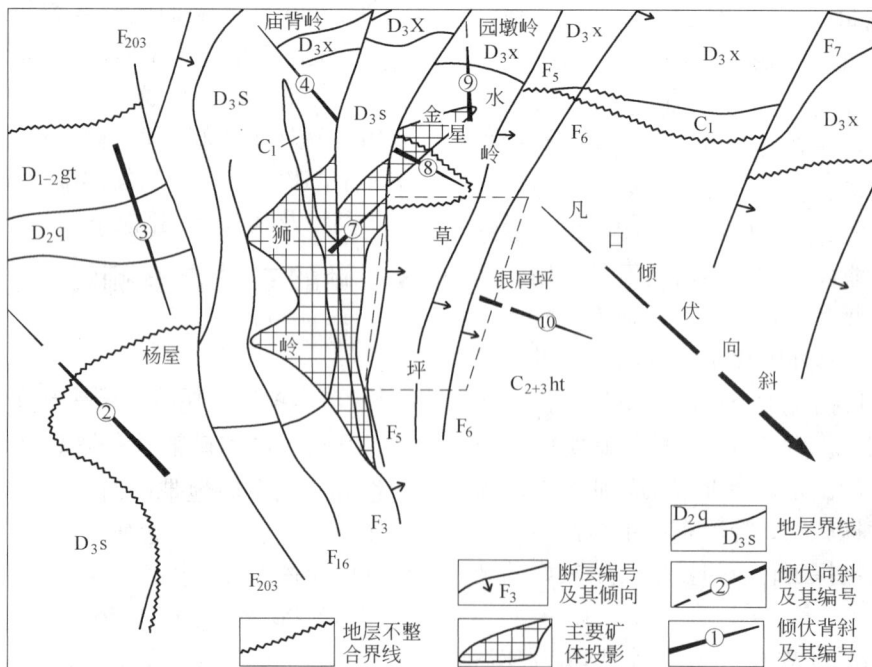

图1 广东省凡口铅锌矿区构造略图

4）主矿体及顶、底板围岩的采心率达到要求，孔深验证效果较好。

5）矿石的工业类型、自然类型基本确定。

3.2 区段主要地质特征

凡口矿区处于华南准地台中的湘桂粤拗陷与赣闽隆起的毗连地带，曲江海西构造盆地北缘，九峰—诸广山东西复杂岩浆构造与北北东向北江构造带北段之交接复合部位。

东矿带是目前开采主矿带的外延部分，同属一个成矿带，沉积古地理环境为藻礁鲕滩相与浅水凹地相交汇处。根据 932 地质队提交的东矿带南段地质报告、本矿所做的地质普查工作和 706 地质队、932 地质队在本区段已施工的部分钻孔资料分析表明：东矿带自下而上出露泥盆系、石炭系等地层，区段内断裂构造发育，对成矿作用有明显的控制作用，矿体受一定的层位控制，主要赋存于泥盆系和石炭系层位中。

3.2.1 地层

东矿带由上而下发育地层有：中上石炭统壶天群（$C_{2+3}ht$）白云岩、下石炭统孟公坳组（C_1）隐晶质灰岩夹砂页岩、泥盆系上统天子岭组上亚组（D_3t^c）花斑灰岩、中亚组（D_3t^b）瘤状灰岩、条带状灰岩、下亚组（D_3t^a）块状灰岩、鲕粒灰岩、生物碎屑灰岩、泥盆系中统东岗岭阶上亚阶（D_2d^b）白云质粉砂岩、白云岩、层纹状白云质粉砂岩、下亚阶（D_2d^a）砂页岩、粉砂岩、中下泥盆统桂头群（$D_{1+2}gt$）石英砂岩、粉砂岩、砾岩、页岩等。除 D_2d^a 和 $D_{1+2}gt$ 地层外，其余地层都是矿区含矿地层。

3.2.2 构造

区段内断裂构造发育，按断裂走向大致可分为：北北东向的 F_4、F_{45}、F_5、F_6 和北北西向的 F_{203} 等断层。其中 F_{45}、F_5 断裂为东矿带主要的控矿断裂，根据 932 地质队对东矿带南段的勘探揭露表明，F_5 断裂长达 2.5 km 以上，走向 0°～20°，倾向南东，倾角 40°～77°。F_6 断裂长达 2.4 km，产状为走向 10°～20°，倾向南东，倾角 60°～72°，也是东矿带主要控矿断裂之一。

在 F_{45}、F_5、F_6 断裂构造的上、下两盘地层受挤压牵引作用发生褶曲。狮岭背斜在该区段逐渐走平至消失，其构造格局，有待于在将来的工作中进一步查清。

3.2.3 岩浆岩

区段内未见大的岩浆岩体，偶见有辉绿岩脉，侵入于 D_2d 至 $C_{2+3}ht$ 地层中。

3.2.4 矿体

在已施工的钻探工程中所揭露的矿体表明：该区段矿体主要赋存于 F_{45}、F_5、F_6 断裂的上、下盘中上泥盆统 D_2d^b、D_3t^a、D_3t^c 及下石炭统 C_1、中上石炭统 $C_{2+3}ht$ 等含矿地层中。该区段目前共发现有 10 多个矿体，主要矿体有 Sh263、dn210、dn235、dn207、dn209、212-1a、208-1a 等。206 号勘探线以北基本为单线单孔控制，206 号勘探线以南为多线多孔或单孔控制。矿体具有多层性，分布于不同的标高，主要分布于浅部 +50～-180 m 和深部 -300～-650 m。

矿体多呈似层状、楔状、透镜状（矿包）等，现有资料表明大部分矿体沿走向、倾向延展规模有限，沿走向短小，沿倾斜狭窄。小部分矿体沿走向连续性较好，延伸比较长，沿倾向也有一定延深，呈似层状、板状等，如 dn210、dn207、Sh263a 等矿体，顺层产出，走向近南北向，倾向东或西。矿体产状较缓，以块状铅锌矿石为主。

4 地质勘探

4.1 地质勘探依据

地质勘探的主要依据是：

（1）932 地质队于 1997 年提交的《广东省仁化县凡口铅锌矿区东矿带南段普查地质报告》。报告中涉及到东矿带 206 号勘探线至 216 号勘探线的部分地质资料。

（2）1996—1998 年，凡口矿地质科提交的《狮岭东矿段地质勘探报告》。

（3）2005 年 12 月至 2007 年 10 月，凡口矿地质科对该区域进行了地质普查，提交了阶段性地质报告。

4.2 勘探的对象、范围

（1）勘探对象：凡口矿地质科对该区域进行的地质普查提交的地质储量（D+E 级）为 235.1 万吨，铅锌金属量 44.11 万吨，铅品位达 5.53%，锌品位 13.96%。主要矿体有 Sh263、dn210、dn235、dn207、dn209、212-1a、208-1a 等 7 条矿体。206 号勘探线以北，至 207 号勘探线，因没有达到普查要求，这些地段的矿体没有计算地质储量。因此本次设计以 7 条矿体 Sh263、dn210、dn235、dn207、dn209、212-1a、208-1a 等作为主要勘探对象，其余作为次要勘探对象。

（2）勘探范围：由于区段内主要矿体 Sh263、dn210、dn235、dn207、dn209、212-1a、208-1a 等集中在 206 号勘探线至 216 号勘探线之内。但考虑到 206 号勘探线以北至 207 号勘探线的个别地段见有矿体如 203 号勘探线，而且该区域没有达到普查要求。因此本次勘探范围确定在 207 号勘探线至 216 号勘探线，X 坐标范围定为 2777407 ~ 2778644，Y 坐标范围定为 462760 ~ 463600，其中以 206 号勘探线至 216 号勘探线为主要勘探靶区，其余作为次要勘探靶区。

4.3 勘探网度及手段

（1）勘探网度的选择：为使资料具连贯性，本设计沿用 706、932 地质队所采用的勘探线及网度。地质队确定的勘探线作为正线，中间加密一条为副线。根据现有资料表明上述大部分矿体为似层状、楔状、透镜状（矿包）等，沿走向、倾向延展规模有限，沿走向短小，沿倾向狭窄。只有小部分矿体沿走向连续性较好，延伸比较长。因此，将该区域的矿体定为Ⅳ勘探类型。先采用 100 m（线距）×（40 ~ 50）m（孔距）的基本网度，求取 D 级储量，外推矿量为 E 级。再用 50 m ×（40 ~ 50）m 的加密网度，求取一定比例的 C 级储量，外推矿量为 D 级，作为中段开拓设计的依据。

（2）该区段地势平整，地表为冲积层覆盖，矿体为盲矿体，埋藏深浅不一，矿体产状、形态、厚度、品位变化不大，较为稳定，选用钻探手段可以有效地探

索和控制矿体，因此本设计的探矿工程主要为钻探。

由于主要矿体 Sh263 离生产区较近，埋深为 −240 ~ −360 m，为了节约探矿工程，所探获的矿量能尽早为矿山生产所利用，可考虑从 −280 m 中段直接开巷道进去进行探矿。

4.4 勘探工程的布置原则

（1）对主要勘探对象，按 50 m ×（40 ~ 50）m 的网度布置钻探工程。

（2）对主要矿体尾端部分以及 206 号勘探线以北至 207 号勘探线，补充布置少量普查钻孔。

（3）为方便施工和保证质量，设计的钻孔都为直孔。

（4）原则上以正线为主布置钻孔，在副线上对主要矿体适当加密钻孔成 40 ~ 50 m 孔距。

4.5 勘探工程设计

本次设计在 15 条勘探线上共布置 34 个钻孔，总进尺 17170.00 m，分两期进行施工。钻孔设计参数见表 1。

表 1 狮岭东矿带至狮岭南东矿带普查找矿钻探工程设计一览表

勘探线号	钻孔号	开孔坐标			开孔方位/(°)	开孔倾角/(°)	设计孔深/m		设计目的	施工顺序	备注
		X	Y	Z							
212	FK3	2777608	462890	地表	0	90	500	1330	加密控制 dn210a, dn212 − 1、dn212 − 2a、Sh263a	1	一期
	FK4	2777608	462992	地表	0	90	530		加密控制 dn212 − 1a、dn235a、Sh207a	2	一期
	FK5	2777608	463118	地表	0	90	300		追踪控制 dn236a、dn209a	3	一期
210	FK1	2777708	462990	地表	0	90	500	500	加密控制 dn233a、dn209a、dn207a、dn208b	4	一期
208	FK3	2777808	462964	地表	0	90	300	300	加密控制 dn210a、208 − 1a	5	一期
214	FK3	2777508	462930	地表	0	90	500	100	加密控制 dn207a, dn263a 及 F45 上下盘 D_3t^a、D_2d^b 地层中的矿体	6	一期
	FK4	2777508	463176	地表	0	90	600		追踪控制 dn232a、dn211a		一期
−212	FK1	2777658	4628460	地	0	90	500	3120	加密控制 212 − 2a、dn210a、Sh263a	7	二期
	FK2	2777658	462940	地表	0	90	580		加密控制 212 − 1a、dn235a 及 D_3t^a 地层中的矿体	8	二期
	FK3	2777658	463050	地表	0	90	500		加密控制 dn209a、dn207a 及 D_3t^a 地层中的矿体	9	二期
	FK4	2777658	462990	地表	0	90	550		加密控制 212 − 1a、dn235a、dn207a 及及 D_3t^a 地层中的矿体	10	二期
	FK5	2777658	462890	地表	0	90	530		加密控制 212 − 1a、212 − 2a、dn210a、Sh263a	11	二期
	FK6	2777658	462796	地表	0	90	460		加密控制 dn210a、212 − 1a、Sh263a	12	二期

续表1

勘探线号	钻孔号	开孔坐标			开孔方位/(°)	开孔倾角/(°)	设计孔深/m	设计目的	施工顺序	备注
		X	Y	Z						
-210	FK1	2777758	462010	地表	0	90	480	加密控制 dn2209a、208-1a、dn207a、dn208b	13	二期
	FK2	2777758	463064	地表	0	90	500	加密控制 dn212a、dn209a、dn207a、dn208b	14	二期
	FK3	2777758	462960	地表	0	90	480	加密控制 dn210a、208-1a、dn207a、dn208b	15	二期
	FK4	2777758	462840	地表	0	90	550	加密控制 dn263a	16	二期
	FK5	2777758	462900	地表	0	90	300	加密控制 dn210a、208-1a	17	二期
-214	FK1	2777558	462990	地表	0	90	550	加密控制 dn212-1a, dn207a 及 D_2d^b 地层中的矿体	18	二期
	FK2	2777558	462880	地表	0	90	500	加密控制 dn212-1a, dn210a 及 Sh263a 矿体	19	二期
	FK3	2777558	462930	地表	0	90	550	加密控制 dn212-1a, dn207a, dn263a 及 D_d^b 地层中的矿体	20	二期
	FK4	2777558	463040	地表	0	90	380	加密控制 dn207a 矿体	21	二期
	FK5	2777558	4628300	地表	0	90	460	加密控制 dn210a, Sh263a 矿体	22	二期
-208	FK1	2777858	463040	地表	0	90	350	加密控制 208-1a	23	二期
	FK2	2777858	462930	地表	0	90	400	加密控制 dn210a	24	二期
	FK3	2777858	462986	地表	0	90	300	加密控制 208-1a	25	二期
	FK4	2777858	463160	地表	0	90	400	加密控制 dn212a	26	二期
-203	FK1	2778376	463335	地表	0	90	600	加密控制 F_5 断层上下盘 D_2d^b 地层的矿体及 D_3t 地层	27	二期
-205	FK1	2778494	463370	地表	0	90	700	加密控制 F_5 断层上下盘 D_2d^b 地层的矿体及 D_3t 地层	28	二期
	FK2	2778494	463240	地表	0	90	650	加密控制 F_5 断层上下盘 D_2d^b 地层的 Sh213a 矿体腔 D_3t 地层	29	二期
-207	FK1	2778594	463390	地表	0	90	700	加密控制 F_5 断层上下盘 D_2d^b 地层的矿体及 D_3t 地层	30	二期
201	FK1	2778308	463290	地表	0	90	600	探查 F_5 断层上盘 D_2d^b 地层的矿体及 D_3t 地层	31	普查
205	FK1	2778544	463160	地表	0	90	700	探查 F_{112} 断层上下盘 D_2d^b 地层的 Sh213a 矿体及不知明矿体	32	普查
207	FK1	2778644	463282	地表	0	90	670	探查 F_5 断层下盘 D_2d^b 地层的 Sh213a 矿体及 D_3t 地层	33	普查
勘探								15200	30	
普查								1970	3	
总进尺								17170	34	

设计孔深合计：-210线 2310；-214线 2440；-208线 1450；-205线 1350；-207线 700。

4.6 施工技术措施

4.6.1 岩心钻探施工技术要求

该项目地质工作执行下列规范：

（1）《固体矿产地质勘查规范总则》（GB/T 13908—2002）；

（2）《铜、铅、锌、银、镍、钼矿地质勘查规范》（DZ/T 0214—2002）；

（3）《凡口矿地质技术与管理规程》。

探矿钻孔工程质量验收应符合下列规定：

（1）要求对岩心进行编号，用岩心箱集中装好妥善保存，为日后综合地质研究提供依据。

（2）钻孔每钻进 50 m 测量一次孔深、方位、倾角，每 100 m 垂直孔的弯曲不得超过 2°，斜孔不得超过 3°，随孔深递增计算，并计算偏离距离，根据孔深、地层和矿床类型等条件制定技术指标如表 2 所示。

（3）钻孔孔深验证测量：钻进过程中，每钻进 50 m 由技术人员检测一次孔深，遇主矿层及终孔后均要求勘查人通知探矿权人技术人员到现场验证测量孔深，孔深误差不得超过 1‰。

表 2 钻孔偏离质量要求

孔深/m	偏离距离/m		
	一级	二级	不合格
0～200	≤3	3～5	≥5
200～300	≤5	5～10	≥10
300～500	≤10	10～15	≥15
500～700	≤15	15～20	≥20

注：大于 700 m 钻孔按弯曲率计算允许偏离位移。

（4）钻孔终孔后，地质技术人员对岩心进行编录，分别计算岩心、矿心采取率，岩心采取率平均不低于 70%；矿体及其顶底板围岩、近矿围岩蚀变带、控矿构造标志层的采取率不低于 80%，若连续两个回次（或厚大矿体中连续 5 m 以上）采取率低于 80% 时，做补采操作。技术指标如表 3 所示。

（5）岩心保管、简易水文观测及各项原始记录应符合常规要求。

表 3 岩心矿芯采取率质量要求

钻孔级别	矿心采取率/%	岩心采取率/%
一级	≥80	≥75
二级	≥75	≥70
不合格	≤75	≤70

4.6.2 采样和元素分析

凡是矿化露头和探矿工程中揭露的矿体、矿化带及夹石，矿体及矿化带上下盘 5 m 范围内全厚度连续采取基本分析样品，对不同类型、不同品级的矿石分段连续采样。钻探工程的矿心采样沿矿心纵轴分半，采样单样长度为 0.5～1.5 m，遇不同回次的矿心直径不同和采取率相差大的情况分别采样。

4.6.3 水文地质工作要求

（1）做好钻孔水文地质编录工作，准确描述地层岩性、颜色、结构、构造、裂隙、溶蚀等现象，对涌水、漏水深度、破碎掉块、卡钻、溶洞位置、充填情况，以及孔内异常现象尤其注意。

（2）钻探机台人员每回次下钻前和提钻后做好简易水位观测记录，准确记录溶洞、出水点的位置，估计出水量，如发现水文地质异常应及时进行汇报。

（3）由于该区域是凡口铅锌矿疏干漏斗的主要进水通道之一，因此钻孔必须做好封孔工作。

5 预期地质效果

（1）勘查工作完成后，预测可获得 C + D 级黄铁铅锌矿石量约 300 万吨，品位 $w(Pb)$ 为 5.53%、$w(Zn)$ 为 11.62%、$w([S])$ 为 21.41%；C + D 级金属量：Pb 为 165900 t，Zn 为 348600 t；[S] 为 642300 t；并可获得一定量伴生、分散金属元素储量。

（2）查明该区段地层层序、分布特征；查明该区域的主要构造特征、控矿作用及其成矿后构造的破坏影响程度；查明矿体规模、形态、产状及厚度与品位的变化情况，确定矿体的连续性；查明矿体中夹石及顶底板岩性分布情况；对矿床成因、成矿规律做出较全面的分析。

（3）查明矿石矿物、脉石矿物种类及含量、共生组合、嵌布粒度特征及矿石结构构造特征；查明矿石有用及有害组分种类、含量、赋存状况及分布规律，对共伴生矿物进行综合评价。

（4）查明矿石类型的选（冶）性能，做出类比评价或能否工业利用的评价。

（5）查明该区段的水文、工程和环境地质情况，划分矿床开采技术条件类型，做出水文、工程和环境方面的总体评价。

6 结语

本地质勘探工作总体是按《有色金属矿山生产技术规程》完成的，整个勘探方案的实施预计历时约 2 年，总投资 1696.9514 万元，可获得 C + D 级矿石量 300 万吨，平均每吨矿石勘探费用 5.66 元，勘探效果应该是好的。但本勘探是以普查资料为依据，资料可靠程度较低，勘探的风险较大。如果地质情况发生变化，地质人员可根据实际地质情况，对该设想方案或后续工程进行合理的修改完善。

参考文献（略）

狮岭南 Sh209a、Sh210a 矿体地质特征及成矿地质条件分析

刘荣涛

（广东凡口铅锌矿，广东韶关，512325）

摘　要：通过对 Sh209a，Sh210a 矿体地质特征及成矿地质条件分析，指明了今后寻找新矿体的方向。

关键词：地质特征；控制条件

1　狮岭南地段地质概况

该地段处于局限盆地相的边缘，由天子岭组、帽子峰组及壶天群主要地层组成。Sh209a、Sh210a 矿体主要赋存于中上泥盆统东岗岭上亚阶和天子岭下亚组岩层中。该矿体受断裂和一定层位控制。

1.1　含矿地层的地质特征

1.1.1　中泥盆统东岗岭上亚组（$D_2 d^b$）

该地层由白云质灰岩、白云质粉砂岩、鲕粒条带状瘤状灰岩、层纹状藻迭层石灰岩及轮藻灰岩组成，具有层纹状、波纹状鸟眼构造等地质特征。

1.1.2　上泥盆统天子岭下亚组（$D_3 t^a$）

该地层整合于东岗岭阶之上，主要由深灰色厚层鲕粒灰岩、条带瘤状灰岩及薄层互层白云质灰岩、钙质页岩、粉砂岩组成，岩石含泥质较高，具有条带瘤状构造及小同心圆结构等地质特征。

1.1.3　构造情况

狮岭南地段位于狮岭背斜的轴部，断裂构造极为发育，多组多向，主要为 NNE 向的 F_3 断层等。同向的 F_4、F_5 与 NE 向断裂发育于同一空间，相互归并利用延伸，构成北东—北北东向断裂带。断裂结构面沿走向或倾向均呈舒缓坡状，断裂上下盘岩层常出现牵引褶曲，具有多次不均衡压扭性活动的复合构造。虽未发现与矿化有直接关系，但 F_{203}、F_{16} 与 F_3 相切，而 F_{16} 是配合 F_3 扭动所产生的层间剥离。F_{16}—F_3 断块间中泥盆统东岗岭上亚阶层位中复杂的层间剥离构造，造成了容矿空间。

2　矿体地质特征

2.1　矿体特征

Sh209a 矿体赋存于 F_3 断裂下盘，中泥盆统东岗岭上亚组（$D_2 d^b$）层纹状白云质灰岩夹生物碎屑瘤状灰岩中，矿体向北侧倾伏，倾斜宽度 220～380 m，矿体平均厚度 7.32 m，厚度变化系数为 86%，薄而较稳定。Sh210a 矿体赋存于 F_3 断裂下盘、F_{16} 断裂上盘和中泥盆统东岗岭上亚阶（$D_2 d^b$）瘤状灰岩中，矿体平均厚度 3.51 m，倾斜宽度 70～285 m，厚度变化系数为 69.8%。Sh209a、Sh210a 矿体呈雁行式排列，呈似层状沿走向断续产出，上下层矿体时有沟通衔接连成一体，矿体延长规模大，Sh209a 长约 1350 m，Sh210a 长约 850 m，而延深则短浅，但矿石品位高。

2.2　矿石特征

矿石的矿物成分简单，主要金属矿物有黄铁矿、闪锌矿和方铅矿，次要矿物有菱铁矿、黄铜矿，少量的矿物有毒砂、磁黄铁矿等。这些矿物具有层纹状、生物残余构造及条带状构造及沉积特征。

3　成矿地质条件

3.1　地层控制

Sh209a、Sh210a 矿体主要产于泥盆系地层中，而该地层是一套不纯的碳酸盐岩，而且富含泥炭质。地层中成矿元素含量高，铅锌和硫矿体都产于富粉砂质、泥质及有机质的灰岩和白云岩中。沉积特征的条带状贫矿中，铅、锌、铁等金属矿物主要赋存于富砂、泥质条带中。矿体脉石矿物与围岩成分完全一致，主要为石英粉砂、黏土、方解石和白云石等。地层中含极丰富的藻类和海生底栖生物，在沉积成岩期间生化摄取，生物聚集和死亡后有机化学等作用，是成矿的一个重要控制条件。

3.2　沉积相控制

中泥盆世碳酸盐沉积相的沉积物中含大量泥沙，海生的生物繁茂，藻类生物丰富，在弱氧化还原环境下，有效地控制 Fe、Pb、Zn 等成矿元素在沉积期间得到初步的聚集。生物礁相—礁后台盆微相是同生沉积

阶段金属元素汇聚的良好环境，该生物礁富含生物、多孔隙以及礁灰岩早期成岩的白云岩化，是改造成矿的主要控制岩相；生物礁隆起和礁后凹陷是控制矿床的独特古地理条件。

3.3 构造控制

NNE 向的压扭性断裂与 NW、NE 向断裂发生斜接复合的断裂构造带，经过漫长的地质活动产生的热能通过同生水或雨水的深部循环导致金属元素的活化，并在循环过程中使矿质不断地发生垂向上穿的运移和广泛的侧向汇集，并在较小的范围内高度集中，经过长期聚集形成沿走向延长规模大、沿倾斜延深短浅的品位高的矿体。

4 结语

（1）泥盆系中统东岗岭上亚组灰岩及泥盆系上统天子岭下亚组灰岩是狮岭南主要赋矿层位，礁滩后局限盆地内生物不纯碳酸盐岩相是成矿富集岩相。认识这一点为以后矿区及外围进一步找矿提供了方向。

（2）F_3 下盘的 Sh209a、Sh210a 矿体赋存于 F_3 与 F_{16}、F_{203} 断层所制约的强烈层间破碎带中。这些认识对找新的矿体指明了部位，对扩大矿区勘探的正确布置有重要意义。

（3）赋存于 F_3 下盘的 Sh209a、Sh210a 矿体不但与断层有依存关系，而且与层间剥离构造有关，反映矿体沿走向及倾斜延伸较大，成为似层状矿体。这种地质特点对矿床的评价与勘探工作具有指导意义。

参考文献（略）

狮岭顶板矿体地质特征及找矿建议

陈秋宏

（广东凡口铅锌矿，广东韶关，512325）

摘　要：本文阐述了凡口铅锌矿高品位矿石地段——狮岭顶板地段，目前保有矿石储量不足，资源质量下降，迫切需要寻找新的矿产资源，扩大资源储备。在总结分析狮岭顶板地段特殊的地层、构造、矿体特征及其成矿规律的基础上，认为目前采矿生产区的北部具有很好的成矿远景，为此，初步选定一个成矿预测靶区，提出找矿勘探建议。

关键词：地层；矿体特征；成矿规律；成矿预测

众所周知，狮岭顶板地段矿体的矿石品位是全凡口矿最富的，$w(Pb+Zn)$ 平均在 20% ~ 25%。该地段历来对调节矿石出窿品位，起到至关重要的作用，但是，经过十六七年的开采，目前保有矿量已不多，约 60 万吨，采矿量已逐年下降（见表 1）；而且多为底柱、间柱或边角残矿，难采采场，采矿贫化率高，出矿品位降低，导致调节坑口出窿品位越来越困难。

表 1　顶板地段近期采矿量完成情况

年份	采矿量/t	采灰量/t	采矿贫化率/%	留场灰/t	出矿贫化率/%
2003	151436	34836	18.70	7410	15.33
2004	110088	24805	18.39	4273	15.72
2005	74322	17577	19.1	3289	16.12
2006	65112	16623	20.34	3782	16.47
2007	57744	9752	14.45	3003	10.46

并且，从整个凡口矿的大局出发，按照凡口矿目前生产规模和保有矿产资源，矿山已存在中度的资源危机，迫切需要寻找新的矿产资源、扩大资源储备。

1　狮岭顶板地段开采历史现状

1.1　顶板矿体名称的由来

顶板矿体位于狮岭主矿体的顶部，主要产于 D_3t^c 地层和 C_1 地层，这是凡口矿含矿层位中较新的地层，而且，顶板矿体产状倾角较平缓，因此，在垂直剖面上，顶板矿体覆盖在狮岭主矿体的顶部，这是顶板矿体名称的由来。

1.2　开采历史现状

顶板地段在 20 世纪 80 年代末，完成开拓、采准工程，90 年代初开始采场生产，与其他地段相比起步时间较晚，这是由于该地段地处 C_1 层和强岩溶含水

层 $C_{2+3}ht$，俗称"大破烂小破烂"地段，可见其回采安全难度相当大。

顶板地段经过六七年的开采，目前保有矿量已不多，约 60 万吨，而且多为底柱、间柱或边角残矿，难采采场。因此，回采越来越困难，采场生产能力不断下降。

2　狮岭顶板地质特征

2.1　地层

该地段主要揭露地层有泥盆系上统天子岭组上亚组（D_3t^c）、石炭系下统（C_1）和石炭系中、上统壶天群（$C_{2+3}ht$）。

（1）D_3t^c 地层：由深灰色厚层块状花斑状灰岩组成，夹深灰色白云岩、灰黑色薄层泥灰岩、泥质粉砂质灰岩及钙质粉砂岩。厚层灰岩中花斑状构造普遍清晰，薄层灰岩中以条带状构造为主。地层厚度为 35 ~ 88 m，平均 78 m，是本地段主要含矿层位。

（2）C_1 地层：上部为灰黑色厚层隐晶质灰岩夹微粒白云岩，或灰黑色碳质细砂岩夹页岩，含鸡窝状劣质煤层；下部为灰白色中厚层粗—细粒石英砂岩夹少量页岩、泥灰岩。地层平均厚度为 20 ~ 50 m，与下伏地层呈微不整合接触。C_1 地层是本地段主要含矿层位。

（3）$C_{2+3}ht$ 地层：上部为灰白色、浅灰色隐晶质灰岩、微粒白云质灰岩夹白云岩，部分为浅灰色粗粒白云岩或微肉红色细粒白云岩。下部为微肉红色块状白云岩夹白云质灰岩。岩性简单均一、性脆，节理裂隙发育，裂隙面常有铁质渲染。地层厚度为 400 ~ 500 m，与下伏地层呈微不整合接触，一般无矿体赋存，只在断裂附近偶见浸染状矿体。$C_{2+3}ht$ 地层是矿区强岩溶含水带。

2.2 构造

该地段主要发育有 F_4、F_{105}、F_{104}、F_{101} 断层及其他派生牵引构造，层间滑动断层。

（1）F_4 断层：是凡口矿矿区主要断层，位于矿床中部，它的上盘是金星岭地段，下盘是狮岭或狮岭顶板地段。F_4 断层走向北北东 12°～25°，倾向 102°～115°，倾角较陡（60°～83°），尤其在中段，与金星岭背斜交截处最陡，达 83°，南北两端略缓，但倾角仍在 60°以上。断层两侧具有明显牵引挠曲，可以看出它的右行平移逆冲断层性质。断裂带宽度 2～3 m，最大 10.3 m。断层面破碎程度往深部有明显减弱趋势，断裂带两侧岩石破碎程度在不同的岩层中表现不同，当岩性为 $C_{2+3}ht$ 白云岩时，破碎异常强烈，角砾构造明显。当岩性为天子岭组灰岩时，破碎范围较小。当岩性为帽子峰组砂页岩时，出现强烈揉皱现象。断裂破碎带处一般具角砾岩、似糜棱岩，常见有黄铁铅锌矿化的泥质胶结物。

（2）F_{105} 断层：走向北北西，倾向 260°～330°，倾角 50°～80°，对矿体有明显错动作用，断层面破碎。

（3）F_{104} 断层：走向北东，倾向 100°～150°，倾角 25°～45°，左行平移逆断层，断层面破碎。

（4）F_{101} 断层：走向北北东，倾向 280°～335°，倾角 60°～80°，右行平移逆断层，断层面光滑紧闭。

（5）其他断层：受矿区主要构造影响，导致产生的派生牵引断层，裂隙、节理。

2.3 水文地质

（1）顶板矿体虽处于浅部截流疏干有效范围内，但局部地段存在残余水头和溶洞残留物，存在突水、涌泥的可能。

（2）矿体上盘壶天群 $C_{2+3}ht$ 为强岩溶含水带，C_1 地层隔水性差，易渗水、漏水。

2.4 矿体特征及其成矿规律

顶板矿体主要有 Sh21、Sh22a、Sh25a、Sh26、Sh27、Sh28a。矿体均呈北北东走向，倾向东，倾角平缓，大都小于 40°（见表 2）。主要产于 D_3t^c 和 C_1 地层之中，矿体顺层产出，形态复杂，多呈长条脉状、透镜状、似层状，分枝复合多。矿体埋藏标高由 -220 m 至

+3 m。下部矿体靠近 F_4 断层，位于 F_4 下盘，产于 D_3t^c 地层。上部矿体离开 F_4 断层，但产于 C_1 地层和 D_3t^c 地层之中。矿体的成矿规律符合凡口矿的总体规律，即"层、相、位"的控矿规律。"位"（即北东、北北东向断裂构造）决定了矿体群和矿体的就位空间。"层"即对矿体形态有一定的控制作用，"相"即矿体形成时的岩相古地理环境。矿体基本都是赋存于 $C_{2+3}ht$ 与 C_1 地层交界处、D_3t^c 与 C_1 地层交界处，或 C_1 地层之中，$C_{2+3}ht$ 地层内几乎无矿体发现。沿 C_1 地层、D_3t^c 地层的层间滑动带，控制了矿体形态、层状、似层状矿体的倾向。矿体就位于 F_4 断层、F_{104} 断层、F_{105} 断层等构造发育地带或层间滑动虚脱部位。

3 找矿建议

3.1 预测靶区的选定

本预测靶区选定坐标范围为：$X = 2778300 \sim 2778450$，$Y = 462700 \sim 462850$，$Z = -200 \sim -160$ m。

3.2 预测靶区的依据

（1）本靶区的西部和南部是采矿生产区，预测靶区的南部 Shd-200m 5～9 号采场，2005 年往北拉底采矿，与原资料相比，实际矿体往北多延长约 20 m。该采场北部围岩 C_1 地层，矿化发育，沿矿化带掘进，曾发现一个长约 20 m，厚 5 m 的独立小矿体。

（2）本靶区主要有 D_3t^c 和 C_1 地层，C_1 地层是顶板高品位矿石的标志性地层，从采场的揭露情况看，其矿化发育。靶区内断层构造发育，其中主要有 F_4 断层，是凡口矿主要的控矿断层，符合"层、相、位"的控矿规律。

（3）该区域虽有一定的地探工程控制，但由于其勘探网度较稀（100 m × 50 m），对矿体形态和矿石储量的控制误差较大，因此从采场揭露情况看，该区域矿体形态复杂，厚度变化大，矿体的连续性、稳定性变化都较大。例如 Shd-200m 5～10 号采场，原设计是无底柱采场，但在二分段拉底后发现底板有约 40 多米长的矿石。其他采场附近也常有矿体分枝或独立矿苗的发现。

表 2 顶板地段主要矿体特征

矿体编号	矿石类型	厚度/m		平均品位（质量分数）/%			倾向/(°)	倾角/(°)
		一般	最大	Pb	Zn	[S]		
Sh21a、Sh22a	块状黄铁铅锌矿	17～19	33	6.57	16.38	21.23	90～102	15～20
Sh25a	块状黄铁铅锌矿	15～30	40	6.39	15.83	22.34	84～107	36～50
Sh26a、Sh27a、Sh28a	块状黄铁铅锌矿	7～13	28	7.01	8.5	26.15	85～105	37～42

3.3 找矿勘探手段的选择

3.3.1 勘探网度的选择

凡口矿多年的生产探矿实践和探采对比结果证明勘探网度(15~20)m×17.5 m,能较好地控制矿体形态和矿石储量,满足生产需要,因此,沿用原勘探川脉剖面间的距离17.5 m,剖面上钻孔间的距离为15~20 m,中段高40 m,求取B+C级储量。

3.3.2 勘探工程的布置及施工顺序

采用凡口矿目前的坑内钻机进行探矿施工,充分利用靶区西部原有的回风巷、川脉采矿工程,在-160 m中段施工9条(4条为备用)长约150 m的川脉巷,每条川脉巷设计6个钻孔,孔深为45~60 m。为降低找矿勘探投资风险,采用先稀后密的勘探网度,先施工川脉号为偶数的川脉S2号、S0号、N0号、N2号、N4号,且靠近南部采区的川脉先施工。然后,根据探矿情况决定是否加密施工川脉号为奇数的川脉。

3.4 找矿勘探效果预测

探明靶区内地层特征及层序,查明区域内的主要构造F_4断层及其派生构造的特征和控矿作用,查明矿体空间赋存位置、形态特征及其储量和品位。预测能探获高品位矿石5~10万吨。

4 结语

找矿勘探是一项长周期、高风险的投资,地质科技工作者的作用和奉献在于做足、做细区域地质背景的调查,尽可能地找齐各种矿化信息及其成矿远景,从而尽可能地降低找矿勘探的投资风险,乃至探明远高于投资价值的工业矿体。

同时,在找矿勘探过程中,应认真规范收集整理好各种地质信息,并保全存档,有些地质信息在目前的技术水平和成矿理论下,无法解释其成矿远景,但也许随着科技的进步,原有的地质信息将变得很有价值。

参考文献(略)

凡口铅锌矿地质构造特征及找矿方向

姚华舟[1]　蔡锦辉[1]　韦昌山[2]　王　猛[2]

（1. 宜昌地质矿产研究所，湖北宜昌，443003；2. 中国地质科学院地质力学所，北京，100081）

摘　要：凡口铅锌矿属特大型规模的矿山，探获铅锌资源储量近千万吨。近年来，随着找矿技术方法的进步和成矿理论的深化，凡口矿区陆续发现了一些厚大矿体，新增铅锌资源量数百万吨，初步显示出该矿区良好的找矿前景。通过对区内矿床地质及构造资料的分析和研究，将矿区的构造划分为 4 个级别；认为在金星岭、园墩岭深部和凡口选矿厂以南地区有一定的找矿前景；并认为该地区有找铅锌矿以外的其他矿种潜力。

关键词：地质构造特征；矿床成因；构造演化；找矿方向；凡口铅锌矿；广东

凡口铅锌矿床自发现以来，前人对其已经做过大量的研究工作，对控矿构造、成矿规律及矿床成因提出了诸多见解，其主要观点随着矿床学研究的进展依次是：

（1）706 地质队提出断裂控矿观点（20 世纪 60—70 年代）；

（2）932 地质队提出"层相位"成矿规律（20 世纪 70—80 年代）；

（3）吴延之等提出层控观点（20 世纪 80 年代）；

（4）陈学明提出海底热泉成矿观点（20 世纪 80—90 年代）；

（5）中南大学、广东有色局及凡口矿联合科研队提出多因复成成矿理论（21 世纪）。由于危机矿山项目的实施，通过对该区地质构造的研究，认识凡口铅锌矿区构造特征及相互关系仍值得进一步探讨。

1　成矿地质背景

凡口铅锌矿位于南岭中段，粤北曲仁构造盆地北缘，凡口倾伏向斜昂起端。九峰—诸广山东西复杂岩浆构造带与北北东向北江构造带北段之交接复合部位。区内构造十分发育，主要为北北东向、北东向、北西向断裂，次有近东西向和南北向构造。矿区内铅锌矿体主要受北北东向、北东向构造及层间滑脱构造控制。根据 2008 年 6 月以前的矿山开采及地质勘探揭露表明，凡口铅锌矿已探明矿量的 95% 集中在大约 2 km² 的范围之内。

1.1　地层

凡口铅锌矿区出露古生代寒武系、泥盆系、石炭系和二叠系地层。其中泥盆系中统东岗岭组上亚组灰岩（D_2d^b）及泥盆系上统天子岭组不纯碳酸盐岩（D_3t）是矿区主要赋矿层位，石炭系次之。二叠系仅在东部铁石岭一带出露，而寒武系浅变质碎屑岩系则构成矿区含矿岩系的沉积基底，广泛分布于矿区外围。

1.2　构造

矿区断裂构造发育，按断裂走向大致可分为：北北东向的 F_1、F_2、F_3、F_4、F_5、F_6、F_7、F_8、F_9、F_{10}，北东向 F_{101}、F_{102}、F_{105} 和北北西向的 F_{203} 等断层。其中 F_3、F_4、F_5 断裂为矿区主要的控矿断裂。

1.2.1　北北东向断裂

北北东向断裂规模大，延伸稳定，数量多，断裂之间间隔有规律，并具有多期活动的特征。根据影像特征看，它常切断北东向断裂和北西向断裂。

F_3 断裂：在破碎带内见铅锌矿石角砾为脉状铅锌硫化物胶结、方解石角砾、脉状方解石断层泥，两组构造擦痕面，早期为左旋，后期为右旋，多期次活动明显；狮岭深部矿体（−650 m 以下）在深部仍然与 F_3 粘连，靠近 F_3 厚度变大，远离 F_3 变小，变陡。据 2008 年危机矿山项目在 −600 m 中段对深部的勘查，在 −650 m 以下矿体逐渐变小，矿种由铅锌为主转变为以黄铁矿为主，在 −700 m 以下的 F_3 断裂中及附近，矿体逐渐尖灭。通过危机矿山项目的实施，验证 F_3 控制的厚大矿体的下方（−700 ~ −1111 m）没有新的矿体出现，并且是在同一套控矿地层中，铅锌矿化都没有出现，反映出直接沿 F_3 断裂找矿可能有问题。

F_4 断裂：位于矿床中部，断层走向北北东 12° ~

*　**基金项目：**危机矿山"广东省韶关市凡口铅锌矿接替资源勘查"项目（200744103）资助。

25°、倾向102°～115°、倾角较陡，为60°～80°，在断层中段，与金星岭背斜交切处倾角达83°，南北两端略缓，但倾角仍在60°以上；平均断距约176 m，最大可达340 m。断层两侧具有明显牵引挠曲，具右行平移逆冲断层性质。断裂带宽度2～3m，最大宽度10.3 m。断裂带两侧岩石破碎程度在不同的岩层中表现不同，往深部破碎程度有明显减弱趋势。当岩性为C_{2+3}ht白云岩时，破碎异常强烈，角砾构造明显；当岩性为天子岭组灰岩时，破碎范围较小；当岩性为帽子峰组砂页岩时，出现强烈揉皱现象。断裂破碎带处一般具角砾岩、似糜棱岩，常见黄铁铅锌矿化的泥质胶结物。

F_5断裂：长达2.5 km以上，走向0°～20°，倾向南东，倾角40°～77°。F_6断裂长达2.4 km，走向10°～20°，倾向南东，倾角60°～72°，也是东矿带主要控矿断裂之一。

1.2.2 北东向断裂

北东向断裂特点是规模较小、延伸较短，少数延伸较长，多被北北东向断裂错断，部分被北北东向断裂改造、归并。

F_{101}断层：走向北东，倾向280°～335°，倾角60°～80°，右行平移逆断层，断层面光滑紧闭。

F_{104}断层：走向北东，倾向100°～150°，倾角25°～45°，左行平移逆断层，断层面破碎。

F_{105}断层：走向北北西，倾向260°～330°，倾角50°～80°，对矿体有明显错动作用，断层面破碎。

1.2.3 北西向断裂

该组断裂在该区虽然不多，但规模大，在区域遥感影像很容易看出其线型构造。延伸最长可达200 km。该组断裂较为复杂，在地史时期有过多次活动。

F_{203}断层是矿区内一条十分重要的断裂，位于矿区西南部，呈零星出露，延长大于3.5 km，几乎跨过整个矿区。目前施工的钻孔有多个穿过该断裂。F_{203}倾向北东，地表露头倾角58°～70°；钻孔揭露造成地层重复，垂直断距大于100 m，水平断距仍在进一步勘察中；该断裂带在深部逐渐变缓，可能在深部与F_3、F_4等断裂交汇。

在凡口矿已发现的主要矿体均位于F_{203}断层上盘的含矿层位中，而断层下盘的地层还未发现铅锌矿化。在236号勘探线探矿孔ZK01（孔深1111 m）穿过F_{203}断层，该断层下盘出现明显的地层重复，泥盆系中统东岗岭组上亚组（D_2d^b）白云质粉砂岩、白云岩、纹层状白云质粉砂岩被错动使该地层加厚。

1.3 岩浆岩

区内岩浆岩不发育，仅在矿区的西北部见辉绿岩

脉；在深部钻孔中辉绿岩脉出现较多，有20多处见辉绿岩脉，呈暗绿色，主要以细长条带状（少量呈透镜状）形态侵入到东岗岭组（D_2d）、天子岭组（D_3t）、壶天群（C_{2+3}ht）及C地层中，长度从30 m至350 m不等，宽一般3～10 m，最大不超过20 m，岩脉产状走向NNW或NEE向，倾向N，倾角40°～50°。5件辉绿岩样品的铷—锶等时线年龄为160 Ma，其Sr87/Sr86初始值为0.7126*。

2004年在狮岭深部施工的探矿孔中，揭露到了石英闪长斑岩脉，显示该矿床的成矿作用可能比较复杂，有待进一步研究。

根据航磁数据处理解释和遥感数据处理解释推断，在凡口矿的西侧，安岗的北侧有一个较大的隐伏岩体；该隐伏岩体离凡口铅锌矿区的平距不到2 km。

2 成矿地质特征

2.1 矿床地质特征概述

凡口矿区主要包括水草坪、铁石岭、富屋、凡口岭4个矿床，其中水草坪和凡口岭矿床产于凡口倾伏向斜的西南翼，铁石岭和富屋矿床产于凡口倾伏向斜的北东翼。以水草坪矿床规模最大，其资源总量占已发现资源的90%以上。矿体分布在长约3000 m、宽约1000 m，垂深约+130～-750 m标高的地带内。大部分矿体沿F_3、F_5、F_{101}、F_{102}、F_4等主要控矿断裂黏合成"瓜藤状"产出，呈不规则状、透镜状、燕尾状、扫帚状，厚度大小不一。主要赋矿围岩是中泥盆统东岗岭组、上泥盆统天子岭组、下石炭统的不纯碳酸盐岩。前3个矿段占水草坪矿床总量的99%，是现凡口矿主要开采对象。

铁石岭矿床在水草坪矿床的东面3 km。矿体主要分布于F_9、F_{10}、F_{14}断裂的上下盘，上泥盆统天子岭组上亚组和下石炭统岩关阶孟公坳组碳酸盐岩为主要赋矿围岩。矿体厚度小，埋藏深度大，受断裂构造和层位控制，呈似层状或扁豆状形态产出。与水草坪相比，矿床具有富铅、富银、富铜，尤其是发现了单独的铜矿体。

2.2 矿石特征

矿石矿物成分较简单，主要金属矿物有黄铁矿、闪锌矿和方铅矿，次要及微量金属矿物有黄铜矿、黝铜矿、车轮矿、毒砂、辉锑矿、硫锑铅矿、白铁矿、深红银矿、银黝铜矿、辉铜矿、锡石和铜兰等；脉石矿物主要有石英、方解石、绢云母，次要的有菱铁矿、

---

* 《凡口矿东矿带成矿规律与成矿预测研究》，2001年6月。

绿泥石、重晶石、白云石等；蚀变矿物主要为绢云母和绿泥石。

矿石结构、构造却比较复杂。主要矿石结构有晶粒结构、环带状结构、草莓状结构、生物结构、溶蚀结构、交代溶蚀结构、交代残余结构、压碎结构、乳浊状结构等。矿石构造主要有块状构造、条带状构造、条纹状构造、浸染状构造、角砾状构造、生物残余构造等。

矿石主要有用组分有 Pb、Zn、S，伴生有益组分有 Au、Ag、Hg、Ga、Ge、Cd 等，根据组合分析，Ag、Hg、Cd、Ge、Ga 与主金属含量成正的消长关系，且含量较高。其中 Ag、Cd 构成大型矿床。有害组分 As、F 的含量未超标。

根据凡口矿区矿石结构构造、矿物共生组合、矿物形成世代、矿化围岩蚀变等特征及其时空分布，不考虑表生氧化期的变化情况，可以确定矿区硫化物成矿全过程具有 3 个成矿阶段：早期黄铁矿成矿阶段，高中温铅锌硫化物成矿阶段和中低温铅锌硫化物成矿阶段。

2.3　围岩蚀变

矿区矿化围岩蚀变不强烈，蚀变类型简单；但具有蚀变分布变化复杂的特点。常见的矿化有黄铁矿化、白云石化、方解石以及硅化、绿泥石化、绢云母化等。黄铁矿化、白云石化、方解石化属近矿围岩蚀变；在断裂构造上下盘围岩中的粉砂质白云岩、白云质粉砂岩，则常出现绿泥石化、绢云母化。与矿化相关的围岩蚀变主体类型为硅化、白云石化和方解石化；同时也伴随有菱铁矿化和重晶石化，在局部有绢云母化；在蚀变强度及空间变化特征上，剔除围岩岩性、断裂活动叠加等因素的影响，大体有重晶石化和白云石化向浅部增强，硅化和菱铁矿化向深部增强的基本规律。

2.4　矿床成因

粤北地区位于南岭 NW 向构造带的中部，其花岗岩浆侵入活动从印支晚期就已经开始，燕山期此类岩浆活动达到高峰。虽然在矿区没有花岗岩类岩体出露，而矿区与出露的九峰—诸广山花岗岩体（166～195 Ma）直距约 10 km，但航磁数据及遥感资料均推断在矿区西侧存在隐伏岩体，这为深部地层中的铅锌等矿质的活化、迁移提供了必要的热源和动力；由于源区和流经岩石的水通过水/岩交换反应不断萃取富集铅锌等成矿金属元素形成成矿流体，因此具有多源区系统；赋矿地层、深部地槽构造层以及深部花岗岩岩浆都是成矿金属元素的提供者，特别是地槽构造层

和燕山早期花岗岩岩浆所提供的成矿金属元素应是重要来源。

在矿区钻孔及坑道中发现多条辉绿岩脉，侵入的最新地层为中侏罗统，其 Rb - Sr 等时线年龄为 160 Ma；多处发现黄铁铅锌矿脉侵入到辉绿岩脉中，有的地段可见在紧邻辉绿岩脉的部位，矿石呈角砾状，黄铁矿呈细粉末状胶结矿石角砾，单纯的黄铁矿矿体则在紧邻辉绿岩的部位明显重结晶呈粗大的自形—半自形晶颗粒。无论铅锌黄铁矿矿体或单纯黄铁矿矿体，在紧邻辉绿岩脉的部位都具有绿泥石化、硅化以及铁白云石化现象；显示至少有一期成矿期在岩浆活动之后，可以推断，凡口矿区铅锌硫化物矿床的最终成矿时代为燕山期。

基于前人在矿床成因上的大量研究，本文仅认同凡口矿区铅锌硫化物矿床为多因复成矿床。但更强调燕山期的岩浆热液在矿床形成中的重要作用。

3　构造演化分析

从区域构造的发育特征来看，凡口铅锌矿所在区域经历了地槽、地台、活化三大构造演化阶段。其中活化阶段以断裂构造为主，为该阶段的深部矿液的运移提供了良好的通道和定位场所[1~3]。构造对成矿的控制作用表现为构造带与成矿带空间分布的一致性，NE 向主干构造在控矿上一般起导矿作用，它决定热源及矿床的分布，次一级的构造断裂则对矿液的扩散及富集具重要作用，控制着矿体群的分布。岩层中的层理、层间滑动及其他小断裂属容矿构造，它决定矿体的具体产生位置、形态及产状。

区内构造主要有 NE 向、NNE 向、NW 向和 EW 向 4 组断裂构造，它们在地史时期表现为具多期性，其力学性质在不同的时期有着不同的运动方式和特征；在空间上主要分布和叠加于凡口倾伏向斜之上的次级褶皱中。

根据该地区构造规模、构造特征及构造间的相互关系，我们认为凡口矿区的现行构造可划分为 5 级：Ⅰ 级构造为 NE、NW 向的基底断裂，它们在遥感图上显示为规律的线形构造，切割矿区所有地层，延长几十公里。Ⅱ 级构造（如 F$_{203}$）走向 NNW，在矿区南部被 NW 走向的 Ⅰ 级构造归并，它是区内一条重要的断裂构造，区内钻孔勘查显示它造成地层叠置重复，其上盘向上、向南方斜向上升运动；断裂面为上陡下缓，具有推伏构造的特征。Ⅲ 级构造是矿区的一组北北东向的控矿构造（如 F$_3$、F$_4$），这组构造把含矿热液从导矿构造引入到有利的成矿地段。Ⅳ 级构造就是北北东向构造运动所派生出的多组次级构造系统，它们

有北东向的裂隙构造、顺层的滑动构造以及低级别的碎裂构造带等容矿构造（如 F_{101}、F_{104}）。

基于上述凡口铅锌矿区地质构造特征，本文认为凡口铅锌矿成矿的构造活动特点及顺序应是：

（1）受海西期构造应力场作用，使不整合覆盖在早古生代地层之上的晚古生代地层发生变形，形成凡口向斜和伴生的北西、北东向断裂构造带，奠基了凡口矿区最基本的构造格局。到印支期，构造地应力继承了海西期的应力场特征，地应力进一步作用，在矿区形成北东走向的断层系统，控制了凡口矿区上部海西—印支沉积盖层中上泥盆统局限凹陷盆地的规模、特征，从而控制了有利于成矿物质相对聚集的环境；同时在这一时期也可能伴有层间含矿热液沿断裂和层间化学性质比较活泼的有利围岩处贯入和交代形成铅锌硫矿体[4,5]。

（2）燕山早期，由于凡口矿区地应力场发生了变化，强烈的构造作用，北北东走向的一组（F_3、F_4、F_5、F_6 等）构造开始形成或改造北东向构造，同时伴有深部岩浆活动和含矿热液的迁移以及辉绿岩脉和石英闪长岩脉侵位；此类含矿热液在凡口矿区的导矿构造附近的有利地层和有利空间沉淀、交代和富集形成铅锌矿体。

（3）在燕山中—晚期，前期形成的北西向断裂带再次活动，使派生形成的 F_{203} 断裂活动强度加大，F_{203} 对矿区的成矿、控矿构造（北北东、北东和东西等断裂组）进行了切割、位移和改造；经钻孔验证，F_{203} 断层的断距为矿区最大的一条，切割了北北东组断裂，并使北北东组断裂发生旋扭性改造，在与 F_{203} 断层接触处，其构造线走向为北北西向。依据对 F_{203} 断裂的认识和对该断裂带两侧地层的恢复对比，初步认为该断裂带最后定型时的构造运动是东北盘（上盘）向南、向上扭动斜推，造成 NNE 向构造（F_1、F_2、F_3 和 F_4 等）在与南端有一点旋转的特征；推测 F_{203} 断层造成的水平位移在 1000 m 左右。

4　找矿方向

通过大量地质资料的综合和矿区实地地质调查研究，依据对矿区的成矿地质环境、构造对成矿的控制特征、运动规律和矿床成因分析，综合区域控矿地层分布特征和铅锌富集规律，并鉴于对矿床成因的认识，由于 F_{203} 是成矿后定型的断裂带，其上盘是向上、向南扭动，因此，本文认为首先要对 NNE 组构造、NNE 与 NW 组构造的关系进行研究，讨论 F_{203} 断裂带在金星岭、园墩岭深部是否存在，其下盘有无对成矿有利的地层，如在此处造成地层重复，深部有一定的找矿前景；其次 F_{203} 的西侧凡口选矿厂以南地区值得进一步工作，研究深部岩浆活动对近地表的影响，并寻找铅锌矿以外的其他矿种。2004 年在狮岭深部施工的探矿孔中，揭露到了石英闪长斑岩脉以及铁石岭有小的铜矿体，为该地区寻找其他矿种的矿床提供了信息。

5　结语

凡口铅锌矿的研究工作自被发现以来就一直没有间断过，前人做了大量的、几乎是全方位的工作，要想在该区取得新的找矿重大突破，一定要认真综合和总结以往的地质勘查、矿山开采以及各研究单位的资料，通过对矿区及外围实际地质矿产资料和信息的综合研究，可能会得出一些新的、有找矿价值的信息，从而指导我们下一步的地质找矿工作。本文仅是依据半年的危机矿山项目实施，从海量的资料中提出一点个人认识，不妥之处，诚请指正。

致谢：工作期间得到凡口矿区张木毅矿长、刘慎波副部长和陈尚周科长以及坑口地测科同仁的大力支持和帮助，以及在凡口矿探索性讨论中给予的许多有意义的意见，在此谨表感谢！

参考文献

[1] 陈国达. 陈国达地洼学说文选[M]. 长沙：中南工业大学出版社，1986.

[2] 陈学明. 粤北层控矿床的构造演化成矿模式和找矿预测[M]. 北京：地质出版社，1992：42 - 45.

[3] 李佩兰. 凡口铅锌矿床成矿作用演化规律[J]. 地质与勘探，1989，25(8)：9 - 16.

[4] 侯奎，陈延成. 广东凡口矿区泥盆系上统的"台槽相"及其与成矿的关系[J]. 化工矿产地质，2000(22)：211 - 221.

[5] 王力，彭省临，龙永珍，等. 广东凡口铅锌矿多因复成成矿作用[J]. 桂林工学院学报，2003(23)：149 - 153.

广东凡口铅锌矿床的走滑成矿模式

梁新权[1] 温淑女[1,2]

（1. 中国科学院广州地球化学研究所，广州，510640；2. 中国科学院研究生院，北京，100049）

摘 要： 广东凡口铅锌矿富存于粤北曲仁盆地北缘中、上泥盆统碳酸岩石中，是吴川—四会钨、锡、铅、锌多金属成矿带的重要代表性矿床之一。矿区内发育一系列与矿床形成及改造有关的 NE 向、NNE 或 NW 向走滑构造。其中印支期 NE 向左行走滑构造最重要的成矿期构造；矿体的空间产出状态和富集程度主要受 NE 向走滑构造控制，但同时受燕山期与喜山期等成矿期后 NNE 向和 NW 向右行走滑伸展构造的改造和影响。矿区 NE 向走滑构造带的演化与发展及其相伴的岩浆等热液活动是该大型矿床形成的重要制约因素。

关键词： 走滑构造；成矿作用；控矿作用；铅锌矿；广东凡口

走滑构造在不同尺度、不同规模的地壳中存在。大型走滑构造一般延伸远、切割深，活动历史长，构造性质复杂，而且经常发生力学性质的转换，因此常常成为大规模热液流体运移、聚集及中—低温金属成矿作用的有利场所（Bellot，2008；Betts et al，2004；Ezhov，1996；Hou et al，2007；Pinheiro and Holdsworth，1997；Reutter et al，1996；Richards，2003；Southgate et al，2000）。广东凡口铅锌矿床中发育一系列不同方向与不同规模的走滑构造，其中 NE 或 NNE 向的走滑构造带控制着主要矿体的产出空间，但目前尚未引起矿床学家和找矿部门的高度重视。这里作者简单就矿区所在区域及矿床本身走滑构造做些阐述，以便对矿床形成以及未来的深、边部找矿有所帮助。

1 华南存在巨型走滑花状构造系统

凡口铅锌矿区经纬度分别为 25°04′ ~ 25°09′ 和 113°35′ ~ 113°38′，位于华南吴川—四会—杭州和钦州—梧州—杭州两条大型走滑构造带之间（见图 1）。晚古生代至早中生代（$P_2 - T_2$）期间，因为古特提斯洋闭合及印支板块与华南板块的碰撞（Chung et al，1999；Liang and Li，2005；Liang et al，2004；Wang et al，2007b；Wang et al，2005），华南地区在加里东褶皱带的基础上形成了一个由一系列早中生代中小型花状构造系统（如秀山、雪峰山和云开大山等）组成的有着上千公里宽的独特的巨大花状构造系统，包括泸州—华蓥山、秀山—桑植、花垣—大庸、怀化—沅陵、安化—溆浦—江口、新化—城步、灰汤—新宁、茶棱—临武、钦州—杭州、吴川—四会、陆丰—丽水（莲花山）等大型左行走滑断裂及走滑断裂间的冲褶带（见图 1）。晚中生代（$T_3 - K$），这一花状构造系统被右行走滑伸展构造强烈改造和叠加。

2 矿区走滑构造

矿区发育一系列的不同规模和不同方向的走滑断层以及与主走滑断层密切相关的一些褶皱、节理等构造现象。根据初步考察，矿区主要发育有 NNE 和 NW 向两组走滑构造（PDF）（见图 2）。NNE 向走滑构造带（$F_1 ~ F_{10}$）主走滑面 NE10° ~ 30°，陡倾，早期是左行走滑挤压，伴随产生同向次级 NE30° ~ 50°左右的 P 型剪切破裂（见图 3a）；晚期主走滑面转换为右行走滑伸展，NE50°左右的 P 型剪切破裂转换为 R 型剪切破裂，局部转换成 T 型张性破裂（见图 3b）。不论是地表，还是在矿井，矿区所发育的 F_1 至 F_{10} 断裂带均表现有两期以上不同方向的运动（见图 4a ~ d），次级的 NE 向 P 型断层能观察到晚期的右行走滑（见图 4e，4f）；NW 向走滑构造带与 NNE 向构造带类似，早期表现为左行走滑挤压，晚期也转换为右行走滑伸展（见图 3c，图 4g，4h）。此外，矿区存在一系列 NE 向构造，常被 NNE 向走滑构造利用和改造。根据断层之间的穿切关系，相对来说，NE 向构造形成较早，次为 NNE 向构造，最后为 NW 向或 NNW 向构造。

3 矿体产状

矿体呈现不同的规模，受地层、沉积相和构造共同控制。从平面上看，几乎所有工业矿体的"根"部都依附在断层上（刘慎波，1999），明显地受 NE 向走滑

基金项目： 中国科学院重大项目（KZCX1 - YW - 15）和国家自然科学基金项目（40673049）资助。

本文另载. 梁新权、温淑女. 广东凡口铅锌矿床的走滑成矿模式［J］. 大地构造与成矿学，2009，35（4）：556 - 566.

构造控制。矿区深部主体矿脉呈 SN 向或 NE30°~50° 延伸，产状陡倾，与 NE、NNE 或近 SN 向主走滑带（F$_{102}$或 F$_3$、F$_4$）和其次级 T 型伸展破裂面一致（见图 5a，5b，5d）。另有部分矿脉呈 NW320°雁行排列和延伸，与 NNW 向右行走滑面一致，同时产有与其配套的 NE 向张性矿脉（见图 5c，5d）。此外，有部分 NW 向矿脉与近 SN 向左行走滑带的 T 型伸展破裂面一致（见图 5d）。从纵剖面上看，一部分矿体受断层控制，另一部分矿体受地层、岩性或者层间滑动构造控制（见图 5e），总体来看类似花状构造。远离断层，矿体产状基本上与地层一致；靠近断层，则陡倾，与断层产状一致。

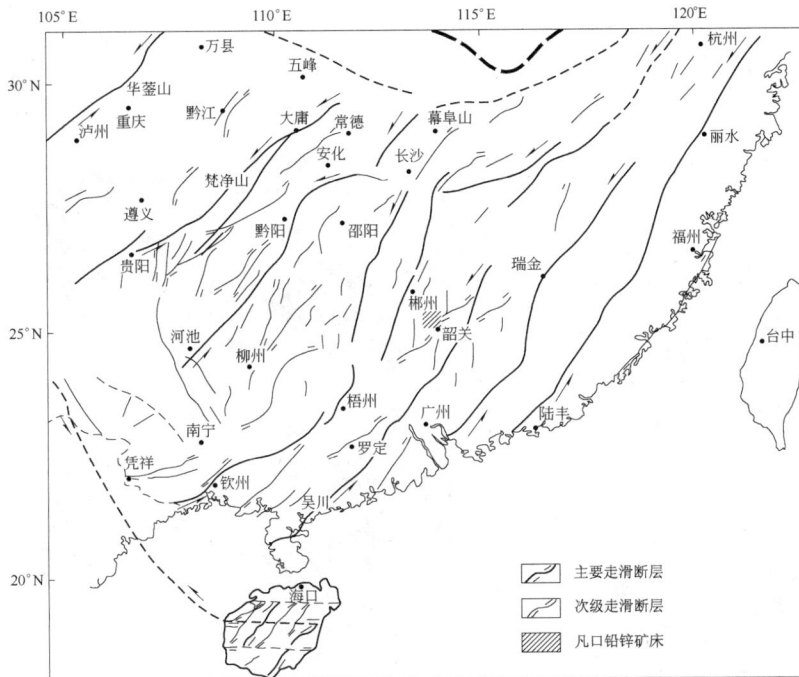

图 1　华南地区印支期（P$_2$ – T$_2$）走滑构造略图

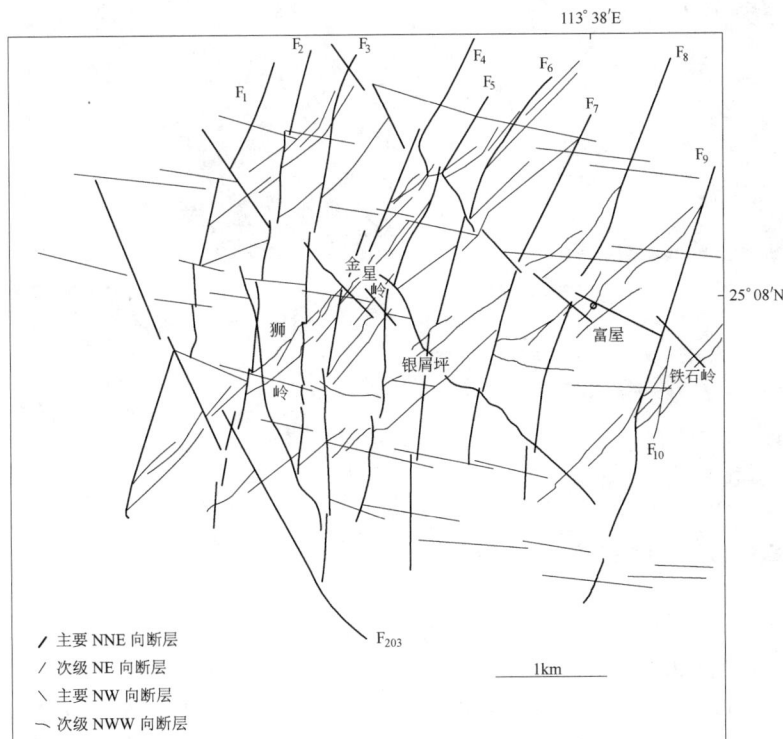

图 2　凡口铅锌矿走滑构造略图

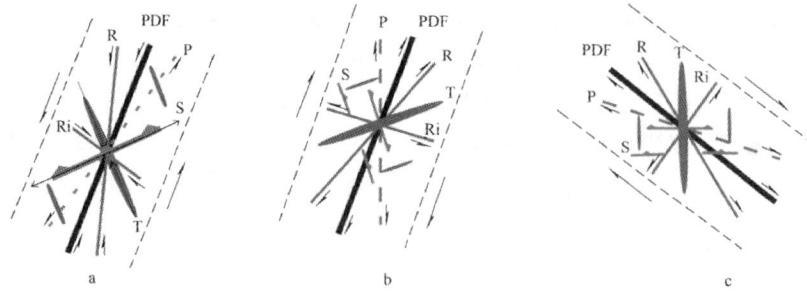

图3　左行(a)或右行(b，c)走滑剪切作用引起的各种断裂(Riedel，1929)

PDF—主位移带；R—Riedel 剪切破裂(同向走滑断层)；Ri—共轭 Riedel 剪切破裂(反向走滑断层)；
P—同向 P 型剪切破裂(次级同向断层)；T—局部张性破裂；S—局部收缩变形(雁行式褶皱和逆断层组)

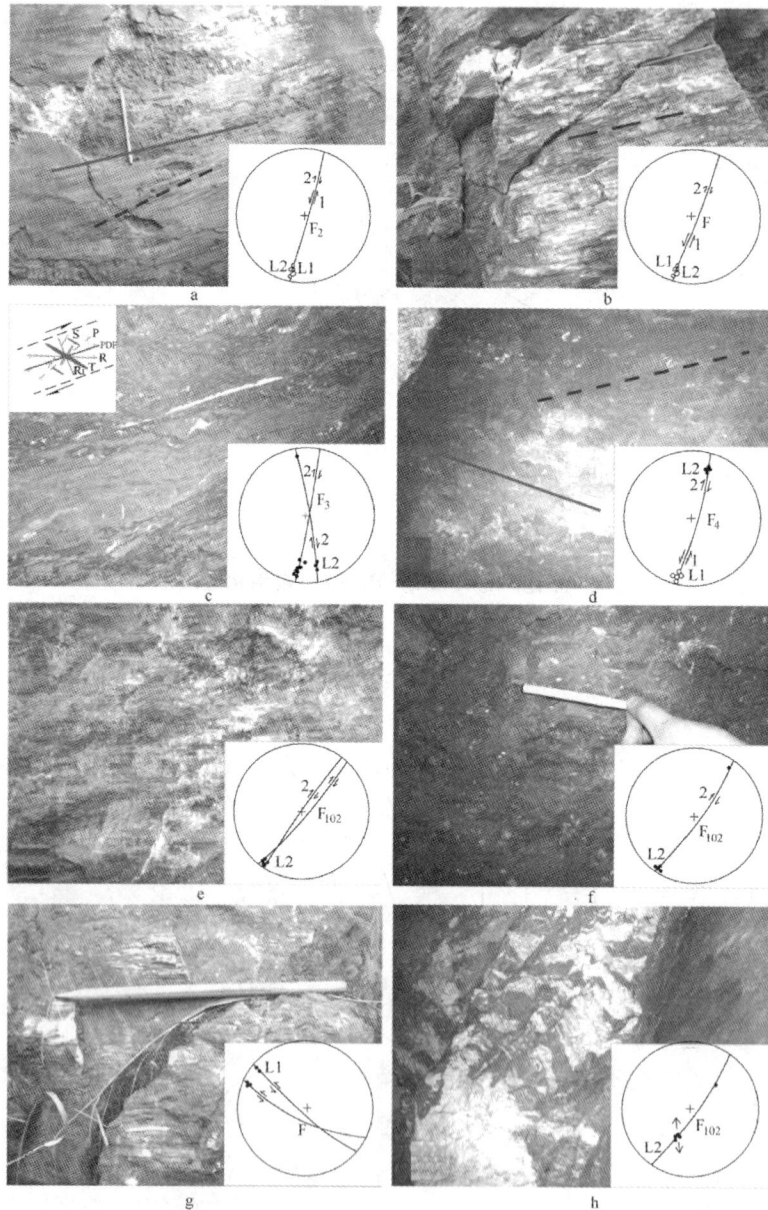

图4　矿区走滑构造部分野外照片

a—矿湖 NNE 向 F_2 断层(25°07′133″N，113°37′619″E)；b—石灰窑采石场 NNE 向断层(25°05′389″N，113°39′107″E)；
c—矿井 -240 m NE 向 F_3 断层；d—矿井 -240 m NE 向 F_4 断层；e—富屋 NE 向断层(25°08′247″N，113°38′919″E)；
f—矿井 -280 m 与主矿体产状一致的 F_{102} 断层；g—矿井 -240 m F_{102} 断层晚期的张性破裂；h—石灰窑 P2
系煤层附近 NW 向断层(25°05′330″N，113°39′658″E)；L1—早期运动方向擦痕；L2—晚期运动方向擦痕

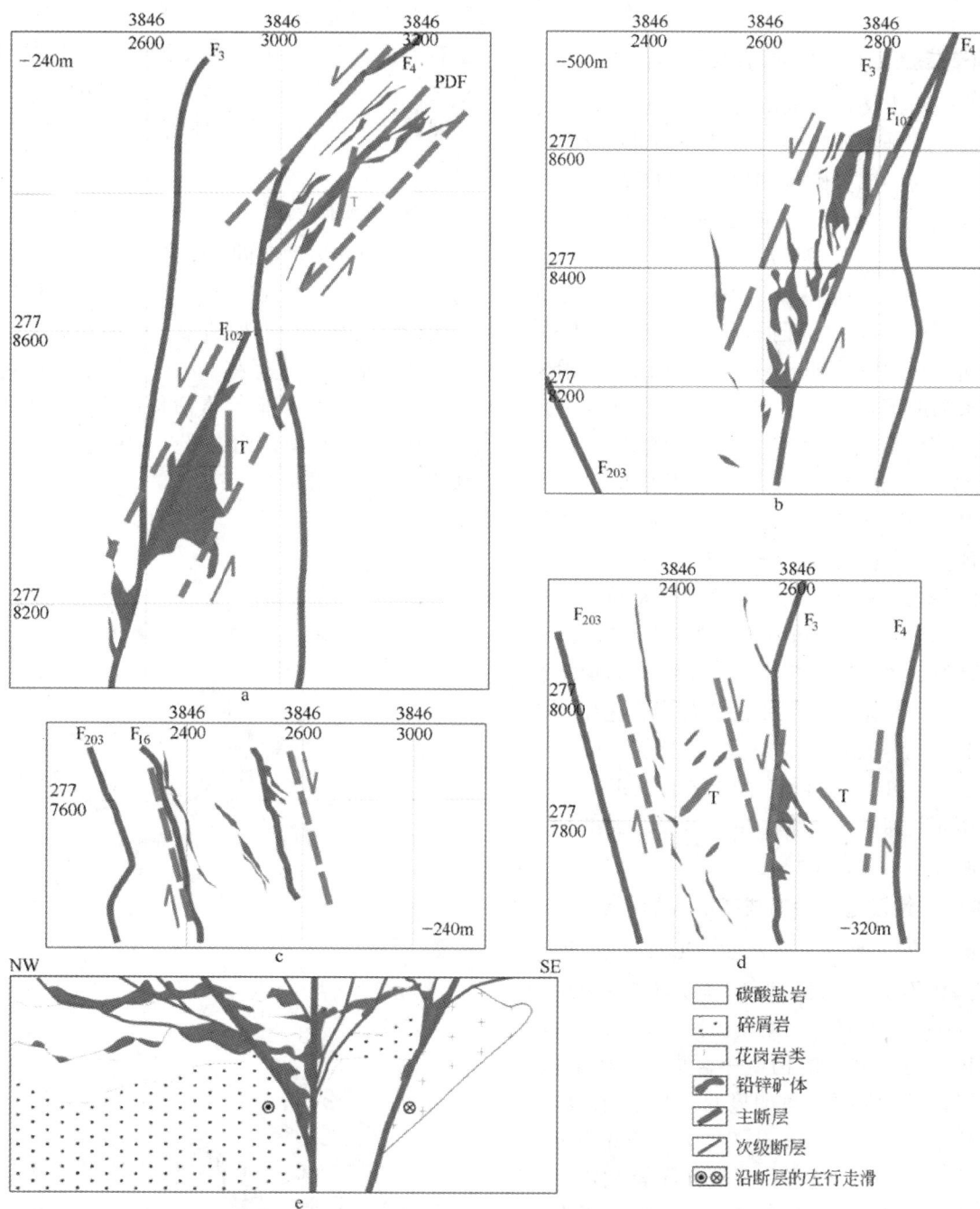

图 5　沿走滑带横向(a～d)和纵向(e,示意)剖面产出的矿体与分析图

4　讨论

4.1　矿区走滑构造是华南区域性走滑构造的一部分

　　凡口铅锌矿走滑构造带是吴川—四会走滑构造带的一部分,而吴川—四会走滑构造带则是华南巨型花状构造系统的重要组成部分之一(见图 1)。在广东省境内,吴川—四会构造带全长超过 800 km,总体呈 20°～40°方向延伸,影响宽度 15～20 km。该构造带自吴川向北东经阳春、云浮、四会、英德、仁化后,往

北插入江西遂川,沿赣江断裂北行与郯城—庐江深断裂带相连(广东省地质矿产局,1988)。吴川—四会及郯—庐断裂带是加里东—喜山期多期构造活动叠加的结果(广东省地质矿产局,1988),印支和燕山期分别表现出强烈的左行走滑挤压和右行走滑伸展活动(Gilder et al, 1996; Lin et al, 2001; Wang et al, 2007a; Xu et al, 1987; Zhu et al, 2005a; Zhu et al, 2005b)。左行走滑和右行走滑转换发生时间可能在 T2 末期或者 T3 早期(Liang and Li, 2005; Liang et al,

2004；Lin et al，2001；Wang et al，2007a；Wang et al，2005）。

4.2　走滑构造带是重要的导矿与成矿场所

走滑构造是板内构造与成矿的重要表现形式。它既是导矿构造，又是容矿构造。在走滑变形过程中，可以产生多个方向的次级破裂和变形（见图3），并往往在剪切带末端产生帚状张性拖尾构造（Davis et al，1999；GJoussineau et al，2007；Petit and Mattauer，1995；Swanson，2006；Sylvester，1988；Vermilye and Scholz，1999）。越来越多的证据表明（Byerlee，1990；Sleepand Blanpied，1992；Zhang et al，2001），走滑构造带是地表水和地下热液运移和流通的良好通道；反过来，热液流体促使走滑带进一步张裂和位移（Bellot，2008）。主走滑带以及与主走滑带呈小角度斜交的同向P型剪切带往往以一系列的雁行式透镜体排列来表现。P型剪切面、张性破裂、R型剪切面和拖尾构造以及与主位移带的交汇部位等是重要的容矿场所（Swanson，2006）。同时，走滑断层在走向上并非是平直延伸，往往发生弯曲，而在弯曲的地方很容易产生张性双重构造或拖尾张性叠瓦扇，这往往也是成矿的重要空间。凡口铅锌矿主体产出位置受NE（或NNE或近SN向）向左行走滑带中的主走滑带以及伴随的T型张性破裂面控制，在多组破裂面的交汇处则形成大矿和富矿（见图5）。

4.3　走滑构造带性质的转换对成矿时代的制约

华南地区经历了晋宁（Li et al，2002）、加里东（Wang et al，2007b）、印支（Li and Li，2007）和燕山（Yan et al，2003）等多期构造运动。印支运动和燕山运动在华南地区有其明显的构造—岩浆—成矿响应，它们对凡口铅锌矿的形成起着明显的重要作用。印支运动大约开始于270 Ma（Li et al，2006），是陆内走滑挤压造山运动。印支期，受古特提斯洋闭合和印支板块对华南板块碰撞的影响，华南地区晋宁—加里东褶皱基底活化，形成宽达1300 km雁行式排列的褶皱—断层系统和相应的岩浆系统及成矿系统（Li and Li，2007；Wang et al，2007a；Wang et al，2007b；Wang et al，2005）；而燕山运动在华南则表现为陆内走滑伸展—裂解造山，是一种后碰撞环境，与软流圈的上涌有关。凡口铅锌矿主要矿体受印支期左行走滑作用形成的走滑构造带控制，其形成时代应该在印支期。最近闪锌矿流体包裹体$^{40}Ar-^{39}Ar$研究表明，凡口铅锌矿形成年龄为235～265 Ma（蒋映德等，2006），验证了印支期成矿。矿区也有部分矿体，受右行走滑作用形成的走滑带影响和控制，反映了燕山期成矿的可能

性。事实上，燕山期是中国东部大规模成矿作用或成矿大爆发的重要时期，而该期花岗岩在矿区外10 km左右大量分布。因此，燕山期叠加成矿是可能的，它可使凡口铅锌矿床进一步大规模富化与改造。挤压向伸展转换为大型矿床叠加富化成矿提供了最有利的时机。

4.4　走滑成矿模式

（1）印支运动期间，受印支板块对华南板块碰撞的影响，华南内部沿古构造带发生一系列的左行走滑作用，形成左行走滑构造带。地表水和地下热液流体沿走滑构造带发生运移、汇聚，促使地球化学环境发生变化和地层中成矿元素活化迁移。在走滑构造带的主位移面、P型剪切面以及T型张性面等部位形成矿脉或矿体（见图6a）。

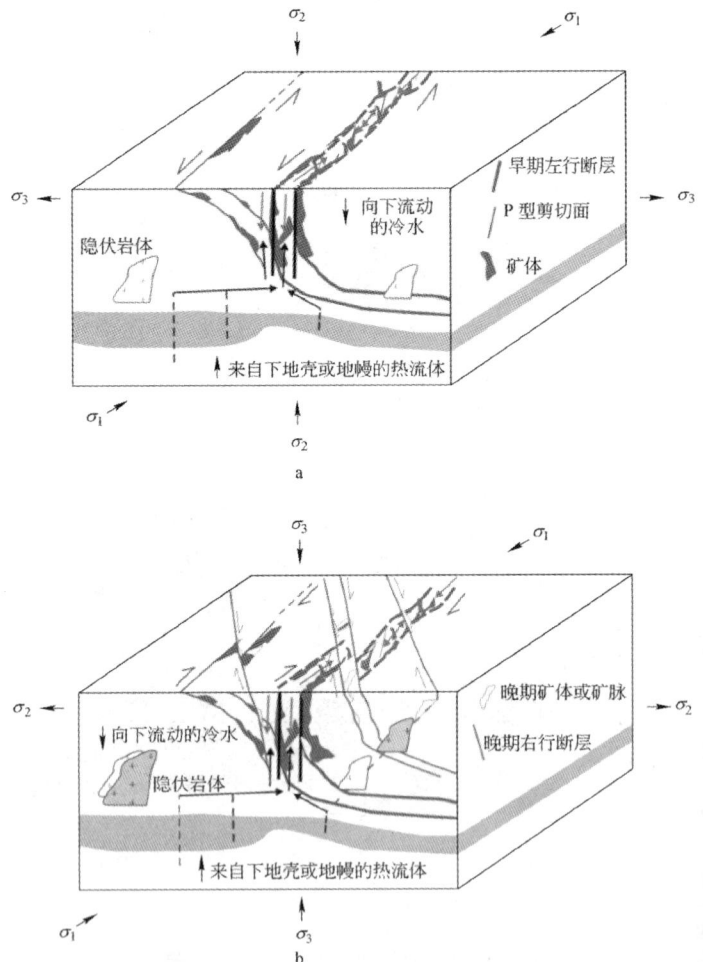

图6　凡口铅锌矿走滑成矿模式
a—左行走滑；b—右形走滑

（2）燕山运动开始，华南板块内部动力学体制发生重大变化，岩石圈伸展和地幔上涌占主导地位，使华南内部右行走滑伸展构造带形成，同时伴随大量岩

浆作用和成矿作用的发生。其结果，一方面形成新的矿体或矿脉，另一方面使原有部分矿体进一步富化或改造(见图6b)。

5 结论

凡口铅锌矿成矿因素很多，除了地层、岩性、岩相古地理及岩浆热液外，对控矿影响最为关键的是走滑构造带的演化与发展。因此，凡口铅锌矿的深部和边部找矿应该立足于现在矿区的东(北)部和(西)南部。

本文获国家自然科学基金(40673049)资助。野外和矿区井下工作得到刘慎波、刘武生、陈尚周和于新业等工程师的协助，在此表示谢意。

参考文献

[1] 广东省地质矿产局.广东省区域地质志[M].北京:地质出版社,1988.

[2] 蒋映德,邱华宁,肖慧娟.闪锌矿流体包裹体$^{40}Ar/^{39}Ar$法定年探讨—以广东凡口铅锌矿为例[J].岩石学报,2006, 22(10):2425-2430.

[3] 刘慎波.凡口铅锌矿狮岭深部矿段的控矿规律及其应用[J].有色金属矿产与勘查,1999,8(6):450-453.

[4] Bellot J P. Hydrothermal fluids assisted crustal-scale strike-slip on the Argenta fault zone[J]. Tectonophysics, 2008, 450(1-4):21-33.

[5] Betts P G. Giles D and Lister G S. Aeromagnetic patterns of half-graben and basin inversion: implications for sediment-hosted massive sulfide Pb-Zn-Ag exploration[J]. Journal of Structural Geology, 2004, 26(6-7):1137-1156.

[6] Byerlee J. Friction, overpressure and fault normal compression [J]. Geophysical Research Letter, 1990, 17(12):2109-2112.

[7] Chung S L, Lo C H, Lan C Y, /Xrang P L, Lee T Y, Hoa T T, Thanh H H and Anh T T. Collision between the Indochina and South China blocks in the Early Triassic: Implications for the Indosinian orogeny and closure of eastern Paleo-Tethys: Eos[J]. American Geophysical Union, 1999, 80(46):1043.

[8] Davis G H, Bump A P, Garcia P E and Ahlgren S G. Conjugate Riedel deformation band shear zones[J]. Journal of Structural Geology, 1999, (22):169-190.

[9] Ezhov S V. Faults, skarns, and Pb-Zn deposits of the Altyn-Topkan ore field (Northern Tajikistan) Geology of Ore Deposits, 1996, (38):467-477.

[10] Gilder S A, Gill J, Coe R S, Zhao X, Liu Z, VVang G, Yuan K, Liu W, Kuang G and Wu H. Isotopic and paleomagnetic constraints on the Mesozoic tectonic evolution of South China[J]. J. Geophys Res., 1996, 101(B7): 16137-16154.

[11] Joussineau G D, Mutlu O, Aydin A and D D P. Characterization of strike-slip faultesplay relationships in sandstone[J]. Journal of Structural Geology, 2007, (29): 1831-1842.

[12] Hou Z Q, Xie Y L, Xu W Y, Li Y Q, Zhu X K, Khin Z, Beaudoin G, Rui Z Y, Xrei H A and Ciren L. Yulong deposit, eastern Tibet: A high-sulfidation Cu-Au porphyry copper deposit in the eastern Indo~Asian collision zone. International Geology Review, 2007, 49(3):235-258.

[13] Li X H, Li Z X, Li W X and Wang Y J. Initiation of the Indosinian Orogeny in South China: evidence for a Permian magmatic arc in the Hainan Island[J]. The Journal of Geology, 2006, 114(3):341-353.

[14] Li Z X and Li X H. Formation of the 1300-km-wide intracontinental orogen and post-orogenic magmatic province in Mesozoic South China: A flat-slab subduction model[J]. Geology, 2007, 35(2):179-182.

[15] Li Z X, Li X H, Zhou H W and Kinny P D. Grenvillian continental collision in South China: New SHRIMP U-Pb zircon results and implications for the configuration of Rodinia[J]. Geology, 2002, 30:163-166.

[16] Liang X Q and Li X H. Late Permian to Middle Triassic sedimentary records in Shiwandashan Basin: implication for the Indosinian Yunkai Orogenic Belt, South China[J]. Sediment. Geol, 2005, 177(3-4):297-320.

[17] Liang X Q, Li X H and Qiu Y X. Intracontinental collisional orogeny of the Late Permian to Middle Triassic in South China: sedimentary records of the Shiwandashan Basin. Acta Geol[J]. Sin, 2004, 78(3):756-762.

[18] Lin W, Faure M, Sun Y, Shu L S and Wang Q C. Compression to extension switch during the Middle Triassic orogeny of Eastern China: the case study of the Jiulingshan massif in the southern foreland of the Dabieshan[J]. Journal of Asian Earth Sciences, 2001, 20(1):31-43.

[19] Petit J P and Mattauer M. Paleostress superimposition deduced from mesoscale structures in limestone: The Matelles exposure, Languedoc, France[J]. Journal of Structural Geology, 1995, 17(2):245-256.

[20] Pinheiro R V L and Holdsworth R E. The structure of the Carajas N-4 Ironstone deposit and associated rocks: relationship to Archaean strike-slip tectonics and basement reactivation in the mazon region, Brazil. Journal of South American Earth Sciences, 1997, (1997):305-319.

[21] Reutter K J, Scheuber E and Chong G. The Precordilleran fault system of Chuquicamata, Northern Chile: Evidence for reversals along arc-parallel strike-slip faults[J]. Teconophysics, 1996, 259(1-3):213-228.

[22] Richards J P. Tectono-magmatic precursors for porphyry Cu-(Mo-Au) deposit formation[J]. Economic Geology and the

Bulletin of the Society of Economic Geologists, 2003, 98: 1515 – 1533.

[23] Riedel W. Zur Mechanik Geologischer Brucherscheinungen. Zentralblattfur Mineralogie, Geologie und Paleontologie, 1929, (1929B): 354 – 368.

[24] Sleep NH and Blanpied M l. Creep, compaction and the weak theology of major faults[J]. Nature, 1992, 359(6397): 687 – 692.

[25] Southgate P N, Scott D L, Sami T, T, Domagala J, Jackson M J and Kyser T K. Basin shape and sediment architecture in the Gun Supersequence: a strike-slip model for Pb – Zn – Ag ore genesis at Mt Isa [J]. Australian Journal of Earth Sciences, 2000, 47(3): 509 – 531.

[26] Swanson M T. Late Paleozoic strike – slip faults and related vein arrays of Cape Elizabeth, Maine [J]. Journal of Structural Geology, 2006, 28(3): 456 – 473.

[27] Sylvester A J. Strike-slip faults [J]. Geological Society of America Bulletin, 1988, 100: 1666 – 1703.

[28] Vermilye J M and Scholz C H. Fault propagation and segmentation: insight from the microstructural examination of a small fault [J]. Journal of Structural Geology, 1999, 21 (11): 1623 – 1636.

[29] Wang Y J, Fan W M, Cawood P A, Ji S C, Peng T P and Chen X Y. Indosinian high-strain deformation for the Yunkaidashan tectonic belt, south China: Kinematics and ^{40}Ar/^{39}Ar geochronological constraints [J]. Tectonics, 2007a, (26): doi: 10.1029/2007TC002099

[30] Wang Y J, Fan W M, Zhao G C, Ji S C and Peng T P.

Zircon U – Pb geochronology of gneissic rocks in the Yunkai massif and its implications on the Caledonian event in the South China Block[J]. Gongwana Res, 2007b,12(4): 404 – 416.

[31] Wang Y J, Zhang Y H, Fan W M and Peng T P. Structural signatures and ^{40}Ar/^{39}Ar geochronology of the Indosinian Xuefengshan tectonic belt, South China Block[J]. Journal of Structural Geology, 2005, 27(6): 985 – 998.

[32] Xu J W, Zhu G, Tong W X, Cui K R and Liu Q. Formation and evolution of the Tancheng-Lujiang wrench fault system: A major shear system to the northwest of the Pacific Ocean [J]. Tectonophysics, 1987, 134(4): 271 – 310.

[33] Yan D P, Zhou M F, Song H L, Wang X W and Malpas J. Origin and tectonic significance of a Mesozoic multi-layer over-thrust system within the Yangtze Block (South China) [J]. Tectonophysics, 2003, 361(3 – 4): 239 – 254.

[34] Zhang S, Tullis T E and Scruggs V J. Implications of permeability and its anisotropy in a mica gouge for pore pressures in fault zones[J]. Tectonophysics, 2001, 335(1 – 2), 37 – 50.

[35] Zhu G, Wang Y S, Liu G S, Niu M L, Xie C L and Li C C. ^{40}Ar/^{39}Ar dating of strike-slip motion on the Tan-Lu fault zone, East China[J]. Journal of Structural Geology, 2005a, 27(8): 1379 – 1398.

[36] Zhu G, Xie C L, Wang Y S, Niu M L and Liu G S. Characteristics of the Tan-Lu high-pressure strike-slip ductile shear zone and its Ar^{40}/Ar^{39} dating[J]. Acta Petrological Sinica, 2005b, 21(6): 1687 – 1702.

凡口矿构造控矿与找矿

吴立坚

（广东凡口铅锌矿，广东韶关，512325）

摘　要：本文从矿区构造着手，通过矿区已确定的控矿构造体系——逆冲推覆构造体系，根据其构造控矿的规律性，分析了矿体产出规律，对矿区深部及周边隐伏矿床（体）进行了预测，选择适当的找矿靶区以寻找新的资源。

关键词：构造控矿；矿体产出规律；预测找矿；广东凡口

1　引言

凡口铅锌矿是国内超大型铅锌矿床，矿山经过40年的开采，可采的工业储量已不足所探明储量的1/2，且低品位矿石、氧化矿等占据着相当大的比例，矿山正在逐步老化。进入中后期，可采储量和矿石品位的急剧下降，使企业面临资源供给体系的严重压力。根据凡口铅锌矿对铅锌矿床的开发经验，资源探查工作一般要提前20多年。如狮岭南地段，1976年开始找矿，到1997年才初具生产能力，在开拓系统已形成的情况下前后经历22年；狮岭深部地段的找矿工作始于1980年，到2003年才出矿，前后约24年，而且两次勘探均是在已有普查和部分工程控制的基础上进行的，因此，寻找新的矿产资源，扩大资源储量的任务迫在眉睫。

2　区域地质概况

凡口矿区位于粤北曲仁上古生界断陷盆地的北缘，区内全由沉积岩组成，曲仁构造盆地为一近于等轴状的复式向斜。矿区出露寒武系、泥盆系、石炭系、二叠系等地层，主要岩性为灰岩和碎屑岩，矿区构造复杂，褶皱、断裂构造发育。

3　矿区构造

矿区构造包含两个方面：断裂构造和褶曲构造。

3.1　断裂构造

凡口矿区主要发育有3组断裂，NNW向的F_{203}断裂为矿区最大规模的断裂，NNE向的F_3、F_4、F_5、F_6等为矿区主要的控矿断裂，NE向的F_{101}、F_{102}等为主要的容矿断裂。这3组断裂共同产出，相互依存，形成一套控矿断裂构造体系——逆冲推覆体系。

从表1可以看出，矿区断层以NNE向平移逆断层为主，部分为平移正断层，所有断层均往东倾斜，倾角一般较陡（除铁石岭F_9断层倾角在35°左右，其余均在65°以上），以垂直升降运动为主，略具平移性

质，平移逆断层发生在印支期及燕山早期，平移正断层产生于燕山后期（同组断裂在仁化以西切过了中侏罗世地层），其中的一些主要断裂可能是前期构造活动结果。这两组断裂形成于成矿前（F_4、F_{12}断层带中均具有矿体），但后期又有继承性活动，在坑道编录中可见到NNW至NW向的平移断层，倾向东或向西，倾角很陡，规模小，但切过矿体，为成矿后断裂。在不同岩性接触界线上，还常见层间错动或规模不大的层间破碎带。

3.2　逆冲推覆构造及其演化过程

逆冲推覆构造是逆冲断层及其上盘推覆体或逆冲岩席组合而成的构造，其主要表现为叠瓦构造和双冲构造，在本区内表现为Ⅰ级断裂构造F_{203}断裂带。此Ⅰ级逆冲断层在扩展时发生应变，由逆冲推覆作用引起褶皱，使地层局部增厚。主干逆冲推覆断裂构造作用产生过程中，相应在推覆体内形成次一级逆冲断层，为Ⅱ级逆冲断裂构造带，即矿区内展布的F_{16}、F_3、F_4、F_5、F_6等断裂，表现为一组在空间上呈大致等距的次级叠瓦式逆冲断层。Ⅱ级逆冲断裂构造组自主滑面分叉产出，各次级逆冲断层向下联结至底板逆冲断层，形成叠瓦式构造。逆冲岩席向上爬升时断层面附近岩层层面间产生不对称褶皱与褶曲及层间滑动扩容空间，随着深部含矿热液的向上运移，将会在此虚脱空间内聚集淀积形成矿体。

上述3个不同层次的构造是逆冲推覆构造演化过程中逐渐形成的，时间上略有先后，其生成的力学机制相同，共处于一个构造应力场之下。

3.3　褶曲构造

矿区内发育有近南北走向及近东西向的两组倾伏褶曲，其中构造形态表现比较明显的有10个，较主要的有从西往东田庄倾伏向斜、狮岭倾伏背斜、庙背岭倾伏向斜、曲塘倾伏背斜、园墩岭下倾伏向斜、银屑坪倾伏背斜和铁石岭倾伏背斜。上述各个褶曲构造主要特征如表2所示。

表1 凡口铅锌矿区断裂构造主要特征表

编号	级别	断裂性质	断裂长度（控制＋推测）/m	断距/m	产状 走向/(°)	产状 倾向/(°)	产状 倾角/(°)	断裂带宽/m	断裂带主要特征	备注
F_{203}	I	逆断层	5000	约800	NNW	NEE	50~60	10		
F_1	II	正断层	1450＋3800	约230	12~192	102	70~80			
F_2	II	正断层	11580＋1300		113~193	103				南段性质不明
F_3	II	逆断层	900＋2800	260	12~192	102	85	6	具角砾状构造	
F_4	II	逆断层	2200＋2100	平均176 最大340	北段 28~208 南段 12~192	北段 102 南段 118	70~80 最大83	2~3 最大10.30	在不同岩层中表现不同一般具角砾岩、似糜棱状岩石、但胶结牢固	
F_5	II	逆断层	推测＋2500	20-40 最大100	10~190	100	70~75	1~2	裂隙方解石脉发育	
F_6	II	逆断层	推测＋650	150	20~200	110	82	4	具角砾状构造	
F_7	II	逆断层	1000＋700		45~225	135	65			北端与F_8断层相交
F_8	II	逆断层	1550＋850		22~202	112				
F_9	II	逆断层	3100＋1000	约600	18~198	108	35	30~35	有粗大方解石脉及较大范围的角砾状构造	
F_{10}	II	正断层	200＋150		7~187	97	65			
F_{13}	III	逆断层								
F_{16}	II	逆断层								
F_{100}	III	逆断层								
F_{101}	III	逆断层								
F_{102}	III	逆断层								
F_{103}	III	逆断层								

表2 凡口铅锌矿区褶曲构造主要特征表

编号	名称	轴面走向/(°)	轴面倾角	倾伏方向	倾伏角/(°)	轴部地层	两翼地层及倾角/(°) 东(北)翼	两翼地层及倾角/(°) 西(南)翼	长宽比	备注
I	田庄倾伏向斜	330~150	略向东倾斜	南东	约40	$C_{2+3}ht$	$D_3t^c - D_2d$ 40	$D_3t^c - D_2gt^a a$ 35~40	1:4	被F_1正断层切割、并有明显位移
II	狮岭倾伏背斜	344~164	略向东倾斜	南东	35~40	D_2d	$D_3t - C_{2+3}ht$ 35	$D_3t^c - C_{2+3}ht$ 40	2:1	被F_2、F_3断层切割、且西端被F_1断层所断
III	庙背岭倾伏向斜	315~135	近直立	南东	约45	$C_{2+3}ht$	$D_3m^b - D_2d$ 40~50	$D_3t^c - D_2d$ 40~50	1:5	由F_1、F_3断层所夹持、F_2断层通过其中
IV	凡口岭倾伏背斜	320~140	近直立	南东	约45	D_2d	$D_3t^{ab} - D_3m^a$ 40~50	$D_3t^{ab} - C_{2+3}ht$ 40~50	1:2	F_2、F_3断层通过、并被F_4断层所断

续表2

编号	名称	轴面走向/(°)	轴面倾角	倾伏方向	倾伏角/(°)	轴部地层	两翼地层及倾角/(°) 东(北)翼	西(南)翼	长宽比	备注
V	虾鲠岭倾伏向斜	339~159	近直立	南南东	约45	D_3m^b	$D_3m^a-D_2d$ 40~50	$D_3m^a-D_3t^{ab}$ 40~45	1:1	由F_1、F_4断层所夹持、F_3断层于其间通过
VI	曲塘倾伏背斜	265~85	近直立	北东	约25	D_m^a	$C_{2+3}ht$ 30	$C_{2+3}ht$ 30~35	1:1	由F_3、F_4断层所夹持、地表无明显反映
VII	金星岭倾伏背斜	268~88	近直立	东	约20	D_3t^{ab}		$D_3t^c-D_3m^b$ 50~60	1:1	西端被F_4断层所断
VIII	园墩岭下倾伏向斜	300~120	近直立	南东	约38	$C_{2+3}ht$	$C_{2+3}ht-D_3m^a$		1:1	为F_4、F_5断层所夹持
IX	银屑坪倾伏向斜	280~100	近直立	南东		D_3t^c	$C_{2+3}ht$	$C_{2+3}ht$		为F_5断层所切断
X	铁石岭倾伏背斜	350~170	近直立	南南东	约15	C_1tm	$C_1vc-C_{2+3}ht$ 40	$C_{2+3}ht$		西翼被F_9断层所断

综合资料分析：逆冲推覆构造与褶皱伴生，是逆冲推覆构造引起了褶皱作用，构造活动中顺层或沿低角度逆冲断层滑动中，上盘地层因剪切而形成褶皱，受主干断裂的强烈挤压冲断牵引形成了一系列不对称的次级褶皱，在该区内的所有褶皱均为 NNE 向断层所切断，且矿体赋存与褶皱构造密切相关，背斜两翼的构造裂隙和更次一级的褶曲，对矿化富集具有很大意义。

4　构造的控矿作用

4.1　同生断裂构造控矿

地质资料和矿山开采资料证实，控矿断裂主要为 NNE 向（如 F_3、F_4 等）和 NE 向（如 F_{13}、F_{101}、F_{102} 等），属矿区的Ⅱ级、Ⅲ级逆冲断裂组。断裂源于构造盆地的基底复活，因为在加里东期和海西期都具活动性，以后在印支期和燕山期再度活动，它不仅控制铅锌硫化矿体的矿化富集，更重要的是控制矿带的展布方向。在矿区 NNE 向断裂为Ⅱ级构造断裂组，它们作为成矿元素运移和积聚的主要通道的同时，其断裂带周边及派生断裂附近岩层中的滑脱构造、层间裂隙、层间滑动构造等虚脱空间在此空前发育，使得富含成矿元素的矿液得以有顺畅的通道和空间，在控矿断裂组中迁移，并且在适当的部位聚集沉淀成矿。北东向断层如 F_{100}、F_{101}、F_{102}、F_{13} 等，这组断层属矿区的Ⅲ级逆冲断裂组，它们被Ⅱ级逆冲断裂切割或改造，与矿体有直接接触关系。矿区 NNW 向断层主要有 F_{203}、F_{16}，发育于凡口复式向斜西翼的次级褶皱狮岭背斜与田庄向斜交接部位，是逆冲推覆构造带的前缘，是主干逆冲断层，为Ⅰ级断裂，断裂带在 Sh－650 m、Sh－750 m 和 Shn－400 m 均有工程披露。F_{203} 断层面下造成地层的重复，反映出主推覆体下面还有一套容矿岩系。在 Sh－200 mS10 号处，曾经有地质工作者发现有孤立的辉锑矿块，也富含钍－铅，很有可能是深部或下部的岩体，包括矿体的碎块篡位到上部的岩层或岩体之中，这种固态位移现象暗示深部有追寻富锑矿体的可能性。

在该区内的三级构造断裂组对热液运移和矿质沉淀成矿具有重大意义，笔者认为Ⅰ级构造（如 F_{203}）是区内的一种导矿构造，它是把深部含矿热液引入矿带的构造；Ⅱ级构造（如 F_3）是配矿构造，是把热液从导矿构造引入成矿地段；Ⅲ级构造（如 F_{102}）是容矿构造，是热液矿质沉淀成矿时所在的构造。

4.2　次级褶曲控矿

如表2所示，各个褶曲构造与矿体的赋存相当密切，NNW 向褶曲是凡口倾伏向斜内的次一级构造，而近 EW 向褶曲是重叠在 NNW 向褶曲之上的更次一级构造，它们是印支期构造变形的产物，这可能与褶曲形成过程中产生的层间滑动构造有关。近 SN 向褶曲包括轴向 NNW 向、NNE 向，发育密度虽大，但规模均较小，常叠加在 EW 向褶皱之上或为 EW 向褶皱的构成部分，但从构造轮廓示意图来看，这组褶皱构造未被断层所切割，其余的各组褶皱构造均有被 NNE 向断裂所切割，地层也因剪切而形成不对称的褶皱，在断裂上盘褶皱相对较弱，而在断裂下盘褶皱较强。

褶皱的形成过程中，提供了大量的矿化就位空间，成矿热液沿其滑脱面、破碎空间和派生裂隙充填并选择性交代成矿，通常离控矿断裂越远的矿体其形态和产状受褶皱影响越大。

4.3　层间滑动构造控矿

含矿地层往往软弱相间，其间易产生层间滑动。层间滑动构造是印支期和燕山期所出现的特殊构造类型，也是矿区较为普遍存在的容矿控矿构造之一。这些层间滑动构造通常是热液成矿期成矿流体沿断裂向上迁移运动转变为侧向迁移运动的重要渠道，它是成矿热液运移和分配的补偿容矿空间，它不仅提供了矿体的就位场所，而且决定着矿带在空间上的分布，在该矿区常发生在含泥炭质较高的 D_2d、C_1、$C_{2+3}ht$ 地层的交接面上。在最近新探的东矿带东段 215 线的 $C_{2+3}ht$ 地层中发现的矿体，其最大可能性就是层间滑动构造所致。

综上所述，3 种构造控矿类型是矿区铅锌硫化物矿化的重要控制因素，但是控矿方式和控矿地位存在明显的差别，最终起决定和主导作用的还是构造盆地中的同生大断裂构造。它是成矿热液运移和分配的主干渠道，是矿体就位和矿带分布的决定因素。在考虑一个区域的构造控矿因素的同时也不能忽视含矿热液的控矿作用，从矿区南北两侧分布的同期花岗岩带看，尤其是北侧九峰—诸广山复式花岗岩岩基，仅距矿区 10 km 左右，矿区出露的辉绿岩脉的同位素年龄为 160 Ma，意味着矿区深部可能有燕山早期花岗岩类隐伏岩体存在，并且为铅锌硫化物矿化提供岩浆成矿热液。

5　矿体产出规律

（1）矿体集中分布规律：在凡口矿区探明的绝大多数矿体中，在平面上集中分布在长小于 2000 m，宽小于 500 m，呈 NNE 向延伸的狭长地带。

（2）横向沿层分布规律：横向具有沉积成矿（层控）的特征，纵向沿断裂充填，在深部虽然矿体数量减少，矿体规模变小，但仍未尖灭。

（3）隐伏产出规律：矿体大多呈隐伏状态产出，地表露头可见很少。

6　找矿靶区的选择

依据构造对成矿控制分析，综合区域成矿地层岩相条件和铅锌富集规律，作者认为选择虾蛉岭作为首选找矿靶区，东至凡口矿区 F_4 断裂，西至凡口岭背斜的西翼，南北宽约 2 km，东西约 1.5 km。

其地质依据有：

（1）该区位于曲江构造盆地的北缘、成矿带东段曲仁向斜的有利部位，乐昌向斜与曲仁向斜在泥盆纪—石炭纪同属一个沉积盆地，找矿靶区位于矿区东侧，成矿地质背景优越。

（2）地层岩性与矿区相似，并且与铅锌矿密切相关的泥盆系—石炭系地层在区内广泛分布。

（3）虾蛉岭向斜由 F_1、F_4 断层所夹持，NNE 向断裂 F_3 于其间通过。

（4）在区内已发现有铁帽及铅锌矿化点，这是寻找原生铅锌硫化物矿床的重要标志。

综上所述，该找矿靶区具有良好的成矿地质条件，找矿潜力很大，有望在此靶区内找到另一处隐伏铅锌矿床。

参考文献（略）

EH－4电磁成像系统在凡口地区找矿探讨

刘吉云

（广东凡口铅锌矿，广东韶关，512325）

摘　要：随着仪器的改进与完善，电磁勘探方法的效率也在提高。EH－4电磁成像系统依靠其先进的电磁数据自动采集和处理技术，将CSAMT和MT方法结合在一起，实现了天然信号源与人工信号源的采集和处理。两种数据互相补充，可以提高矿山勘查的效果。

关键词：EH－4电磁成像系统；凡口地区找矿；广东凡口

1　EH－4工作原理及方法技术

EH－4电磁成像系统是20世纪90年代由美国EMI公司和Geometrics公司联合推出的新一代电磁仪器。它能观测到离地表几米至1000米内的地质断面的电性变化信息，基于对断面电性信息的分析研究，可以应用于地下水研究、环境监测、矿产与地热勘察，以及工程地质调查等。该系统适用于各种不同的地质条件和比较恶劣的野外环境。其方法原理与传统的MT法一样，它是利用宇宙中的太阳风、雷电等入射到地球上的天然电磁场信号作为激发场源，又称一次场。该一次场是平面电磁波，垂直入射到大地介质中，由电磁场理论可知，大地介质中将会产生感应电磁场，此感应电磁场与一次场是同频率的，引入波阻抗。在均匀大地和水平层状大地情况下，波阻抗是电场和磁场的水平分量的比值。

2　电磁成像系统的特点

EH－4电磁成像系统与其他物探方法相比，突出的特点是：

（1）巧妙利用了天然场和人工场相结合的方式。采用部分可控源人工场补充天然场缺失或不足部分的方式进行测量，减少了低频发射的笨重设备。

（2）采用了两个正交半圆形天线（水平磁偶极子），发射高频电磁波（750～66 kHz），构思新颖，收发距缩短，便于野外工作。

（3）该系统既可做单点测深又可做连续剖面观测，点距、频点密集，能较充分地反映地下的地质信息。

（4）可在现场实时提供电磁场功率谱、振幅谱、视电阻率、相位、相关度、一维反演等信息，以便检查质量、确保野外资料可靠。

（5）现场可给出连续剖面（至少3个相邻测点）的拟二维反演结果。

3　凡口铅锌矿的主要岩性的电阻率特征

凡口矿区由泥盆纪桂头群、东岗岭阶、天子岭组、帽子峰组，石炭纪孟公坳组、测水段、壶天群，二叠纪栖霞阶、当冲段、腊石坝段等地层组成，外围有寒武纪八村群、二叠纪大隆阶、三叠纪下统地层、侏罗纪下统地层、马梓坪群等地层分布。凡口矿主要岩性的电阻率统计结果如表1所示。

表1　凡口铅锌矿区域主要岩性的电阻率统计

标本号	岩（矿）石	电阻率变化范围/($A\cdot m^{-1}$)	电阻率平均值/($A\cdot m^{-1}$)
1	壶天群白云岩 $C_{2+3}ht$	3110.19～47267.49	22002.81
2	花斑灰岩 D_3tc	10719.91～14213.87	12423.62
3	泥灰质灰岩 D_3tc	331.81～459.86	399.86
4	条纹条带瘤状灰岩 D_3tb	933.17～3790.11	2538.3
5	鲕状灰岩 D_3ta	5973.08～20807.37	11531.39
6	菱铁矿	1311.92～5496.41	3404.165
7	薄层状白云质粉砂岩 D_2db	3326.81～11588.84	6096.66
8	青灰色泥质白云岩 D_2da	1278.15～24722.64	9789.03
9	桂头青灰色粉砂岩 D_g2	2557.24～10664.35	5521.27
10	钙质砂岩 C_2ym	1455.84～3030.81	2176.68
11	厚层状生物碎屑灰岩 D_3ta	2127.94～5306.77	3287.7
12	矿体	3.18～18.19	14.02

4　找矿应用实例

凡口铅锌矿区位于粤北曲仁上古生界断陷盆地北缘，其大地构造位置为东南地洼区（Ⅰ级）浙粤地穹系（Ⅱ级）赣州地穹列（Ⅲ级）中段的韶关地穹（Ⅳ级）东北部，东南侧与该地穹系的韶广地洼列相接，西北侧与赣桂地洼系的井冈山地穹及耒临地穹毗邻，东部及中部发育有南雄、始兴及丹霞等断陷型地洼盆地。该区主要构造以北西—北北西褶皱、断裂和层间破碎带为主，北东断裂穿插其间，构成该区基本构造格局。其中北西向构造是矿区主要的控矿和容矿构造。根据该矿矿山的发展要求对矿区外围进行 EH - 4 电磁测深。

根据剖面中二维反演电阻率的空间分布特征，可以明显地圈出 3 个低阻异常区域。第 1 个低阻异常的电阻率小于 5000 $\Omega \cdot m$ 的区域，其特点是该低阻被高阻所包围，对照已知钻孔资料，此处恰好有两层矿体，与钻孔的见矿深度和矿体厚度吻合较好；另外两个低阻异常规模较小，无钻孔控制，为新发现异常。

从试验剖面获得的成果证明，采用 EH - 4 电磁测深方法预测具有一定规模的铅锌矿是可行的。

5　结语

高频大地电磁测深的电性断面不但与试验剖面对应较好，而且其异常与测区钻孔揭示的矿体基本吻合，说明在凡口矿深、边部及外围采用高频大地电磁测深探测多金属矿是行之有效的地球物理方法之一。建议在凡口外围干扰因素较小的找矿有利盲区采用高频大地电磁测深进行探测。

参考文献（略）

几种地球化学找矿方法简介

韩述明

（广东凡口铅锌矿，广东韶关，512325）

摘 要：针对凡口铅锌矿床的深、边部及外围的找矿问题，介绍了几种较为先进的地球化学找矿方法，如汞气测量及热释汞量法，深穿透地球化学方法（地气测量法、活动金属离子法、金属活动态提取法等）。在成矿地质背景及成矿规律的指导下，运用这些地球化学找矿方法，可望取得深、边部找矿的新突破。

关键词：地球化学找矿方法；化探异常的分析方法；深、边部找矿；广东凡口

凡口铅锌矿床主要与海西期深部热流和成矿物质沿海底断裂向上运动有关，属于层控矿床。在南岭地区 108 个层控矿床中，73% 的黄铁矿、铅锌矿床与碳酸盐台地有关。凡口矿床位于台地上，由于构造断陷形成槽形凹陷，加上酸性热泉和海水化学分异作用，热水槽外围形成大量的钙质沉积物和钙质生物堆积，像堤坝一样保护了矿质的聚集。层控矿体的形成必须有合适的构造环境，矿质的运移和就位过程往往也是构造形成和演化的过程。

古隆起加断裂是凡口矿体形成的必要条件。凡口矿体和围岩中均可见到大量的砾状、角砾状的矿石或灰岩。在矿体中还常见到一些显微裂隙，在裂隙面上沉积了硫化物或海相泥质物，然后，新的海相沉积物又把它们覆盖，成矿作用与构造作用同时演化。凡口矿区的 F_2、F_3、F_4 断裂为燕山期的构造，但它们仍部分地继承了控矿古断裂的形迹，这有利于人们通过地表出露的断裂寻找被覆盖的古断裂，进而寻找隐伏于古断裂旁边的矿体。1982 年和 1983 年陈学明提出了沿同生断裂纵向找矿的设想，后在 20 世纪 90 年代，932 地质队根据"层""相""位"控矿的特点沿同生断裂向南找到了新矿体，扩大了矿区的远景。对沿同生断裂方向找矿和可能在深部存在的古断裂寻找隐伏的矿体，这里提出几种化探方法和建议。

1 化探勘查方法技术

化探是地球化学勘查的简称，在寻找和扩大贵金属矿产方面，由于其多解性少，具有直接性，其勘查效果明显优于物探。随着勘查与化学分析技术的进步，以水系沉积物测量为达标的传统化探方法（还有矿床原生晕法、土壤测量法等）愈加成熟，解释方法也正朝定量化、综合化和模式化方法的方向迅速发展。随着地质找矿的深入，露头矿和近地表矿已基本被查清，隐伏矿的寻找成为今后矿产勘查的发展趋势。近年来，一些高灵敏度、高精确的化学分析仪器，提高了人们对地球物质特殊存在的形式和迁移运动机制的认识，同时促进了人们对地球化学勘查方法的开发和研究，提出了不少隐伏矿床地球化学勘查的新理论和新的方法技术。

传统的化探方法中，气体地球化学测量方法是利用各种气体物质进行找矿的重要勘查方法之一。这种气体测量是测定本身呈气体状态的元素或分子，如汞蒸气、氡气、CO_2 气体、烃类气体等，这与新发展起来的深穿透地球化学中的地气（地球气）不同。后者是测定气体中的纳微金属颗粒，而这些金属颗粒并不是以气体形式存在，而是以某种方式存在于气体中（或被其携带）。汞气测量是气体测量方法中研究最多应用最广也是最成功的方法之一，下面将其原理及应用做简要介绍，以便与下述的深穿透地球化学方法进行简略对比。

1.1 汞气测量及热释汞量法

汞及其化合物的地球化学性质有两个方面的重要特征：一方面汞是典型的亲硫元素，这使它在内生成矿作用中，以各种形式分散进入各种硫化物中，使汞呈高度分散状态；另一方面，汞及其化合物具有很高的蒸气压，与其他金属元素相比，汞为最易挥发的金属元素之一。汞易于从各种化合物还原成自然汞，而自然汞在相当宽的氧化还原电位和酸碱介质内是稳定的。汞具有较强的穿透力，一般来说，由地下深部上升的汞蒸气，沿着构造断裂、破碎带上升，从地面以下几百米甚至几千米，可以一直到达地表，即使疏松覆盖物较厚，地表土壤中仍有汞的异常显示。土壤汞异常往往指示断裂构造顶部的投影位置。然而当直接采样介质为气体（如土壤中气汞量法、地面大气汞量法等）时，受气候、环境，尤其是降雨等自然因素和操

作上的繁琐步骤、操作过程中主观因素的影响，其测量结果重现性不理想。Klusman 认为：汞蒸气测量除用于汞矿外实质上是一种间接找矿方法，因而它比在残积层分布地区土壤测量这种直接找矿法在可靠性与应用的广泛性方面都要差得多。而土壤汞量法有较好的重现性，尤其是热释汞量法（利用汞及其化合物的热稳定性较差的特点，直接加热固体样品，让样品所吸附的汞释放出来，然后用原子吸收型测汞仪进行测量）操作简捷、成本低廉、重现性好，而且该方法应用在时间上快速，因而具有很好的应用前景，是 20 世纪冶金地质化探工作十大创新成果之一。由于汞与金在地球化学方面的诸多共同点（周期表位置紧密相邻，电离势、离子半径、电价等接近），汞矿化或汞异常使汞作为金的主要远程指示元素对金矿勘查（尤其对含金石英脉和含金破碎带）具有重要的指示意义。

1.2　深穿透地球化学方法

目前比较先进的化探方法是深穿透地球化学方法，它包括地气测量方法、活动态金属离子法、金属元素活动态测量法等。

1.2.1　地气测量方法

这里的地气测量方法不同于传统的测试对象为 Rn、CO_2、Ar 及 Hg 的气体地球化学方法，而是瑞典学者 L. Malmqvist 和 K. Kristiansson 于 20 世纪 80 年代提出的以 Geogas 著称的地气法。他们在寻找铀矿的过程中，通过对地表氡（^{222}Rn）的测量得到启示并认为：地下深部的气体呈微气泡形式上升，通过矿体时将成矿元素附着于气泡表面带到地表。他们研制了地气捕集设备并成功地在瑞典和新西兰进行了地气采集试验。随后，俄罗斯 C·B·戈里格良在 1985 年发现了元素自深部向地表的发射迁移现象，发展了离子测量找矿法，并研制了射气捕集装置。德国和捷克联合研制出与瑞典地气法相似的元素分子形式法（MolecularForms of Elements，MFE）。20 世纪 80 年代末 90 年代初地气法引入我国后，王学求等于 1990 年在山东大尹格庄金矿进行了首次气体动态采样试验，发现了矿体上方气体中异常金的存在。其后把此项技术命名为地球气中纳微金属测量（Nanoscale Metals in Earth—Gas，NAMEG），简称地球气测量，我国学者伍宗华（1995）称之为气溶胶体测量。

虽然隐伏于地下深处的有用矿产通过射气向上迁移并携带纳微金属溶胶等微粒的原理目前尚不清楚，但是这不妨碍人们捕集这些元素微粒并进行检测作为一种新的化探方法应用于地质找矿。国内外的研究应用成果表明，地气测量可以反映地表以下 400 m 左右的金属矿，也可以反映埋深 4000 m 的油气田环状构

造。地气异常检测是揭示深部隐伏断裂的有效手段，常出现在隐伏断裂的正上方，异常的宽度基本反映隐伏断裂破碎带的宽度。地气土壤测量取样时，其异常所反映的往往是深部矿化，与地表土壤元素分布完全不同。另外，由于地气的客观存在性，其异常具有很好的再现性，不受工业电源、建筑及工作时间的限制。因而，地气测量法已经成为隐伏金属勘查的一种重要手段。

1.2.2　活动金属离子法

活动金属离子法（Mobile Metal Ions，MMI）是澳大利亚的 A. Mann 与 R. Birre II 等在 20 世纪 90 年代初发展起来的。据其介绍，MMI 法经过长达 6 年的野外和实验研究、试验和开发，以及 90 多次勘查实践，已经成为一种寻找隐伏矿的实用方法。Mann 等人于 1995 年第十七届国际化探会议上正式提出了该方法。MMI 法的根据是深部矿体的金属活动离子可以穿过上覆的成矿后沉积的空白岩石及外来的厚层运积物而达于地表。使用某种特殊试剂可以把这种金属活动离子提取出来，这种金属活动态离子异常较准确地位于矿体垂直上方，偶尔也在斜上方，假异常很少遇到。MMI 法能够准确地圈定盲金矿体以及隐伏镍和贱金属矿化，并已在澳大利亚、非洲、智利和美国等许多地区覆盖厚度几米至 700 m 的矿床上圈定出 39 个含金、贱金属和镍矿化矿体。以 MMI 技术开发应用的 Wamtech Pty 公司声称它们迄今已有 74 个找矿案例，找矿成功率达 86.5%。虽然如此，关于活动态金属离子如何从深部到达地表，原作者对此却也不能明确说明。估计像该方法的提出者所处的澳大利亚深风化壳地区，风化过程中元素的化学释放是主要原因，但这对运积物地区却不能成立，而且这样的迁移机制也无法解释几百米深的矿体上方发现的异常现象。这说明，迄今为止人们对于深部矿体的元素向上迁移的机理还不能完全了解。

1.2.3　金属活动态提取法

金属活动态提取法（Leaching of Mobile Forms of Metals in Overburden，MOMEO）和上述的 MMI 法均源于早期的偏提取技术。MOMEO 方法的思想是：金属矿体本身及其围岩中，与矿有关的超微细金属或金属离子以及化合物，会在某种营力（如地下水、地气流、蒸发作用、浓度梯度、毛细管作用等）的作用下向地表迁移。在到达地表后，被上覆土壤或其他疏松物的地球化学障所捕获，并在原介质元素含量的基础上形成活动态叠加含量。使用适当的提取剂将这些元素叠加含量提取出来，从而达到寻找和评价隐伏矿的目的。由此可见，金属活动态提取法与传统的偏提取在

理论与方法上存在诸多差异：偏提取技术提取的是地化样品中离子态性状的金属元素，故对那些易呈离子形式的金属元素（贱金属和多金属）的勘查工作较有效；而金属活动态测量提取的是地化样品中呈离子态性状的金属，也包括超微细金属，它是针对金属活动态本身的提取。因此，对不易形成离子形式而多以超微细活动态形式存在的金的找矿效果较为突出。这与中国学者最初提出金属活动态提取法 MOMEO 时主要用来寻找贵金属中的金不谋而合。后经在新疆西天山、胶东，乌兹别克斯坦的穆龙套金矿、澳大利亚的奥林匹克坝矿区进行的一系列试验均取得了较好的试验成果。

2 地球化学勘查中能够有效地发现、强化和评价地球化学异常的分析方法

一般说，化探分析应满足下列要求：能适应化探测量中采样介质的多变性，对此采取简单的措施，如简单的分离步骤，使之能在较大程度上排除伴随而来的干扰和基质影响，或尽可能采用对基质影响不敏感的测定方法；能十分可靠地测出有关元素（或指标）的地球化学背景分布特征，由此准确计算背景与异常下限值所必需的检出限；能满足不同化探工作阶段的需要，如要满足小比例尺化探扫描及普查和大比例尺详查，对分析灵敏度、精密度和准确度以及元素测定的不同要求；能一次测定取得多种信息，以利于提高化探本身的综合性和解释推断；能充分利用异常物质的某些特性，排除其中与矿化无关的组成部分，进一步强化异常，使弱异常变得完整、清晰；能帮助阐明影响元素迁移和异常形成环境等有关参数的测定或分析，例如 pH、Eh、有机碳含量和同位素比值分析等；能够适应成千上万计的大批量化探样品分析，并能迅速及时地提交结果。

根据不同的情况与具体要求，化探分析可以在中心实验室、驻地实验室或采样现场进行。在第一种情况下，可以获得最高的数据质量、丰富的指标信息和较高的分析效率而成本也较低。它的缺点是现场的信息传递慢、周期长，难以适时指导下一步的现场工作。第二种情况是为了缩短现场与实验室之间距离，以降低一些效率和质量要求换取加快信息传递的折中或过渡类型。第三种是就地分析（或现场分析），即使用简易分析方法或便携式探测仪器在点上直接取得数据。它最为灵活，特别在踏勘或异常检查阶段，可以立即采取工作措施，取得最大地质效果。其缺点是由于受到仪器设备的大小和重量、能源消耗和工作环境

条件等的限制，就地分析只能测定少数指标和较小的样品数量，达到较低的分析质量要求。

早期的化探分析，以半定量光谱分析和比色分析为主要手段。它们的检出限至多只能达到 10^{-6} 级，精密度一般为 50%～100%，并经常伴随着很大的系统误差。尽管可分析的元素达 40 多种，但真正能满足化探要求的只有 Cu、Pb、Zn、Mo、Cr、Mn 等 10 多种。自 20 世纪 60 年代末以来，新的选择性灵敏试剂、新的分析方法和新的高精密度自动化分析仪器不断地进入化探分析领域。例如多道等离子光量计，可以一次定量测定多达 60 种元素，测定的含量范围可以跨 6 个数量级，包括了主、次元素，微量与痕量元素；原子吸收分光光度计，具有灵敏度高、干扰少、准确度好的优点，特别是非火焰原子吸收方法，具有极高的绝对灵敏度（10^{-10}～10^{-12} g）；还有 X 射线荧光光谱仪，可以很高的分析精密度和准确度同时测定主、次和微量元素。其他的常用仪器还有原子荧光光度计，主要用于分析极低含量的 As、Sb、Bi；气相色谱仪，主要用于分析烃、CO_2 及各种硫化物气体如 SO_2 等；液相色谱仪主要用于分析水中 10^{-6} 级的阴离子，如 SO_4^{2-}、NO_3^-、Br^-、I^- 等，也可用于阳离子的测定；质谱仪主要用于测量同位素成分，由于它的绝对灵敏度高达 10^{-9}～10^{-12} 级次，等离子质谱仪兼具超痕量及同位素分析的双重优点，是一种很有远景的仪器。其他比较轻便的单元素高灵敏度测定仪器有测汞仪（包括具有抗干扰能力的塞曼测汞仪）、激光荧光型测铀仪、测氡仪、测氦仪等。还有各种轻便化学分析箱，如冷提取分析箱和痕量金分析箱等。上述仪器构成化探主要手段，应用于不同的化探工作阶段。

3 应用与问题

当前矿产勘查的发展趋向是应用综合勘查技术进行找矿预测，这需要各种勘查手段的密切配合，协同作战，以减少多解性。

物化探方法的运用必须以工作区的成矿地质背景为基础，物化探信息必须结合工作区的成矿地质条件来解释。在进行物化探勘查过程中始终坚持地质—物化探（结合地质理论进行合理分析、解释）—地质的思路，而不能脱离成矿地质条件，孤立使用某种方法，只有这样才能解决地质与找矿的实际问题。

参考文献（略）

卫星遥感在矿山地质中应用的建议

胡如忠　冯　春　傅俏燕　李俊杰

（中国资源卫星应用中心，北京，100830）

摘　要：介绍了卫星遥感数据特点、影像特征及卫星遥感在地质找矿中的应用，结合凡口矿区的地质矿化特点及遥感影像特征，对凡口矿区的深、边部找矿及矿山环境管理提出了宝贵的建议。

关键词：卫星遥感；矿山地质应用；凡口深、边部预测

遥感是指从远距离高空以及外层空间的各种平台上利用可见光、红外光、微波等电磁波探测仪器，通过摄影、扫描及信息感应、传输、处理，从而研究地面物体的形状、大小、位置及其环境的相互关系的现代科学技术。遥感图像视域宽广，单景图像覆盖面积很大（一景 CBERS CCD 图像范围为 12769 km²），便于进行地学大区域宏观观察与分析对比；而且信息丰富，包括可见光、红外、微波多波段遥感，能提供超出人视觉以外的大量地学信息。

各种矿产资源的形成、产出，都与一定的地层、地质构造条件有关。利用遥感技术来解译、分析区域地质成矿条件，提取某些矿床类型的遥感标志是遥感找矿的基本出发点和理论依据。遥感技术的应用，对我国矿产资源调查起到了深远的影响。遥感技术已被纳入区域地质调查的作业规范，广泛应用于矿产资源勘查工作中，取得了良好的社会、经济效益。

1　资源一号 02B 卫星和 Landsat –7 卫星 ETM + 数据特点

资源一号 02B 卫星（中巴地球资源卫星 02B 星）是我国和巴西合作的第三颗资源卫星，于 2007 年 9 月 19 日发射。资源一号 02B 卫星轨道选择近圆形太阳同步回归冻结轨道，轨道平均高度为 778 km，重复周期为 26 天，卫星寿命大于 2 年。星上除搭载了 19.5 m 的中分辨率多光谱 CCD 相机、258 m 的宽视场成像仪（WFI）外，还首次搭载了一台自主研制的分辨率高达 2.36 m 的高分辨率全色相机。图像质量达到了 SPOT – 5 卫星的水平，可满足 1∶5 万、1∶10 万资源环境专题制图的要求，是我国第一颗能为众多行业提供高空间分辨率图像数据的卫星，也是第一颗同时具有高、中、低三种空间分辨率的资源卫星，改变了我国主要依赖国外卫星获取高分辨率对地观测数据的

现状，为我国卫星遥感应用规模化、业务化提供急需的卫星数据源（见图 1、表 1）。该卫星为中国和巴西提供连续稳定的对地观测服务，主要用于收集有关土地利用、农作物估产、水资源调查、矿产资源勘查、城市规划、环境保护及海岸带监测等，为扩大遥感数据应用起到重要促进作用。

陆地卫星 7 号（Landsat – 7）于 1999 年 4 月 15 日由美国航空航天局发射，携带了增强型主题成像传感器（ETM + ）。Landsat – 7 采用近极近环形太阳同步轨道，轨道高度 705 km，扫描幅度 185 km，重复周期为 16 天。Landsat – 7 保持了陆地卫星在数据上的延续性；在数据产品方面，Landsat – 7 与 Landsat – 5 的最主要差别有：增加了分辨率为 15 m 的全色波段（PAN 波段）；波段 6 的数据分低增益和高增益数据，分辨率从 120 m 提高到 60 m。

图 1　凡口矿区附近 CBERS – 02B 卫星影像图

表1　CBERS－02B卫星有效载荷主要技术指标

有效载荷	波段号	光谱范围/μm	功　能	空间分辨率/m	幅宽/km	侧摆能力	重复时间/d
CCD相机	B01	0.45～0.52	用于水系及浅海水域制图与森林类型制图	20	13	±32°	26
	B02	0.52～0.59	识别植物类别与评价植物生产力	20			
	B03	0.63～0.69	区分植物类型、覆盖度，判断植物生长状况、健康状况等	20			
	B04	0.77～0.89	植物识别分类、生物量调查及作物长势测定	20			
	B05	0.51～0.73		20			
HR高分辨率相机	B06	0.5～0.8		2.36	27	无	104
WFI宽视场成像仪	B07	0.63～0.69	区分植物类型、覆盖度，判断植物生长状况、健康状况等	258	890	无	5

表2　Landsat－7 ETM＋主要技术指标

波段号	类型	波谱范围/μm	地面分辨率/m
1	Blue-Green	0.450～0.515	30
2	Green	0.525～0.605	30
3	Red	0.630～0.69	30
4	Near IR	0.775～0.90	30
5	SWIR	1.550～1.75	30
6	LWIR	10.40～12.5	60
7	WIR	2.090～2.35	30
8	Pan	0.520～0.90	15

2　卫星遥感在地质找矿中的主要作用

遥感技术具有探测范围广、获取信息快、信息量丰富等优势，以此发展的遥感地质技术在地质调查、矿产勘查、地质环境评价、地质灾害监测和基础地质研究等方面能发挥重要作用。特别是对于面积性地质工作，遥感地质均能起到宏观的先导性作用。遥感技术在找矿工作中的应用可归纳为如下几个方面：

（1）利用图像上显示的与矿化有关的地物如岩石、土壤等的波谱信息、色调异常和热辐射异常等直接圈定靶区，为找矿指明方向。

（2）利用解译获得的资料，分析区域地层、火成岩体、构造等成矿条件，进行区域成矿预测。

（3）利用数字图像处理技术，进行多波段、多种类遥感图像的综合处理分析，增强或提取图像上与成矿有关的信息，尤其是矿化蚀变信息，为找矿提供遥感异常，指明找矿方向。

（4）综合遥感资料、物探、化探和地质资料，进行成矿统计预测，直接圈定找矿远景靶区。

遥感地质技术在地质矿产资源调查和评价中发挥了应有的作用，具体表现在以下几方面：

（1）在新的成矿区带或者到国外开展找矿勘查工作时，遥感地质将起到超前评价成矿远景的作用。利用遥感数据快速制作相应尺度（如1∶25万）的与地形图、地质图相媲美的遥感多光谱彩色合成图和三维影像飞行图，为地质工作部署，选择地质调绘路线等提供先导性基础资料。直接提取的遥感找矿信息，可快速筛选找矿靶区。对那些地质工作程度低、自然地理环境差、交通不便的边远地区或不熟悉的境外找矿勘查，这种作用尤为明显。

（2）在地质研究工作程度较高的成矿区带进行新一轮快速矿产资源调查评价中，利用遥感数据快速地直接从遥感多光谱数据中，定量化提取与金属矿化有关的遥感信息，成为一种直接的找矿标志和独立的找矿参数。解译并编制相应尺度（如1∶10万、1∶5万尺度）的新型遥感地质系列图件，总结并建立以遥感找矿信息为主的与物、化探相结合的已知矿床找矿规律，进行资料的二次综合开发利用，建立新的找矿模型，发现新的找矿靶区，可为新一轮1∶5万区域矿产调查、1∶5万化探工作提供重要的基础资料。

（3）在矿化集中区，以1∶5万、1∶2.5万尺度的遥感地质找矿预测，辅助区域化探异常筛选，检查化探异常，快速圈定成矿远景靶区；并在GIS技术支持下，将遥感与物化探、地质数据进行综合处理和分析，综合评价矿化集中区的资源潜力，确定新的找矿方向和找矿目标。

（4）在矿区及其近外围，开展大比例尺1∶2.5万、

1:1万、1:5000遥感找矿预测工作将有力地促进老矿山的深、边部找矿工作，加快找矿进程。如在青海柴达木盆地某铅锌矿床新一轮找矿系统工程中，优先安排的遥感项目，利用SPOT、TM、俄罗斯高分辨率(2 m)卫星数据以及航空彩红外资料等快速制作了一系列大尺度遥感找矿信息系列图，不仅为成矿构造的分析、含矿层位的重新厘定、矿化线索的追踪、新找矿目标地的选择等提供了客观的依据，而且为地质、物探、化探等生产设计和科研工作提供了实用有效的、准确的新型基础图像(件)，遥感成果得到了普遍欢迎。实践表明在老矿山尤其是危机矿山开展大尺度遥感找矿预测工作很有实用价值。

3 卫星遥感在矿山地质中的应用建议

根据汪贻水、娄富昌同志关于矿山地质学的论述，"矿山地质学是地质科学的一个实用性学科，直接服务于矿业工程及其经营管理，所以也称为采矿地质学。凡是为矿山企业建设(设计、施工)与生产(采矿、选矿)提供地质信息和相关研究以及经营管理的工作均属于矿山地质范畴。它贯穿矿山开发的全过程"。我们对凡口铅锌矿找矿提出以下建议：

(1)外围找矿中成矿地层构造和蚀变异常分析：遥感资料综合分析的方法有两个方面：一是研究遥感影像上线形、环形构造与区域矿产分布即成矿的关系，认识成矿规律并圈定找矿远景地段；二是通过多波段遥感图像增强处理，综合分析，提取与矿化有关的信息，从而为成矿预测提供有用资料。

遥感解译使用的卫星图像覆盖的范围大、概括性强，为人们宏观研究区域控矿构造格架、总结成矿规律提供了有利的条件。遥感图像对于环形、线性构造及隐伏构造的判译尤为简捷准确。环形构造在遥感影像上常表现为圆形、椭圆形色环等，结合地质特征分析可反映不同类型的成矿信息。通过对研究区环形、线形构造的充分判译，可以较好掌握该地区内的控矿构造格架和矿床分布规律。

通过遥感填图可以较准确地了解各类地质体的宏观特征，校正地面勾绘时因野外观察路线之间人眼可视范围的局限性而造成地质界线推断的错误，并为常规地质填图提供重要的成矿地质信息；此外，应用雷达波束在常规地质填图难以实现的冰雪覆盖的高山区和沙漠地区填绘基岩地质图；利用红外技术填制不同种类的岩石分布的专门性图件；尤其是随着遥感配套技术的不断改进和提高，从不同的高度(航天、航空)、不同的方面(地质、物探、化探)进行多层次、全信息的立体地质填图。

应用遥感技术进行成矿预测的关键是建立遥感信息地质成矿模型，即根据遥感影像特征和成矿规律研究程度较高的地区的成矿地质特征的研究，分析主要控矿因素和各种矿化标志，建立矿化信息数据库和遥感地质成矿模式，然后推广至工作程度较差的地区，通过类比，编制成矿预测图，圈定找矿靶区，指导矿产勘查工作。

在可见近红外(0.4~1.1 μm)、短波红外(1.1~2.5 μm)和热红外(8~14 μm)中，不同的波长范围可以识别特定的岩石矿物(组合)。与此相应，地质上常见的蚀变矿物(组合)在多波段遥感图像中有不同的表现，以TM图像为例：

1)铁氧化物(包括含铁矿物)，如褐铁矿、针铁矿、赤铁矿、黄铁钾钒等含大量Fe^{3+}，也有少量Fe^{2+}，在可见光波段0.45~0.52 μm(相当于TM1)和0.76~0.90 μm(相当于TM4)波段有强吸收带。

2)典型的热液蚀变矿物——含羟基(OH^-)和含水(H_2O)类矿物，如高岭石、绿泥石、绿帘石、蒙脱石、明矾石及云母类等，在2.2~2.3 μm(相当于TM7波段)附近有较强的吸收谱带，即在TM7波段产生低值，而在TM5波段有相对的高值。

3)碳酸盐岩蚀变矿物——含碳酸根(CO_3^{2-})类矿物，如方解石、白云石、菱铁矿、石膏等，在1.8~2.5 μm和2.55 μm附近较强吸收谱带。

4)硅酸盐岩类蚀变如硅化、长石化等及地温热异常，在10.4~12.5 μm即TM6波段有相对的高值。这些矿物的特征谱带正是提取岩石蚀变带，尤其是矿化蚀变带遥感信息的理论基础。党福星、方洪宾应用CBERS-2卫星CCD数据的B1、B3、B4和IRMSS的B5波段组合进行主要成分分析，增强含Fe^{2+}、Fe^{3+}等蚀变矿物的遥感异常信息；用CCD数据的B1、B4和IRMSS的B5、B7波段组合进行主成分分析，增强含OH^-、CO_3^{2-}等蚀变矿物的遥感异常信息。根据变换的特征向量载荷因子变化关系，利用量化提取技术进行了矿化蚀变异常信息的提取。我们征得曾朝铭同意，他与齐泽荣完成的"遥感资料应用课题"中，应用TM图像数据提取的凡口地区遥感异常和在云南、西藏提取的两个异常，供凡口铅锌矿外围找矿时参考。

近十几年来，遥感技术飞速发展，传感器频谱范围不断拓宽，空间和光谱分辨率不断提高，信息处理、地物识别和信息提取技术不断完善。数据获取由多光谱到高光谱。在轨运行的大量卫星为遥感地质工作提供了海量的数据源，其中蕴藏着大量的可供地质研究和矿产勘查使用的专题信息。目前使用较广的遥感数据源主要是法国的SPOT数据以及中巴地球资源卫星数据等。在大尺度遥感地质工作中，可以使用 CBERS – 02B 数据(2.36 m)、SPOT – 5(5 ~ 2.5 m)、美国的 IKNOS 数据、QUICKBIRD 数据等。

（2）建议凡口铅锌矿利用 GIS 技术，结合地表遥感信息，整合历年采矿获得的地质资料，建立矿床延伸信息系统，分析矿体延伸规律，进行深部找矿。

（3）建议凡口铅锌矿发挥资源一号卫星 02B 卫星高空间分辨率数据在矿山企业地面工程分布和环境管理制图中的作用。

参考文献(略)

基于三维模型的凡口深部矿床
地质特征及找矿预测

原桂强　刘　魏　幸福生

（广东凡口铅锌矿，广东韶关，512325）

摘　要：矿床的三维模型能较为直观地反映矿床的地质特征。2007 年年底，凡口矿深部矿床三维模型初步建成。本文通过对矿床的三维模型分析，阐述了凡口矿深部矿床地质特征，并提出了凡口矿区深部的找矿方向。

关键词：三维模型；矿床地质特征；找矿预测；广东凡口

凡口铅锌矿是我国超大型的铅锌矿矿床。50 多年来，国内外许多科研院校的地质专家、学者到凡口矿进行了各方面地质研究，矿山地质工作者在长期的地质工作中收集了大量的地质资料，积累了丰富的经验，对矿床的地质条件和矿体的地质特征有了一定的认识。在此基础上，凡口矿和中南大学合作，对凡口矿 -320 m 标高以下的地层、岩脉、主要断裂和矿体建立三维模型（见图 1）。矿体的三维模型主要以矿山在生产探矿中二次圈定的矿体为准，对建模时部分未完成生产探矿的中段（Sh -400 ~ -500 m、Shn -400 m 以下）则以地质勘探时圈定的矿体为依据。此次建模坐标范围 X：2777200 ~ 2778700，Y：462200 ~ 463000，Z：-320 ~ -700（部分断层和地层到地表），其中 X = 2778008 为狮岭和狮岭南的分界线。基于建立的矿床三维模型，本文对凡口矿深部矿床地质特征进行了阐述，对矿区深部找矿提出建议。

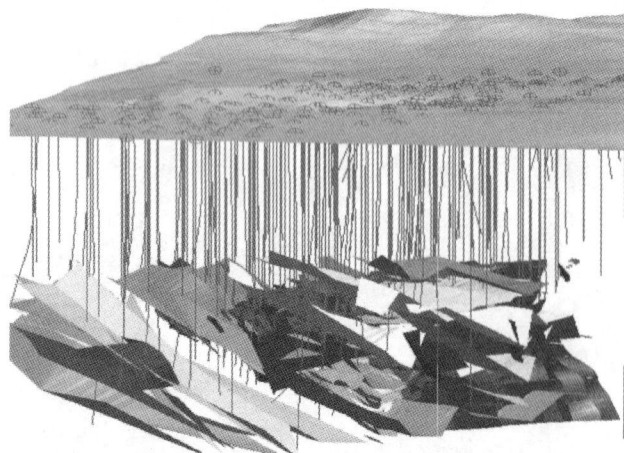

图 1　凡口矿深部矿床三维模型

1　区域地质背景

凡口矿区地处华南准地台中的湘桂粤拗陷与赣闽隆起的毗连地带、曲仁海西构造盆地北缘。

矿区自北向南分布泥盆系、石炭系、二叠系等地层。北侧出露大片寒武系浅变质碎屑岩系构成褶皱基地。在加里东旋回的区域不整合面上，矿区内发育一套上古生代碎屑岩和碳酸盐组成的沉积盖层，矿区的含矿层位即处于不整合于加里东褶皱基底之上的海侵旋回下部的滨海—浅海相碎屑—碳酸盐建造中。

矿区构造复杂，褶皱、断裂均发育，区域性断裂大致可分为北西向、北北东向和近东西向三组。北西向、北北东向的断裂在区内最为发育，大部分断层形成于燕山前期，以逆断层及逆掩断层为主，通常规模较大，与成矿关系密切。近东西向的断裂以平抑断层及正断层为主，一般规模较小。

矿区内火成岩活动微弱，仅见辉绿岩脉，侵入于壶天群以下地层，偶见黄铁铅锌矿化。矿区以北 10 km 有九峰—诸广山花岗岩体，但矿区内未见花岗岩出露。

2　矿区深部地质特征

本次矿床建模范围南北长约 1.5 km，从狮岭北部到狮岭南的南部（207 ~ 220 号线），东西宽约 0.8 km，垂直方向 0.4 km。

2.1　赋矿地层

矿区深部工程揭露的地层从老到新有中下泥盆统桂头群（$D_{1-2}9t$）、中泥盆统东岗岭阶（D_2d）、上泥盆统天子岭组（D_3t）、下石炭统（C_1）和中上石炭统壶天群（$C_{2+3}ht$）。

中下泥盆统桂头群上亚群（$D_{1-2}gt^b$）为灰黑色、紫红色粉砂质页岩夹粉砂岩、石英细砂岩夹粉砂质页岩，厚度为 80~110 m。

中泥盆统东岗岭阶下亚阶（D_2d^a）为灰黑色泥质页岩、白云岩及青灰色粉砂岩、细砂岩，厚度约50 m。

中泥盆统东岗岭阶上亚阶（D_2d^b）为白云质粉砂岩、白云岩、层纹状和条纹瘤状灰岩，厚度为 90~150m，是重要的含矿层位。

上泥盆统天子岭组下亚组（D_3t^a）为鲕粒灰岩，瘤状和条带瘤状灰岩，大同心状核形石灰岩夹鲕粒灰岩、迭层石灰岩，是重要的含矿层位，厚度约 105 m。

上泥盆统天子岭组中亚组（D_3t^b）为深灰色瘤状和条带瘤状灰岩，下部以核形石灰岩为主，夹生物碎屑条带瘤状灰岩，黄铁矿化强烈，是重要的含矿层位，厚度约 120 m。

上泥盆统天子岭组上亚组（D_3t^c）为花斑灰岩夹泥灰岩、白云质碳酸盐岩，厚度约 80 m。

下石炭统（C_1）为深灰色粉砂质灰岩、灰绿色粉砂质页岩、泥灰岩，与下伏地层呈不整合接触，厚度约20 m。主要分布在狮岭南 F_{203} 断层下盘（见图2）。

中上石炭统壶天群（$C_{2+3}ht$）为灰白色白云质灰岩、白云岩、微肉红色白云岩，与下伏地层呈不整合接触，规模较小，主要分布在狮岭南 F_{203} 断层下盘（见图 2）。

深部地层展布总体上南高北低，舒缓波状，倾向东或东偏北，倾角 30°~70°，上部较陡，底部稍缓。在狮岭北部，由于受 F_{102} 断裂的作用，地层产状发生变化，倾向为南偏东（见图3）。

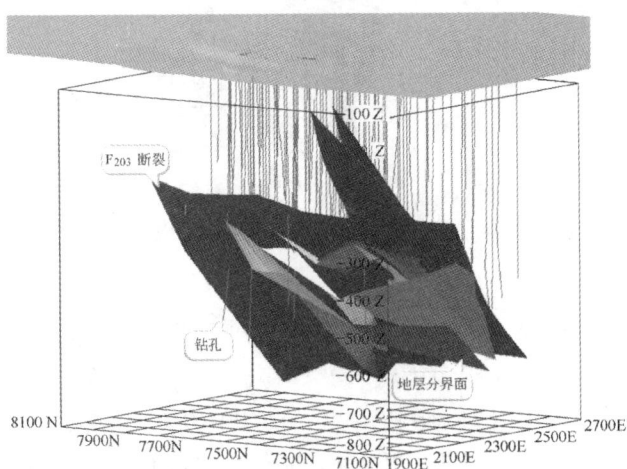

图 2　矿区深部石炭系地层分布

2.2　构造

2.2.1　褶皱构造

矿区褶皱以 NW 向凡口复式倾伏向斜为主体，随

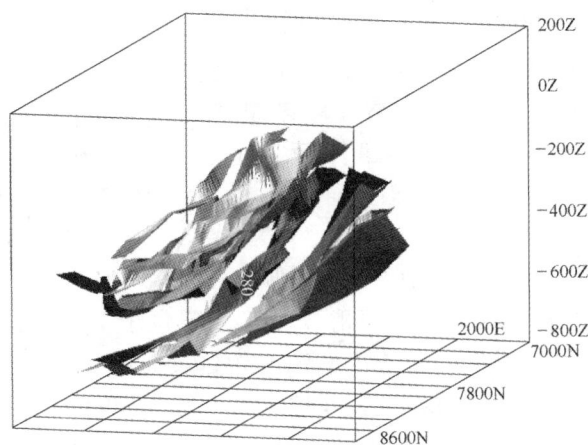

图 3　矿区深部地层三维空间展布

着后期断裂构造运动，受主干断裂挤压牵引作用，形成了狮岭背斜、金星岭背斜等一系列不对称的次级褶皱。

深部地段矿体与其上部矿体一样主要赋存在次级褶皱的狮岭背斜的东翼。此背斜轴向 NNW，向 SE 倾伏。东翼又被 F_3 断裂切割，上盘褶曲颇弱，下盘褶曲较强。受以上因素控制，深部顺地层产出的矿体具有如下特征：F_3 断裂上盘矿体产状平缓，下盘矿体产状靠近 F_3 断裂较平缓，远离 F_3 断裂则较陡（见图4）。

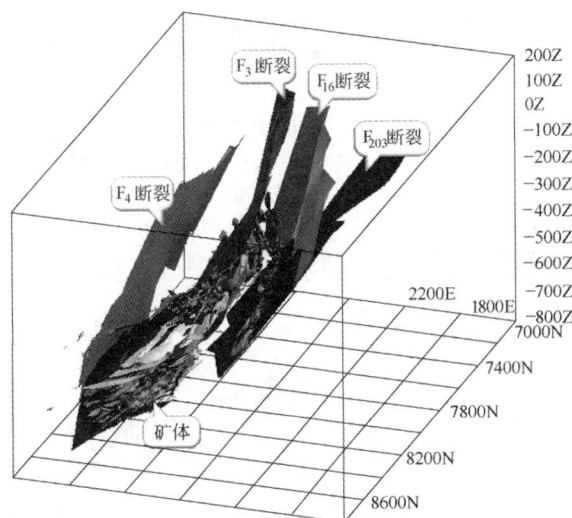

图 4　矿区深部主要构造格局与矿体分布

2.2.2　断裂构造

凡口矿区断裂构造对控矿起主导作用。在矿区深部，主要发育有三组断裂：NE 向的 F_{102}，NNE 向的 F_3、F_4 和 NNW 向的 F_{203}、F_{16}（见图4）。

NE 向断裂 F_{102}：为沉积—成岩期后的同生断裂，是矿床的主要控矿断裂，走向 30°~210°，倾向120°，倾角70°~80°。断裂沿走向长约350 m，南端在狮岭北部 -203 号勘探线附近与 F_3 断裂斜交接合，北端则在207号勘探线与 F_4 断裂反接复合，沿延伸方向在 -550 ~ -600 m 标高与 F_3 断裂交汇。

NNE 向断裂 F_3、F_4：断裂由北往南贯穿整个矿床建模区域，结构面沿走向和倾向均呈舒缓波状。F_3 断裂走向北部为 10°~190°，南部为 350°~170°，表现为北部倾向东偏南，而南部倾向东偏北，倾角 60°~85°，北部较陡，南部稍缓。F_4 断裂位于 F_3 断裂东边，往北延伸至金星岭区段（建模区域北边），总体走向 NNE，但在深部建模区域基本上呈 SN 走向，倾角较陡，一般在 80°以上。

上述两组断裂均为顺时针扭动的压扭性断裂，局部地段相互归并利用延伸，构成了 NE - NNE 向断裂带，断裂带上下盘岩层常出现牵引褶皱。

NNW 向断裂 F_{203}、F_{16}：断裂发育于矿区西南部，凡口复式向斜南翼狮岭背斜与田庄向斜的交接部位，属压扭性断裂。F_{203} 沿走向延长达 2 km，是矿区内最大规模的断裂，倾向 NEE，倾角 50°~60°。目前深部地段对 F_{203} 断裂的控制工程较少，仅有 8 个钻孔控制该断裂（见图2），因此对 F_{203} 的控矿特征研究不够。F_{16} 断裂倾向 NEE，倾角 60°~70°，在 -300 ~ -550 m 标高与 F_{203} 断裂斜交。

2.3 岩浆岩

矿区未见花岗岩体，但在狮岭南北部和狮岭区段 F_3 断裂上下盘见有辉绿岩（见图5），主要侵入东岗岭阶至天子岭组地层，矿体中亦见辉绿岩岩脉穿插，岩脉产状无固定规律。一般认为岩脉与成矿无直接关系。

3 深部矿床地质特征

3.1 矿化带特征

深部区段成矿集中在南北长 1.5 km、东西宽 0.7 km 范围内，矿体主要顺层分布在中泥盆统东岗岭阶上亚阶（D_2d^b）至上泥盆统天子岭组中亚组（D_3t^b）地层内，沿着 NE 向或 NNE 向的断裂（F_3 和 F_{102}）及其分支的上下盘产出，从平面上看，呈不对称的"Y"形（见图6）。具有"层、相、位"的成矿和控矿特征。

3.2 矿体特征

3.2.1 矿体分布、规模

深部矿床有大小矿体约 30 个，但储量较大的矿体主要有 Sh209、Sh214、Sh32、Sh217、Sh216、Sh33 等，矿体主要依附在 F_3 断裂的上下盘。对主要矿体的分布情况简述如下：

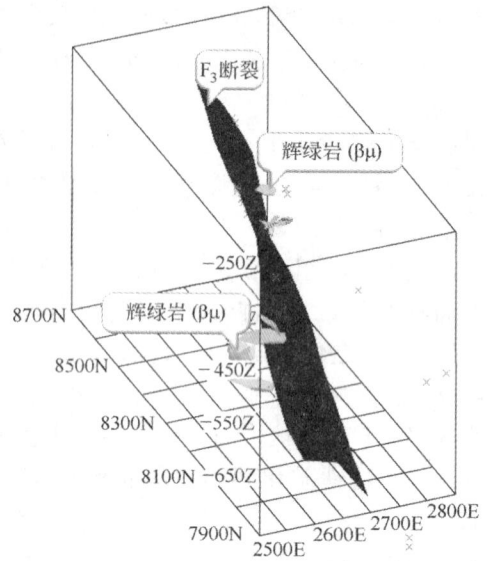

图5 矿区深部辉绿岩（βμ）三维空间分布图

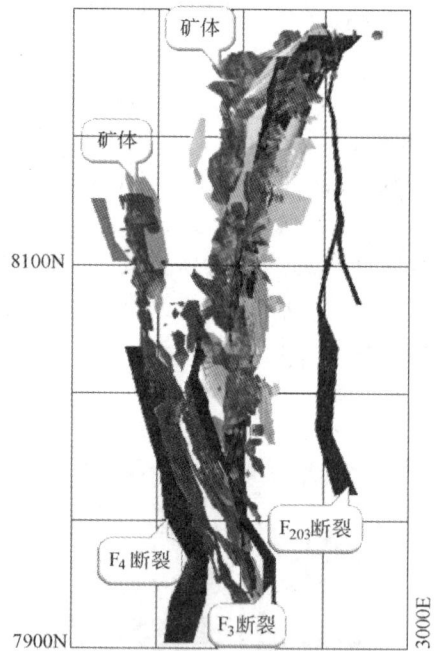

图6 深部矿体分布俯视图

Sh209、Sh210 矿体：赋存在 F_3 断裂下盘的中泥盆统东岗岭阶上亚阶（D_2d^b）白云质灰岩、生物碎屑瘤状灰岩中，呈似层状产出。Sh209 矿体走向延长约 1.5 km，宽度 100~400 m，垂向高度从上部一直延伸到 -700 m 以下。矿体整体上呈南高北低，在狮岭北部 -600 m 标高左右与 Sh214 矿体交汇。矿体在深部区段的狮岭北部较厚大，在狮岭南呈厚度较稳定的狭长条带状，但在狮岭南的南端经常出现断断续续的雁列状。矿体走向在 330°左右，倾向东偏北，倾角 35°~50°。Sh210 矿体位于 Sh209 矿体西侧，沿走向延长约 1.2 km，厚度一般 2~6m，倾向 65°~80°，倾角 45°~60°，赋存标高从上部一直延深至 -500 m 左右。

Sh214 矿体：赋存在 F_3 断裂下盘的上泥盆统天子岭组下亚组（D_3t^a）地层中。矿体总体走向与 F_3 相似，沿走向长度约 1.15 km（-214~207 号线），沿倾斜方向宽度 27~140 m。矿体依附断裂处厚度膨大，远离断裂矿体急剧变薄以至多条分支尖灭。在狮岭北部 201~207 号线，标高 -500~-600 m 处矿体依附在 F_3 断裂下盘，厚度最大，而在狮岭南部以及狮岭南变薄且有多个分支，连续性变差，矿体形态复杂（见图 4）。矿体中包含有黄铁铅锌矿和单一黄铁矿两种矿石类型，单一黄铁矿呈多条分布。此次三维建模工作没有将黄铁铅锌矿和单一黄铁矿两种矿石类型区分开，对研究矿石品位的变化特征以及对矿床的开采有所欠缺。

Sh32 矿体：赋存在 F_3 断裂下盘的上泥盆统天子岭组下亚组（D_3d^a）地层的最上部，主要分布在 200~202 号线，最大厚度约 50 m，往南、往北厚度变小（见图 6），赋存标高从上部至 -500 m，总体倾向 110°左右。

Sh217 矿体：赋存在 F_3 断裂上盘的中泥盆统东岗岭阶上亚阶（D_2d^b）地层中，呈似层状产出，沿走向延长将近 1 km，主要分布在 -205~212 号线，厚度一般为 10~15 m。倾向 100°~130°，倾角较缓，20°~30°，赋存标高从上部至 -500 m。

3.2.2 矿体品位变化特征

深部矿体的分布相对集中，铅锌的富集和变化也具有一定的规律。

总体上，矿体厚度大，铅锌品位越高；反之，矿体厚度越小，则铅锌品位越低。从平面上，矿体依附 F_3 断裂时呈较大厚度产出，靠近 F_3 断裂，铅锌富集，品位较高，远离 F_3 断裂则铅锌富集程度减弱，品位逐渐降低。从垂直方向，Sh214 矿体从 -600 m 往下铅品位逐渐升高，锌品位则逐渐降低；Sh209 矿体也是从 -600 m 往下铅品位逐渐升高，锌品位则 -650 m 较高，往 -600 m 和 -700 m 则逐渐降低。

此次深部矿床三维建模只是按中段来建立矿体模型，没有按单个矿体独立建立模型，也没有按黄铁铅锌矿和黄铁矿两种矿石类型来圈定矿体，建立模型。因此，虽然用克里格法对各单元块进行了铅、锌的估算，但仍难以定量分析单个矿体的品位、厚度等特性在三维空间的分布特征。

4 深部找矿预测

对凡口铅锌矿床成因类型比较普遍的观点是属于

典型的沉积—热液改造型层控矿床。矿体定位受断裂和层位控制，尤其在深部，断裂控制着整个矿带的展布，主要矿体集中分布在 F_3 断裂上下盘附近，具有鲜明的"层、相、位"成矿特征，该特征可以从矿体—构造模型中得到很好的反映（见图 6）。通过建立三维立体模型，可以使矿体的空间分布情况、构造格局在三维空间中的变化，以及地层的结构特征得到更加直观的反映，为"全方位、多角度"地研究探讨矿体、层位、构造之间的关系提供了便利，对深部找矿预测具有很好的指导意义。

4.1 狮岭北部 F_3 下盘是深部成矿有利空间

F_3 断裂是成矿热液运移和分配的主要通道，也是最重要的矿体就位场所。在狮岭北部，F_3 断裂与 F_{102} 断裂汇合后继续往深部延伸，最终被 F_{203} 断裂切割，其汇合部位形成的虚脱空间具有较好的容矿性。

另外，深部地层呈南高北低趋势，顺层产出的矿体也同样具有南高北低的特征。而且在狮岭深部 F_3 下盘，矿体膨大，含矿层 D_2d^b 仍然相对开阔，有往纵深延伸的可能。这些都是较好的赋矿条件。

4.2 矿区深部西北侧是矿化带的延续

不对称"Y"形矿化带左上方由 Sh209、Sh210 矿体构成。与其他主要矿体相比，Sh209、Sh210 矿体虽然厚度不大，但在走向上具有很好的连续性和稳定性，因此矿区深部西北侧是 Sh209、Sh210 矿体继续往西北延伸的有利部位。

4.3 矿区深部 F_{203} 断裂下盘是地质找矿的新远景区

根据资料，狮岭深部 -650 m 中段已有主巷工程揭露到石炭系壶天群地层在主要含矿层位——泥盆系之下重现，重现地层位于 F_{203} 断层下盘。F_{203} 断层在空间上延伸范围相当广阔，南北延长达 2000 m，几乎跨过整个矿区，很可能为一大型推覆构造。断层上盘向西北方向逆冲抬升，而下盘向东南方向相对俯冲，导致自上石炭统壶天群（$C_{2+3}ht$）至中下泥盆统桂头群（$D_{1+2}gt$）的绝大部分地层被带入深部，其中包括目前凡口矿采区内最主要的含矿地层——上泥盆统天子岭组地层与东岗岭上亚组地层。另外，F_{203} 断层上盘逆冲抬升的同时，还向北西方向发生水平平移错动，下盘则向东南方向错动。

由此可以推测：

（1）若 F_{203} 断层的构造活动年龄与矿床成矿年龄相近或者早于后者，或者 F_{203} 断层并不截切 F_3、F_{16}、F_5 等断层，而后者是与 F_{203} 同期的派生构造，则 F_{203} 断层更可能是一成矿导矿构造，其上盘的诸多控矿构造 F_3、F_{16}、F_5 等为 F_{203} 上盘成矿提供了便利的条件，其下盘成矿条件则非常有限。

（2）如果 F_{203} 断层的构造年龄晚于矿区主要矿体的成矿年龄，且确证与 F_3、F_{16}、F_5 等断层为截切关系，那么，在 F_{203} 断层错动作用下，其下盘被错动到东南部深部的将不仅仅是与矿区含矿地层原本相连的泥盆系，其中还可能蕴含有一大型矿床原本与当前主采区矿床为同一整体。因此，在目前主采区的东南方向深部将会具有很好的找矿远景。

到目前为止，对 F_{203} 断裂的控制的工程较少，仅有 8 个钻孔控制了该断裂（见图 2），因此对 F_{203} 断裂的控矿特征以及深部 F_{203} 断裂下盘地层的含矿性研究远远不够。开展 F_{203} 下盘找矿工作之前，最紧要的工作应该是通过一定的技术手段对 F_{203}、F_3 等断层的构造活动年龄和主采区矿床的成矿年龄进行测试对比，并摸清 F_{203} 与 F_3、F_{16}、F_5 等控矿构造间的接触关系，充分论证 F_{203} 下盘的找矿可靠程度。然后将掌握的地质资料反映到地质模型之中，计算 F_{203} 所造成的断距，对比 F_{203} 上盘成矿空间位置，进一步圈定下盘可能的成矿范围，再施工探矿工程。

5　结语

矿床的三维模型能直观地反映出地层、构造和矿体等各方面的特征，有利于准确地选择和定点探矿工程的施工位置，且对施工结果的及时数字化更新具有一定的优势。但凡口矿的深部矿床三维模型仍不够完善，比如矿体实体模型没有按块状铅锌矿和块状黄铁矿的矿石类型区分开，地层和构造的实体建模太粗糙，无法对矿床地质特征进行深层次的研究。这些都有待于资料进一步完善之后，对模型做更进一步的深化细化处理工作。

参考文献（略）

凡口铅锌矿床同位素地球化学证据

汪礼明[1]　徐文忻[2]　李　蘅[2]　彭省临[1]

（1. 中南大学，长沙，410083；2. 桂林矿产地质研究院，广西桂林，541004）

摘　要：对凡口铅锌矿床不同成矿阶段进行矿物包裹体温度、硫和铅同位素测定，获得成矿第Ⅰ阶段温度为（300 ± 50）℃，第Ⅱ、Ⅲ阶段温度为（250 ± 50）℃；并通过硫、铅、氢、氧同位素的测定，反映了凡口铅锌矿的成矿物质是多来源的。

关键词：硫同位素；铅同位素；氢氧同位素；铅锌矿床；凡口

1　地质概况

凡口铅锌矿区位于粤北曲江上古生界断陷盆地北缘，区内发育二叠系、石炭系、泥盆系和寒武系地层，构造发育，岩浆活动微弱，仅见辉绿岩脉。矿体主要赋存在泥盆系和下石炭系碳酸盐岩中。矿体形态复杂，成矿分为 3 个阶段。第Ⅰ阶段为黄铁矿、毒砂、磁黄铁矿、闪锌矿、石英、白云石、菱铁矿、重晶石等矿物组合；第Ⅱ阶段为黄铁矿、毒砂、黄铜矿、磁黄铁矿、银黝铜矿、斑铜矿、辉铜矿、闪锌矿、方铅矿、深红银矿、淡红银矿、辉银矿、车轮矿、脆硫锑矿、石英等矿物组合；第Ⅲ阶段为黄铁矿、闪锌矿、方铅矿、深红银矿、淡红银矿、辉银矿、脆硫锑矿、自然银、石英、白云石、重晶石、方解石等矿物组合。

2　分析测试

对凡口铅锌矿床主要的矿石和围岩进行较系统的采样，先人工选取新鲜部分，单矿物经粉碎、粗选、蒸馏水冲洗后在双目镜下挑选 0.25 ~ 0.175 mm 的纯净部分，岩（矿）样则粉碎至 0.074 mm，所称的单矿物样和岩（矿）样进行同位素测定，硫同位素质谱测定是由 CH_4 质谱仪完成，$\delta(^{34}S)$ 以 CDT 为标准，分析精度为 ±0.5‰。

Pb 同位素在 MAT－260 质谱仪上完成，NBS981 的 $\delta(^{207}Pb)/\delta(^{204}Pb) = 15.455 \pm 3(2\sigma)$，$\delta(^{206}Pb)/\delta(^{204}Pb) = 16.923 \pm 3(2\sigma)$。氢氧同位素是在中国地质科学院矿产资源研究所 MAT－251 上完成，$\delta(^{18}O)$ 以 SMOW 为标准，分析精度为 ±0.2‰；$\delta(D)$ 以 SMOW 为标准，分析精度为 ±1‰。

3　矿床形成的某些物理化学条件

3.1　温度

对闪锌矿和方解石的矿物包裹体均一温度进行测量，获得第Ⅱ阶段的矿物包裹体均一温度为 110 ~ 250℃，第Ⅲ阶段矿物包裹体均一温度为 50 ~ 117℃；运用第Ⅱ阶段的硫化物对的硫同位素平均平衡温度为 293℃；利用第Ⅱ阶段和第Ⅲ阶段的淡红银矿、深红银矿、辉银矿、磁黄铁矿和黄铁矿矿物组合；车轮矿、脆锑铅矿矿物组合稳定场在 250 ~ 260℃ 逼近这些矿物组合形成。硫同位素平均平衡温度和矿物组合稳定场逼近温度以及矿物包裹体均一温度的最高温度接近，考虑到均一温度需要压力校正，而其他温度不需校正，因此可得出第Ⅱ阶段和第Ⅲ阶段成矿温度为（250 ± 50）℃；第Ⅰ阶段成矿温度可能大于（250 ± 50）℃。该阶段矿物爆裂温度为 300 ~ 330℃，取该阶段温度为（300 ± 50）℃。

3.2　硫逸度、氧逸度和 pH 值

3.2.1　第Ⅰ阶段

第Ⅰ阶段的硫逸度上、下限可从毒砂—磁黄铁矿—闪锌矿—黄铁矿矿物稳定场求出：

$$2FeAsS + S_2 \Longrightarrow 2FeS_2 + 2As \qquad (1)$$

$\lg f(S_2)_{上限} = \lg K_1$（$K$ 为化学平衡常数，以下同）

$$FeS_2 \Longrightarrow FeS + \frac{1}{2}S_2 \qquad (2)$$

$\lg f(S_2)_{下限} = 2\lg K_2$

氧逸度上、下限可从磁黄铁矿—黄铁矿—磁铁矿—毒砂矿物稳定场求出：

$$3FeAsS + 2O_2 \Longrightarrow Fe_3O_4 + 3As + \frac{3}{2}S_2 \qquad (3)$$

$$\lg f(O_2)_{上限} = \frac{3}{4}\lg f(S_2) - \frac{1}{2}\lg K_3$$

$$\frac{3}{2}FeS_2 + \frac{1}{2}Fe_3O_4 = 3FeS + O_2 \qquad (4)$$

$$\lg f(O_2)_{(下限)} = \lg K_4$$

二氧化碳逸度可从菱铁矿矿物稳定场求出：

$$3FeCO_3 + \frac{1}{2}O_2 = Fe_3O_4 + 3CO_2 \qquad (5)$$

$$\lg f(CO_2)_{(上限)} = \frac{1}{3}\lg K_5 + \frac{1}{6}\lg f(O_2)$$

$$C + O_2 = CO_2 \qquad (6)$$

$$\lg f(CO_2)_{(下限)} = \lg f(O_2)_{(下限)} + \lg K_6$$

3.2.2 第Ⅱ、Ⅲ阶段

第Ⅱ阶段和第Ⅲ阶段的硫逸度上、下限可从斑铜矿—黄铜矿—黄铁矿和车轮矿—脆硫锑铅矿矿物稳定场求出：

$$4FeS_2 + Cu_5FeS_4 = 5CuFeS_2 + S_2 \qquad (7)$$

$$\lg f(S_2)_{(上限)} = \lg K_7$$

$$\frac{2}{3}Cu_2S + \frac{4}{3}PbS + \frac{4}{3}Sb + S_2 = CuPbSbS_3 \qquad (8)$$

$$\lg f(S_2)_{(下限)} = \lg K_8$$

氧逸度可从黄铁矿—磁黄铁矿—磁铁矿矿物稳定场求出：

$$6Fe_2O_3 = 4Fe_3O_4 + O_2 \qquad (9)$$

$$\lg f(O_2)_{(上限)} = \lg K_9$$

$$\frac{3}{2}FeS_2 + \frac{1}{2}Fe_3O_4 = 3FeS + O_2 \qquad (10)$$

$$\lg f(O_2)_{(下限)} = \lg K_{10}$$

二氧化碳逸度可从方解石—硬石膏求出：

$$CuCO_3 + \frac{1}{2}S_2 + \frac{3}{2}O_2 = CuSO_4 + CO_2 \qquad (11)$$

$$\lg f(CO_2)_{(上限)} = \lg K_{11} + \frac{1}{2}\lg f(S_2)_{(上限)} + \frac{3}{2}\lg f(O_2)_{(上限)}$$

$$C + O_2 = CO_2 \qquad (12)$$

$$\lg f(CO_2)_{(下限)} = \lg f(O_2)_{(下限)} + \lg K_{12}$$

温度为300℃条件下，利用 Helgson（1978）总结的热力学数据，第Ⅰ阶段 $\lg f(S_2)$ 为 $-9.9 \sim -11.6$，$\lg f(O_2)$ 为 $-30.4 \sim -36.0$，$\lg f(CO_2)$ 为 $1.32 \sim 1.95$；pH 在已知二氧化碳逸度和温度时约为 $4.5 \sim 4.9$（徐文忻，1991）。

在温度为（250 ± 50）℃条件下，第Ⅱ阶段和第Ⅲ阶段的 $\lg f(S_2)$ 为 $-8.59 \sim -16.25$，$\lg f(O_2)$ 为 $-34.37 \sim -38.42$，$\lg f(CO_2)$ 为2.44；pH 从该阶段石英—绢云母矿物稳定场求出：

$$3KAlSiO_8 + 2H^+ = KAl_3Si_3O_{10}(OH)_2 + 6SiO_2 + 2K^+ \qquad (13)$$

$$pH_{(上)} = -\lg a(H^+) = \frac{1}{2}\lg K_{13} - \lg a(K^+)$$

$$KAl_3Si_3O_{10}(OH)_2 + 2H^+ + 3H_2O = $$
$$3Al_2Si_2O_5(OH)_4 + 2K^+ \qquad (14)$$

$$pH_{(下)} = -\lg a(H^+) = \frac{1}{2}\lg K_{14} - \lg a(K^+)$$

即在温度为（250 ± 50）℃时，m_a 约为 0.111，pH 约为 $3.1 \sim 5.0$。

4 地球化学特征

4.1 硫同位素地球化学特征

矿床硫化物的硫同位素组成为 $2.1‰ \sim 26.5‰$，并且有 $\delta(^{34}S_{py}) > \delta(^{34}S_{Sp}) > \delta(^{34}S_{Gn})$，硫同位素平均温度接近矿物包裹体均一温度值，表明硫同位素达到平衡。第Ⅰ阶段硫化物的硫同位素组成为 $2.1‰ \sim 26.5‰$，并随赋存层位由老到新硫同位素有逐渐减小趋势。第Ⅱ阶段硫化物硫同位素组成为 $14.3‰ \sim 23.8‰$，第Ⅲ阶段硫化物硫同位素组成为 $5.7‰ \sim 15.7‰$，具有从早阶段到晚阶段硫同位素组成由变化范围大到变化范围小，以及减小趋势。这种趋势与 Kuroko、Cypus、Raul 矿床沿层序向上硫同位素减小和成矿从早到晚硫同位素减小趋势相同。这与"生物成因"的矿床所见到的硫同位素组成增加趋势相反，并与 Ryel（1974）、Ohmoto（1979）、Ohmo-to（1979，1997）总结的海相火山作用形成的矿床相同，表明凡口铅锌矿床硫的来源有可能不是单一的来源。

根据已知的物理化学条件和硫同位素组成确定出第Ⅰ阶段的 $\delta(^{34}S_{\Sigma s})$ 为（25 ± 3）‰，第Ⅱ和Ⅲ阶段的 $\delta(^{34}S_{\Sigma s})$ 为（20 ± 3）‰。$\delta(^{34}S_{\Sigma s})$ 有较高的值，并与海水 $\delta(^{34}S_{\Sigma s})$ 相同，表明矿液来自海水。从理论上讲，有限的成矿热液随着固液分离、矿物沉淀，$\delta(^{34}S_{\Sigma s})$ 发生瑞利分离随成矿阶段从早到晚逐渐增大（程伟基，1980；Ohmoto，1997）。而凡口矿床各阶段获得的 $\delta(^{34}S_{\Sigma s})$ 值不符合有限成矿热液 $\delta(^{34}S_{\Sigma s})$ 值演化规律，第Ⅱ和Ⅲ阶段有低的 $\delta(^{34}S_{\Sigma s})$ 值混合，很可能是岩浆来源硫掺入的结果。因此，硫成矿热液的硫源来自海底火山作用或热水沉积作用，硫来源是多源的。

4.2 铅同位素地球化学特征

获得矿田 68 件铅同位素数据（见表 1），其中矿床硫化物的 $\delta(^{206}Pb)/\delta(^{204}Pb)$ 比值为 $18.023 \sim 18.847$，$\delta(^{207}Pb)/\delta(^{204}Pb)$ 比值为 $15.700 \sim 15.820$，$\delta(^{208}Pb)/\delta(^{204}Pb)$ 比值为 $38.056 \sim 39.796$。灰岩全岩的 $\delta(^{206}Pb)/\delta(^{204}Pb)$ 比值为 $18.230 \sim 18.860$，$\delta(^{207}Pb)/\delta(^{204}Pb)$ 比值为 $15.640 \sim 16.000$，$\delta(^{208}Pb)/\delta(^{204}Pb)$ 比值为 $38.714 \sim 39.760$。辉绿岩的 $\delta(^{206}Pb)/\delta(^{204}Pb)$ 比值为 $18.570 \sim 18.650$，$\delta(^{207}Pb)/\delta(^{204}Pb)$ 比值为 $15.260 \sim$

15.620，$\delta(^{208}Pb)/\delta(^{204}Pb)$ 比值为 38.650 ~ 38.960。矿床硫化物的铅同位素组成随赋存层位不同铅同位素平均值稍有降低（见表2）。矿床硫化物的铅同位素组成呈线性关系，一些数据落在单阶段增长线与直线相交点的延长曲线上，表明凡口矿床不是两种正常铅混合，可能为火山来源的单阶段演化铅与泥盆—石炭系海水两阶段海水化学沉积铅混合。

表1　凡口矿床铅同位素组成

赋存层位	测试矿物	$\delta(^{206}Pb)/\delta(^{204}Pb)$	$\delta(^{207}Pb)/\delta(^{204}Pb)$	$\delta(^{208}Pb)/\delta(^{204}Pb)$
C_{2+3}	方铅矿	18.325	15.631	38.843
	方铅矿	18.447	15.706	38.950
	方铅矿	18.577	15.688	38.792
	方铅矿	18.451	15.797	39.087
	方铅矿	18.570	15.670	38.758
D_3m	方铅矿	18.392	15.709	38.792
D_3	方铅矿	18.379	15.670	38.754
	方铅矿	18.446	15.820	39.322
	方铅矿	18.434	15.711	38.923
	方铅矿	18.520	15.814	38.885
	方铅矿	18.414	15.705	38.843
	方铅矿	18.419	15.713	38.841
	方铅矿	18.378	15.672	38.732
	方铅矿	18.455	15.772	38.056
	方铅矿	18.266	15.705	38.859
	方铅矿	18.440	15.730	38.900
	方铅矿	18.377	15.690	38.679
	方铅矿	18.402	15.690	38.796
	方铅矿	18.463	15.745	38.946
	方铅矿	18.404	15.704	38.814
	方铅矿	18.420	15.692	38.873
	方铅矿	18.380	15.690	38.764
	方铅矿	18.407	15.700	38.821
	方铅矿	18.336	15.570	38.771
	方铅矿	18.414	15.705	38.843
	方铅矿	18.419	15.712	38.874
	方铅矿	18.435	15.730	38.900
	方铅矿	18.421	15.750	38.980
	方铅矿	18.420	15.730	38.920
	方铅矿	18.430	15.730	38.900
	方铅矿	18.450	15.730	38.890
	方铅矿	18.440	15.730	38.900
	方铅矿	18.377	15.690	38.679
	方铅矿	18.446	15.820	39.322

续表1

赋存层位	测试矿物	$\delta(^{206}Pb)/\delta(^{204}Pb)$	$\delta(^{207}Pb)/\delta(^{204}Pb)$	$\delta(^{208}Pb)/\delta(^{204}Pb)$
D_3	方铅矿	18.428	15.727	38.907
	方铅矿	18.399	15.691	39.800
	方铅矿	18.401	15.688	38.769
	方铅矿	18.415	5.724	38.872
	方铅矿	18.418	15.712	38.854
	方铅矿	18.270	15.663	38.705
	方铅矿	18.358	15.665	38.703
	方铅矿	18.392	15.709	38.792
	方铅矿	18.374	15.706	38.804
	方铅矿	18.364	15.668	38.715
	方铅矿	18.404	15.704	38.841
	方铅矿	18.379	15.670	38.754
	方铅矿	18.378	15.672	38.732
	方铅矿	18.454	15.772	39.056
	方铅矿	18.402	15.690	39.796
	方铅矿	18.463	15.745	38.923
	方铅矿	18.455	15.727	38.954
	方铅矿	18.520	15.814	38.885
	方铅矿	18.266	15.705	38.859
	方铅矿	18.439	15.702	38.838
	方铅矿	18.403	15.698	38.860
	方铅矿	18.332	15.688	38.791
D_2	方铅矿	18.847	15.866	39.131
	方铅矿	18.384	15.668	38.749
	方铅矿	18.411	15.682	38.829
	方铅矿	18.403	15.693	38.791
D_3	灰岩	18.860	16.020	39.760
	灰岩	18.620	15.840	39.100
	灰岩	18.354	15.724	38.714
	灰岩	18.570	15.760	38.960
	灰岩	18.230	15.640	38.830
	辉绿岩	18.570	15.760	38.960
	辉绿岩	18.650	15.600	38.650
	方铅矿	18.230	15.640	38.838

注：由桂林矿产地质研究院分析。

4.3　氢氧同位素地球化学特征

不同阶段的硫化物和碳酸盐的氢氧同位素数据表明（见表3），热液的 $\delta(^{18}O_{H_2O})$ 为 -14.3‰ ~ 13.1‰，$\delta(D)$ 为 -50.5‰ ~ -90.0‰，并显示出从成矿早期到晚期，具有岩浆热液与大气降水混合趋势，这种趋势与日本黑矿第Ⅱ种特征相同（Ohmoto，1977，1997），表明凡口铅锌矿成矿热液可能来自火山热液和大气降水混合，不排除有少量的海水参与成矿作用。

表 2　凡口矿床铅同位素组成

赋存层位	$\delta(^{206}Pb)/\delta(^{204}Pb)$		$\delta(^{207}Pb)/\delta(^{204}Pb)$		$\delta(^{208}Pb)/\delta(^{204}Pb)$	
	变化范围	平均值	变化范围	平均值	变化范围	平均值
C_{2+3}	18.325 ~ 18.577	18.475	15.631 ~ 15.797	15.698	38.772 ~ 39.087	38.882
D_3m	18.392	18.392	15.709	15.709	38.792	38.791
D_3^{a+b+c}	18.266 ~ 18.520	18.401	15.510 ~ 15.870	15.704	38.056 ~ 39.796	38.853
D_2d^b	18.383 ~ 18.847	18.511	15.668 ~ 15.86	15.727	38.749 ~ 39.131	38.875

　　根据上述特征，可以得出凡口铅锌矿床成矿物质是多来源的，矿床不能排斥有海底热水作用参加成矿活动。

表 3　凡口矿床不同阶段的流体包裹体氢氧同位素组成

成矿阶段	测定矿物	$\delta(^{18}O_{H_2O})/‰$	$\delta(D)/‰$
I	闪锌矿	12.3	-61.5
I	闪锌矿	13.1	-50.2
II	闪锌矿	10.8	-50.2
II	闪锌矿	5.6	-63.2
II	闪锌矿	-2.4	-90
III	方解石	0.4	-53
III	方解石	-12.3	-61
III	闪锌矿	-4.9	-60
III	闪锌矿	-14.3	-59

参考文献

[1] 徐文忻. 矿物包裹体中水溶气体成分的物理化学图解[J]. 矿产与地质, 1991, 6(3): 200 - 206.

[2] 程伟基, 陈江峰. 热液体系中硫同位素的瑞得分馏[J]. 中国科技大学学报, 1980, 10(3): 196 - 200.

凡口铅锌矿综合找矿信息研究

罗永贵

（广东凡口铅锌矿，广东韶关，512325）

摘　要：介绍凡口铅锌矿地质特征，通过系统研究矿床地质、地球化学及地球物理等综合信息，指导深、边部找矿。

关键词：铅锌矿；综合找矿信息

凡口铅锌矿位于广东省韶关市北东 48 km，处于南岭成矿带上。自 20 世纪 50 年代至 90 年代末，矿区找矿勘探工作几乎从没有停止过，而且各主要勘查阶段都取得了巨大成果，保证了矿山近 40 年的持续稳产高产。现在，矿山年产铅锌金属量约 15 万吨，至 2009 年将达到采选 18 万吨铅锌金属量的生产能力，届时年平均消耗保有金属量将达 22 万吨以上，消耗保有矿石量达 167 万吨以上。矿山生产规模不断扩大，资源不断消耗，保有资源量也不断减少。从凡口铅锌矿目前的矿产资源及生产规模来说，矿山已存在一定的资源危机。因此，寻找新的矿产资源、扩大资源储备的任务非常紧迫，而且矿山经过多轮找矿，隐伏矿体的寻找难度越来越大。实践证明，运用单一方法在该区找矿收效甚微，须用综合信息指导找矿方能取得理想的找矿效果，因此，利用综合找矿信息，对矿区及周边区域开展新一轮的找矿工作将有所帮助。

1　区域地质概况

凡口铅锌矿区位于粤北曲仁上古生界断陷盆地北缘的凡口倾伏向斜昂起端。东南地洼区（Ⅰ级）浙粤地穹系（Ⅱ级）赣州地穹列（Ⅲ级）中段的韶关地穹（Ⅳ级）的东北部，东南侧与该地穹系的绍广地洼列相接，西北侧与赣桂地洼系的井冈山地穹及耒阳地穹毗邻。近东西向的临武—仁化基地大断裂带（粤北地区为凡口—杨柳塘成矿带）和近南北向的凡口—大宝山隐伏基底构造的交会处。

曲仁构造盆地为一近于等轴状的复式向斜，其周边广泛出露前泥盆纪浅变质岩系，南北两端有大片花岗岩体出露，盆地的北缘元古界至新生界基本出露完整。晚古生代和中、新生代地层分布在构造盆地范围之内，其中以晚古生代地层分布最为广泛。区内许多内生金属矿产大多赋存于晚古生代地层里。中上泥盆统和下石炭统碳酸盐岩是本区铅锌—多金属矿床最主要的赋矿层位。

2　矿区地质特征

2.1　地层

矿区北侧大片出露的寒武系浅变质岩系构成矿区褶皱基底。在加里东旋回区域不整合面上，矿区内发育一套由新生代碎屑岩和碳酸盐岩组成的沉积盖层。矿区含矿层位即处于加里东褶皱基底不整合面以上的海侵旋回下部的滨—浅海相碳酸盐岩建造中。

矿区出露地层自下而上为：寒武系八村群（ϵ_{bc}）浅变质砂岩；泥盆系桂头组（D_2g）砂页岩，东岗岭组（D_2d）、天子岭组（D_2t）碳酸盐岩，帽子峰组（D_3m）砂页岩；石炭系大塘阶（C_1d）灰岩、砂页岩及壶天群（$C_{2+3}ht$）白云岩等。其中泥盆系与寒武系呈角度不整合；大塘阶与壶天群及泥盆系之间均为平行微不整合。中上石炭统壶天群底部和中泥盆统东岗岭组均有矿化现象，矿化深度达 800 m 以上。但大型工业矿体绝大多数集中在天子岭组和东岗岭组上段。

与粤北曲仁地区同时代地层相比，凡口矿区地层平均厚度明显变薄。这主要是因为凡口矿区处在曲仁上古生界断陷盆地的北缘边坡，同时也处在当时水下相对隆起部位，导致地层沉积厚度较薄。

2.2　构造

凡口矿区构造类型复杂，既有褶皱构造，也有断裂构造，还有成因复杂的层间构造。矿区主褶皱构造为一北西向的凡口倾伏向斜，次级褶皱有安岗背斜、田庄向斜、狮岭背斜、曲塘背斜、金星岭背斜、庙背岭向斜、虾鲤岭向斜、园墩岭向斜、银屑坪向斜及外围铁石岭背斜。上述次级褶皱构造轴向为北北西、北西或近南北向，向北东倾斜，均呈不对称短轴状。构成背斜核部的最老地层为中泥盆统东岗岭阶，向斜核部地层均为中上石炭统壶天群。目前所探明的矿体主要分布在狮岭背斜的东翼及金星岭背斜内。

褶皱构造特征：主褶皱构造线与基底加里东构造

线基本一致，属继承性构造，后期伴随矿区断裂构造运动，区内主干断裂强烈挤压、冲断、牵引变形，在主褶皱构造之上，叠加形成不对称次级褶皱。

凡口矿区断裂构造很发育，并具多组多向和多期次特征。按断裂走向与产出特点可分为北北东向、北东向、北北西向及近东西向四组断裂。

2.2.1　北东—北北东向断裂带

北东向断裂主要有 F_{100}、F_{101}、F_{102}、F_{103}、F_{111} 等，北北东向断裂主要有 F_3、F_4、F_5、F_6 等，两组断裂常相互归并、利用延伸，构成北东—北北东向断裂带。断裂带南北长约 2500 m，延深 800～1000 m，倾向南东，倾角 65°～80°。据深部钻孔揭露，挤压破碎带宽 0.5～15 m，压性片理发育，断裂结构面沿走向或倾向呈舒缓波状，与结构面呈锐角斜交的片理及构造透镜体长轴，指示断裂曾发生水平顺时针扭动和斜冲运动，水平错距几十米，斜冲断距 50～170 m。断裂上下盘岩层常出现牵引褶曲。在断裂滑动镜面上常见水平和阶步擦痕，前者切割后者，在定向薄片中见有石英颗粒变形纹，压扁拉长，波状消光、带状消光等，是压扭应力作用后，在岩石矿物形体和晶格上遗留的变形残迹。上述现象均说明北东—北北东向断裂，具有多次不均衡压扭性活动的复合构造特征。

北东—北北东向断裂发育于凡口复式向斜之上，其早期属北西向构造配套的扭性构造，后因构造多次活动、裂隙的追踪及应力方向的多变，形成北东—北北东向复合断裂带。

2.2.2　北北西向断裂带

北北西向断裂主要有 F_{203}、F_{16} 等，发育于凡口复式向斜南西翼的次级褶皱狮岭背斜与田庄向斜交接部位。延长 2500 m，延深 800 m 以上，破碎带宽最大达 10 余 m。倾向北东东，倾角 50°～60°。

F_{203} 断裂为该矿区规模最大断裂，南起银场坪村庄，北至矿山医院，长达 2000 m，属压扭性断裂，倾斜错距最大达 800 m。断裂上盘岩层为中上泥盆统地层，断裂下盘为中上石炭统壶天群地层，地层陷落深度至 −600 m 标高以下。主矿带控矿断裂 F_3 于矿区南部 220～224 号勘探线被 F_{203} 断裂错失，主矿带南延部分是否被 F_{203} 断裂错失有待进一步查明。

2.2.3　东西向断裂带

东西向断裂规模较小，走向稳定性较差，常被北北东向断裂错断并发生走向偏转，倾向多指北，倾角较缓，一般 40°～50°，断裂宽度普遍较小，主要发育碎裂岩及构造透镜体，裂面完整性较差，沿走向常有小角度分支复合。该组断裂是多次构造活动的产物，控制了矿区辉绿岩脉的产出。

这 4 组断裂均为成矿控矿断裂，北东—北北东向断裂带联合控制金星岭—狮岭主矿带；单向的北北东向断裂控制东矿带；北北西向—北北东向断快间的层间剥离滑动构造控制西矿带。

2.3　岩浆岩

矿区岩浆活动微弱，在矿区西北角出露有辉石闪长岩脉。在矿区内部仅见少量辉绿岩脉侵入于东岗岭阶至壶天群的各套地层中，岩脉产状为：走向北西或北北东向，倾向北，倾角 40°～50°。岩石矿物成分：斜长石，60%～70%；辉石，25%～30%；石英，1%；钛铁矿，5%。蚀变强烈，暗色矿物为绿泥石交代，部分斜长石蚀变为绢云母，是燕山早期壳源型岩浆活动的产物。距矿区最近的火成岩体，为北边约 10 km 的九峰—诸广山花岗岩岩体。

2.4　围岩蚀变

凡口矿区的围岩蚀变简单而微弱，属近矿围岩蚀变的有黄铁矿化、白云石化、方解石化、硅化、重晶石化、绿泥石化、绢云母化等，远矿围岩蚀变为菱铁矿化。

2.5　矿体地质特征

凡口矿区由水草坪、富屋、凡口岭及铁石岭等 4 个矿床组成，以水草坪矿床规模最大，地质工作程度最高。水草坪矿床又分为金星岭、狮岭、狮岭南、庙背岭和园墩岭等 5 个矿段，其中又以金星岭、狮岭、狮岭南 3 个矿段矿化最为集中，已探明铅锌储量占凡口矿区全部探明储量的 90% 以上，是凡口矿区的铅锌矿化主体。

无论单个矿体或矿体组合，其形态轮廓都极为复杂。单个矿体形态多呈楔板状、不规则状、似层状、透镜状、脉状等。这些矿体实际上是一个由断层、褶皱和层间剥离滑动构造贯通串联而成的一种"瓜""藤"和"叶"状形态的整体。

矿石结构构造复杂多样。矿石结构主要有晶粒结构、草莓状结构、生物结构、生物残余结构、定向乳浊状结构、斑状压碎结构、细脉状交代结构、脉状结构、网脉交代结构、变晶结构、变胶状结构、交代溶蚀结构、交代残余结构、环带结构等。矿石构造主要有块状构造、条带状构造、条纹—条带状构造、层纹状构造、浸染状构造、生物残余构造、网脉状构造、角砾状构造等。

矿石矿物成分简单，主要矿物有黄铁矿、闪锌矿、方铅矿，次要及微量矿物有黄铜矿、辉锑矿、菱铁矿、毒砂、深红银矿、淡红银矿、银黝铜矿等。非金属矿物主要有方解石、白云石、石英，其次为重晶石、绢云母、绿泥石、萤石等。矿石工业类型可分为块状黄铁铅锌矿石、块状黄铁矿石、粉状铅锌矿石。矿石中主要有益组分有铅、锌、硫,伴生有益组分有铜、锑、钴、铋、汞、银、金、镉、锗、镓、铟、硒、碲、铊等;有害组分有砷、氟。

3 综合找矿信息

凡口矿区经几十年的开采,以及人文活动等的影响,已面目全非,原始状态下的地质找矿信息甚少,但仍可发现许多找矿信息。

3.1 控矿地层

凡口矿区铅锌硫化物矿化明显地受地层层位和岩性控制,矿体赋存的地层层位包括中泥盆统东岗岭上亚阶、上泥盆统天子岭组和帽子蜂组至中上石炭统壶天群底部。但大型工业矿体绝大多数集中在中泥盆统东岗岭上亚阶、上泥盆统天子岭组地层,占了约85%的探明铅锌金属储量。这是一套不纯的碳酸盐岩,岩性主要为泥质灰岩、瘤状灰岩、条带状灰岩、花斑状灰岩、中厚层状灰岩、白云质灰岩及石灰岩等。说明凡口矿区铅锌硫化物矿化具有显著的层位选择性,中泥盆统东岗岭上亚阶至石炭统测水组赋矿地层层位是矿区深、边部及外围找矿的重要依据。

3.2 沉积相信息

凡口矿区中泥盆世碳酸盐沉积为海岸潮坪相沉积环境,从狮岭南开始,向南东方向延伸后折转向北东方向经银屑坪达金星岭后总体构成向南突出的弧形礁滩,整个水草坪地区则为呈北东向延展的礁后凹陷。这种中泥盆世生物礁滩后沉积凹地,海生物繁茂,藻类发育,富含有机质,其水体属弱氧化—还原环境,水动力条件弱—中等,处于潮间—潮下低能环境,是沉积成岩期金属物质富集的良好环境,是黄铁矿矿化集中部位,铅锌硫化物矿化以沉积成岩期黄铁矿为重要物质基础,所以生物礁滩后沉积凹地相也是矿区边部及外围找矿的依据。

3.3 控矿构造

断裂构造是凡口矿区铅锌硫化物矿化最重要、最直接的控制因素,是一种直接找矿信息。

凡口矿区已探明矿体近200个,矿体成群沿北北东向(F_3、F_4等)、北东向(F_{101}、F_{102})断裂及层间破碎带或层间剥离等断裂系统展布,总体构成北东—南北—北西走向的主矿化带,北北东向断裂、北东向断裂常相互归并利用延伸构成北东—北北东向断裂带,联合控制金星岭—狮岭主矿带;单向的北北东向断裂控制东矿带;北西向—北北东向断块间的层间剥离滑动构造控制西矿带。自南向北,矿体从F_3断层下盘经F_{101}、F_{102}发展到F_4断层上盘。矿体多赋存在断裂构造主裂面附近,在靠近断裂部位矿体厚度急剧膨大,沿断裂发育穿层沟通上、下矿层,形成瓜藤状矿体,顺地层离开,矿体厚度迅速变薄。矿体形态、矿化强度、矿石结构构造严格受构造制约。

北东向断裂是成矿热液自深部向浅部运移的主要通道,热液不仅在该组断裂内部活动,还向旁侧羽状裂隙,与之贯通的层间滑动构造、褶皱虚脱空间以及北西向断裂迁移分配;近东西向褶皱,特别是背斜构造,不仅是层间虚脱破碎空间发育部位,同时也是北东向断裂的旁侧羽状裂隙、褶皱和断层复合、层间滑动构造等破裂变形发育部位,它们构成了良好的控矿空间。长期活动的北北东向、北东向断裂(F_3、F_{101}、F_{102}、F_4等),近东西向褶皱(背斜构造),层间滑动构造,褶皱虚脱空间以及北西向断层等控矿构造是成矿预测的重要信息。

3.4 岩体信息

矿区范围已控制深度内未见花岗岩出露,仅于部分地段见有辉绿岩脉($\beta\mu$)侵入于东岗岭阶至壶天群的各套地层中,岩脉蚀变强烈,暗色矿物多为绿泥石交代,部分斜长石已变为绢云母。近几年的研究发现,辉绿岩脉与矿体具有穿切关系,如Sh - 400 m南部W20号穿。

另外,在狮岭深部(- 650 m 中段)200/FKI孔揭露到石英闪长斑岩脉,在矿区系首次见到,其意义是重大的。它不仅有助于理解凡口铅锌矿床的成因机制,进而解决矿床成因问题,而且对于指导矿山深、边部及外围找矿也是极为重要的,因为其本身就有硫化物矿化。

凡口矿区铅锌硫化物成矿流体是岩浆水与地层建造水为主体的多源混合流体,这种混合流体的形成和运移驱动与印支晚期和燕山早期强烈的构造岩浆活动具有极为密切的联系。

3.5 围岩蚀变信息

凡口矿区的近矿围岩蚀变简单而微弱。其蚀变种类主要有黄铁矿化、白云石化、方解石化、重晶石化和菱铁矿化、硅化;次有绿泥石化和绢云母化。大体有重晶石化和白云石化向浅部增强,硅化和菱铁矿化向深部增强,菱铁矿化具有靠近主矿带菱铁矿化较微弱,而远离主矿带菱铁矿化反而较强的基本规律。在狮岭深部(- 650 m)施工的两个井内探矿孔揭露的深部含矿层位矿化较弱,尤其是北部(- 203/FKI孔中)硫化物减少,黄铁矿化减弱,出现较多的菱铁矿化。

另外 2007 年 6 月在铁石岭施工的 SK－Ⅱ－204 号物探验证孔，在帽子蜂组地层中揭露了大量的石英硅化现象，进一步说明矿床的成因与热液有关系。

3.6　地球化学信息

凡口铅锌矿指示元素的组成分带和浓度分带有一定的规律性，指示元素有 Pb、Zn、S、Ag、Hg、Fe、Ca、Mg、Ga、Ge、Cd、Sb、As、SiO_2、Al_2O_3、Cu 等。成矿体系 Pb、Zn、Hg、Ag 与地层体系的 Al_2O_3、SiO_2 显著负相关，Zn、Hg、Ag 还与地层体系的 Fe、S 显著负相关。无论含矿岩系地层的岩性与组构特征如何，从远离矿体的地层到相同层位的近矿围岩，从正常地层到控矿断裂破碎带内部，主要成矿元素 Pb、Zn 和 Hg、Ag 及特征伴生元素 Cd、Sb、As 的含量逐渐增高，具有明显的扩散晕表现；铅锌的相对富集与 Ca、Mg 的相对富集受制于相同的地球化学过程，说明白云石化是重要的找矿地球化学标志；矿石中 SiO_2 含量较明显地高于赋矿层位地层的含量，也就是说，SiO_2 随硫化物富集也具有一定的富集现象，说明矿区地层中的硅化也是找矿地球化学标志。

3.7　地球物理信息

地球物理异常反映出各地质体的物性差异，是一种间接找矿信息。根据含矿围岩、矿体等地球物理参数，运用重力、可控源音频大地电磁法、瞬变电磁法、电阻率测井和高频大地电磁测深（EH－4）剖面可显示较强的找矿信息。

矿区含矿围岩、矿体等各地质体的物性表现为：赤铁矿、铅锌矿化体及黄铁铅锌矿化体视电阻率最低，表现为高极化率低电阻率特征，含矿围岩表现为低极化率高电阻率特征。矿体与围岩之间存在明显的电性差异，为开展电法勘查工作提供有利条件和物性前提。

前人在矿区陆续做过一些物探工作，但涉及到矿区深、边部及外围，特别是深达 1000 m 范围的资料甚少。主要物探工作有：

（1）20 世纪 80 年代澳大利亚于该区所开展的系统的磁激发极化法（RMIP）勘查工作，其异常主要为 300 m 以上黄铁铅锌矿体、矿化体及含碳质地层综合引起，探测深度有限，亦不能满足 1000 m 探测深度的要求。

（2）2005—2007 年，中南大学所投入的高频大地电磁测深（EH－4）工作，主要采集的是天然场源信号，总共统计出各类矿致异常 73 个，其中 A 类异常 38 个，B 类异常 21 个，C 类异常 14 个，虽然施工了 3 个异常验证孔，效果不太理想，但其对构造和岩体圈定还是比较准的，由此可说明 EH－4 高频大地电磁测深所圈定的各类矿致异常，对矿区深、边部及外围的找矿工作具有一定的指导意义。

3.8　民采老矿遗迹

凡口矿区自宋代开始就有先人在此采矿炼银。自今矿区还遍布有炼渣、老矿坑、旧矿硐等遗迹，这些遗迹主要沿矿区北部低缓的山丘凡口岭—庙背岭—园墩岭—富屋—铁石岭一带分布。目前，私人采矿人员正在沿这一带大量开采氧化矿（褐铁矿）。另外，近几年在外围羊角山、凡口矿的尾矿库即老鸭山一带，也发现了零星的矿点。

3.9　铁帽

硫化物矿床氧化带上出现的表生铁质帽状覆盖物，通常称之为铁帽，它是寻找金属硫化物矿床的重要标志。目前，沿矿区北部低缓的山丘：凡口岭—庙背岭—园墩岭—富屋—铁石岭一带分布的大量氧化矿（褐铁矿），实质上就是铁帽。

4　结语

矿山经过多轮找矿，隐伏矿体的寻找难度越来越大。该矿区地层岩性、沉积相和断裂构造都是联合控矿条件，但以断裂构造为主，是形成凡口式铅锌矿最重要的因素，同时，必须充分考虑矿床地质、地球化学和地球物理等异常特征，运用综合信息指导找矿方能较准确预测矿体，提高探矿效果。

参考文献（略）

凡口铅锌矿采矿过程中几个地质经济因素的探讨

刘武生

（广东凡口铅锌矿，广东韶关，512325）

摘　要：本文根据矿产资源的特点，结合矿山的实际情况，探讨利用经济因素的作用，确定企业合理的经济技术指标，达到有效的经济目标并促进矿产资源的保护。

关键词：经济；资源保护；贫化；损失

1　前言

资源型企业的生存与发展离不开矿产资源，但矿产资源价值的高低又决定企业的发展，特别在当前铅、锌价格持续高位的情况下，资源就越发显得重要。凡口铅锌矿以矿化集中、品位高、储量大、价值高而闻名遐迩。正因为如此，从建矿到现在，矿山地质管理主要以技术管理为主，较少考虑经济因素。在市场经济的今天，这种管理思维已不能适应现代企业管理的需要。因此，地质部门有必要在日常的生产管理过程中，在注重技术管理的同时，也应重视经济因素，以便更好地为企业服务。

2　矿产资源保护中的经济因素

长期以来，我矿的地质工作者严格按矿石品位及工业指标来控制和保护矿产资源，很少涉及到经济因素。实际上，矿产储量的存在，最主要取决于矿石的价值因素，资源保护的任务在于尽可能多地实现矿体中的潜在价值。

2.1　对单一黄铁矿的保护

由于受市场价格的影响，在金星岭地段矿体的开采过程中，往往很少去评价单一黄铁矿的潜在价值，而是把单一黄铁矿简单地当成废石处理，对伴生在单一黄铁矿内部的小块铅锌矿也去回收，造成黄铁矿体"千疮百孔"，并没有有意识地整块保护，或有意识地留下通道，给以后可能开采黄铁矿时创造必要的条件。

2.2　对低于1 m厚的矿体回收

在日常的生产管理过程中，地质与采矿工程技术人员往往对低于1 m厚的小矿体的回收存在很大的争议，甚至产生误解。目前，我矿矿体圈定的基本原则是：按$w(Pb+Zn) \geq 1\%$，$w([S]) \geq 8\%$的工业指标作为边界进行矿体的圈定，最小可采厚度为1 m，夹石可剔除厚度为2 m；当矿体厚度小于最低可采厚度，而矿石价值较好或品位较高时，则采用矿石品位与矿体厚度的乘积值代替最低平均工业品位来指导矿体的圈定。而在实际生产时常采用3 m的出矿通道折算贫化后的品位等于最低工业品位来确定。事实上，若按最低工业品位$w(Pb+Zn) = 1\%$来作为边界品位，企业肯定会亏损，毕竟现阶段矿的尾矿品位在1%左右。究竟多高的品位才是矿山的盈亏临界品位呢？目前还没有一个具体的量化指标。因此，有必要在每年年初，地质部门会同相关部门，根据矿体地质条件的变化、生产技术的发展、工艺流程的改进、选矿回收率、经营管理水平的提高以及预计产品成本、市场价格、利润等情况综合分析研究，提出比较合理的盈亏临界品位来指导日常生产。

在产品净利润为零时即可取得盈亏临界品位：

$$w = A/P + B/QP$$

式中：A为预计产品单位变动成本；P为预计产品平均单价；Q为预计产品产量；B为产品固定成本。

在此基础上，剔除矿石固定成本诸如排水费、折旧、管理费等后，得出一个合理的边际临界品位来指导日常的找边作业。当然，边际临界品位必须大于尾矿品位。

在产品单位边际贡献为零时即可取得边际临界品位：

$$w_i = A/P$$

式中：A为预计产品单位变动成本；P为预计产品平均单价。

2.3　矿量可采性评价

在经济核算的基础上来评定矿量的价值、利用可采性系数m去衡量矿石储量的可采性程度：

$$m = W/K$$

式中：W为预计开采成本极限；K为实际开采成本。

当$m \geq 1$时，该储量值得开采；当$m < 1$时，该储

量不值得开采。根据国内外矿山开发经验，对 m 为 0.8~1.0 的低质矿，给予保护。在铅锌市场价格转好时，这部分低质矿的价值变好，可以及时回收利用。因此，开采性系数给予资源保护，衡量其利用程度以一定的指标，更能有效地控制资源的开发。

凡口矿目前远离主矿体的小矿体的矿量、已报销的安全矿损、残矿矿量和已勘探的 1 号尾矿库 $[w(\text{Pb}+\text{Zn})=1.6\%]$、2 号尾矿库 $[w(\text{Pb}+\text{Zn})=2.29\%]$，在现在铅锌市场价格较高时，其储量是否适合开采，均可进行可采性评价，给上级部门提供决策依据。

3 开采贫化与损失的经济评价

迄今为止，凡口矿的贫化与损失管理指标均属于技术性评价指标，只要工艺上允许，应尽可能地降低贫化损失指标，但在市场经济的今天，贫化损失已不再是一项单纯的技术指标，而是一项重要的经营参数。因此必须重视贫化与损失管理的经济合理性，只有在经济合理的情况下确定的贫化率与损失率，才是合理的贫化率与损失率。一般情况下，凡口矿每年年初均会给采矿车间下达年度总贫化率和总损失率的攻关指标。该指标已从企业的产量、成本、利润等多方面综合考虑，但在经济上是否最优仍值得商榷。

矿山企业开采的贫化损失与企业的经济效益密不可分，且成反比关系，即贫化越大损失越小，贫化越小损失越大。在企业生产过程中主要有可控因素和不可控因素之分，不可控的经济影响因素主要是由不可避免的客观条件和企业生产水平所引起的；而可控的经济影响因素主要是由施工、管理不到位所引起的，完全可以通过加强管理来降低，甚至得以消除。矿山开采贫化大造成的经济损失，是因为矿石的损失小而得到部分补偿；矿山开采损失大造成的经济损失，是因为矿石的贫化小而得到部分补偿。但在某种情况下，失去的收益比得到的收益更大。因此，贫化损失处于何种程度才是经济上最合理的程度值得探讨。

3.1 开采损失给企业带来的经济效益

设开采金属损失量为 Z_i，获得每吨金属成本为 C_i，则由于矿量的损失，一部分投资未产生经济效果的无效成本 E_1 为：

$$E_1 = \sum_{i=1}^{n} C_i Z_i$$

失去的收益为 P_m

$$P_m = (W - C_i)Z_i$$

式中：W 为单位金属的市场价格。

由于企业提前投资造成的经济损失 L 则为：

$$L = \sum K\Delta T = \sum KZ_i/G$$

式中：$\sum$ 为投资效果系数，一般经验取 0.8；K 为新中段建设的投资；ΔT 为企业提前投资的时间；G 为年消耗表内金属储量。

经济上总损失 M 为：

$$M = E_1 + P_m + L = Z_i(R/Q + W - C_i + \sum K/G)$$

考虑到降低损失追加的附加费用 C_d，则降低开采损失的经济效益 H 将是：

$$H \geq M - C_d = Z_i(R/Q + W - C_i + \sum K/G) - C_d$$

假设 $R/Q + W - C_i + \sum K/G = D$

则 $H \geq Z_i D - C_d$

当 $H \geq 0$ 时，降低损失是合算的，否则不合算。

在同一年内，只要能比较准确地预测到金属的价格，根据上述公式，即可计算矿山每年最合理的损失量，然后把损失量除以年内消耗的金属储量，即可得出经济合理的损失率，也可由二维坐标直观地反映 $H-Z_i$ 关系图，得出合理的损失量为 C_d/D，则最优损失率为 C_d/DQ，如图 1 所示。

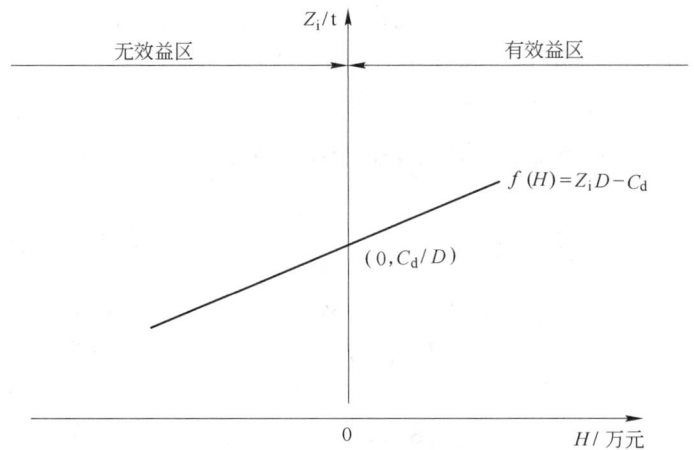

图 1 $H-Z_i$ 关系图

3.2 开采贫化给企业带来的经济效益

对开采贫化的经济评价大致与对损失的经济评价相当。

因贫化产生的无效费用 E_2 为：

$$E_2 = aQ_0$$

式中：a 为单位选矿成本；Q_0 为原矿中混入的废石量。

因贫化失去的收益 P_n 为：

$$P_n = w_i P Q \beta(a_i - e) = w_i Q_2 \beta(a_i - e)$$

式中：W_i 为原矿品位；P 为开采贫化率；Q 为采出矿

量；Q_2 为采出废石量；β 为选矿回收率；a_i 为单位金属产品成本；e 为单位金属产品价格。

当 P_n 为负数时，企业会盈利；反之则亏损。

考虑到降低贫化需增加一定的附加费用 b，则其经济效益为：

$$W \geq E_2 + P_n - b = Q_2[a + \beta e(w_i a_i - w_i)] - b$$

设

$$d = a + \beta e(w_i a_i - w_i)$$

则

$$W = Q_2 db$$

当 $W \geq 0$ 时，降低贫化合算；反之则不合算。同样也可以根据上述公式计算出合理的贫化率以及用二维坐标直观反映出来（见图 2）。

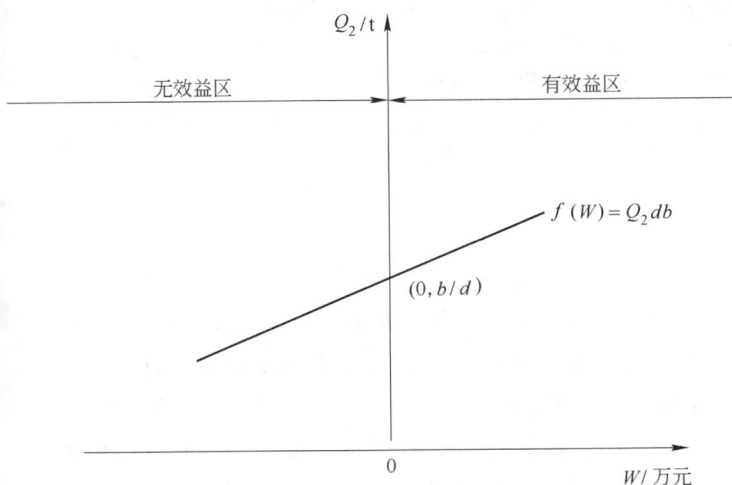

图 2　$Q_2 - W$ 关系图

3.3　开采贫化损失给企业带来的综合经济效益

不难理解开采贫化损失给企业带来的综合经济效益最优化是开采损失给企业带来的经济效益等于开采贫化给企业带来的经济效益。因此根据上面分析可得

$$Q_2[a + \beta e(w_i a_i - w_i)] - b = Z_i(R/Q + W - w_i + \sum K/G) - C_d$$

$$Z_i = GS$$

式中，S 为开采损失率。

矿山企业可根据自身资源条件和经营环境，确定较好的贫化损失，既可以给企业带来好的经济效益，又保护了矿产资源。

4　结束语

优化矿山企业的贫损指标是一项系统工程，虽然单纯以经济的合理性来评价贫损指标的优劣性不一定是科学的；但在某种程度上，矿山生产企业的贫损指标首先应考虑到经济上的合理性，毕竟企业生产的根本目的在于实现企业价值的最大化。没有经济效益，

企业难以生存和发展。因此，合理确定矿山生产企业的贫损等经济技术指标需要各部门统一协调、密切合作、科学分析，形成矿山的规定标准，作为衡量各部门工作效果好坏的一个重要参数。

以上只是笔者个人的粗浅看法，不足之处请读者批评指正。

参考文献

[1] Barabas A. 匈牙利人民共和国矿产资源和储量损失的若干实际问题[J]. 矿山地质，1980(3~4)：87-94.

[2] Hapebcka H. 对有用矿产开采损失的经济评价[J]. 矿山地质，1980(1)：94-101.

[3] 张轸. 矿山地质学[M]. 北京：冶金工业出版社，1982：242-244.

凡口铅锌矿闪锌矿的形貌、结构及成分初步研究

张术根[1]　丁　俊[1]　李明高[2]　刘瑞弟[3]　刘慎波[3]

（1.中南大学地学与环境工程学院，长沙，410083；2.广东有色金属地质勘查研究院，广州，510080；
3.广东凡口铅锌矿，广东韶关，512325）

摘　要： 广东凡口铅锌矿的闪锌矿，颜色、形貌、结构及成分都随其产出特征不同而具有明显差别。作者通过现场观察、光学显微镜、X射线衍射、扫描电镜及微区能谱分析等手段，探讨了闪锌矿的颜色、形貌、结构及成分差别所记录的矿床成因信息。研究结果表明，该矿区闪锌矿形成于沉积成岩成矿期和热液改造叠加成矿期。沉积成岩成矿期形成的闪锌矿呈结晶粒状和变形球粒状，褐色，无明显解理，晶体常数小，低铁高硫，很少见微细流体包裹体。热液改造叠加成矿期具有两个成矿阶段：早阶段形成的闪锌矿呈结晶粒状和变形球粒状，棕色，解理发育，晶体常数大，铁和硫含量中等，尺寸较大的流体包裹体丰富；晚阶段形成的闪锌矿呈结晶粒状，棕黄色，解理发育，晶体常数中等，铁低硫高，偶见尺寸较大的流体包裹体；球粒状闪锌矿较同色结晶粒状闪锌矿铁低硫高，晶体常数小。热液期成矿流体不是盆地源热液，而沉积成岩期成矿流体的来源，可能与前述控矿断裂在沉积成岩期所引导的循环热流体有关。

关键词： 闪锌矿；形貌；结构；成分；凡口铅锌矿

广东凡口超大型铅锌矿床成因复杂，沉积改造[1~3]、双源热卤水交代[4]、海底热泉喷流堆积[5]以及多因复成[6]等观点都具有代表性。闪锌矿是该矿区最主要的矿石矿物，具有多个结晶世代，作者试图从其形貌、结构及基本成分揭示其所记录的成因信息。

1　样品产出特征

凡口矿区的铅锌矿石以中泥盆统棋梓桥组至中上石炭统壶天群底部的碳酸盐岩（局部为砂页岩）为容矿地层，矿体呈似层状、楔板状、透镜状、脉状以及不规则囊状产出。已探明的绝大多数矿体，特别是大规模矿体，其平面分布集中在长不足2000m、宽不足500m，呈北东向延伸的狭长地带，受控于北东向断层。矿化就位地段除常见辉绿岩、辉绿玢岩以及辉石闪长玢岩等岩脉外，无明显中酸性岩浆侵入活动痕迹。现场观察表明，上述脉岩有时与铅锌矿体空间交织，既可见辉绿岩等岩脉穿插铅锌矿体，又可见铅锌硫化物呈脉状穿插岩脉或使岩脉呈残留体。由此可见，在辉绿岩等岩脉侵入前后均存在铅锌矿化现象。更细致的现场观察发现，被岩脉穿插的主要是呈条带状、块状产出的细粒黄铁矿—黑褐色闪锌矿—细粒方铅矿矿石，直接穿插交代岩脉的主要是呈团块状、脉状深棕色闪锌矿—中粗粒方铅矿—（石英）—方解石，部分深棕色闪锌矿呈斑点状分布在块状细粒黄铁矿矿石中，而棕黄色闪锌矿—（方铅矿）—方解石则与岩脉无直接空间联系，但却常呈脉状、晶洞状穿插交代前两类矿石。

虽有部分闪锌矿颗粒因具内部环带而使其颜色有所变化，但其主体颜色不外乎黑褐色、深棕色以及棕黄色三种。尽管各种形态产状的矿体都可见上述颜色的闪锌矿，但它们的产出分布特征有明显的规律性差别：

（1）褐色闪锌矿，常含少量细粒方铅矿，以致密细粒集合体与细粒黄铁矿集合体互成条带，部分为中粗粒块状或团块状，有时呈角砾状。

（2）深棕色闪锌矿，常呈中粗粒斑点状浸染于黄铁矿集合体内，亦常与方铅矿等呈脉状穿插交代条带状矿石，有时呈块状或团块状。

（3）棕黄色闪锌矿，常与方解石、有时与方铅矿呈晶洞状或各种脉状。具体研究对象的产出特征等如表1所示。

2　闪锌矿形貌、结构及成分特征

2.1　形貌特征

在光学显微镜观察的基础上，选择代表性样品用扫描电镜观察，棕黄色闪锌矿均为质地纯净的结晶粒状，几乎没有石英、黄铁矿等机械包裹体。褐色和棕色闪锌矿均有两种产出形态：其一是变形球粒状，具有胶状组构残留痕迹，其内部偶尔可见微细黄铜矿显微脉状分布，常常出现在条带状、块状以及斑点状（主要在块状黄铁矿矿石内呈斑点状产出）矿石中。其二则呈结晶粒状，主要出现在块状、团块状以及脉状矿石中，棕色者内部常见呈定向乳浊状黄铜矿固溶体分离物，而褐色者可见显微脉状黄铜矿。

表1　代表性闪锌矿样品的产出特征简表

样号	取样位置	样品产出特征简述
01	−360 mS6 穿脉	棕黄色粗晶闪锌矿,其呈脉幅3～5 mm的闪锌矿方解石脉穿插细粒黄铁矿矿石
02	−160 m27 矿体	深棕色、棕黄色粗晶闪锌矿,前者为主体,后者不规则状交织于其间
03	−600 mN5 采场	深棕色中粗晶闪锌矿呈0.8～1.1 cm脉状穿插交代条带状致密细粒黄铁矿与黑褐色闪锌矿,有时见深棕色者呈斑点状或与黑褐色闪锌矿构成复脉
04	−600 mN5−6 采场	深棕色细粒闪锌矿,其在细粒黄铁矿矿石中呈1～1.5 mm浑圆粒状稠密浸染
05	−600 mN4 采场	深棕色粗晶闪锌矿,呈粒径3～5 mm浑圆粒状(具杂质核心者)或非等边多边形点状分布于细粒黄铁矿矿石
06	−600 mN2 采场	黑褐色粗晶闪锌矿,致密块状,粒间可见黄铁矿充填,包裹含黄铁矿的灰岩角砾
07	−600 mN2 南采场	黑褐色致密细粒闪锌矿,呈1～2.5 cm条带分布在细粒致密块状黄铁矿矿石内,前者含少量黄铁矿,后者则含少量闪锌矿
08	−600 mN2 南采场	黑褐色致密中细粒闪锌矿,其内可见黄铁矿残余体,可被单纯方铅矿脉切割

变形球粒状的褐色和棕色闪锌矿都具有明显的内部环带,但其环带组成和结构细节存在明显差别:褐色变形球粒核心富含立方体黄铁矿,明显可见富含不规则粒状或五角十二面体黄铁矿的环带,外壳被不规则粒状黄铁矿环绕,龟纹状裂隙非常发育,隙间多被立方体或不规则粒状黄铁矿充填,可被自形石英穿插;棕色变形球粒核心富含不规则状方解石和石英自形晶粒,具富含方解石的环带,富方解石环带的外侧环带常见五角十二面体黄铁矿,外壳被方解石环绕,无石英穿插现象。

结晶粒状褐色闪锌矿多呈他形粒状晶体,解理不发育,内部很少有流体包裹体,且尺寸小,主要为原生包裹体;深棕色者有他形、半自形以及自形粒状晶体,解理发育,晶体内部流体包裹体丰富,尺寸大,既有原生包裹体,又有沿解理分布的次生包裹体;棕黄色结晶粒状闪锌矿多为半自形晶体,解理发育,但仅偶见尺寸大的流体包裹体。

2.2　晶体结构特征

选择代表性样品进行X射线衍射分析(日本理学Dmax/2200−γA10型,石墨单色器,4°/min),结果表明,虽然经过挑选,各样品除闪锌矿外,方铅矿、黄铁矿以及方解石普遍出现(见图1)。但是,石英只在褐色和棕色闪锌矿中存在。同时,棕色闪锌矿样品所出现的石英衍射峰强度(见图1b)明显低于褐色闪锌矿样品(见图1a)。光学显微镜和扫描电镜观察表明,石英除部分被棕色闪锌矿颗粒包裹外,其他多沿裂隙及颗粒边缘充填交代褐色闪锌矿,其多为六方柱与六方双锥聚合而成的自形−半自形晶体。

闪锌矿为等轴晶系立方面心格子构造晶体,晶体常数理论值为 $a = 0.541$ nm。根据各代表性样品的闪锌矿衍射数据,选择代表性面网计算出晶体常数如表2所示。

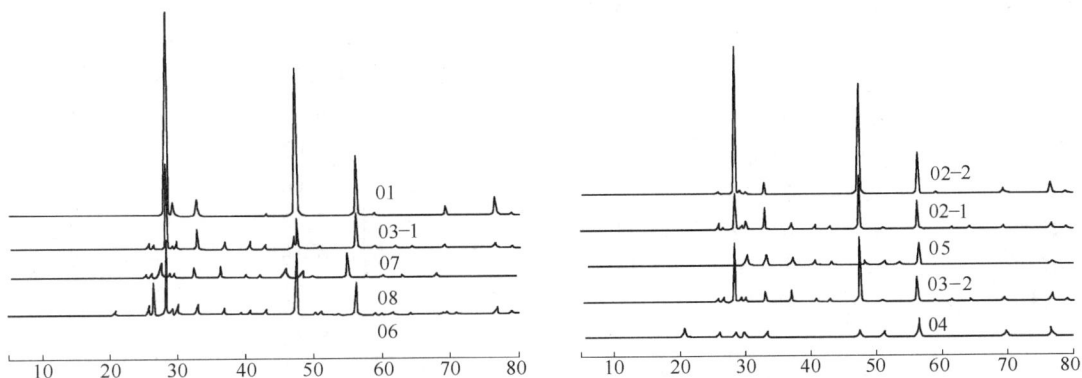

图1　凡口矿区各种颜色与形貌闪锌矿 X 射线衍射图谱

表2　凡口矿区闪锌矿晶体常数计算结果简表

样号	采样位置	产出特点	a/nm			
			(111)	(220)	(311)	平均值
03-1	-600 mN5 采场	黑褐色细粒致密条带	5.4191	5.4150	5.4163	5.4168
07	-600 mN2 南采场	黑褐色细粒致密条带	5.4189	5.4147	5.4157	5.4164
08	-600 mN2 南采场	黑褐色中细粒致密块状	5.4258	5.4172	5.4180	5.4203
06	-600 mN2 采场	黑褐色中粗晶致密块状	5.4245	5.4181	5.4207	5.4211
04	-600 mN5-6 采场	深棕色中细粒稠密浸染	5.4380	5.4246	5.4233	5.428603
03-2	-600 mN5 采场	深棕色中粗粒条带脉状	5.4232	5.4186	5.4213	5.4210
02-1	-160 m 顶27 矿体	深棕色粗晶块状	5.4347	5.4237	5.4223	5.4269
05	-600 mN4 北采场	深棕色粗粒斑点状	5.4272	5.4201	5.4197	5.4223
01	-360 mS6 穿脉	棕黄色粗晶脉状	5.4224	5.4164	5.4183	5.4190
02-2	-160 m 顶27 矿体	棕黄色粗晶不规则状	5.4232	5.4164	5.4183	5.4193

计算结果显示，凡口矿区闪锌矿晶体常数普遍略高于其理论值。黑褐色闪锌矿晶体常数变化范围较宽，且随其结晶颗粒变粗有增大趋势；深棕色闪锌矿晶体常数普遍较大，变化范围较宽，但与其结晶粒度和产出方式无明显联系；棕黄色闪锌矿晶体常数比较稳定，只略高于条带状产出的黑褐色闪锌矿。

2.3　微区成分分析

在日立 S2450 型扫描电镜下，选择闪锌矿代表性微区进行能谱分析，部分分析结果列于表3。结果显示，3 种颜色的闪锌矿的成分差别明显：棕黄色闪锌矿铁低、硫高，深棕色闪锌矿铁高、硫低，黑褐色闪锌矿的铁含量相对低于棕色者，硫含量中等。另外，与同色结晶粒状闪锌矿相比，变形球粒状者铁含量明显要低。

表3　不同颜色闪锌矿微区成分分析结果
（除注明者外，均为三点平均值）

样号	颜色	$w/\%$		
		Fe	Zn	S
LXH1	棕黄	2.39	71.09	26.52
LXH2	棕黄	0.74	71.24	28.02
LXH2	深棕色	6.43	68.06	25.51
LXH3	深棕色	7.62	66.24	26.15
LXH4	黑褐色	4.59	67.37	28.04
LXH7	黑褐色球粒(4 点)	1.16	71.73	27.12
LXH5	深棕色	5.41	69.21	25.38
LXH5	深棕色	4.85	70.01	25.13
LXH5	深棕色球粒(12 点)	4.37	70.25	25.37
LXH5	深棕色	6.27	68.50	25.24
LXH6	黑褐色	5.35	67.95	26.70
LXH8	黑褐色球粒(8 点)	2.97	70.51	25.93

注：分析单位为长沙矿冶研究院扫描电镜室；实验条件：加速电压 20 kV；分析仪器：日立 S2450 型。

黑褐色和深棕色球粒状闪锌矿，常具有环带状结构。为了解从核心到边缘的晶体常见组分的变化，选择 1 个深棕色、1 个黑褐色闪锌矿（从一侧边缘经核心到另一侧边缘）的典型球状颗粒进行了剖面微区成分分析，成分变化如表4和表5所示。深棕色闪锌矿从核心向边缘，其 Fe、Zn 含量以及 $w(Fe)/w(S)$ 比值均振荡性变化：自核心向富钙环带，铁含量逐渐降低，锌含量逐渐增高，至富钙环带，铁含量降至最低点，锌含量升至最高点；而自富钙环带向外缘，铁含量又逐渐增高，锌含量相应降低，振荡对称性较明显。黑褐色闪锌矿从核心到外环，其成分也振荡性变化，但变化幅度总体较小，振荡对称性较差。另外，黑褐色变胶状闪锌矿的核心并不显著富铁，深棕色者的核心则是富铁的。

表4　斑点状产出的深棕色球粒状闪锌矿（LXH5）
微区成分剖面分析结果

距离/μm	$w/\%$			
	Fe	Zn	S	Fe/S
-1800	4.98	25.14	69.89	0.198
-1500	6.41	25.15	68.44	0.255
-1150	7.47	25.59	66.94	0.292
-800	3.06	25.12	71.82	0.122
-600	5.52	25.33	69.15	0.218
-320	6.16	24.95	68.89	0.247
0	7.31	25.72	66.98	0.284
400	6.13	25.19	68.68	0.243
750	5.41	25.38	69.21	0.213
1000	2.85	25.13	72.01	0.113
1200	4.37	25.37	70.25	0.172
1500	6.27	25.24	68.50	0.248

表 5　致密块状产出的黑褐色球粒状闪锌矿（LXH8）微区成分剖面分析结果

距离/μm	w/%			
	Fe	Zn	S	Fe/S
−800	2.18	25.96	70.08	0.084
−500	3.04	26.03	68.83	0.117
−260	2.87	26.46	68.24	0.108
0	2.29	25.70	70.06	0.089
270	2.31	25.79	70.90	0.090
500	1.16	25.91	72.76	0.045
750	3.01	25.06	70.39	0.120
1000	1.48	25.54	72.78	0.058

3　讨论与结论

综合褐色、棕色以及棕黄色闪锌矿的形貌、结构及成分特征，可以认为，凡口矿区铅锌硫化物是多阶段成矿产物。又因为褐色闪锌矿富含自形黄铁矿机械包裹体，具富黄铁矿环带；变形球状颗粒被自形石英穿插；棕色闪锌矿核心可见自形石英及方解石，环带具碎屑状黄铁矿，具富方解石环带。考虑到其矿物组合特点、矿石组构及其与岩脉的关系，初步判断该矿区各种硫化物的成矿演化经历了两期三个阶段，即沉积成岩成矿期和热液改造叠加成矿期。热液改造叠加成矿期发生在辉绿岩等岩脉侵位之后；沉积成岩成矿期只发育条带状、块状以及浸染状产出的细粒黄铁矿—黑褐色闪锌矿—细粒方铅矿成矿阶段，热液改造叠加成矿期发育呈团块状、脉状、斑点状深棕色闪锌矿—中粗粒方铅矿—（石英）—方解石成矿阶段和呈脉状、晶洞状产出的棕黄色闪锌矿—（方铅矿）—方解石成矿阶段。

从闪锌矿晶体常数和铁含量来看，沉积成岩成矿期的成矿温度比较低，热液改造叠加成矿期则随成矿作用演化，成矿温度逐渐降低。从黑褐色和深棕色变形球粒状闪锌矿的环带构成及其基本成分的变化来看，无论沉积成岩期或热液期，闪锌矿形成环境是波动性变化的。从闪锌矿自身的特征来看，作为热液改造的证据，黑褐色结晶粒状闪锌矿无论晶体常数或铁含量均高于同色球粒状闪锌矿，作为热液叠加成矿的证据，石英和黄铜矿在热液成矿期的早期阶段出现，由此可见，其成矿流体不是盆地源热液，至于沉积成岩期成矿流体的来源，可能与前述控矿断裂在沉积成岩期所引导的循环热流体有关[1, 2]。

参考文献

[1] 赖应篯. 凡口铅锌矿床的成因[J]. 地质论评，1988，34（3）：220-230.

[2] 郑庆年. 广东凡口铅锌矿床[M]. 北京：冶金工业出版社，1996.

[3] 邱小平. 凡口铅锌矿床矿石退化结构研究[J]. 矿床地质，1993，12（2）：109-119.

[4] 陈学明，邓军，翟裕生. 凡口铅锌矿床海底热泉喷溢成矿的物理化学环境[J]. 矿床地质，1998，17（3）：240-246.

[5] 吴健民，张声炎. 论广东凡口铅锌矿床成矿作用及双源卤水成矿模式讨论[J]. 矿产与地质，1987，1（1）：46-55.

[6] Zhang Shu-gen, Zhou Jian-pu et al. Geological and Geochemical Study on the Genesis of Fankou Pb-Zn Deposit [J]. Geotectonica et Metallogenia, 2001, 25(1~2): 125-131.

凡口铅锌矿床黄铁矿开采技术条件及可行性分析

邓国鹏

（广东凡口铅锌矿，广东韶关，512325）

摘　要：凡口铅锌矿床中的单一黄铁矿，主要产出于金星岭地段。该地段黄铁矿矿石量约 600 万吨，目前硫精矿[S]价格近 1500 元/t。通过开采技术条件和经济可行性分析，对回采黄铁矿的条件具备进行评价，充分回收利用这部分矿产资源，有利于提高企业的经济效益和社会效益，保障矿山企业的可持续发展。

关键词：市场经济；黄铁矿；开采价值

矿产资源是发展生产和保障社会经济持续发展的重要物质基础。由于矿产资源的有限性和不可再生性，因此有计划地合理开发利用矿产资源，对提高企业的经济效益和社会效益及矿山企业可持续发展具有重要意义。

凡口矿床中矿石主要是块状黄铁铅锌矿和单一黄铁矿，现在主要回收铅锌矿，不回收单一黄铁矿石。单一黄铁矿石主要分布在矿区金星岭地段。该地段黄铁矿储量约 600 万吨，约占单一黄铁矿总量的 80%。近一年来，有效硫[S]的价格上涨很快，它的价值有所展现，开始被人们认可，将来会成为亮点。要充分利用这部分资源，必须对它的开采技术条件及可行性进行分析论证。

1　资源及开采现状

1968 年投产至今累计消耗矿石量约 2300 万吨，且都是上部中段高品位矿石。至 2007 年年末，保有工业矿量约 2100 万吨，其中升级为保有开拓矿量约 1928 万吨，$w(Pb+Zn)$ 平均为 13.99%。狮岭深部地段单一黄铁矿矿石量约 160 万吨，金星岭地段单一黄铁矿矿石量约 600 万吨。采矿生产区域在 $-40 \sim -360$ m 中段以及深部 -600 m 中段，年产矿石量 130 万吨左右，生产铅锌金属量 16.5 万吨。采矿量主要来于 -200 m 中段以下作业采场，而 -200 m 中段以上主要是回采顶底柱、边角残余矿及少量矿房间柱，多数是开采难度大、规模小、矿量少的难采采场。

2　单一黄铁矿分布范围

凡口矿床单一黄铁矿主要产出于狮岭深部和金星岭地段，而 80% 的单一黄铁矿分布在金星岭地段。

（1）狮岭深部单一黄铁矿矿量约 200 万吨，集中在 0 号穿以北，$w([S])$ 平均为 39.28%，铅锌矿与黄铁矿相互交错生成。

（2）金星岭地段单一黄铁矿矿量近 600 万吨。在平面上主要集中在该地段 6 号穿以东，垂直延伸从 -80 m 中段到 -320 m 中段，$1 \sim 6$ 号穿未采单一黄铁矿矿量约 50 万吨，6 号穿以东未采单一黄铁矿矿量约 400 万吨，矿体厚度平均为 $20 \sim 40$ m。金星岭 -200 m 中段在回采时，对单一黄铁矿未加控制，与铅锌矿一起回采。该中段现在只有少量单一黄铁矿未采。黄铁矿矿量集中在 $-80 \sim -240$ m 中段。各中段单一黄铁矿矿量及[S]品位如表 1 所示。

表 1　金星岭地段单一黄铁矿矿量统计表

中段	矿石量/t	[S]矿量/t	平均品位（质量分数）/%	有效[S]矿量/t
-120 m	$1 \sim 14$ 号穿	936176	34.98	327474
-160 m	$1 \sim 14$ 号穿	1417363	34.46	488423
-200 m	$1 \sim 6$ 号穿	266792	34.87	93030
	$6 \sim 14$ 号穿	1297849	36.77	477219
-240 m	$1 \sim 6$ 号穿	407841	40.89	166766
	$6 \sim 14$ 号穿	1001059	39.98	400223
-280 m	$1 \sim 6$ 号穿	30942	41.25	12764
	$6 \sim 14$ 号穿	472266	37.25	176767
-320 m	$1 \sim 6$ 号穿	12861	36.51	4696
	$6 \sim 14$ 号穿	99222	33.65	33383
合计	$1 \sim 6$ 号穿	718436	38.67	277256
	$6 \sim 14$ 号穿	5223935	36.46	1903489
总计		5942371	36.70	2180745

注：-200 m 中段单一黄铁矿已基本回采。

3 开采技术条件及采矿工艺

3.1 开采地质技术条件

（1）深部单一黄铁矿主要是 Sh209b、Sh214b 两个矿体，矿体厚度不大，形态复杂，多为分支复合型。发育有 NNE 向和 NE 向压扭性断裂构造（主要是 F_3、F_{102}）。Sh209b 赋存于东岗岭 D_2d^b 地层，Sh214b 赋存于天子岭 D_3t^a 地层，单一黄铁矿与铅锌矿相互穿插共生，保留不到规整的单一黄铁矿矿块，建议与铅锌矿一起回收。

（2）金星岭地段单一黄铁矿主要是 Jb2b 矿体，呈 NEE 走向，往北倾斜，倾角一般为 60°~70°，矿体厚度较大，平均为 20~40 m，最厚达 100 m，走向长 200~500 m，矿体远离主断层 F_4，赋存于天子岭组 D_3t^a、D_3t^b 地层中。D_3t^a 地层由深灰色中厚层状块状鲕粒灰岩、块状灰岩组成，围岩稳固性较好；D_3t^b 地层由灰色—灰黑色块状瘤状灰岩及条带状灰岩组成，富含泥碳质，围岩稳固性较差。次级断层裂隙非常发育，主要是 NNE 和 NE 向逆断层。矿床水文地质条件复杂，喀斯特溶洞发育。矿石类型主要为金黄色致密状黄铁矿石，矿石矿物为黄铁矿，主要有益组分为硫 [S]，平均品位（质量分数）为 36.70%，主要用于制造硫酸。

3.2 采矿工艺现状

目前凡口矿主要采用的采矿方法有普通充填法、盘区开采法、FDQ 法。

3.2.1 普通充填法

普通充填法主要布置在不宜采用斜坡道相通的矿体形态复杂、厚度小的孤立小矿体，它具有布置灵活、作业成本低的特点。

3.2.2 盘区开采法

盘区开采法主要布置在矿量集中、厚度较大、顶底盘矿体形态复杂的矿体。该工艺可实现无轨回采，从采场的凿岩、爆破、出矿等都可实现机械化作业，现已形成盘区机械化生产作业线。按凿岩方式和采场布置方式不同分为：盘区水平浅孔分层充填采矿法、盘区机械化上向中深孔分层充填采矿法（台车作业）、盘区机械化上向进路分层充填采矿法。盘区开采法的特点是机械化程度高。目前采用该采矿方法的采矿量占总量的 80%，是凡口矿最主要的采矿方法。

3.2.3 大直径深孔采矿法

大直径深孔采矿法（FDQ 法）主要布置在矿体形态简单的急倾斜厚大矿体中。它具有作业安全条件好、管理集中、生产效率高、成本低等特点。

4 单一黄铁矿开采的可行性评价

凡口铅锌矿是我国最大的铅锌矿床，同时也是最大的黄铁矿矿床。随着市场对硫精矿需求加大，结合黄铁矿矿床规模和硫精矿市场价格，目前凡口矿已具备开采单一黄铁矿的条件：一是具有较大规模的单一黄铁矿；二是开采黄铁矿经济可行，能盈利；三是开采技术条件成熟，采选工艺完善。

4.1 单一黄铁矿规模

凡口矿单一黄铁矿规模大，矿量集中，总储量近 800 万吨，金星岭地段约 600 万吨，集中在 -80~-240 m 中段 6 号穿以东；狮岭深部约 200 万吨，集中在 -455~-650 m 中段 0~10 号穿。具备了规模性开采的地质条件。

4.2 开采经济可行性

目前市场硫精矿价格上升快，接近 1500 元/t，采选成本约 600 元/t，回采黄铁矿有盈利。随着市场对硫精矿需求加大，其价格还有较大上升空间，价值更加显现，将来会成为利润增长的主要来源之一，可以形成规模性开采，有利于提高矿山企业的经济效益和社会效益。

4.3 开采技术条件评价

凡口矿的采矿技术一流，采矿工艺先进。单一黄铁矿集中地段盘区及开拓、采准工程已形成。根据黄铁矿易结块发热和对三种采矿工艺的比较，盘区开采法最适合回采单一黄铁矿，而 FDQ 法采下的黄铁矿暴露时间长，不利于出矿。

5 影响开采情况

（1）市场硫精矿价格是影响的主要因素。

（2）出矿方式：因目前生产铅锌任务较重，没有专门的溜井系统供黄铁矿提升出矿。

（3）凡口矿床只设计回采铅锌矿，对单一黄铁矿未做采矿规划设计。

6 结论

（1）黄铁矿是重要的矿产资源，不能浪费，现在要有效保护，将来要充分回收利用。

（2）如果市场硫精矿价格上升，就应该对单一黄铁矿做出采矿规划设计，以便规范性地回收利用。

（3）开采单一黄铁矿的技术条件已具备，就目前市场硫精矿价格，回采黄铁矿已经盈利。规模性开采单一黄铁矿指日可待。

参考文献（略）

矿业工程软件 Surpac 在凡口铅锌矿的应用

江基伟

（广东凡口铅锌矿，广东韶关，512325）

摘　要：为实现矿山生产的动态管理和资源的合理利用，降低矿产勘查和开采成本，提高企业的经济效益，凡口铅锌矿与中南大学合作开展"凡口矿地、测、采数字化系统应用建模研究"，以便实现凡口矿矿床、断层、井巷工程等地下空间体的三维可视化，并为深部矿床的开采和勘探工程的设计和施工管理奠定基础，现已初步完成深部矿体模型。

关键词：Surpac 软件；数据库；实体模型；块体模型；三维立体化

1 矿山计算机应用的历史

凡口铅锌矿位于广东省北部，是一个超大型铅锌矿床。自 1958 年建矿，1968 年投产，至今已有 50 年的历史。随着计算机技术的不断发展和广泛应用，计算机技术在矿山行业中发挥着越来越重要的作用。1992—1994 年凡口铅锌矿与长沙矿冶研究院合作，在 AutoCAD 的基础上，结合矿山的实际情况，开发了矿化绘图软件 GeoCAD。利用该软件建立地质（钻孔和坑道）数据库，进行生产探矿平剖面图纸制作，计算地质矿量，生成矿量报表，满足了当时矿山的需要。2006 年凡口铅锌矿成立"凡口铅锌矿地、测、采数字化系统应用研究项目"组，计划把地质、测量、采矿各领域资料全部数字化处理，建立起凡口铅锌矿的三维模型，为地质、测量和采矿日常技术管理提供服务。经过对国内外多家数字化软件的考察和比较，最终确定选用 SURPAC Vision 软件作为"凡口铅锌矿地、测、采数字化系统应用研究项目"的核心软件。同年年底与中南大学合作，开始矿山建模实际工作。根据凡口铅锌矿矿体庞大、形态复杂及其矿山生产现状，该项目组决定建模工作分两部进行。先建深部（－320 m以下）的矿体模型，后建上部（－320 m 以上）矿体模型。2007 年年底初步完成了矿山深部（－320 m 以下）矿体建模。

2 矿山矿体模型的建立

2.1 地质数据库的建立

凡口铅锌矿探矿工作分前期地质队的地质探矿（简称地探）和后期矿山的生产探矿（简称生探）两部分。其中地质探矿的工程全为地表施工钻孔，生产探矿则为坑道和钻孔相结合。由于坑道揭露的矿体未采样，地质数据库主要是录入钻孔数据，坑道资料只在圈定矿体时运用。

2.1.1 地质数据库的表格

首先在 Surpac 中建立名为"凡口矿地质数据库"的数据库，在该地质数据库下依据钻孔的地质信息，建立"钻孔定位表—collar""测斜表—survey""样品化验表—sample""地质分析表—geology"和"矿体信息表—solids"等 5 个空数据表。其中"钻孔定位表—collar""测斜表—survey"属于强制类型的，一旦数据库得到定义，则将自动生成，"样品化验表—sample""地质分析表—geology"和"矿体信息表—solids"为可选表。各表表面上互相独立，但表之间通过"工程号"建立联系，全面反映钻孔原始地质信息。

2.1.2 地质数据导入

矿山已在软件 GeoCAD 中建立并完善了地质"gdb 数据库（含钻孔和坑道数据）"，通过与北京矿冶研究院合作开发了"凡口矿钻孔转换程序"。利用该程序可将 GeoCAD 软件中的"gdb 数据库"文件转入"地质数据库.tcl"和"转换字段内容.tcl"，并可在 Surpac 中直接调用，共计完成 4810 个钻孔。

由于"gdb 数据库"部分数据转换不成功，对此部分和原数据库未录入的钻孔严格按照一定格式在 Excel 中完成钻孔数据录入工作，而后再导入 Surpac，共计完成 528 个钻孔。

2.2 建立矿体实体模型

凡口矿地质探矿网度为（50~68）m×50 m，生探网度在沿用原地探勘探线的基础上进行加密（即每中段在两条勘探线之间施工一条或两条穿脉进行生产探矿），网度为（40~50）m×16.7 m~25 m×（12~16）m。这次建模是利用各中段生探剖面图进行矿体连接，没有完成生探的中段（如 Shn－400 m 以下、Sh－400 ~－500 m、Sh－500 m 以下 S3 号以南等块段）则用地探剖面图代替。

2.2.1 地质剖面生成

矿山现已结束生产探矿的各中段，其生探剖面图均已完成制作，其中部分（生产探矿）地质剖面图用 AutoCAD 制作，已经是数字化资料；部分（小部分生产探矿和地质剖面图）是图纸资料。

将未数字化的图纸资料扫描、矢量化、数字化，使全部地质剖面图都转化成 AutoCAD 的".dxf"格式文件。在 Surpac 中可直接用".dxf"格式文件对矿体界线进行处理，如闭合线段、统一线号（同一矿体同一线号）、标准化分割线段（最大距离为 3~5 m，最小距离为 0.3~0.5 m）、确定线串方向（顺时针为矿体外边界）、删除冗余点（无跨接、重复点、重复段、聚结点等）等，生成符合要求的线串，按照一定的规则命名保存并保存 Surpac 的格式为".str"的线文件（主要是矿段名称加中段深度再加剖面编号进行命名），以供连接矿体实体运用。共计完成生探剖面 198 个、地探剖面 21 个。

2.2.2 矿体实体连接

实体模型是通过将同一中段各地质剖面中已标准化分割的矿体边界线线段中所含的点联结为一系列三角形而建立起来的。实体模型的三角网可以彻底地闭合为一个空间结构。

首先，在 Surpac 中同时调入需建中段的所有已处理好的要创建实体的".str"线文件，根据矿体的实际形态及其相互间的关系（实际工作中利用中段及其分段地质平面图结合工程技术人员的实践经验），运用两个段之间、一个段内、一个段到两个段、一个段到一个点、剖面推估等方法进行三角网连接。连接完三角网后，是否形成一个有效的实体，需要进行实体验证。出现自相交边、重复边、无效边、开放边等情况，实体为无效；实体通过验证，将报告其体积，该矿体实体建模结束。

在矿体连接过程中必须做到：

（1）须将同一矿体（如 Sh214a）设定同一实体编号（如 1），不同矿体（如 Sh216a）设定不同实体编号（如 22），以便于计算不同实体编号的矿体体积；在使用一个实体编号的前提下，对同一矿体的矿体分支及不同矿体分支使用不同三角网编号以区别矿体分支。

（2）所有矿体内的夹石实体，其编号统一设为 5。在报告体积时将矿体设为实心，再将夹石设为空心，可直接得出各中段各矿体的体积。

按中段逐一建模，直至深部中段实体建模结束。共计：生探 6 个中段，48 个矿体实体，夹石实体 13 个；地探中段 6 个（−450 m 和 −500 m 中段，−500 m 以下中段 X = 8250 以南），19 个矿体实体，夹石实体 2 个。

2.3 建立矿体块体模型

2.3.1 组合样品及其品位的变异函数计算及分析

首先，对原始样品进行组合。依据凡口矿的实际情况，取组合样长度为 1 m（也是大部分原始样品长度），最小组合样长为 0.75 m（可考虑为 0.5 m）。根据勘探工程对钻孔所采矿石样品的 Pb、Zn、S 和 Pb + Zn 信息进行组合，把钻孔的品位信息量化到空间的离散点上，为地质统计和块体赋值提供依据。

其次，采用第三方软件 grapher 对原始样和组合样进行元素品位的统计分析工作（特高品位样品以该元素的平均品位值代替），并对矿体沿走向（北偏东 30°）、倾角（70°）、厚度 3 个方向进行变异函数的分析，并运用球状模型进行拟合，结果显示，各元素样品理论变异函数沿走向方向拟合较好。各元素样品理论变异函数拟合参数结果如表 1 所示。

表 1 各元素样品理论变异函数拟合参数结果表

元素名称	计算方向	参数名称	参数取值
Pb	走向	块金	2.556
		基台	6.588
		变程/m	11.325
Zn	走向	块金	2.001
		基台	26.487
		变程/m	7.349
S	走向	块金	7.689
		基台	25.283
		变程/m	13.45

按各向同性假定，对各元素品位变异函数拟合参数进行交叉验证。确定前面得到的理论变异函数拟合参数是准确的，其可以用于凡口矿床品位推估及后续的储量计算。

2.3.2 建立块体模型

2.3.2.1 块体模型参数的确定

根据矿体实体模型确定块体模型的范围，使块体模型大小合适，能包含实体模型。块体模型单元块尺寸为 10 m × 15 m × 10 m，可分解的最小单元块尺寸为 1.25 m × 2.5 m × 1.25 m。在 Surpac 中建立"凡口矿体块体模型.mdl"块体模型。

2.3.2.2 块体模型属性的定义和赋值

根据需要为"凡口矿体块体模型.mdl"添加 Pb、Zn、S、Pb + Zn、矿岩类型、密度及控矿类型等 7 个属性，并将其初始化值设置为"0"（即这些属性值未知）。

而后对矿岩类型（围岩、矿石、夹石）和控矿类型（地探、生探）采用直接赋值法，输入其代码；矿体的 Pb、Zn、S、Pb + Zn 品位及其体重采用普通克里格法进行估值。

选择需要估值的属性（如 Pb、Zn、S、Pb + Zn），及其相应的数据源并输入线文件名"组合样运算 0. str"，并在其中填入关于各元素的相关参数（如所选样品的最小数量和最大数量，最小、最大椭球搜索半径及其他参数，克里格参数块金、基台、范围等），选择事先定义好的约束条件"Shs_矿体. con"，执行后系统自动对约束的矿体进行推算估值。处理完成后，保存更新后的模型。

最后对夹石进行赋值，将夹石中所含金属元素品位统一设为"− 1"。

密度与单元块的金属元素品位有关，不同的单元块密度不同。计算公式为铅锌矿的体重 $d_1 = 0.0136 \times X + 2.6512$，黄铁矿的体重 $d_2 = 0.0406 \times w(S) + 2.5334$；式中 $X = 3.72 \times w(Pb + Zn) + 2.81 \times w([S])$，$w([S]) = w(S) - (0.154 \times w(Pb) + 0.49 \times w(Pb))$。

至此完成矿体块体的属性赋值和矿体块体模型建立。

2.4　矿体模型评价

选取 Surpac 矿体模型和该矿山现用的狮岭深 − 600m 中段的矿体体积、体重、矿石量、（Pb、Zn、[S]）元素平均品位和（Pb、Zn、S）金属量进行对比分析，其结果误差分别为 7.79%、0.24%、7.82%、（− 4.10%、− 1.83%、10.79%）和（3.26%、5.75%、19.46%）。可见仅硫元素统计结果相差较大，误差大于 10%，原因是矿山统计为有效 [S]（黄铁矿所含硫），而 Surpac 矿体模型未区分黄铁矿，统计的为全硫。因此，可以说 Surpac 所建矿体模型与实际是较吻合的。

3　Surpac 软件的应用意义

3.1　促进矿山地质的全面数据化

这次建模已将数据从 GeoCAD 软件导出，生成". gdf"和". cod"两种格式文件，并对这些文件进行系统的核对检查，修改错误，补充遗漏和新增数据，保证数据库准确、完整。GeoCAD 软件中数据库的录入及修改、查询等都极不方便，尤其录入效率很低，且其数据库开放性差，只能在该软件中应用。而 Surpac 数据库的灵活性、兼容性、开放性都非常好（如数据的录入可以在 Excel 中进行），这非常有利于矿山地质工作。另外，将 1995 年以前大量未经数字化的地质剖面图件经过扫描以 Microsoft Office Document Imaging 格式保存，对扫描的手工绘制图进行矢量化处理，成为". dxf"格式的 CAD 图形文件，使矿山所有的原始地质剖面图达到了数字化。

3.2　钻孔轨迹和矿体模型的立体化显示

3.2.1　钻孔轨迹的立体化显示

地质数据库建立后，就可以利用 Surpac 强大的图形显示系统，在三维空间以字符、图表、图案方式显示钻孔轨迹线、样品品位值、岩性及代码等所有的地质信息。根据需要设置钻孔显示风格，可以将需要的钻孔地质信息以直观的方式显示在窗口，方便矿体圈定等工作。类似实体模型剖面生成，可对三维钻孔进行剖切，生成需要的中段平面或剖面进行解译。

3.2.2　实体模型的立体化显示

完成了矿体模型建立，可采用多种显示方法对矿体进行三维显示和剖切、矿体体积报告，显示方法可根据需要设置。其中矿体模型透明显示、$Y - Z$ 平面视图分别如图 1、图 2 所示。

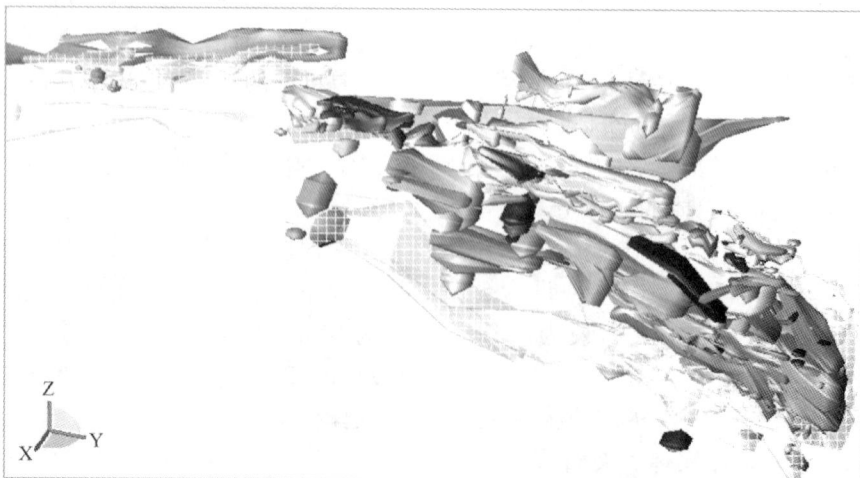

图1　矿体模型体 1 透明三维显示

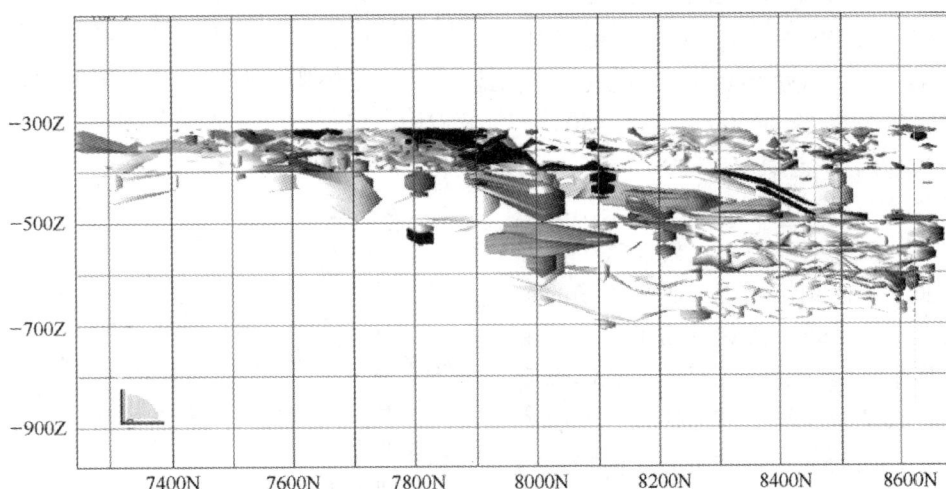

图 2 矿体实体模型 $Y-Z$ 平面图

3.2.3 块体模型显示

矿体模型通过块体属性赋值后,可按不同的约束条件(如品位级别、控矿类型)进行显示及任意一个单元块的属性信息查询,其中包括按 Pb + Zn 品级、单元块属性、控矿类型的显示。

3.3 品位推估和储量计算

Surpac 引入克里格法和块体模型,可利用已知品位信息对未知的相邻区域推估,经对比分析,应该说其效果不错。块体建模的一个更重要的作用是实现对矿床储量的计算及动态管理。应用已经建立好了的矿体块体模型以及矿体实体线框模型,可以对矿体进行各种有价元素品位统计分析。在统计矿床地质储量时(统计 -320 m 以下矿床储量),可按照不同的估值方法(普通克里格或距离幂次反比法)、不同的边界品位、不同的中段以及不同的控矿类型进行全面的统计、分析。其中以不同的边际品位体统计矿床储量结果如表 2 所示。

3.4 找矿应用

通过 Surpac 矿业软件建立矿体及相关地质体(各地层、岩体、断层等)的模型,将其立体化显示,利于分析矿体形态以及矿体相互间、矿体与相关地质体间的关系;利用其统计功能,分析矿体各矿化元素的分布规律及其相关性,对研究矿体的分布规律、成因非常有利,对找矿具有一定的指导意义。

4 存在的问题

4.1 黄铁矿的区分

凡口矿矿体垂直分带现象显著,上部富集铅锌矿,下部富集黄铁矿,并发育有单一黄铁矿。但由于铅锌和黄铁矿体互相穿插、包含,边界极其复杂。这次建模没有区别铅锌矿和黄铁矿体。由于铅锌矿和黄铁矿两种矿体的经济价值与市场波动步调不一致,实际回采中两者也有区别。因此,建模时有必要将其区分开。

表 2 地质矿床模型储量计算结果表(Pb_Zn 为边际品位)

边际品位(质量分数)/%	矿量/万吨	克里格平均品位(质量分数)/%				金属量/万吨		
		Pb + Zn	Pb	Zn	S	Pb	Zn	S
0.60	2530.885	13.358	4.732	8.625	35.864	119.761	218.289	907.677
0.80	2508.174	13.472	4.773	8.7	35.821	119.715	218.211	898.453
1.00	2483.555	13.597	4.816	8.78	35.761	119.608	218.056	888.144
1.20	2462.346	13.705	4.854	8.85	35.73	119.522	217.918	879.796
1.40	2443.81	13.799	4.887	8.912	35.692	119.429	217.792	872.245
1.60	2429.259	13.872	4.913	8.96	35.663	119.350	217.662	866.347

4.2　已采矿体的圈定和实体模型的更新和补充

凡口矿自 1968 年投产至今，生产中段不断下移。1992 年以前，基本在 −240 m 中段以上，到 2000 年，延伸至 −320 m，现在狮岭 −600 m、−650 m、−360 m 中段已成为主采区之一。

此次建模没有考虑矿体的回采情况，所采用的地质资料是生探和地探资料，所建模型仅仅反映生探圈定的矿体实体。因此，此模型仅能用于矿房采场的盘区或单体设计。必须补充采场的原始地质编录及其采矿工程资料，用矿房采场两帮实采剖面图对矿体模型进行更新，才能利用其模型为间柱采场的盘区或单体设计提供地质资料。同时每年进行大量的采矿生产和生产探矿，其地质资料不断更新和补充，因此必须对矿体模型进行年度或季度的周期性更新和完善，以便生产实际应用。

4.3　块体模型可分解的最小单元块尺寸

本次建模采用的可分解最小单元块尺寸为 1.25 m × 2.5 m × 1.25 m。实际生产中，矿体最小回采厚度通常为 1 m，甚至 0.5 m。另外，生产实际中，采场宽度及其分层采高一般为 8 m 和 3 m，是 0.5 m 的倍数。为了能够更精确地进行资源评价，进行下一步采场分层矿量的计算和矿量动态管理，应选择相对小的单元块。建议可分解的最小单元块尺寸为 0.5 m × 0.5 m × 0.5 m。

5　结语

通过这次 Surpac 建模，可见 Surpac 等矿业软件在矿山企业中有很大的应用前景。将探矿工程、矿体及其他相关地质体、采矿工程系统和地表地形等模型化，并复合在一起立体化显示，对矿山设计者和生产管理者无疑具有重要的意义，对矿山企业的技术能力和管理水平的提高有很大的帮助。该类软件对矿山资源评估、动态矿量管理、资源的合理利用及成矿规律的研究也有很大的帮助，可为企业综合经济效益的提高发挥积极的作用。

参考文献（略）

凡口铅锌矿找矿新突破

杨汉壮

（广东韶关仁化凡口铅锌矿，广东仁化，512300）

摘　要：凡口铅锌办高度重视矿山地质找矿工作，建矿50多年来，凡口铅锌矿取得了较好的探矿成绩，截至2009年底累计探明矿石储量5914万吨，其中铅锌金属量918万吨。特别是自2005年以来，矿山每年投入探矿专项费用1500万元，通过与科研院所和地质队合作的方式，继续不断地开展对矿区深、边部进行地质找矿工作。接替资源勘查项目的实施，使整个凡口矿铅锌矿区的找矿成果有了新的突破，预计累计探明的铅锌金属资源储量将超过1000万吨。同时，在成矿地质条件认识、找矿空间、勘查技术方法等方面也取得了新的突破。

关键词：凡口铅锌矿；资源助查；勘查技术方法

1　引言

凡口铅锌矿位于广东省韶关市仁化县境内，现隶属于深圳市小金岭南有色金属股份有限公司，是集采、选于一体的特大型综合性国有控股企业，是目前亚洲最大的铅锌银矿生产基地之一。凡口铅锌矿于1958年建矿，1968年正式投产，1990年形成了日处理铅锌矿石3000 t的生产能力，2002年以来达到日处理铅锌矿石4500 t、年产15万吨铅锌金属量的生产能力，2009年开始形成日处理铅锌矿石5500 t、年产18万吨铅锌金属量的生产能力。凡口铅锌矿高度重视地质找矿工作，建矿50多年来，凡口铅锌矿取得了较好的探矿成绩，截至2009年底累计探获矿石星5914万吨，其中铅锌金属量918万吨。特别是自2005年以来，矿山每年投入探矿专项费用1500万元，通过与科研院所和地质队合作的方式，继续不断地开展对矿区深、边部进行地质找矿工作，对凡口铅锌矿矿床成因、控矿地质因素等有了认识上的提高。期间在矿区东矿带、富屋南、铁石岭、狮岭探部等地段实施了不同程度的找矿工作，控制了一定的远景储量，拓展了找矿空间。

2　矿区地质概况

凡口超大型铅锌矿床位于粤北曲仁构造盆地北缘，属仁化县董塘镇辖区，是东西向南岭钨、锡、铋、钼、铜、铅、锌、银多金属成矿带的重要代表性矿床。该矿床具有矿床和矿体规模大、矿石品位高、矿化分布集中的总体特征。矿区主要包括水草坪、凡口岭、富屋及铁石岭等4个矿床（点），以水草坪矿床为矿区主体。根据矿化分段富集特点，水草坪矿床又可分为圆墩岭、庙背岭、金星岭、狮岭、狮岭南、狮岭东等多个矿段。其中，又以金星岭、狮岭和狮岭南3个矿段矿体规模最大，矿化最为集中，是目前凡口铅锌矿开采的主要对象。

矿区及近外围出露寒武系、泥盆系、石炭系、二叠系等地层，而赋矿地层则以东岗岭上亚组、天子岭组为主，其次是帽子降组、下石炭统、中上石炭统壶天群底部。在这些层位中，铅锌矿产出的岩相建造主要有以下几种：

（1）碎屑岩向碳酸盐过渡部位的不纯碳酸盐建造。在该建造中有鲕状灰岩、白云质灰岩、瘤质灰岩、条带状花斑灰岩等。

（2）富含生物碎屑的碳酸盐岩建造。岩性以富含藻类或富含生物碎屑、富有机质泥晶灰岩为主。

（3）含黄铁矿层的岩相建造。

（4）含碳质暗色岩层的岩相建造。

矿区构造类型复杂，既有褶皱构造，也有断层构造，还有成因复杂的层间滑动构造。矿区覆盖极为严重，在含矿岩系分布区几乎没有基岩出露，已知矿床均隐伏产出，难以对具体构造进行全面有效的重点解剖。故迄今为止，对矿区构造格局及其形成演化规律仍未十分清楚。整个矿区内上古生界构成向SE倾伏的凡口宽缓向斜，在其两翼出现大量的次级褶皱。主要断裂构造包括NNE向的F_3、F_4、F_5、F_6、F_7、F_8、F_9等，NW向断裂构造以F_{203}为代表（图1）。

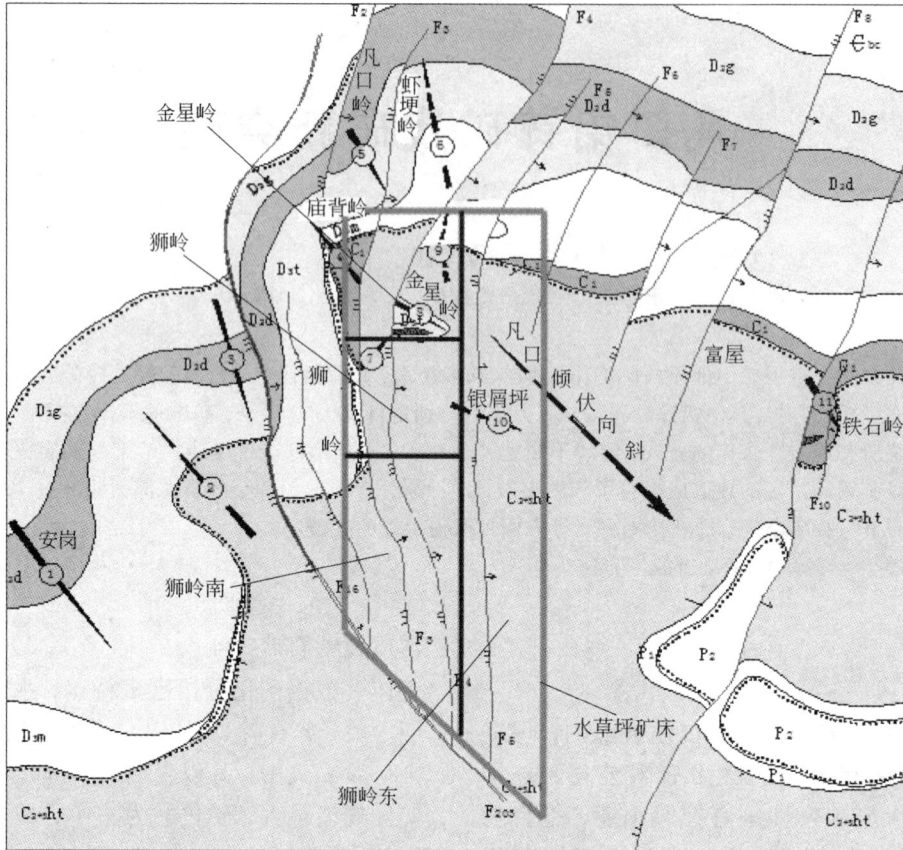

图1　凡口铅锌矿区地质略图

3　矿区地质找矿工作介绍

3.1　凡口铅锌矿矿床的发现与首期地质勘探

1956年4月，化工部343地质队组织第四分队，开始了凡口矿区的地质普查工作。展开了清理老窿和以人力浅钻为主的地表揭露，以寻找矿体和进行地质填图。结果在金星岭南部和北部发现了浅部矿体，以南部矿体规模较大，走向近东西。同年10月，在已开采过硫铁矿的庙背岭和矿化较好的金星岭开始进行控制性岩心钻探。在金星岭布置了0、2、4三条南北向勘探线，线距为100m。接着在金星岭北部选择地表矿化较好、老窿分布较集中的地方施工2/CK2孔，结果在灰岩中见到多层块状黄铁铅锌矿，总厚度达55.92m。随后又于2/CK2孔之北210m处施工了2/CK7孔，见到4.58m及15.34m厚的矿体，由此揭开了寻找金星岭盲矿体的序幕。

于是，沿矿体走向和倾向，技100m×50m的钻探网度进行全面控制和追索。至1957年基本上查明了金星岭区段的地质构造、矿体形状、产状和分布范围，对其远景作出了初步评价。

为了进一步追索金星岭区段的矿体，在0线以西

100m的1线上施工了1/CK1孔，但没有见到预期的矿体。1957年9月，地质技术人员经研究分析后认为该孔没有见矿的原因可能为：

（1）该孔主要在壶天群白云岩中钻进，只钻进了30多米的灰岩，深度不够，还未到含矿层位。

（2）在0～1线间存在有断层，并且可能与北部庙背岭和圆墩岭之间的F_4断层相连接，推测预期的矿体可能为F_4断层切断后往南偏移。

因此，在1/CK1孔以南290m处的狮岭又施工了1/CK2孔，果然于287m及366m处分别见到厚3.07m和19.30m的块状黄铁铅锌矿，从而证实F_4断层下盘也赋存有工业矿体。由此也明确了狮岭盲矿体的存在，这是矿区地质找矿过程中的重要转折点。

紧接着往南施工1/CK3孔，按金星岭矿体产状推测，该孔应于更浅处见到1/CK2孔所发现的矿体。但是相应深度并未见到该矿层，而是在孔深245～400m处见到了三层铅锌矿体，厚度分别为5.08m、32.05m及73.98m。根据两孔白云岩地层底板标高近于相同，矿体连接也近乎水平，与金星岭北部矿体产状往北陡倾斜迥然不同，结合地表浅钻所揭示的狮岭为一近南北向背斜的资料进行分析，怀疑产状可能有变。于是以1/CK3孔为中心，垂直1线布设了东西

向勘探线,构成"十"字剖面,结果证实矿体赋存于狮岭背斜东冀,向东倾斜。这为后来布置勘探工程提供了依据。

1960年初,整个矿区进入详细勘探阶段。1965年3月全区勘探工作完成,提交了《凡口铅锌矿区水草坪矿床储量报告书》。广东省储委1965年4月以[65]粤决字第8号文件批准作为矿山开采设计的依据。

至此,一个超大型的铅锌多金属矿床被发现并完成了地质勘探工作。

为进一步评价矿床远景,706地质队在提交储旦报告书后,调来千米钻机,在-201、-203勘探线上施工了4个超探的钻孔,在狮岭深部-300~-750 m标高范围内的天子岭下亚组和东岗岭上亚组地层中发现一组矿体,因此确认狮岭深部具有良好的工业远景。

此后,706地质队继续在矿区毗邻及外围进行地质找矿及远景评价工作,没有再提交正式的地质勘探报告。但是这些远景评价工作为后期矿区深部及外围地质找矿与勘探工作打下了坚实的基础。

3.2 矿区深、边部的地质找矿与评价工作

矿区深、边部的地质找矿与评价工作是在前期地质工作的基础上,为满足矿山生产和长远发展的需要而开展的。凡口铅锌矿区的深、边部地质找矿与评价工作长期以来就没有停息过,其过程大致可分为两个时期:

前期由广东冶金地质勘探公司(现为广东有色地质勘查局)932地质队在706地质队工作的基础上,对矿区深部及外围所开展的找矿评价工作。

后期由凡口铅锌矿地测部门在706地质队和932地质队工作的基础上,对矿区深部及外围所开展的进一步地质找矿评价工作。

3.2.1 932地质队在矿区深部及外围的地质找矿工作回顾

1976年起,广东冶金地质勘探公司932地质队在706地质队工作的基础上,陆续在采区毗邻及外围的田庄、狮岭南、狮岭北、银屑坪、圆墩岭、富屋及铁石岭等地段开展找矿评价工作。至1982年,932地质队共投入钻探工程量4万余米,并进行了深入的综合地质研究,取得了显著的地质和经济效果。尤其是在狮岭南区段和整个西矿带的中泥盆统东岗岭组上亚阶灰岩中,找到了大的富铅锌矿体。

凡口铅锌矿第二期建设工程于1984年建成投产(能力为3000 t/d)。由于已探明储量高度集中在金星岭和狮岭区段,开采范围受限,难于稳定实现采选设计能力。矿山迫切要求能在采区的毗邻地段找到可供设计利用的资源储量,以期扩大采区范围,为实现采选设计能力创造条件。

为此,932地质队于1983—1984年间,对狮岭南区段进行了第一期的初步勘探和评价工作(204~216勘探线范围),其主要工作对象为F_3断裂上盘的矿体,并于1984年12月提交了《广东省仁化县凡口铅锌矿区狮岭南区段矿产储量地质报告》。在1986—1987年间,932地质队继续开展狮岭南区段的第二期初步勘探工作(204~220勘探线范围),主要工作对象为F_3断裂下盘Sh209、Sh10等矿体。至此,整个狮岭南区段总共投入钻探工程量52563 m(含706地质队的钻探下程量)。1987年12月,将狮岭南区段两期初步勘探成果进行整合,提交了《广东省仁化县凡口铅锌矿区狮岭南区段初步勘探地质报告》。该地质报告经中国有色金属工业总公司广东地质勘探公司组织审查,认为其成果可供矿山设计部门使用。

为进一步扩大矿区远景储量,932地质队利用"层、相、位"控矿规律和所掌握的地质找矿信息,于1996年在矿区东矿带开展了进一步的地质普查找矿工作。由于受国家经济结构宏观调整的影响,提前结束了野外地质工作,并于1998年底编写了《广东省仁化县凡日铅锌矿区东矿带南段普查地质报告》。

3.2.2 凡口船锌矿在矿区深部及外因的进一步地质找矿工作回顾

根据凡口铅锌矿15万吨铅锌金属量技改达产后长期持续稳产对矿石资源储量的要求,以及矿山延深开拓工程的需要,矿山在1990年就多次进行了关于矿区深部地质勘探问题的讨论。1991年12月,在广泛听取了各方面意见的基础上,确定-320 m中段作为勘探中段,并编写提交了《深部地质勘探设计说明书》。经矿山组织审查后,于1992年4月正式开始了深部地质勘探的现场施工。

在原有地质工作的基础上,凡口铅锌矿本次投入钻探进尺8465.97 m。1993年7月结束了现场施工并转入室内资料整理、储量计算和报告编写等。同年底提交了《广东省仁化县凡口铅锌矿区狮岭深部《204线至207线-320 m标高以下储量地质报告》。广东省矿产储量委员会以粤储决字[1994]04号文下达了该报告的决议书,批准该报告可作为凡口铅锌矿矿井延深的设计依据。

1996年,凡口铅锌矿决定在保证完成矿山生产探矿和工程钻探任务的前提下,充分利用矿山富余钻力量,分期开展采区周边有利成矿地段的找矿勘探工作。并选定矿区东矿带的狮岭东矿段作为首期勘探区。根据上述指导思想和首期工作方案,于1996年11月编制了《凡口铅锌矿东矿带地质探矿设计说明书》,1997年3月开始进行野外钻探施工。1997年12

月全部结束野外工作。共施工 5 个钻孔，总进尺
1598.65 m。1998 年转入室内资料整理、报告编写。
同年 11 月，提交了《广东省仁化县凡口铅锌矿区狮岭
东矿段地质勘探报告》。

由于本矿段前人已投入过大量工程，本期又补充
了一定工程量，对矿段内约 - 300 m 标高以上主要矿
体的形态、产状、赋存条件已基本查清。考虑到本报
告仅为一个采区周边地段的补充勘探报告，矿床地质
特征、开采技术条件前人已做充分研究，因此，本报
告基本上可作为本矿段主要矿体开拓设计的依据。

在接下来的近 10 年期间，凡口铅锌矿通过与科
研院所和地质队合作的方式，继续不断地开展对矿区
深、边部进行地质找矿工作，对凡口铅锌矿矿床成
因，控矿地质因素等有了认识上的提高。期间在矿区
东矿带、铁石岭、狮岭深部等地段实施了不同程度的
找矿工作，控制了一定的远景储量。为矿山新一轮地
质找矿工作打下了良好的基础。

3.3 凡口铅锌矿接替资源勘查项目实施概况

2006 年 4 月，深圳市中金岭南有色金属股份有限
公司凡口铅锌矿、广东省有色金属地质勘查局地质勘
查研究院、宜昌地质矿产研究所共同完成了《广东省
韶关市凡口铅锌矿资源潜力调查报告》，同年 10 月完
成《广东省韶关市凡口铅锌矿接替资源勘查立项申请
书》，并获得全国危机矿山接替资源勘查管理办公室
审查通过。项目被列为 2007 年度第二批勘查项目。

全国危机矿山接替资源勘查管理办公室于 2008
年 1 月 22 日下达总体任务书。任务书编号：[2007]
112 号。

本项目勘查工作自 2008 年 3 月 2 日设计终审通
过后，即进入探矿工程实施阶段，截至 2010 年 4 月

30 日，总体完成了任务书下达的工程量。主要实物
工作量如下：

（1）完成钻孔 40 个，总进尺 25612.73 m。其中：
30 个地表钻进尺 20933.84 m，10 个坑内钻进尺
4678.89 m。

（2）完成坑探 1300 m（含 10 个钻窝折算的坑探工
程量）。

（3）可控源大地音频电磁测深（CSAMT）进行了 4
条试验性剖面，长 4400 m，共 175 个物理点；激电地
- 井方位测井 4500 m。

（4）采样、样品加工、化验 616 个。

4 矿区地质找矿新成就

虽然整体勘查工作尚未结束，但凡口铅锌矿接替
资源勘查项目的实施，不仅探获了可观的资源储量，
同时，在成矿地质条件认识、找矿空间、勘查技术方
法等方面都取得了新的突破。

4.1 新增资源量估算

由于矿体形态复杂，加之钻孔稀疏，对 F_5、F_6 及
其他未知断裂的认识不一致，仅对部分矿体进行资源
量估算，如 208FK1、212FK1、214FK1、213FK1、
215FK1、217FK1、232FK1、233FK1、234FK1 等钻孔
控制的矿体，即 dn203、dn204、dn207、dn208、dn213、
dn215、dn217 等 7 个矿体。其他矿体（层）因其连接
存在疑问或认识上的差异，仅作总量概算。

通过佑算，dn203、dn204、dn207、dn208、dn213、
dn215、dn217 等 7 个矿体的资源量为：矿石 453.2 万
吨，金属量：Pb + Zn 62.48 万吨、[S]102.66 万吨（详
见表 1）。

表 1　部分矿体（层）资源量估算结果

矿体编号	矿石量/t	矿石品位/%			金属量/t			资源分类
		Zn	Pb	[S]	Zn	Pb	[S]	
dn203	507106	2.36	2.09	7.65	11972	10583	38794	333
dn204	243433	9.30	4.36	27.81	22650	10615	67706	333
dn207	1519710	7.55	7.55	19.75	114738	114738	300143	333
dn208	1175295	3.84	5.17	25.46	45131	60763	299201	333
dn213	63472	2.72	3.16	32.11	1726	1282	20381	333
dn215	251940	8.33	3.16	27.35	20987	7961	68906	333
dn217	771120	15.85	10.30	30.02	122223	79425	231490	333
合计	4532076	7.49	6.30	22.65	339427	285367	1026621	333

资料来源：接替资源勘查项目技术文献。

加上其他未进行详细资源估算的 24 个矿体层和狮岭 - 650 m 中段以下的资源量，勘查项目探获的铅锌资源量将大于 85 万吨（333）。使整个凡口矿铅锌矿区累计探明的铅锌金属资源储量将超过 1000 万吨。

4.2 对成矿地质条件的新认识

东矿带目前已控制的长度为 2.664 km，与金星岭—狮岭—狮岭南矿带相比，往南由 218 线扩展至 234 线，增加了 800 m，往北由 213 线扩展至 219 线，增加厂 300 m。矿石矿物组合类型、控矿因素基本上与凡口铅锌矿主矿体（床）是一致的，往北 215 线 - 219 线间单独的黄铁矿体明显增加，与金星岭矿体群有一定的相似性。

东矿带矿体产出空间位置受北北东向 - 近南北向 F_5、F_6 控制，矿体产于两条断裂的上、下盘，其中以 F_5 为主。据等间距分布规律及成矿地质条件推测，矿区东部 F_7、F_8 断裂控制的空间位置应属成矿有利部位，可作为进一步开展地质工作的重点靶区。

4.3 钳、铜矿化新特征

东矿带 24 个见矿钻孔中，有 8 个钻孔共见 10 层黄铁铅锌银矿层（表 2）。这 10 层矿体具有以下特点：

（1）10 层黄铁铅锌银矿层银品位平均达 182.86 g/t，而其他 30 层黄铁铅锌矿层的平均品位仅为 52.12 g/t，二者相差 3.51 倍。比水草坪矿床高约 1 倍。

（2）10 个矿层中，不同年代的矿物组合复杂，以多见晚期亮灰色粗晶方铅矿为特点。

在水草坪矿床的矿心中，镜下常有微量的黄铜矿、黝铜矿。本次勘查在部分施工的钻孔中发现了强烈的铜矿化现象：一是在狮岭 - 650 m 中段 200FK1 孔深 233.23 ~ 234.48 m 处的构造角砾岩中 Cu 的含量高达 0.348%。二是 217FK3 孔深 396.45 ~ 397.45 m 处的块状黄铁矿体中见黄铜矿块体，其中 390.45 ~ 404.35 m、厚 13.90 m 的块状矿石中，铜品位介于 0.425% ~ 2.52%，样长加权平均位 1.166%，为富铜矿石，肉眼可见呈团块状产出的黄铜矿（图 2）。

图 2 217FK3 块状黄铁矿中的黄铜矿

实际广，在曲仁构造盆地成矿区内，铜矿化是一种较普遍的现象，这可能与岩浆热液成矿有关。

表 2 东矿带铅锌银矿体层一览表

见矿工程	矿层位置/m	垂直厚度/m	平均品位				矿石类型
			Zn/%	Pb/%	[S]/%	Ag/g·t⁻¹	
217FK3	200.20 ~ 203.50	3.30	11.68	10.69	10.53	256.45	黄铁铅锌银矿
	207.75 ~ 210.05	2.30	17.41	6.30	34.56	131.15	黄铁铅锌银矿
217FK1	317.90 ~ 323.00	5.10	10.30	10.85	30.02	271.13	黄铁铅锌银矿
215FK2	412.45 ~ 419.10	6.65	2.92	9.22	26.29	149.80	黄铁铅锌银矿
212FK1	158.21 ~ 179.00	20.79	28.34	11.88	23.04	217.65	黄铁铅锌银矿
212FK2	134.20 ~ 154.59	20.39	14.28	6.82	18.43	122.00	黄铁铅锌银矿
212FK3	199.30 ~ 208.25	8.95	3.28	9.83	8.83	184.33	黄铁铅锌银矿
214FK1	233.90 ~ 238.80	4.90	2.41	3.78	5.19	191.84	黄铁铅锌银矿
	242.50 ~ 244.40	1.90	2.73	3.87	9.50	143.84	黄铁铅锌银矿
226FK1	708.28 ~ 709.43	1.15	0.43	23.52	10.52	340.00	黄铁铅锌银矿
平　均		7.54	14.29	9.19	18.98	182.86	
东矿带其他 30 层矿体		4.79	6.42	3.58	18.18	52.12	

资料来源：接替资源勘查项目技术文献。

4.4 找矿工作方法的优化与集成

由于凡口矿区及周边地区人口密集，人文干扰因素种类繁多，加之厚度大、富含水的壶天群白云岩的覆盖，并且要求探测深度大于 800 m，在历年的勘查工作中虽然投入了各种各样的物探工作（包括 TEM），但均未取得预期效果。

近 4 年来，在矿区南部至东部区段，先后使用了 AMT、CSAMT、激电地－井方位测井等方法。经对比分析认为，CSAMT 和激电地－井方位测井是两种较好的方法，前者抗干扰能力强、探测深度大、分辨率高，后者的测试成果直接。若在工作中采用大功率供电，效果将会更明显。因此，以 CSAMT、激电地－井方位测井物探方法和钻孔、坑探手段相结合的找矿工作方法是值得今后在凡口矿区进一步推广的。

5 结束语

本文参阅了大量的矿山内部技术档案，引用了部分技术文献的内容和结论，在此特向我所使用文献资料的单位和个人致以崇高敬意和衷心的感谢！不妥之处，敬请批评指正。

参考文献

[1] 凡口铅锌矿区水草坪矿床地质勘探中间性报告书 [R].1963.
[2] 凡口铅锌矿区水草坪矿床储量报告书[R].1965.
[3] 广东省仁化县凡口铅锌矿区狮岭南区段矿产储量地质报告[R].1984.
[4] 广东省仁化县凡口铅锌矿区狮岭南区段初步勘探地质报告[R].1987.
[5] 广东省仁化县凡口铅锌矿区狮岭深部 204 线至 207 线 － 320 m 标高以下储量地质报告[R].1993.
[6] 广东省仁化县凡口铅锌矿区狮岭东矿段地质勘探报告 [R].1998.
[7] 凡口矿志.1 － 3 卷.
[8] 李少廉.广东省仁化县凡口铅锌矿矿床发现史[J].广东地质,1993.
[9] 赖应.凡口狮岭盲矿体群发现和评价过程的若干启迪[J].广东地质,1993.

凡口铅锌矿地质找矿进展与找矿方向

陈尚周

（深圳市中金岭南有色金属股份有限公司凡口铅锌矿，广东韶关，512325）

摘　要：凡口铅锌矿是典型的"多因复成"特大型矿床，具有多物质来源、多成因、多阶段共同成矿的特点。本文总结了近年来在矿区深、边部及外围的找矿进展、经验和揭露对成矿有利的地质信息，提出了今后主要的找矿方向。

关键词：凡口铅锌矿；地质信息；找矿方向

凡口铅锌矿位于广东省韶关市仁化县境内，隶属于深圳市中金岭南有色金属股份有限公司，属采选一体的特大型综合性国有控股矿山，以矿体规模大、矿石品位高、矿化分布集中、采选冶条件优良、综合利用价值及工业经济价值高而闻名遐迩，是目前中国乃至亚洲最大的铅锌银矿产基地。凡口铅锌矿始建于1958年，1968年正式投产，经过多期、次技术改造，2009年形成日处理铅锌矿石5500 t、年产18万吨铅锌金属量的生产能力。凡口铅锌矿各项技术经济指标在国内同行业中名列前茅，是"技术一流、装备一流、管理一流、效益一流、环境一流"的现代化矿山。

矿山的发展离不开矿产资源。为实现矿山的可持续发展，凡口铅锌矿非常重视地质找矿，开展矿床成因研究，采用遥感、物、化探测量等新的勘查方法，查明矿区主要成矿控矿因素，对已有的地质资料进行二次开发利用，建立矿床成矿模型与找矿勘查模型，开展深部、边部及外围成矿预测与勘查。持续的资金投入，采取地质科研与工程勘查并举的找矿思路，加大对矿区深、边部及外围的找矿力度，获得了预期的找矿效果。

1　矿区地质简况

凡口铅锌矿区位于南岭多金属成矿带中段南侧、粤北"山"字形构造脊柱东侧、曲仁构造盆地北缘、仁化—乐昌铅锌成矿带东段，属南岭成矿带核心区域，具有一大、二富、三集中的总体特点。凡口铅锌矿区地质条件复杂（见图1），矿区主要赋矿地层以泥盆系中上统东岗岭上亚组、天子岭组为主，次要的包括帽子峰组、C1层、壶天群底部。矿区断裂构造发育，多组多向。按走向方位不同大致可分为：北北东向、北东向、北北西向、北东东向四组断裂。近南北向F_3、F_5等断裂控制矿带的展布、F_{101}、F_{102}、F_{13}等北东向断裂控制矿体（群）的分布；北北东向、北东向断裂联合

控制金星岭—狮岭—狮岭南主矿带；北北西向—北北东向断块间层间剥离，控制了西部矿带。两矿带往南汇合，使整个矿床矿体群呈"V"字形展布。矿区褶皱以北西向凡口复式倾伏向斜为主体，发育次级褶皱有：安岗背斜、田庄向斜、狮岭背斜、曲塘背斜、金星岭背斜、庙背岭向斜、田敦向斜、虾梗岭向斜及外围铁石岭背斜。上述次级褶皱轴向为北北西或北西，轴面向北东倾斜，均呈不对称短轴构造。矿区内未见花岗岩出露，有辉绿岩脉侵入，围岩蚀变不明显。矿体形态复杂，以楔形、囊状、似层状为主，上下、左右粘连。矿石结构、构造复杂，分带不明显。矿物组分相对简单，有用组分为：Pb、Zn、S；伴生组分为：Ag、Ga、Ge、Cd、In、Hg。

2　前人勘查情况

凡口矿区地质找矿始于1955年3月，当年的粤北行署工业处派人到庙背岭区段开展了3个月的普查工作。1956年4月，706地质队在凡口矿区正式开展地质勘查工作，重点开展了金星岭、狮岭区段－300 m以上标高的地质普查与勘探工作，于1965年3月提交了"凡口铅锌矿区水草坪矿床储量报告书"。同时，对狮岭深部及庙背岭、凡口岭、富屋等区段进行了初步评价工作。

自1976年起，根据矿山开采工作需要，932地质队在706队工作的基础上，对狮岭深部、狮岭南、东矿带、石塘、铁石岭等区段开展找矿评价工作，1987年12月提交了"广东省仁化县凡口铅锌矿区狮岭南区段初步勘探地质报告"，同时初步确定了东矿带的基本空间展布特点与主要控制因素，于1998年10月提交了"广东省仁化县凡口铅锌矿区东矿带南段普查地质报告"。此外，932队还于1991年提交了"广东省仁化县凡口铅锌矿区铁石岭区段地质普查报告"。

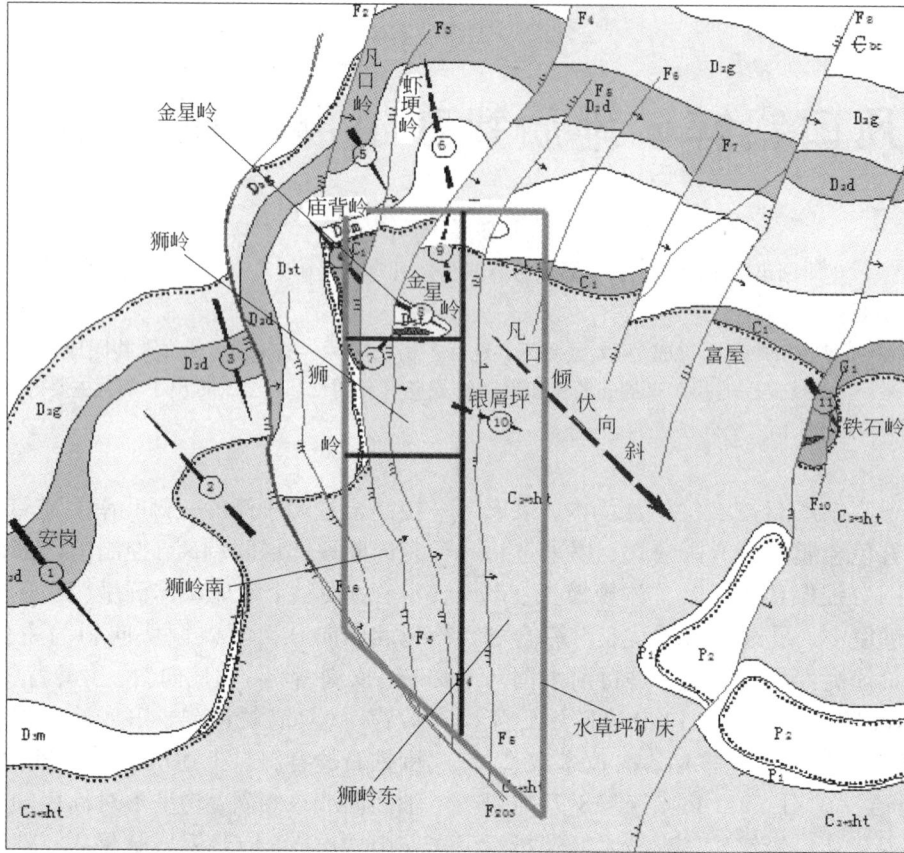

图 1 凡口铅锌矿地质简图

自矿山建成投产以来，凡口铅锌矿的生产勘探、探边扫盲、地质找矿工作从未间断过。矿山地质部门在 706 队、932 队工作的基础上，于 1991 年 4 月提出了"深部地质勘探设计方案"，经充分论证后实施，凡口铅锌矿于 1993 年 12 月提交了"广东省仁化县凡口铅锌矿区狮岭深部（204 线至 207 线 – 320 m 以下）储量地质报告"。

2007 年 1 月至 2010 年 3 月，凡口铅锌矿申报和承担了危机矿山接替资源勘查项目，危矿办下达"全国危机矿山接替资源找矿项目年度任务书"（[2007]112 号和[2008]143 号），下达国家项目资金 1100 万元，企业配套资金 1300 万元。经过 3 年的勘查，探获铅锌金属资源量 55 万吨，项目通过了验收，达到了预期效果。上述 4 个阶段在矿区水草坪矿床不足 3 km² 的范围内，累计探明的铅锌资源储量达×××万吨。

3 地质找矿进展情况

3.1 地质找矿完成情况

2010 年初，危机矿山接替资源勘查项目完成后，凡口铅锌矿继续自筹资金，在矿区外围开展地质找矿研究与勘查工作。地质研究方面，矿山与中科院广州地化所完成了"凡口铅锌矿地质构造与成矿预测综合

研究"，目前正在与中南大学、北京有色地质调查中心、桂林矿产地质研究院开展"十一五"国家科技支撑计划"MVT 型铅锌矿深部勘查技术与找矿示范研究"项目，为矿山的地质勘查工作提供了理论依据。2010 年以来，矿山完成地质勘查钻孔 67 个，钻探进尺 34136.26 m，累计见矿 90 层、见矿累计厚度 283.14 m（见表 1），估算探获铅锌金属资源量 40 万吨以上，实现了找矿突破。

3.2 找矿地质信息

3.2.1 成矿地质特征

3.2.1.1 赋矿岩性组合

在水草坪矿床的金星岭、狮岭、狮岭南、东矿段 4 个矿段不足 3 km² 的范围内，已探明的铅锌资源储量达×××万吨，其赋矿地层的一个共同特点是地层中富含薄层状泥炭质灰岩、页岩等"软质"岩石夹层，属典型的"生物礁礁后凹陷"沉积相产物。这种"硬质岩"与"软质岩"互层组合，在断裂构造活动时，制约了层间滑动裂隙构造的发育形式，其中，硬质岩石发生碎裂而形成矿液充填、交代空间，软质岩石发生塑性变形而构成屏蔽层。在"层、相、位"找矿模式中，"位"（即断裂）起决定性作用，而"层"和"相"制约了"位"的发育形式与发育程度。

表1　2010～2012年上半年地质找矿情况

时　间	施工钻孔/个	钻探进尺/m	见矿钻孔/个	见矿层数/层	见矿厚度/m
2010 年	10	7671.8	8	30	81.67
2011 年	32	10199.34	20	29	99.14
2012 年上半年	25	16265.12	13	31	102.33
合计	67	34136.26	41	90	283.14

3.2.1.2　矿区构造格局

结合遥感影像特征研究、现场实地调查分析及曲仁盆地已有的各种区域地质、地球物理及地球化学测量资料的综合比较研究，特别是凡口矿区铅锌硫化物矿床成矿条件、控矿因素及矿化就位规律研究，认为在凡口矿区及其近外围，以漸溪庙—银场坪断裂和其分支断裂 F_{203} 为南侧和西侧边界，赤石径水库南闸—银场坪—下岗水西采石场断裂为东侧边界，北部以泥盆系/寒武系界面为边界，是矿化最有利分布区。这些边界断裂在海西晚期即随曲仁盆地褶皱变形而发育，但该区内的北东向断裂破碎带（以 F_3 中南段、F_{101}、F_{102} 和 F_4 北段为主要组成部分的断裂最为清晰）具有长期的构造活动性：加里东运动期间已发育地槽构造层，海西期又继承式、间歇性上切活动并控制矿区岩相古地理分异，海西晚期与上述边界断裂一道基本定型，印支—燕山期受到改造破坏和局部复活利用，是矿区最主要的控矿构造。

3.2.2　岩脉信息

凡口矿区常见的"辉绿岩脉"是由辉绿岩、辉绿玢岩、辉石闪长玢岩及石英闪长玢岩组成的一类中基性脉岩，近年勘查中发现有少量正长闪长岩及石英闪长岩等脉岩。如在狮岭 -650 m 中段 200ZK1 孔孔深 470.90～471.40 m、478.70～480.67 m、486.18～487.16 m 见厚度分别为 0.50 m、1.93 m、1.00 m 的灰绿带肉红色变石英闪长斑岩脉，岩脉与灰岩接触面呈犬牙交错状，呈明显的侵入接触关系。造岩矿物大部分蚀变，具有变余斑状结构。对其全岩取样分析，并进行因强烈碳酸盐岩化导致烧失量大，经烧失量扣除校正，全岩：SiO_2 为 57.7%，属中性岩，$K_2O + Na_2O = 3.40\%$，$Al_2O_3/(K_2O + Na_2O) = 3.81$，属钙碱性岩石。变石英闪长岩脉的侵入对于凡口铅锌矿矿床的形成具有积极意义，且在该钻孔 233.23～234.48 m 的构造角砾岩化学分析结果：Au 0.20×10^{-6}、Ag 18.29×10^{-6}、Cu 3478.3×10^{-6}、Pb 867.2×10^{-6}、Zn 343.4×10^{-6}、As 564.3×10^{-6}，显示岩浆热液成矿迹象。

3.2.3　硅化信息

总体上看，凡口铅锌矿床的蚀变较弱，主要有方解石化、白云石化、菱铁矿化等。总结近几年施工的钻孔，发现一些与岩浆热液成矿有关的蚀变类型，如硅化（中高温），主要分布于两个区段：一是狮岭深部钻孔 200ZK1 见梳状石英脉；二是沿北西西向 F_{200} 断裂两侧，如钻孔 200ZK3 在深部见石英脉、石英—方解石复脉、石英—方解石—菱铁矿复脉；钻孔 219ZK5 在深度 243～253 m 揭露到厚度 10 m 厚的肉红色硅化岩（矿层上部）。而在主要的铅锌矿化区段，硅化相对较弱或不可见。显示这些区段可能存在与凡口本区不同的热液活动，为寻找新的矿化或矿床类型提供了依据。

3.2.4　重晶石信息

富屋南区段 200ZK3 钻孔在 347.85～348.0 m 处见乳白色重晶石（低温），并且可见银灰色铅锌富矿脉侵入其中，这是首次在矿区中见到的低温（热液）成矿迹象（可能成为重要找矿标志）。

3.2.5　铜矿化信息

在水草坪矿床的矿石中，镜下常有微量的黄铜矿、黝铜矿细脉、线脉或固溶体或包裹体。在近年来施工钻孔中见有更强的铜矿化，甚至达到铜的边界工业品位以上。

（1）矿区深部，如狮岭 -650 m 中段 200ZK1 钻孔，在孔深 233.23～234.48 m 揭露到构造角砾岩，铜平均品位达到 0.348%；

（2）矿区北部沿北西西向断裂两侧与北北东向断裂交汇部位的深部，如北部的 217ZK3 钻孔在孔深 390.45～404.35 m 见到 13.9 m 厚的黄铁黄铜矿，铜平均品位达到 1.13%；庙背岭的 221ZK1 钻孔及富屋南的 204ZK4 钻孔，分别见到 0.58 m 厚的黄铁黄铜矿及 0.37 m 厚的含铜铅锌矿，铜平均品位分别达到 0.734% 和 0.792%。这些铜矿化迹象表明，矿区主要断裂交汇部位曾经有岩浆热液活动的痕迹。

3.2.6　锡矿化信息

在原大修厂东南侧施工的 203ZK2 钻孔，在孔深 627.8～670.4 m 发现一条厚 42.6 m 的基性岩脉，经采样进行光谱半定量分析，发现岩脉中除含有种类繁多的基性金属矿物外，锡矿化迹象十分明显，锡平均品位为 0.13% ~ 0.16%，达到原生锡矿的边界品位，显示该区域有岩浆热液成矿活动的痕迹。

3.2.7 钨矿化信息

用多元素探测仪在金星岭深部 -280 m 3 ~ 4 采场拣矿石探测个别测点钨含量达 1.57%，在矿区东南部 222ZK5 钻孔 445 ~ 448 m 探测矿芯表面 4 个点钨含量平均 0.36%，显示成矿热液来源于深部岩浆热液，对开展深部找矿有一定的指导作用。

3.2.8 银矿化信息

狮岭南东南部至东矿带区域内，矿体的顶底板菱铁矿（化）普遍发育，对个别菱铁矿的采样化验中发现有高银赋存，如 226ZK3 钻孔 4 号样银含量高达 4552 g/t，214ZK5 钻孔 8 号样银含量高达 595 g/t，应注意矿区内是否有独立的银矿体存在。

上述信息显示矿区成矿的多因、多期次性，从矿体分布的规模、品质、组分来看，矿区有多个成矿热液中心成矿的可能。

4 地质找矿方向

根据前人文献资料、矿山开采揭露地质信息及近年找矿新线索认为：凡口铅锌矿床的主体是与燕山期花岗岩浆有关的热液矿床，沉积成岩期尽管造就了大部分黄铁矿的形成和富集，但铅锌矿等物质来源则主要为深部含矿热液。赋矿地层的岩相古地理环境对成矿作用具有直接或间接的控制作用。北东向至北北东向断裂是矿区主要的控矿构造，也是矿床最主要的控矿因素，具有长期活动特征。断裂与褶皱构造的共同作用产生层间滑动构造，由于破碎和变形机理的不同而具有不同的控矿作用，直接控制了矿体形成的就位与矿体规模。

经全面分析矿区成矿地质条件特征与找矿信息，矿区主要找矿方向在以下几个方面。

4.1 矿区东矿带区段就矿找矿

东矿带位于矿区主采区东侧，南北长约 3 km、宽 1 km，矿体产出空间位置受北北东向—近南北向 F_4、F_5、F_6 断裂控制，矿体产于断裂的上、下盘，其中以 F_5 为主，在近年勘查中发现：在中部 212 线出现一个"断裂隆起区"（或称次级背斜构造），控制了中部矿体群的产出，与金星岭、狮岭矿段相比具有一致性，由此预测在"新贵地"东北侧还可能出现一个新的"断裂构造隆起区"，为找矿的有利区域。在南端 232 线一带出现浅部界面矿（与壶天群接触），深部 -700 m 左右仍赋存较好的铅锌矿体，往东南部仍有一定的延

伸空间。在北部另一个矿化集中区是 213 线 ~ 219 线间、沿北西西向断裂 F_{200} 两侧与北北东向断裂交汇部位，频繁出现铅锌矿体和黄铁（黄铜）矿体。

虽然该区段总体达到普查至详查工作程度，但仍然存在一定的盲区（2011—2012 年找到 4 条厚度大于 10 m 的铅锌银富矿体，效果非常可观），从已掌握的较丰富的地质资料分析，F_4 断裂在狮岭至狮岭南以南发育良好，且断裂带上、下盘具有较好的成矿远景，以及北部的圆墩岭仍存在较好的找矿空间。

4.2 金星岭北区段找矿

金星岭矿段矿体形态特征：不同中段的矿体或矿体群总体走向呈北东—北东东向（60° ~ 70°），沿走向长 200 m 左右，水平宽度 10 ~ 80 m，矿体（群）平面分布总体呈"菱形"或向北东东方向凸出的"三角形"，但紧邻 F_4 断裂的西部边界呈突变形态，显示断裂构造作用破坏了矿体的完整性，推测认为金星岭矿段西界断面 F_{100} 下盘存在较大的找矿空间，即可能存在金星岭矿体群的西段。近年在庙背岭—圆墩岭施工的 7 个普查找矿钻孔已揭露到有厚层状黄铁铅锌矿体，已初步证明了上述推测的可能性。因此，沿金星岭北东侧（矿体往北东方向侧覆）加密勘探，有较大的找矿前景。

4.3 富屋南区段找矿

富屋南区段位于凡口北西向向斜的中部、水草坪矿床至铁石岭矿床之间区域，与主矿带空间位置相互毗邻，断裂构造非常发育。2010 年至今，在富屋南区域施工 15 个勘查钻孔，有 6 个钻孔见矿，虽然见矿厚度均不大，但对外围找矿工作至关重要，有必要进一步摸清该区域成矿地质条件，扩大地质找矿空间。

4.4 矿区深部找矿方向

大型矿床或超大型矿床一般不会孤立存在，尤其是块状硫化物矿床以成群、成带或成列方式产出特别明显，是比较普遍的规律。根据成矿理论，成矿的有利空间为地下 5 ~ 10 km 范围，这个深度正好是地壳内外动力的复合长，也是多种成矿要素发生突变和耦合的转折带，有利于矿床的产出（翟裕生等，2004年）。根据前述找矿凡口铅锌矿床的深、边部找到工业矿体或新矿种矿体的可能性比较大。

凡口采区及周边的深部均为碎屑岩建造，成矿地质条件远不如现有控矿的碳酸盐岩组合，因此深部的找矿方向必须围绕 4 个方面进行：（1）寻找矿液活动地带，特别是 F_3 ~ F_8 断裂深部。（2）寻找岩浆活动强烈地段。（3）寻找矿种以高温矿物为目的（如钨、锡、铜等）。（4）寻找古陆边缘、寒武与桂头群不整合界

面。按以上方向设计超深钻孔进行探索：首先在凡口主采区狮岭深部，该区为矿区矿化最集中部位，也是深部成矿地质条件最有利部位；其次在矿区南部贵地区段，222 线发现两条厚大含钨、银富矿体，推测该区为另一成矿中心，钻孔 236/ZK1 揭露一条较大隐伏岩体，同时，该区构造复杂，F_{203} 及 F_4、F_5 沿深部延伸，泥盆系东岗岭层位变厚并沿深部延伸，在 F_{203} 下盘仍有容矿空间；在矿区北部圆墩岭区域成矿温度高，217/ZK3 钻孔发现铜矿体，区段构造发育，在 217

线靠东部位可考虑深孔探索金星岭侧覆矿体及新矿种矿体。

5 结语

本文参阅了大量的矿山内部技术文献档案，引用了部分技术文献的内容和结论，特在此表示感谢。

参考文献（略）

大力推进凡口铅锌矿深部和边部找矿工作

汪贻水　彭　觥　梅友松　刘慎波　王静纯　张庆洲　宋　松　曹燕萍

（中国地质学会矿山地质专业委员会，北京，100814；广东凡口铅锌矿，广东韶关，512325）

摘　要：本文为《凡口铅锌矿找矿前景高层论坛》会议纪要，总结了凡口铅锌矿取得的历史性伟大成就，提出了新一轮找矿的意义、思路及重要找矿方向。

关键词：推进凡口找矿；找矿思路；重要找矿方向

一

2008年9月5—8日，由深圳市中金岭南有色金属股份有限公司凡口铅锌矿联合中国地质学会矿山地质专业委员会、中国有色金属矿产地质调查中心、中国有色金属学会矿山地质分会、冶金地质学会矿产勘查与矿山地质学术委员会、桂林矿产地质研究院、桂林工学院隐伏矿床预测研究所、北京矿产地质研究院、北京矿冶研究总院矿产资源研究所、《中国有色金属》杂志社、《世界有色金属》杂志社、《中国金属通报》杂志社等13个单位在凡口召开了"凡口铅锌矿找矿前景高层论坛"。会议由中国地质学会矿山地质专业委员会彭觥和汪贻水主持，凡口铅锌矿张木毅矿长致开幕词，中金岭南有色金属股份有限公司副总裁刘侦德做了重要讲话，来自全国各地的院士、领导和专家70余人出席了会议，会议收到50余篇文章，编辑出版了论文集《推进凡口找矿》，共计60万字。会上由裴荣富院士做了高水平的学术报告，接着王静纯、杨汉壮、杨兵、肖仪武、金士荣、祝新友、刘慎波、胡如忠、李俊杰、吴延之、李万亨、郑庆鳌、梅友松、胡建民、蔡锦辉、梁新权、张术根、敬荣中等20余位代表做了讲话或学术报告。在会议期间，大家高兴地参观了矿山。这次会议是一次庆功会，庆贺凡口铅锌矿建矿50余年、投产40年的丰功伟绩。这次会议是一次大力推进凡口铅锌矿深部和边部找矿的动员会。也是认真学习"十七大"文件，贯彻科学发展观的学习会议。同时，这次会议也是一次高水平的矿山地质学术交流会。盛会达到预期目的，取得圆满成功。

二

凡口铅锌矿在我国改革开放发展经济的大好形势下，取得了历史性的伟大成就：凡口铅锌矿矿产资源丰富、矿石品位高，是以生产铅、锌、银为主的大型生产矿山。于1958年建矿，1968年投产。现已具备日处理铅锌矿石5500 t的综合生产能力，年产铅锌金属量达17万吨。预计2009年形成18万吨铅锌生产能力。建矿近半个世纪来，尤其改革开放30年来，凡口铅锌矿踏着中金岭南公司的改革发展步伐，大力弘扬公司"做不到，没有理由"的企业文化核心价值观，全面实施"技术是根，创新是魂，人才是本，以技术企业造就未来凡口"的工作思路，坚持"科技兴矿、人才强矿"的战略方针和"安全第一，预防为主，综合治理，环境友好"的安全环保工作方针，不断推进科技进步和管理创新，矿山8项科研成果获得国家级科技进步奖，59项获省部级科技进步奖；井下主斜坡道智能交通指挥管制系统，井下可视遥控铲运机等新技术、新工艺、新设备的推广应用，使矿山的采矿和选矿的工艺技术达到了国内领先水平；坚持以人为本的发展理念，为矿山培养和储备了一大批管理精英和技术人才，实现了员工和矿山的共同发展；生产经营呈现跨越式发展，连续多年实现主营业务收入20多亿元、利润总额10多亿元，职工收入逐年提高。长期持续加强和改进党建和思想政治工作，有效地发挥了企业党组织的政治核心作用和党员的先锋模范作用，矿山"三个文明"建设取得丰硕成果。先后荣获"全国思想政治工作优秀企业""全国精神文明建设工作先进单位""全国矿产资源合理开发利用先进矿山"、全国总工会"五一劳动奖状"和国家有关部委授予的"环境

---

　　* 本文由汪贻水、彭觥、梅友松、刘慎波、王静纯、张庆洲、宋松、曹燕萍等同志起草，经征集意见后修改定稿。本文引用时增加了摘要和关键词。——编者注

优美矿山""中国行业一百强""国企改革与发展矿山企业先进单位"等多项殊荣。一个采选工艺一流、生产设备一流、环境一流和效益一流的现代化矿山正以全新的姿态展现在世人面前。凡口铅锌矿的矿山地质工作也取得了历史性成就：找矿工作取得了一次又一次的重大突破，矿山虽经40年开采，仍保有较多的资源量；同时，在保证三级矿量平衡和资源充分回收利用方面做出了良好佳绩，为可持续发展打下了坚实的基础。

三

矿产资源是矿山之本，要站在新的历史起点上，科学谋划凡口铅锌矿找矿方向：开展新一轮矿区地质研究与找矿，延长矿山服务年限。凡口铅锌矿是一个大型的铅锌生产矿山，现在已进入到一边生产、一边找矿的历史阶段。因此，加快制定科学找矿方向，要着重做好以下几项工作：

（1）要认真贯彻十七大精神，实践科学发展观。进一步解放思想，提高资源意识。

（2）认真执行2006年1月20日国发〔2006〕4号《国务院关于加强地质工作的决定》。在这项决定中，强调要做好矿山地质工作：矿山地质工作对合理利用开发资源、延长现有矿山服务年限意义重大。按照理论指导、技术优先、探边摸底、外围拓展的方针，搞好矿山地质工作。加强矿山生产过程的补充勘探，指导科学开采，加快危机矿山、现有油气田和资源枯竭城市接替资源勘查，大力推进深部和外围找矿工作。开展共伴生矿产和尾矿的综合评价、勘查和利用。

（3）凡口矿各级领导和广大职工在思想上高度重视凡口矿找矿工作。

（4）相关的主管部门及广大从事矿山地质、教育、科研、设计、勘查单位和专家关心支持凡口找矿工作，进一步解放思想，推动新一轮找矿。

凡口铅锌矿找矿必须沿着正确的方向前进。正如知名矿山地质专家李万亨教授等专家指出，凡口超大型铅锌矿床位于广东省北部，不仅储量大而且质量优，除铅锌主组分外，还有多种稀有和贵金属可供综合利用。其采选冶条件良好，具有极高的工业和经济价值。随着我国经济形势发展的需要，矿山生产规模仍在不断扩大，但保有储量却正在不断减少，出现了矿产资源危机的信号。为此，近10多年以来，许多地质学家，对凡口铅锌矿床的成矿作用和控矿地质条件等不断进行研究，提出了新的认识和研究成果，并运用新技术、新方法、新设备，在矿区边部和深部找到了一些新的盲矿和分支矿，但矿产储量后备不足的信号，仍然客观存在。为此，及时召开了《凡口铅锌矿找矿前景高层论坛》是适时的，也是非常必要的。

四

站在新的历史起点上，凡口铅锌矿要树立找矿科学的时空观点：与会专家特别是长期工作在凡口铅锌矿的矿山地质人员吴延之、梅友松、郑庆年、刘慎波、罗永贵、梁新权、刘武生等撰写了多篇论文，对推进凡口铅锌矿深部和边部找矿有着重要的指导意义，显得十分珍贵。从时间上讲，未来的5~10年是一个非常好的找矿时机。从空间上讲，生产矿区100 km^{2}之内将是有利的找矿地区。其中主要分为凡口本区及矿区东部、西部三大区段。

1. 凡口本区F_{203}逆冲断裂上盘是最主要的找矿区段：凡口铅锌矿集中产于凡口倾伏向斜西南翼，F_{203}断裂前缘东侧附近地段。具体找矿地段如下：

金星岭—狮岭（含狮岭南）矿带地段，F_4断层以西：如金星岭主矿带下部，可能有狮岭主矿带向北延的矿体，在此部位找矿的空间范围还较大，同时在金星岭北部黄铁矿的相关部位找铅锌矿应予以注意；狮岭在不同标高部位的有关矿体还有扩大的前景，相关空白部位也有找矿线索，而且在 -650 m 标高以下，还有黄铁铅锌矿体，推断可能出现几个矿体；由上部至深部控矿特征相似，局部还出现更次一级的褶皱如201~203号勘查线间近东西的向斜有利成矿；矿体在平面上呈雁列状，在剖面上呈侧幕状产出（罗文升，2008），沿矿带找矿是有前景的。预计金星岭—狮岭（含狮岭南）矿带，新增一定规模的铅锌矿是可能的。

凡口（狮岭）东矿带地段，F_4断层以东（以下简称东矿带）：东矿带是凡口矿区主要的找矿地段。南部界限现暂定在248号勘查线附近（董塘东），北部边界考虑在园墩岭东223号勘查线附近，估计面积约3 km^2。有两个找矿方向：其一是在224号勘查线以南，靠西部，F_{203}断裂上盘，要继续注意寻找金星岭—狮岭（含狮岭南）矿带向南东延展部位的矿体；另一个方向是在其东侧，寻找受F_5、F_6等逆冲断裂和层间构造控制的矿体。在东矿带约3 km^{2}范围内，在已知区继续找矿扩大远景，提高对矿体控制程度的区段，但大部分为新区找盲矿的区段。

（1）已知区找矿：

1）东矿带南区段，是指222~236号勘查线和4~8号勘查线之间的区段，该区有 dn204 主矿体等，该矿体赋存在东岗岭组上亚组（D_2d^b），预计探获的资源储量规模较大。

2）东矿带中区段，指206~216号勘查线和2~8

号勘查线之间的区段，已知有 Sh263a、dn209a 等矿体，矿体赋存在天子岭组下亚组（D_3t^a）、天子岭组上亚组（D_3t^c）等层位，预计探获的资源储量规模较大。

3）东矿带北区段，是指 209～200 号勘查线和 8～12 号勘查线区段，已知有 Sh213 矿体，该矿体与金星岭矿体可能近平行产出，赋存于 D_2d^b 层位，预计可增长一定规模的资源储量。

（2）新区找矿，新区均为覆盖区，找盲矿，面积相对较大，不同部位具体的找矿方向与依据是有差别的：

1）南东区段，在前述东矿带南区段的西、东、南侧外围，即 222～248 号勘查线和 0～24 号勘查线之间的相关区段，寻找狮岭矿带和凡口东矿带向南东延展部位的矿体，F_7 逆冲断裂是否延伸至该区段及其控矿情况要注意研究，预计该区段找矿前景较好。

2）中部区段，位于凡口复向斜南西翼中部（包括银屑坪、富屋等），即 204～222 号勘查线和 12～28 号勘查线间的区段。该区段北西、北北东、北东逆冲断裂交汇，近凡口倾复向斜核部，通过该区段的 F_6 是一条控矿断裂，预计该区段找矿前景较好。

3）西部区段，位于前述 3 个已知找矿区段之间及外围，即 215～222 号勘查线和 12 号勘查线以西至金星岭—狮岭矿带，该区段紧靠重要成矿区，预计有一定的或较好的找矿前景。

4）北东区段，位于金星岭—园墩岭东部，即 204～223 号勘查线和 12～24 号勘查线之间的区段，可进行找矿探索，可能有一定的找矿前景。

其他相关的找矿方向：虾鲤岭—园墩岭、凡口—庙背岭地区，要进一步研究这个地区的地、物、化、遥综合地质资料，分析找矿前景，选择有关部位进行深部找矿。如虾鲤岭东翼向斜轴部，F_{100} 断裂附近，可考虑找铅锌盲矿体。F_{203} 逆冲断裂下盘找矿问题，要予以注意。

2. 凡口矿区东部区段的找矿与预测要点：铁石岭 F_{208} 逆冲断裂上盘找矿。

（1）铁石岭矿区，也存在由 F_{208} 逆冲断裂所形成的前缘褶皱。铁石岭背斜，背斜轴向北北西，与北北东向逆冲断裂组成隔挡体控矿，现已揭露的矿体主要分布在 F_9、F_{10}、F_{14} 逆冲断裂切过背斜及靠近背斜的部位。在此部位，发育相关层位的有利成矿岩相建造就可能有矿体产出。由此看，铁石岭北东侧 201～205 号勘查线与 100～104 号勘查线之间的区段尚控制不够，有待探索。原设计的 206 线 SK-II-206 孔可以考虑。该区要注意研究是否存在北北西向的逆冲断裂控矿。

（2）富屋区段，有类似铁石岭矿区的构造控矿特征，所设计的 66 号线 FK_1 孔、70 号线 FK_1 孔是合理的。

（3）沿已知隔挡体走向延长方向追索找矿，如沿铁石岭隔挡体向南东追索在高宅一带要注意找矿，在此处，铅、锌、汞次生晕异常发育，异常值高，要做相关物探工作，如有找矿前景要及时验证。再如向北东方向追索，在硫磺厂宿舍一带也要注意研究。

亚婆山—羊角山（龙王岭）—西冲地区。该区位于铁石岭南东约 8 km 处，出露有泥盆系上统帽子峰组（D_3m^b、D_3m^a）和天子组上亚组（D_3t^c）等地层，F_{22}、F_{23}、F_{24} 等北北东向断裂发育。沿此组断裂特别是其东侧，化探次生晕汞、铅等异常呈带状发育，断续长约 5 km，铅异常一般值（100～300）$\times 10^{-6}$，最高达 5000×10^{-6}，在亚婆山北北东 1 km 处还有铅锌矿点。要进一步综合研究地、物、化、遥等资料，包括羊角山钻探未见矿的资料，分析该带及其中的南部地段是否有找矿前景，是否有有望找矿区段，在此工作基础上再考虑下一步工作。

3. 凡口矿区西部区段找矿研究与预测：西部近外围地段，有田庄向斜和安岗背斜，可能是凡口向斜形成时期的褶皱，其中也有 F_{202}、F_{20}，等断裂存在，是否有与此相关的次级构造和有关成矿条件配置情况，要进一步研究该地段的找矿前景及其中是否还有可找矿的有望区段。此外，在凡口矿区的北西部，高寨坑—黄尾坑地段有航磁异常，航磁正值近等轴状，面积约 14 km² 遥感推测为隐伏岩体引起，磁异常特征，及与此相关的找矿信息及找矿前景有待研究。

五

站在新的历史起点上，凡口铅锌矿找矿要科学选用勘查方法：即采用基础研究和针对性强的物探、化探方法获取相关的找矿信息和坑钻验证。凡口矿区构造在基础研究中，显得十分重要，要引起特别重视。采矿 40 年积累了大量地质信息需要研究，要认真从中提炼找矿信息并用于现在找矿。要加强钻探，当然，还要应用其他各种现代找矿方法。

要开展采区近围和深部地质普查：

（1）凡口矿区东矿带：该区是凡口矿现采区所构成的主矿带的外延部分，位于凡口向斜核部与北东翼的交接部位，金星岭背斜的南翼。北北东向 F_4、F_5、F_6 断层和北东向 F_{45}、F_{211} 断层在本区相交。赋矿围岩的岩相为藻礁鲕滩相。其地层系统、构造格局、岩浆活动等成矿地质条件与主矿带基本相同，其成矿地质条件优越。932 地质队在该区段施工钻孔 27 个，有 20 个孔见矿（或矿化），发现 19 个新矿体，与主矿带具有相同赋矿层位的地层中均已发现有矿体存在。因此,可以根据已有的直接矿化依据,追索已有矿体,或在主要赋矿层位天子岭组、东岗岭组和主要控矿断裂相交部位寻找新矿体。

(2)狮岭深部 −650 m 标高以下预测区:20 世纪矿山在勘探时只控制到 −650 m 以上,目前狮岭 −650 m 为凡口铅锌矿开拓最深的一个中段。根据工程揭露,控矿断裂 F₃ 往下延伸,主要矿体 Sh209a 厚度变大(中段平面上矿体视厚度仍有 1～8 m),产状比原推断变陡,控矿地层、构造及主矿带仍有继续下延的趋势。虽然生产探矿表明现有矿体很快尖灭,但工程未揭穿这一区域主要的赋矿层位,矿体尖灭再现及在老地层中出现新矿种的可能性仍然存在,做进一步的普查是有必要的。

(3)铁石岭至富屋预测区:该区域位于水草坪矿床东面 2 km 处,面积 4.66 km²,先后有 932 地质队和 706 地质队进行找矿工作。该区西部的富屋和东部的铁石岭一带,地表有大量的褐铁矿铁帽分布,在深部个别钻孔揭露证实有铅锌黄铁矿体产出。其中东部的铁石岭个别钻孔还见有较强的黄铜矿化和硅化现象,显示了其与凡口本区不同的矿化类型。由于工作程度低,勘查工作仍以进行 1:5000 大比例尺成矿预测为主,引用高精度遥感影像进行地质修测(含矿区外围),再辅以地电地球化学和物探 EH−4、瞬变电磁法等进行测量,网度按 200 m×200 m 穿插布设,先疏后密,以较准确划定主要控矿构造及矿化信息,对矿化有利部位进行探索与研究,对已发现矿体和异常区设计少量钻孔进行找矿;对原有工程已发现的矿体,在有利成矿部位增加部分钻孔进行追踪。

还要开展矿区外围成矿预测。由于矿区外围工作程度很低,为了查明矿区外围约 100 km² 范围内物化特征、含矿层位分布、岩相古地理环境、岩浆岩条件、构造格局及其与成矿的关系,必须开展大比例尺成矿预测。成矿预测的主要技术路线和工作步骤:

(1)采用地球物理方法确定区域构造和远景区。以近南北向凡口—大宝山成矿带和近东西向凡口—杨柳塘成矿带两个方向为重点,利用遥感地质,通过分析线性构造形迹来查明区域构造地质环境(尤其是断裂构造),通过环形影像来推测隐伏岩体和岩层分布。分析构造控岩控矿规律,找出矿产及矿化相关的影像标志及异常表现,圈定与已知矿产区影像相类似的类同区,结合其他物探异常信息和成矿地质条件研究,为外围远景评价提供依据。

(2)靶区地质填图和物化探剖面测量。在选定找矿靶区完成大比例尺(1:5000)的地质图草测,研究含矿层位、岩性、岩相、岩石物理化学性质等的空间变化规律,分析区域构造应力场;解决含矿岩系展布、含矿构造型式及其与成矿的关系。开展构造地球化学剖面测量,分析成矿物质来源及成矿流体的运移演化规律、成矿地球化学特征的主要类型与作用;解决各类构造的含矿性及含矿元素的构造地球化学行为。适当应用地面和井中综合物探,寻找隐伏矿体的可能地段,查明矿体赋存的地质条件,为找矿勘探提供地质依据。

(3)分析矿区控矿条件和控矿因素。在前人所总结的采区控矿基本规律指导下,分析矿区控矿条件与矿区矿产形成和分布的内在联系及它们的主次关系和叠加关系,总结矿区成矿规律、矿床形成的控制因素和成矿机制。

研究成矿规律和建立成矿模式。在深入研究矿区及其外围成矿地质条件的基础上通过一系列典型矿床的控矿因素和成矿机制,找出在时、空和物质来源方面直接控制矿床形成和分布的规律。建立矿床成矿模式、成因模式、找矿模式,对矿区外围成矿远景做出评价。圈出具有远景并可供开展工作的预测地区,经部分的工程验证后,对资源总量做出预测和估算。

六

站在新的历史起点上,必须采取强有力的各项措施旨在加强地质研究与找矿工作:为了大力推进凡口铅锌矿深部和周边找矿工作,专家们反复研究,就如何加快找矿效果,提出了许多建议,概括起来建议采取八大强有力措施:

(1)建议成立凡口地质找矿研究所,负责找矿规划、计划、技术、工程和信息。

(2)建议成立一个权威的顾问组。由何继善院士、孙传尧院士、肖序常院士、裴荣富院士及李万亨、彭觥、汗贻水、吴延之、肖垂斌、梁新权、梅友松、贾国相等 12 位领导、院士、专家等组成,负责找矿的宏观和微观的技术顾问。

(3)建议遴选 10 名左右高级地质人才,强化培养,专门负责矿区和东、西部外围以及后备矿山的地质找矿勘探工作。

(4)建议矿山每年投入 5000 万元,作为地质找矿专项经费,建立强大的经济基础,这是参照国外每找 100 万吨铅锌,需要投入资金 1 亿美元的例子,以及我国目前生产矿山的一些做法。总体 10 年内投入 5 亿元找矿勘探经费。因为没有财力作基础,要做好找矿工作只能是空谈。

(5)建议在原有基础上再吸纳北京矿产地质研究院、桂林矿产地质研究院、桂林工学院隐伏矿床预测研究所、中国科学院广州地化所、中国科学院地质研究所、中国地质大学等3～5个研究、勘探单位，参与找矿工作，扩大合作。

（6）建议对建矿50年和投产40年来的所有的有关地质、采、选资料开展二次开发，提取有用的找矿信息，用于现在的找矿工作。

（7）建议每2～3年召开一次找矿前景高层论坛，增强找矿意识，加强学习交流，不断引进新的找矿技术和方法，提高找矿效果。

（8）向国土资源部及科技部等国家矿业主管部门申报危机矿山找矿及科技项目，增加基金，引用新的技术和方法。将凡口找矿工作纳入国家发展矿业重大项目之中，以此推动凡口铅锌矿及我国生产矿山找矿工作，不断取得新成绩。

2008年9月8日

参考文献（略）

三、会泽铅锌矿

循环经济助腾飞
——云南驰宏锌锗股份有限公司 10 年发展纪实

马 芸

（云南驰宏锌锗股份有限公司，云南曲靖，655011）

云南驰宏锌锗股份有限公司（以下简称"驰宏锌锗"）从一个有着 50 年发展历史的老企业改制蜕变成现代化上市企业后，走上了新型工业化发展道路。10 年的时间，驰宏锌锗依托科技进步，通过自主创新、集成创新和引进消化再创新，加大对资源的综合利用和循环利用力度，取得了显著的经济效益和社会效益。

1 10 年成就

10 年来，驰宏锌锗成功研发了一大批关键性技术并用于生产，显著提高了生产技术和装备水平。拥有"ISA‑YMG 富氧顶吹熔炼粗铅技术""湿法炼锌‑深度净化‑长周期电积""隐伏矿体定位预测方法""矿山井下膏体胶结充填"等数 10 项核心技术和授权专利 25 项，先后荣获国家科技进步奖两项、省部级科技进步奖 10 多项，并通过国家高新技术企业认证。承担国家科技支撑计划两项，科技成果的转化率达到了 80% 以上。"井下膏体充填技术""尾矿、废气、废水、废渣、余热的资源化利用技术""艾萨炉富氧顶吹沉没熔炼技术""富氧顶吹熔炼＋鼓风炉技术""花园式矿山和花园式冶炼工厂项目"等，在中国数字化矿井、现代化选矿系统、膏体充填系统、铅锌冶炼工艺装备等方面创造了多个第一。

为加快资源的综合回收和形成新的经济增长点，驰宏锌锗还进一步完善"初级金属—高纯金属—深加工产品"产业链，6 万吨锌基合金受到客户的广泛认可；30t 锗项目生产出光纤用四氯化锗、红外锗片，提高了产品附加值。综合回收硫精矿中的硫、铁资源，综合回收稀贵的锗、金、银、铋和硫酸，开发纳米氧化锌、晶须氧化锌，启动了铟、硒、碲、镓、再生铅的综合回收项目，将矿产资源中的有价金属"吃干榨尽"。近年来，驰宏锌锗先后荣获全国设备管理优秀单位、全国首批资源综合利用先进企业、国家科技攻关授奖成果单位、全国创新型企业等数百项荣誉称号。

2 "五个坚持"

作为国家首批、云南省唯一一家循环经济试点单位，为促进资源的高效利用，驰宏锌锗秉承科学发展、和谐共荣的发展理念，遵循善待自然、和谐发展的环保理念，坚持以资源的高效利用和循环利用为核心，以"低消耗、低排放、高效率"为目标，转变传统增长方式，积极发展循环经济，实现了企业跨越式发展。其主要经验和做法就是"五个坚持"。

2.1 坚持解放思想、转变观念，走快速发展之路

2000 年以前，会泽铅锌矿这个老企业，在高污染、低产出的落后生产工艺，传统、封闭、低效的管理模式和严峻的市场压力下，步履艰难，发展维艰。思路决定出路，为使企业走出困境，重获新生，在国家西部大开发的号角声中，企业领导班子彻底解放思想，顶住压力，进行了体制变革和经济转轨，向新工艺新技术要产能，向创新管理要效益。最终在艰难岁月中浴火重生，从走出大山到走向国际，实现了凤凰涅槃的飞升，实现了向铅锌工业体系完整、有着鲜明

战略导向和目标追求的现代化新型企业的巨大跨越。

2.2　坚持深化改革、创新管理，走持续发展之路

随着现代企业制度的建立，驰宏锌锗积极稳妥推进管理体制机制改革，在经营战略上，驰宏锌锗把资源作为第一发展战略目标，继续在矿山深部及周边探矿找矿，与外部联合开发收购矿山，依靠矿山技术力量，走出省外或国外寻找新资源地的探矿和采矿，独资或合资开矿建厂，不断获得新的资源储量。在资金运作上，采取多形式多途径，筹措资金，引进高素质专业技术人才，与科研院所合作，加强科研项目立项研究开发，抓好产品深加工和新产品的研发，向多品种延伸。资源和产能规模的同步扩张，极大地提高了企业可持续发展能力。同时，大力推行薪酬制度改革、用人制度改革、模拟市场化运作和精细化管理工程。利益格局和内部管理机制的重大调整，不仅带来了思想观念上的大解放、大转变，更让国有老企业在激烈的市场竞争中焕发出新的生机。

2.3　坚持自主创新、技术进步，走创新发展之路

驰宏锌锗坚持走新型工业化发展道路，依靠科技进步，集中公司科技经费和科研力量，组织重大技术课题科研攻关，把矿产资源勘查和采选冶、节能减排、生产持续安全高效作为主攻方向，成功研究出一大批关键性技术并用于生产，显著提高了生产技术和装备水平，缩小了与国际同行业先进水平的技术差距。在中国数字化矿井、现代化选矿系统、膏体充填系统、铅锌冶炼工艺装备等方面创造多个第一。当前，驰宏锌锗资源保有储量丰富，项目建设初具规模，综合经济技术指标、经济效益居国内领先水平，部分主要经济技术指标接近或超过国外同行业先进水平。基本形成北方呼伦贝尔、大兴安岭新基地，南、北遥相呼应带动新兴资源、技术、市场不断扩大的发展新格局。

2.4　坚持综合开发、清洁生产，走和谐发展之路

驰宏锌锗为实现矿山可持续发展，2001年通过对矿区开展成矿规律、成矿模式和矿床控矿地质条件研究，应用隐伏矿定位预测方法，探获铅锌金属储量300多万吨，极大地延长矿山服务年限。2003年启动了"深部资源综合开发利用、环保节能技改工程"项目，对老矿山生产工艺进行了大刀阔斧的改造，配备了国内一流的自动化采选装备。采矿实现了采场分区、阶梯式回采、膏体充填的立体式采矿方式，辅以先进的Surpac软件，大力开展地质研究工作，最大限度地回收了有价资源；竖井提升使用模拟和数字化控制系统，实现了自动操作、现场和远程故障诊断；选

矿攻克了复杂的铅锌混合矿选矿世界性难题，为氧化铅锌矿石的回收利用开辟了新的途径；浮选流程采用X荧光在线分析仪进行在线分析，使各项选矿经济技术指标处于国际先进水平；坑内排水和地表供水统一考虑，选矿废水经回水处理站处理后回用于生产流程，突破了全国性的选矿环保难题。数字化矿山的建成，实现了采选生产能力2000t/d、66万吨/年，获得了国土资源部授予的"矿产资源综合利用先进矿山企业"荣誉称号。通过改造，冶炼二氧化硫烟气排放优于欧Ⅲ标准、工业废水实现零排放，成为世界铅锌冶炼企业中环保指标最先进企业。2007年通过中国质量认证中心审核，取得了质量、环境、职业健康安全"三标一体"化体系认证，通过"国家AAAA级标准化良好企业"验收。2008年荣获"全国绿化模范单位"称号，2009年取得国家高新技术企业认证，成为铅锌冶炼节能减排清洁生产标杆企业。

2.5　坚持以人为本、人才兴企，走长远发展之路

企业的大跨步发展，"各型人才"是最核心的基础。驰宏锌锗以人为本，高度重视人才对发展循环经济的重要作用。近年来，除了高薪聘请、招揽社会上各专业精英之外，还立足内部管理，不断深化人力资源制度改革，建立了一套科学的核心人才培养教育考核体系，为员工构建管理、技术、操作三条发展通道，引入"收入凭贡献、岗位靠竞争"的岗位竞争机制和核心人才竞聘制，彻底打破"大锅饭"思想和按劳分配的传统方式，不断激发员工的工作热情；干部队伍管理上，推行季度考核、年度述职考评，实行能者上、平者让、庸者下的任用机制；花大成本对重点专业人员、管理人员每年批量外送培训，学习新理念、补充新知识。同时，坚持"项目培养人才"的人才培养理念，加大科技成果奖励力度，实行项目负责制，以项目带动各专业人才的培养。目前，公司拥有了近3000多名熟悉采矿、选矿、冶金、化工、分析化学、金属材料等具有技术经验和高学历的高、中级技术职称的技术人才和管理队伍。

3　循环经济是关键

驰宏锌锗要在"十二五"期间建成有色金属的国际性矿业公司，必须加快转变发展方式，摒弃传统的发展思维和发展模式，彻底改变重开发、轻节约，重速度、轻效益，重外延发展、轻内涵发展，忽视资源和环境的倾向。坚持以科学发展观为指导，把发展循环经济作为编制"十二五"规划的重要指导原则，用循环经济理念指导编制各类规划。在规划编制中，专题研究、提出驰宏锌锗发展循环经济战略目标及分阶段

推进计划。特别要以矿产资源综合利用为重点，不断延伸产业链，加速高精尖、高附加值产品的研发，依托公司国家级铅锌锗研发中心的平台，综合回收锗、金、银、铋、铜、镉、镍、钴、锑、铁、硫、镓、铟、硒、碲等稀有金属和战略资源，增加产品附加值，加强对循环经济发展重点项目的专项规划。

参考文献(略)

会泽铅锌矿床 1740 中段 I 号矿体矿石的元素地球化学

韩　尚[1]　王　峰[2]　韩润生[1]　王加昇[1]

（1.昆明理工大学国土资源工程学院地球科学系，昆明，650093；2.云南驰宏锌锗股份有限公司，云南曲靖，655011）

摘　要：云南会泽铅锌矿床是滇东北铅锌多金属矿集区中典型矿床之一，文章在讨论矿床地质特征的基础上，选择该矿床 I 号矿体 1740 中段进行研究，分析了 1740 中段矿石主要成矿元素与微量元素的相关性，得出 Pb 与 Cd、Sb、Tl 呈较明显的正相关性，Fe 与 As 呈明显的正相关性，对研究稀贵金属的赋存状态与富集规律有重要意义，并论述了下石炭统大塘组（C_1d）和摆佐组（C_1b）地层中断裂构造岩的稀土元素地球化学特征，对比了两种不同稀土配分模式图的差异，推断在不同地层中，成矿流体作用程度存在差异，为找矿靶区提供了地球化学信息。

关键词：微量元素地球化学；REE 地球化学；会泽铅锌矿

云南会泽铅锌矿是一个开采历史悠久的老矿山，是川-滇-黔多金属成矿域中著名的超大型铅锌矿床之一，在我国有色金属工业发展中占有举足轻重的地位，而且该矿床具有明显的特殊性（韩润生等 2006，2012）[1,2]，因此国内外专家学者对其进行了多方面、多角度的研究。在矿床成因方面，谢家荣（1963）[3] 提出"岩浆热液"成因；陈士杰（1984）[4]、张位及（1984）[5] 提出"沉积"成因；廖文（1984）[6] 提出"沉积-改造"成因；陈进（1993）[7] 提出"沉积-成岩期后热液改造-叠加"成因；柳贺昌等（1999）[8] 提出"沉积-改造-后成"成因；Zhou et al.（2001）[9]、张长青等（2005）[10] 提出 MVT 型；涂光炽（2002）[11] 提出"低温成矿"成因；韩润生等（2001，2006，2012）[1,2,12] 提出会泽型（HZT）铅锌矿床的"构造-流体贯入成矿模型"[2]；黄智龙等（2004）[13] 提出"均一化流体贯入成矿"成因；在成矿物质来源研究方面，①碳酸盐岩地层和峨眉山玄武岩（廖文，1984[4]；陈进，1993[5]；柳贺昌和林文达，1999[6]；黄智龙等，2001[14]）；②上震旦统、下寒武统、中上泥盆统和石炭系地层（李连举等，1999[15]）；③前寒武纪基底（胡耀国，2000[16]，Han etal，2004[17]）；④早震旦纪火山岩（Zhou etal，2001[9]）。在成矿流体来源方面，①韩润生等（2012）[2] 认为成矿流体主要来源于变质水及循环水；②黄智龙等（2001）[18] 通过方解石稀土元素地球化学研究，认为成矿流体具有多来源的特点，地幔流体活动在成矿流体形成过程中具有重要作用；③

柳贺昌等（1999）[6] 认为成矿流体是由建造水、变质水、大气降水组成的混合水，在成矿晚期流体主要是大气降水；④张振亮等（2005）[19] 认为成矿流体为不同性质的混合物，具有多源性。

由于会泽铅锌矿床的特殊性[2]，在成矿物质和成矿流体来源等方面至今仍未取得一致认识。笔者认为，除了研究矿床宏观地质特征外，还需深入剖析矿体、矿石和围岩的地球化学特征。故本文选择具有代表性的 I 号矿体作为研究对象，讨论矿石与围岩的微量元素地球化学特征，对于研究该矿床的物质来源、成矿机理、成矿过程及指导找矿预测具有重要意义。

1　矿床地质特征

会泽铅锌矿区位于扬子地块西男缘川滇黔铅锌成矿域的中南部，处于小江深断裂带和昭通-曲靖隐伏深断裂带间的北东构造带、南北构造带及北西向紫云-垭都构造带的构造复合部位（韩润生等，2001b）[20]，由矿山厂、麒麟厂和银厂坡三个矿床组成（见图1）。基底为前震旦系，主要分布在矿区外围。盖层主要由中、上泥盆统，石炭系，二叠系等组成。下石炭统摆佐组是矿区最主要的赋矿地层，岩性为灰白色、肉红色、米黄色粗晶白云岩和致密块状浅灰色灰岩及硅质灰岩。而构造则以 NE 向断裂为主，矿山厂断裂、麒麟厂断裂、银厂坡断裂具有多期活动特点，与成矿关系密切。岩浆活动主要为海西期峨眉山玄武岩，出露于矿区北部和西南部外围地区。

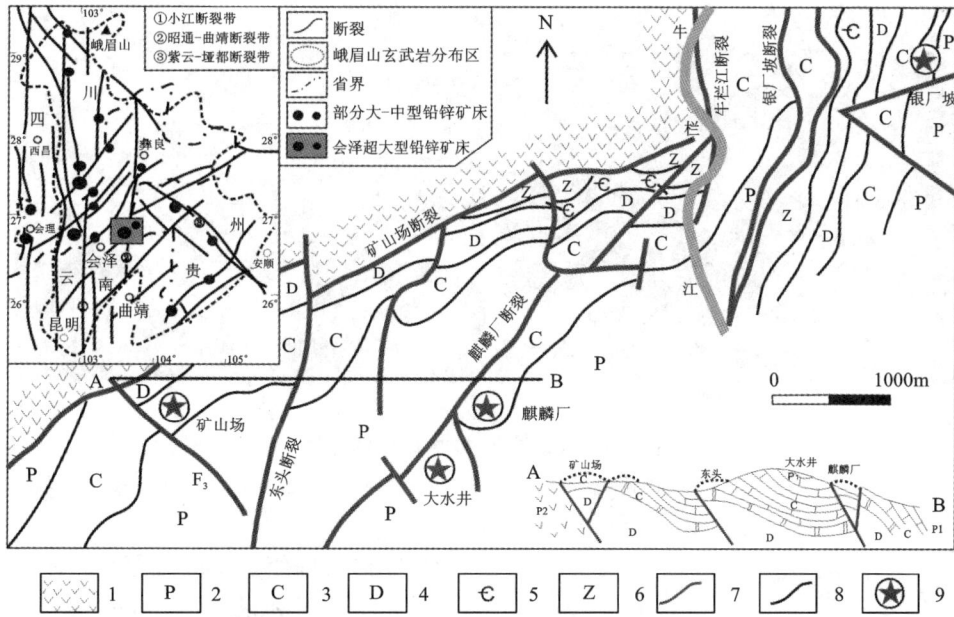

图1　会泽铅锌矿区地质简图（据韩润生等[1]，2006）

1—二叠系峨眉山玄武岩；2—二叠系地层：包括栖霞－茅口组（P_1q+m）灰岩、白云质灰岩夹白云岩，梁山组（P_1l）碳质页岩和石英砂岩；
3—石炭系地层：包括马平组（C_3m）角砾状灰岩，威宁组（C_2w）鲕状灰岩，摆佐组（C_1b）粗晶白云岩夹灰岩及白云质灰岩，大塘组（C_1d）隐晶灰岩及鲕状灰岩；4—泥盆系地层：包括宰格组（D_3zg）灰岩、硅质白云岩和白云岩，海口组（D_2h）粉砂岩和泥质页岩；5—寒武系地层：包括筇竹寺组泥质页岩夹砂质泥岩；6—震旦系地层：包括灯影组（Z_2dn）硅质白云岩；7—断裂；8—地层界限；9—铅锌矿床

矿体主要产于摆佐组中－粗晶白云岩中，总体为沿层间断裂带产出的"似层状"矿体，由不连续的扁豆状、透镜状、囊状和不规则状矿体组成，与围岩界限清楚（见图2、图3）。矿石构造以致密块状构造为主，可见少量"条带状"、脉状（网脉状）、溶洞状构造。矿石结构主要为他形－自形晶粒状、交代结构为主，见包含、共边、填隙、揉皱、内部解理结构等（见图4）。

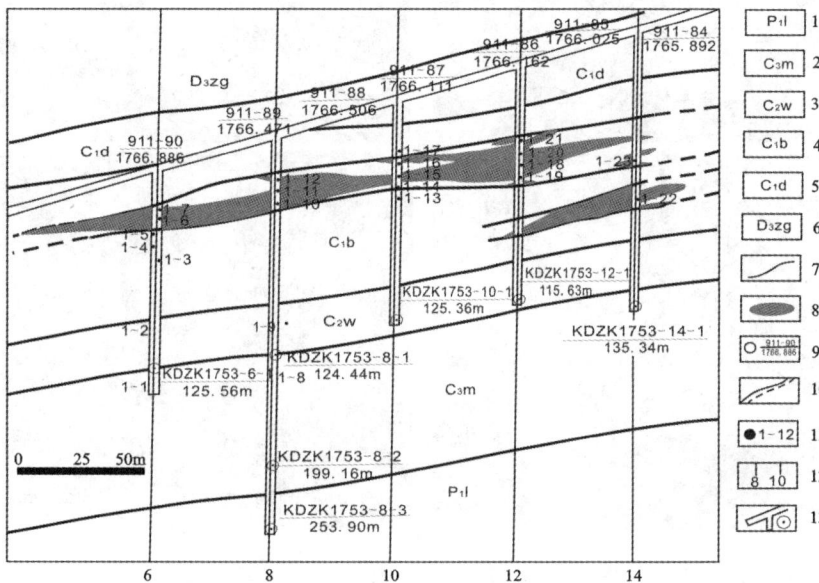

图2　会泽矿山厂矿床 I 号矿体 1751 中段平面图（据韩润生等[1]，2006）

1—二叠系下统梁山组碳质页岩和石英砂岩；2—石炭系上统马平组角砾状灰岩；3—石炭系中统威宁组鲕状灰岩；4—石炭系下统摆佐组粗晶白云岩夹灰岩及白云质灰岩；5—石炭系下统大塘组隐晶灰岩及鲕状灰岩；6—泥盆系上统宰格组灰岩、硅质白云岩和白云岩；7—地层界线；8—矿体；9—测点及编号；10—层间断裂及推测断裂；11—采样点及样品编号；12—剖面线及编号；13—勘探坑道与钻孔

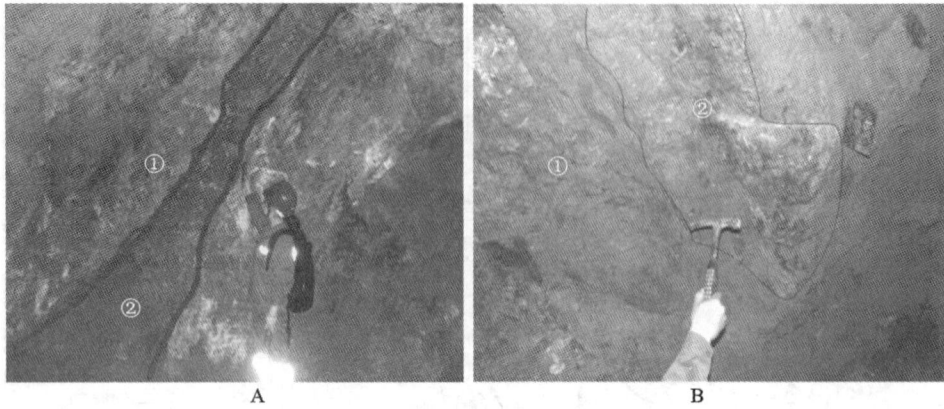

图 3　Ⅰ号矿体 1740 中段矿体照片

A—铅锌矿脉(深黑色)，产状 NE76°∠47°。①氧化矿脉，②原生硫化矿脉，呈脉状与围岩接触。B—①氧化矿体，②硫化矿体，呈不规则状分布

2　样品采集与分析结果

本次采集Ⅰ号矿体分布区 1740 中段矿石和断裂构造岩样品 10 件，其中矿石样品采于 1740 中段的掌子面处；断裂构造岩为 NE 向，采于下石炭统大塘组(C_1d)和摆佐组(C_1b)地层中。所有样品低温烘干，一次鄂式破碎机破碎至 2 mm 以下，缩分约 300 g 作正样，并振动研磨至约 ϕ200 目，在广州澳实矿物实验室分析。其中矿石样品采用 ME – MS61c 法测定，构造岩样品采用 ME – MS61r 法测定。矿石的主、微量元素和构造岩稀土元素测试结果见表 1、表 2。

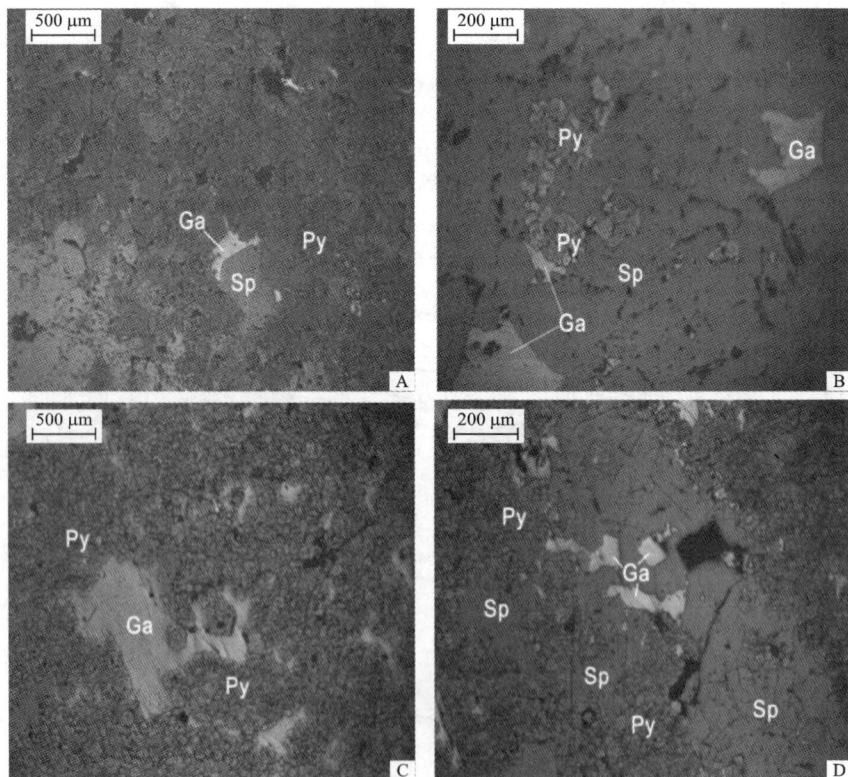

图 4　矿石结构特征(图 A、B、C、D)

A—浅黄白色黄铁矿为自形 – 半自形粒状结构；B—闪锌矿交代浅黄白色黄铁矿，形成交代结构；C—方铅矿沿早期的黄铁矿裂隙充填，呈填隙结构；D—方铅矿包含于纯灰色闪锌矿中，呈包含结构

3 讨论

3.1 矿石化学组成特征

表 1 I 号矿体 1740 中段矿石样品元素含量(10^{-6})

样号	矿石类型	Pb	Zn	Fe	Cu	Ga	Ge	As	Mo	Ag	Cd	In	Sb	Tl
1740－2	残余硫化物脉与强褐铁矿土状氧化 Pb－Zn 矿石	130000	167000	276000	303	11.7	0.9	3660	6.9	94.3	262	0.5	177	0.3
1740－4	灰色块状 Pb－Zn 硫化矿石	144000	>200000	51500	314	5.3	<0.5	1370	1.8	147	931	0.16	315	4
1740－6	土黄色片理化土状氧化 Pb－Zn 矿石	84800	>200000	85700	228	4.1	0.5	1870	1.6	335	213	0.18	145	<0.2
1740－22	灰黑色粗晶方铅矿，浅褐色闪锌矿，零星可见黄铁矿	145500	>200000	202000	269	13.2	1.2	2710	6.3	80	490	0.65	254	0.4

注：①测试单位：广州澳实分析检测有限公司；②表中有些数据超出检测范围，故不能显示正常数字。

1）由表 1 可以看出，矿石中除 Pb、Zn 外，Fe、Cu、As、Ag、Cd、Sb 含量高，其中 Fe 含量非常高，Ag、Cd 变化大，Ag：$(80 \sim 335) \times 10^{-6}$，Cd：$(213 \sim 931) \times 10^{-6}$，说明 Ag、Cd 在矿石中分配不均一，推测 Ag 是由于在矿石中的存在形式不同引起的，Cd 是由于硫镉矿引起的。而 Cu 含量高且分配均匀。在硫化矿中，Cd、In、Sb、Tl 含量高；在氧化矿中 Fe、As、Ag 含量高；而 Cu、Ga、Ge、Mo 在氧化矿和硫化矿中含量差不多，比较均匀。

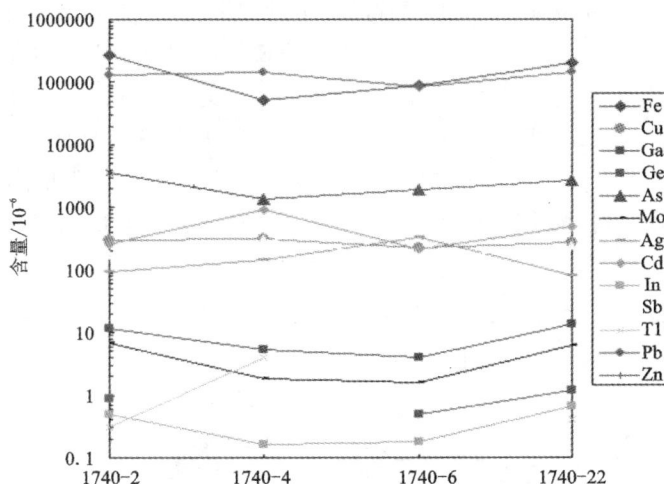

图 5 矿石中元素相关关系

（由于部分样品测试数据超出检测范围，故曲线不能显示）

2）Pb 与 Cd、Sb、Tl 的相关关系。从表 1 和矿石元素的相关关系图（见图 5）可以看出，Pb 与 Cd、Sb、Tl 呈较明显的正相关关系，这是由于 Pb 与 Cd、Sb、Tl 具有相似地球化学性质的缘故。

3）Fe 与 As 的相关关系。从表 1 和矿石元素的相关关系图（见图 5）可以看出，Fe 与 As 含量高，Fe 与 As 呈明显的正相关关系，反映黄铁矿是 As 的主要载体。

3.2 断裂构造岩稀土元素特征

稀土元素地球化学的研究，有助于探讨矿床成因、判断赋矿岩石的形成构造背景以及物质来源。

1）稀土总量（ΣREE）特征

王中刚（1989）[21] 总结各类沉积岩的稀土元素特征认为，泥质岩（页岩）的 REE 总量最高，一般在 $200 \times 10^{-6} \sim 300 \times 10^{-6}$；碎屑岩（砂岩）的 REE 总量中等，$100 \times 10^{-6} \sim 200 \times 10^{-6}$；碳酸盐岩的 REE 最低，一般少于 100×10^{-6}，多为 $20 \times 10^{-6} \sim 30 \times 10^{-6}$。

表2　Ⅰ号矿体1740中段构造岩稀土元素含量(10⁻⁶)

样号	样品名	La	Ce	Pr	Nd	Sm	Eu	Gd	Tb	Dy	Ho	Er	Tm	Yb	Lu	Y	∑REE	LREE	HREE	LREE/HREE	La$_N$/Yb$_N$	δ$_{Eu}$	δ$_{Ce}$
ZYc-1	灰绿色泥质碎裂岩	8.8	20.6	1.85	6.6	1.27	0.19	1.11	0.20	1.68	0.39	1.45	0.23	1.79	0.27	8.6	46.43	39.31	7.12	5.52	3.32	0.48	1.15
ZYc-2	灰绿色断层泥,具黄铁矿化	26.9	50.6	4.62	15.4	2.55	0.37	1.90	0.32	2.38	0.51	1.71	0.27	1.96	0.30	13.3	109.79	100.44	9.35	10.74	9.27	0.49	0.99
ZYc-3	黄色断层泥及白云质碎裂岩	7.4	11.25	1.31	4.4	0.72	0.11	0.53	0.09	0.67	0.14	0.47	0.08	0.57	0.08	3.8	27.82	25.19	2.63	9.58	8.77	0.52	0.79
ZYc-4	黄色断层泥及灰白色粗晶白云岩角砾	6.0	9.78	1.08	3.7	0.65	0.10	0.47	0.07	0.48	0.09	0.30	0.04	0.34	0.05	2.7	23.15	21.31	1.84	11.58	11.92	0.53	0.84
ZYc-5	灰白色白云质碎裂岩及黄褐色碎粉岩	2.5	4.23	0.55	2.1	0.44	0.08	0.39	0.05	0.32	0.06	0.19	0.02	0.18	0.02	2.1	11.13	9.90	1.23	8.05	9.39	0.58	0.82
ZYc-6	黄色、褐色断层泥,具褐铁矿化	1.5	1.63	0.41	1.8	0.37	0.09	0.40	0.05	0.31	0.06	0.18	0.02	0.17	0.02	2.5	7.01	5.80	1.21	4.79	5.96	0.71	0.48

(1)由表2可以看出，Ⅰ号矿体1740中段构造岩∑REE变化大($3.54 \times 10^{-6} \sim 109.79 \times 10^{-6}$)，其中灰绿色断层泥∑REE为$109.79 \times 10^{-6}$，而白色白云质碎裂岩的∑REE为$3.54 \times 10^{-6}$，揭示物质来源的复杂性和多源性。

(2)样品中轻稀土明显高于重稀土，轻稀土总量在样品中的变化趋势和∑REE基本一致，略低于∑REE。LREE/HREE变化不大，在$4.79 \sim 11.58$之间；(La/Yb)$_N$在$3.32 \sim 13.51$之间，为轻稀土富集型。

(3)图6(a)中δ_{Eu}在$0.48 \sim 0.49$之间，δ_{Ce}在$0.99 \sim 1.15$，显示Ce为微弱亏损—无亏损；稀土元素分配模式呈δ_{Eu}亏损—开阔"V"字形。该模式包含了泥质碎裂岩和具黄铁矿化的断层泥，两类构造岩的REE富集程度较高，但存在差异。其中，泥质碎裂岩∑REE为46.43×10^{-6}，基本反映了海相沉积的碳酸盐岩REE的基本特征，而具黄铁矿化的断层泥∑REE为109.79×10^{-6}，表现出矿化岩石∑REE明显高于未矿化岩石∑REE的特征。

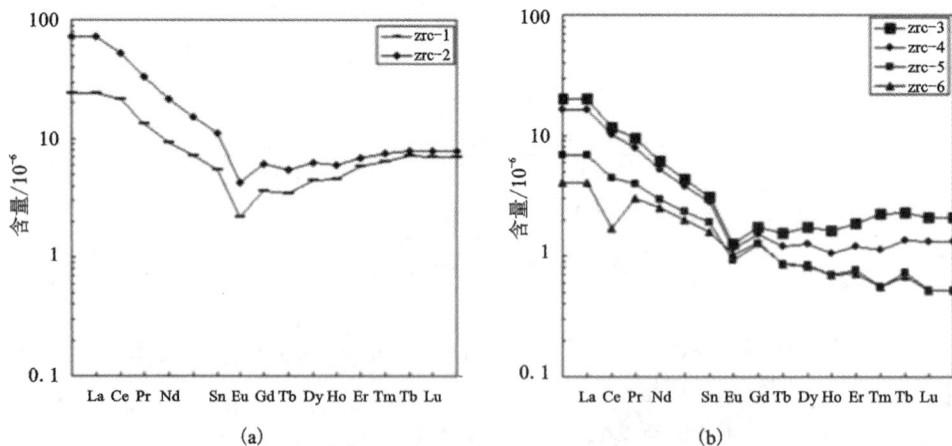

图6　稀土元素球粒陨石标准化分布型式图
(a)下石炭统大塘组地层(C₁d)；(b)下石炭统摆佐组地层(C₁b)

图6(b)中δ_{Eu}在$0.52 \sim 0.71$之间，显示强亏损，δ_{Ce}在$0.48 \sim 0.84$之间，显示Ce为弱亏损；稀土元素配分模式呈δ_{Eu}亏损—下斜型。该模式的黄色断层泥及白云质碎裂岩和黄色断层泥及粗晶白云岩角砾样品的∑REE($23.15 \times 10^{-6} \sim 27.82 \times 10^{-6}$)较高，碎粉岩和具褐铁矿化断层泥∑REE($7.01 \times 10^{-6} \sim 11.13 \times$

10^{-6})低。推断应与后期黄铁矿发生褐铁矿化有关。

4)成矿期是主要的构造活动期，NE 向断裂呈压—压扭性，主要形成矿化碎裂岩、碎粉岩，其形成环境的封闭性较好，表现为较还原的条件，有利于成矿。而 C_1d 不是赋矿地层，C_1b 为主要的赋矿地层，推断在不同地层中，成矿流体作用程度存在差异，导致图6(a)和图6(b)的稀土分配模式图存在差异。

4 结论

1)Cd、In、Sb、Tl 在硫化矿石中均出现明显富集，说明这些元素与 Pb、Zn 成矿流体沉淀富集关系密切。As、Ag 在氧化矿中含量高，说明氧化过程富集 As 和 Ag。

2)通过分析矿石主要成矿元素与微量元素的相关性，Pb 与 Cd、Sb、Tl 呈较明显的正相关关系，Fe 与 As 也呈明显的正相关关系，为稀贵金属的赋存状态与富集规律的研究奠定了基础。

3)矿化断裂构造岩 $\sum REE$ 高，具有 δ_{Eu} 亏损—开阔"V"字形模式，为找矿靶区圈定提供了一定的地球化学信息。

（在野外工作和论文撰写过程中得到了会泽铅锌矿山工作人员的大力支持和帮助。）

参考文献

[1] 韩润生,陈进,黄智龙,等.构造成矿动力学及隐伏矿定位预测——以云南会泽铅锌(银、锗)矿床为例[M].北京:科学出版社,2006:1-200.

[2] 韩润生,胡煜昭,等.滇东北富锗银铅锌多金属矿集区矿床模型[J].地质学报,2012,86(2):280-294.

[3] 谢家荣.论矿床的分类[M].北京:科学出版社,1963.

[4] 陈世杰.黔西滇东北铅锌矿床的沉积成因探讨[J].贵州地质,1984,8(3):56-62.

[5] 张位及.试论滇东北铅锌矿床的沉积成因和成矿规律[J].地质与勘探,1984,(7):11-16.

[6] 廖文.滇东黔西铅锌金属区硫铅同位素组成特征与成矿模式探讨[J].地质与勘探,1984,(1):1-6.

[7] 陈进.麒麟厂铅锌硫化物矿床成因及成矿模式探讨[J].有色金属矿产与勘查,1993,2(2):85-90.

[8] 柳贺昌,林文达.滇东北铅锌银矿床成矿规律研究[M].昆明:云南大学出版社,1999:359-420.

[9] Zhou C X. Wei C S. Guo J Y. The source of metals in the Qilingchang Pb-Zn deposit, Northeastern Yunnan, China: Pb-Sr isotope constraints[J]. Econ. Geol., 2001,96:583-598.

[10] 张长青,毛景文,吴锁平,等.川滇黔地区 MVT 铅锌矿床分布特征及成因[J].矿床地质,2005,24(3):336-348.

[11] 涂光炽.我国西南地区两个别具一格的成矿带(域)[J].矿物岩石地球化学通报,2002,21(1).

[12] 韩润生,刘丛强,黄智龙,等.论云南会泽富铅锌矿床成矿模式[J].矿物学报,2001,21(4):674-680.

[13] 黄智龙,李文博,陈进,等.云南会泽超大型铅锌矿床 C、O 同位素地球化学[J].大地构造与成矿学,2004,28(1):53-59.

[14] 黄智龙,陈进,韩润生,等.云南会泽超大型铅锌矿脉石矿物方解石 REE 地球化学[J].矿物学报,2001,21(4):659-666.

[15] 李连举,刘洪涛,刘继顺.滇东北铅、锌、银矿床矿源层问题探讨[J].有色金属矿产与勘查,1999,8(6):333-339.

[16] 胡耀国.贵州银厂坡银多金属矿床银的赋存状态、成矿物质来源与成矿机制[D].中国科学院地球化学研究所博士学位论文,2000.

[17] Han R S, Liu C Q, Huang Z L, Ma D Y, Li Y, Hu B, Ma G S, Lei L. Fluid inclusions of calcite and sources of ore-forming fluids in the Huize Zn-Pb-(Ag-Ge) district, Yunnan, China[J]. Acta Geologica Sinica, 2004,78:583-591.

[18] 黄智龙,陈进,刘丛强.峨眉山玄武岩与铅锌矿床成矿关系初探——以云南会泽铅锌矿床为例[J].矿物学报,2001,21(4):681-688.

[19] 张振亮,黄智龙,饶冰,李文博,严再飞.会泽铅锌矿床成矿流体研究[J].地质找矿论丛,2005,20(2):115-122.

[20] 韩润生,陈进,李元,马德云,等.云南会泽麒麟厂铅锌矿床构造地球化学及定位预测[J].矿物学报,2001b,21(4):667-673.

[21] 王中刚,于学元,赵振华.稀土元素地球化学[M].北京:科学出版社,1989.

驰宏公司矿产资源节约与综合利用分析与对策研究

曹贞兵　李　劼

（云南驰宏锌锗股份有限公司，云南曲靖，655000）

1　引言

近几年来，随着经济发展方式的转变，为适应建设资源节约型、环境友好型社会，政府对矿产资源节约与综合利用提出了更高的要求，相应的政策陆续出台：2010 年 8 月 17 日国土资源部下发了《矿产资源节约与综合利用专项工作管理办法》；2010 年 11 月 17 日国土资源部下发了《矿产资源节约与综合利用鼓励、限制和淘汰技术目录》；2011 年 11 月 15 日国土资源部下发了《矿产资源节约与综合利用"十二五"规划》，规划中指出"加大政策引导和资金支持力度，鼓励行业骨干龙头企业，通过科技攻关，提升矿产资源综合利用水平，建设'资源综合利用示范基地'和'示范工程'，并对'示范基地'矿山企业实行资源配置和矿业用地等倾斜政策，依法优先配置资源和提供用地"。

结合国家矿产资源节约与综合利用相关政策导向及公司矿山实际，企业自身应积极主动开展矿产资源节约与综合利用工作，提升利用水平。

2　矿产资源节约与综合利用研究的必要性

一是响应政府矿产资源综合利用相关政策的需要。为贯彻落实资源节约优先战略，政府将进一步加强矿产资源节约与综合利用管理，健全完善标准体系、准入管理、过程监督、评估考核等资源节约与综合利用监督管理制度体系和激励引导机制，为适应政府相关政策要求，企业自身应积极主动开展矿产资源综合利用工作。

二是企业自身提升矿产资源综合利用的实际需求。近几年来，各矿山企业在矿产资源节约与综合利用方面做了大量的技术攻关，同时也取得了一定成果，但矿产资源节约与综合利用水平参差不齐，提升潜力巨大，面临着严峻的挑战，主要表现在以下 7 个方面：

1）部分矿山铅、锌主金属选矿回收率提升仍存在较大空间（彝良驰宏、永昌铅锌）；

2）伴生金属银、铜、金、锗等选矿回收率普遍偏低（会泽矿业、彝良驰宏、荣达矿业）；

3）部分矿山选矿过程中未对伴生硫进行回收（荣达矿业、永昌铅锌）；

4）部分矿山选矿精矿产品品质较差（永昌铅锌、澜沧铅矿）；

5）大量低品位矿石无法实现经济、高效开采利用（澜沧铅矿、永昌铅锌、兴安云冶、宁南三鑫）；

6）矿山固体废弃物高效资源化利用未取得实质性突破（会泽矿业、荣达矿业）；

7）选矿废水重复利用率低、井下水（矿坑水）处理资源化利用程度低。

三是申请"矿产资源综合利用示范基地"，落实矿产资源综合利用科研攻关项目的需要。为打造国际性有色金属矿业公司，公司矿山企业应在矿产资源综合利用水平、利用技术方面树立行业典范。目前公司正积极准备申报第二批"矿产资源综合利用示范基地"，若申报成功，将获得政府专项资金支持，用于开展矿产资源综合利用科技攻关，提升利用水平。

3　矿产资源节约与综合利用研究的主要内容

3.1　复杂难选铅锌多金属矿伴生银、锗、金回收率提升技术研究与应用

通过工艺矿物学研究，查明共伴生银矿物的赋存状态及嵌布特性，综合权衡铅锌等主金属的回收及伴生银回收的经济效益，在经济效益最大化前提下，优化工艺流程、调整磨矿浓细度，优化石灰、硫化钠等调整剂的用量，降低其对银的抑制性，开展丁胺黑药、苯胺黑药、乙硫氮、25#黑药、丁基黄药、异丙基黄药、Z - 200 等常规药剂的组合用药生产应用试验，研究及引进 FZ - 9538、Y - 89、PAC、SK - 9011、M - 17、A66、MB、Mac - 10 等银矿物的高效、新型捕收剂和传统捕收剂进行组合用药的推广应用，提高共伴生银的回收率。

3.2 多金属硫化矿电位调控浮选技术的引进

由于彝良驰宏选矿处理的矿石性质较接近凡口铅锌矿及南京铅锌银矿的矿石性质，因此鉴于硫化矿电位调控浮选技术在铅锌硫化矿中使用的先进性、成熟性及取得的成果，率先针对硫化矿电位调控浮选技术进行引进试验研究，其次针对荣达矿业、西藏鑫湖、永昌铅锌目前采用的传统浮选工艺技术，将运用电位调控浮选技术进行选矿试验研究。考察矿浆 pH 和矿浆电位、捕收剂与抑制剂及流程结构对分选过程的影响，在实验室取得成功的基础上逐步开展流程改造进行工业调试和工业生产；同时该工艺技术研究为将来荣达矿业、西藏鑫湖的选矿厂技改工程及澜沧铅矿深部铜资源的开发选矿厂的建设提供依据、指导。

3.3 共伴生硫铁矿的回收利用技术研究与应用

针对荣达矿业、澜沧铅矿老厂选矿目前流程尾矿硫铁矿亟待回收利用的现状，兼顾降低生产成本及提高精矿品质，拟采取重选、浮选、重－浮联合工艺进行试验研究，重选试验采用摇床、离心选矿机、螺旋溜槽、水力旋流器等进行，浮选进行硫酸、硫酸铵、硫酸铜、碳酸钠、碳酸铵、碳酸氢铵等的活化探索试验，进行黄药、黑药、硫氮类捕收剂试验；其中浮选中将对射流浮选机进行重点研究应用。该技术取得成功后，不仅可用于现有流程尾矿回收硫铁矿，还将用于尾矿库堆存老尾矿再选回收硫铁矿。

3.4 低品位矿高效利用技术研究与应用

主要研究低品位矿石高效、低成本开采技术和选矿技术。

3.5 非金属矿产资源综合利用技术研究与应用

主要研究磷矿、重晶石、石膏安全高效、低成本开采技术及综合利用技术。

3.5 选矿铜铅高效分离技术研究

主要包括：铜铅混合浮选药剂制度研究，铜铅混合浮选常规组合捕收剂（乙基黄药、丁基黄药、25#黑药、Z－200 等）、新型药剂（Aero5415、AP、Y－89、BK－905、PAC、T－2K、KM－109、MAC－10）及锌矿物（硫铁矿）抑制剂探索研究，在保证铅锌回收率的基础上兼顾共伴生金银回收率的提升；铜铅分离的活性炭、硫化钠等化学脱药及铜铅混合精矿再磨、铜铅混合精矿机械浓缩脱药方案对比研究；铜铅分离的无重铬酸盐铅抑制剂（亚硫酸法、亚硫酸－淀粉法、硫酸－亚硫酸－淀粉法、石灰－亚硫酸－硫化钠法、亚硫酸钠－硫酸锌法、CMC－水玻璃法、CMC－亚硫酸钠－水玻璃法、硫酸锌＋THB 法等）研究。

3.6 低成本选矿废水重复利用、矿坑水处理循环利用技术研究与应用

对矿山酸性废水、选矿废水的产生来源进行分析研究，查明各废水组成、产生量、水质指标等各项参数，分析、研究对其源头分质回用的潜能，分析生产工艺调整对废水指标波动的影响，评价各种废水处理难易程度；对目前的选矿废水处理工艺进行研究，考察废水处理的实际效率与设计效率的差距，查找存在的问题及制约因素，采取措施提高废水处理质量；针对废水处理工艺中各作业点使用的具有类似作用的药剂进行试验综合对比研究，在保证处理效果的条件下，选择更加经济、环保的药剂进行生产应用；研究改进生产工艺降低废水的产生量，特别是研究改进选矿药剂及药剂制度，在保证选矿指标的前提下选择更有利于废水回用的药剂及更容易进行废水处理脱除的药剂。

3.7 矿山固体废弃物高效、资源化利用技术研究与应用

国内各矿山企业对采矿废石，应进行以井下充填料、工业原料、建筑原材料等为主的应用研究，在不能开发利用完全的情况下进行无害化处置研究。

3.8 冶炼废（炉）渣浮选法回收银的技术研究与应用

针对曲靖分公司湿法炼锌酸浸渣进行浮选法回收银试验研究，同时该研究成果为将来会泽冶炼厂、昭通冶炼厂、呼伦贝尔冶炼厂浸出渣等采用浮选法回收银提供技术参考。

4 提高矿产资源节约与综合利用水平的对策与建议

1）实行一系列矿产资源综合利用鼓励政策和制约措施，制定综合利用优惠政策，鼓励矿山企业积极开展综合利用，发挥优惠政策的导向作用，完善资源综合利用的监督管理机制。

2）开展矿产资源综合利用标准化工作。为矿山企业的管理提供科学的可操作的技术指标，便于从技术角度明确资源综合利用的范围，需要进一步推进矿产资源综合利用技术标准体系建设。该体系主要包括开采、选矿、冶炼等方面的标准，还包括矿产资源产品标准。

3）加强应用基础地质理论研究，提高科技在矿产资源综合利用中的应用。必须加强矿产资源综合利用技术的基础理论研究，不断创新，及时吸收、引进新的科学技术，合理确定矿产的工业技术指标，正确圈定矿体，合理确定勘探网度，避免因勘探程度不够而浪费矿产资源。

4）加强新技术新工艺的开发、推广与应用。矿山企业应以科技为先导，采取有力措施，加强采、选、冶的新技术新工艺的研发工作；加强解决共、伴生矿产和复杂难选冶矿产的开发利用问题以及矿山废弃物综合利用技术攻关研究；注重科研成果向现实可行技术的转化及推广应用工作，并重视引进国外矿产综合利用资源的高科技成果或关键设备，加快矿山企业的技术进步，降低消耗，不断提高科技在矿产资源综合利用中的贡献率。

5　结语

我国是一个资源短缺的国家，当前我国社会经济的发展面临资源与环境的双重制约，矿产资源综合利用是维护国家在经济、社会、环境方面可持续发展的重要手段。因此，企业应积极主动开展矿产资源节约与综合利用工作，提升资源利用水平，树立企业良好形象。

参考文献（略）

会泽矿山贫化损失管理方法探讨

胡如星　夏荣辉　陆林岗

（云南驰宏锌锗股份有限公司，云南曲靖，655000）

摘　要：矿产资源是矿山型企业赖以生存的基础，并且矿产资源是耗竭性的、不可再生的，是企业生存和可持续性发展不可缺少的物质基础。矿产资源开采中的损失与贫化问题直接关系到矿产资源的综合利用程度和企业可持续发展的问题。因此在矿山生产中，企业必须充分合理地利用和保护矿产资源，对现有的矿产资源进行合理开采和利用，降低矿产开采中损失率和贫化率，防止浪费和破坏，保护资源和环境，延长矿山的服务年限，走可持续发展的道路。

关键词：矿产资源；贫化；损失

1　引言

　　会泽铅锌矿已经开采60余年，会泽矿区下辖两个矿山：一个是以开采氧硫混合铅锌矿石为主的矿山厂（跃进坑）；另一个是以开采硫化铅锌矿石为主的麒麟厂（麒麟坑），面积约为15 km²。跃进坑年开采氧化矿矿石5.5万吨，硫化矿石11万吨；麒麟坑年开采矿石55万吨，并建有与硫化矿生产规模配套的浮选车间，年处理能力为70万吨。开采深度已经超过1300 m，中段延伸长达5000 m，是国内超深开采矿山之一。由于以往矿山大量开采，近年来矿产资源不足，一些地质条件好、矿体赋存简单的厚大矿体即将开采结束。目前矿山采矿面临的是大量矿体赋存形态复杂、品位分布变化大、矿脉窄、生产作业条件不好的矿体，致使开采难度越来越大，矿石的贫化损失也越来越严重。这些都是制约矿山发展、影响矿山经济效益的主要原因之一。为进一步了解矿山贫化损失情况，总结经验以便更好地指导和管理生产，本文从地质赋存及采矿技术方面，对造成矿山贫化损失的原因做了分析，并结合技术与管理提出了降低贫化损失的具体措施。

2　矿区地质概况

　　矿区范围北起龙王庙，南至车家坪一线，西起麒麟厂逆断层，东至牛栏江、银厂坡逆断层一线，面积约10 km²（见图1）。云南会泽铅锌矿床处于矿山厂—金牛厂构造带的北东端，区内总体构造为北东向的矿山厂背斜逆断层带及北北东向的麒麟厂、银厂坡背斜逆断层带组成叠瓦状构造，往北收敛，向南撒开。矿区主要含矿层为上古生界石炭系摆佐组（C_1b）。

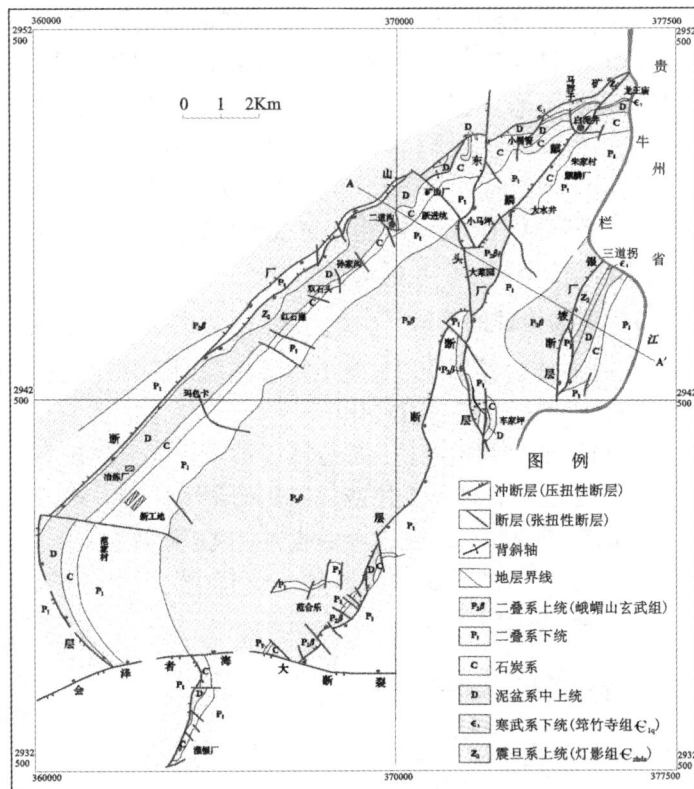

图1　会泽铅锌矿矿区区域地质图

3　影响会泽矿山矿石贫化损失的因素

3.1　矿体形态对贫化损失的影响

　　矿体形态受褶皱构造严格控制，分支复合、尖灭再现、膨大收缩等现象非常普遍，矿体无论沿走向或倾向，产状变化都很大，这给采矿工作带来很大的难度。上采过程中常因矿体形态复杂而损失上下盘的支脉矿体，或因矿体倾角较缓，造成上盘围岩部分脱落，混入落地矿石中，引起采场的贫化。

3.2　断层与褶皱构造对贫化损失的影响

采场中的断层、褶皱构造给采矿工作带来很多不利因素，造成采场贫化损失和安全隐患。采场的上下盘围岩极易沿断层面或断层周围的破碎带冒落混入矿石中。另外处在褶皱构造附近的围岩会沿褶皱的层间滑动面脱落，以及厚大矿体急剧收缩时的上下盘围岩非常容易脱落混入落地矿石中，这些因素都会引起采场的贫化。回采过程中矿体沿矿岩接触面冒落，容易造成安全事故。

3.3　矿石类型对损失的影响

矿山厂矿石为块状硫化物和土状氧化矿相互伴生的产物，矿块回采时，矿石极易混合在一起。大部分矿石混合在一起不易分隔，当硫化矿出矿时氧化率超高，对选矿回收率影响较大；当氧化矿出矿时硫超标，不易冶炼。并且会泽矿区到深部黄铁矿石所占比重增加，矿房顶板不稳，容易垮塌，造成采矿、出矿困难，造成采场损失率明显增高。例如 $10^\#$ 矿体 1261 中段 1 分层，采场沿矿体走向布置，长 200 m，宽 20 m。当采场回采至第 2 分层 $1^\#$ 出矿道时，由于黄铁矿富集，采场矿石大面积垮塌，造成了一定的矿石损失。

3.4　现场管理的影响

1）矿体边界不明显，施工指导不及时，会加大围岩的采下量，造成矿石贫化。

2）采矿控制不到位，部分围岩被采下混入到矿石中，这是现场管理不到位造成贫化的主要原因。矿房内、出矿道内粉矿未能完全回收，造成矿石损失。

3）由于会泽矿山的矿石品位较高，生产任务紧，导致一些人为因素造成的矿石贫化。

4　贫化损失控制措施

4.1　加强生产勘探程度

生产勘探工程本着"循序渐进"的原则，即由疏到密、由浅入深、由中心到边部、由已知到未知的顺序进行施工探矿。依据以上探矿原则，采取了以下措施：

1）在矿体赋存形态复杂地段适当加密水平钻孔，提高矿体的控制程度，由原来的平面网度 25～50 m 加密至 12.5～25 m。

2）对夹石发育区域采取延长钻孔深度的方法探明矿体，避免在夹石中停钻。

3）严格控制钻探的矿心采取率及钻孔测斜质量。

4）矿体支脉发育的区域，在水平中段巷道内施工上向或下向钻孔控制其形态（见图2）。

5）加强探采结合工作，采准工程如联络道施工过程中，必须垂直矿脉全幅穿透矿体，详细掌握矿体产状变化情况。

6）采场回采施工过程中，对于矿体边界复杂的地段，设计探矿巷道控制矿体的形态，根据获得的可靠地质资料正确指导采场开采。同时为进一步了解矿山贫化损失状况，也为了总结经验教训以便于更好地指导矿山降低贫化损失，对已开采结束的采场，进行探采资料对比分析，找出探矿过程中存在的问题，针对探采资料误差进行了总结：

（1）对该类矿块勘探的关键在于加强对主矿脉边缘支矿脉的控制程度。

（2）工程应选用少量坑探工程配合钻探进行探矿（即坑钻组合、以钻代坑），这样不但不会增加探矿周期，还可以有效提高探矿质量。

（3）根据矿体空间赋存形态合理调整勘探网度，加强对局部变化大的矿体的勘探精度，放稀规整矿体的控制间距（即平面钻孔、剖面钻孔相互调整）。

（4）加强样品采集工作，尤其是对确定工业矿体边界线的封闭样品的采集。

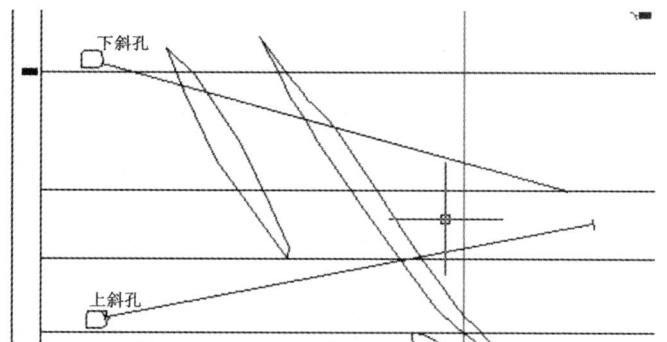

图2　斜孔控制矿体形态示意图

4.2　研究成矿规律

随着探矿、采矿工程的深入，不断研究矿床的成矿地质条件和矿化富集规律，建立矿床成矿模式，在成矿有利地段开展找矿工作，由已知到未知，对比未知地段相似成矿地质条件。通过找矿标志运用地质手段在井下采场内寻找隐伏矿体，能有效地避免矿体损失。会泽矿区矿床成矿模式复杂，在漫长的地质成矿过程中沉积叠加多种控矿因素。通过对矿区上部生产中段地质资料的研究分析，找出了矿床矿化富集规律和控矿因素。结合采场地质资料，投入少量探矿工程，在 1261 中段第二层摆佐组（C_1b）发现了被构造隔断的矿体，成功避免了该矿体的遗漏，为矿山创造了效益。

4.3　加强地质资料的收集和管理

为矿山开采提供详细、准确的地质资料是保障进行贫化损失管理工作的先决条件，也是整个贫损管理工作的基础。由于会泽矿区矿床地质构造复杂，矿体形态不稳定，空间变化大等复杂多变的原因，都给矿山井下地质工作带来很大难度。因此在矿床开采中，地质资料的可靠程度就显得尤为重要。坚持在生产现场认真收集各类地质资料，加强原始资料的收集和整理，对天井、联络道、斜坡道、切割工程等进行地质编录、取样工作。编录应尽量采用"两壁一顶式"方法编录，即顶板下落、两壁内倒、顶壁相接，此方法便于判断矿体和地质构造的空间位置及编图。地质技术人员编录地质界线，注明花纹、颜色、符号；编录过程中对矿体边界、断层、褶皱等现象详细记录；对变化较大的地质现象必须做特征素描；编录过程中如遇有难以鉴别的矿岩，必须取实物标本拿回室内与同专业人员一起鉴定；取样工作与编录工作同时进行；现场标定取样点，取样尽量采用刻槽法取样，样长 2 m，刻槽断面规格 5 cm×2 cm，槽必须沿矿体变化最大方向布置，即垂直于矿体真厚度方向全幅切穿矿体，全方位掌握品位变化规律，避免产生系统误差。最后将收集的资料与原生产勘探资料相对照，力求地质资料准确可靠。

4.4 强化二次圈定和出矿的现场管理工作

1）开帮管理。开帮工作在上采之前进行，采场内帮壁揭露矿体时，必须将矿体全部采下，充分揭露矿体边界线，避免损失矿体。如果发现施工单位开帮时过多开采上下盘围岩，应及时制止，避免贫化的发生。

2）二次圈定管理。二次圈定时要充分考虑到上采过程中可能出现的矿体形态变化及夹石位置、断裂带、岩脉等影响回采的有关地质技术问题，才能有效控制矿石的贫化损失。结合采场顶板的取样品位结果，分析研究，鉴别出矿石与围岩的边界线，圈定采场的可采范围。在室内采场平面图上圈定工业矿体的边界线，然后尽量同采矿技术人员一起到采场用红油漆直接圈定顶板的矿体边界线。

3）出矿管理。出矿管理是掌握采场贫化损失的关键，采取了下列措施：

（1）现场指导出矿。

（2）发现工人将充填料倒入矿石溜井，或将矿石铺垫在地面的坑洼地段，必须及时制止。

（3）合理安排出矿的先后顺序，不允许矿岩混装倒入溜井。

（4）肉眼无法判断矿石质量时，必须用拣块法进行取样化验，根据化验结果指导出矿。

（5）采场内出矿机械不能到达的边角区域，必须组织人工捣矿将矿石除净，避免损失。

（6）必须保证矿房内的粉矿能够及时回收干净，避免矿石损失；

（7）严格执行采空区验收制度，保证充填空区内的矿石采光搜尽，避免矿石损失。

（8）对于矿体较薄的地方，采取分次爆破，人工分隔出矿，减少矿石贫化。

4.5 采矿技术工艺的提高

会泽矿山的采矿技术包括场法、分层崩落法、充填采矿法、下向式采矿，可以根据现场的实际情况，调整适应的采矿方法，最大限度地保证矿石的开采率，特别是建立国内先进的膏体充填系统以后，代替了以前的水砂充填，有力地减轻了采场压力，杜绝了保安矿柱的矿石损失。

5 取得的效果

采取了上述几个方面的措施后，会泽矿区近几年的贫化损失逐步下降，效果较好。会泽矿区 2008—2012 年的矿石损失率、贫化率变化见图 3、图 4。

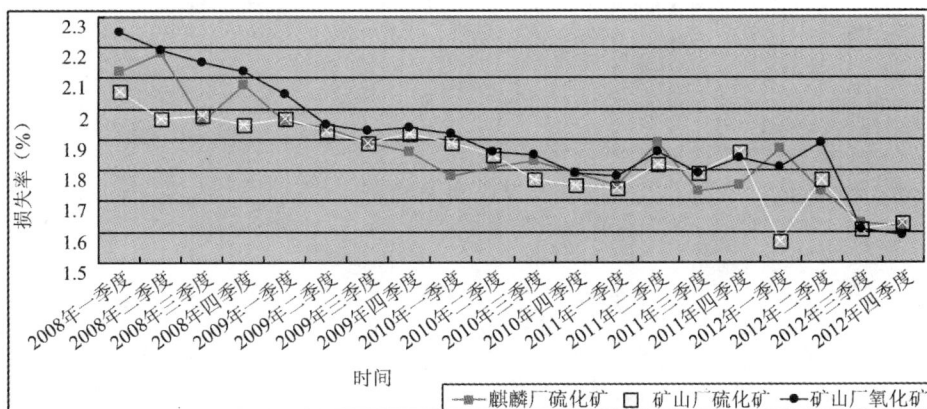

图3 会泽矿区 2008—2012 年矿石损失率变化图

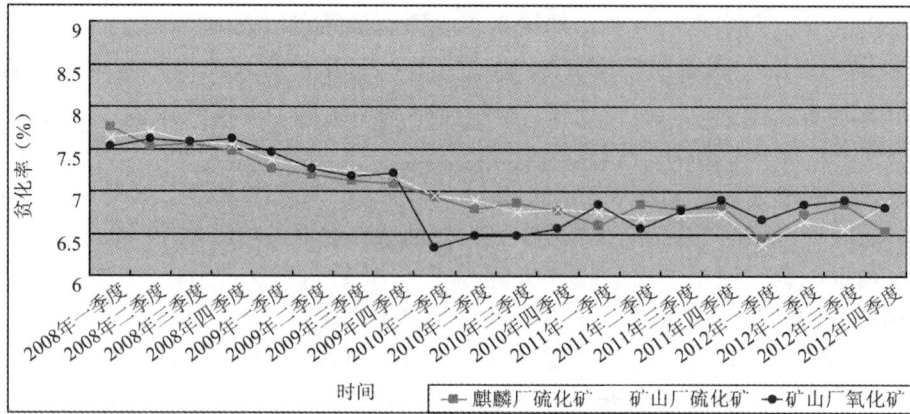

图 4　会泽矿区 2008—2012 年矿石贫化率变化图

从图中可以看出，会泽矿区的贫化损失管理工作取得的成效是显著的，这为国家节约了能源，延长了会泽矿山的服务年限。

6　结语

损失率和贫化率是衡量矿山管理水平的重要指标之一，也是矿山生产的质量指标之一。在矿床的开采过程中，贫化损失是不可避免的，但在开采过程中采取各种方法手段后，可以将其控制在一定的限度内。为了节约资源、增收节支、提高经济效益，降低贫化损失是一项矿山地质工作者重要的工作。

参考文献（略）

会泽矿山麒麟厂空白区找矿方向研究及探讨

郭忠林　陈　勋　陈江华

（云南驰宏锌锗股份有限公司，云南曲靖，655000）

摘　要：从麒麟厂主矿体矿床地质特征、构造规律、围岩蚀变，矿床成因方面，结合地球物理及构造地球化学异常分析研究麒麟厂空白区找矿方向，指导下部找矿工作。

关键词：找矿方向；空白区；围岩蚀变；地球物理；构造地球化学

1　矿区地质概况

会泽铅锌矿区位于扬子准地台西南缘的滇东北拗陷盆地中，处于小江深断裂带和昭通—曲靖隐伏深断裂带间 NE 构造带、SN 构造带及 NW 构造带的构造复合部位，是我国著名的铅锌锗产地之一。矿区地层由前震旦系组成基底，其上的上震旦统、古生界组成盖层，构成"两层式结构"。盖层主要发育中、上泥盆统、石炭系、二叠系。摆佐组是矿区最主要的赋矿地层，主要由灰白色、肉红色、米黄色粗晶白云岩和致密块状浅灰色灰岩及硅质灰岩组成；具有代表性的断裂有矿山厂、麒麟厂、银厂坡断裂，与成矿密切相关。矿床位于小江深断裂带派生的北东构造带上，为成矿提供了有利的构造地质背景。岩浆活动主要为海西期峨眉山玄武岩，为后期矿床的进一步富集提供了一定物源和热源。会泽铅锌矿区地质简图见图1。

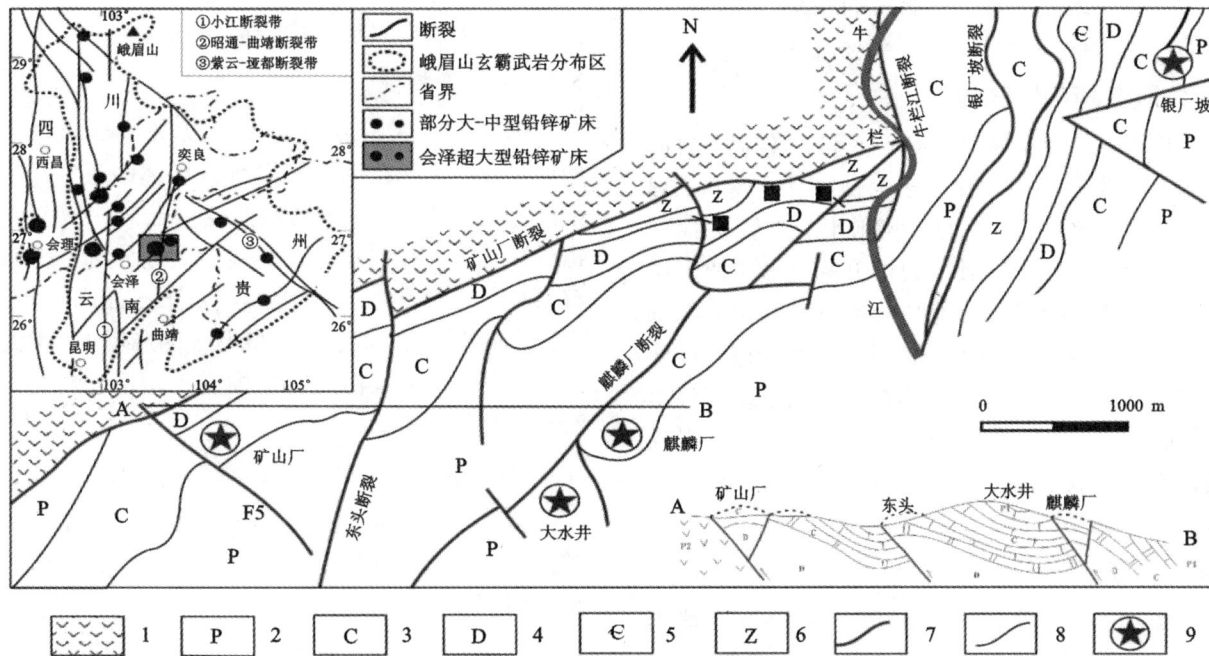

图1　会泽铅锌矿区地质简图

1—二叠系峨眉山玄武岩；2—二叠系地层：包括栖霞—茅口组（P_1q+m）灰岩、白云质灰岩夹白云岩，梁山组（P_1l）碳质页岩和石英砂岩；3—石炭系地层：包括马平组（C_3m）角砾状灰岩，威宁组（C_2w）鲕状灰岩，摆佐组（C_1b）粗晶白云岩夹灰岩及白云质灰岩，大塘组（C_1d）隐晶灰岩及鲕状灰岩；4—泥盆系地层：包括宰格组（D_3zg）灰岩、硅质白云岩和白云岩，海口组（D_2h）粉砂岩和泥质页岩；5—寒武系地层：包括筇竹寺组（ϵ_1q）泥质页岩夹砂质泥岩；6—震旦地层：包括灯影组（Z_2dn）硅质白云岩；7—断裂；8—地层界线；9—铅锌矿床

2　矿床地质特征

2.1　矿体产出特征

目前已在会泽铅锌矿山探明矿体几十个，单个矿体铅锌储量从几十吨至近百万吨不等。其中规模最大的是麒麟厂矿体和矿山厂矿体，麒麟厂矿体走向长近700 m、倾斜延伸大于1000 m、厚度40~0.7 m不等。矿床严格受地层岩性及构造控制。

地层岩性控矿：本区探明的矿体均赋存于石炭系下统摆佐组（C_1b）地层中；该地层岩性为灰白色—白色粗晶、米黄色粗晶、肉红色厚层粗—中晶白云岩，具有藻纹层和溶孔构造，含黄铁矿；其余各层均不含矿，可见矿体严格受地层及岩性控制。

构造控矿：首先受矿区主干构造——麒麟厂断层的控制，该矿床已探明的矿体均分布在麒麟厂逆断层的上盘。其次矿体严格受区内北西向断层控制，矿床最主要矿体均分布于北西向断层上、或夹持于这些北西向断层之间，其走向与断层走向基本一致。这一系列北西向断层既是主干构造——麒麟厂断层的次级断层，又是摆佐组地层中的层间断层。可见其形成与麒麟厂断层和摆佐组地层岩性具有密切联系，共同控制了矿体的产出特征。

2.2　矿体形态、产状和规模

麒麟厂矿床主矿体在纵剖面上呈"阶梯状"向南侧伏，单个矿体形态不规则，多为似筒状、囊状、扁柱状、透镜状、脉状、多脉状、网脉状及"似层状"。矿体在平面上形态也不规则，目前开采的8#和10#矿体均为中部厚大、沿走向端部变薄或分枝尖灭；在剖面上均为上部薄或分枝尖灭，向深部逐渐变厚，局部出现一些小的膨胀和收缩。矿体在石炭系下统摆佐组（C_1b）粗晶白云岩中沿层产出，其顶、底板与围岩界限清楚，产状与地层基本一致，走向北东20°~40°、倾向南东、倾角50°~62°。

2.3　矿石特征

矿石类型：本区主矿床在1951 m标高之上均为氧化矿，1821~1951 m标高之间为混合矿，1821 m标高之下均为原生矿。矿石按自然类型可分为氧化矿石、混合矿石和原生矿石（硫化矿石）。原生矿石根据矿石结构可分为块状矿石和浸染状矿石，两类矿石根据主要矿石矿物共生组合均可进一步划分为闪锌矿型矿石、闪锌矿—方铅矿型矿石、方铅矿—黄铁矿型矿石和黄铁矿型矿石。

矿石矿物组合：矿床氧化矿石矿物组成极为复杂，目前已在该类矿石中鉴定出矿石矿物和脉石矿物多达几十种。原生矿石矿物组成相对简单，其矿石矿物最主要为闪锌矿、方铅矿和黄铁矿，在闪锌矿和方铅矿中还含有极少量的黄铜矿、硫锑铅矿、硫砷铅矿、深红银矿、螺硫银矿和自然锑等金属矿物；脉石矿物最主要为方解石，其次是白云石，偶见重晶石、石膏、石英和黏土类矿物。主矿体从底板到顶板矿物组合出现分布现象，大致为：闪锌矿—粗晶黄铁矿—少量方解石→闪铁矿—方铅矿—黄铁矿—方解石→细晶黄铁矿—方解石。

矿石化学成分：以Zn、Pb、Fe和S为主，Zn + Pb + Fe + S在68.95%~94.51%之间；大部分样品的Pb + Zn大于25%，最高近50%，其中Zn > Pb；除夹方解石和白云石的块状矿石含有相对较高的CaO和MgO外，样品其他主要元素含量很低。矿石微量元素中As、Sb、Cd、Ag、Ge和Cu含量相对较高，其中Cd（233~488 g/t）、Ag（46~100 g/t）和Ge（30~81 g/t）均已接近或达到工业品位，具有综合利用价值。

矿石结构构造：虽然矿床的矿石矿物和脉石矿物组成相对简单，但矿石的结构构造却相对复杂。这些结构构造基本代表了整个矿床原生矿体矿石的结构构造。在众多矿石结构中以粒状结构和交代结构最为常见，矿石构造中以块状构造最为发育。

2.4　围岩变特征

麒麟厂矿床围岩蚀变类型以白云石化为主且强烈，方解石化和黄铁矿化发育在矿体附近，并呈现典型的蚀变分带规律，"热液蚀变白云岩—成矿断裂—铅锌矿化"结构明显。蚀变类型大致分为：①明显方解石化；②脉状白云石化（含铁白云石化）—线性蚀变；③黄铁矿化（细脉状、脉状、网脉状）；④大面积白云石化，即面性白云石化蚀变；⑤靠近断裂面绿泥石化、泥化（物理作用）。

2.5　成矿期、成矿阶段及矿物生成顺序

根据矿床宏观特征、主要矿石矿物（黄铁矿、闪锌矿和方铅矿）世代、矿石组成结构、矿物生成顺序等特征，将矿床形成过程划分为成岩期、热液成矿期及表生期，热液成矿期分为四个阶段：粗晶黄铁矿—深色粗晶闪锌矿阶段、褐色—棕色粗晶闪铁矿—粗晶方铅矿—中粗晶黄铁矿—方解石阶段、浅棕—浅色中晶闪锌矿—细晶方铅矿—方解石阶段及细晶黄铁矿—方解石阶段，值得注意的是，本区氧化矿为后成矿期表生作用（表生期）的产物，其矿物组合相当复杂。

3 矿床成因

对于会泽铅锌矿床，周朝宪（1998）认为是 MVT 型铅锌矿床，黄智龙等（2004）从峨眉山地幔柱考虑出发提出会泽铅锌矿为"均一化成矿流体贯入"的成矿模型，韩润生等（2001）提出"深源流体贯入—蒸发岩层萃取—构造控制"的后生矿床，张振亮等（2006）提出"成矿流体浓缩"机制，陈延生和李元（2006）提出多期次、多阶段、复成因的热水沉积—动力改造型叠加矿床，薛步高（2006）提出"岩浆热液叠加、改造、富化的复成因"观点。由此看出，我国学者对于川滇黔地区铅锌矿床的成因观点仍存在很大的争议，总体分为两类观点，一类试图说明该区的铅锌矿床与峨眉山玄武岩的喷发关系密切，另一类观点认为该区矿床非岩浆沉积—改造成因，虽然目前仍存在一些有关同生成因（SEDEX）的矿床成因观点，但总的看来，在该类矿床为后成矿床这一点上似乎达成了共识，目前争论的焦点主要集中在峨眉山玄武岩对铅锌矿的形成是否起到关键的控制作用上，因此成矿时代的精确测定是解决这一问题的关键。

在成矿时代的测定上，黄智龙、韩润生（2006a）、李文博等（2004a）分别采用闪锌矿 Rb - Sr 等时线法和方解石 Sm - Nd 法测得会泽铅锌矿成矿年龄为 224.8 ~ 226.0 Ma 和 225 ~ 226.0 Ma，厘定了铅锌成矿作用发生于印支期，与峨眉山玄武岩成岩时代 253 ~ 260 Ma（Zhou et al., 2002；Lou et al., 2002）的时差为 30 ~ 35 Ma，显然该区的铅锌成矿与海西期玄武岩浆活动无明显的直接关系，总的来说，该矿床属于后生矿床，主成矿阶段为印支—燕山期。典型的 MVT 型和 VHMS、SEDEX 型铅锌矿床的成矿理论也难以解释该类矿床的特殊性。

4 构造地球化学依据

构造地球化学研究表明，构造变形与物质成分的变化常是同时发生的，从而形成了地球化学异常，产生了构造地球化学场。由于动力驱动控制了矿液的运移和成矿，矿质在断裂和各种裂隙中渗流扩散，形成了包围矿体的原生晕。而且，已知矿体原生晕的分布与矿化因子得分的高值区（异常区）一致，因此原生晕的分布特征可以用因子得分的异常区特征来描述。所以，可以用矿化因子得分异常区来推断矿化富集的中心，用不同类型矿化因子的得分高值区来分析隐伏矿的矿化类型，并可根据矿化因子得分高值区的分带特征来推断矿液的流向，分析隐伏矿体的头晕及尾晕。同时，用断裂构造岩中的热液蚀变异常来阐明它与矿化富集的关系，并结合地表断裂构造及地球化学特征的研究，推断有利的成矿部位，优选出重点找矿靶区，从而达到定位预测隐伏矿的目的。同时，构造地球化学研究并不是孤立进行的，而是在分析成矿地质条件的基础上展开的（见图 2）。

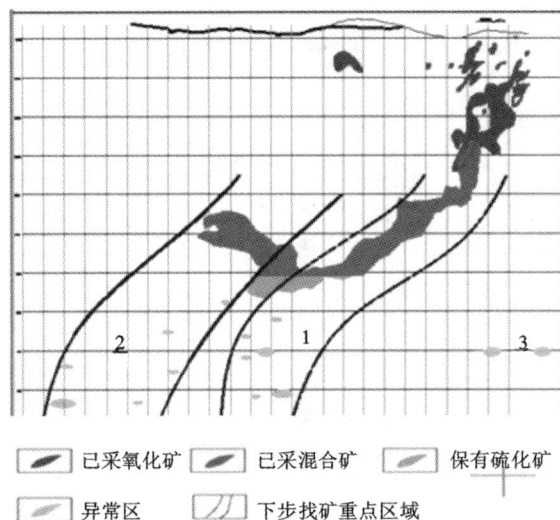

图 2 麒麟厂化探异常图

5 地球物理依据

利用地球物理的原理，根据各种岩石之间的密度、磁性、电性、弹性、放射性等物理性质的差异，在井下开展地球物理勘探，圈定地球物理异常。

电阻率差异：岩石和矿石的电阻率差异明显。硫化铅锌矿和黄铁矿的电阻率值分别为 2 $\Omega \cdot m$ 和 7 $\Omega \cdot m$，低电阻率特征相当明显，另外弱黄铁矿化岩石的电阻率值平均为 7161 $\Omega \cdot m$（见表 1）。

密度差异：块状硫化铅锌矿平均密度最大为 5.08 g/cm^3，块状黄铁矿含少量硫化铅锌矿次之，平均密度为 4.68 g/cm^3，气孔状氧化铅锌矿平均密度为 3.49 g/cm^3，微弱黄铁矿化灰岩密度最小为 2.44 g/cm^3；白云岩密度最大为 3.79 g/cm^3，一般分布在 2.8 g/cm^3 左右；灰岩密度略少于白云岩密度，一般分布在 2.6 g/cm^3 左右。块状矿石与白云岩和灰岩有较大的密度差异，氧化铅锌矿与灰白色块状白云岩密度差异较小，但与其他灰岩和白云岩有较大的密度差异，微弱黄铁矿化灰岩与白云岩和灰岩密度差异较小。

表1 矿石标本的地球物理性质差异

矿石标本	数量	极化率 M1/%			电阻率/(Ω·m)		
		最小值	最大值	算术平均	最小值	最大值	几何平均
块状黄铁矿	10	10	27.9	17.1	1	21	7
微弱黄铁矿化灰岩	4	1	4.7	2.7	5833	8569	7161
块状硫化铅、锌矿	10	11	36.9	21.5	1	4	2
氧化铅锌矿（顺层）	9	0	1.6	0.9	712	29178	9868
氧化铅锌矿（垂层）	8	1	1.1	0.7	2722	79011	24317

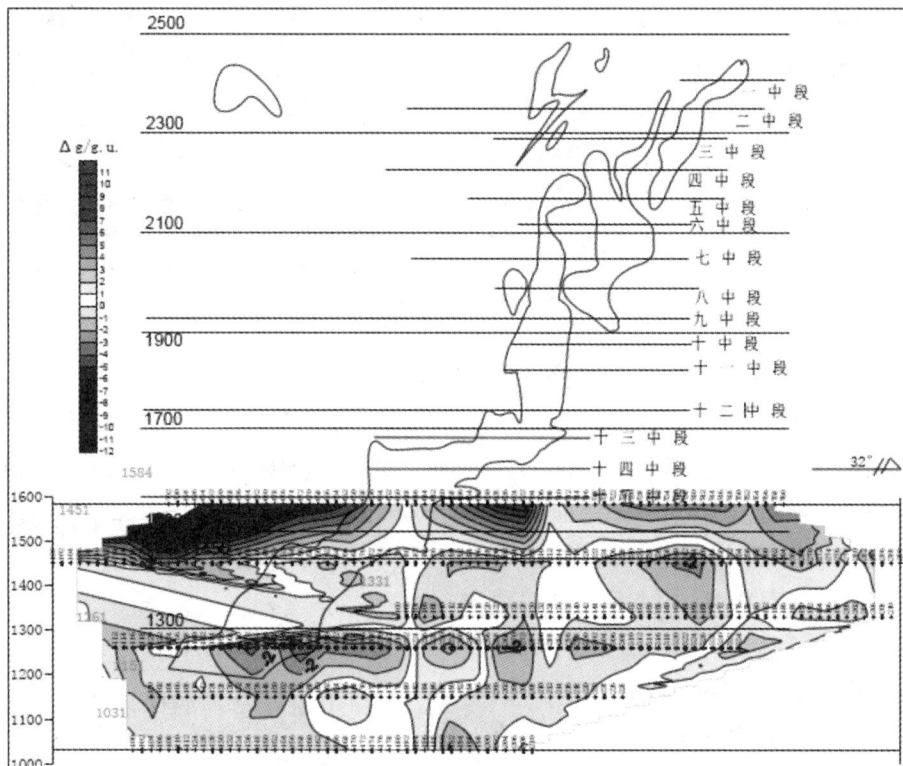

图3 麒麟厂部分中段剖面等值线图

6 空白找矿方向

6.1 基础条件

1）岩性条件，下石炭统摆佐组下部为白云质灰岩；中上部为灰白色至米黄色中粗晶白云岩，间有灰岩、白云质灰岩的残留体，二者呈渐变过渡关系。有些地方发育小晶洞，矿体赋存于浅色粗晶白云岩及其与白云质灰岩的过渡带中。

2）地层条件，在空间上，矿床的分布与地层有关，透镜状、似层状矿体主要赋存在下石炭统摆佐组碳酸盐岩中，构成厚达数十米的含矿层，表明硫化物矿石形成可能与沉积作用有一定的关系。

3）构造条件，由于受 NE 构造带控制的 NE 向压扭性层间断裂带是矿体赋存的有利部位，矿体在剖面上明显受"阶梯状"构造控制；在平面上受等间距"多字形"构造控制。麒麟厂、矿山厂断裂为主要导矿构造；NW 向张扭性断裂主要为配矿构造；次级 NE 向压扭性断裂是矿床主要的容矿构造。

6.2 围岩蚀变

矿区近矿围岩蚀变明显，以白云岩化、硅化、黄铁矿化及方解石化为主，特别是方解石化和黄铁矿化。

6.3 结合地球物理、构造地球化学重合异常

结合地球物理、构造地球化学异常区及其组合特征，综合地质研究后，推测隐伏矿的矿化类型和矿化强度，进行隐伏矿预测（见图3）。

6.4 找矿预测靶区

通过总结将找矿预测标志概括为六大方面："层、岩、构、变、化、带"，即："层"——有利的地层层位；"岩"——有利的岩性；"构"——"阶梯状"构造及"多字形"等控矿构造；"变"——围岩蚀变，黄铁矿化（五角十二面体）、方解石化、白云岩化和褪色蚀变（由内向外）及铅锌矿化；"化"——岩石地球化学和构造地球化学异常；"带"——构造应力和能量的过渡带或梯度带。

根据地球物理、构造地球化学研究成果及综合地质研究后，提出以下几个重点找矿靶区：

1）麒麟厂主矿体深部 80~110 勘探线之间。

2）麒麟厂主矿体深部 SW 向空白区：根据构造控矿规律、岩性地质条件及勘探实践（1451、1331 中段 SW 向小矿体尖灭再现的规律），主矿体在深部向 SW 侧伏，主矿体向 SW 向延深大大超过延长，推测深部 SW 向可能存在隐伏矿体。

3）麒麟厂朱家丫口—白泥井一带，地球物理与构造地球化学异常叠加区，推测深部可能存在孤立的隐伏矿体。

7 建议

点面结合——结合矿区成矿地质条件，分析重点找矿靶区的特殊性及其与矿区成矿作用的相似性。

综合评价——对定性、定量信息进行系统的综合评价，提出工程验证的具体靶位和找矿的优选地段。

工程验证——首先对最有望地段进行工程验证，获得可靠的找矿信息和找矿成果，并与综合评价结果对照，及时总结经验，深化认识，进一步指导找矿，以取得找矿的新突破。

参考文献

[1] 陈延生，李元. 会泽铅锌矿床成因问题探讨[J]. 矿业工程，2005，3(6)：14-16.

[2] 王若宾. 云南省会泽铅锌矿现状及矿床成因探讨[J]. 大众科技，2010(1)：89-91.

[3] 陈进，韩润生. 云南会泽铅锌矿床地质特征及找矿方法模式[J]. 地质地球化学，2001，29(3)：124-129.

[4] 张振亮，黄智龙. 会泽铅锌矿床成矿流体研究[J]. 地质找矿论丛，2005，20(2)：115-122.

[5] 文博，黄智龙，陈进，韩润生. 会泽超大型铅锌矿床成矿时代研究[J]. 矿物学报，2004，24(2)：112-117.

会泽铅锌矿区矿产资源形势分析及
主矿体周边探矿工作探讨

陈江华　　郭忠林　　陈　勋

（云南驰宏锌锗股份有限公司，云南曲靖，655000）

摘　要：资源是矿山企业的生命，是矿山企业赖以生存并稳定可持续发展的基本保障。会泽矿区地质工作程度较高，服务年限已久，且随着年产达 70 万吨的资源消耗，会泽矿区优势矿产储量急剧减少，已影响到矿业的可持续发展。文中通过分析会泽铅锌矿区矿产资源形势，侧面说明危机矿山主矿体周边空白区域找矿的重要性，从理论上、技术上分析了会泽矿山主矿体周边空白区域找矿的可行性，通过列举近几年会泽矿山围绕主矿体周边空白区域开展探矿工作所取得的成效，提出了会泽老矿山主矿体周边空白区域探矿增储的对策和措施。

关键词：会泽；矿产资源；主矿体；空白区域；探矿增储；找矿方向

云南会泽铅锌矿区位于扬子准地台西南缘，滇黔褶断区的西部，滇东北褶断束南东部东川—镇雄构造带中的会泽金牛厂—矿山厂成矿带上，东临威宁—郎岱拗陷褶断束，南濒牛首山隆起褶断束，西以康滇地轴东缘的小江深大断裂为界，北连凉山褶断束。会泽铅锌矿区为一铅锌银矿床集中区，位于川、滇、黔铅锌银多金属成矿区的中南部，处于得天独厚的地质背景下，具有形成超大型－特大型矿床的成矿地质条件。矿体铅锌品位高，伴生有用组分丰富（Ge、Ag、Cd、In）。矿床主要受地层、岩性、构造等控制，其"时控"特征明显，三者构成了工业矿床形成的基础条件。矿区内，下石炭统摆佐组粗晶白云岩含矿地层连续稳定分布，北东向及北西向控矿构造发育，显示成矿基础条件存在，预示具有较好的找矿前景。

1　会泽铅锌矿区矿产资源形势

会泽铅锌矿区为一铅锌银矿床集中区，矿床具有规模大、分布广、聚集成带、共伴生组分多、矿床类型复杂多样等特点，矿体铅锌品位高（铅＋锌平均品位高达 26%），伴生有用组分丰富（Ge、Ag、Cd、In），属于我国铅锌矿优势矿产。经过数十年的开发，尤其近年来，矿山年产任务增加（2011 年开采任务突破 70 万吨），资源消耗过快，矿山保有储量明显下降，已经面临资源危机。截至 2012 年 11 月底，会泽矿区保有 111b＋122b＋333 基础矿石储量 328.75 万吨，铅＋锌金属量 876244.13 t，按照 70 万吨/年采选能力估算，矿山保有资源储量仅有 4.7 年服务时间，由此可见会泽铅锌矿产资源形势十分紧张。

赵鹏大等[1]从矿山保有储量的服务年限与矿山设计的生产规模和服务年限的比例程度，将危机矿山分为：已关闭的矿山（保有储量枯竭，矿山失去生产能力）、严重危机矿山（保有储量的服务年限小于设计服务年限的1/6）、中度危机矿山（保有储量的服务年限小于设计服务年限的 1/3）、潜在危机矿山（保有储量的服务年限小于设计服务年限的 1/2），依此可见会泽矿山已步入严重危机矿山行列。因此必须通过深入研究，解决关键性的地质问题，产学研结合，圈定重点靶区，加强找矿力度，加快勘探步伐，努力推动会泽地区铅锌矿产资源找矿的区域性大突破，才能保证会泽的资源优势。

2　主矿体周边探矿可行性分析

会泽矿山经过多年不断的开采显现出探采深度大、找矿难度大、勘探费用高、投资风险大等弊端，深部找矿存在着信息获取难度大、地质要素叠加层次多、常规手段效果不佳等诸多困难，况且探矿工程工期长，探矿成果短时间内不能实现生产接替，因此加强综合研究，根据"就矿找矿"的思路，针对主矿体周边空白区域，开展探矿工作，实现有限资源增储的重要性日益凸显。

2.1　从理论上分析

会泽矿区处于成矿有利地带，具有良好的成矿地质条件，地质工作程度较高，并有大量已揭露矿体与成矿有关的各种信息显示，特别是矿山经历了几十年的大规模机械化开采，积累了大量地质信息，解剖并检验了地质勘查阶段对矿床成矿、控制因素和赋存规律的认识，或探到了地质勘探阶段漏掉的矿体，或发现了新类型、新成矿系列的矿床，对已有地质认识产生了这样那样的问题与疑问。

其次，前期主矿体周边空白区及前期已探获的小矿体，探矿工程量过少（局部属于单孔见矿，纵向、走向延伸并未控制），工程间距过大，局部区域缺少工程控制，易造成漏矿、丢矿，不能较为准确地揭露矿体分布规模、形态。

再次，过去的找矿工作多以"相似类比"理论为指导，并且多以一种矿床模型为指导，因而在已知矿体的周边和外围容易漏掉一些与"相似类比"理论不太相符的矿体或同一成矿系列中其他类型的矿体，已探明矿体周边和外围也是今后寻找隐伏矿体的一个重点。

2.2 从技术上分析

随着矿产资源的开发，地质工作程度的提高，对成矿地质规律的认识会不断深入，有利于促进对矿床形成机制和定位机制的客观规律的重新认识，同时，随着矿体被大量开采，建立健全的地质资料，对比前人总结的矿体成因、控矿等规律，总结矿体周边已探获或已开采的小矿体群赋存规律，是矿体周边及外围找矿取得突破的前提和基础。

目前，会泽矿区深部隐伏找矿的理论体系、找矿思路及技术手段为开展矿体周边及外围找矿提供了技术上、理论上的参考依据及指导经验。个人认为，不断总结矿体赋存规律，开展基础地质研究，有效利用采场地质资料，筛选找矿信息，根据"就矿找矿的思路"，采用"坑探＋钻探"组合手段，加密控制预测区域，优化设计，最大化利用采准沿脉工程，开展探矿工作，既可以缩短探矿工期，所探获的矿体又可快速形成资源接替。目前，在矿体周边采取"基础地质研究—就矿找矿—工程验证"这一找矿模式，效果较好。

3 做好会泽矿区主矿体周边探矿增储工作的对策措施

3.1 建立健全矿区的原始资料，夯实矿山找矿基础工作

原始地质资料是矿山找矿的根本。原始地质资料的真实可靠程度将直接影响成矿靶区的确定，它是否符合客观实际，会直接影响找矿效果。多数地质专业技术人员能够认识它的重要性，但在实际工作中，原始地质资料的收集却因为贯穿于矿山生产的各个环节，有着长期性而难于坚持始终如一；不仅如此，不排除还受个人认识程度、研究角度、技术水平以及责任心等诸

因素的影响。鉴于此，地质专业技术人员要认清原始地质资料的重要性，时刻不能放松对这项工作的严格要求，按规定一丝不苟地完成任务；还要定期组织有关人员对原始地质资料进行检查，发现与客观事实不符之处，要及时纠正、更改，否则，时间拉长，出资料时会因矿山的开拓和开采工程延深的影响，而无法进行现场核对，也就会出现这类或那类的问题，甚至可能会导致原始地质资料总体上的混乱与失真。所以，矿山相应地将此项工作当成地质工作的头等大事来抓，绝不能只强调找矿效果的重要性，忽视了基础地质工作。否则，在此基础上的一切找矿研究工作便成了无源之水，无本之木。由此可见，矿山找矿的基础就是已有的各种地质资料，这些成果也充分体现出它在矿山找矿中的作用和地位，所以，要坚持长期的自始至终的认真态度，做好此项工作[2]。

3.2 力保探采平衡，积极开展生产探矿工作，对单工程见矿或工程控制力度不够的地段，加密勘探，提高资源储量级别

1998 年 7 月至 2002 年 4 月间，在会泽麒麟厂矿区组织开展了地质勘探工作，于 2000 年 6 月在 1571 中段 102 号勘探线发现 10 号矿体群（麒麟厂矿区大水井地段），随即转入勘探，经过两年地质勘探，截至 2002 底，共探获大小矿体 24 个，其中工业矿体 8 个，提交 C＋D 级矿石量 2296204 t，矿体主要分布于 90～136 号勘探线间，矿体 10－3、10－4 属于单工程见矿，分布于 124～136 号勘探线间。图 1 所示为麒麟厂纵投影图）。

如纵投影图所见，矿体 10－3、10－4 均属于单工程见矿，纵向及走向未有工程严格控制，储量级别为 D 级，2002 年提交矿石储量为 43914 t，Pb＋Zn 金属量 11358 t，2007 年，为了重新清算该区矿石储量，提高储量级别，在 1451 m 平面加密勘探，按 50 m 间距开展水平钻孔扫面工作，按 50 m×（50～100）m（线距×倾斜长）利用穿脉及垂直钻孔基本控制了矿层的产状、形态及断裂分布变化规律。此次补充探矿后，探明矿体走向南端延伸至 144 号勘探线，北端延伸至 122 号线，矿体 10－3、10－4 在 1451 m 平面以下连接；随后 2009 年，在 1439 m 平面开展水平钻孔扫面工作，揭露矿体有下延趋势。图 2 为麒麟厂 1451 中段补充勘探地质平面图。

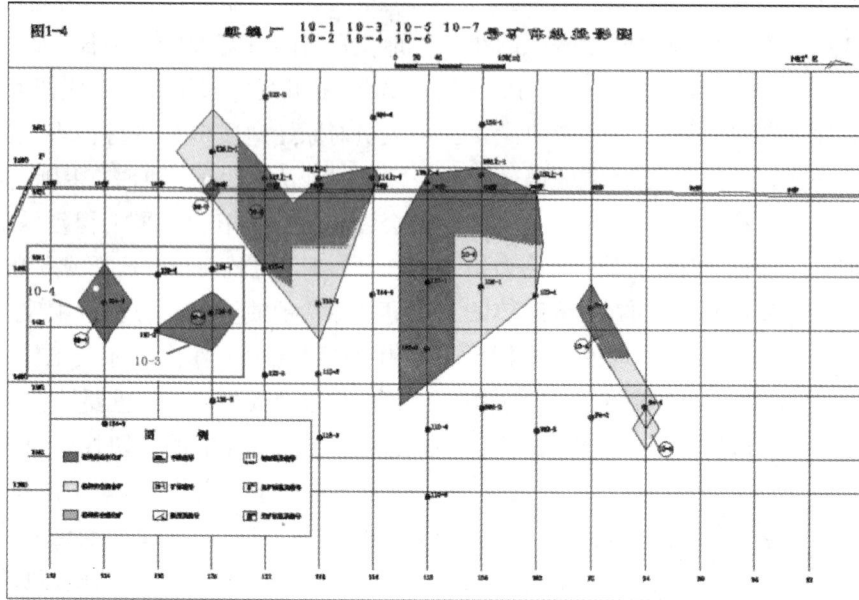

图1　麒麟厂纵投影图

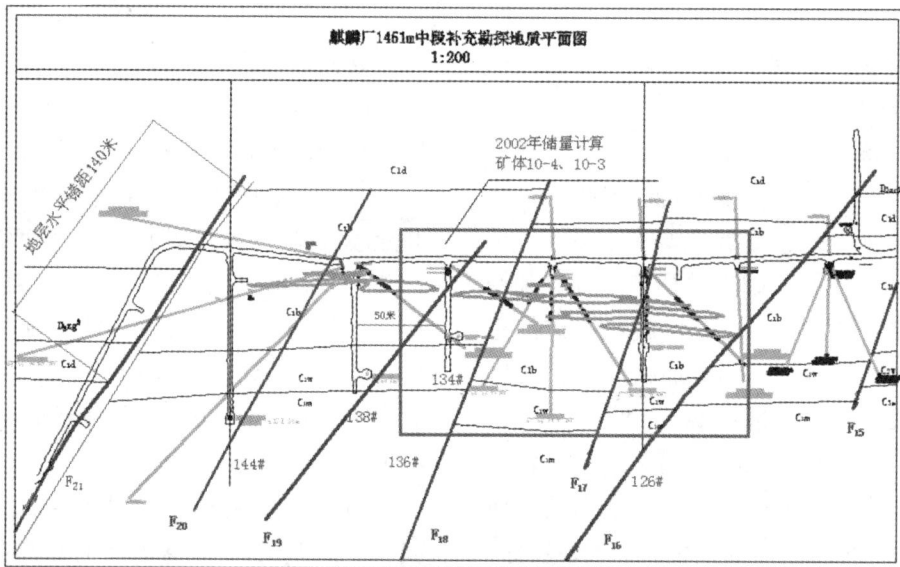

图2　麒麟厂1451 m中段补充勘探地质平面图

　　该区域自2010年开采1451 m上部矿体，截至2012年年底，针对该区域采矿区构造复杂，矿体变化较大，前期工程对矿体的控制不够的情况，会泽矿区地质技术人员积极收集地质资料，进行基础研究，加强探采平衡管理，有效保障施工进度与生产实际相切合，做到有效利用采矿系统沿脉工程，以"生产探矿提前采矿一个分段"为原则，优化设计，加密勘探工程间距，以25 m间距加密布置钻孔，局部矿体、构造复杂及矿体端部进行再加密勘探（12.5 m间距），局部采取"平孔＋上斜孔"及"扇形孔"组合方式，进行

有效控制，做到不丢矿，不漏矿，做好探采平衡，优化勘探设计，提高储量级别，从资源管理上实现资源增储，效果良好。表1为截至2012年年底该区域矿体储量变动报表（核实范围见麒麟厂104号线以南纵投影，见图3），与2002年相比，矿石量23.7万吨，铅锌金属量增加6.734万吨，经济价值近7个亿，而图中未核实部分（蓝色框选部分为1751中段施工的垂直大钻孔DZK12－144－1孔见矿预测而得属于单孔见矿，储量级别为D级）作为下一步加密勘探，该区域资源增储大为可观。

表1 2002—2012 年麒麟厂 120 号线以南南西小矿体储量变动报表

年度	矿体号	计算	矿石类型	储量级别	分类编码	矿石量/t	金属量/t 主元素 Pn	金属量/t 主元素 Zn
2002	10 - 3、4	126 - 136	S + M	D	122b	43914.00	3165.00	8193.00
2009	10 - 3、4	120 - 144	S + M	C	111b	140326.82	13134.59	31377.08
2012	10 - 3、4	126 - 146	S + M	C	111b	280916.40	22256.26	56441.42
对比 2002 年生产探矿资源增储			S + M	C	111b	237002.40	19091.26	48248.42

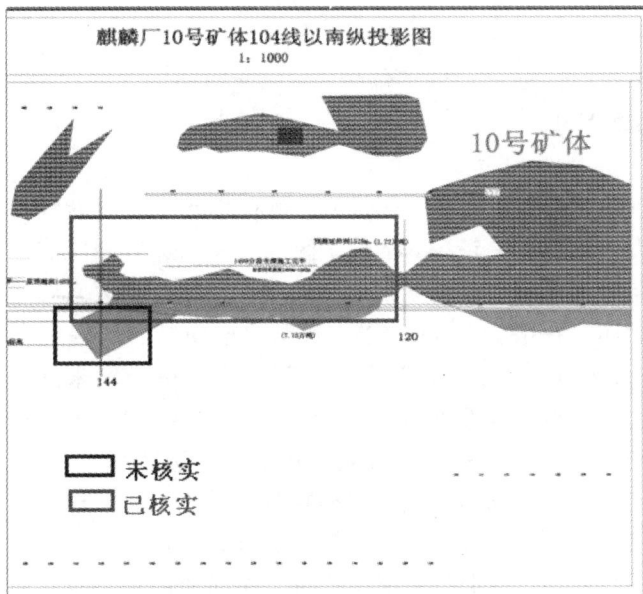

图 3 麒麟厂 104 号线以南纵投影

3.3 加强基础地质研究，总结已开采矿体分布规律，注重经验与传统成矿规律及传统找矿标志在已知矿体周边区域资源增储工作中的应用

加强基础地质研究，注重前人所总结的矿床成因及矿床赋存规律对主矿体周边寻找小型盲矿具有重要意义。

会泽铅锌矿 2002 年提交的《10 号矿体地质报告书》里对矿区矿床成因及矿床赋存规律进行了总结，认为麒麟厂矿床应属晚二迭世形成，赋存于碳酸盐建造中的沉积—成岩期后热液改造叠加型层控矿床。矿床控制因素表现为层位控矿、岩性控矿、构造控矿三大特征，找矿标志主要为：①地层：下石炭统摆佐组中上部层位为本区主要的找矿层位，其次为上泥盆统宰格组上段；②岩性：浅灰 - 黄褐色 - 粗晶白云岩；③构造：层间破碎构造带、岩层挠曲在产状急剧变化的部位；④围岩蚀变：主要为白云岩化、黄铁矿化、方解石化、褪色作用；⑤地球化学异常：Cu - Pb - Zn - Ag - Ge - Cd - In - Fe - Ti 等元素组合异常是地球化学找矿标志。[2]

通过对前期地质资料整理、分析，结合前人研究成果，120# 线以南区域矿体赋存规律与传统相吻合，主要表现为：（1）层位控矿：现探明的矿体均赋存于下石炭统摆佐组，其中大部分赋存于该组的中上部。目前还未在其他地层中发现铅锌矿体，下石炭统摆佐组地层是控制矿床的重要因素；（2）岩性控矿：本区几乎所有矿体赋存于浅灰 - 黄褐色中 - 粗晶白云岩中，而灰岩中较少。矿体厚大的部位，白云岩的厚度和分布范围也大；当矿体狭缩、尖灭时，白云岩迅速减少，并多为矿化微弱的白云石化灰岩或遗有大片的灰岩残体，矿体对白云岩呈现出强烈的亲和性；（3）构造控矿：麒麟厂逆断层是麒麟厂矿床的主要导矿构造，派生的 NE 向断裂、层间断裂及层间破碎带为矿床的主要容矿构造，决定矿体的形态、产状、大小，北西向断裂主要表现为配矿构造。本区矿体多呈似层状、透镜状、囊状小矿体群产出，在北西向断裂与层间构造及其他断裂叠加部位，局部呈现矿体膨大现象；（4）等间距成矿与等深距成矿（见图4）；（5）矿体具有大致等距离分布及向南西侧伏的规律；（6）本区南西端矿体存在尖灭再现、尖灭侧现的现象。

1451 m 平面含矿地层摆佐组厚度平均 80 m，岩性为粗晶白云岩，中上部溶蚀孔发育，蚀变强烈，多表现为铁质浸染，局部坑探及钻探工程或见铅锌、黄铁矿化，本区 120 ~ 146 号剖面线间，出现规模较大的北西向 F_{16}、F_{17}、F_{18}、F_{19}、F_{20}、F_{21} 构造（见图2），伴随麒麟厂逆断层产生，呈羽状分布，为矿区最发育的次级断裂。F_{21} 分布于 144 号剖面线，且断裂带内见破碎白云岩、灰岩、黏土、构造透镜体化、片理化、强烈铁质浸染，地层水平错距 100 ~ 140 m，以上信息显示该区具有良好的成矿条件。根据上述等间距成矿与等深距成矿赋存规律，结合纵投影图类比分析，预测 F_{21} 断裂上盘区可能存在一小矿体群，而在 1451 m 平面勘探工程在此区域探获 C 级矿石量约 5.0 万吨，截至

1:1000

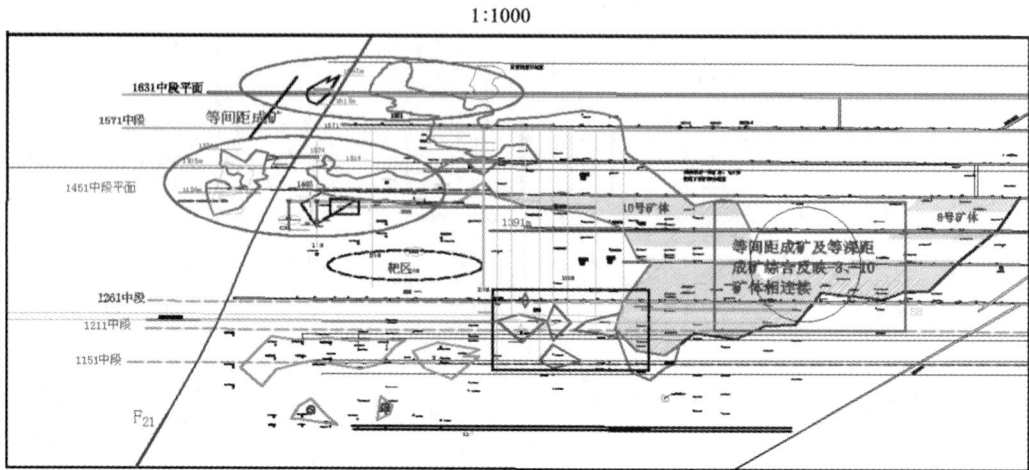

图4　麒麟厂纵剖面投影图

2012 年初，经过开展生产探矿工作，核算矿石储量，根据 2012 年一季度储量变动报表显示，该矿体储量升级为 7 万吨(还有升级余地)，铅锌金属 2.16 万吨。

3.4　对比分析，关注矿区深部构造引起的地层变化，综合研究开展探矿工作

麒麟厂大部分地段平面上显示存在一层含矿地层(见图 5)，但在矿区深部，受层间构造的影响，在麒麟厂深部某地段平面上显示存在两层摆佐组(见图 6)，第二层摆佐组为原第一层摆佐组受构造影响被错段，上盘或下盘岩层被抬升，导致在某一地段，平面上反映出存在两层含矿地层的现象(见图 7)，所以根据"相似类比"

理论，预测在第二层摆佐组，赋存小矿体群可能性极大。针对这一情况，结合矿区主矿体周边等间距成矿与等深距成矿及向南西侧伏的规律，结合本区南西端矿体存在尖灭再现、尖灭侧现的地质特征，综合分析，在 1225 分段 112# 穿脉施工两个水平小钻来探查第二层摆佐组矿体赋存情况，目前探获 108 ~ 114 号勘探线间存在一小矿体群(见图 6 框选区域"②")，该矿体群纵向及走向未严格控制，因此下一步根据此信息，对该区域进行再次勘探，将大有可为，且此次斩获，更进一步证实了在麒麟厂深部加快开展第二层摆佐组勘探工作的可行性。

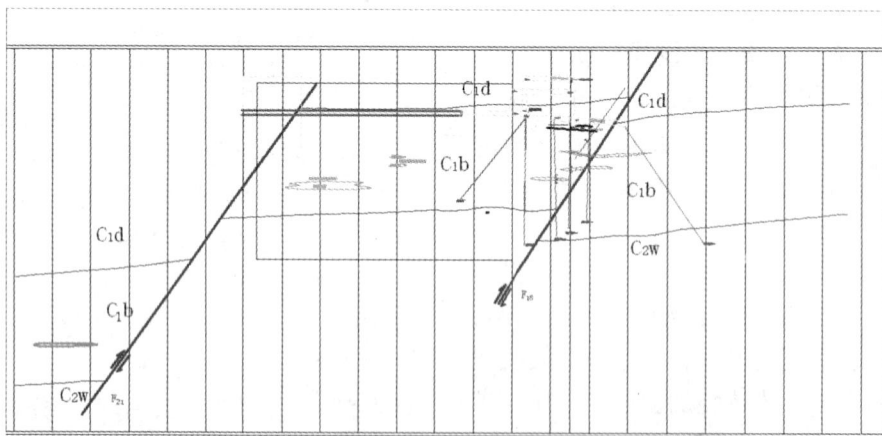

图5　麒麟厂 10 号矿体 1391 中段 1430 m 分段地质平面图

比例尺 1:200

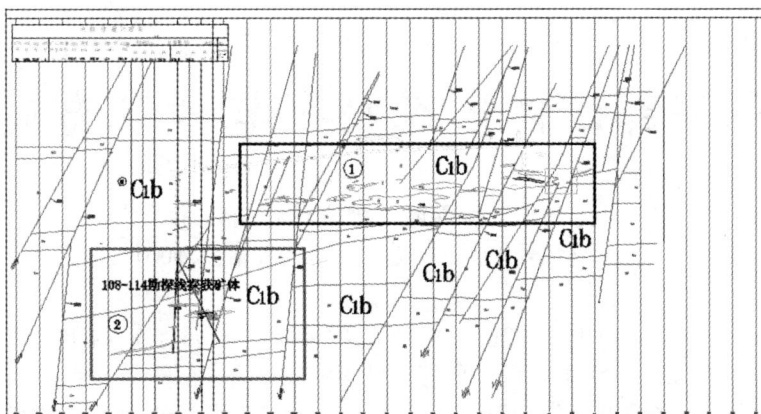

图 6 麒麟厂 10 号矿体 1211 中段 1225 m 平面矿体分布地质平面图

比例尺 1∶200

"①"代表第一层摆佐组,所见矿体为前期已探明;"②"代表第二层摆佐组,为 2011 年年底探获

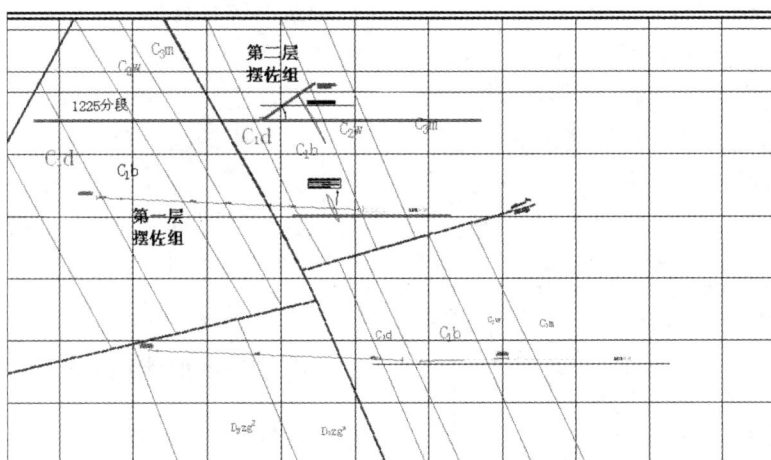

图 7 麒麟厂 114 号勘探线地质横剖面图

比例尺 1∶1000

4 结语

矿山企业属于资源型企业,矿山管理最首要的是资源管理。资源是矿山企业生存的源泉,如何保持稳定可持续的地质资源,成为矿山的首要任务和重点研究课题,在加强综合地质研究,加大资金投入,综合运用各种找矿技术手段寻找深部隐伏矿体的同时,应当不断加强基础地质研究,尤其是对矿山机械化开采后积累的采场地质资料的分析,结合前人归纳的有关矿体成因、控矿等规律,总结矿体赋存规律,进而应用于实际,对已探明矿体进行探边摸底,保证探矿工程的投入,升级资源储量或寻找隐伏小矿体群,实现资源增储,延长矿山服务年限。

参考文献

[1] 赵鹏大,张寿庭,陈建平.危机矿山可接替资源预测评价若干问题探讨[J].成都理工大学学报,2004,31(2):111 – 117.

[2] 王静纯.矿山深部找矿思路与成就[A]//中国地质学会.地质学学科发展报告[C].北京:中国科学技术出版社,2009:99 – 110.

[3] 刘树林.老矿山探矿增储工作的探讨[J].黄金,2010,31(12):1 – 3.

[4] 王金亮.危机矿山深部找矿研究现状与建议[J].矿产保护与利用,2010,(2):45 – 49.

矿山厂深部矿体形态特征与找矿方向浅谈

龙向前　黄保胜　郭忠林　胡体才

（云南驰宏锌锗股份有限公司，云南曲靖，655000）

摘　要：通过近两年对矿山厂矿区的深部地质找矿工作，在矿山厂深部 1584 m 标高以下找到了新的铅锌矿体，深部找矿取得了重大突破。经综合研究，会泽铅锌矿区矿山厂随着开采深度的不断加深，矿体形态已经发生了变化，研究深部矿体形态对下一步深部开采及资源找探矿工程的布置尤为重要。本文主要针对矿山厂深部矿体形态特征进行分析，最终提出了下一步深部找矿的方向。

关键词：矿山厂；铅锌矿；矿体特征；找矿方向

1 矿区地质特征

会泽铅锌矿区位于扬子准地台西南缘的滇东北拗陷盆地中，处于小江深断裂带和昭通—曲靖隐伏深断裂带间 NE 构造带、SN 构造带及 NW 构造带的构造复合部位（见图 1），是我国著名的铅锌锗产地之一。

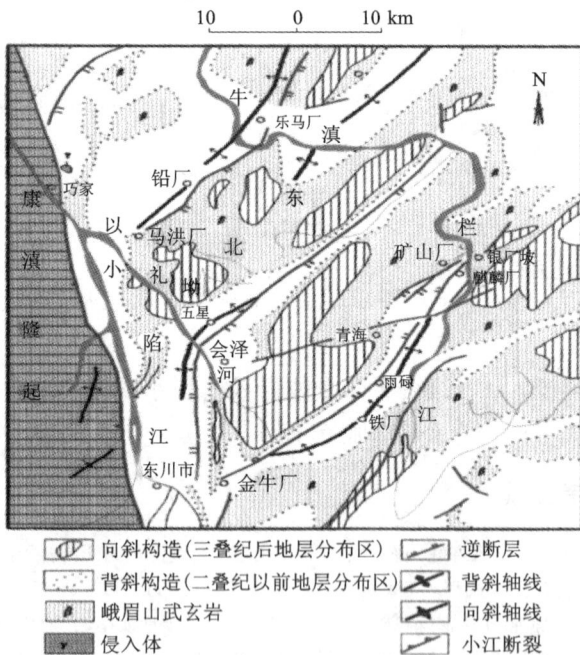

图 1　会泽大地构造略图

矿区上古生界地层发育完整，泥盆系中上统地层主要沿矿山厂逆断层及白矿山背斜核部分布，石炭系地层主要分布在矿区北部及西北部，二叠系地层在矿区中部及南部大面积分布，峨眉山玄武岩沿矿山厂逆断层和东头断层在矿区北西及南部出露，在中部有少量风化残积物。矿区出露地层主要有泥盆系上统宰格组、石炭系下统大塘组、摆佐组、石炭系中统威宁组、石炭系上统马坪组、二叠系下统梁山组、二叠系下统栖霞、茅口组、二叠系上统峨眉山玄武岩组。摆佐组是矿区最主要的赋矿地层。

矿区构造以发育北东—南西向褶皱与断层组成破背斜为特征，具有代表性的断裂有矿山厂、麒麟厂、银厂坡断裂（见图 2），与成矿密切相关，分别控制矿山厂、麒麟厂、银厂坡三个矿床。岩浆活动主要为海西期峨眉山玄武岩。

2 矿床地质特征

2.1 矿山厂深部矿体特征

2.1.1 矿体分布特征

根据目前工程揭露来看（见图 3），矿山厂深部矿体与上部矿体为各自独立的矿体，矿体有明显的不连续性。深部主矿体为"V"字形，主要分布于 2～18 号勘探线之间，在 2～10 号线为"V"字的一边，矿体向北东侧伏；在 18～10 号线为"V"字的另外一边，矿体向南西侧伏，矿体深部在 8、10 号线 1450 m 标高附近连为一体；在主矿体 SW 向 010～017 号勘探线间分布着多个小矿体，小矿体整体向北东侧伏。

2.1.2 主要矿体规模、形态及产状

矿体均赋存在下石炭统摆佐组中上部粗晶白云岩中，矿体顶、底板与围岩界线清楚，沿层产出。矿体产状与地层基本一致，走向北 45°～50°东；倾向南东，倾角一般在 45°～55°之间，一般为 51°。矿体产出主要有以下特征：

1）矿体在平面上呈斜列式展布（见图 4），剖面上呈斜列式阶梯状延伸（见图 5），矿体以脉状、囊状、扁柱状、网脉状及"似层状"产出，目前揭露的矿体陡倾斜延深大约 300 m。

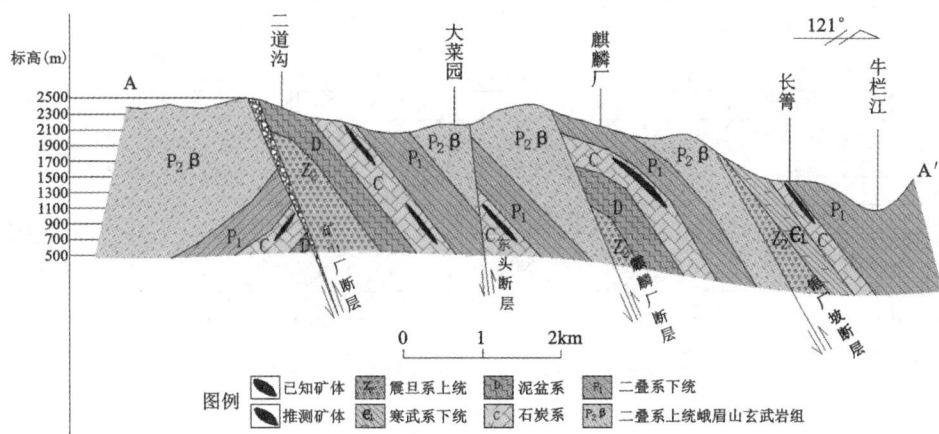

图2 矿区构造横剖面图

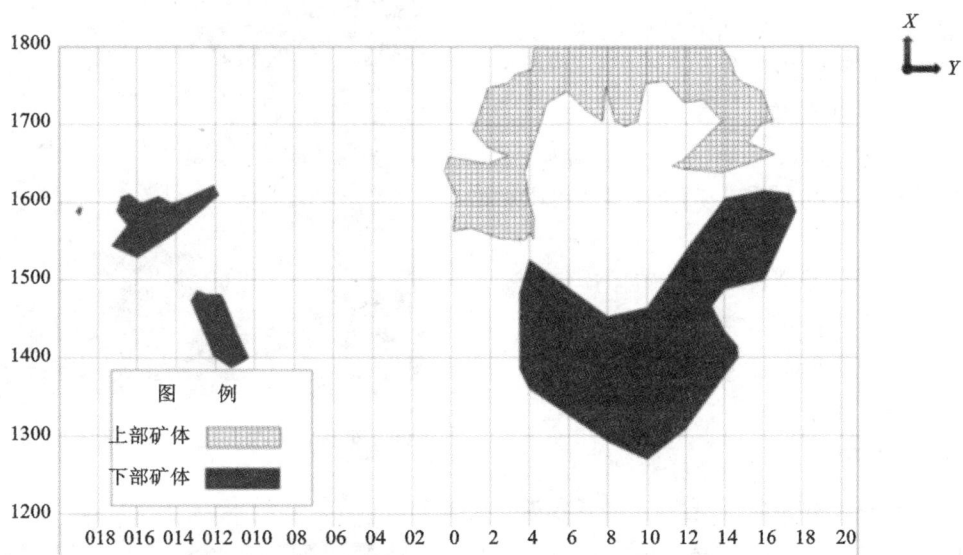

图3 深部矿体纵投影图

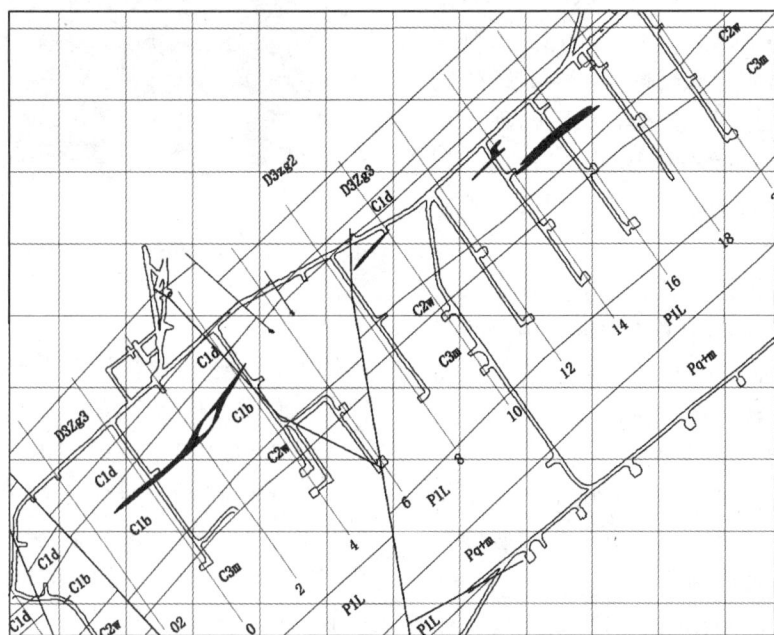

图4 矿山厂1584中段地质平面图

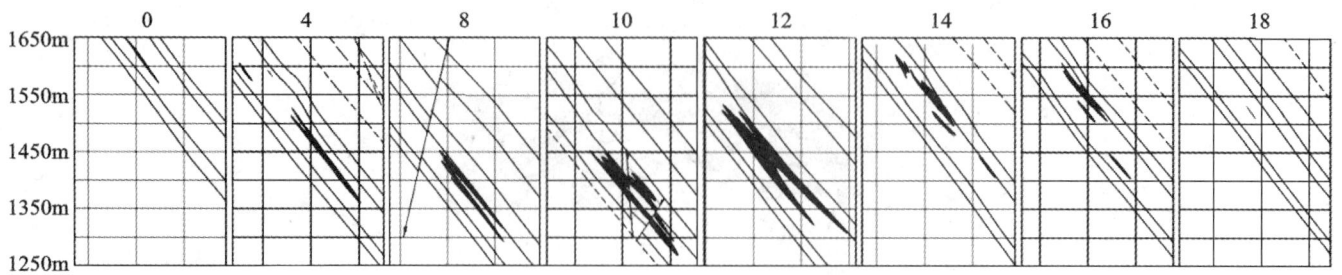

图 5　矿山厂 0～18 号勘探线地质横平面图

2）矿体平面上为中部厚大，沿走向端部变薄或分支尖灭，其上部转折端的弯曲部位表现较为开阔，往下弯曲度则明显增大（见图 4）；剖面上呈透镜状，上下端部变薄或分支尖灭，呈尖锐角状（见图 5）。矿体骤然尖灭或膨缩等现象屡见不鲜。

3）矿体上部主要为氧化矿，下部主要为混合矿，矿体在矿量类型上具有明显的分界，矿体与围岩界限清晰。

4）矿体上部主要以囊状小矿体为主，矿体连续性较差，独立矿体延伸不长，中下部主要以脉状矿体为主，矿体连续性较好，矿体延伸较长。单矿体达大型规模，具有明显的矿物组合分带。

2.2　矿山厂深部矿体矿石特征

矿山厂深部矿体有极少数土状氧化矿，大多数为混合矿和硫化矿（见图 6）。氧化矿主要分布于矿体上部，中部及下部主要为混合矿和硫化矿。混合矿中的矿石矿物，主要为闪锌矿、方铅矿和黄铁矿。矿石中铅矿物主要为方铅矿，其次为白铅矿、铅矾，还有少量块硫锑铅矿、灰硫砷铅矿、灰硫锑铅矿等；锌矿物主要为闪锌矿，其次为菱锌矿、异极矿；硫的独立矿物主要为黄铁矿、白铁矿。脉石矿物主要为白云石、方解石，其次还有很少量的绢云母、白云母、黏土矿物、石英等。

1）闪锌矿：粒度相对较粗大，主要呈不规则状产出，往往与方铅矿紧密共生形成复杂的镶嵌关系（见图 7）。与黄铁矿嵌布关系也较密切，常胶结交代黄铁矿，形成复杂的镶嵌关系。在细粒黄铁矿中有时可见粒度为 0.5～3 mm 的浅褐色闪锌矿包体。

2）方铅矿：粒度比闪锌矿细，方铅矿主要为不规则状产出（见图 8）。与闪锌矿关系密切，往往紧密共生在一起，常见方铅矿呈不规则状、蠕虫状、星点状、脉状、网脉状嵌布于闪锌矿中（见图 7）。由于氧化作用，少量方铅矿被氧化成白铅矿，此时方铅矿呈蠕虫状、星点状、骸晶状嵌布于白铅矿中。方铅矿与黄铁

图 6　矿山厂深部钻孔 DZK1584 - 10 下 - 1 揭露的矿体

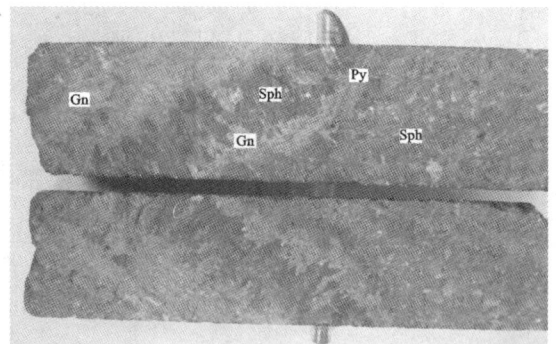

图 7　矿山厂深部钻孔 DZK1584 - 10 下 - 1 揭露的矿体（局部）
Gn—方铅矿；Sph—闪锌矿；Py—黄铁矿

矿的关系也密切，常沿黄铁矿裂隙充填胶结，交代黄铁矿，形成交代残余结构。而在黄铁矿中又常见粒度为 0.003～0.011 mm 的方铅矿包体。

3）黄铁矿：粒度比闪锌矿和方铅矿细，主要集中在 +0.02～-0.417 mm 粒级之间。黄铁矿主要为不规则状产出，粗粒黄铁矿常具压碎结构，中粒黄铁矿有时呈自形、半自形晶结构（见图 7、图 8）。黄铁矿与闪锌矿和方铅矿关系密切，常被闪锌矿、方铅矿胶结交代形成复杂的镶嵌关系。有时还可见黄铁矿呈自生环带结构，

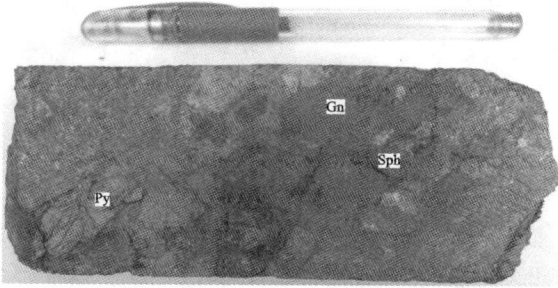

图8　矿山厂深部钻孔 DZK1584 – 10 下 – 1 揭露的矿体(局部)

有时在环带之间可见方铅矿和闪锌矿充填。

　　根据样品化验的结果，目前所探获的矿体矿石平

均品位铅 10.08%，锌 24.14%。由单工程矿石品位与控制标高关系(见表1)可得，矿石品位自上向下整体升高。

2.3　矿体围岩与夹石

　　在矿山厂矿区，铅锌矿体98%赋存于摆佐组层位中，主要由灰白色、肉红色、米黄色粗晶白云岩和致密块状浅灰色灰岩及硅质灰岩组成。宰格组第三段地层中有零星小矿体，灯影组地层中有铅锌矿点。这些含矿层或矿化层都为碳酸盐岩。由于各时代碳酸盐岩的岩性差异，在矿化过程中发生了各种围岩蚀变，主要有白云石化、黄铁矿化、方解石化、褪色作用、硅化等。

表1　单工程矿石品位与控制标高关系表

钻孔	Pb/%	Zn/%	(Pb + Zn)/%	控制标高/m
ZK1584 – 14 – 上 – 1	9.36	20.30	29.66	1600
ZK1584 – 16 上 – 1	2.20	3.85	6.05	1600
ZK1584 – 02 – 2	7.31	18.86	26.17	1584
ZK1584 – 2 – 1	2.76	4.74	7.51	1584
ZK1584 – 9 – 1	1.74	5.96	7.70	1584
ZK1584 – 13 – 1	2.17	4.53	6.70	1584
ZK1584 – 14 – 1	4.55	8.95	13.51	1584
ZK1584 – 16 – 1	11.37	19.37	30.73	1584
ZK1584 – 17 – 1	2.51	2.62	5.13	1584
ZK1584 – 17 – 3	4.86	2.75	7.61	1584
DZK1584 – 12 – 1	4.64	12.91	17.55	1525
DZK1584 – 14 – 1	10.16	30.83	40.99	1525
DZK1584 – 4 – 1	6.32	15.00	21.32	1520
DZK1584 – 4 下 – 1	7.55	18.31	25.85	1475
DZK1584 – 12 – 2	12.70	13.74	26.44	1470
DZK1584 – 10 – 2	2.67	10.36	13.03	1450
DZK1584 – 8 下 – 1	7.38	17.73	25.11	1425
DZK1584 – 10 下 – 1	11.04	31.02	42.06	1410
DZK1584 – 12 – 3	12.50	38.67	51.17	1385

3　矿床成因与控矿因素

3.1　矿床成因

　　会泽超大型铅锌矿床绝大部分矿体赋存于摆佐组地层中的粗晶白云岩岩性段，这种粗晶白云岩重结晶明显，矿物晶形完整，粒度大小掺杂，颜色多种多样，孔隙发育、沿层稳定性差，其主要元素和稀土元素含量均与该层中的灰岩的白云质灰岩呈连续变化，为交代成因白云岩。该组粒度大小掺杂，孔隙发育的粗晶白云岩为硬脆性岩石，在构造应力作用下更易产生规

模较大的断裂和裂隙，为成矿流体提供了良好的运移通道和聚集空间。

　　笔者认为探获的矿山厂深部新矿体为"流体贯入型"，即含矿热液沿裂隙和岩石孔隙运移、渗透，在层间破碎带、地层挠曲部位富集成矿。这种含矿热液的运移是顺层运移的，因为含矿层中的粗晶白云岩及层间断裂为成矿流体的运移提供了良好的通道和空间，区域上的地幔成因的峨眉山玄武岩为成矿提供了局部的成矿物质和成矿热动力。在本区 12 线矿体也为矿床"流体贯入型"提供了较好的佐证，在 12 线矿体浅部上

盘有约 2 m 的空洞，该位置正好位于矿体的上端部，有可能为流体贯入时"充填不满"留下的，而在本区发现的矿体深部未见到类似的空洞，因为在深部成矿流体能量相对富足，不会留下因充填不满而留下的空洞。在成矿流体充填后，成矿热液温度慢慢变低，在这个漫长的过程中与围岩发生蚀变，形成部分浸染状矿体、白云石化等。这也就解释了为什么离矿体越近蚀变越强的现象，也解释了为什么矿体与围岩界限明显的问题。

3.2　控矿因素

1）地层控矿

矿山厂矿床、矿体在空间上的分布与地层密切相关，现探明的矿体98%均赋存于极其有限区域中的下石炭统摆佐组中、上层位的层间断裂带内，其产状大致与地层一致，只有少数矿体赋存于泥盆系宰格组地层中。还未在其他地层中发现铅锌矿体，下石炭统摆佐组地层是控制矿床的重要因素。

2）岩性控矿

摆佐组下部为白云质灰岩；中上部为灰白色至灰黄色粗晶白云岩。本区几乎所有矿体赋存于浅灰—黄褐色中—粗晶白云岩中，而灰岩中较少。矿体厚大的部位，白云岩的厚度和分布范围也大；当矿体狭缩、尖灭时，白云岩迅速减少，并多为矿化微弱的白云石化灰岩或遗有大片的灰岩残体，矿体对白云岩呈现出强烈的亲和性。

白云岩独特的物理性质对矿床形成有重要的控制作用。粗晶白云岩厚度较大，有效孔隙率较高，硬脆性岩石在构造应力作用下容易沿岩层接触面软弱部位发生滑动，形成规模较大的层间断裂、层间破碎带、层间裂隙构造带，这为成矿流体提供了良好的运移通道和聚集空间，加之其中的有效孔隙度较低的软弱岩石起遮挡和保存作用，易形成脉状矿体。

3）构造控矿

构造是本区成矿的重要因素之一，根据前人研究一般认为北东向逆断层（矿山厂逆断层）是矿区的一级构造；层间构造裂隙带如地层挠曲构造、层间滑动带、层间溶蚀空间等是矿区的二级构造，也是控制矿体最主要的容矿构造；北西向断层、裂隙为矿区内的三级构造，应属于配矿构造（见图9、图10）。

4　矿山厂矿区深部找矿方向及找矿靶区预测

4.1　找矿方向确定的依据

经过目前对矿山厂1584中段以下地质勘探工作，认为矿山厂资源增储的潜力较大，尤其在新增矿体的

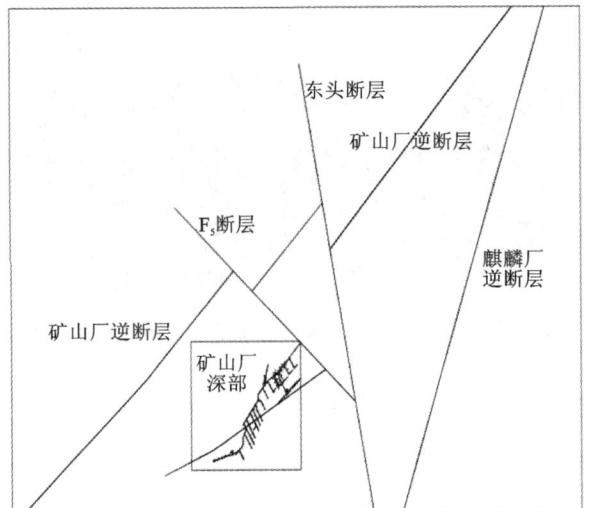

图9　矿区构造简图

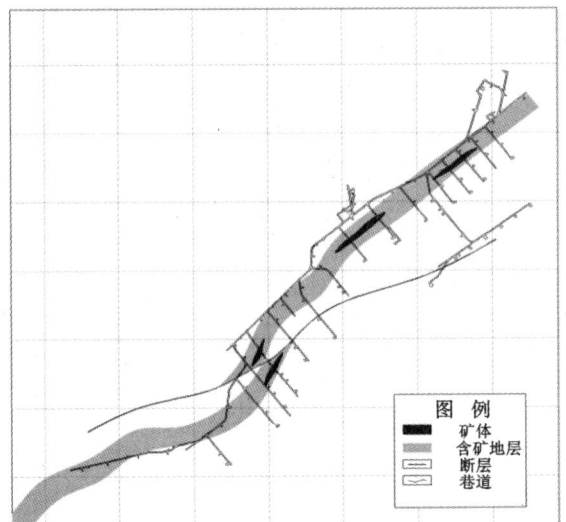

图10　矿山厂深部1584中段构造地层、矿体关系图

深部和南西方向。主要依据有：

1）根据目前钻探工程揭露的矿体情况来看，钻孔控制的范围只是1300～1584 m 标高范围内，矿体还没有尖灭，在1300 m 标高以下极有可能存在矿体或出现矿体尖灭再现现象。

2）根据前期在矿山厂1584中段开展的物探科研项目，在矿山厂1584 m 标高以下圈定了多个物探异常区，主异常区主要分布于02～8号勘探线间，而现探获的矿体主要分布于4～14号勘探线间，而且主矿体整体向南西向侧伏，故在02～8号勘探线深部大有可能存在铅锌矿体。

3）矿山厂矿床与麒麟厂矿床具有相似的成矿条件，矿体形态极其相似，矿体在纵投影图上整体成"√"形（见图11），矿体类型分布情况也基本在同一标高范围内，小矿体均位于主矿体的南西方向。麒麟

厂矿床在1300 m标高连为一体，矿山厂矿床也有可能存在这一现象，然后整体往深部继续延伸。

4.2 找矿靶区的预测

根据前期综合研究，在矿山厂至少存在2个矿化带：除本次探获的新矿体与1号矿体形成的矿化带外，在该矿化带的SW端还存在1个矿化带，预计矿山厂2个矿化带的资源储量不亚于麒麟厂8、10号矿体的储量。今后的找、探矿工作将结合矿山厂找探矿成果及所揭露的地质信息，围绕以下重点区域（见图11）开展找探矿工作。

1）新增矿体1300 m标高以下（Ⅰ区）

经过本次对1584中段以下深部的地质勘探工作，在4～16号勘探线间，基本探明矿山厂1584重点区域走向300 m、垂高300 m范围内新增矿体情况，但根据目前已施工的钻孔控制情况看，还没有控制矿体尖灭情况，在02～8号勘探线间新增矿体大有可能继续向深部延伸，这一地段300～600 m标高间是主要的找矿靶区。

2）小矿体群南西向深部及上部范围（Ⅱ区及Ⅲ区）

矿山厂1584中段012～017号勘探线地段及深部，已探获小矿体群，这些小矿体正处于矿区小褶皱的鞍部（见图10），加强地质、构造地球化学、物探方法结合找矿，这一地段深部024～012勘探线间1100 m标高范围内还是有希望找到新的小矿体。同时，其上部未施工工程控制，根据矿体形态分析，矿体也可能向上部延伸，其上部020～015号勘探线间

1600 m标高以上也有希望找到新矿体。这两个区域为寻找小矿体的重点靶区。

3）主矿体北东方向900 m标高以下范围（Ⅳ区）

根据矿体尖灭再现的特点，在矿体300～500 m范围外（即900 m标高以下）有可能出现新增铅锌矿体，与探获的矿体形成"多"字形矿床。

4）矿山厂二道沟方向

通过二道沟勘查区1764中段已施工完成的沿脉穿脉工程揭露的信息，含矿层石炭纪下摆佐组（C_1b）厚42～65 m，存在广泛的灰白色、米黄色、浅灰色中粗晶白云岩，在局部（主要是在受北西向构造影响地段）的构造破碎带中发育一断裂氧化矿，其品位$w(Pb)$ 2.48%、$w(Zn)$ 8.69%，在其他地段还发育品位$w(Pb+Zn) > 1.5$的氧化矿。且经物探资料分析，在073号勘探线存矿致异常，深度介于50～300 m之间，推测在深部有望找到一定规模的铅锌矿体。

5 结语

矿山厂铅锌矿床深部找矿的这一突破，说明了矿山厂深部具有良好的成矿地质条件和找矿前景。今后通过进一步开展矿区深部地质找矿工作，在加强地质综合研究的基础上，通过多种找矿手段方法相结合，加大探矿工程的投入，完全有可能找到大且富的铅锌矿体。

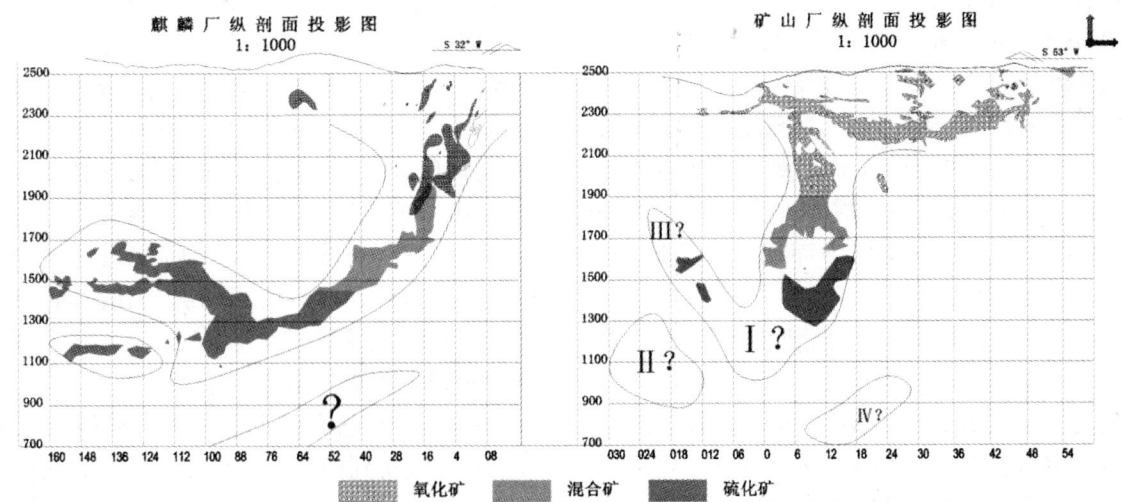

图11 矿山厂矿床与麒麟厂矿床纵投影对比图

参考文献

[1] 陈进，韩润生，高德荣，赵德顺.云南会泽铅锌矿床地质特征及找矿方法模式[J].地质地球化学，2001(3)：124－129.

[2] 严鑫熔，李元.会泽铅锌矿床的地质特征及成因探讨[J].地下水，2006，28(6)：123－125.

[3] 韩润生，刘丛强，等.论云南会泽富铅锌矿床成矿模式[J].矿物学报，2001，21(4)：674－681.

云南会泽矿山厂麒麟厂特大型特富铅锌矿的找矿勘查

郑庆鳌 刘文勇 翟军伟 程云茂

（西南矿山地质勘查公司，昆明，650000）

摘　要：根据 20 世纪 50 年代以来在矿山厂麒麟厂地质找矿勘查所揭示的地层、构造、蚀变、矿石结构构造、矿体空间展布，在现场进行深入细致的调查研究，认识到了控矿断裂（三级）加赋矿岩性（石灰岩）、围岩蚀变、汽水热液对流循环、热水溶洞形成后赋存块状铅锌矿。

关键词：会泽矿山厂；麒麟厂；控矿构造；对流循环；热水溶洞；块状铅锌矿

由于此前有关会泽矿山厂、麒麟厂铅锌矿的成矿环境、成矿条件等基本情况，已在《西南矿产地质》1997 年 1~2 期和中国地质学会矿山地质专业委员会凡口会议上的论文中发表过，因此，本文不再详述。

会泽矿山厂、麒麟厂铅锌矿规模性找矿勘查始于 1952 年，在古人采矿遗迹基础上全面开展地面地质工作，并按热液成因观点使用大量坑、钻工程向深部（垂深约 500 m）追索控制，到 1964 年年底共探获 B + C + D 级铅锌金属资源储量 140 万吨，取得了重要的阶段性成果。1965—1984 年的 20 年间，由于对该地区的铅锌矿成矿规律、控矿因素等研究不够，对主矿体展布规律认识不清，成矿思路不对，20 年中在矿山厂和麒麟厂共打近 70 个钻孔，见矿率不足 20%，铅锌矿资源量仅增加数万吨。

1984 年下半年西南冶金地质勘探公司要求我们不仅继续负责铁、锰矿的勘查项目技术管理，而且把全公司所有的勘查项目都管起来。当翻阅到会泽矿山厂、麒麟厂的地质勘查报告、工作小结、专项研究报告时，进一步认识了该地区铅锌矿床形成的基本条件和 1965—1984 年找矿勘查工作中存在的主要问题，有些问题尚需实地观察了解。

1984 年 10 月末，当时西南冶金地质勘探公司总工程师柳贺昌（20 世纪五六十年代是 302 队、会泽勘探队技术负责人）带我们到会泽铅锌矿区，并会同会泽铅锌矿研究室负责人、会泽勘探队地质技术负责人一起在地表跑了两天，进采矿坑道观察了两天。地表的两天是柳总亲自介绍地质情况，在坑下是矿山地质人员介绍，并针对采场情况向工人们提出一些问题得到有益的解答，证实原有的地质图基本反映了地层、构造等格架是正确的，主要问题是原定的下石炭统摆佐组白云岩，实际是较纯石灰岩白云石化形成的中—粗晶白云岩（其中常见石灰岩残余体），并发现中—粗

晶白云岩可划分为灰白色（大片出露）、米灰色—米黄色（部分片区，是地表所见矿体主要分布区）、紫红色（部分片区）；原两千分之一、一万分之一地质图上所划的 NWW 向横断层基本都反映出来了，但纵向的 N5°E ~ N15°E 仅划出两条，实际也为一组，（五十万分之一卫星相片上可划出 6 条）；矿山厂逆断层、麒麟厂逆断层，错距都大于千米，其下已插入地热异常区，是汽水、热液上升的主通道，其上通地表，汽水、热液流出了地面（汽液活动期），因此，两个大的逆断层破碎带内，仅见铅锌等矿化，不见具规模的铅锌矿体；地表见含铅锌的褐铁矿沿 NWW 向横断层和 N5°E ~ N15°E 纵向断层及层间剥离带、滑动面产出。在地下块状硫化物矿体采矿场发现矿体与围岩（白云岩化米黄色中—粗晶白云岩或灰色石灰岩层）界面十分清楚，可见明显切层光滑面，矿体一侧硫化物（方铅矿、闪锌矿、黄铁矿等硫化物占 80% ~ 96%），矿体含 Pb + Zn 在 25% ~ 40%，而另一侧的围岩含 Pb + Zn 仅 0.05% ~ 0.3%；在块状硫化矿体中上部还发现 40 ~ 60 cm 的椭圆形管状体内赋存有灰白色巨晶方解石、白云石，问采矿工人，他们说这个管状体很长；矿体厚大部位在摆佐组内的纵向和横向断层交叉带，在纵向断裂及横断裂中还常见硫化矿充填的脉体，以纵向断裂中的比较厚大。

根据当时已有的勘查资料、科研成果和这次地表、坑下观察到的情况，在讨论会上，我们提出了汽水热液循环，初期以地下热水气液上升为主，浅部发生大范围的白云石化（主要沿摆佐组石灰岩层）形成中—粗晶白云岩，较深部位的石灰岩中沿纵向和横向次级断裂及它们的交切处出现扩容并在主要上升热水气液流经地带逐渐形成热水溶洞，为中后期对流循环期间将浅源及部分深源的铅、锌、硫等元素富集体提供了沉淀充填成块状铅、锌矿床的场所，晚期汽水热

液逐渐冷却,最后留下的椭圆形长管状体就充填了巨晶方解石、白云石的充填物,全部汽水热液循环成矿过程结束。当时就提出在矿山厂1号主矿体深部追踪两组构造向南控制铅锌矿体延深,两年提交20万吨铅锌资源储量的设想和施工方案初步意见,得到柳贺昌总工程师的支持(后来实际完成承包资源储量22万吨,Pb+Zn平均品位达30%,而且留下的开口长200多米,其中1孔穿矿最后达43 m,Pb+Zn平均品位34%),同时明确指出,麒麟厂3~2号硫化矿体的下方还有大矿体、富矿体。1990—2009年逐步发现6号矿体、8号矿体、10号矿体(有TEM异常)、12号矿体(单个矿体的资源储量达60~80万吨,Pb+Zn品位30%~34%,含Ag≥100 g/t,含Ge 0.0034%~0.0036%。矿山厂1号主矿体在1820~1400 m标高经勘查,新增Pb+Zn资源储量已超90万吨,Pb+Zn品位大于31%)。

依照层(摆佐组石灰岩)、构(N5°E~N15°E和NWW组断裂交切部位热水溶洞赋矿)思路,采取顺藤摸瓜的办法向南追索,使用坑探和坑内钻结合的手段,控制到1000 m标高,矿山厂加麒麟厂地段,预计Pb+Zn资源储量可达700~800万吨,平均Pb+Zn品位在30%以上,共生锗也可达超大型,共生银、硫达大型。卫片解释中还发现除矿山厂、麒麟厂、三道拐(已有人采铅锌矿)外,还有类似上述三个矿床的热异常小环(2~3 km²),它们的深部有找到矿山厂、麒麟厂、富乐厂式铅锌矿床(中至大型)的可能,整个会泽县境内铅锌总资源量(控制到海拔800 m标高)将超过1000万吨。

参考文献(略)

云南会泽矿山厂、麒麟厂铅锌矿床对流循环成矿及热水溶洞赋存块状富铅锌矿体的实践与认识

郑庆鳌

（西南有色地质勘查局地矿处，昆明，650000）

摘　要：通过对成矿环境、控矿因素、围岩蚀变、矿体空间展布、矿石结构构造等的研究，揭示矿源层、深断裂构造、对流循环、热水溶洞赋存块状富铅锌矿的演化过程。

关键词：会泽矿山厂；麒麟厂；矿源层；深构造；对流循环；热水溶洞；块状铅锌矿

会泽矿山厂、麒麟厂两个大型富铅锌矿床，位于扬子准地台的西南部，滇、川、黔特大型铅锌成矿远景区的中南部（见图1）。

1　区域成矿地质环境

1.1　矿源层广布

扬子地台西南部，在晋宁运动以后，该区出现大的不均衡沉降，沉积了以海相沉积为主的巨厚的含铅锌等元素的地层。其中震旦纪地层最厚处达 7006 m；古生代地层最厚处达 13641 m；在加里东运动晚期局部（如会泽铅锌矿区）断块抬升形成孤岛；中生代是一套陆相碎屑沉积为主的地层，最厚处达 6890 m。上二叠统时期，该区广泛分布以陆相为主的峨眉山玄武岩，最厚处达 4065 m，一般厚 200 ~ 800 m。

在震旦纪晚期至寒武纪中期，由于自南（云南、广西南部）向西北（四川、贵州）再向东（湖北、湖南），最后向南东（江西、福建、广东）运移的大洋海底热流，使沿途形成巨大的磷块岩层和铅、锌、银、钡、镉、锗、锑、汞、锡、钨、钼等元素的高值层（部分层段中上述部分元素已富集达工业品位），是我国南方多数铅、锌、银、锑、汞、钒、锡、钨等大型至巨型矿床的头等重要的矿源层（见表1）。

表1　川滇黔铅锌成矿三角地区及会泽铅锌矿区各地层铅锌含量[①]　　　　（单位：10^{-6}）

地层	区域		会泽矿区		备　注
	Pb	Zn	Pb	Zn	
下震旦统	7 ~ 200	10 ~ 257			铅最高达 4743；会泽矿区未出露
上震旦统	14 ~ 324	21 ~ 3000	10 ~ 300	20 ~ 3000	巧家、会东各探明一处大型层状铅锌矿床；会泽矿区北东部见 1 ~ 5 m 厚层状铅锌贫矿体
中下寒武统	13 ~ 720	10 ~ 3741			会泽矿区已被剥蚀；奥陶系至中泥盆统会泽矿区没有沉积
上泥盆统	7 ~ 22	4 ~ 84	6 ~ 20	5 ~ 20	在矿山厂地段上泥盆统的构造破碎蚀变带内赋存有铅锌工业矿体
下石炭统	7 ~ 46	21 ~ 855	9 ~ 120	80 ~ 2000	是会泽铅锌矿区主要赋矿层位，高值处可能有成矿期矿化叠加的影响
中上石炭统	7 ~ 10	10 ~ 17	95 ~ 143	29 ~ 104	会泽矿区受到了后期成矿作用的影响
下二叠统	4 ~ 144	24 ~ 214			会泽矿区无资料
峨眉山玄武岩	4 ~ 72	10 ~ 857	3 ~ 300	20 ~ 500	会泽矿区有一个样锌含量达 1073

①表中数字主要从《滇东北铅锌矿床与规律》——柳贺昌，1994；区测报告、勘探报告及一些有关论文中的数据综合出来的，反映地层中一般铅锌含量。

一些地区的泥盆、石炭、二叠系地层不整合、假整合于寒武系、震旦系地层之上，寒武系、震旦系矿源层被风化剥蚀，造成了一些地区的泥盆、石炭、二叠系的部分层段富含部分上述元素，形成第二重要的矿源层。

从表1可以看出，上震旦统、中下寒武统和下石炭统是会泽铅锌矿床的主要矿源层，峨眉山玄武岩也可提供部分矿源。

1.2 构造发育

川滇黔铅锌成矿三角地区，具有西部以南北向断裂构造为主，东北部以北西向断裂构造为主，南东部以北东向断裂构造为主的特点，它们既是基底构造也是表层构造，既控制了岩浆活动及酸性至基性岩的分布，也控制了主要铅锌矿床的分布（见图1）。

1.3 岩浆活动强烈

全区广泛分布华力西晚期峨眉山玄武岩，西部沿南北向大断裂分布有大量的加里东至燕山期的花岗岩、二长花岗岩、花岗斑岩和辉绿岩；中南部和东北部也零星分布有华力西至燕山期的玄武岩、辉绿岩岩株、岩墙、岩脉。伴随岩浆汽水热液活动形成深部大片地热升温区，在有深断裂连通的地带，地表出现大片白云石化及部分地段出现强烈铅锌矿化。

2 会泽矿山厂、麒麟厂铅锌矿床成矿的主要控矿因素

2.1 赋矿岩性

矿区有含铅锌高背景值地层（见表1）和适当的赋矿岩性（摆佐组中至厚层状灰岩）及良好的遮挡层（页岩）。下石炭统摆佐组55~65 m厚的中至厚层状较纯石灰岩（夹2~3层1~3 m厚的层状细至粉晶质白云岩）为易被溶蚀、被交代的岩石，是赋矿有利岩性。覆盖在摆佐组石灰岩之上（距摆佐组50余米）的上石炭统马平群上部页岩和下二叠统梁山组泥质细砂岩、页岩、碳质页岩，它们的总厚度大于60 m，为上升含矿热卤水的良好遮挡层。

2.2 控矿构造

切割较深的北东东向矿山厂逆断层和麒麟厂的北东向逆断层，控制了矿山厂、麒麟厂成矿范围。矿山厂逆断层垂直错距大于1000 m，它显然插入了高地热区，成为深处汽水热液上升的主要通道（见图2）。

次组断裂为北西向、南北向的错距很小的张扭性、张性断裂，也为含矿热卤水通道。沿一组或两组或交叉断裂处的围岩有明显的被溶蚀、被交代现象，下部较纯灰岩中在热卤水沿裂隙上升过程中形成一些

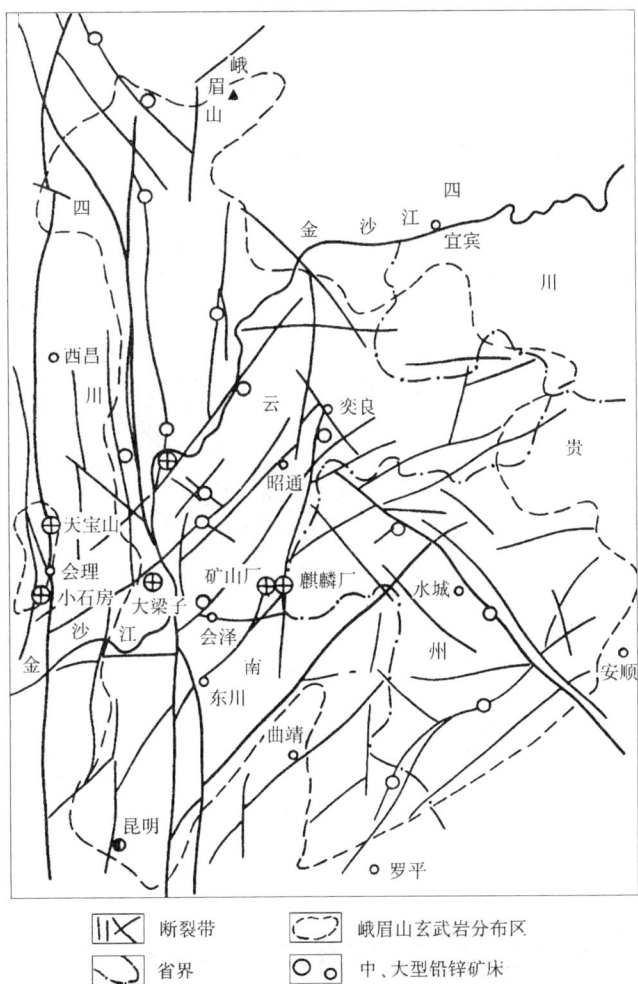

图1 滇川黔铅锌成矿区构造、玄武岩及大中型铅锌矿床分布略图

具一定规模的热水溶洞，上部较纯灰岩里出现强烈白云石化，形成大量的中至巨晶状白云岩。在拖曳背斜鞍部和翼部岩层产状急剧变化的地方，出现大量剥离构造和小的张性断裂，它们也是强烈白云石化的场所，局部也有小的热卤水溶洞。构造破碎带、小张性断层、岩层剥离空间、特别是热卤水溶洞是铅锌矿的主要赋存部位。

2.3 储矿空间

含矿热卤水循环的深度、广度、时间长短，影响矿化的强度和矿床的规模；深源矿质加入的多少，也影响矿床的总量和富贫；单个储矿空间（特别是热卤水溶洞）的大小和形态，影响单个矿体的大小和形态。在矿山厂，热卤水循环的深度大，在平面上呈一较大的椭圆状，且深源矿质加入较多、时间较长，又有相当规模的热卤水溶洞存在，因而能形成大型富铅锌矿床。麒麟厂也具备上述成矿条件，也形成了大型富铅锌矿床。

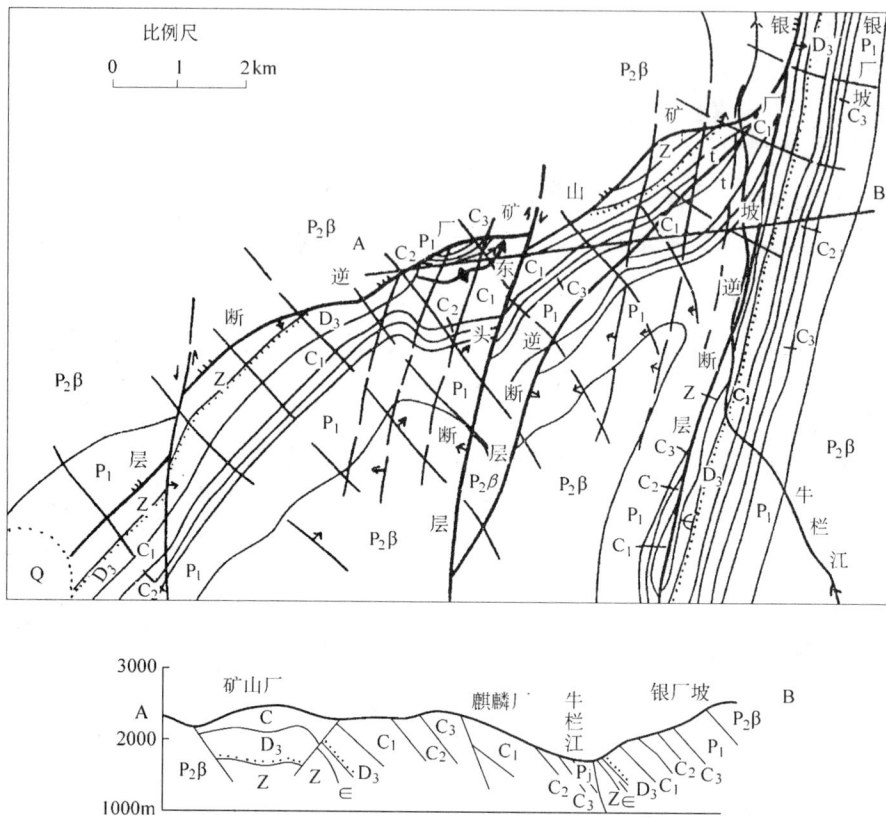

图2　云南会泽矿山厂、麒麟厂构造地质图

3　会泽矿山厂、麒麟厂大型富铅锌矿床的成矿演化

围岩蚀变：从围岩蚀变分析，有如下特点，白云石化明显可分三期。第一期为沉积成岩期，即摆佐组灰岩中所夹的2～3层层状粉—细晶白云岩，单层厚1～3 m，分布面积广，与成矿无关；第二期为含大量镁离子的汽水热液从深处沿主逆断层向上运移，在逆断层上盘羽状断裂发育处、拖曳背斜鞍部、岩层产状急剧变化处形成大片中至巨晶白云岩，同时，汽水热液在沿一组或两组断裂上升途中溶蚀石灰岩，形成一些热卤水溶洞；第三期是在第二期白云石化高峰过后，上升汽水热液温压降低，镁离子减少，出现对流循环，上升的还原性热汽水升到近地表，加入了天然（含大量三氧化二铁尘点）冷水后，又从旁侧向下渗流，使第二期形成的白云岩一部分被三氧化二铁染成紫红、褐红色（野外可见粗粒白云石晶体边部为红色，中心仍为白色），在对流过程中上升汽水热液含卤质越来越高，同时萃取围岩中铅锌等成矿元素，汇合深源矿质后，形成含大量成矿物质的热卤水。初时黄铁矿、方铅矿、闪锌矿与白云石一起在有利部位沉淀，形成浸染状、条带状矿石。中晚时期，含矿浓度进一

步增高，温压继续下降，流速减慢，铅锌矿等大量沉淀，在一些裂隙和热卤水溶洞中形成闪锌矿、方铅矿、黄铁矿组成的块状矿石。最后对流停止，在一些尚未被铅锌矿填满的空洞中，充填了巨晶状方解石柱或团块。

同位素测定：从铅、硫同位素测定结果看，具有如下特点：矿山厂、麒麟厂共做铅同位素年龄15件，其中大于350百万年的2件，占13.3%，属老矿层的碎屑沉积铅矿物；337～291百万年的5件，占33.3%，属石炭纪时期形成的铅矿物；小于205百万年的8件，占53.4%，属印支、燕山期形成的铅矿物。说明成矿时间很长，有大量后期深源成矿物质叠加。

矿山厂、麒麟厂共做硫同位素测定39件，变化范围$\delta^{34}S‰ +5.1 ～ +17.85$，富集重硫，以地层中海水硫和生物硫为主，说明硫主要来自矿区各地层中。

包裹体测试：矿物中包体和温度测定结果，具有如下特点：

白云石、方解石中包体测定结果，为气液态和液态两种，大小在3～71μLL之间。一般含K^+ 0.9 × 10^{-6}～2.624 × 10^{-6}，Na^+ 5 × 10^{-6}～14.348 × 10^{-6}，Mg^{2+} 1.353 × 10^{-6}～51.623 × 10^{-6}，CI^- 3.8 × 10^{-6}～12.148 × 10^{-9}，CO_2 307.82 × 10^{-6}～410.29 × 10^{-6}，

CH_4 1.23×10^{-6} ~ 6.98×10^{-6}，pH 为 8.59 左右。说明热卤水确实存在过。

对闪锌矿、方铅矿、黄铁矿矿物的温度测定，矿山厂为 97~434℃，平均 223℃，变化范围大；麒麟厂为 160~339℃，平均 212℃，变化范围较矿山厂稍小。

白云石、方解石均一法测定结果，矿山厂为 76~400℃，麒麟厂为 160~370℃。

上述资料说明矿山厂比麒麟厂汽水热液（卤水）活动时间和成矿时间更长，矿床规模更大。

铅锌矿体特别是富大铅锌矿产于深大逆断层的上盘：

产于拖曳背斜的鞍部，如矿山厂拖曳背斜鞍部矿体虽已大部分被剥蚀（形成中型规模砂矿），残余部分仍可见层间剥离带中的缓倾小扁豆状矿体和穿层的小脉状矿体。

矿体产于岩层产状急剧变化的地方，如矿山厂上部半月形（向上）环带状小矿体群的展布，主要受上缓（小于 25°）下陡（大于 45°）岩层产状变化部位的控制。

追踪两组断裂形成蛇曲形扁柱状矿体，如矿山厂 I 号主矿体。

产于热水溶洞中的厚大富矿体，如矿山厂 I 号矿体下部和麒麟厂 3-2 号大扁豆状矿体。

赋存厚大富矿体处，包括矿体和摆佐组灰岩在内，厚度并没增加，矿体仅仅占据了被热水溶蚀形成的空洞。

硫化矿矿石结构构造特点：

矿石主要呈细至伟晶状晶粒结构，具粒状共生边，一般互不交代，为同时结晶的矿物。极少数早晶出的毒砂、闪锌矿呈显微晶体嵌布于方铅矿晶体内，呈显微包裹嵌晶状；局部见硫盐矿物呈蠕条状、乳滴状、亚文像状固融体分离结构。

富矿石主要为块状构造，闪锌矿呈粗至伟晶状集合体，方铅矿、黄铁矿主要呈细粒状不规则地分布在闪锌矿晶粒之间；其次为条带状构造，即黄铁矿、方铅矿、闪锌矿、白云石集合体互成条带状分布，产出于块状富矿体的边部和上部；中贫矿石主要为散点状浸染构造，即方铅矿、闪锌矿、黄铁矿晶粒呈散点状分布于白云石晶隙中，一般无交代现象；少量呈斑块状构造，为残余硫化物沉淀在碳酸盐溶洞或块状富铅锌矿体中的空洞内，常与巨晶方解石柱状体、椭球体相依存。

块状富矿体的中部为闪锌矿、方铅矿、黄铁矿加少量白云石、方解石，而边部主要是闪锌矿、黄铁矿加较多的白云石，弱显矿物分带性。

在小部分富矿体中见到方铅矿、闪锌矿交代黄铁矿或穿插在黄铁矿集合体中，是脉动式成矿的一种反映。

铅锌的富集程度和富矿体的形态规模受先期构造和溶洞控制。

块状富矿中铅 + 锌 + 硫 + 铁的总量达 80%~96%，余下的碳酸镁 + 碳酸钙 + 二氧化硅 + 三氧化二铝的总量仅占 4%~20%，且白云石、方解石、石英散布于方铅矿、闪锌矿、黄铁矿晶粒之间，它们基本是同期晶出的。

主要富矿体，水平延长一般在数十米至两百余米，中部水平宽常达 20~40 m（真厚 15~30 m），斜高常在 300 m 以上，如矿山厂 I 号矿体控制延深已达 750 m，总延深将大于 1500 m。

富大矿体之间，即使是囊状大矿体之间，多有早期断裂构造相连通。如麒麟厂 3-2 号大囊状矿体与近期会泽矿山探明的深部大囊状矿体之间有薄矿体连接。

在麒麟厂 3-2 号矿体的采矿场中曾见到块状富矿直接与摆佐组灰岩接触的较光滑的热水溶蚀曲面。

4 会泽矿山厂、麒麟厂铅锌矿找矿标志

4.1 地层岩性标志

（1）下石炭统摆佐组中至厚层状石灰岩分布地区；

（2）上泥盆统宰格组白云质灰岩、石灰岩分布区；

（3）中石炭统黄龙群下段白云质灰岩分布区。

4.2 构造标志

（1）深大逆断层的上盘；

（2）羽状断裂发育的地段，特别是两组以上羽状断裂发育的地段和可能出现较大的热水溶洞的部位：拖曳背斜鞍部和岩层产状急剧变化地带。

4.3 蚀变标志

（1）强烈白云石化地区，浅色白云岩与紫红色、肉红色白云岩交互带的浅色白云岩一侧；

（2）硅化、黄铁矿化、重晶石化较强的地段。

4.4 矿化标志

（1）地表有铅锌银砷锑汞组合异常地带；

（2）地表或坑钻见到铅锌矿体的深部。

5 深部找矿预测

（1）矿山厂地段的深部预测可新增 Pb + Zn 金属储量 230~270 万吨；

（2）1 号矿体深部 1820~1470 m 标高，可探获铅

锌金属储量 120～140 万吨，平均 Pb＋Zn 品位 31%～34%，伴生银约 400 t，平均含 Ag 100 g/t 左右；

（3）浅色白云岩东部东头断裂东边深部，标高 2300～1450 m 存在一类似 I 号矿体的铅锌矿矿体，预测远景 80～100 万吨，Pb＋Zn 品位在 30% 以上，伴生银 230～250 t，含 Ag 100 g/t 左右；

（4）浅色白云岩中段，摆佐组地层中还可找到多个小至中型铅锌矿体，合计可新增铅锌金属储量 20 万吨左右；

（5）矿山厂中段北西侧，上泥盆统宰格组构造破碎蚀变带内，已发现工业矿体，其铅锌金属储量可达 10 万吨左右。

麒麟厂地段的深部预测：可探获铅锌金属储量 60 万吨以上。1978 年本人曾预测麒麟厂深部存在预 1 和预 2 号大囊状富铅锌矿体。1989—1990 年多次建议矿山开 15 中段大坑，用坑钻结合寻找预 1 号矿体。1995 年会泽矿用坑钻控制到 1530 m 标高，新增富铅锌金属储量 40 万吨，伴生银 100 多吨。现矿山对预 1

号矿体尚未控制完，预 2 号还在深部，预计到 1450 m 标高，还有 20 万吨以上的富铅锌金属远景储量。

矿山厂与麒麟厂之间还有找矿条件。会泽矿山厂、麒麟厂地区深部控制到 1450 m 标高左右，预计可新增铅锌金属储量 300 万吨以上，Pb＋Zn 平均品位大于 30%，伴生银 800 t 以上，平均含银 100 g/t 左右，矿石的经济价值极高，希望积极进行该区的深部地质勘查工作。

6　结束语

虽然在 1985 年以来用上述观点指导深部找矿勘查均取得了成功，但控矿因素和成矿机理可能比我们已知的还要复杂，会出现一些比预测复杂的情况，在具体工作中还需要进一步深入调查研究，及时指导找矿勘查和矿山开发工作。

参考文献（略）

模糊综合评判模型在会泽铅锌矿
隐伏矿定位预测中的应用

刘名龙　黄德镛　李　勃　韩润生　李玉惠　伏云发

（昆明理工大学国土资源学院，昆明，650093）

摘　要：模糊综合评判（FCA）模型是基于模糊数学理论并结合隐伏矿预测理论而建立的一个找矿模型。在会泽铅锌矿隐伏矿定位预测中，运用 FCA 模型，进行了成矿因素评价集的确定、评价因素权重的确定，并根据流程作出找矿预测的异常图。预测结果与实际工程施工验证相吻合，证明所构造的模型有效。该模型还可以推广到其他矿山进行隐伏矿定位预测。

关键词：模糊综合评判；隐伏矿床；定位预测；会泽铅锌矿

会泽铅锌矿是云南省经济效益较好的国有大型企业。但是，截至 1998 年 6 月，会泽铅锌矿保有的铅锌金属储量按现有生产能力计算只能满足 7～8 年的生产需求。在老矿山深部及外围寻找隐伏矿体是国内外大力推行的一种行之有效的做法，它既可以充分利用原有矿山已建成的大量辅助设施和外部设施，又有利于所在地区经济的持续发展。根据已采矿体的实际情况，其资源特点为铅锌品位高［ $w(\text{Pb}+\text{Zn})=35\%$ ］、伴生的有用组分多，是国内外罕见的特富矿。但是，矿床成因至今还不十分清楚，隐伏矿定位预测及增储也无显著的突破。所以，在矿区深部及外围进行隐伏矿定位预测及有效增储研究具有十分重要的理论研究价值和现实意义。在找矿方法和手段上，目前有许多传统地质数学数据处理方法，虽然这些方法也取得了一定的效果并被广泛应用，但因其存在固有的缺点，在一定程度上降低了成矿预测的准确性和可信度。由于神经网络理论和模糊数学具有它们独特的优越性，有必要探索研究它们在隐伏矿体定位预测中的应用。

1　FCA 模型概述

FCA 模型是根据隐伏矿预测理论、方法和发展趋势，考虑到成矿往往是受多种因素的控制和影响，并且成矿与其多因素之间是不确定的、复杂的非线性关系等特点，采用综合信息预测，运用已知的区域成矿规律进行隐伏矿床预测，同时利用模糊数学中模糊综合评判理论及方法，针对会泽铅锌矿深部矿体的成矿因素及特点，建立隐伏矿定位预测模型。充分发挥了专家系统及模糊数学在处理寻找隐伏矿床中所遇到的模糊现象、模糊行为的优势。

模糊综合评判就是对与研究对象密切相关的众多模糊因素进行综合的多元信息处理，以期望得到满意的结果。这就是用模糊综合评判原理和方法进行隐伏矿预测的依据。所谓综合评判，就是对所研究的对象进行评价。评判是指按照给定的条件对事物的优劣进行评比、判定。综合是指评判条件包含多个因素。因此，模糊综合评判又可说是对受到多个因素影响的事物作出全面的评价。以隐伏矿预测区为评价对象，对它的矿化程度或成矿有利度的优劣进行评价，评判条件是与成矿密切相关的多个控矿因素，如断裂因素、地层因素、地球化学因素等。

FCA 模型的研究对象是矿区中划分的单元。对研究区进行单元划分是进行地质研究（如矿产资源评价、成矿靶区圈定、地质信息提取）最基础的环节。其目的为了确定地质变量观察尺度和取值范围，提高评价结果的准确性，而单元类型和大小，犹如样品采集和分析那样，其取样的方法及大小不同，获得的结果对地质现象描述的精确程度不同，从而直接影响地质研究（如成矿有利度评价的）效果。预测单元划分太小，造成同一地质体分布于多个单元，地质现象被人为割裂，而且明显地扩大了无矿单元和单一控矿单元的数目，增加了预测工作量，不利于地质模型的建立；而网格单元划分太大，则歪曲了有矿单元的分布形态，使误判有矿的面积增大，不利于找矿工作的进行，并使预测靶区的信度降低，因此如何确定最佳网格单元大小，并非易事，它必须结合实际资料水平和采用的评价模型，选择合理的单元划分方法。

2　会泽铅锌矿矿区地质概述

矿区地层由前震旦系组成基底，其上的盖层为上震旦统和古生界，构成"两层式结构"。地层走向为NE 向，倾向 SE。下石炭统摆佐组是矿区最主要的赋矿地层，主要由灰白色、肉红色、米黄色粗晶白云岩和致密块状浅灰色灰岩及硅质白云质灰岩组成。上二叠统峨眉山玄武岩在矿区内外均有出露。矿区构造以发育 NE 向褶皱与断裂组合成破背斜为特征，即所谓的"背斜加一刀"。这些 NE 向主干断裂是矿床重要的控矿构造。矿区内具有代表性的断裂有矿山厂、麒麟厂、银厂坡断裂，并有近乎垂直于 NE 向断裂的 NW向断裂伴生，这些断裂具有多期活动的特点，与成矿密切相关。NE 向断裂还有牛栏江断裂，表现为 NE向重力梯度带，是基性侵入体和玄武岩喷发的通道。

通过上述研究表明，矿床明显受地层、岩性、构造等条件的控制。就麒麟厂矿床来说，麒麟厂断裂是该矿床的主要导矿构造：派生的 NE 向层间压扭性断裂为矿床的主要容矿构造；NW 向断裂主要表现为配矿构造。NE 构造带是会泽铅锌矿最主要的成矿构造体系；矿床严格受断裂和地层控制，矿体主要赋存于下石炭统摆佐组中，宰格组第三段仅见矿化，未发现矿体。另外，在会泽铅锌矿采用构造地球化学研究具有充分的理论依据，能直观地反映矿化元素的组合异常，是重要的找矿标志。

3　预测流程

运用模糊综合评判模型对会泽铅锌矿进行隐伏矿定位预测的工作流程见图1。

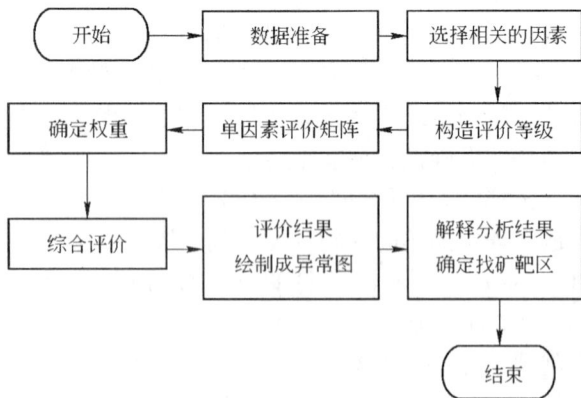

图1　预测流程图

4　FCA 模型

4.1　模糊因素评价集的确定

控制成矿的诸多地质因素在成矿过程中作用不同，但互有关联。根据对会泽铅锌矿的研究，模糊评

价因素集为：FCAFS = {F, S, F₂ SCORE}

其中 FCAFS：模糊评价因素集；F：断裂（包含 NE向断裂 NEF 和 NW 向断裂 NWF）；S：地层（包括下石炭统摆佐组其上部和上泥盆统宰格组第三段）；F₂ SCORE：矿化因子的矿化元素组合值（Pb, Zn, Cu, Ag, Cd, Tl, As, Fe, Sb, Hg），即模糊综合评判模型融合了数理统计的方法。

模糊评价集为：FCAS = {MG, MC, NM}

其中 FCAS：模糊评价集；MG：矿化好；MC：矿化一般；NM：没有矿化。

根据模糊综合评价的原理和控矿因素及指示矿化因素与矿化程度的关联，所选定的模糊评价因素集中的每一因素对评价集中每一评价等级都有一定的隶属度。对每一个网格单元构造一个单因素评价矩阵：

$$GSSM = \begin{bmatrix} a_{11} & a_{12} & a_{13} \\ a_{21} & a_{22} & a_{23} \\ a_{31} & a_{32} & a_{33} \end{bmatrix}$$

通过征求地质专家的意见，由其给出每一因素评价集中元素的隶属度，见表1。

4.2　模糊评价因素权重的确定

断裂评价因素有两个子因素 NEF 和 NWF，由地质专家建议，它们对矿化有利的权重分别为：{0.7, 0.3}。

地层评价因素也有两个子因素 Cb、D₃zg，同样根据地质专家的建议，它们对矿化有利的权重分别为：{0.8, 0.2}。

下面用贴近度方法来确定 3 个主评价因素的权重，也即确定各因素对矿化有利的作用大小。对所选定的因素集：FCAFS = {F, S, F₂ SCORE} 尝试选择如下备择权重：

$$W_1 = (0.50, 0.40, 0.10)$$
$$W_2 = (0.45, 0.40, 0.15)$$
$$W_3 = (0.40, 0.40, 0.20)$$
$$W_4 = (0.35, 0.40, 0.25)$$
$$W_5 = (0.30, 0.35, 0.25)$$
$$W_6 = (0.25, 0.35, 0.40)$$

取 1571 中段的网格单元，地质专家给出的评价为：FCAR = (0.9, 0.1, 0)

其对应的单因素评判矩阵为：

$$SFAM = \begin{bmatrix} 0.58 & 0.3 & 0.12 \\ 0.52 & 0.3 & 0.18 \\ 0.1 & 0.3 & 0.6 \end{bmatrix}$$

通过计算各备择权重下的综合评判的结果，分别得到：

表1 会泽麒麟厂铅锌矿各因素隶属度

评价	断裂(F)				地层(S)				地球化学元素 $F_2 SCORE$(因子得分)			
	NEF		NWF		$C_1 b$		$D_3 zg$		$-3,\cdots,-2$	$-2,\cdots,-1$	$-1,\cdots,0$	$0,\cdots,1$
因素	1	0	1	0	1	0	1	0				
有矿化	0.6	0.1	0.5	0.2	0.6	0.1	0.5	0.2	0.7	0.5	0.4	0.1
一般	0.3	0.3	0.3	0.2	0.3	0.3	0.3	0.3	0.2	0.3	0.3	0.3
无矿化	0.1	0.6	0.2	0.6	0.1	0.6	0.2	0.5	0.1	0.2	0.3	0.6

$FCAR1 = (0.508, 0.3, 0.192)$

$FCAR2 = (0.484, 0.3, 0.216)$

$FCAR3 = (0.460, 0.3, 0.240)$

$FCAR4 = (0.436, 0.3, 0.246)$

$FCAR5 = (0.433, 0.3, 0.267)$

$FCAR6 = (0.367, 0.3, 0.333)$

由给出的贴近度计算公式：

$(FCAR_i, FCAR) = 1/2 [FCAR_i \times FCAR + (1 - FCAR_i \cdot FCAR)]$

计算各 $FCAR_i$ 与 $FCAR$ 的贴近度：

$N_1 = (FCAR_i, FCAR) = 0.658$

$N_2 = (FCAR_i, FCAR) = 0.634$

$N_3 = (FCAR_i, FCAR) = 0.610$

$N_4 = (FCAR_i, FCAR) = 0.595$

$N_5 = (FCAR_i, FCAR) = 0.583$

$N_6 = (FCAR_i, FCAR) = 0.5335$

最后挑选贴近度最大值所对应的备择权重作为比较合理的权重集：

$N = \max(N_i) = 0.658$

故 $W = (0.5, 0.4, 0.1)$

即对矿化最重要的因素为断裂构造 F，地层也具有重要作用，化学元素异常可能是矿化的直接指示。

5 大水井矿区 1571 中段预测情况

通过上述方法可求出预测区每个网格单元的单因素评价矩阵 SFAM，而每个网格单元的多因素综合评判由 FCAR = W * SFAM 计算得到。对大水井矿区 1571 中段进行模糊综合批判，由模糊评价集 FCAS = {MG, MC, NM} 可知，MG 的值反映了网格单元矿化的程度。用 MAPGIS 工具绘出 MG 的等值线图。这些图可视化地反映了矿化有利区的分布和变化趋势。显然 MG 值越大反映了网格单元矿化程度越好，有利矿化地段的低限值可由地质专家来确定，确定后，可由模糊综合评判图进一步确定预测区有利矿化区的分布。

选取利用模糊综合评判模型。可以得到成矿有利度系数，将单元号的中心坐标与成矿有利度连接，通过 MAPGIS 的 DTM 模型，可作出相应的异常平面和立体预测图。图 2 是成矿预测的异常图（包括平面图和立体图）。从图上可见，实际见矿部位（深色部分）与预测的高异常区相一致，即找矿靶区应为高异常区，可见通过异常预测确定找矿靶区是可信的。

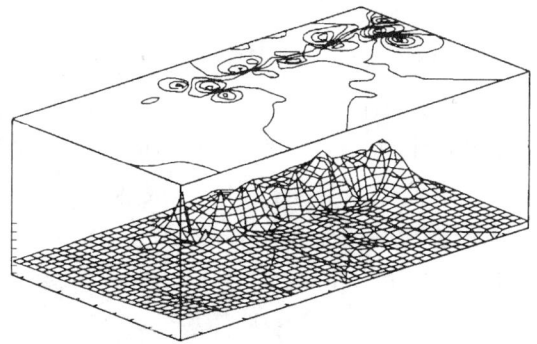

图2 会泽麒麟厂铅锌矿深部 1571 中段立体异常预测图

6 结论

模糊综合评判模型在隐伏矿定位预测中具有优越性，可以表达专家对隐伏矿床研究获得的经验，特别适合于描述和处理隐伏矿预测中不精确或非线性的控矿因素信息，通过综合评价多个控矿因素，可揭示成矿有利度与控矿多因素之间的模糊关系，可视化成矿有利度在空间上的变化趋势，达到定位预测的目的。模糊综合评判模型在会泽麒麟厂铅锌矿深部隐伏矿定位预测中的应用，与预期的结果相吻合，实际见矿部位与预测的高异常区相一致，通过高异常确定找矿靶区是完全可信的。

参考文献

[1] 刘承.中国数学地质进展[M].北京：地质出版社,1994.

[2] 於崇文.数学地质的方法与应用[M].北京：冶金工业出版社,1980.

[3] 许强,黄润秋.基于神经网络理论的工程地质数据处理与定量化分析方法初探[J].地质灾害,1995,6(2):20 -23.

[4] 胡继才,万福钧,吴珍权,等.应用模糊数学[M].武汉：武汉测绘科技大学出版社,1998.

滇东北铅锌矿成矿条件和会泽矿山厂、麒麟厂
铅锌矿勘查工作中的经验及教训

郑庆鳌　刘文勇　翟军伟　程云茂　范良军　王维贤

（云南有色金属地勘局，昆明，650051）

摘　要：通过对滇东北铅锌矿成矿环境、控矿因素、围岩蚀变、矿体空间展布、矿石结构构造等研究，揭示矿源层—深断裂—次级配套断裂—赋矿层岩性—热气液活动—对流循环—热水溶洞赋存块状特富铅锌矿的演化过程，以及人们在找矿勘查活动中逐渐认识客观事物的经验及教训。

关键词：矿源层，深断裂，次级配套断裂，赋矿层岩性，对流循环，热水溶洞，块状铅锌矿，会泽矿山厂，麒麟厂地质勘查，滇东北

云、贵、川三省交界地区属于国家级重点 10 号找矿区，在下寒武统下部的渔户村组地层沉积时期，有自西向东通过康滇古陆中部低凹缺口的富含铅锌等成矿元素的热洋流进入扬子浅海，形成达 20 余万 km^2 的杏仁状铅锌高背景 $[w(Pb + Zn)$ 为 $100 \times 10^{-6} \sim 1000 \times 10^{-6}$，其中有 1～2 层厚 5～15 m 特高层，含 $w(Pb + Zn)$ 达 0.3%～3%，局部甚至达到 5%（茂租）～10%（大梁子）] 地区，已知的几个大型—超大型铅锌矿床（大梁子、茂租、矿山厂、麒麟厂等）均处于靠近供源入口地带。滇东北处于上述杏仁体的中部，且在渔户村组之下的上震旦统灯影组和其上覆的中、下寒武统及奥陶系地层中还含 $w(Pb + Zn)$ 达 $50 \times 10^{-6} \sim 500 \times 10^{-6}$，局部还有高达 $1000 \times 10^{-6} \sim 3300 \times 10^{-6}$，在该地区广布的峨眉山玄武岩含铅锌背景也常达 $30 \times 10^{-6} \sim 1000 \times 10^{-6}$。上述这些地层中的铅锌等成矿元素高背景均可看作矿源层。

滇东北已知铅锌矿床（点、矿化点）达 170 余处，到 2007 年年底探明的加上有工程控制推断的铅锌金属资源储量约 900 万吨（在全省四大片铅锌矿分布地区排第二位），其中产于下寒武统渔户村组（铅锌矿主要沿层分布）及灯影组顶部（铅锌矿主要呈脉状）的铅锌金属资源储量近 200 万吨（还有成倍增加的潜力），$w(Zn)/w(Pb)$ 为 8～1，$w(Pb + Zn)$ 一般为 6.8%～11%，原矿中含 $w(Ge)$ 为 0.001%～0.002%，一般为 0.0013% 左右；产于上泥盆统，中、下石炭统，下二叠统石灰岩、镁质石灰岩中的铅锌矿（沿层间剥离带呈似层状、扁豆状，沿断裂呈脉状，沿热水溶洞呈不规则囊状、透镜状）以充填为主（特富的块状矿），充填加交代（浸染状）为次（中富及贫矿）。金属资源储量近 700 万吨，$w(Zn)/w(Pb)$ 为 7～1.8，原矿含

$w(Ge)$ 为 0.0017%～0.0048%，单矿体 $w(Pb + Zn)$ 一般为 9%～34.5%（最高单样达 59.6%，硫化矿矿物含量达 95%）。

由于沿南北向的奕良毛坪—会泽麒麟厂（东）—曲靖市（西）—河口县（西）有一条隐伏的大断裂，其中毛坪—曲靖地带的西盘抬升遭到剥蚀，剥蚀深度已达上震旦统灯影灰质白云岩层中、上部，使其上的寒武系、奥陶系均被剥失，其中的铅锌等成矿物质就近沉积在上泥盆统（次），中、下石炭统（主）中形成二次矿源层（$w(Pb + Zn)$ 一般为 $100 \times 10^{-6} \sim 2120 \times 10^{-6}$），再加上下伏的灯影组和上覆的二叠统玄武岩的高背景铅锌等元素，该成矿带有充足的成矿物质基础。

会泽矿山厂、麒麟厂的找矿勘查工作始于 1952 年，1953 年在古代采矿遗迹（老硐、炉渣）基础上进行了浅部地质工作（含砂矿），并按热液型铅锌矿矿床观点使用大量坑、钻工程向深部进行追索控制，到 1964 年探获 B + C + D 级铅锌金属资源储量 140 万吨（其中砂矿 33 万吨，$w(Pb + Zn)$ 为 5.43%；氧化矿 78 万吨，$w(Pb + Zn)$ 为 9%～15%；硫化矿 29 万吨，$w(Pb + Zn)$ 为 29%），取得了重要的阶段成果，在麒麟厂深部发现了硫化矿特富矿体（3－2 号）。1965—1984 年的 20 年由于技术思路是在矿山厂寻找第二环带矿体，打 60 余孔，见矿率不足 17%，地质工作处于非常困难时期，但为会泽矿寻找铅锌资源的决心没有动摇，而且把矿山 2000 m 海拔标高以上（地表为 2540 m）基本探清，并揭示了 I 号主矿体上部部位。1981—1982 年云南有色金属地质局 317 队在麒麟厂还打了几个找矿钻孔，其中 3 个钻孔在低于 3－2 号硫化矿体之下的摆佐组下段层位中穿矿厚 2～14 m，含 $w(Pb + Zn)$

为 10% ~25%，当时把它们看成三个很小的扁豆体，并把已开的 15 中段（1751 大坑）停止了掘进。

1984 年下半年，认真翻阅已提交的矿山厂、麒麟厂等地的勘查报告书和一些专项研究报告书，知道了会泽矿山厂、麒麟厂铅锌矿床形成的基本条件和找矿工作中存在的主要问题。

1984 年 10 月，跟随局总工程师柳贺昌到会泽铅锌矿区，他和会泽铅锌矿研究室负责人、会泽勘探队技术负责人带我们在地表跑了两天，进采矿坑道观察两天，在第五天的技术研讨会上，我们着重谈了四天中所见（地表和坑内、采场）所闻（柳总和其他地质人员的介绍、采矿工人对一些问题的回答），归纳为：

（1）地表白云石化十分强烈，部分地段白云石化强度（白云石化中粗晶白云岩厚度/摆佐组全厚）达 80% 以上，在大片灰白色、米黄色白云岩的东北部发现大片红色、褐红色中、粗晶白云岩（应代表成矿时期的地表水下降中赤铁矿尘粒染色体）。

（2）对北东向的矿山厂逆断层、麒麟厂逆断层观察，同意柳贺昌等的推断，逆断层错距在 1000 m 以上，且当时就已通达地表，虽有铅锌等弱矿化而无像样的铅锌矿体赋存在这两个大断裂层之中（因成矿期含矿热气液溢出地表了）。

（3）见到一组很发育的 NW 向次级横断裂，有的 NW 向断裂破碎带中有含 Pb、Zn 的褐铁矿，其中少部 NW 向断裂错断了矿山厂逆断层和麒麟厂逆断层，且基本上已反映到了 1/2000 和 1/10000 地质图上。

（4）还见到一组较发育的 N10°E ~ N15°E 向断裂是基本沿地层走向的纵断裂，这组次级断裂破碎带中有的也可见到含 Pb、Zn 的褐铁矿，其中少部分还切错矿山厂逆断层、麒麟厂逆断层，而这组次级断裂在当时的 1/2000、1/10000 地质图上反映不多（卫片上看得较清楚）。

（5）在麒麟厂采矿场见到块状硫化矿矿体与摆佐组石灰岩（部分为白云石化的白云岩）界面十分清楚，均为突变，且大部分地方的接触界面明显地切穿岩层产状。

（6）在块状硫化矿采场见到直径 40 ~60 cm 的赋存有巨晶方解石、白云石的管状体，问采场工人，他们说这一管状体沿矿体长轴方向很长（最后的热水流经的洞穴）。

（7）在白云石化的块体中还常见大小不等、形态各异的石灰岩残留体（地表、坑内、钻孔中均可见）。

（8）在摆佐石灰岩层之上有 30 余米厚的灰质白云岩，再上为 4 ~7m 厚的黄绿色、紫红色泥质、炭质页岩成为上遮挡层，在摆佐组石灰岩之下有数米厚的含硅质白云质灰岩，其下有 1 m 至数米厚的铁质石英砂岩、泥质页岩层为下隔挡层。

（9）在上泥盆统宰格组灰质白云岩层中偶见沿其裂隙充填交代的不规则规模极小的铅锌矿小矿体。

矿山厂、麒麟厂铅锌矿床形成的基本条件为：

（1）地处奕良—曲靖南北向隐伏大断裂带西部旁侧，中泥盆统之前该断裂带西侧广泛受剥蚀（已达上震旦统灯影白云岩中部），就近沉积形成中、下石炭统二次矿源层，即该地区广泛存在灯影白云岩，中、下石炭统，上二叠峨眉山玄武岩等几个含 Pb、Zn 高背景的矿源层，铅锌等成矿物质来源十分丰富；

（2）在卫片解释中发现云、贵交界处存在一个面积达 400 km^2 的大热异常环，内套 11 个小热异常环（云南地界内有 6 个，矿山厂、麒麟厂各占一小环），说明在上二叠统峨眉山玄武岩喷发前后（337 ~ 102 Ma），该区域存在面积较大、时间较长的与铅锌等元素聚集密切相关的热气液活动；

（3）在已提交的矿山厂、麒麟厂勘查报告中得知：硫同位素测定（39 件）变化范围 $\delta(^{34}S)$ 为 +5.1‰ ~ +17.85‰，富集重硫，以地层中海水硫和生物硫为主，主要来自地层中；白云石、方解石气液包体测定，大小在 3 ~71 μm，一般含 $w(K^+)$ 为 $(0.9 ~ 2.624) \times 10^{-6}$、$w(Na^+)$ 为 $(5 ~ 14.348) \times 10^{-6}$、$w(Cl^-)$ 为 $(3.8 ~ 12.148) \times 10^{-6}$、$w(Mg^{2+})$ 为 $(1.353 ~ 51.623 \times 10^{-6}$、$w(CO_2)$ 为 $(307 ~ 4109) \times 10^{-6}$；pH 为 8.59 左右；对闪锌矿、方铅矿、黄铁矿矿物测温结果为 97 ~434℃，对白云石、方解石均一法测定为 76 ~400℃。

（4）中、粗晶白云石化白云岩中看见大量的较纯石灰岩残留体可以确定摆佐组地层原岩主要为石灰岩，在纵、横次级断裂发育及它们的交叉处，早期热气液上升过程中会发生扩容成较大的裂隙及热水溶洞，为中后期块状特富铅锌矿的充填提供了空间。

（5）大片红色白云岩的存在，说明成矿期天水从地表下降到地下一定深度的流水是存在的，它与上升热水配合出现长期对流循环是事实，在长期对流循环过程中溶解，萃取从深部到浅部围岩中的大量铅锌等成矿物质并逐渐充填在裂隙、热水溶洞等突然减压部位，越聚越多形成大的块状特富铅锌矿体，并呈不规则串珠状分布。

（6）由于深源热气液的形成与岩浆的侵位有关，不排除岩浆热气液中的成矿物质加入成矿过程中。

在会上提出了改变原找第二环带状矿体的思路，变为沿摆佐组石灰岩层、沿二组次级纵横断裂向深部找矿的工程布置方案，得到柳贺昌总工程师的支持而得以实施承包（Pb + Zn）矿量 20 万吨，完成 22 万吨，并在 1820 m 以下留下一个宽 200 多 m、见矿最厚达 43 m（钻孔穿矿厚）、w（Pb + Zn）达 34% 的开口，钻孔见矿率近 90%，当时预测到 1470 m 标高可新增（Pb + Zn）资源储量 80 万吨，后来矿山用工程控制到 1400 m 标高，增加 Pb、Zn 储量 90 万吨，同时还谈到了麒麟厂深部有好矿大矿的看法（这次没深入谈，但被会泽矿研究室负责人记录下来）。

1986 年底、1987 年底西南（云南）有色金属地质局两次申请再承包 40 万吨、20 万吨铅锌资源储量，未获有色金属工业总公司地质总局同意，会泽铅锌矿出现硫化矿资源危机，1989 年会泽铅锌矿研究室派 3 人到西南有色金属地质局找到我们询问麒麟厂好矿大矿在哪里，根据是什么。我们把 1982 年 317 队编写的地质报告拿出来，指出当时在比 3 - 2 号硫化富矿部位低的仍在摆佐组中的 3 个见矿钻孔是打在一个大矿的边部的认识及对该矿受地层（摆佐组灰岩）、两组次级断裂控制矿体具体位置的思路，并指出下部的预测大矿体还可能与上部的 3 - 2 号矿体有脉状矿相连［会泽矿经过艰苦努力，使这个 6 号矿体储量达到 78 万吨，（Pb + Zn）的品位达到 34.0%，后来又顺藤摸瓜，发现 8 号、10 号等特富大矿体，取得重大突破］，后来在采矿中也得到证实。当时我们预测矿山厂、麒麟厂深部到 1470 m 标高能增加 300 万吨富铅锌矿金属资源的设想到 2005 年为会泽铅锌矿实施的勘查工作超额实现，并且到 2007 年底在 1470 ~ 1000 m 标高又发现新的大而富的铅锌矿体。我们向陈进总经理、驰宏公司和云南冶金集团表示热烈的祝贺，并预祝在今后的工作中取得更大的成就。

参考文献（略）

图书在版编目(CIP)数据

矿山地质选集第八卷:铅锌矿山找矿新成就/汪贻水,彭觥,肖垂斌
主编.—长沙:中南大学出版社,2015.7
ISBN 978 − 7 − 5487 − 1847 − 5

Ⅰ.矿...　Ⅱ.①汪...②彭...③肖...　Ⅲ.①矿山地质 − 文集②铅锌
矿床 − 找矿 − 文集
Ⅳ.①TD1 − 53②P618.408 − 53

中国版本图书馆 CIP 数据核字(2015)第 177765 号

矿山地质选集第八卷:铅锌矿山找矿新成就

主编　汪贻水　彭　觥　肖垂斌

□责任编辑	刘石年　胡业民
□责任印制	易红卫
□出版发行	中南大学出版社
	社址:长沙市麓山南路　　　邮编:410083
	发行科电话:0731-88876770　传真:0731-88710482
□印　　装	湖南地图制印有限责任公司

□开　　本	880×1230　1/16　　□印张 18.25　□字数 624 千字
□版　　次	2015 年 8 月第 1 版　　□印次　2015 年 8 月第 1 次印刷
□书　　号	ISBN 978 − 7 − 5487 − 1847 − 5
□定　　价	146.00 元